"十三五"普通高等教育本科系列教材

普通高等教育"十一五"国家级规划教材

（第二版）

理论力学

许庆春　张　慧　编　著
邱棣华　陈定圻　主　审

中国电力出版社
CHINA ELECTRIC POWER PRESS

内 容 提 要

本书为“十三五”普通高等教育本科系列教材，曾评为普通高等教育“十一五”国家级规划教材。全书共5篇19章，第1～4章为第1篇静力学，包括基本概念及基本原理、力系的简化、力系的平衡、静力学应用专题（平面静定桁架与摩擦）等；第5～8章为第2篇运动学，包括点的运动、刚体的基本运动、点的合成运动、刚体的平面运动等；第9～13章为第3篇矢量动力学，包括质点运动微分方程、动量定理、动量矩定理、动能定理、达朗贝尔原理等；第14、15章为第4篇分析力学基础，包括虚位移原理、拉格朗日方程、哈密顿原理等；第16～19章为第5篇动力学专题，包括刚体定点运动的动力学、质点系在非惯性参考系中的动力学、碰撞、微振动理论基础等。

本书紧密联系工程实际，重视力学概念的阐述，注重力学建模能力的培养，坚持理论与应用并重，突出水利、土木类专业特色。

本书可作为高等院校土建类、水利类专业教材，也可作为工程力学、港口航道及海岸工程等专业教材，还可作为工科类院校其他相关专业的教学参考书。

图书在版编目（CIP）数据

理论力学/许庆春，张慧编著．—2版．—北京：中国电力出版社，2017.8（2022.6重印）
“十三五”普通高等教育本科规划教材　普通高等教育“十一五”国家级规划教材
ISBN 978-7-5198-0893-8

Ⅰ．①理…　Ⅱ．①许…②张…　Ⅲ．①理论力学-高等学校-教材　Ⅳ．①O31

中国版本图书馆CIP数据核字（2017）第154390号

出版发行：中国电力出版社
地　　址：北京市东城区北京站西街19号（邮政编码100005）
网　　址：http：//www.cepp.sgcc.com.cn
责任编辑：孙　静
责任校对：郝军燕
装帧设计：张俊霞
责任印制：吴　迪

印　　刷：北京雁林吉兆印刷有限公司
版　　次：2017年8月第一版
印　　次：2022年6月北京第十次印刷
开　　本：787毫米×1092毫米　16开本
印　　张：22.25
字　　数：543千字
定　　价：65.00元

前 言

本书参照教育部高等学校力学教学指导委员会力学基础课程教学指导分委员会编制的《理工科非力学专业力学基础课程教学基本要求》(A类),在第1版的基础上修改、补充而成。经过多年的教学实践,在保持本书第1版特色的前提下,作了如下修改:

(1) 增加了与日常生活和工程实际密切相连的思考题,以提高读者兴趣,促进其思考。

(2) 在第15章分析动力学中,删除了"正则方程"的有关内容。

(3) 对部分例题、习题进行删除和修改。

(4) 对第1版中的印刷错误进行修正。

本书适用于工科各专业,书中标有*的内容为专题部分,可根据专业要求选用。

本书由许庆春、张慧编著。书中第1～19章及附录由许庆春修订,各章后的思考题和习题由张慧修订。

本书修订工作得到江苏省品牌专业建设工程项目(工程力学)及河海大学的资助,在此表示衷心感谢。

限于编者水平,书中错误与不妥之处在所难免,恳请读者批评指正,以使本书不断提高和完善。

编 者

2017年5月

第一版前言

本书是普通高等教育"十一五"国家级规划教材，是参照教育部高等学校力学教学指导委员会力学基础课程教学指导分委员会编制的《理工科非力学专业力学基础课程教学基本要求》（试行、2008年版）（以下简称《基本要求》）编写的，其主要特色如下：

（1）提高起点，删去了与大学物理重复的内容，增加反映现代科学技术的有关内容。

（2）注重力学概念的阐述，重视分析问题、解决问题的方法。

（3）紧密联系水利、土木等工程实际，注重力学建模能力的培养和力学在工程中的应用。

（4）在继承本课程理论严密、逻辑性强的基础上，设置一定量的思考题，以促进思考、启发思维、培养创新精神。

本书适用于工科各专业，书中标有*的内容对应《基本要求》中的专题部分，可根据专业要求选用。

全书由河海大学许庆春编写，思考题、习题由张慧编写。河海大学陈定圻教授对本书的编写提出了许多宝贵意见，在此深表感谢。

书稿承蒙邱棣华教授认真仔细地审阅，并提出许多宝贵的意见，在此深表感谢！

本书编写过程中，主要参考了华东水利学院（现河海大学）工程力学教研室理论力学编写组编写的《理论力学》（上、下册）、吴永祯、张本悟、陈定圻编写的《理论力学》（上、下册），同时还参考了国内外一些优秀教材，在此谨向这些教材的编著者深表感谢！

限于水平，书中错误与不妥之处在所难免，恳请读者批评指正。

编 者

2010年6月

主 要 符 号 表

$\boldsymbol{a}$	加速度
$\boldsymbol{a}_{\mathrm{n}}$	法向加速度
$\boldsymbol{a}_{\mathrm{t}}$	切向加速度
$\boldsymbol{a}_{\mathrm{a}}$	绝对加速度
$\boldsymbol{a}_{\mathrm{r}}$	相对加速度
$\boldsymbol{a}_{\mathrm{e}}$	牵连加速度
$\boldsymbol{a}_{\mathrm{C}}$	科氏加速度
A	面积，自由振动振幅
C	质心，重心
e	恢复因数，偏心距
$\boldsymbol{e}_{\mathrm{t}}$	切向单位矢量
$\boldsymbol{e}_{\mathrm{n}}$	主法向单位矢量
$\boldsymbol{e}_{\mathrm{b}}$	副法向单位矢量
f	频率，动摩擦因数
f_{s}	静摩擦因数
$\boldsymbol{F}$	力
$\boldsymbol{F}_{\mathrm{I}}$	惯性力
$\boldsymbol{F}_{\mathrm{R}}$	主矢或合力
$\boldsymbol{F}'_{\mathrm{R}}$	合力
$\boldsymbol{F}_{\mathrm{s}}$	静滑动摩擦力
$\boldsymbol{F}_{\mathrm{N}}$	法向约束力
$\boldsymbol{F}_{\mathrm{Ie}}$	牵连惯性力
$\boldsymbol{F}_{\mathrm{IC}}$	科氏惯性力
$\boldsymbol{F}^{(\mathrm{e})}$	外力
$\boldsymbol{F}^{(\mathrm{i})}$	内力
$\boldsymbol{F}_{\mathrm{Q}}$	广义力
$\boldsymbol{g}$	重力加速度
h	高度
$\boldsymbol{i}$	轴 x 的单位矢量
$\boldsymbol{I}$	冲量
$\boldsymbol{j}$	轴 y 的单位矢量
J_z	刚体对轴 z 的转动惯量
J_{xy}	刚体对轴 x、y 的惯性积
J_C	刚体对质心的转动惯量
k	弹簧刚度系数
$\boldsymbol{k}$	轴 z 的单位矢量
l	长度
L	拉格朗日函数
$\boldsymbol{L}_O$	刚体对点 O 的动量矩
$\boldsymbol{L}_C$	刚体对质心的动量矩
L_z	刚体对 z 轴的动量矩
m	质量
M	平面力偶矩
$M_z(\boldsymbol{F})$	力 $\boldsymbol{F}$ 对轴 z 的矩
$\boldsymbol{M}$	力偶矩矢，主矩
$\boldsymbol{M}_O(\boldsymbol{F})$	力 $\boldsymbol{F}$ 对点 O 的矩
$\boldsymbol{M}_{\mathrm{I}}$	惯性力的主矩
n	质点数目
O	参考坐标系的原点
$\boldsymbol{p}$	动量
P	功率
$\boldsymbol{P}$	重力

q 荷载集度，广义坐标

q_V 体积流量

r 半径

$\boldsymbol{r}$ 矢径

$\boldsymbol{r}_O$ 点 O 的矢径

$\boldsymbol{r}_C$ 质心的矢径

R 半径

s 弧坐标

t 时间

T 动能，周期

$\boldsymbol{v}$ 速度

$\boldsymbol{v}_a$ 绝对速度

$\boldsymbol{v}_r$ 相对速度

$\boldsymbol{v}_e$ 牵连速度

$\boldsymbol{v}_C$ 质心速度

V 体积，势能

W 力的功

$\boldsymbol{W}$ 重力

x，y，z 直角坐标

α 角加速度

$\boldsymbol{\alpha}$ 角加速度矢量

β 角度

γ 角度

δ 滚阻系数，阻尼系数

δ 变分符号

ζ 阻尼比

η 减缩因数，效率

λ 频率比

Λ 对数减缩

ρ 密度，曲率半径

φ 角度坐标

φ_f 摩擦角

ω_0 固有频率

ω 角速度

$\boldsymbol{\omega}$ 角速度矢量

θ 角度，初相角

目 录

第2篇　运　动　学

第3篇　矢量动力学

第 4 篇　分析力学基础

第 5 篇　动 力 学 专 题

绪 论

一、理论力学的研究对象和内容

理论力学是**研究物体机械运动一般规律**的一门学科。按照辩证唯物主义的观点，运动是物质存在的形式，是物质的固有属性，它包括宇宙中发生的一切现象和过程——从简单的位置变化到人的思维活动。机械运动则是所有运动形式中最简单的一种，指的是物体在空间的位置随时间的变化。如车辆的行驶、机器的运转、水的流动、宇宙飞船的运行、建筑物的振动等，都属于机械运动；平衡是机械运动的特殊情况。

理论力学是研究速度远小于光速的宏观物体的机械运动，它以牛顿定律为基础，属于古典力学的范畴。而速度接近于光速的物体和微观粒子的运动，则要用相对论和量子力学进行研究。虽然古典力学有局限性，但在日常生活和一般工程技术（水利、土木、机械、航空、航天等）中，所考察的物体都是宏观物体，且运动速度远小于光速，所以，有关力学问题仍然用古典力学的原理来解决。

本书内容分为以下三部分：

静力学：主要研究物体在力系作用下的平衡规律，包括物体的受力分析，力系的等效简化，力系的平衡条件及其应用。

运动学：仅从几何方面研究物体的运动规律（轨迹、速度、加速度等），而不考虑引起物体运动状态变化的物理因素。

动力学：研究物体的运动与作用在物体上的力之间的关系。

二、理论力学的研究方法

力学的发展完全符合辩证唯物主义认识论。人们通过长期的生活实践、生产实践和科学试验，积累了关于机械运动的丰富材料，经过分析、综合和归纳，总结出力学基本规律，形成力学概念，又回到实践中去加以检验并指导实践；再从实践中获得新的材料，推动理论的进一步发展和完善。

在形成理论力学概念和系统理论的过程中，抽象化和数学演绎这两种方法起着重要的作用。

客观事物总是复杂多样的。对大量来自实践的材料，必须根据所研究问题的性质，抓住主要的、起决定作用的因素，撇开次要的、偶然的因素，深入事物的本质，了解其内部联系，这就是抽象化方法。例如，在某些问题中忽略实际物体的大小和形状，得到质点的力学模型；在另一些问题中忽略实际物体受力后的变形，得到刚体的力学模型。抽象化方法既简化了所研究的问题，又更深刻地反映了事物的本质。但是，抽象必须是科学的，不能不顾条件，随意取舍。

通过抽象化，将长期实践和实验所积累的感性材料加以分析、综合、归纳，得到一些基本的概念和定律或原理，再以这些基本概念、定律或原理为基础，经过严密的数学推演，得到一些定理和公式，构成系统的理论，这就是数学演绎方法。应当注意，数学推演是在经过实践证明其为正确的理论基础上进行的，且由此导出的定理或公式，必须回到实践中去，经过实践检验，证明其为正确时才能成立。理论力学的许多定理都是以牛顿定律为基础，经过严密的数学推导得到的。这些定理揭示了力学中一些物理量之间的内在联系，并经实践证明是正确的，但这些定理也只是在一定范围内才成立。

三、学习理论力学的目的

理论力学是一门理论性较强的技术基础课，在诸多工程技术领域有着广泛的应用。学习理论力学的目的是：

(1) 掌握机械运动的规律，为解决工程问题打下一定的基础。从水利、土木工程中结构物的设计和施工、机械的制造与运转，到宇宙飞船的发射和运行，都有着大量的力学问题，理论力学在解决这些问题时有着广泛的应用。

(2) 为学习后续课程作准备。理论力学是材料力学、结构力学、水力学、流体力学、弹性力学、振动理论、机械原理、机械设计等课程的基础。随着现代科学技术的飞速发展，理论力学的研究内容已渗透到其他科学领域，如生物力学、电磁流体力学、爆炸力学等。

(3) 训练逻辑思维，培养分析问题和解决问题的能力，为今后解决生产实际问题、从事科学研究工作打下基础。理论力学的理论来源于实践又服务于实践，既抽象又紧密结合实际，研究的问题涉及面广，且系统性、逻辑性强。这有助于培养辩证唯物主义世界观，培养正确的分析问题和解决问题的能力。

第1篇 静 力 学

静力学主要研究**物体在力的作用下的平衡问题**。

平衡是机械运动的一种特殊情形，即物体相对于惯性坐标系[1]处于静止状态或做匀速直线运动的情形。在一般工程问题中，平衡是指相对于地球的平衡，特别是指相对于地球的静止。实践证明，应用静力学的理论来解答这些问题，得到的结果是足够精确的。

静力学所研究的物体都被看作**刚体**（rigid body），因此静力学也称为**刚体静力学**。刚体是指这样一种物体：当其受到力的作用时，大小和形状都保持不变，即不发生**变形**（deformation）。事实上刚体是不存在的，它只是一种理想化的力学模型。实际物体受力作用时，或多或少都将发生变形。但多数情况下，在研究物体的平衡或运动时，变形只是次要因素，可忽略不计，因而可将实际物体看作刚体[2]。

通常，作用于物体的力不止一个而是若干个，这若干个力总称为**力系**（force system）。如果两个力系作用于同一物体产生同样的效果，则这两个力系互为**等效力系**（equivalent force system）。如果一个力与一个力系等效，则该力称为**合力**（resultant force）。如果一个力系作用于某一物体而使其保持平衡，则该力系称为**平衡力系**（force system of equilibrium）。一个力系必须满足某些条件才能成为平衡力系，这些条件称为**平衡条件**（condition of equilibrium）。研究物体的平衡问题，实际上就是研究作用于物体的力系的平衡条件及其应用。

作用于物体的力系往往较为复杂，在研究物体的运动或平衡问题时，需要将复杂的力系加以**简化**（reduction），即将复杂力系变换成另一个较简单的等效力系。

静力学将研究三个问题：

1）物体的受力分析；

2）力系的等效简化；

3）力系的平衡条件及其应用。

工程中有大量的静力学问题。例如在土木、水利工程中，用移动式吊车起吊重物时，必须根据平衡条件确定起重量不超过多少才不致翻倒；设计屋架时，必须将所受的重力、风压力、雪压力等加以简化，再根据平衡条件求出各杆所受的力，据以确定各杆横截面的尺寸；设计闸、坝、桥梁等建筑时，必须进行受力分析，以得到既安全又经济的设计方案。在机械工程中，进行机械设计时，往往要应用静力学理论分析机械零部件的受力情况，作为强度计算的依据。对于运转速度缓慢或速度变化不大的零部件的受力分析，通常都可简化为平衡问题来处理。除此以外，静力学中关于力系简化的理论，将直接应用于动力学中；而动力学问题也可在形式上变换为平衡问题来求解。可见静力学理论在生产实践中应用很广，在力学理论上也是很重要的。

---

[1] 惯性坐标系是指适用牛顿定律的坐标系，在动力学里将详细说明。

[2] 本篇中，除特别说明外，文中的“物体”都指刚体。

第1章　基本概念及基本原理

力和力偶是力学中的两个基本物理量。本章将介绍与力、力偶有关的基本概念以及相应基本量的计算，并介绍静力学基本原理。

第1节　力 的 概 念

力是物体间的相互机械作用，这种作用使物体的运动状态发生改变，或使物体产生变形。实践表明，力对物体的作用效应取决于力的大小、方向和作用点三个要素。

在我国法定计量单位中，力的单位是N（牛顿）或kN（千牛）。力的方向包含方位和指向两个意思，如铅直向上。力的作用点是指力在物体上的作用位置，通常力是作用在一定面积上的**分布力**（distributed force），若分布力作用的面积很小，可抽象成为一个点，即力的作用点，则这种作用于一点的力称为**集中力**（concentrated force）。过力的作用点沿力的方向作一直线，该直线称为**力的作用线**。

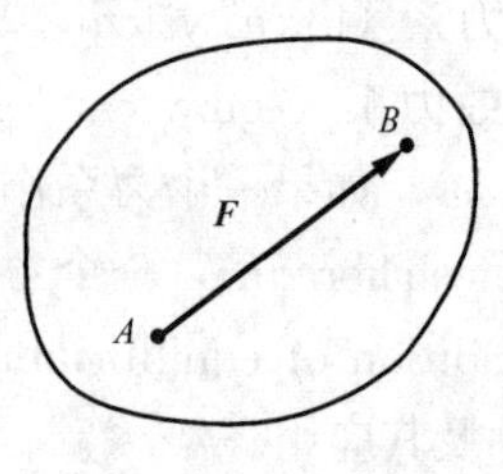

图1-1　力的矢量表示

力具有大小和方向，且服从矢量的平行四边形法则，所以力是**矢量**[1]。矢量可用有向线段来表示，线段的长度表示力的大小，箭头指向表示力的方向，线段的始端或终端表示力的作用点（图1-1）。

第2节　静力学基本原理

静力学中用到的几个原理是人们在生活和生产实践中长期积累的经验总结，并得到实践的反复检验。

1. 二力平衡原理（equilibrium principle of two forces）

作用于同一刚体的两个力使刚体平衡的充分必要条件是：这两个力大小相等，方向相反，且作用在同一直线上。

只受两个力作用而平衡的杆件称为**二力杆**（two-force member），二力杆中两个力的作用线必沿这两个力作用点的连线。

2. 加减平衡力系原理（principle of added or moved equilibrium force system）

在任一力系中加上一个平衡力系，或从其中减去一个平衡力系，所得新力系与原力系对于刚体的运动效应相同。

3. 力的平行四边形法则（parallelogram law of force）

共点的两个力可以合成为一个合力，合力的作用点也在该点，大小和方向由以这两个力为邻边构成的平行四边形的对角线来确定［图1-2（a）］。用矢量表示为$\boldsymbol{F}_R=\boldsymbol{F}_1+\boldsymbol{F}_2$。

[1] 矢量用黑斜体字母表示，矢量的大小用相应的白斜体字母表示。

为求合力 $\boldsymbol{F}_R$ 的大小和方向，可将 $\boldsymbol{F}_1$、$\boldsymbol{F}_2$ 首尾相连构成开口的力三角形，该力三角形的闭合边就是合力 $\boldsymbol{F}_R$ [图 1-2 (b)]，这种合成方法称为**力的三角形法则**（triangle law of force）。

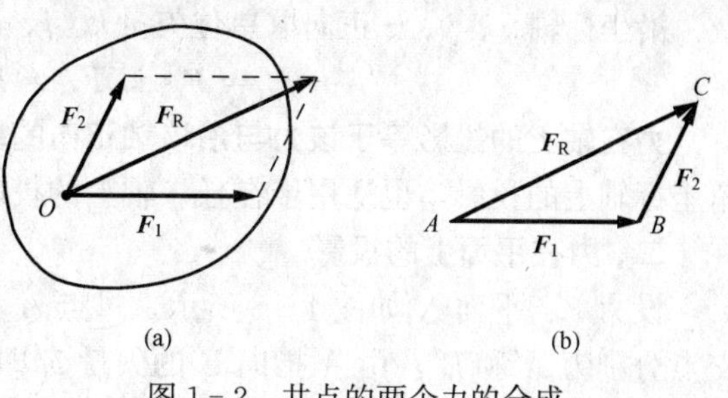

图 1-2　共点的两个力的合成

应用上述原理，可导出下面两个推论（请读者自行推证）。

推论 1　力的可传性（transmissibility of a force）：作用于刚体的力可沿其作用线移动而不致改变其对刚体的作用效应。

此推论表明，对刚体而言，力的作用点已不再是决定力的作用效应的要素，它被力的作用线所取代。作用在刚体上的力是**滑移矢量**（sliding vector），但作用在变形体上的力却是**固定矢量**（fixed vector）。

推论 2　三力平衡原理（equilibrium principle of three forces）：若作用于同一刚体的共面而不平行的三个力使刚体平衡，则这三个力的作用线必汇交于一点。

4. 作用与反作用定律（principle of action and reaction）

两物体间相互作用的力（作用力与反作用力）同时存在、大小相等、方向相反，沿同一作用线分别作用在这两个物体上。

5. 刚化原理（principle of rigidization）

设变形体在某一力系的作用下处于平衡，若将此变形体刚化为刚体，则其平衡状态不变。

此原理表明了刚体平衡条件和变形体平衡条件之间的关系，扩大了刚体静力学的应用范围。但是，刚体平衡的充分与必要条件，只是变形体平衡的必要条件，而非充分条件。

第 3 节　力的投影与力的分解

一、力在轴上的投影

设力 $\boldsymbol{F}$、轴 x 如图 1-3 所示，过点 A 和 B 分别作垂直于轴 x 的平面，两平面与轴 x 的交点分别为 a 和 b，ab 取适当的正负号即为力 $\boldsymbol{F}$ 在轴 x 上的投影。设轴 x' 与轴 x 平行，力 $\boldsymbol{F}$ 与轴 x' 正向的夹角为 θ，则力 $\boldsymbol{F}$ 在轴 x 上的投影为

$$F_x = F\cos\theta \tag{1-1}$$

力在轴上的投影为代数量，可以为正或为负，也可以为零。

设力 $\boldsymbol{F}$ 与直角坐标轴 x、y、z 正向的夹角分别为 θ_1、θ_2、θ_3（图 1-4），则力 $\boldsymbol{F}$ 在轴 x、y、z 上的投影分别为

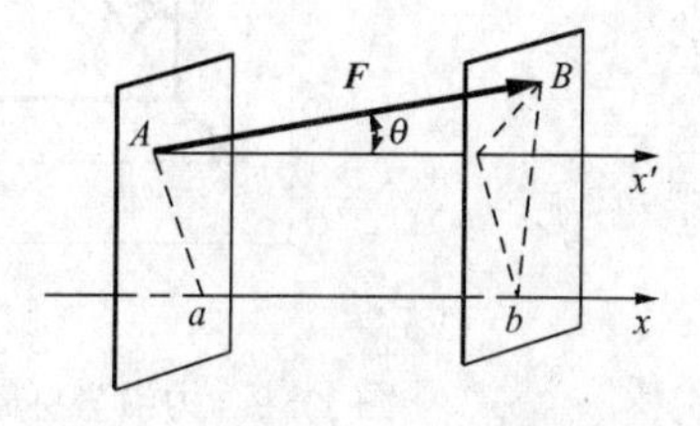

图 1-3　力在轴上的投影

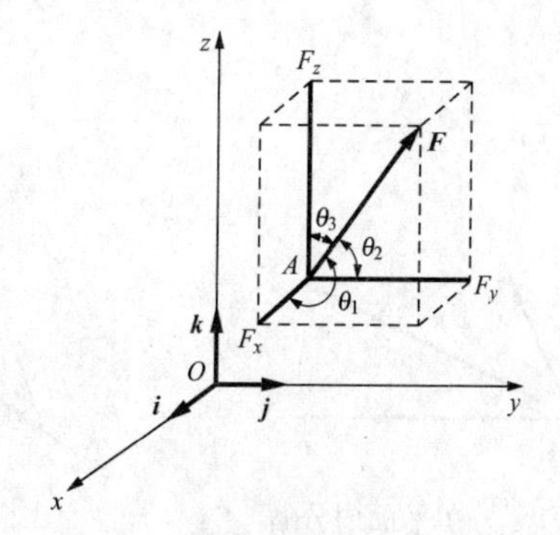

图 1-4　力在坐标轴上的投影

$$F_x = F\cos\theta_1, F_y = F\cos\theta_2, F_z = F\cos\theta_3 \tag{1-2}$$

沿坐标轴 x、y、z 正向取单位矢量 $\boldsymbol{i}$、$\boldsymbol{j}$、$\boldsymbol{k}$，则式（1-2）可写成

$$F_x = \boldsymbol{F}\cdot\boldsymbol{i}, F_y = \boldsymbol{F}\cdot\boldsymbol{j}, F_z = \boldsymbol{F}\cdot\boldsymbol{k} \tag{1-3}$$

力在轴上的投影等于该力与沿该轴正向的单位矢量之标积。这个结论不仅适用于力在直角坐标轴上的投影，也适用于在任一轴上的投影。

二、力在平面上的投影

设力 $\boldsymbol{F}$、平面 N 如图1-5所示，过点 A 和 B 分别作平面 N 的垂线，两垂线与平面的交点分别为 A' 和 B'，由 A' 指向 B' 的矢量 $\boldsymbol{F}'$ 即为力 $\boldsymbol{F}$ 在平面 N 上的投影。设力 $\boldsymbol{F}$ 与平面 N 之间的夹角为 θ，则力 $\boldsymbol{F}$ 在平面 N 上投影的大小为

$$F' = F|\cos\theta| \tag{1-4}$$

设力 $\boldsymbol{F}$ 与轴 z 正向的夹角为 γ，$\boldsymbol{F}$ 在平行于 xy 的平面上的投影 $\boldsymbol{F}'$ 与轴 x 正向的夹角为 θ（图1-6），则力 $\boldsymbol{F}$ 在轴 x、y、z 上的投影分别为

$$\left.\begin{aligned} F_x &= F'\cos\theta = F\sin\gamma\cos\theta \\ F_y &= F'\sin\theta = F\sin\gamma\sin\theta \\ F_z &= F\cos\gamma \end{aligned}\right\} \tag{1-5}$$

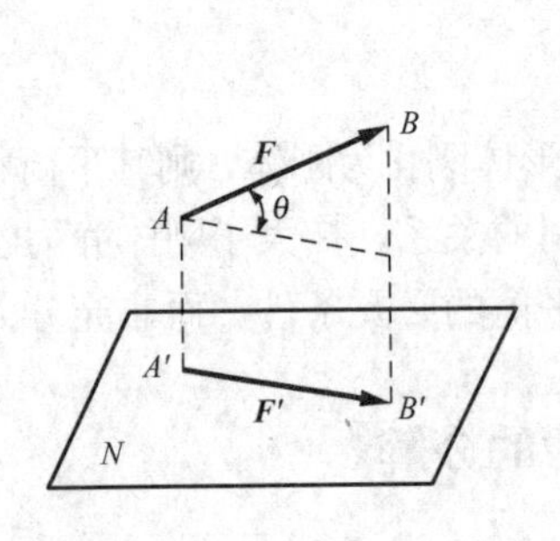

图1-5 力在平面上的投影

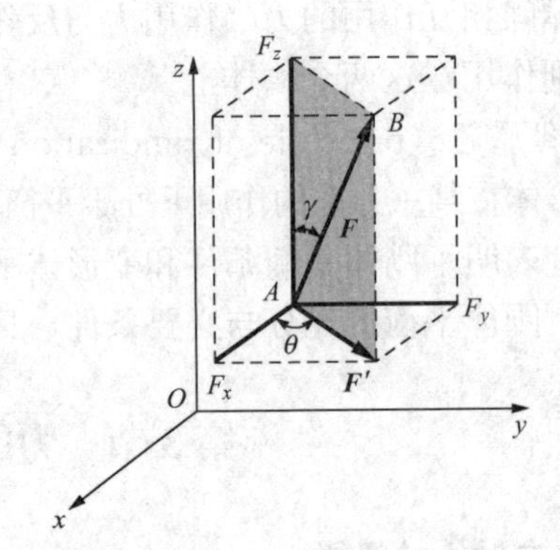

图1-6 力在坐标轴上的投影

三、力的分解

利用平行四边形法则可将一个力 $\boldsymbol{F}$ 分解为与之共面而方位已知的两个力 $\boldsymbol{F}_1$ 和 $\boldsymbol{F}_2$（图1-7）。利用平行六面体法则可将一个力 $\boldsymbol{F}$ 分解为不共面但方位已知的三个力 $\boldsymbol{F}_1$、$\boldsymbol{F}_2$ 和 $\boldsymbol{F}_3$（图1-8）。

将一个力 $\boldsymbol{F}$ 沿直角坐标轴 x、y、z 分解成 $\boldsymbol{F}_x$、$\boldsymbol{F}_y$ 和 $\boldsymbol{F}_z$（图1-9），则有 $\boldsymbol{F}=\boldsymbol{F}_x+\boldsymbol{F}_y+\boldsymbol{F}_z$。

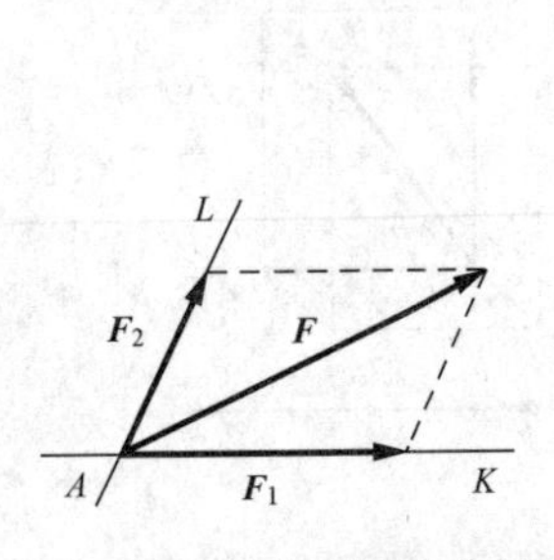

图1-7 力在平面内分解

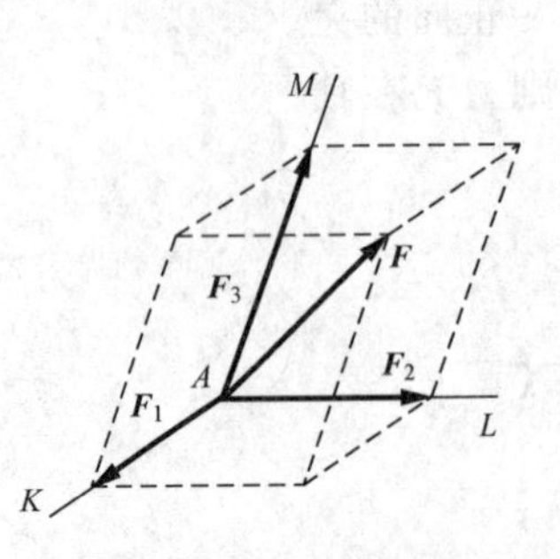

图1-8 力在空间分解

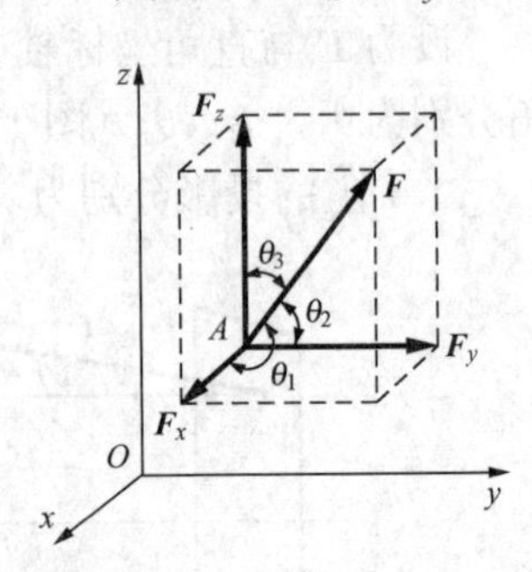

图1-9 力沿坐标轴分解

根据矢量分解公式，有 $\boldsymbol{F}=F_x\boldsymbol{i}+F_y\boldsymbol{j}+F_z\boldsymbol{k}$。显然，力沿直角坐标轴的分力的模等于力在直角坐标轴上的投影的绝对值。

第4节　力　　矩

一、力对点的矩

力对物体的转动效应用**力矩**（moment）来度量。

平面力系问题中，力对点的矩是代数量。设力 $\boldsymbol{F}$ 作用在物体上（图1-10），点 O（称为矩心）至力 $\boldsymbol{F}$ 的垂直距离为 d（称为力臂），则力 $\boldsymbol{F}$ 对点 O 的矩为

$$M_O(\boldsymbol{F})=\pm Fd \tag{1-6}$$

力对点的矩的正负号规定是：力使物体绕矩心逆时针转动取正号；反之，取负号。力矩的单位是 N·m 或 kN·m。

空间力系问题中，力对点的矩是矢量。因为空间力系中各个力分别和矩心构成不同的平面，各力对矩心 O 的矩，不仅与各力矩的大小及其在各自平面内的转向有关，而且与各力和矩心所构成的平面方位有关，所以力对点的矩不能用一个代数量来表示，而须用一个矢量来表示。设力 $\boldsymbol{F}$ 的作用点 A 对矩心 O 的矢径为 $\boldsymbol{r}$（图1-11），则力 $\boldsymbol{F}$ 对点 O 的矩为

$$\boldsymbol{M}_O(\boldsymbol{F})=\boldsymbol{r}\times\boldsymbol{F} \tag{1-7}$$

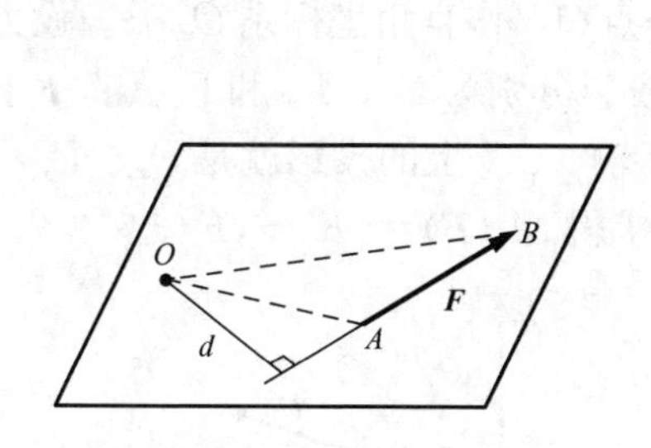

图1-10　力对点的矩

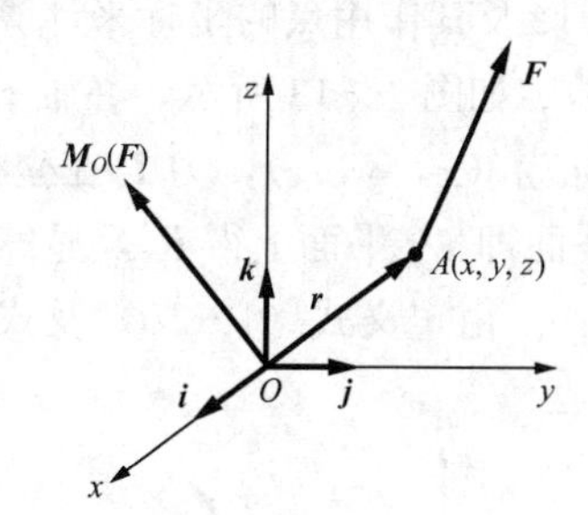

图1-11　力对点的矩的矢积表示

即力对点的矩等于该力作用点对矩心的矢径与该力的矢积。

注意，力矩 $\boldsymbol{M}_O(\boldsymbol{F})$ 与矩心位置有关，是固定矢量，应画在矩心上。矢量 $\boldsymbol{M}_O(\boldsymbol{F})$ 垂直于点 O 与力 $\boldsymbol{F}$ 所决定的平面，指向按右手螺旋法则确定。即令力矩的转向为右手螺旋转动的方向，螺旋前进方向就是 $\boldsymbol{M}_O(\boldsymbol{F})$ 的方向。

当力 $\boldsymbol{F}$ 沿其作用线移动时，由于 $\boldsymbol{F}$ 的大小、方向以及由点 O 到力的作用线的垂直距离都不变，力 $\boldsymbol{F}$ 与矩心 O 构成的平面的方位也不变，由式（1-7）可知，力对点 O 的矩也不变，**即力对点的矩不因力沿其作用线移动而改变。**

过矩心 O 取直角坐标系 $Oxyz$（图1-11），设力 $\boldsymbol{F}$ 的作用点 A 的坐标为 $(x,\ y,\ z)$，力在直角坐标轴上的投影分别为 F_x、F_y 和 F_z，则式（1-7）可表示为

$$\boldsymbol{M}_O(\boldsymbol{F})=\boldsymbol{r}\times\boldsymbol{F}=\begin{vmatrix}\boldsymbol{i} & \boldsymbol{j} & \boldsymbol{k}\\ x & y & z\\ F_x & F_y & F_z\end{vmatrix}$$

$$=(yF_z-zF_y)\boldsymbol{i}+(zF_x-xF_z)\boldsymbol{j}+(xF_y-yF_x)\boldsymbol{k} \tag{1-8}$$

对于平面力系问题，取各力所在平面为 xy 面，则任一力的作用点坐标 $z=0$，力在轴 z 上的投影 $F_z=0$，式（1-8）简化为只与 $\boldsymbol{k}$ 相关的一项。这时可将力 $\boldsymbol{F}$ 对点 O 的矩作为代数量，得到

$$M_O(\boldsymbol{F})=\begin{vmatrix} x & y \\ F_x & F_y \end{vmatrix}=xF_y-yF_x \tag{1-9}$$

二、力对轴的矩

力对轴的矩是力使物体绕轴转动的效应的度量。

力对轴的矩等于该力在垂直于该轴的平面上的投影对该轴与该平面交点的矩。

设力 $\boldsymbol{F}$ 及轴 z 如图 1-12 所示，任取一平面 N 垂直于轴 z，命轴 z 与平面 N 的交点为 O。将力 $\boldsymbol{F}$ 投影到平面 N 上，得 $\boldsymbol{F}'$。设点 O 至 $\boldsymbol{F}'$ 的垂直距离为 d，则力 $\boldsymbol{F}$ 对轴 z 的矩等于 $\boldsymbol{F}'$ 对点 O 的矩，即

$$M_z(\boldsymbol{F})=M_O(\boldsymbol{F}')=\pm F'd \tag{1-10}$$

式（1-10）中的正负号按右手螺旋法则确定，即令力矩的转向为右手螺旋转动的方向，螺旋前进方向与轴 z 的正向一致，取正号；反之，取负号。

由定义知，当力与轴平行（即 $F'=0$）或力与轴相交（即 $d=0$）时，力对轴的矩等于零。即力与轴共面时，力对轴的矩等于零。

在许多问题中，直接根据定义计算力对轴的矩，往往很不方便。因此，常利用力在直角坐标轴上的投影及其作用点的坐标来计算力对轴的矩。

力 $\boldsymbol{F}$ 及轴 z 如图 1-13 所示，在轴 z 上任选一点 O，作直角坐标系 $Oxyz$。设力 $\boldsymbol{F}$ 的作用点 A 的坐标为（x，y，z），力 $\boldsymbol{F}$ 在坐标轴上的投影分别为 F_x、F_y 和 F_z。将 $\boldsymbol{F}$ 投影到垂直于轴 z 的平面即 xy 平面上得 $\boldsymbol{F}'$，显然 $\boldsymbol{F}'$ 在坐标轴 x、y 上的投影就是 F_x、F_y，而 A' 的坐标就是 x、y。由定义式（1-10）及式（1-9）求得 $M_z(\boldsymbol{F})=xF_y-yF_x$。

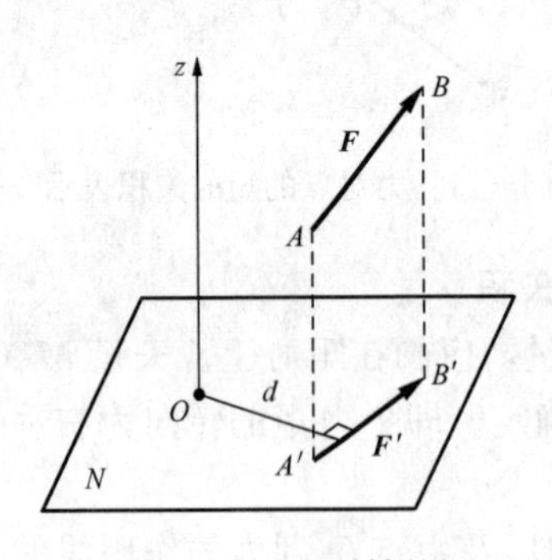

图 1-12 力对轴的矩

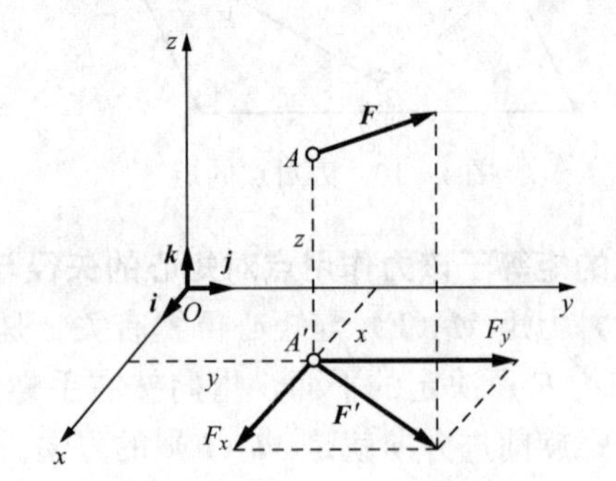

图 1-13 力对坐标轴的矩

用相似方法可求得 $\boldsymbol{F}$ 对轴 x 及对轴 y 的矩。这样就得到

$$M_x(\boldsymbol{F})=yF_z-zF_y,\ M_y(\boldsymbol{F})=zF_x-xF_z,\ M_z(\boldsymbol{F})=xF_y-yF_x \tag{1-11}$$

三、力对点的矩与力对轴的矩的关系

力对点的矩与对轴的矩两者既有差别，又有联系。比较式（1-8）和式（1-11），可知式（1-8）中各单位矢量前面的系数分别等于力 $\boldsymbol{F}$ 对轴 x、y、z 的矩。由矢量分解公式可知，$\boldsymbol{M}_O(\boldsymbol{F})$ 在各轴上的投影分别等于力 $\boldsymbol{F}$ 对各轴的矩。因为坐标轴 x、y、z 是任取的，于是得到力矩关系定理：**力对点的矩在经过该点的任一轴上的投影等于该力对该轴的矩。**

若轴 ξ 为通过坐标原点 O 的任一轴，沿该轴的单位矢量 $\boldsymbol{e}$ 在坐标系 $Oxyz$ 中的方向余弦为 l_1、l_2、l_3，则

$$M_\xi(\boldsymbol{F})=\boldsymbol{e}\cdot\boldsymbol{M}_O(\boldsymbol{F})=M_x(\boldsymbol{F})l_1+M_y(\boldsymbol{F})l_2+M_z(\boldsymbol{F})l_3 \tag{1-12}$$

或写成

$$M_\xi(\boldsymbol{F})=\boldsymbol{e}\cdot(\boldsymbol{r}\times\boldsymbol{F})=\begin{vmatrix} l_1 & l_2 & l_3 \\ x & y & z \\ F_x & F_y & F_z \end{vmatrix} \tag{1-13}$$

【例1-1】 在图1-14中，已知 $F=200\text{N}$，求力 $\boldsymbol{F}$ 分别对三个坐标轴的矩以及对点 O 的矩。

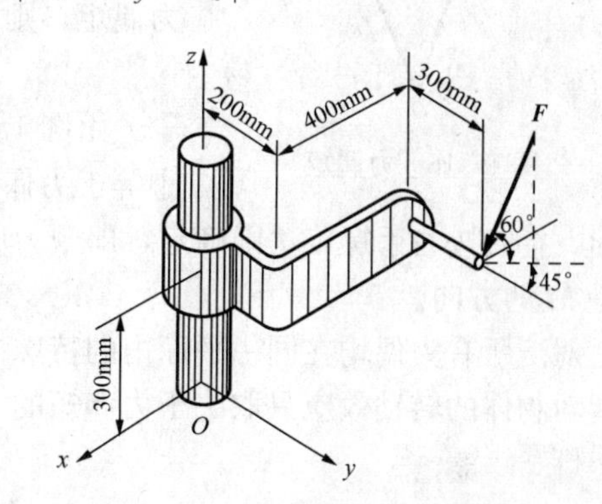

图1-14 [例1-1] 图

解 按式（1-11）计算力对轴的矩。力 $\boldsymbol{F}$ 在坐标轴上的投影为

$$F_x=F\cos60^\circ\sin45^\circ=50\sqrt{2}\text{ N}$$

$$F_y=-F\cos60^\circ\cos45^\circ=-50\sqrt{2}\text{ N}$$

$$F_z=-F\sin60^\circ=-100\sqrt{3}\text{ N}$$

力的作用点的坐标为 $x=-0.4\text{m}$，$y=0.5\text{m}$，$z=0.3\text{m}$，则

$$M_x(\boldsymbol{F})=yF_z-zF_y=0.5\times(-100\sqrt{3})-0.3\times(-50\sqrt{2})=-65.4\text{ N}\cdot\text{m}$$

$$M_y(\boldsymbol{F})=zF_x-xF_z=0.3\times50\sqrt{2}-(-0.4)\times(-100\sqrt{3})=-48.1\text{ N}\cdot\text{m}$$

$$M_z(\boldsymbol{F})=xF_y-yF_x=(-0.4)\times(-50\sqrt{2})-0.5\times50\sqrt{2}=-7.1\text{ N}\cdot\text{m}$$

$$\boldsymbol{M}_O(\boldsymbol{F})=-65.4\boldsymbol{i}-48.1\boldsymbol{j}-7.1\boldsymbol{k}\text{ N}\cdot\text{m}$$

第5节　力　偶

一、力偶　力偶矩

大小相等、方向相反、作用线不同的两个力 $\boldsymbol{F}$ 和 $\boldsymbol{F}'$ 组成的力系称为**力偶**（couple），记为（$\boldsymbol{F}$，$\boldsymbol{F}'$）（图1-15）。力偶中两个力所在的平面称为**力偶的作用面**，两个力作用线之间的垂直距离 d 称为**力偶臂**。

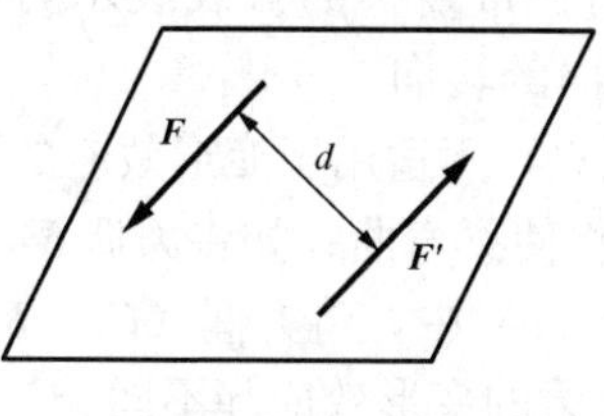

图1-15　力偶

力偶是一个特殊的力系，它不能合成为一个合力（因其矢量和等于零），力偶中的两个力也不能成平衡（因不满足二力平衡条件）。力偶与力一样，是一个力学基本量。

力偶不能合成为一个力，即力偶不能用一个力代替，可见力偶对物体的效应与一个力对物体的效应不同。一个力对物体有移动效应和转动效应，而一个力偶对物体却只有转动效应，没有移动效应。怎样量度力偶的转动效应呢？前面讲过，力对物体的转动效应是用力矩来表示的，力偶对物体绕某点转动的效应用力偶中的两个力对该点的矩之和来量度。

设力偶（$\boldsymbol{F}$，$\boldsymbol{F}'$）的作用面为 N（图1-16）。任取一点 O，命 $\boldsymbol{F}$ 及 $\boldsymbol{F}'$ 的作用点 A 及 B 对点 O 的矢径为 $\boldsymbol{r}_A$ 及 $\boldsymbol{r}_B$，点 A 相对点 B 的矢径为 $\boldsymbol{r}_{AB}$。由图知 $\boldsymbol{r}_A=\boldsymbol{r}_B+\boldsymbol{r}_{AB}$，而 $\boldsymbol{F}'=-\boldsymbol{F}$。

于是，力偶中的两个力对点O的矩之和为

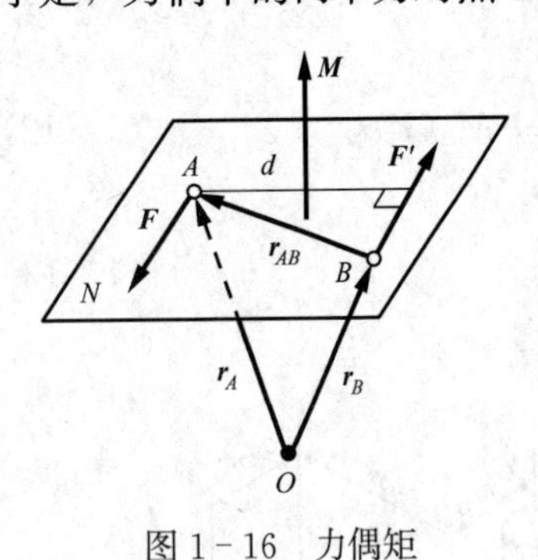

图1-16 力偶矩

$$\begin{aligned} \boldsymbol{M}_O(\boldsymbol{F}, \boldsymbol{F}') &= \boldsymbol{r}_A \times \boldsymbol{F} + \boldsymbol{r}_B \times \boldsymbol{F}' \\ &= \boldsymbol{r}_A \times \boldsymbol{F} + \boldsymbol{r}_B \times (-\boldsymbol{F}) \\ &= (\boldsymbol{r}_A - \boldsymbol{r}_B) \times \boldsymbol{F} = \boldsymbol{r}_{AB} \times \boldsymbol{F} \end{aligned}$$

矢积$\boldsymbol{r}_{AB} \times \boldsymbol{F}$是一个矢量，称为**力偶矩**（moment of couple），因矢积$\boldsymbol{r}_{AB} \times \boldsymbol{F}$与点$O$的位置无关，所以用矢量$\boldsymbol{M}$代表力偶矩，则

$$\boldsymbol{M} = \boldsymbol{r}_{AB} \times \boldsymbol{F} \tag{1-14}$$

由图1-16可知，力偶矩$\boldsymbol{M}$的模等于Fd，即力偶矩的大小等于力偶中力的大小与力偶臂的乘积；$\boldsymbol{M}$垂直于力偶的作用面，指向按右手螺旋法则确定，即令力偶矩的转向为右手螺旋转动的方向，螺旋前进方向就是$\boldsymbol{M}$的方向。

对于所有力偶均在同一平面内的特殊情况（即平面问题），因力偶的作用面的方位一定，力偶对物体的转动效应只取决于力偶矩的大小和力偶矩的转向，所以力偶矩可用代数量来表示，即

$$M = \pm Fd \tag{1-15}$$

正负号规定是：逆时针转向为正，顺时针转向为负。

力偶矩的单位与力矩的单位相同，也是N·m或kN·m。

二、力偶的性质

（1）**力偶没有合力。**即力偶不能用一个力代替，也不能与一个力平衡。

（2）**力偶对任一点的矩就等于力偶矩，与矩心的位置无关。**力偶作用在物体上没有移动效应，只有转动效应，而转动效应又完全取决于力偶矩，可见：**力偶矩相等的两个力偶等效。**据此，又可推出力偶的另外两个性质：

（3）**只要力偶矩保持不变，力偶可在其作用面内及彼此平行的平面内任意搬动而不改变其对物体的效应。**只要不改变力偶矩$\boldsymbol{M}$的大小和方向，不论将$\boldsymbol{M}$画在物体上的什么地方都一样，即力偶矩是**自由矢量**（free vector）。

（4）**只要力偶矩保持不变，可将力偶中力的大小和力偶臂的长短做相应的改变而不致改变其对物体的效应。**力学中和工程上常在力偶的作用面内用一带箭头的弧线表示力偶（图1-17），其中M表示力偶矩的大小，箭头表示力偶在平面内的转向。

注意，性质（3）和（4）只是在研究力偶的运动效应时才成立，不适用于变形效应的研究。例如图1-18（a）中，当力偶M作用在梁AB的B处时，将使梁弯曲；如将力偶M移至A处，虽不影响梁的平衡，但却不能使梁弯曲。再如图1-18（b）中，将力偶（$\boldsymbol{F}_1$，$\boldsymbol{F}_1'$）用力偶矩相等的力偶（$\boldsymbol{F}_2$，$\boldsymbol{F}_2'$）代替，尽管运动效应相同，但对梁的变形效应却不同。

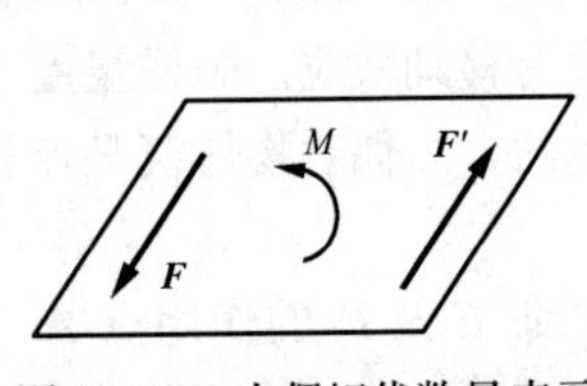

图1-17 力偶矩代数量表示

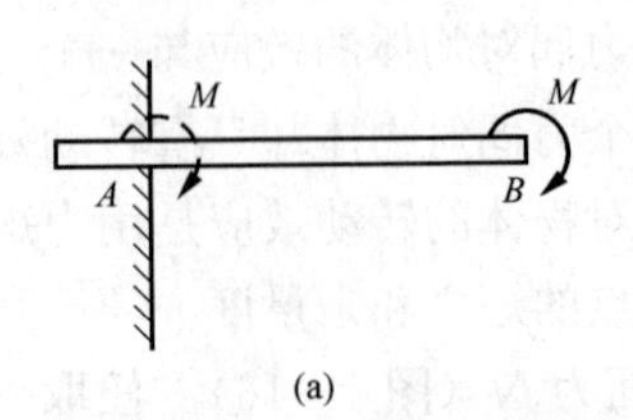

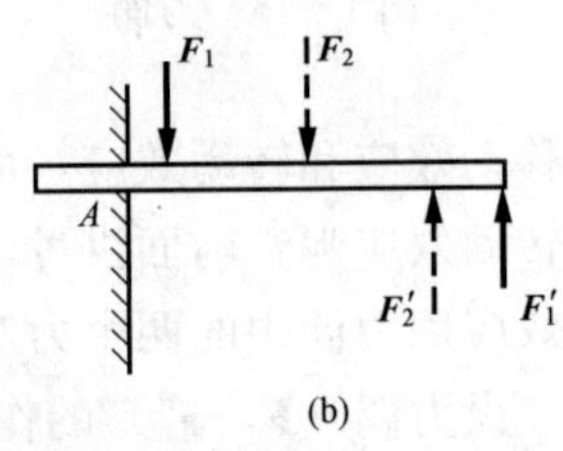

图1-18 力偶的作用效应

思考题

1-1 力沿某轴的分力与在该轴上的投影两者有何区别？力沿某轴的分力的大小是否总是等于力在该轴上的投影的绝对值。

1-2 设有两力 $\boldsymbol{F}_1$、$\boldsymbol{F}_2$，已知 $\boldsymbol{F}_1 \cdot \boldsymbol{n}=\boldsymbol{F}_2 \cdot \boldsymbol{n}$（$\boldsymbol{n}$ 为沿某一轴的单位矢量），试问由上式是否可得 $\boldsymbol{F}_1=\boldsymbol{F}_2$？

1-3 图1-19中的圆轮分别在力 $\boldsymbol{F}$ 和矩为 M 的力偶作用下产生相同的转动效应，这是否说明一个力与一个力偶等效？

1-4 试证明力偶对一轴的矩等于力偶矩的矩矢在该轴上的投影。

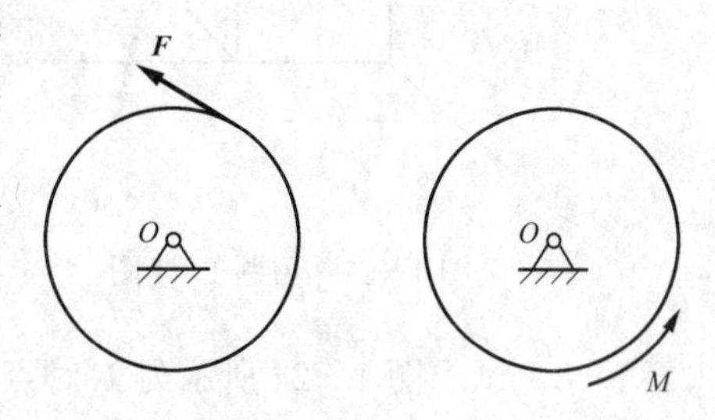

图1-19 思考题1-3图

习题

1-1 支座受力 $\boldsymbol{F}$，已知 $F=10$kN，方向如图1-20所示，求力 $\boldsymbol{F}$ 沿 x、y 轴及沿 x'、y'轴分解的结果，并求力 $\boldsymbol{F}$ 在各轴上的投影。

1-2 一力 $\boldsymbol{F}$ 在夹角为 θ 的两轴所在平面内，并已知力 $\boldsymbol{F}$ 在两轴上的投影分别为 F_1、F_2，求力 $\boldsymbol{F}$ 的大小。若沿两轴的单位矢量为 $\boldsymbol{e}_1$、$\boldsymbol{e}_2$，列出 $\boldsymbol{F}$ 的矢量表达式。

1-3 试计算图1-21中 $\boldsymbol{F}_1$、$\boldsymbol{F}_2$、$\boldsymbol{F}_3$ 三个力分别在 x、y、z 轴上的投影。已知 $F_1=2$kN，$F_2=1$kN，$F_3=3$kN。

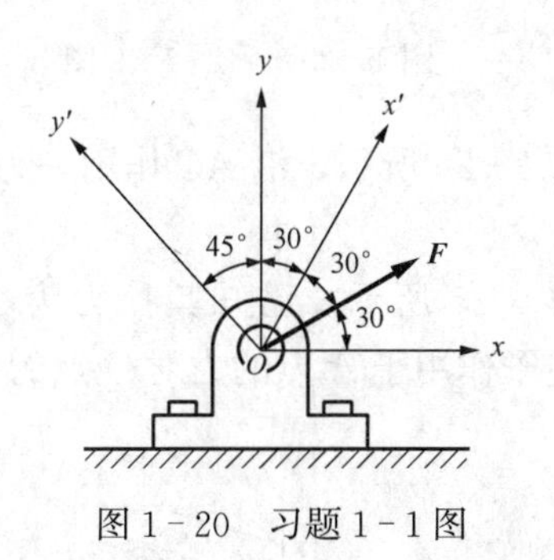

图1-20 习题1-1图

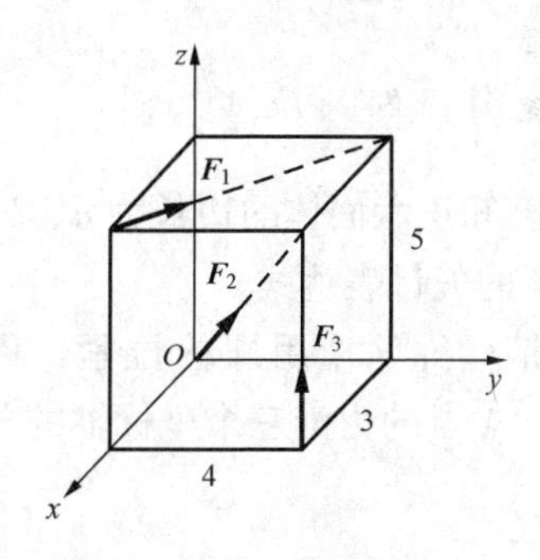

图1-21 习题1-3图

1-4 如图1-22所示，已知 $F=10$kN，求 $\boldsymbol{F}$ 在三直角坐标轴上的投影（图中长度单位为m）。

1-5 力 $\boldsymbol{F}$ 沿正六面体的对顶线 AB 作用如图1-23所示，$F=100$N，求 $\boldsymbol{F}$ 在 ON 上的投影（图中长度单位为mm）。

1-6 两个大小相等的力，当夹角为 2θ 时，它们的合力等于当此两力夹角为 2φ 时的合力的两倍，试证明 $\cos\theta=2\cos\varphi$。

1-7 已知相交的两个力 $\boldsymbol{F}_1$、$\boldsymbol{F}_2$ 的合力 $F_R=F_1$，试证明当 $\boldsymbol{F}_1$ 值增大一倍时，新的合力与 $\boldsymbol{F}_2$ 垂直。

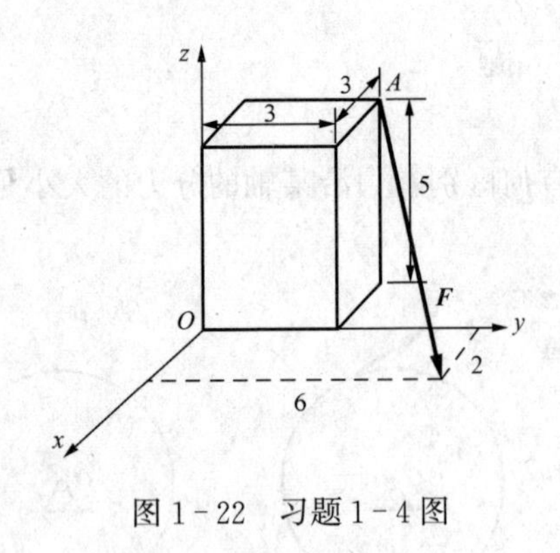

图1-22 习题1-4图

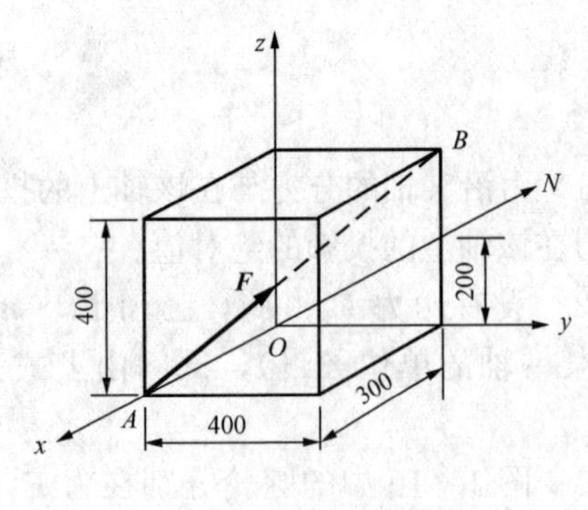

图1-23 习题1-5图

1-8 试求图1-24所示力$\boldsymbol{F}$对点A的矩，已知$r_1=0.2\text{m}$，$r_2=0.5\text{m}$，$F=300\text{N}$。

1-9 试求图1-25所示绳子张力$\boldsymbol{F}$对A点及对B点的矩。已知$F=10\text{kN}$，$l=2\text{m}$，$R=0.5\text{m}$，$\theta=30°$。

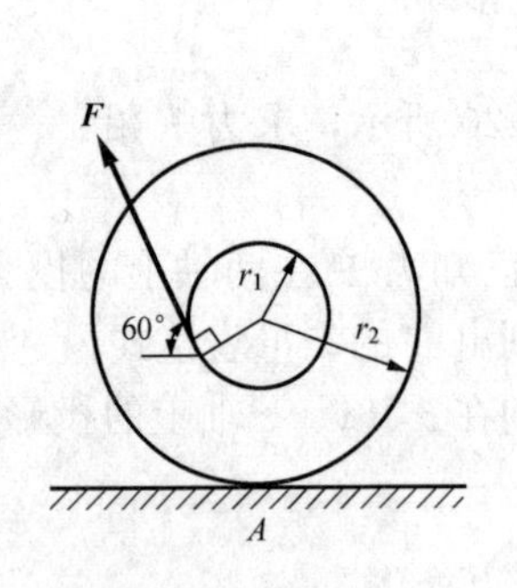

图1-24 习题1-8图

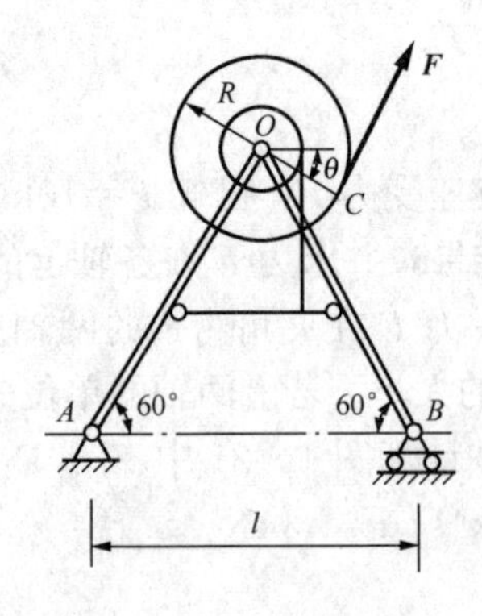

图1-25 习题1-9图

1-10 已知正六面体的边长为a、b、c，如图1-26所示，沿AC作用一力$\boldsymbol{F}$，试求力$\boldsymbol{F}$对O点的矩的矢量表达式。

1-11 钢丝绳AB用螺栓拉紧，尺寸如图1-27所示。已知其拉力为1.2kN，求：①绳子作用于A点的力沿三个坐标轴的分力；②绳子作用于A点的力对O点的力矩。

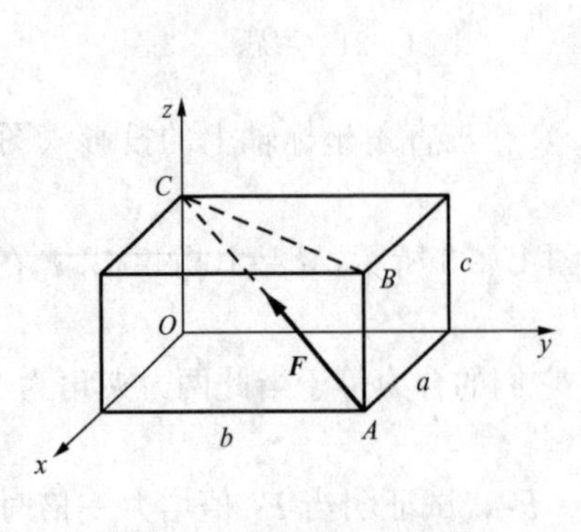

图1-26 习题1-10图

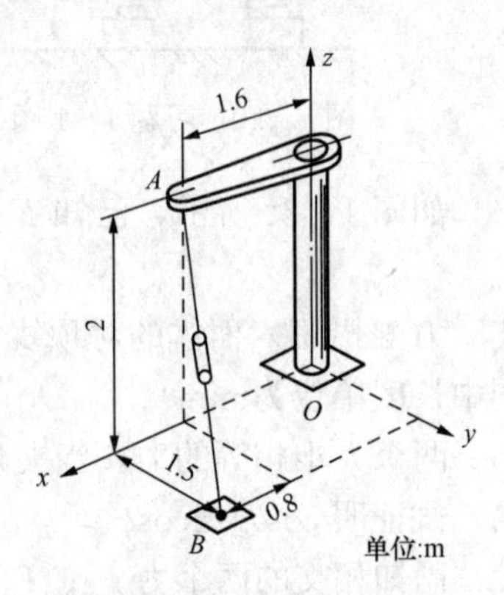

图1-27 习题1-11图

1－12　已知 F＝10kN，$\boldsymbol{F}$ 作用线由 A（0，2，4）点指向 B（1，1，0）点，试写出该力对坐标原点 O 的矩的矢量表达式。长度单位为 m。

1－13　已知力 $\boldsymbol{F}=2\boldsymbol{i}-3\boldsymbol{j}+\boldsymbol{k}$，其作用点 A 的位置矢 $\boldsymbol{r}_A=3\boldsymbol{i}+2\boldsymbol{j}+4\boldsymbol{k}$，求力 $\boldsymbol{F}$ 对位置矢为 $\boldsymbol{r}_B=\boldsymbol{i}+\boldsymbol{j}+\boldsymbol{k}$ 的一点 B 的矩（力以 N 计，长度以 m 计）。

1－14　如图 1－28 所示，已知力 $\boldsymbol{F}$，试求该力对轴 AB 的矩。

1－15　工人启闭闸门时，为了省力，常常用一根杆子插入手轮中，并在杆的一端 C 施力，以转动手轮如图 1－29 所示。设手轮直径 AB＝0.6m，杆长 l＝1.2m，在 C 端用 F_C＝100N 的力能将闸门开启，若不借用杆子而直接在手轮 A、B 处施加力偶（$\boldsymbol{F}$，$\boldsymbol{F}'$），问 F 至少应为多大才能开启闸门？

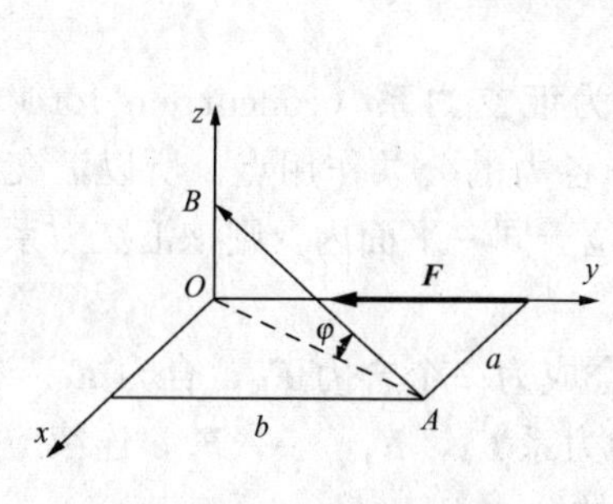

图 1－28　习题 1－14 图

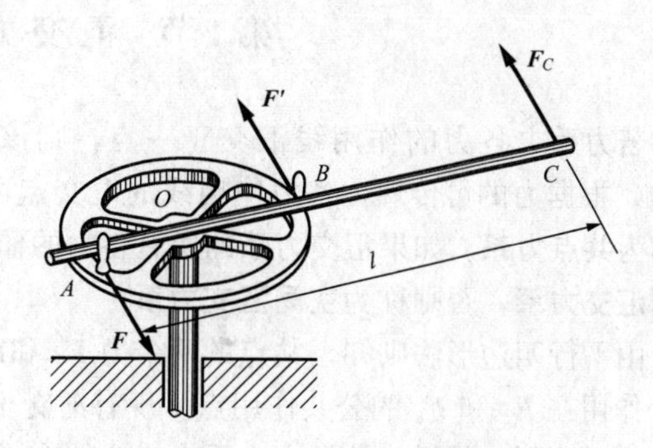

图 1－29　习题 1－15 图

第2章 力系的简化

实际问题中，作用在物体上的力系往往较复杂，为了研究物体的平衡规律，必须对力系进行简化。本章先对特殊力系进行简化，再利用力的平移定理对任意力系进行简化，最后应用力系简化理论确定物体的重心和平行分布力的合力。

第1节 汇交力系的简化

若力系中各力的作用线汇交于一点，则该力系称为**汇交力系**（concurrent force system)。根据力的可传性，各力作用线的汇交点可以看作各力的公共作用点，所以汇交力系也称为**共点力系**。如果汇交力系的所有各力的作用线都位于同一平面内，则该汇交力系称为**平面汇交力系**，否则称为**空间汇交力系**。

由平行四边形法则知，共点的两个力 $\boldsymbol{F}_1$ 和$\boldsymbol{F}_2$ 可以合成为一个合力 $\boldsymbol{F}_R$，合力 $\boldsymbol{F}_R=\boldsymbol{F}_1+\boldsymbol{F}_2$，作用在 $\boldsymbol{F}_1$ 和 $\boldsymbol{F}_2$ 的公共作用点。现有汇交于点 O 的力系 $\boldsymbol{F}_1$，$\boldsymbol{F}_2$，…，$\boldsymbol{F}_n$，连续应用平行四边形法则，最后将该汇交力系合成为一个通过点 O 的合力 $\boldsymbol{F}_R$，且

$$\boldsymbol{F}_R=\boldsymbol{F}_1+\boldsymbol{F}_2+\cdots+\boldsymbol{F}_n=\sum\boldsymbol{F}_i \tag{2-1}$$ [1]

即汇交力系简化的结果是一个作用在汇交点的合力，合力等于原力系中所有各力的矢量和。

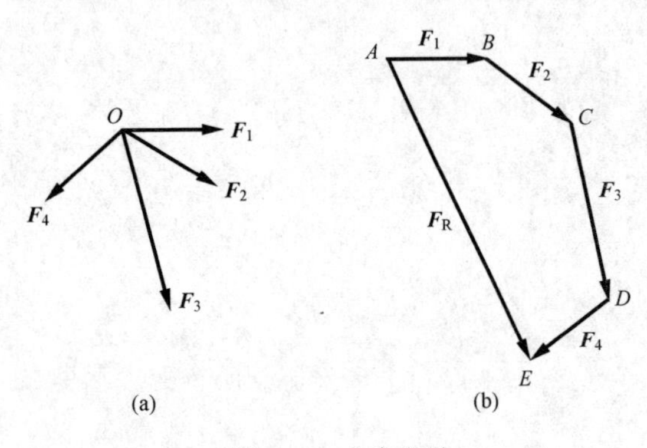

图2-1 力多边形

据式（2-1），可由作图法求合力。如平面汇交力系 $\boldsymbol{F}_1$、$\boldsymbol{F}_2$、$\boldsymbol{F}_3$、$\boldsymbol{F}_4$［图2-1（a)］，将各力矢首尾相连，形成一条折线，即开口的多边形，加上闭合边，得到一个多边形，称为**力多边形**［图2-1（b)］。闭合边上由折线起点指向折线终点的矢量决定了合力 $\boldsymbol{F}_R$ 的大小和方向，而合力的作用点仍然是汇交点。

对平面汇交力系，几何法求合力有时较为方便，而对空间汇交力系常用解析法求合力。

以汇交点 O 为坐标原点，任取一直角坐标系 $Oxyz$，设合力 $\boldsymbol{F}_R$ 及分力 $\boldsymbol{F}_i$ 在轴 x、y、z 上的投影分别为 F_{Rx}、F_{Ry}、F_{Rz} 及 F_{ix}、F_{iy}、F_{iz}，则 $\boldsymbol{F}_R=F_{Rx}\boldsymbol{i}+F_{Ry}\boldsymbol{j}+F_{Rz}\boldsymbol{k}$，而 $\boldsymbol{F}_R=\sum\boldsymbol{F}_i=\sum(\boldsymbol{F}_{ix}\boldsymbol{i}+F_{iy}\boldsymbol{j}+F_{iz}\boldsymbol{k})=(\sum F_{ix})\boldsymbol{i}+(\sum F_{iy})\boldsymbol{j}+(\sum F_{iz})\boldsymbol{k}$，比较得

$$F_{Rx}=\sum F_{ix},F_{Ry}=\sum F_{iy},F_{Rz}=\sum F_{iz} \tag{2-2}$$

合力 $\boldsymbol{F}_R$ 在任一轴上的投影，等于各分力在同一轴上投影的代数和。这一结论对任何矢量都成立，称为**矢量投影定理**。

---

[1] 为了简便，用 $\sum$ 代替 $\sum\limits_{i=1}^{n}$ 。

合力的大小和方向余弦为

$$\left.\begin{aligned}&F_{\mathrm{R}}=\sqrt{F_{\mathrm{R}x}^{2}+F_{\mathrm{R}y}^{2}+F_{\mathrm{R}z}^{2}}\\&\cos(\boldsymbol{F}_{\mathrm{R}},x)=\frac{F_{\mathrm{R}x}}{F_{\mathrm{R}}},\cos(\boldsymbol{F}_{\mathrm{R}},y)=\frac{F_{\mathrm{R}y}}{F_{\mathrm{R}}},\cos(\boldsymbol{F}_{\mathrm{R}},z)=\frac{F_{\mathrm{R}z}}{F_{\mathrm{R}}}\end{aligned}\right\}\tag{2-3}$$

【例 2-1】 用解析法求图 2-2 所示空间汇交力系的合力。已知 $F_1=20\text{N}$，$F_2=15\text{N}$，$F_3=10\text{N}$（图中长度单位为 m）。

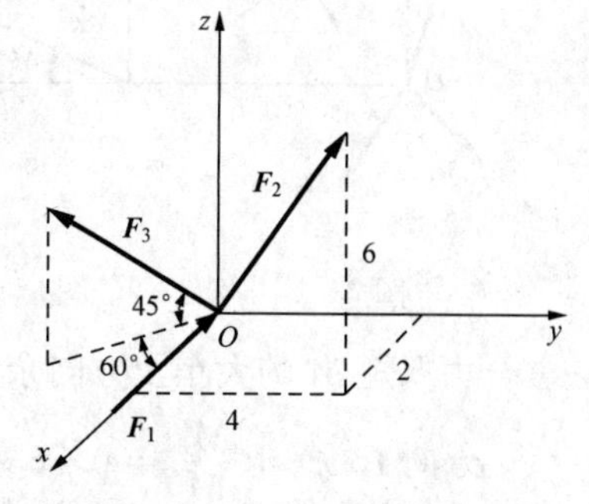

图 2-2 ［例 2-1］图

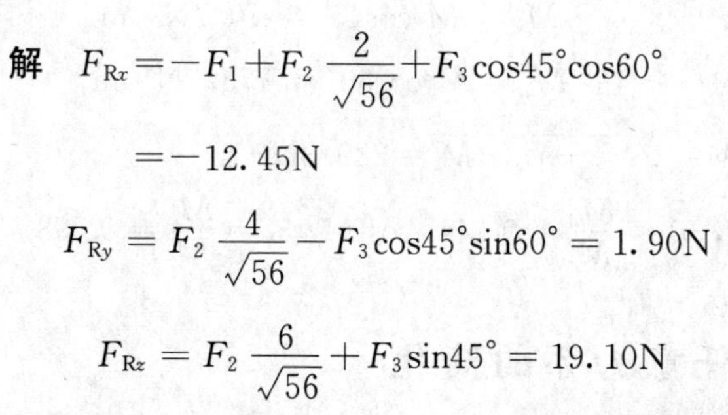

解 $F_{\mathrm{R}x}=-F_1+F_2\dfrac{2}{\sqrt{56}}+F_3\cos45^\circ\cos60^\circ$

$=-12.45\text{N}$

$$F_{\mathrm{R}y}=F_2\frac{4}{\sqrt{56}}-F_3\cos45^\circ\sin60^\circ=1.90\text{N}$$

$$F_{\mathrm{R}z}=F_2\frac{6}{\sqrt{56}}+F_3\sin45^\circ=19.10\text{N}$$

合力 $\boldsymbol{F}_{\mathrm{R}}$ 的大小及方向余弦为：$F_{\mathrm{R}}=\sqrt{F_{\mathrm{R}x}^2+F_{\mathrm{R}y}^2+F_{\mathrm{R}z}^2}=22.88\text{N}$

$$\cos(\boldsymbol{F}_{\mathrm{R}},x)=\frac{-12.45}{22.88}=-0.544,\cos(\boldsymbol{F}_{\mathrm{R}},y)=\frac{1.90}{22.88}=0.083,\cos(\boldsymbol{F}_{\mathrm{R}},z)=\frac{19.10}{22.88}=0.835$$

第2节 力偶系的简化

作用在物体上的一群力偶称为**力偶系**（couple system）。若力偶系中的各力偶都位于同一平面内，称为**平面力偶系**，否则称为**空间力偶系**。

设空间力偶系由 n 个力偶组成，力偶矩分别为 $\boldsymbol{M}_1$，$\boldsymbol{M}_2$，…，$\boldsymbol{M}_n$。由于力偶矩对刚体而言是自由矢量，所以可将力偶系中各力偶矩平移至空间任一点，得到一汇交矢量系，利用平行四边形法则，最终得一矢量 $\boldsymbol{M}$，即原空间力偶系的合力偶矩。

$$\boldsymbol{M}=\boldsymbol{M}_1+\boldsymbol{M}_2+\cdots+\boldsymbol{M}_n=\sum\boldsymbol{M}_i\tag{2-4}$$

即空间力偶系简化的结果是一个合力偶（resultant couple），**合力偶矩等于所有分力偶矩的矢量和**。

为计算合力偶矩的大小和方向，任取一直角坐标系 $Oxyz$，设合力偶矩 $\boldsymbol{M}$ 及分力偶矩 $\boldsymbol{M}_i$ 在轴 x、y、z 上的投影分别为 M_x、M_y、M_z 及 M_{ix}、M_{iy}、M_{iz}，由矢量投影定理得

$$M_x=\sum M_{ix},M_y=\sum M_{iy},M_z=\sum M_{iz}\tag{2-5}$$

合力偶矩的大小及方向余弦为

$$\left.\begin{aligned}&M=\sqrt{M_x^2+M_y^2+M_z^2}\\&\cos(\boldsymbol{M},x)=\frac{M_x}{M},\cos(\boldsymbol{M},y)=\frac{M_y}{M},\cos(\boldsymbol{M},z)=\frac{M_z}{M}\end{aligned}\right\}\tag{2-6}$$

对于平面力偶系，由于力偶矩由矢量退化为代数量，所以式（2-4）成为

$$M=M_1+M_2+\cdots+M_n=\sum M_i\tag{2-7}$$

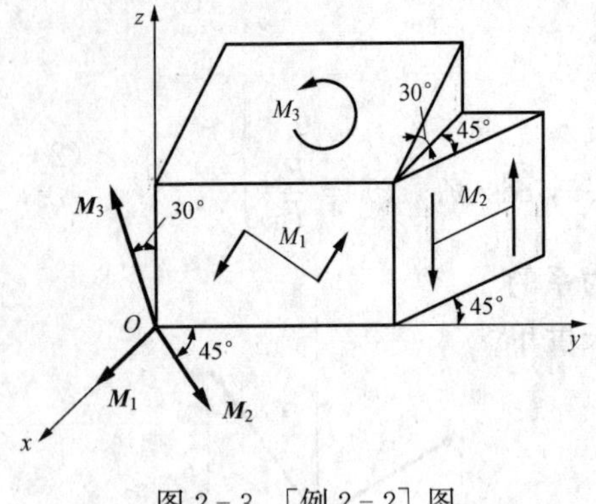

图2-3 ［例2-2］图

即平面力偶系简化的结果是在同平面内的一个合力偶，合力偶矩等于所有分力偶矩的代数和。

【例2-2】 求图2-3所示力偶系的合力偶矩。已知$M_1=50\text{N}\cdot\text{m}$，$M_2=100\text{N}\cdot\text{m}$，$M_3=200\text{N}\cdot\text{m}$。

解 将各力偶矩用矢量表示，$\boldsymbol{M}_1$沿轴x，$\boldsymbol{M}_2$在平面xy内，$\boldsymbol{M}_3$在平面xz内（图2-3）。

$$M_x=M_1+M_2\sin45°+M_3\sin30°=220.7\text{N}\cdot\text{m}$$

$$M_y=M_2\cos45°=70.7\text{N}\cdot\text{m}$$

$$M_z=M_3\cos30°=173.2\text{N}\cdot\text{m}$$

合力偶矩$\boldsymbol{M}$的大小及方向余弦为：$M=\sqrt{M_x^2+M_y^2+M_z^2}=289.3\text{N}\cdot\text{m}$

$$\cos(\boldsymbol{M},x)=\frac{M_x}{M}=0.763,\ \cos(\boldsymbol{M},y)=\frac{M_y}{M}=0.244,\ \cos(\boldsymbol{M},z)=\frac{M_z}{M}=0.598$$

第3节　任意力系的简化

若力系中各力的作用线既不汇交于一点，又不全部相互平行，则该力系称为**任意力系**（arbitrary force system）。如果各力作用线位于同一平面内，则称为**平面任意力系**，简称**平面力系**；否则称为**空间任意力系**，简称**空间力系**。平面力系是工程上最常见的一种力系，很多实际问题都可简化为平面力系问题来处理。

一、力的平移定理

设力$\boldsymbol{F}$作用在刚体上的A点［图2-4（a）］，为使其等效地平移到刚体上的任一点B，先在B点加一平衡力系$\boldsymbol{F}'$和$\boldsymbol{F}''$［图2-4（b）］，并使$\boldsymbol{F}=\boldsymbol{F}'=-\boldsymbol{F}''$。根据加减平衡力系原理，力$\boldsymbol{F}$与三个力$\boldsymbol{F}$、$\boldsymbol{F}'$和$\boldsymbol{F}''$等效。而$\boldsymbol{F}''$和$\boldsymbol{F}$组成一力偶，称为**附加力偶**，附加力偶矩的大小为$M=M_B(\boldsymbol{F})$，作用在力$\boldsymbol{F}$与点B所确定的平面内［图2-4（c）］。

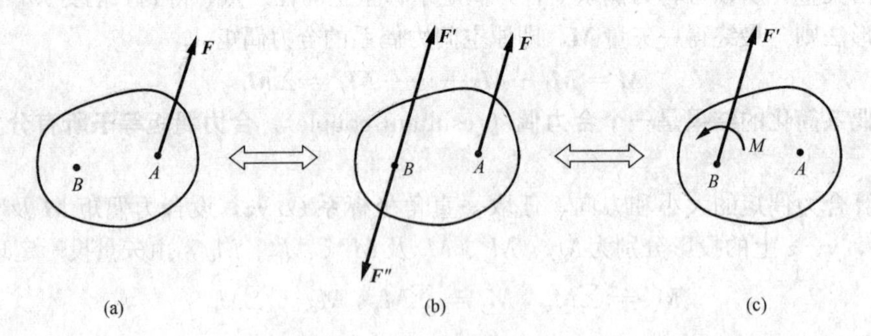

图2-4　力的平移定理

由此得到：**作用在刚体上的力，可以等效地平移到刚体上任一指定点，但必须在该力与指定点所确定的平面内附加一个力偶，附加力偶的矩等于原力对指定点的矩**。这就是**力的平移定理**（theorem of translation of a force）。

上述过程反推，可得力的平移定理的逆定理：**共面的一个力和一个力偶可以合成为一个力，此力的大小和方向与原力相同，但作用线位置与原力不同。**

注意，只有在研究力的运动效应时，力才能平行移动；研究变形问题时，力一般是不能移动的。

二、空间任意力系向一点简化

设有空间任意力系 $\boldsymbol{F}_1$，$\boldsymbol{F}_2$，…，$\boldsymbol{F}_n$，分别作用于点 A_1，A_2，…，A_n（图 2-5）。任取一点 O 作为简化中心，利用力的平移定理，将各力向点 O 平移，得到一个作用于点 O 的空间汇交力系 $\boldsymbol{F}_1'$，$\boldsymbol{F}_2'$，…，$\boldsymbol{F}_n'$和一个力偶矩分别为 $\boldsymbol{M}_1$，$\boldsymbol{M}_2$，…，$\boldsymbol{M}_n$ 的附加空间力偶系。显然，$\boldsymbol{F}_1'=\boldsymbol{F}_1$，$\boldsymbol{F}_2'=\boldsymbol{F}_2$，…，$\boldsymbol{F}_n'=\boldsymbol{F}_n$，而 $\boldsymbol{M}_1=\boldsymbol{M}_O(\boldsymbol{F}_1)$，$\boldsymbol{M}_2=\boldsymbol{M}_O(\boldsymbol{F}_2)$，…，$\boldsymbol{M}_n=\boldsymbol{M}_O(\boldsymbol{F}_n)$。

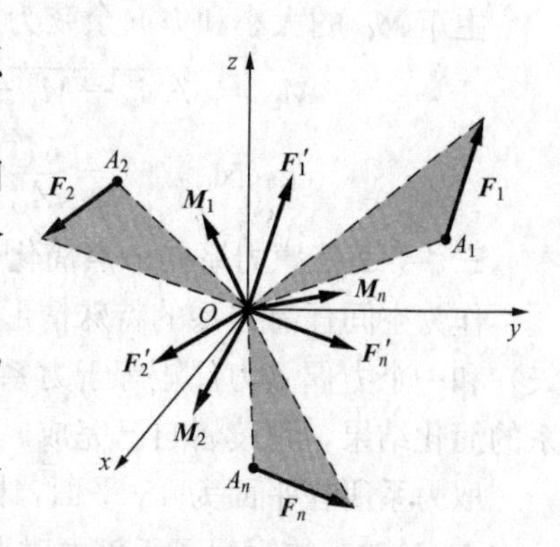

图 2-5 空间任意力系的简化

汇交力系 $\boldsymbol{F}_1'$，$\boldsymbol{F}_2'$，…，$\boldsymbol{F}_n'$可合成为一个力 $\boldsymbol{F}_{\mathrm{R}}$，这个力称为原空间任意力系的**主矢**（principle vector），$\boldsymbol{F}_{\mathrm{R}}=\boldsymbol{F}_1'+\boldsymbol{F}_2'+\cdots+\boldsymbol{F}_n'$，亦即

$$\boldsymbol{F}_{\mathrm{R}}=\boldsymbol{F}_1+\boldsymbol{F}_2+\cdots+\boldsymbol{F}_n=\sum\boldsymbol{F}_i \tag{2-8}$$

附加力偶系可合成为一个力偶，力偶矩 $\boldsymbol{M}=\boldsymbol{M}_1+\boldsymbol{M}_2+\cdots+\boldsymbol{M}_n$，亦即

$$\boldsymbol{M}=\boldsymbol{M}_O(\boldsymbol{F}_1)+\boldsymbol{M}_O(\boldsymbol{F}_2)+\cdots+\boldsymbol{M}_O(\boldsymbol{F}_n)=\sum\boldsymbol{M}_O(\boldsymbol{F}_i)=\boldsymbol{M}_O\text{[1]} \tag{2-9}$$

$\boldsymbol{M}_O$ 称为原空间任意力系对简化中心 O 的**主矩**（principle moment）。

由上可知，**空间任意力系向一点（简化中心）简化的结果一般是一个力和一个力偶，这个力作用在简化中心，等于原力系中所有各力的矢量和，亦即等于原力系的主矢；这个力偶的矩等于原力系中所有各力对简化中心矩的矢量和，亦即等于原力系对简化中心的主矩。**

选取不同的简化中心，主矢并不改变，所以**一个力系的主矢是一常量，与简化中心位置无关**，称为**力系的第一不变量**。但力系中各力对不同的简化中心的矩是不同的，因而它们的和一般也不相等。所以**主矩一般将随简化中心位置不同而改变**。设 O_1、O_2 是两个不同的简化中心，则力系对它们的主矩 $\boldsymbol{M}_1$、$\boldsymbol{M}_2$ 存在如下关系

$$\boldsymbol{M}_2=\boldsymbol{M}_1+\boldsymbol{r}\times\boldsymbol{F}_{\mathrm{R}}=\boldsymbol{M}_1+\boldsymbol{M}_{O2}(\boldsymbol{F}_{\mathrm{R}}) \tag{2-10}$$

式中 $\boldsymbol{r}$——由 O_2 引向 O_1 的矢径；

$\boldsymbol{M}_{O2}(\boldsymbol{F}_{\mathrm{R}})$——作用于 O_1 的力 $\boldsymbol{F}_{\mathrm{R}}$ 对 O_2 的矩。

可见，**力系对第二简化中心的主矩，等于力系对第一简化中心的主矩与作用于第一简化中心的力 $\boldsymbol{F}_{\mathrm{R}}$（等于力系的主矢量）对第二简化中心的矩之矢量和。**

为计算主矢和主矩，过简化中心 O 取直角坐标系 $Oxyz$，设 $\boldsymbol{F}_{\mathrm{R}}$ 及 $\boldsymbol{F}_i$ 在坐标轴上的投影分别为 $F_{\mathrm{R}x}$、$F_{\mathrm{R}y}$、$F_{\mathrm{R}z}$ 及 F_{ix}、F_{iy}、F_{iz}，由矢量投影定理得

$$F_{\mathrm{R}x}=\sum F_{ix},\ F_{\mathrm{R}y}=\sum F_{iy},\ F_{\mathrm{R}z}=\sum F_{iz} \tag{2-11}$$

主矢 $\boldsymbol{F}_{\mathrm{R}}$ 的大小和方向余弦为

$$\left.\begin{aligned}&F_{\mathrm{R}}=\sqrt{F_{\mathrm{R}x}^2+F_{\mathrm{R}y}^2+F_{\mathrm{R}z}^2}\\&\cos(\boldsymbol{F}_{\mathrm{R}},x)=\frac{F_{\mathrm{R}x}}{F_{\mathrm{R}}},\ \cos(\boldsymbol{F}_{\mathrm{R}},y)=\frac{F_{\mathrm{R}y}}{F_{\mathrm{R}}},\ \cos(\boldsymbol{F}_{\mathrm{R}},z)=\frac{F_{\mathrm{R}z}}{F_{\mathrm{R}}}\end{aligned}\right\} \tag{2-12}$$

相似地，设主矩 $\boldsymbol{M}_O$ 在坐标轴上的投影为 M_x、M_y、M_z，力 $\boldsymbol{F}_i$ 对坐标轴的矩为 M_{xi}、M_{yi}、

[1] 约定，以后用主矩 $\boldsymbol{M}_O$ 代表附加力偶系的合力偶矩 $\boldsymbol{M}$。

M_{zi}，由矢量投影定理、力对点的矩与力对轴的矩的关系，得

$$M_x = \sum M_{xi}, M_y = \sum M_{yi}, M_z = \sum M_{zi} \tag{2-13}$$

主矩 $\boldsymbol{M}_O$ 的大小和方向余弦为

$$\left.\begin{aligned} &M_O = \sqrt{M_x^2 + M_y^2 + M_z^2} \\ &\cos(\boldsymbol{M}_O, x) = \frac{M_x}{M_O}, \cos(\boldsymbol{M}_O, y) = \frac{M_y}{M_O}, \cos(\boldsymbol{M}_O, z) = \frac{M_z}{M_O} \end{aligned}\right\} \tag{2-14}$$

三、平面任意力系向一点简化

作为空间任意力系的特殊情形，特殊力系向一点简化的结果也是一个力（等于力系的主矢）和一个力偶（力偶矩等于力系的主矩），这里只介绍平面任意力系的简化结果，平行力系的简化结果，请读者自己完成。

取力系所在平面为 xy 平面，则 $F_{Rz}\equiv 0$，$M_x\equiv 0$，$M_y\equiv 0$。由力对轴的矩的定义知，任一力 $\boldsymbol{F}_i$ 对轴 z 的矩就等于该力对点 O 的矩，即 $M_{zi}=M_{Oi}$。如将力系的主矩用代数量表示，则式（2-11）～式(2-14）成为

$$\left.\begin{aligned} &F_{Rx} = \sum F_{ix}, F_{Ry} = \sum F_{iy} \\ &F_R = \sqrt{F_{Rx}^2 + F_{Ry}^2}, \cos(\boldsymbol{F}_R, x) = \frac{F_{Rx}}{F_R}, \cos(\boldsymbol{F}_R, y) = \frac{F_{Ry}}{F_R} \\ &M_O = \sum M_{Oi} \end{aligned}\right\} \tag{2-15}$$

平面任意力系的主矢 $\boldsymbol{F}_R$ 位于力系所在平面内，主矩 $\boldsymbol{M}_O$ 垂直于该平面。

第4节 任意力系简化结果讨论

空间任意力系向任一点简化，一般是一个力和一个力偶，但这并不是最后的或最简单的结果，还可作进一步的探讨。

1. $\boldsymbol{F}_R \neq 0$，$\boldsymbol{M}_O = 0$，原力系简化为合力

合力 $\boldsymbol{F}_R$ 等于原力系的主矢，作用在简化中心 O。

2. $\boldsymbol{F}_R = 0$，$\boldsymbol{M}_O \neq 0$，原力系简化为合力偶

合力偶矩等于原力系对简化中心的主矩。由式（2-10）不难发现，在此情况下，主矩（即合力偶矩）将不因简化中心位置的不同而改变。

3. $\boldsymbol{F}_R \neq 0$，$\boldsymbol{M}_O \neq 0$，根据主矢、主矩的相对位置，分两种情况讨论

(1) $\boldsymbol{M}_O$ 垂直于 $\boldsymbol{F}_R$，原力系简化为合力。

$\boldsymbol{M}_O \perp \boldsymbol{F}_R$，表明 $\boldsymbol{M}_O$ 所代表的力偶与 $\boldsymbol{F}_R$ 在同一平面内，由力的平移定理的逆定理，可合成为一个合力 $\boldsymbol{F}'_R$，$\boldsymbol{F}'_R = \boldsymbol{F}_R$，但不作用在简化中心 O（图 2-6）。

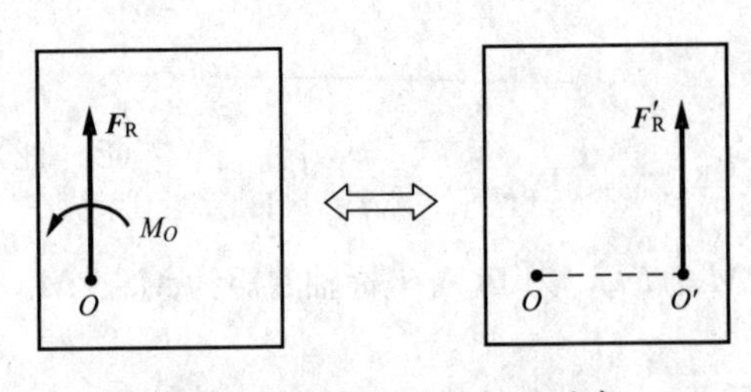

图 2-6 主矢、主矩相互垂直

当空间任意力系简化为合力 $\boldsymbol{F}'_R$时，图 2-6 中的 $\boldsymbol{F}'_R$与 $\boldsymbol{F}_R$ 和 $\boldsymbol{M}_O$ 等效，显然 $\boldsymbol{M}_O(\boldsymbol{F}'_R) = \boldsymbol{M}_O(\boldsymbol{F}_R, \boldsymbol{M}_O)$，而 $\boldsymbol{M}_O(\boldsymbol{F}_R, \boldsymbol{M}_O) = \boldsymbol{M}_O = \sum \boldsymbol{M}_{Oi}$，所以有

$$\boldsymbol{M}_O(\boldsymbol{F}'_R) = \sum \boldsymbol{M}_{Oi} \tag{2-16}$$

将上式投影到过点 O 的任一轴 z 上，并注意力对点的矩与力对轴的矩的关系，有

$$M_z(\boldsymbol{F}_R') = \sum M_{zi} \tag{2-17}$$

式（2-16）、式（2-17）表明：**若空间任意力系存在合力，则合力对任一点（或轴）的矩等于原力系各力对同一点（或轴）的矩的矢量和（或代数和）**。这就是**合力矩定理**（theorem of the moment of resultant force）。

对于平面任意力系、空间平行力系、平面平行力系，当 $\boldsymbol{F}_R$ 和 $\boldsymbol{M}_O$ 都不等于零时，因 $\boldsymbol{M}_O$ 总是垂直于 $\boldsymbol{F}_R$，所以力系必能简化为合力，合力矩定理也必定成立。对平面任意力系，以简化中心 O 为坐标原点，取力系所在平面为 xy 平面，设合力 $\boldsymbol{F}_R'$ 与轴 x 交点 A 的坐标为（x，0），见图 2-7，由合力矩定理，有 M_O（$\boldsymbol{F}_R'$）$=\sum M_{Oi}=M_O$ 和 $M_O(\boldsymbol{F}_R')=M_O(\boldsymbol{F}_{Rx}')+M_O(\boldsymbol{F}_{Ry}')=x\cdot F_{Ry}'=x\cdot F_{Ry}$，所以有

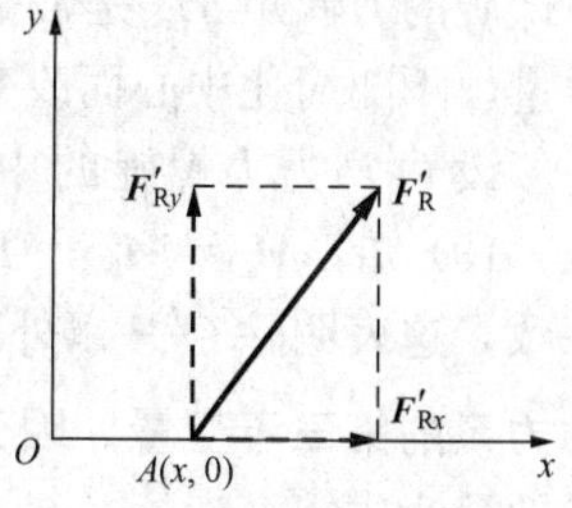

图 2-7　合力作用线位置

$$x=\frac{M_O}{F_{Ry}} \tag{2-18}$$

请读者考虑当 $F_{Ry}=0$ 时，合力作用线位置如何确定？

(2) $\boldsymbol{M}_O$ 不垂直于 $\boldsymbol{F}_R$，原力系简化为力螺旋。

$\boldsymbol{M}_O$ 与 $\boldsymbol{F}_R$ 不相垂直时［图 2-8（a）］，将 $\boldsymbol{M}_O$ 分解成垂直于 $\boldsymbol{F}_R$ 的 $\boldsymbol{M}_1$ 和平行于 $\boldsymbol{F}_R$ 的 $\boldsymbol{M}_R$。因 $\boldsymbol{M}_1$ 所代表的力偶与 $\boldsymbol{F}_R$ 位于同一平面 V 内，可合成为一个力 $\boldsymbol{F}_R'$，$\boldsymbol{F}_R'$ 作用于平面 V 内另一点 O'。将 $\boldsymbol{M}_R$ 平移到 O' 与 $\boldsymbol{F}_R'$ 重合［图 2-8（b）］，此时，$\boldsymbol{M}_R$ 所代表的力偶位于与 $\boldsymbol{F}_R'$ 垂直的平面 H 内［图 2-8（c）］，这样的一个力和一个力偶称为**力螺旋**（wrench of force system）。力螺旋是最简单的力系，不能进一步简化。$\boldsymbol{M}_R$ 与 $\boldsymbol{F}_R'$ 同向时，称为**右手螺旋**；$\boldsymbol{M}_R$ 与 $\boldsymbol{F}_R'$ 反向时，称为**左手螺旋**。力螺旋中力的作用线 $O'P$ 称为力螺旋的**中心轴**。

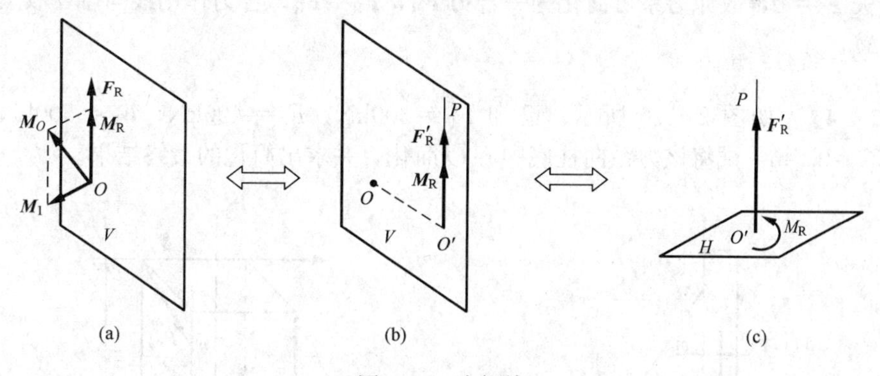

图 2-8　力螺旋

生产实践中有不少力螺旋的应用实例，最简单的例子是用力拧紧螺丝，作用于螺丝的力组成一个力螺旋，使螺丝一面旋转一面前进。一种矿山用的潜孔钻，钻杆由马达带动旋转，同时受一冲击力使其向前钻进，马达的驱动力矩与冲击力组成一力螺旋。

对于一定的空间力系，若其简化结果为力螺旋，则组成力螺旋的力和力偶矩是一定的，力螺旋的中心轴的位置也是一定的，且力螺旋的力偶矩 $\boldsymbol{M}_R$ 是力系的最小主矩。

因力螺旋的力 $\boldsymbol{F}_R'=\boldsymbol{F}_R$（力系的主矢），所以力螺旋的力是常量。任选两点 A 和 B 作为简化中心，力系向点 A、B 简化的结果分别为 $\boldsymbol{F}_{RA}$、$\boldsymbol{M}_A$ 和 $\boldsymbol{F}_{RB}$、$\boldsymbol{M}_B$。显然 $\boldsymbol{F}_{RB}=\boldsymbol{F}_{RA}$，由式

(2-10) 知，$\boldsymbol{M}_B=\boldsymbol{M}_A+\boldsymbol{M}_B(\boldsymbol{F}_{RA})$，力螺旋的力偶矩 $M_{RB}=\boldsymbol{M}_B\cdot\frac{\boldsymbol{F}_{RB}}{F_{RB}}=[\boldsymbol{M}_A+\boldsymbol{M}_B(\boldsymbol{F}_{RA})]\cdot\frac{\boldsymbol{F}_{RA}}{F_{RA}}$，因 $\boldsymbol{M}_B(\boldsymbol{F}_{RA})\perp\boldsymbol{F}_{RA}$，故 $\boldsymbol{M}_B(\boldsymbol{F}_{RA})\cdot\boldsymbol{F}_{RA}=0$，所以有 $M_{RB}=\boldsymbol{M}_A\cdot\frac{\boldsymbol{F}_{RA}}{F_{RA}}=M_{RA}$，这表明力螺旋的力偶矩 $\boldsymbol{M}_R$ 是常量。由 $\boldsymbol{F}_{RA}\cdot\boldsymbol{M}_A=\boldsymbol{F}_{RB}\cdot\boldsymbol{M}_B$ 知，主矢与主矩的点积 $\boldsymbol{F}_R\cdot\boldsymbol{M}_O$ 也是常量，不随简化中心而改变，称为**力系的第二不变量**。

设 $O'P$ 为力螺旋的中心轴（图 2-8），在 $O'P$ 外任选一点 O 作为简化中心，由式 (2-10) 知，$\boldsymbol{M}_O=\boldsymbol{M}_R+\boldsymbol{M}_O(\boldsymbol{F}_R')$，因为 $\boldsymbol{M}_O(\boldsymbol{F}_R')\perp\boldsymbol{M}_R$，所以 $\boldsymbol{M}_O$ 的方位与 $\boldsymbol{F}_R$ 的方位必然不一致，这表明除 $O'P$ 以外的任何直线都不是中心轴。中心轴位置不随简化中心而改变，称为**力系的第三不变量**。因为 $M_O=\sqrt{M_R^2+[M_O(\boldsymbol{F}_R')]^2}>M_R$，所以力螺旋的力偶矩 $\boldsymbol{M}_R$ 是力系的最小主矩。

【例 2-3】 重力坝断面受力如图 2-9 所示，已知上游水压力 $F_1=10\ 360\text{kN}$，泥沙压力 $F_2=140\text{kN}$，自重 $P_1=4500\text{kN}$，$P_2=14\ 000\text{kN}$，试将重力坝断面所受的力向点 O 简化，并求出简化的最终结果。

解 以 O 为原点，取直角坐标系 Oxy。

计算主矢：$F_{Rx}=F_1+F_2=10\ 500\text{kN}$

$$F_{Ry}=-P_1-P_2=-18\ 500\text{kN}$$

$$F_R=\sqrt{F_{Rx}^2+F_{Ry}^2}=21\ 272\text{kN}$$

$\cos(\boldsymbol{F}_R,\ x)=\frac{F_{Rx}}{F_R}=0.4936$，$\theta=60.422°$；$\cos(\boldsymbol{F}_R,\ y)=\frac{F_{Ry}}{F_R}=-0.8697$，$\beta=150.422°$。

计算对点 O 的主矩：$M_O=P_1\times2-P_2\times9-F_1\times15.3-F_2\times2=-275\ 788\text{kN}\cdot\text{m}$，负号表示主矩 M_O 顺时针转。

因主矢 $\boldsymbol{F}_R\neq0$，故原力系可简化为一合力 $\boldsymbol{F}_R'$，$\boldsymbol{F}_R'=\boldsymbol{F}_R$。合力作用线与轴 x 交点 A 的坐标为 $x=\frac{M_O}{F_{Ry}}=14.91\text{m}$。

【例 2-4】 如图 2-10 所示，已知 $F_1=300\text{kN}$，$F_2=400\text{kN}$，$F_3=500\text{kN}$，$AB=0.3\text{m}$，$BC=0.7\text{m}$，试将该力系向柱底中心 O 简化，并求出简化的最终结果。

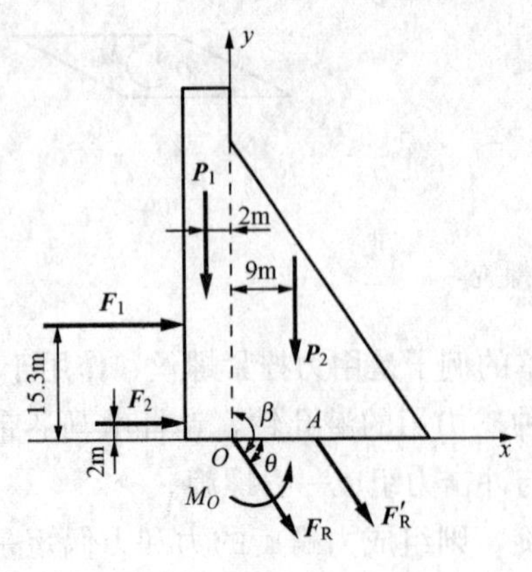

图 2-9 [例 2-3] 图

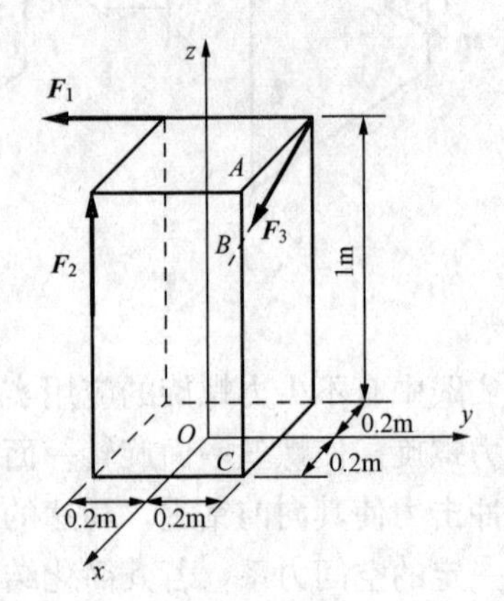

图 2-10 [例 2-4] 图

解 $F_{Rx}=\frac{4}{5}F_3=400\text{kN}$，

$F_{Ry}=-F_1=-300\text{kN}$，$F_{Rz}=F_2-\frac{3}{5}F_3=100\text{kN}$，

$\boldsymbol{F}_R=400\boldsymbol{i}-300\boldsymbol{j}+100\boldsymbol{k}$，$F_R=509.9\text{kN}$。

$M_x=F_1\times1-F_2\times0.2-\frac{3}{5}F_3\times0.2=160\text{kN}\cdot\text{m}$，

$M_y=-F_2\times0.2+\frac{4}{5}F_3\times1-\frac{3}{5}F_3\times0.2=260\text{kN}\cdot\text{m}$，

$M_z=F_1\times0.2-\frac{4}{5}F_3\times0.2=-20\text{kN}\cdot\text{m}$，$\boldsymbol{M}_O=160\boldsymbol{i}+260\boldsymbol{j}-20\boldsymbol{k}$，$M_O=305.9\text{kN}\cdot\text{m}$。

应注意在计算主矩时，为求 $\boldsymbol{F}_3$ 对坐标轴的矩，可用合力矩定理，将其分解成沿轴 x 和 z 方向的两个力，分别求这两个力对坐标轴的矩，使计算简化。

因为 $\boldsymbol{F}_R\neq0$、$\boldsymbol{M}_O\neq0$，且 $\boldsymbol{F}_R\cdot\boldsymbol{M}_O=F_{Rx}\cdot M_x+F_{Ry}\cdot M_y+F_{Rz}\cdot M_z=-16\,000\neq0$（即 $\boldsymbol{M}_O$ 不垂直于 $\boldsymbol{F}_R$），所以力系简化的最终结果为力螺旋。其中力 $\boldsymbol{F}'_R=\boldsymbol{F}_R$，力偶矩 $M_R=\boldsymbol{M}_O\cdot\frac{\boldsymbol{F}_R}{F_R}=-31.4\text{kN}\cdot\text{m}$，负号表示 $\boldsymbol{M}_R$ 与 $\boldsymbol{F}'_R$ 反向，即为左手螺旋。

第5节 重心和形心

地球附近的物体都会受到地球引力作用，作用于物体内的地球引力是一个分布力系，由于地球半径很大，该分布力系可看作平行力系[1]。对于该空间同向平行力系，因 $\boldsymbol{F}_R\neq0$，$\boldsymbol{M}_O\neq0$，且 $\boldsymbol{M}_O\perp\boldsymbol{F}_R$，故可简化为合力，即物体的**重力**（gravity），而合力作用点就是物体的**重心**（center of gravity）。

重心的位置影响着物体的平衡和运动，如物体的重心太高容易倾倒。工程上，设计挡土墙、重力坝等建筑物时，重心位置直接关系到建筑物的抗倾稳定性及其内部受力的分布；对于高速转动的转子，其转轴应尽可能通过重心，以避免产生不良影响。所以，确定物体重心的位置，在工程实际中有着重要的意义。

一、重心的基本公式

将物体看成由许多微小部分组成，每一微小部分都受到重力作用。设其中任一微小部分 M_i 所受的重力为 $\Delta\boldsymbol{P}_i$（图2-11），则整个物体所受的重力为 $\boldsymbol{P}=\sum\Delta\boldsymbol{P}_i$，整个物体的重量为 $P=\sum\Delta P_i$，下面利用合力矩定理求物体的重心位置。

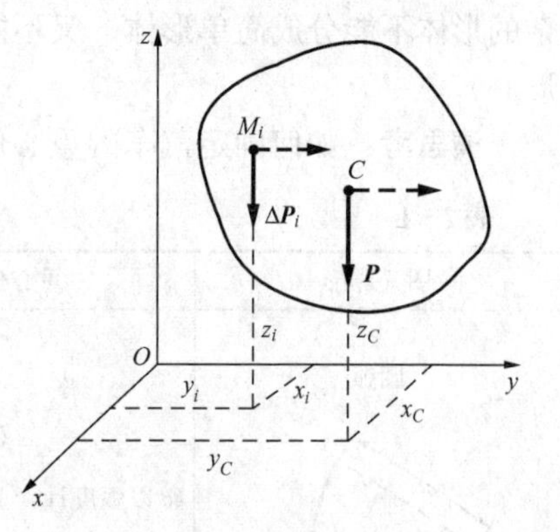

图2-11 物体的重心

取直角坐标系 $Oxyz$，使 Oxy 水平，轴 z 铅直向上，则所有重力与轴 z 平行。设 M_i 的坐标为（x_i，y_i，z_i）、重心 C 的坐标为（x_C，y_C，z_C）。应用合力矩定理，分别对 y 轴、x 轴求矩，有

$$Px_C=\sum\Delta P_ix_i,\ -Py_C=\sum(-\Delta P_iy_i) \qquad \text{(a)}$$

从式（a）可求出 x_C、y_C。为了求 z_C，将物体连同坐标系一起绕 x 轴转 90°，使 y 轴铅直向下，则所有重力与

[1] 在地球表面，相距 31m 的两点，两重力之间的夹角不过 1″。

轴 y 平行，如图 2-11 中带箭头的虚线所示。此时再对 x 轴求矩，有

$$-Pz_C = \sum(-\Delta P_i z_i) \tag{b}$$

由式（a）和式（b）得重心 C 的位置坐标公式

$$x_C = \frac{\sum x_i \Delta P_i}{P},\ y_C = \frac{\sum y_i \Delta P_i}{P},\ z_C = \frac{\sum z_i \Delta P_i}{P} \tag{2-19}$$

如果物体是均质的，即单位体积重 γ=常量，设 M_i 的体积为 ΔV_i，整个物体的体积为 $V=\sum\Delta V_i$，则 $\Delta P_i=\gamma\Delta V_i$，$P=\sum\Delta P_i=\gamma\sum\Delta V_i=\gamma V$，代入式（2-19），得

$$x_C = \frac{\sum x_i \Delta V_i}{V},\ y_C = \frac{\sum y_i \Delta V_i}{V},\ z_C = \frac{\sum z_i \Delta V_i}{V} \tag{2-20}$$

上式表明，均质物体的重心位置，完全决定于物体的几何形状，而与物体的重量无关。由式（2-20）所确定的点 C 称为物体几何形体的中心，或称为物体的**形心**（centroid）。

对于均质曲面或曲线，只需在式（2-20）中分别将 ΔV_i 改为 ΔA_i（面积）或 ΔL_i（长度）、V 改为 A 或 L，即可得相应的重心坐标公式。

在式（2-20）中，如令 ΔV_i 趋近于零而取和式的极限，则可得积分公式

$$x_C = \frac{\int x\mathrm{d}V}{V},\ y_C = \frac{\int y\mathrm{d}V}{V},\ z_C = \frac{\int z\mathrm{d}V}{V} \tag{2-21}$$

二、确定重心位置的方法

由式（2-19）不难证明，凡具有对称面、对称轴或对称中心的均质物体，其重心（或形心）必定在对称面、对称轴或对称中心上。

对于形状规则的简单均质物体（即简单形体），可根据式（2-21），利用积分法求重心（或形心）的位置。常见的简单形体的重心（或形心）的位置可查工程手册，表 2-1 中列出了部分简单形体的重心位置。

对于形状比较复杂的均质物体，若能将其看作为几个简单形体的组合，则可利用式（2-20）求重心（或形心）的位置，只需在公式中用简单形体的体积 V_i（或面积 A_i、或长度 L_i）、重心坐标 x_{Ci}、y_{Ci}、z_{Ci} 替换 ΔV_i（或 ΔA_i、或 ΔL_i）、x_i、y_i、z_i 即可。如果一个复杂的形体不能分成简单形体，又不能求积分，就只能用近似方法或用实验方法求其重心（或形心）。

请思考：如何确定汽车的重心位置？

表 2-1 **简单形体的重心**

图 形	重心坐标	图 形	重心坐标
圆弧 r, O, θ, θ, C, x_C, x	$x_C=\frac{r\sin\theta}{\theta}$ （θ 以弧度计，下同）半圆弧： $\theta=\frac{\pi}{2}$，$x_C=\frac{2r}{\pi}$	三角形面积 C, y_C, h	在中线交点 $y_C=\frac{1}{3}h$

续表

图形	重心坐标	图形	重心坐标
梯形面积	在上、下底中点的连线上 $y_C=\frac{h(a+2b)}{3(a+b)}$	抛物线形面积	$x_C=\frac{n+1}{2n+1}l$ $y_C=\frac{n+1}{2(n+2)}h$ $\left(A=\frac{n}{n+1}lh\right)$ 当 $n=2$ 时 $x_C=\frac{3}{5}l$，$y_C=\frac{3}{8}h$
扇形面积	$x_C=\frac{2r\sin\theta}{3\theta}$ $(A=r^2\theta)$ 半圆面积： $\theta=\frac{\pi}{2}$，$x_C=\frac{4r}{3\pi}$	半球体	$z_C=\frac{3}{8}R$ $\left(V=\frac{2}{3}\pi R^3\right)$
椭圆形面积	$x_C=\frac{4a}{3\pi}$ $y_C=\frac{4b}{3\pi}$ $\left(A=\frac{1}{4}\pi ab\right)$	锥形	在顶点与底面中心 O 的连线上 $z_C=\frac{1}{4}h$ $\left(V=\frac{1}{3}Ah，A\text{ 是底面积}\right)$

【例 2-5】 求图 2-12 所示圆弧 AB 的重心坐标。

解 取直角坐标系 Oxy。因图形对称于轴 x，故 $y_C=0$，只需求 x_C。取微小弧段 $\mathrm{d}s=r\mathrm{d}\theta$，其坐标为 $x=r\cos\theta$，于是

$$x_C=\frac{\int x\mathrm{d}s}{\int \mathrm{d}s}=\frac{2\int_0^{\varphi} r^2\cos\theta\mathrm{d}\theta}{2\int_0^{\varphi} r\mathrm{d}\theta}=\frac{r\sin\varphi}{\varphi}$$

【例 2-6】 不等边角钢截面如图 2-13 所示，求其重心位置。

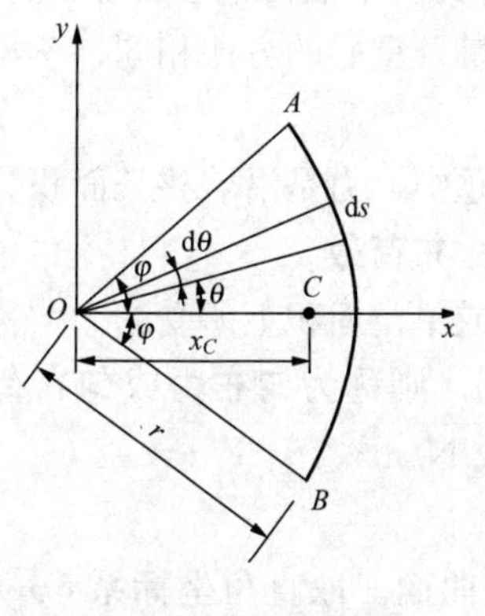

图 2-12 ［例 2-5］图

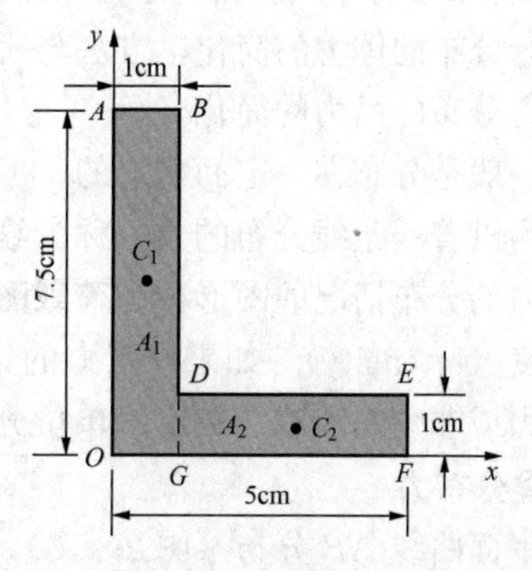

图 2-13 ［例 2-6］图

解 取直角坐标系 Oxy。将截面看成由 $OABG$ 和 $GDEF$ 两部分组成。

$$A_1 = A_{OABG} = 1 \times 7.5 = 7.5\text{cm}^2,\ x_{C1} = 0.5\text{cm},\ y_{C1} = 3.75\text{cm}$$

$$A_2 = A_{GDEF} = 4 \times 1 = 4\text{cm}^2,\ x_{C2} = 3\text{cm},\ y_{C2} = 0.5\text{cm}$$

$$x_C = \frac{A_1 x_{C1} + A_2 x_{C2}}{A_1 + A_2} = 1.37\text{cm}$$

$$y_C = \frac{A_1 y_{C1} + A_2 y_{C2}}{A_1 + A_2} = 2.62\text{cm}$$

这种求重心位置的方法称为**分割法**。

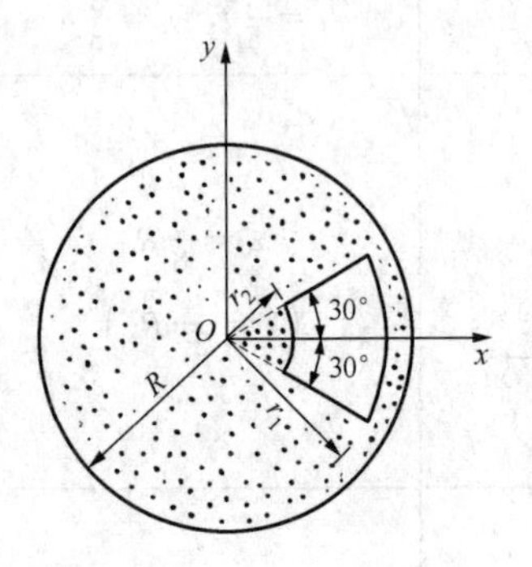

图 2-14 [例 2-7] 图

【例 2-7】 在均质圆板内挖去一扇形面积（图 2-14）。已知 R=300mm，r_1=250mm，r_2=100mm，求板的重心位置。

解 取直角坐标系 Oxy。图形具有对称轴，故其重心 C 必在对称轴 x 上，即 $y_C=0$，只需求 x_C。

将板看成在半径为 R 的圆面积上挖去一半径为 r_1 而圆心角为 $2\theta=60°$ 的扇形面积，再加上一半径为 r_2 而圆心角为 $2\theta=60°$ 的扇形面积。设各部分面积为 A_1、A_2、A_3，重心坐标为 x_{C1}、x_{C2}、x_{C3}。

$$A_1 = \pi R^2 = 90\,000\pi\text{mm}^2,\ x_{C1} = 0;\ A_2 = -\theta \cdot r_1^2 = -\frac{62\,500}{6}\pi\text{mm}^2\text{(取负值)},$$

$$x_{C2} = \frac{2r_1 \sin\theta}{3\theta} = \frac{500}{\pi}\text{mm};\ A_3 = \theta \cdot r_2^2 = \frac{10\,000}{6}\pi\text{mm}^2,\ x_{C3} = \frac{2r_2 \sin\theta}{3\theta} = \frac{200}{\pi}\text{mm}$$

$$x_C = \frac{A_1 x_{C1} + A_2 x_{C2} + A_3 x_{C3}}{A_1 + A_2 + A_3} = -\frac{60}{\pi} = -19.1\text{mm}$$

因挖去的面积取负值，故这种求重心位置的方法称**负面积法**。

第6节 平行分布力的简化

工程实际问题中，物体所受的力，往往是分布作用于物体体积内（如重力）或物体表面上（如水压力），前者称为**体力**，后者称为**面力**。体力和面力都是**分布力**（distributed force）。如分布力的作用线彼此平行，则称为**平行分布力**。下面讨论平行分布力的简化。

对平行分布的体力的简化，方法与研究物体的重量及重心的方法相同，不再赘述。这里只介绍平行分布的面力的简化。

面力一般是分布在一定面积上的，但许多工程问题中，力是沿着狭长面积分布的，这种力可简化为沿着一条线分布的力，称为**线分布力**或**线分布荷载**。

表示力的分布情况的图形称为**荷载图**。单位长度或单位面积上所受的力，称为分布力在该处的**集度**（intensity）。如果分布力的集度处处相同，则称为**匀布力**或**匀布荷载**，否则称为**非匀布力**或**非匀布荷载**。集度的单位分别是 N/m 或 N/m^2。

一、线分布力

力沿平面曲线 AB 分布（图 2-15），荷载图为一曲面。取直角坐标系 $Oxyz$，使得轴 z 平行于分布力，曲线 AB 位于平面 xy 内。设坐标为 x、y 处的荷载集度为 q，则在该处微小

长度 Δs 上力的大小为 $\Delta F=q\Delta s$，亦即等于 Δs 上荷载图的面积 ΔA。而线段 AB 上分布力的合力的大小为 $F=\sum\Delta F=\sum q\Delta s=\sum\Delta A=$线段 AB 上荷载图的面积。

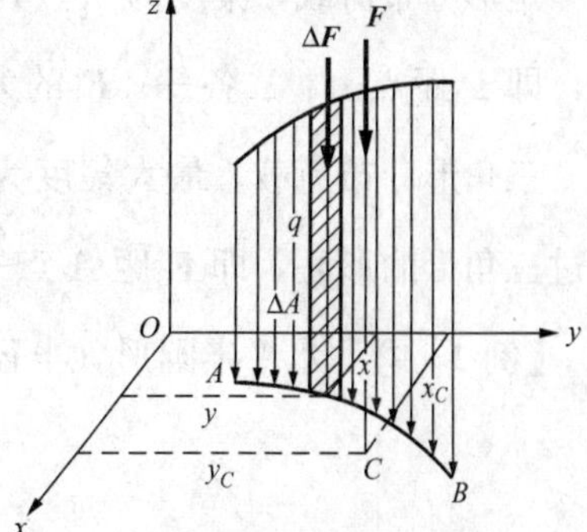

图 2-15　线分布力

合力 $\boldsymbol{F}$ 的作用线位置可用合力矩定理求得。分别对轴 y、x 求矩，有 $x_CF=\sum x\Delta F=\sum xq\Delta s=\sum x\Delta A$，$-y_CF=-\sum y\Delta F=-\sum yq\Delta s=-\sum y\Delta A$，得

$$x_C=\frac{\sum x\Delta A}{\sum\Delta A},\ y_C=\frac{\sum y\Delta A}{\sum\Delta A} \qquad (2-22)$$

这就是荷载图面积的形心的 x 坐标和 y 坐标。可见，**沿平面曲线分布的平行分布力的合力的大小等于荷载图的面积，合力通过荷载图面积的形心**。

二、面力

力沿面积 A 分布（图 2-16），荷载图为一柱体。取直角坐标系 $Oxyz$，使得轴 z 平行于分布力，荷载作用面为 xy 面。在面积 A 内坐标为（x，y）处取微小面积 ΔA，若该处荷载集度为 p，则微小面积 ΔA 上所受力的大小为 $\Delta F=p\Delta A$，亦即等于 ΔA 上荷载图的体积 ΔV。而面积 A 上分布力的合力的大小等于 $F=\sum\Delta F=\sum p\Delta A=\sum\Delta V=$面积 A 上的荷载图的体积。

合力作用线的位置仍用合力矩定理求得，对轴 y、x 求矩，有 $x_CF=\sum x\Delta F=\sum xp\Delta A=\sum x\Delta V$，$-y_CF=-\sum y\Delta F=-\sum yp\Delta A=-\sum y\Delta V$，得

$$x_C=\frac{\sum x\Delta V}{\sum\Delta V},\ y_C=\frac{\sum y\Delta V}{\sum\Delta V} \qquad (2-23)$$

这就是荷载图体积的形心的 x 坐标和 y 坐标。可见，**平行分布的面力的合力的大小等于荷载图的体积，合力通过荷载图体积的形心**。

无论线分布力或面力，如果荷载图的图形较为复杂，但可分成几个简单的图形，则可分别求每一简单图形所代表的分布力的合力，然后再按几个集中力进行计算。除了需要求总的合力外，一般无须合成为一个力。如果荷载图不能分作简单图形，但分布力的集度是连续变化的，则可用积分法求合力。

【例 2-8】 直线 AB 上受梯形分布荷载作用（图 2-17），已知集度 q_1 和 q_2，AB 长为 l。试简化该分布荷载。

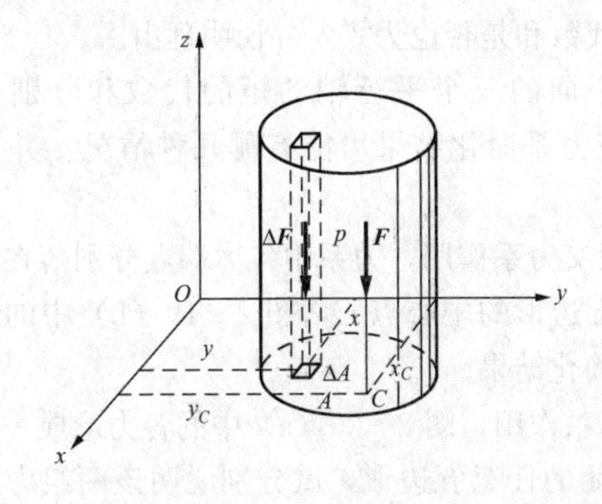

图 2-16　面力

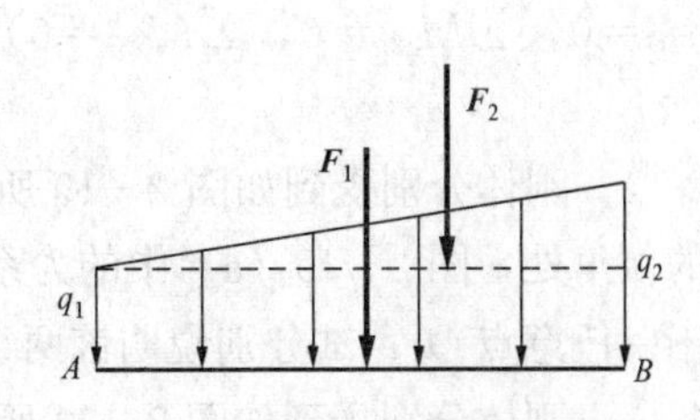

图 2-17 ［例 2-8］图

解　作水平辅助线（虚线），梯形分布荷载可分成矩形分布荷载和三角形分布荷载。

矩形分布荷载，集度为 q_1，其合力 $\boldsymbol{F}_1$ 与分布荷载同方向，即铅直向下，并过矩形的形心，即 $\boldsymbol{F}_1$ 距点 A、B 各 $\frac{l}{2}$；$\boldsymbol{F}_1$ 的大小为 $F_1=q_1 l$。

三角形分布荷载，最大集度为 (q_2-q_1)，其合力 $\boldsymbol{F}_2$ 与分布荷载同方向，即铅直向下，并过三角形的形心，即 $\boldsymbol{F}_2$ 距 A 点 $\frac{2l}{3}$、距 B 点 $\frac{l}{3}$；$\boldsymbol{F}_2$ 的大小为 $F_2=\frac{1}{2}(q_2-q_1)l$。

【例 2-9】　水平半圆形（半径 R）梁上受铅直分布荷载，其集度按 $q=q_0\sin\theta$ 变化，如图 2-18 所示。求分布荷载的合力的大小及作用线位置。

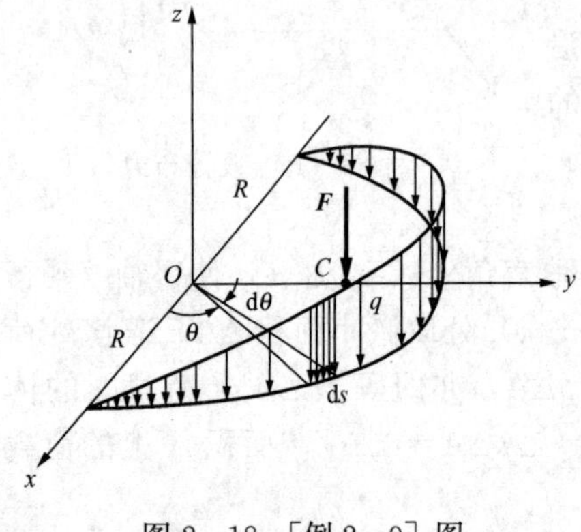

图 2-18 ［例 2-9］图

解　求合力 $\boldsymbol{F}$ 的大小。在 θ 处，长 $ds=Rd\theta$ 的梁上所受的力 $dF=qRd\theta=Rq_0\sin\theta d\theta$，整个梁上所受荷载的合力的大小为

$$F=\int_0^{\pi}Rq_0\sin\theta d\theta=-Rq_0\cos\theta\Big|_0^{\pi}=2Rq_0$$

求合力 $\boldsymbol{F}$ 的作用线位置。设作用线与 xy 平面的交点为 C。因轴 y 是对称轴，故 C 必在轴 y 上，即 $x_C=0$，只需求 y_C。对轴 x 用合力矩定理，有

$$y_C F=\int R\sin\theta dF=\int_0^{\pi}R^2 q_0\sin^2\theta d\theta=R^2 q_0\left(\frac{\theta}{2}-\frac{1}{4}\sin 2\theta\right)\Big|_0^{\pi}=\frac{\pi R^2 q_0}{2}$$

得 $y_C=\frac{\pi R^2 q_0}{2}\Big/F=\frac{\pi R}{4}$。

思　考　题

2-1　将两个等效的空间力系分别向 A_1、A_2 两点简化得 $\boldsymbol{F}_{R1}$、$\boldsymbol{M}_1$ 和 $\boldsymbol{F}_{R2}$、$\boldsymbol{M}_2$。因两力系等效故有 $\boldsymbol{F}_{R1}=\boldsymbol{F}_{R2}$，$\boldsymbol{M}_1=\boldsymbol{M}_2$，此结论是否正确？

2-2　空间力系向 O 点简化，其主矩 $\boldsymbol{M}_O$ 沿 y 轴，问该力系中各力对 x 轴的矩的代数和是否等于零？对平行于 x 轴的另一轴 x' 的矩的代数和是否也为零？并说明理由。

2-3　一空间力系，如各力对不在同一平面的三个平行轴的矩的代数和分别为零（$\sum M_{x1i}=0$，$\sum M_{x2i}=0$，$\sum M_{x3i}=0$），试问该力系简化结果可能有哪几种情况？并说明理由。

2-4　刚体分别受到如图 2-19 所示两组汇交力系作用，力系中各力端点分别落在正五边形的顶角处，图 2-19（a）中的力系汇交于五边形的中心点 O，图 2-19（b）中的力系汇交于一任意点 O_1，试分别说明该两组力系的简化结果。

2-5　刚体分别受到如图 2-20 所示两组力系作用，图 2-20（a）中的各力形成一封闭的正五边形，图 2-20（b）中的各力形成一封闭的任意五边形，试分别说明该两组力系的简化结果。

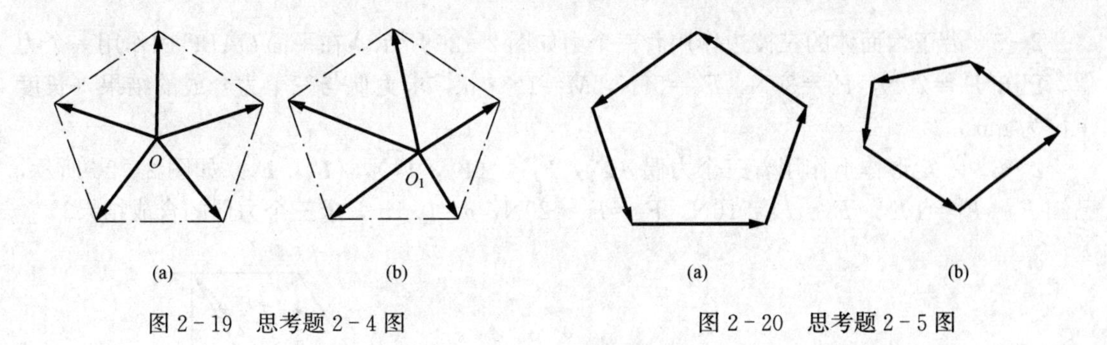

图2-19 思考题2-4图　　图2-20 思考题2-5图

2-1 一钢结构节点如图2-21所示，在沿OA、OB、OC的方向受到三个力的作用，已知$F_1=1\text{kN}$，$F_2=\sqrt{2}\text{kN}$，$F_3=2\text{kN}$，试求这三个力的合力。

2-2 如图2-22所示，螺栓环眼受到铅垂面内三根绳索拉力的作用，其中两根绳索的拉力已知，$F_1=600\text{N}$，$F_2=800\text{N}$。若欲使该力系的合力方向铅垂向下，大小等于1500N，则另一根绳索的拉力$\boldsymbol{F}_3$大小和方向应如何？

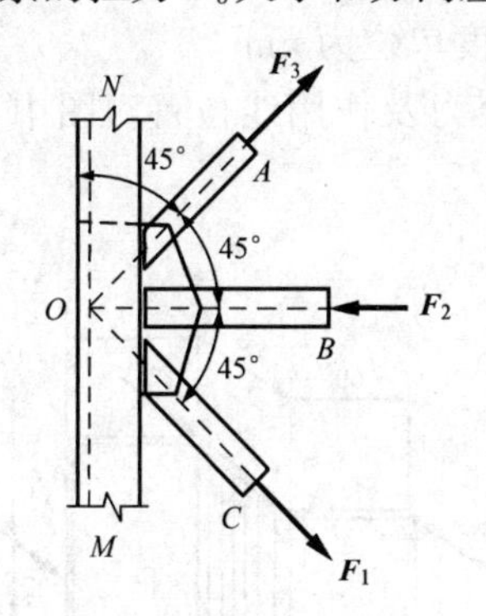

图2-21 习题2-1图

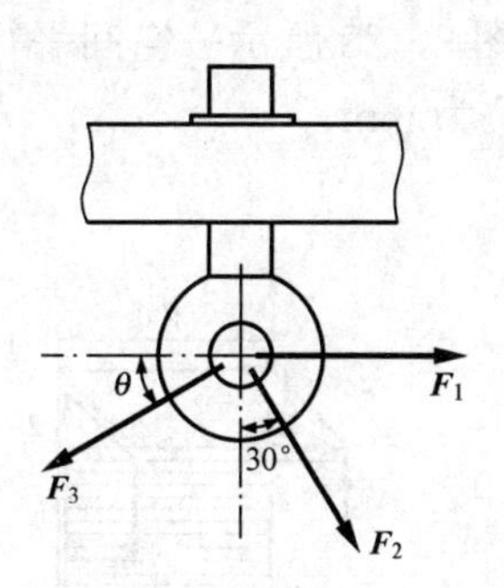

图2-22 习题2-2图

2-3 已知$F_1=2\sqrt{6}\text{N}$，$F_2=2\sqrt{3}\text{N}$，$F_3=1\text{N}$，$F_4=4\sqrt{2}\text{N}$，$F_5=7\text{N}$，如图2-23所示(图中长度单位为m)，求五个力合成的结果（提示：不必开根号，可使计算简化）。

2-4 力偶矩矢$\boldsymbol{M}_1$和$\boldsymbol{M}_2$分别表示作用于平面ABC和ACD上的力偶（图2-24），已知$M_1=M_2=M$，求合力偶。

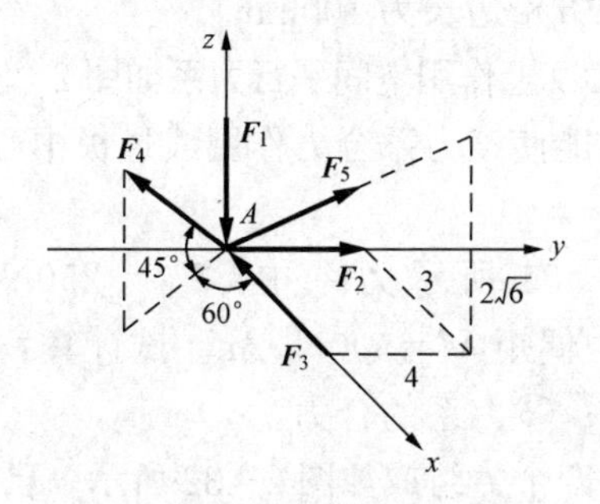

图2-23 习题2-3图

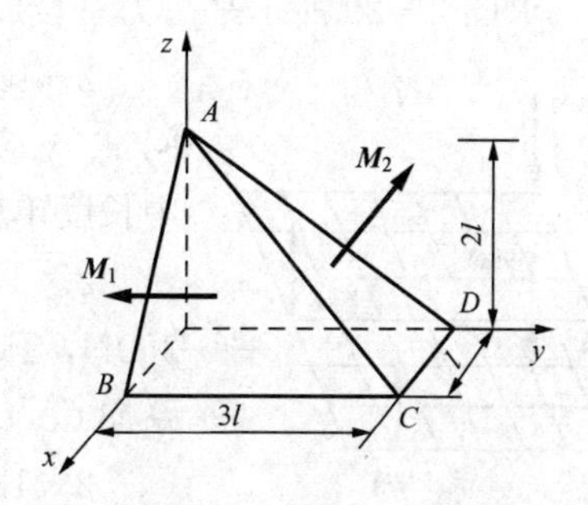

图2-24 习题2-4图

2-5 沿正六面体的三棱边作用着三个力如图2-25所示，在平面$OABC$内作用一个力偶，已知$F_1=20$N，$F_2=30$N，$F_3=50$N，$M=1$N·m，求力偶与三个力合成的结果（长度单位为mm）。

2-6 一矩形体上作用着三个力偶（$\boldsymbol{F}_1$，$\boldsymbol{F}_1'$），（$\boldsymbol{F}_2$，$\boldsymbol{F}_2'$），（$\boldsymbol{F}_3$，$\boldsymbol{F}_3'$）如图2-26所示，已知$F_1=F_1'=10$N，$F_2=F_2'=16$N，$F_3=F_3'=20$N，$a=0.1$m，求三个力偶的合成结果。

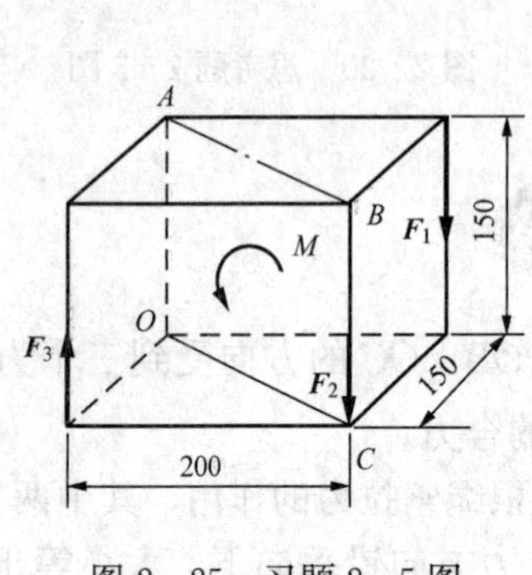

图2-25 习题2-5图

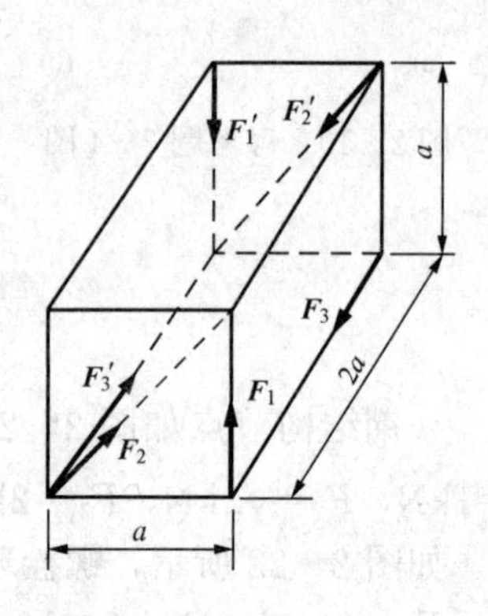

图2-26 习题2-6图

2-7 试求图2-27所示诸力合成的结果，图中长度单位为mm。

2-8 图2-28所示一空间平行力系，求力系的合力及作用线位置。图中力的单位为N，长度单位为mm。

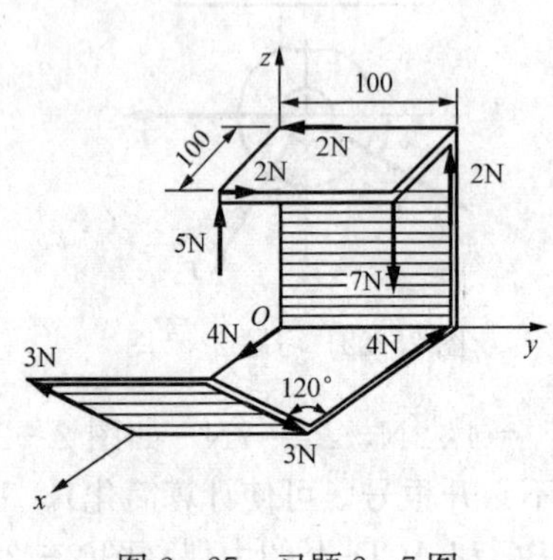

图2-27 习题2-7图

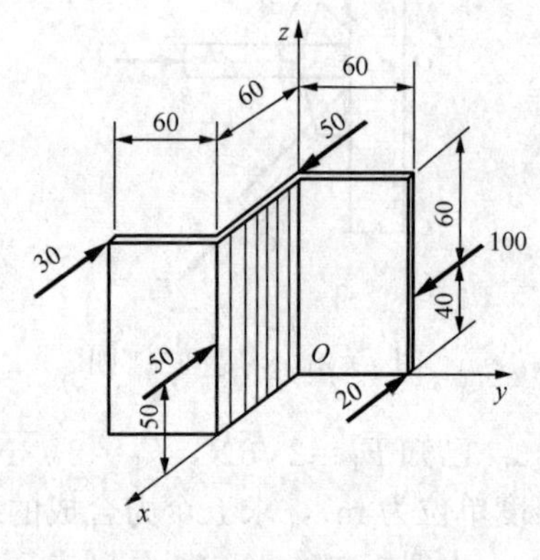

图2-28 习题2-8图

2-9 求图2-29所示平行力系合成的结果（小方格边长为100mm）。

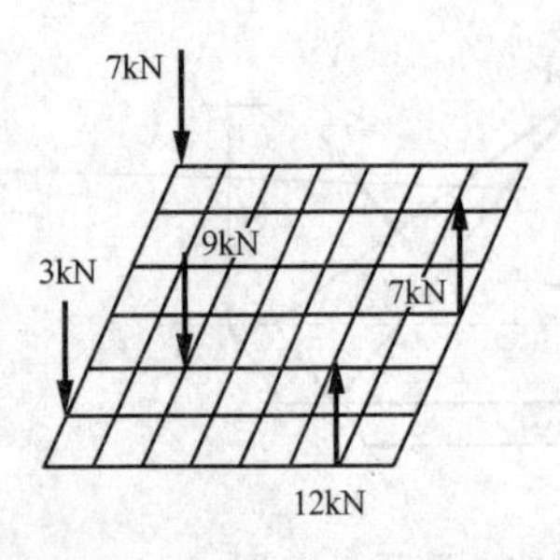

图2-29 习题2-9图

2-10 平板$OABD$上作用空间平行力系如图2-30所示，问x、y应等于多少才能使该力系合力作用线过板中心C（图中长度单位为m）。

2-11 如图2-31所示力系中，$F_1=250$N，$F_2=350$N，$F_3=200$N，力偶矩$M=500$N·m。试计算：①该力系向O点简化的结果；②力系的合力。

2-12 一力系由四个力组成如图2-32所示，已知$F_1=60$N，$F_2=400$N，$F_3=500$N，$F_4=200$N，试将该力系向A

点简化（图中长度单位为 mm）。

2-13 一力系由三力组成，各力大小、作用线位置和方向见图 2-33。已知将该力系向 A 简化所得的主矩最小，试求主矩之值及简化中心 A 的坐标（图中力的单位为 N，长度单位为 mm）。

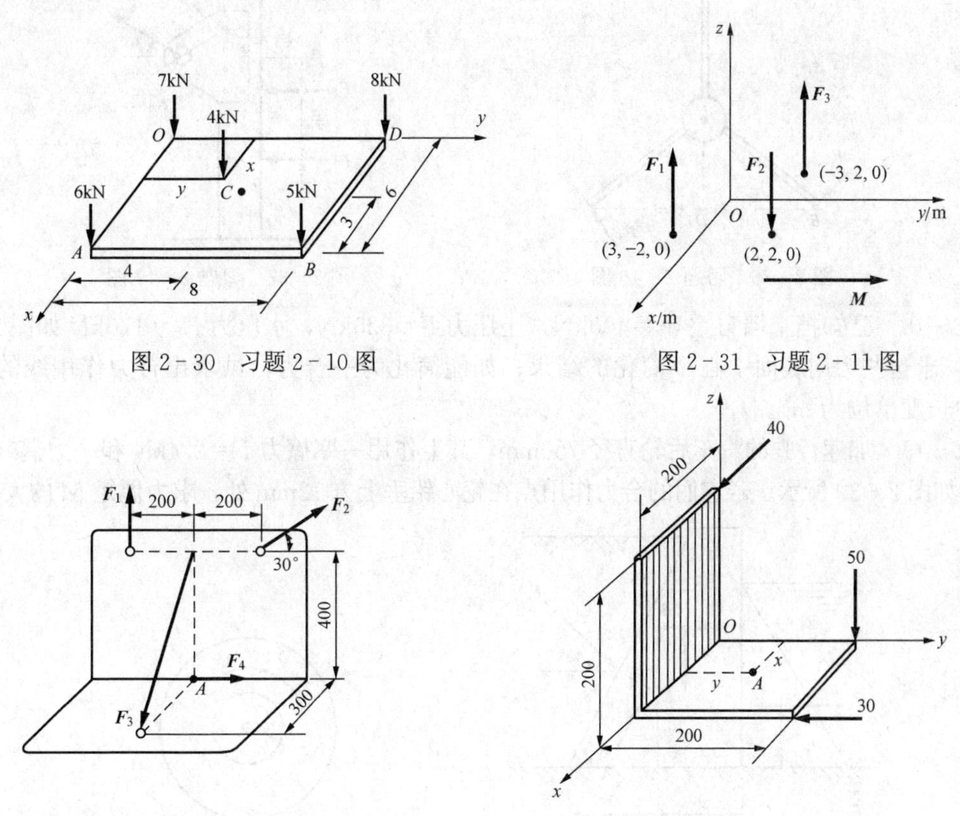

图 2-30 习题 2-10 图

图 2-31 习题 2-11 图

图 2-32 习题 2-12 图

图 2-33 习题 2-13 图

2-14 三力 $\boldsymbol{F}_1$、$\boldsymbol{F}_2$、$\boldsymbol{F}_3$ 的大小均为 F，作用在正立方体的棱边上如图 2-34 所示，正立方体的边长为 a，求力系简化的最后结果。

2-15 如图 2-35 所示，沿长方体不相交且不平行的棱作用三个大小相等的力，$F_1=F_2=F_3=F$，欲使该力系简化为一个力，则 a、b、c 应满足什么关系？

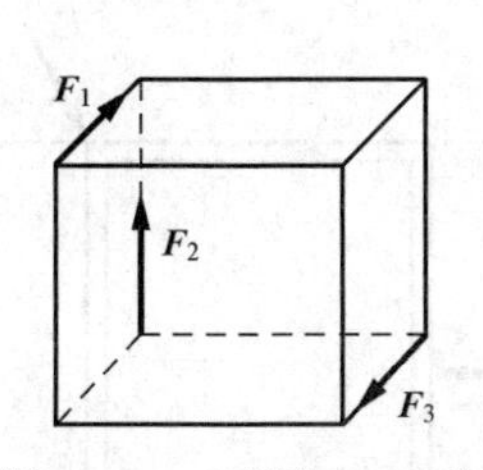

图 2-34 习题 2-14 图

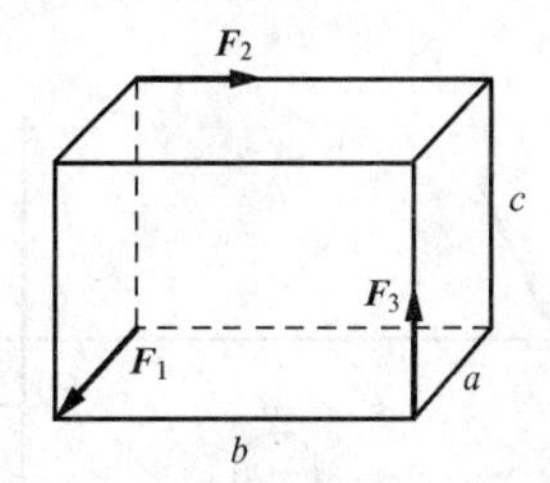

图 2-35 习题 2-15 图

2-16 如图 2-36 所示，铰盘有三个等长的柄，长度为 l，其间夹角均为 120°，各柄端分别作用一垂直于柄的力，且 $F_1=F_2=F_3=F$。试求该力系：①向中心点 O 简化的结果；②向 BC 连线的中点 D 简化的结果。这两个结果说明什么问题？

2-17 柱子所受荷载如图 2-37 所示，已知 $F_1=2.5\text{kN}$，$F_2=4\text{kN}$，$F_3=6\text{kN}$，$M=5\text{kN}\cdot\text{m}$，试求力系向柱子底面 A 点简化的结果。

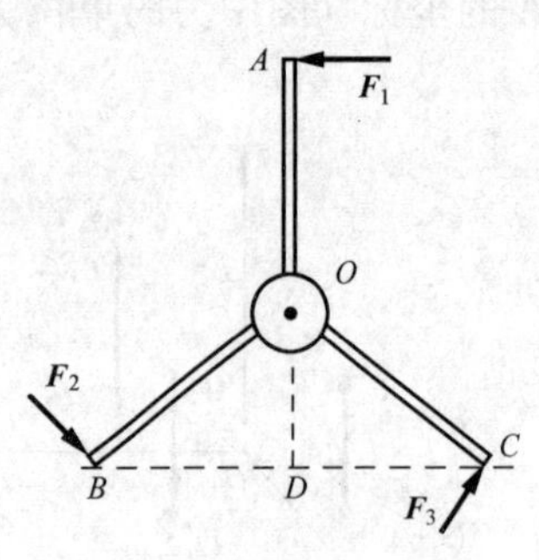

图 2-36 习题 2-16 图

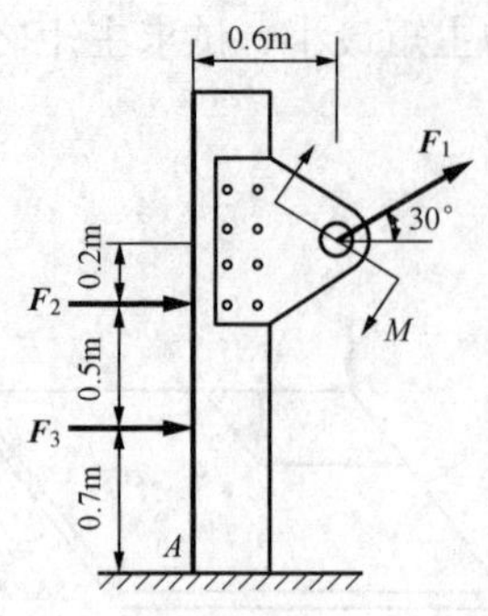

图 2-37 习题 2-17 图

2-18 已知挡土墙自重 $W=400\text{kN}$，土压力 $F=320\text{kN}$，水压力 $F_1=176\text{kN}$ 如图 2-38 所示，求这些力向底面中心 O 简化的结果；如能简化为一合力，试求出合力作用线的位置（图中长度单位为 m）。

2-19 加速行驶的汽车后轮直径 750mm，其上作用一摩擦力 $F=2.4\text{kN}$ 和一力偶（矩为 M），如图 2-39 所示。若它们的合力作用点在轮心铅垂上方 12mm 处，求力偶矩 M 的大小。

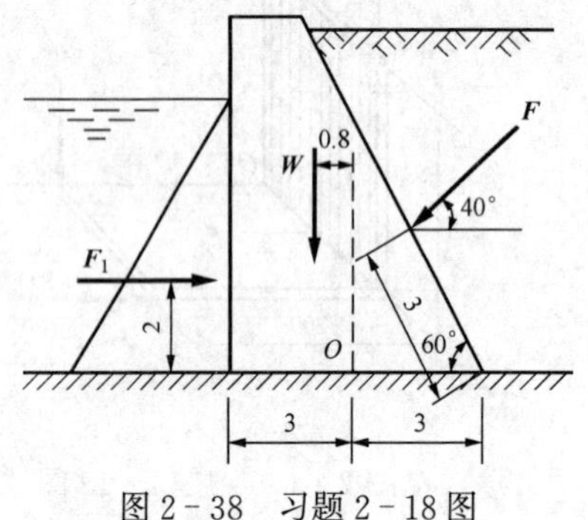

图 2-38 习题 2-18 图

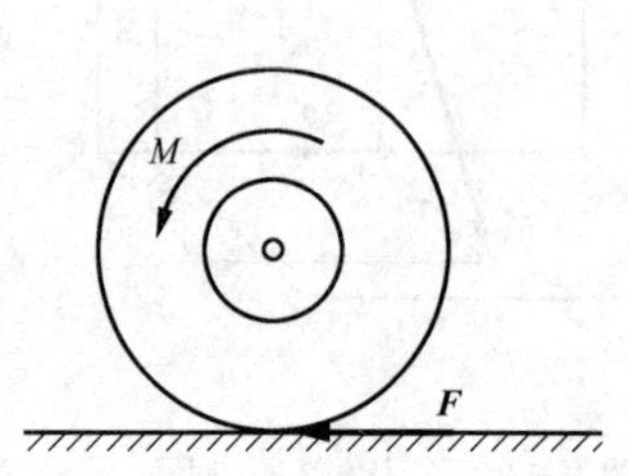

图 2-39 习题 2-19 图

2-20 如图 2-40 所示一平面力系，已知 $F_1=200\text{N}$，$F_2=100\text{N}$，$M=300\text{N}\cdot\text{m}$，欲使力系的合力通过 O 点，求水平力 F（图中长度单位为 m）。

2-21 在刚架的 A、B 两点分别作用 $\boldsymbol{F}_1$、$\boldsymbol{F}_2$ 两力如图 2-41 所示，已知 $F_1=F_2=10\text{kN}$。欲以过 C 点的一个力 $\boldsymbol{F}$ 代替 $\boldsymbol{F}_1$、$\boldsymbol{F}_2$，求 $\boldsymbol{F}$ 的大小、方向及 A、C 间的距离（图中长度单位为 m）。

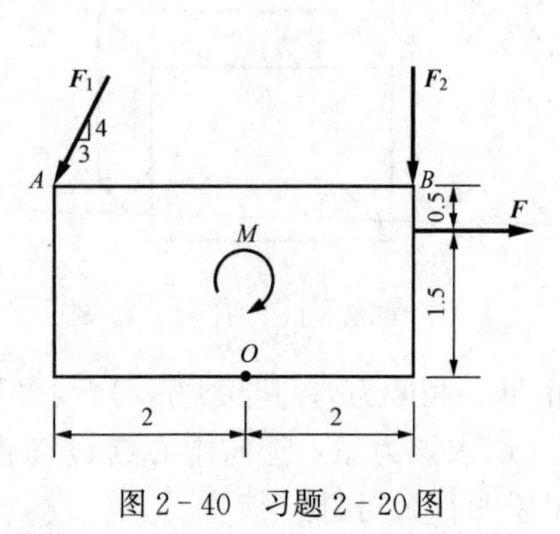

图 2-40 习题 2-20 图

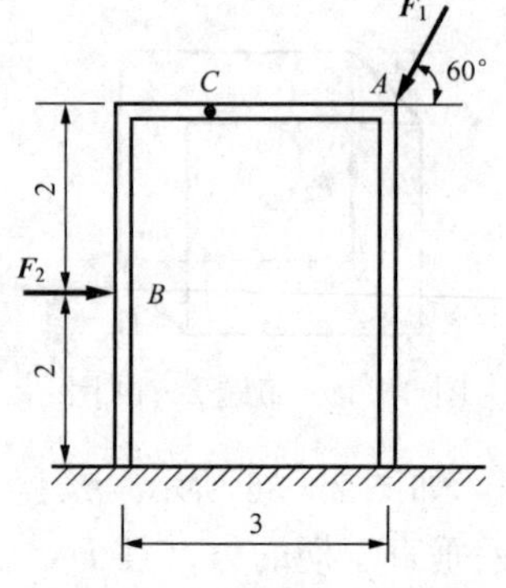

图 2-41 习题 2-21 图

2-22　x 轴与 y 轴斜交成 θ 角如图 2-42 所示。设一力系在 xy 平面内，对 y 轴和 x 轴上的 A、B 两点有 $\sum M_{Ai}=0$，$\sum M_{Bi}=0$，且 $\sum F_{iy}=0$，但 $\sum F_{ix}\neq 0$。已知 $OA=a$，求 B 点在 x 轴上的位置。

2-23　一平面力系（在 Oxy 平面内）中的各力在 x 轴上投影之代数和等于零，如图 2-43 所示，对 A、B 两点的主矩分别为 $M_A=12\text{N}\cdot\text{m}$，$M_B=15\text{N}\cdot\text{m}$，$A$、$B$ 两点的坐标分别为（2，3）、（4，8），试求该力系的合力（坐标值的单位为 m）。

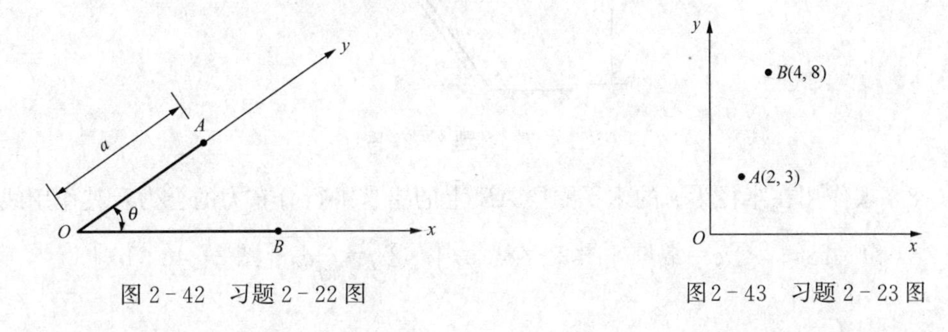

图 2-42　习题 2-22 图　　　图 2-43　习题 2-23 图

2-24　求图 2-44 所示面积的形心。图 2-44（a）、（b）所示两图长度单位为 mm；图 2-44（c）、（d）所示各图长度单位为 m。

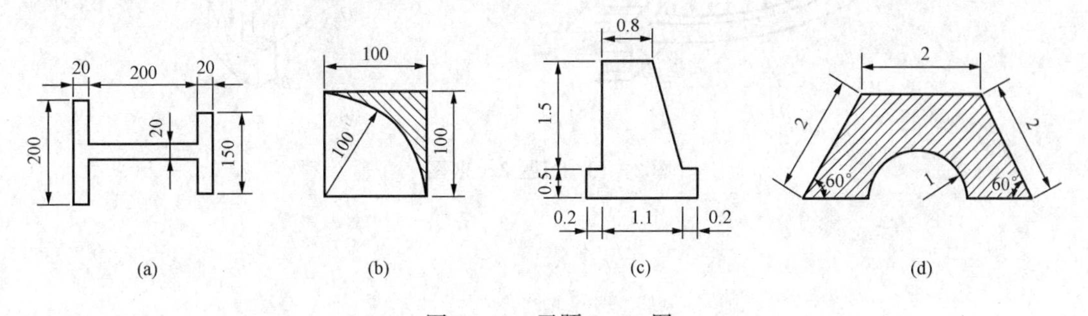

图 2-44　习题 2-24 图

2-25　一圆板上钻了半径为 r 的三个圆孔，其位置如图 2-45 所示。为使重心仍在圆板中心 O 处，需在半径为 R 的圆周线上再钻一个孔，试确定该孔的位置及孔的半径。

2-26　两混凝土基础尺寸如图 2-46 所示，试分别求其重心的位置坐标（图中长度单位为 m）。

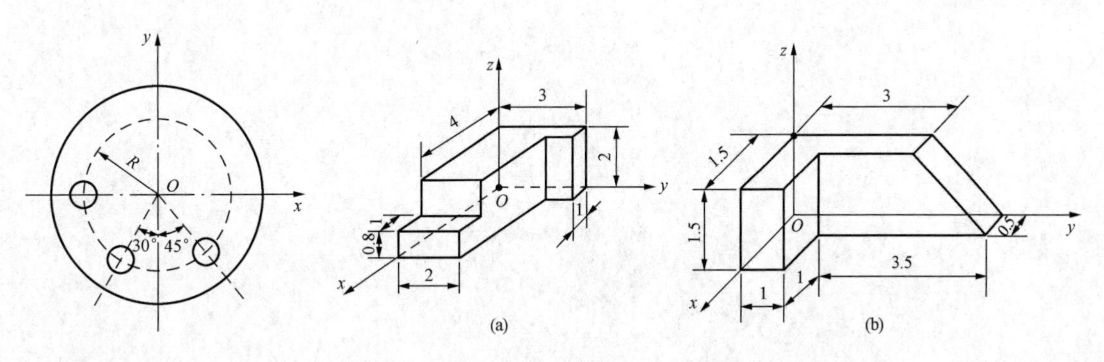

图 2-45　习题 2-25 图　　　图 2-46　习题 2-26 图

2－27 隔水板的板宽为3m，放置如图2－47所示。试求作用于板上的水压力的合力。

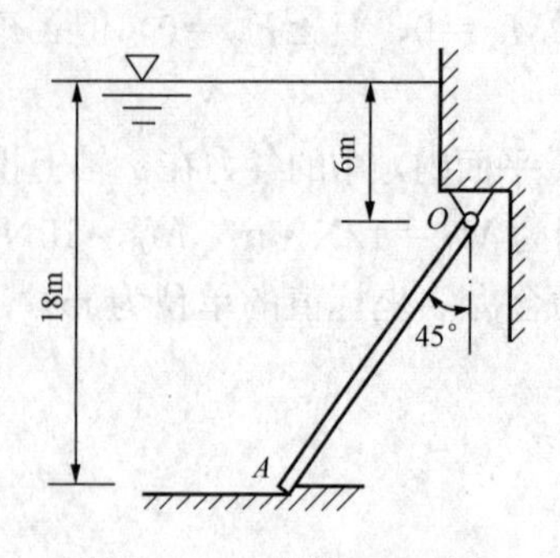

图2－47 习题2－27图

2－28 求作用在半径为r的水平圈梁AB上的铅直平行分布力的合力及其作用线的位置（图2－48）。已知：①q＝常量［图2－48（a)］；②$q=\frac{s}{\pi r}q_0$［图2－48（b)］。

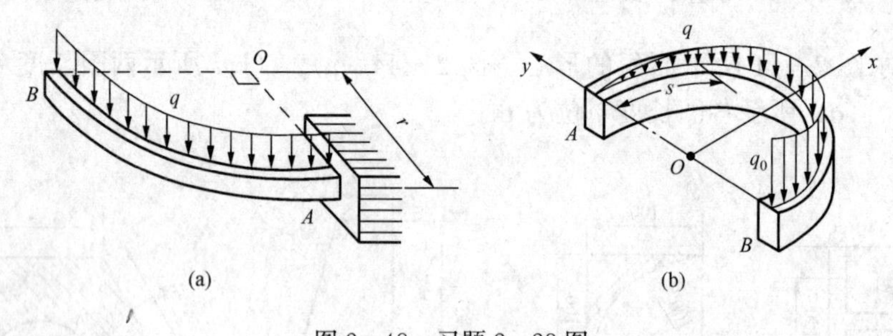

图2－48 习题2－28图

第3章 力系的平衡

本章将介绍约束与约束力、静定与超静定的概念；将实际问题抽象成合理的力学模型，并进行受力分析，根据力系的简化结果，推导力系的平衡条件和平衡方程，重点是平衡方程的应用。

第1节 约束与约束力

在力学里，将在空间能够自由运动的物体称为**自由体**（free body），如在空中飞行的飞机、火箭等。现实中，更多的物体因受到限制而不能自由运动，称为**非自由体**（unfree body），如行驶中的火车、用绳子悬挂而不能下落的重物等。阻碍物体运动的限制条件称为**约束**（constraint）。约束是以物体相互接触的方式构成的，静力学中将阻碍物体运动的周围物体称为约束，如铁轨对火车、绳索对所悬挂的重物都构成约束。

约束对物体的作用力称为**约束力**（constraint force）。约束力的大小是未知的，但**约束力的方向总是与约束所能阻止的运动方向相反**。与约束力不同，有些力主动地使物体运动或有运动趋势，这种力称为**主动力**（active force），工程上称为**荷载**（load），如重力、水压力、电磁力等。约束力不仅与作用在物体上的主动力有关，还与约束本身的性质有关，下面介绍工程中常见的几种约束。

一、柔索（flexible cable）

绳索、链条、皮带等属于柔索类约束。柔索只能阻止物体上与柔索连接的点沿着柔索的中心线离开柔索。所以，**柔索的约束力沿着柔索的中心线，背离物体，为拉力**（图3-1）。

二、光滑接触面（smooth surface）

当两物体接触面上的摩擦力可以忽略时，即可看作光滑接触面。不论接触面形状如何，光滑接触面只能阻止接触点沿着该点的公法线趋向接触面的运动。所以，**光滑接触面的约束力通过接触点，沿接触面在该点的公法线，为压力**（图3-2）。

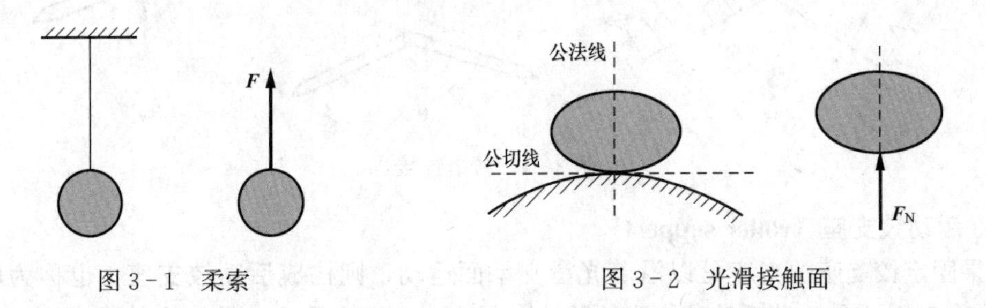

图3-1 柔索　　　　图3-2 光滑接触面

三、固定铰支座（fixed hinge support）

工程上常用一种称为支座的部件，将一个构件支承于基础或另一静止的构件上。将构件用光滑圆柱形销钉与固定支座连接，该支座就成为**固定铰支座**，简称**铰支座**。图3-3（a）是一种固定铰支座的照片，图3-3（b）是构件与支座连接示意图。销钉不能阻止构件转动，不能阻止构件沿销钉轴线移动，只能阻止构件在垂直于销钉轴线的平面内的移动。当构件有运动趋势时，构件与销钉可沿任一母线［如图 3-3（b）上的点 A］接触。因销钉是光滑圆柱形的，故可知约束力必作用于接触点 A 并通过销钉中心［图 3-3（c）中的 $\boldsymbol{F}_A$］，由于接触点 A 不能预先确定，所以 $\boldsymbol{F}_A$ 的方向是未知的。可见，**固定铰支座的约束力在垂直于销钉轴线的平面内，通过销钉中心，方向不定**。图 3-3（d）是固定铰支座的两种简化表示。固定铰支座的约束力可表示为一个未知的角度和一个未知大小的力，或表示为两个互相垂直的力［图 3-3（e）］。

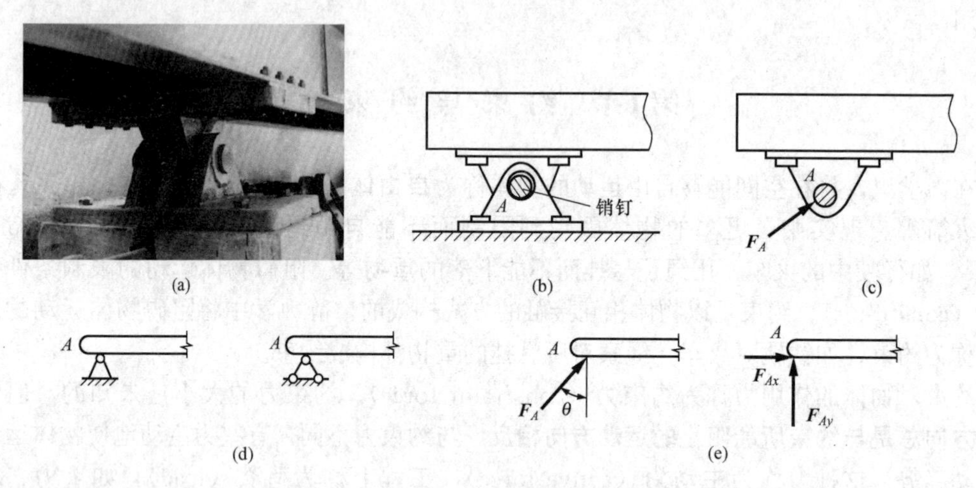

图 3-3 固定铰支座

两个构件用光滑圆柱形销钉连接起来，称为**铰链连接**（pinned connection），简称**铰接**［图 3-4（a）］，连接件习惯上称为**铰**，图 3-4（b）是铰链连接的简化表示。销钉对构件的约束与固定铰支座的销钉对构件的约束相同，其约束力常表示为两个互相垂直的力［图 3-4（c）］。

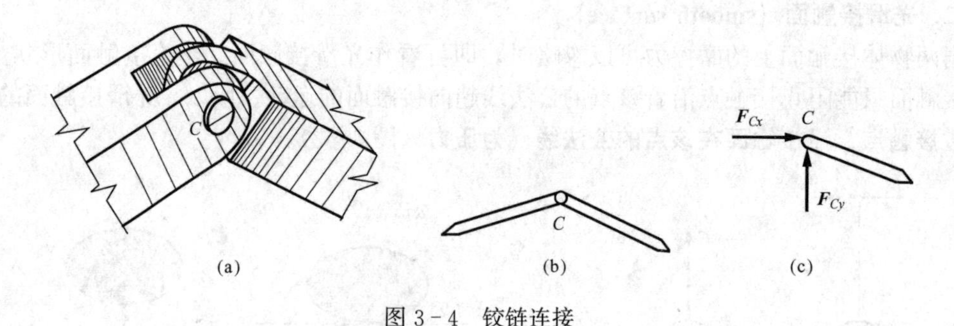

图 3-4 铰链连接

四、活动铰支座（roller support）

如果固定铰支座的支座可以沿着光滑支承面运动，则构成**活动铰支座**，也称为**辊轴支座**。图 3-5（a）是一种活动铰支座的照片，图 3-5（b）是活动铰支座的示意图。活动铰支座不能阻止构件沿着支承面的运动，但一般能阻止构件与支座连接处向着支承面或离开支承面的运动。所以**活动铰支座的约束力通过销钉中心，垂直于支承面，指向不定（即可能是压力或拉力）**。图 3-5（c）是活动铰支座的简化表示，图 3-5（d）是活动铰支座约束力的表示。

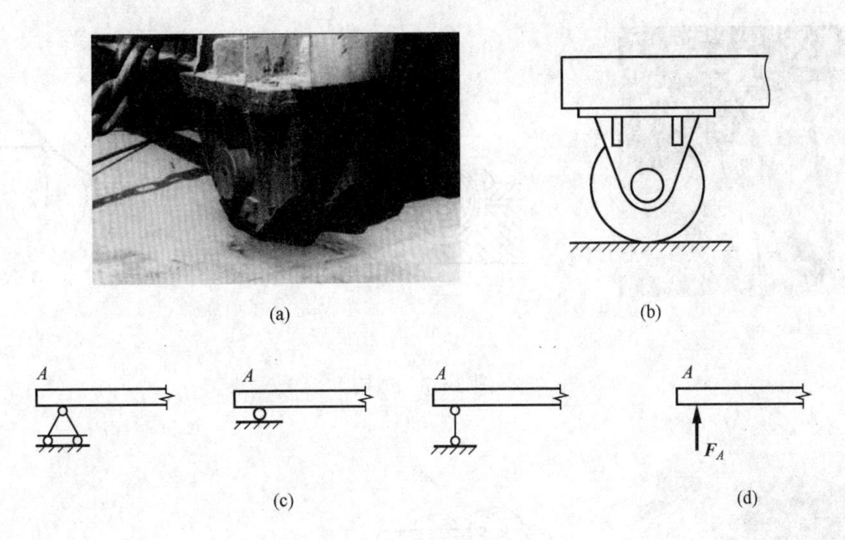

(a)　(b)

(c)　(d)

图 3-5　活动铰支座

五、连杆（two-force member）

两端用光滑销钉与物体相连而中间不受力的直杆称为**连杆**。图 3-6（a）是机械中连杆的照片。连杆只能阻止物体上与连杆连接的一点沿着连杆中心线趋向或离开连杆的运动。所以**连杆的约束力沿着连杆中心线，指向不定**。图 3-6（b）中的 AB 是连杆的简化表示，图 3-6（c）是连杆的受力情况，显然连杆是二力杆。

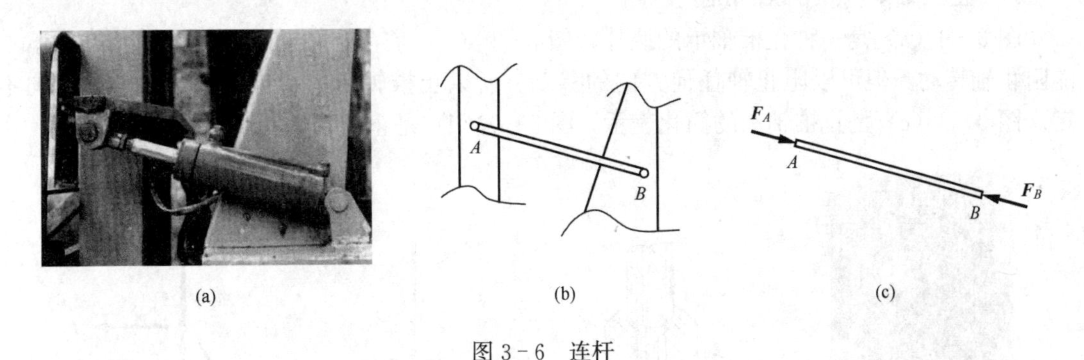

(a)　(b)　(c)

图 3-6　连杆

六、球铰（smooth ball and socket support）

将物体 A 的球形端部置入物体 B 的球窝内，则构成**球铰**。图 3-7（a）是一种球铰的照片，图 3-7（b）是球铰的示意图。球铰不能阻止物体 A 绕球心转动，但可以阻止物体 A 相对球窝移动。所以**球铰的约束力通过球心，方向不定**。图 3-7（c）是球铰的简化表示，图 3-7（d）是球铰约束力的表示。

七、径向轴承（bearing）

图 3-8（a）是一种径向轴承的照片，图 3-8（b）是径向轴承的示意图。径向轴承不能阻止轴转动，也不能阻止轴沿轴线移动，但可以阻止轴在垂直于轴线的平面内任何方向的移动。所以**径向轴承的约束力通过轴心，在垂直于轴线的平面内，方向不定**。图 3-8（c）

是径向轴承的简化表示，图 3－8（d）是径向轴承约束力的表示。

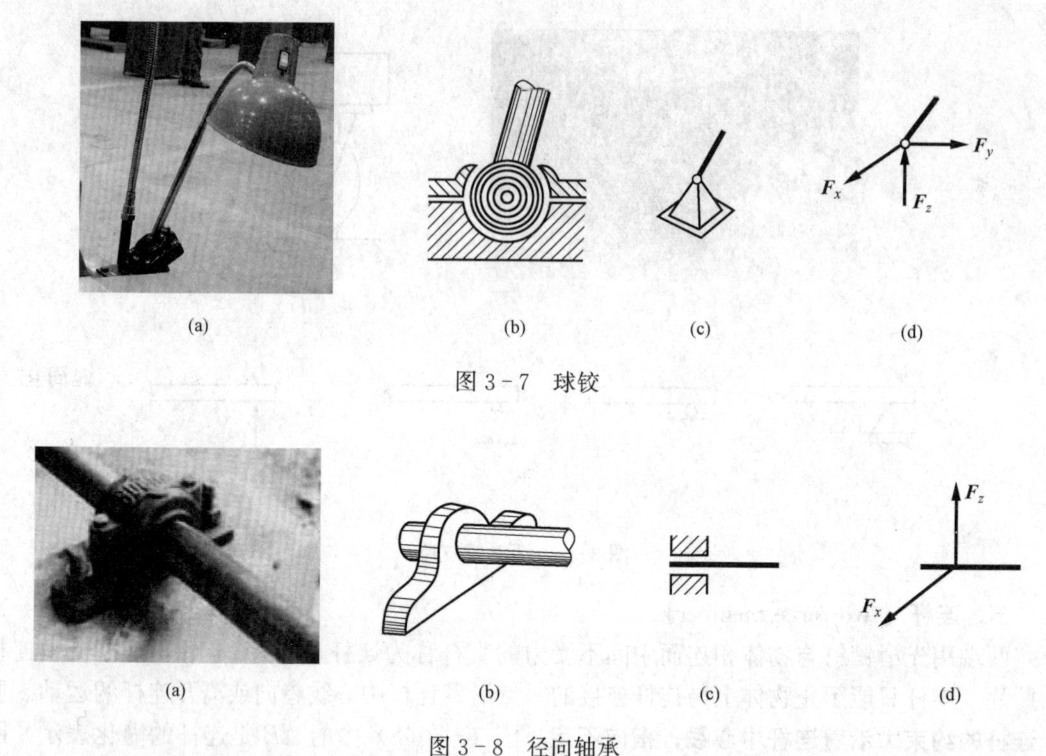

图 3－7 球铰

图 3－8 径向轴承

八、止推轴承（step bearing）

图 3－9（a）是一种止推轴承的照片，图 3－9（b）是止推轴承的示意图。止推轴承不能阻止轴转动，但可以阻止轴任何方向的移动。所以**止推轴承的约束力通过轴心，方向不定**。图 3－9（c）是止推轴承的简化表示，图 3－9（d）是止推轴承约束力的表示。

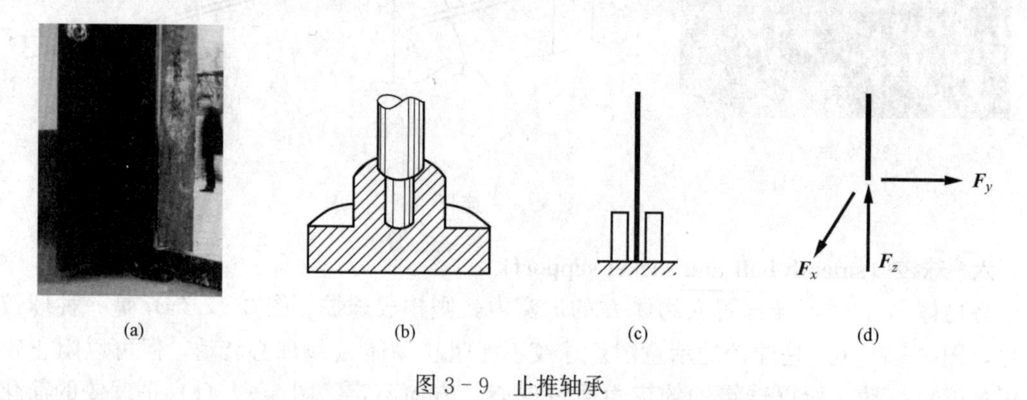

图 3－9 止推轴承

九、固定端（fixed support）

将物体的一端牢固地插入基础或固定在其他静止的物体上，则构成**固定端**。图 3－10（a）是一种固定端的照片，图 3－10（b）、（c）分别为平面固定端、空间固定端的简化表示。固定端既阻止杆端移动，又阻止杆端转动，所以，**固定端的约束力为一个方向不定的力和一个力偶**。图 3－10（d）、（e）分别为平面固定端、空间固定端的约束力表示。

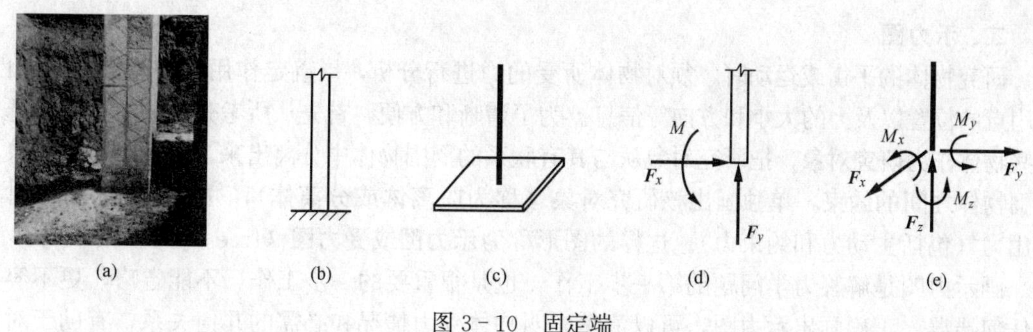

图 3-10 固定端

实际工程中的约束并不一定与上述理想的形式完全一样。但是根据问题的性质以及约束在讨论的问题中所起的作用，抓住主要矛盾，略去次要因素，常可将实际约束近似地简化为上述几种类型之一。

第2节 计算简图和示力图

一、计算简图

工程上的结构或机械，一般都颇为复杂，在进行力学分析时，需要根据问题的要求，适当加以简化，以抽象成为合理的力学模型。将力学模型用图形表示出来，即为**计算简图**(sketch for calculation)。

将实物抽象成为合理的力学模型并不是容易的事，这方面的能力需要在实践中不断锻炼和提高。将实物抽象成为力学模型的原则是：既能正确地反映实际结构或机械的工作性能，又便于力学计算。一般要考虑：结构或机械的简化、约束的简化、荷载的简化、确定尺寸。

图 3-11（a）为液压汽车起重机的照片，现研究吊臂平衡时计算简图的选取。吊臂一个方向的尺寸远大于另外两个方向的尺寸，可简化为一直杆。如果将转盘作为基础，因吊臂可绕与转盘连接处 A 转动，故该处可简化为固定铰支座；油压升举缸筒在不计自重的情况下只受轴向力作用，且两端用铰与其他物体相连，可简化为连杆。略去吊臂的自重，系统只受重物的重力 $\boldsymbol{P}$ 作用。标注尺寸 a、b、θ 和 β。图 3-11（b）为吊臂平衡时的计算简图。

(a)

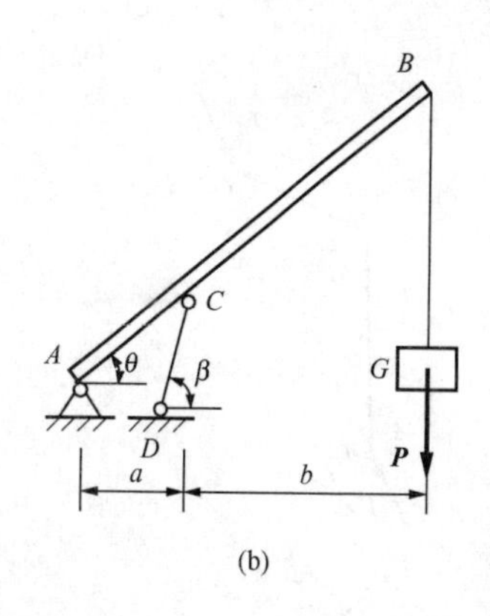

(b)

图 3-11 吊臂

二、示力图

研究物体的平衡或运动时，须对物体所受的力进行分析，以确定作用在物体上力的数目、作用点的位置以及力的大小和方向等信息。为了清晰和方便，首先从所考察的物体系统中选取某些物体作为**研究对象**，把研究对象从与其有联系的周围物体中分离出来，即解除研究对象与周围物体之间的约束，单独画出该研究对象（称为**脱离体或分离体**），并画上别的物体对其作用力（包括主动力和约束力）。这样的图形称为**示力图或受力图**（free body diagram）。

画示力图是解答力学问题的第一步工作，也是很重要的一步工作，不能省略，更不容许有任何错误。正确画出示力图，可以清楚表明物体受力情况和必需的几何关系，有助于对问题的分析和所需数学方程的建立，因而也是求解力学问题的一种有效的手段。

画示力图的步骤是：①明确研究对象，取脱离体；②画出脱离体所受的所有主动力；③在脱离体解除约束的地方，根据约束的性质画约束力。

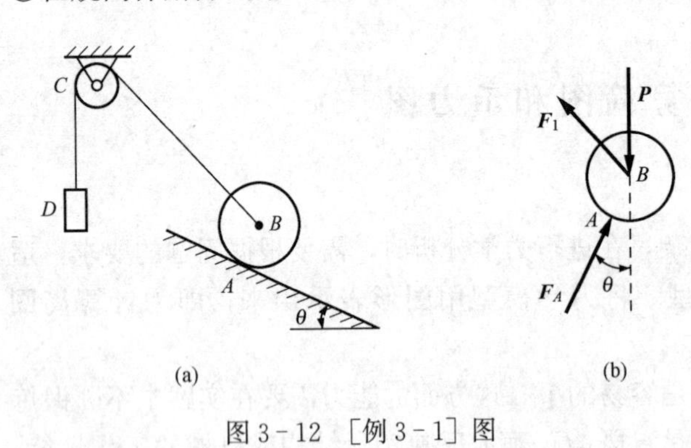

图3-12［例3-1］图

【例3-1】 图3-12（a）中，已知圆轮B重P，物块D重P_1，圆轮B与斜面之间的摩擦不计，试画出圆轮B的示力图。

解 以圆轮B为研究对象，取脱离体，如图3-12（b）所示。圆轮B受重力$\boldsymbol{P}$作用，$\boldsymbol{P}$过轮心。圆轮B在轮心受到绳索约束、在A处受到光滑接触面约束，约束力为拉力$\boldsymbol{F}_1$（沿绳索中心线）和压力$\boldsymbol{F}_A$（沿接触面在A处的公法线）。

【例3-2】 图3-13（a）为厂房建筑中的钢筋混凝土构架，其A、B两柱脚与基础（工程上称为“杯口”）之间填以沥青、麻丝。不计自重，试画出AC和BC的示力图。

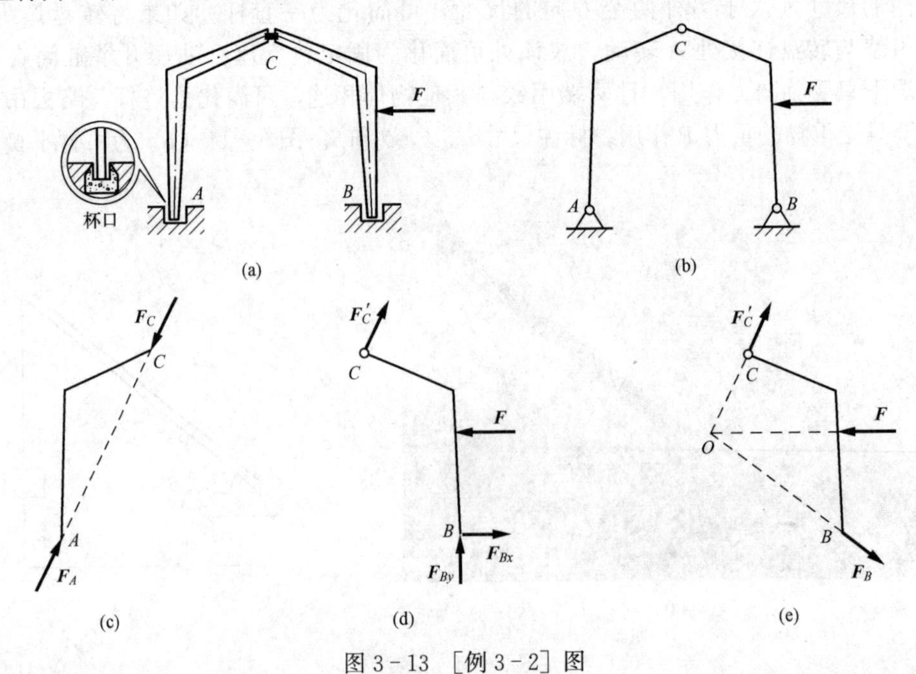

图3-13［例3-2］图

解 A、B处杯口阻止柱脚移动，但沥青、麻丝填料不能阻止柱身作微小转动，因此A、B两处都可简化为固定铰支座。而C处的连接可简化为铰接，整个结构的计算简图如图3-13（b）所示，这种结构称为**三铰刚架**。

以杆AC为研究对象，因杆AC只在A、C两处受力作用而平衡，是二力杆，所以约束力$\boldsymbol{F}_A$、$\boldsymbol{F}_C$沿A、C两点的连线，且$\boldsymbol{F}_A=-\boldsymbol{F}_C$，而指向可假设，如图3-13（c）所示。

以杆BC为研究对象，主动力为$\boldsymbol{F}$。B处约束力用$\boldsymbol{F}_{Bx}$、$\boldsymbol{F}_{By}$表示，指向可假设。C处约束力用$\boldsymbol{F}'_C$表示，$\boldsymbol{F}'_C$与$\boldsymbol{F}_C$互为作用力与反作用力，$\boldsymbol{F}'_C=-\boldsymbol{F}_C$，$\boldsymbol{F}'_C$与$\boldsymbol{F}_C$反向，如图3-13（d）所示。进一步分析可知，杆$BC$只受三个力作用而平衡，根据三力平衡原理，可确定$B$处约束力$\boldsymbol{F}_B$的方位。设力$\boldsymbol{F}$与$\boldsymbol{F}'_C$的交点为$O$，则力$\boldsymbol{F}_B$的作用线必通过点$B$和$O$，而指向可假设，如图3-13（e）所示。

请考虑：图3-13（b）中，能否根据力的可传性，将作用在杆BC上的力$\boldsymbol{F}$沿其作用线移到杆AC上，为什么？

【例3-3】 在图3-14（a）中，各杆和轮D的重量均不计，物体M重P，试分别画出整个结构、杆AB、杆CD及轮D的示力图。

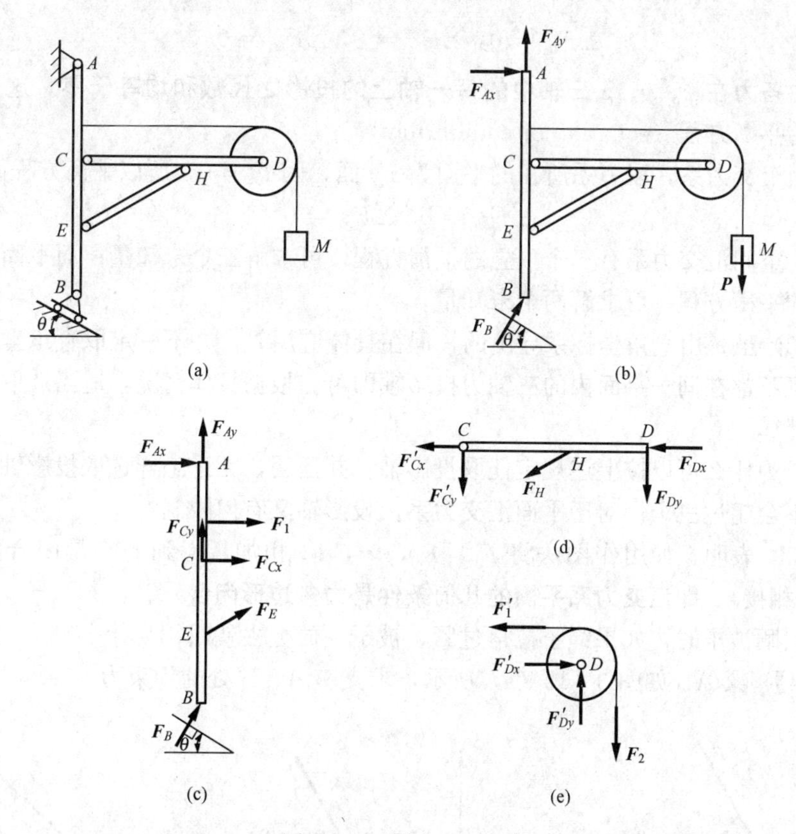

图3-14 ［例3-3］图

解 整个结构的示力图见图3-14（b）。A处固定铰支座约束力为$\boldsymbol{F}_{Ax}$、$\boldsymbol{F}_{Ay}$，指向可任意假设；B处活动铰支座约束力为$\boldsymbol{F}_B$。

杆AB的示力图见图3-14（c）。A、B处约束力与图3-14（b）中表示完全相同；绳子拉力为$\boldsymbol{F}_1$，C处铰约束力为$\boldsymbol{F}_{Cx}$、$\boldsymbol{F}_{Cy}$，指向可任意假设；E处连杆约束力$\boldsymbol{F}_E$沿连杆EH

方向，指向可假设。

杆 CD 的示力图见图 3-14（d）。C 处约束力 $\boldsymbol{F}'_{Cx}$、$\boldsymbol{F}'_{Cy}$ 与图 3-14（c）中的 $\boldsymbol{F}_{Cx}$、$\boldsymbol{F}_{Cy}$ 互为作用力与反作用力，$\boldsymbol{F}'_{Cx}=-\boldsymbol{F}_{Cx}$，$\boldsymbol{F}'_{Cy}=-\boldsymbol{F}_{Cy}$，其方向必对应相反；$H$ 处约束力 $\boldsymbol{F}_H$ 与图 3-14（c）的 $\boldsymbol{F}_E$ 反向，且 $\boldsymbol{F}_H=-\boldsymbol{F}_E$；$D$ 处约束力为 $\boldsymbol{F}_{Dx}$、$\boldsymbol{F}_{Dy}$，指向可任意假设。

轮 D（带一段绳子）的示力图见图 3-14（e）。$\boldsymbol{F}'_1$、$\boldsymbol{F}'_{Dx}$、$\boldsymbol{F}'_{Dy}$ 与 $\boldsymbol{F}_1$、$\boldsymbol{F}_{Dx}$、$\boldsymbol{F}_{Dy}$ 互为作用力与反作用力，其方向必对应相反；$\boldsymbol{F}_2$ 为绳子的拉力。

请考虑：图 3-14（b）中，C、D、E、H 等处约束力为什么不画？

第3节 汇交力系的平衡

如果一个汇交力系的合力等于零，则该力系为平衡力系。反之，如果一个汇交力系成平衡，则其合力必为零。所以，**汇交力系平衡的充分必要条件是：力系的合力等于零**，即

$$\boldsymbol{F}_{\mathrm{R}}=\sum \boldsymbol{F}_i=\boldsymbol{F}_1+\boldsymbol{F}_2+\cdots+\boldsymbol{F}_n=0 \tag{3-1}$$

由式（2-2）、式（2-3）知，要使合力 $\boldsymbol{F}_{\mathrm{R}}$ 等于零，必须且只需

$$\sum F_{ix}=0,\ \sum F_{iy}=0,\ \sum F_{iz}=0 \tag{3-2}$$

即汇交力系中各力在 x、y、z 三轴中的每一轴上的投影之代数和均等于零。这三个方程称为汇交力系的**平衡方程**（equation of equilibrium）。

对于平面汇交力系，取力系所在的平面为 xy 面，因 $F_{iz}\equiv 0$，所以平衡方程简化为

$$\sum F_{ix}=0,\ \sum F_{iy}=0 \tag{3-3}$$

由上知，空间汇交力系有三个独立的平衡方程，可求解三个未知量；而平面汇交力系只有两个独立的平衡方程，可求解两个未知量。

式（3-2）虽是由直角坐标系导出的，但在具体应用时，并不一定取直角坐标系，只需取**互不平行且不都在同一平面内**的三轴为投影轴即可。根据具体情况，适当选取投影轴，往往可以简化计算。

请思考：为什么可以按上述规定任取投影轴？并证明，无论怎样选取投影轴，独立平衡方程的数目不会超过三个。对于平面汇交力系，投影轴又有何限制？

式（3-1）表明，如用作图法将 $\boldsymbol{F}_1$，$\boldsymbol{F}_2$，…，$\boldsymbol{F}_n$ 相加，得到的将是**闭合的**力多边形（各力矢首尾相接）。**即汇交力系平衡的几何条件是力多边形闭合**。

请思考：晒被子时，如果绳子拉得过紧，被子一放上去就断，为什么？

【例 3-4】 梁 AB 如图 3-15（a）所示，求支座 A、B 处的约束力。

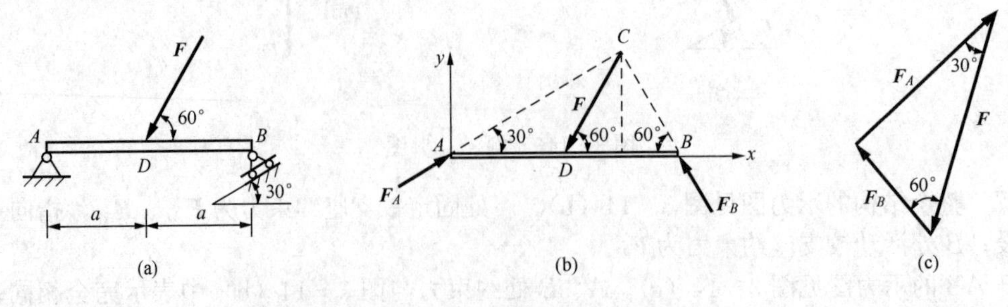

图 3-15 ［例 3-4］图

解 用**解析法**求解。以梁为研究对象，梁只受三个力作用而平衡，设 $\boldsymbol{F}$ 与 $\boldsymbol{F}_B$ 交于 C，则 $\boldsymbol{F}_A$ 必沿 AC 作用，示力图见图 3-15（b），图中 $\boldsymbol{F}_A$、$\boldsymbol{F}_B$ 的指向均为假设。取轴 x、y 如图 3-15（b）所示，平衡方程为

$$\sum F_{ix}=0,\ F_A\cos30^\circ-F_B\cos60^\circ-F\cos60^\circ=0$$

$$\sum F_{iy}=0,\ F_A\sin30^\circ+F_B\sin60^\circ-F\sin60^\circ=0$$

联立求解，得 $F_A=\sqrt{3}F/2$，$F_B=F/2$。计算结果均为正值，表明 $\boldsymbol{F}_A$、$\boldsymbol{F}_B$ 的指向假设都是正确的。

请考虑：怎样选取投影轴，可以避免解联立方程。

用**几何法**求解。由汇交力系平衡的几何条件知，$\boldsymbol{F}$、$\boldsymbol{F}_A$、$\boldsymbol{F}_B$ 组成闭合的力多边形。选比例尺，画力多边形，见图 3-15（c）。从图中可以确定 $\boldsymbol{F}_A$、$\boldsymbol{F}_B$ 的指向，并可量出 $\boldsymbol{F}_A$、$\boldsymbol{F}_B$ 的大小。

【例 3-5】 用三根不计重量的连杆 AD、BD 和 CD 支承一滑轮 D，构成简易起重架如图 3-16（a）所示，将缆绳绕过滑轮 D 以起吊重 P 的物体。当缓缓吊起重物时，求各连杆所受的力。滑轮大小及轮轴处摩擦不计。

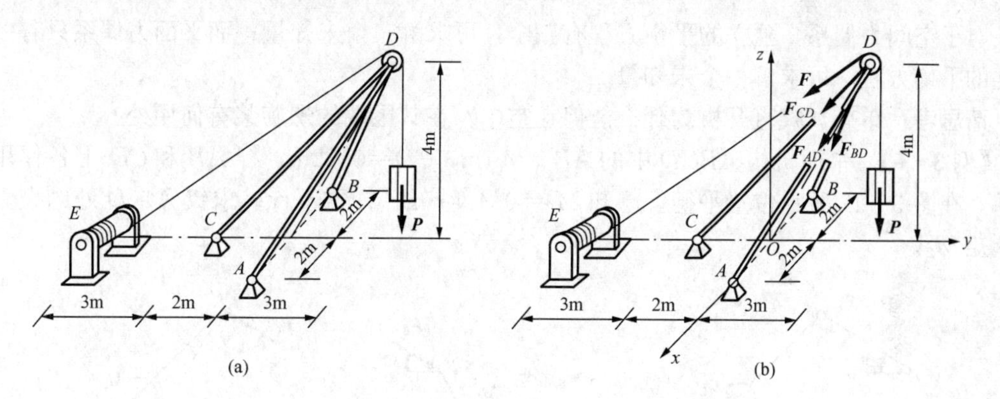

图 3-16 ［例 3-5］图

解 以滑轮为研究对象。设连杆作用于滑轮的力为 $\boldsymbol{F}_{AD}$、$\boldsymbol{F}_{BD}$ 及 $\boldsymbol{F}_{CD}$（反作用力即连杆所受的力）。缓缓起吊时，$\boldsymbol{F}_{AD}$、$\boldsymbol{F}_{BD}$、$\boldsymbol{F}_{CD}$、重力 $\boldsymbol{P}$（通过缆绳作用于滑轮）与缆绳拉力 $\boldsymbol{F}$ 组成一平衡力系。注意 $F=P$（请证明：绕过滑轮的柔索，当不计轮轴处的摩擦时，两边柔索的拉力相等）。不计滑轮大小时，这五个力组成一空间汇交力系。

取坐标系如图 3-16（b）所示。由几何关系计算出，$OD=5\text{m}$，$AD=BD=\sqrt{29}\text{m}$，$CD=\sqrt{41}\text{m}$，$DE=4\sqrt{5}\text{m}$。建立平衡方程

$$\sum F_{ix}=0,\ F_{AD}\times\frac{2}{\sqrt{29}}-F_{BD}\times\frac{2}{\sqrt{29}}=0$$

$$\sum F_{iy}=0,\ -F_{AD}\times\frac{3}{\sqrt{29}}-F_{BD}\times\frac{3}{\sqrt{29}}-F_{CD}\times\frac{5}{\sqrt{41}}-F\times\frac{8}{4\sqrt{5}}=0$$

$$\sum F_{iz}=0,\ -F_{AD}\times\frac{4}{\sqrt{29}}-F_{BD}\times\frac{4}{\sqrt{29}}-F_{CD}\times\frac{4}{\sqrt{41}}-F\times\frac{4}{4\sqrt{5}}-P=0$$

将 $F=P$ 代入，解得 $F_{AD}=F_{BD}=-1.23P$，$F_{CD}=0.611P$。F_{AD}、F_{BD}为负值，表明$\boldsymbol{F}_{AD}$、$\boldsymbol{F}_{BD}$的实际指向与假设的相反，即杆 AD、BD 受压力。

第4节 力偶系的平衡

如果空间力偶系的合力偶矩等于零，则该力偶系必成平衡；反之，如一力偶系成平衡，则该力偶系的合力偶矩必等于零。所以，**空间力偶系平衡的充分必要条件是：力偶系的合力偶矩等于零，即所有力偶矩的矢量和等于零**，亦即

$$\boldsymbol{M}=\boldsymbol{M}_1+\boldsymbol{M}_2+\cdots+\boldsymbol{M}_n=\sum\boldsymbol{M}_i=0 \tag{3-4}$$

欲使式（3-4）成立，必须同时满足

$$\sum M_{ix}=0,\ \sum M_{iy}=0,\ \sum M_{iz}=0 \tag{3-5}$$

即力偶系中各力偶矩在 x、y、z 三轴中的每一轴上的投影的代数和均等于零。

对于平面力偶系，取力偶所在平面为 xy 平面，则 $M_{ix}\equiv0$、$M_{iy}\equiv0$、$M_{iz}\equiv M_i$，式（3-5）简化为

$$\sum M_i=0 \tag{3-6}$$

对于空间力偶系，独立的平衡方程有三个，可求解三个未知量；而平面力偶系只有一个独立的平衡方程，可求解一个未知量。

请思考：单旋翼式直升机为什么能停在空中？在其尾端的螺旋桨有何用处？

【例3-6】 平面机构 $ABCD$ 中的 $AB=0.1\text{m}$，$CD=0.22\text{m}$，杆 AB 和 CD 上各作用一力偶，在图 3-17 所示位置平衡。已知 $M_1=0.4\text{N}\cdot\text{m}$，杆重不计，求铰 A、D 处约束力及力偶矩 M_2。

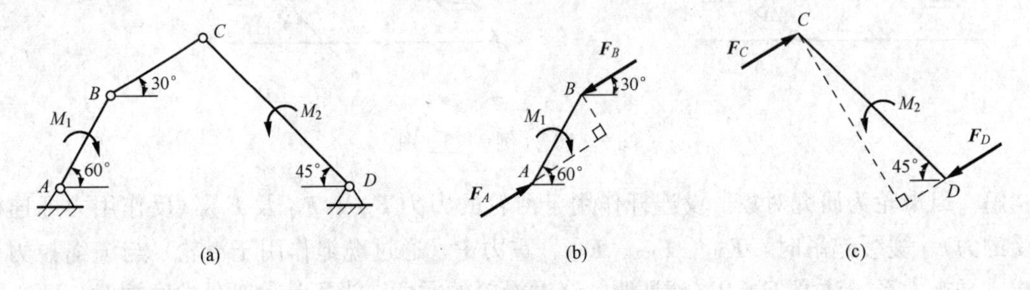

图 3-17 ［例 3-6］图

解 先以杆 AB 为研究对象，因杆 BC 是连杆，故 B 处约束力 $\boldsymbol{F}_B$ 沿 BC 方向，指向假设。杆 AB 受一个力偶矩为 M_1 的力偶和两个力 $\boldsymbol{F}_A$、$\boldsymbol{F}_B$ 作用而平衡，因力偶只能与力偶平衡，所以铰 A 的约束力 $\boldsymbol{F}_A$ 必与 $\boldsymbol{F}_B$ 组成一个力偶，即 $\boldsymbol{F}_A=-\boldsymbol{F}_B$，杆 AB 的示力图见图 3-17（b）。由平衡方程

$$\sum M_i=0,\ F_A\times AB\sin30^\circ-M_1=0$$

解得 $F_A=F_B=8\text{N}$。

再以杆 CD 为研究对象，C 处约束力沿 BC 方向，$\boldsymbol{F}_C=-\boldsymbol{F}_B$。同理，铰 D 的约束力 $\boldsymbol{F}_D$ 与 $\boldsymbol{F}_C$ 组成一个力偶与力偶矩为 M_2 的力偶平衡，即 $\boldsymbol{F}_D=\boldsymbol{F}_B$，杆 CD 的示力图见图 3-17（c）。由平衡方程

$$\sum M_i = 0, M_2 - F_C \times CD\sin 75^\circ = 0$$

解得 $M_2=1.7\text{N}\cdot\text{m}$。

请考虑：如将力偶矩为 M_1 的力偶移到杆 BC 上，结果如何？这是否与力偶可在其所在平面内任意移动的性质矛盾？

第5节 任意力系的平衡

一、空间任意力系的平衡

如果空间任意力系的主矢量及对于任意简化中心的主矩同时等于零，则该力系为平衡力系。因为，主矢量等于零，表明作用于简化中心的汇交力系成平衡；主矩等于零，表明附加力偶系成平衡；两者都等于零，则原力系必成平衡。反之，如空间任意力系平衡，其主矢量与对于任一简化中心的主矩必都等于零，否则该力系最后将简化为一个力或一个力偶。因此，**空间任意力系成平衡的充分必要条件是力系的主矢量与力系对于任一点的主矩都等于零**，即

$$\boldsymbol{F}_{\text{R}} = 0, \boldsymbol{M}_O = 0 \tag{3-7}$$

上述条件可用代数方程表示为

$$\left.\begin{array}{l}\sum F_{ix}=0,\ \sum F_{iy}=0,\ \sum F_{iz}=0\\ \sum M_{xi}=0,\ \sum M_{yi}=0,\ \sum M_{zi}=0\end{array}\right\} \tag{3-8}$$

即力系中所有各力在三个直角坐标轴中的每一轴上的投影的代数和都等于零，所有各力对于每一轴的矩的代数和都等于零。

式（3-8）称为**空间任意力系的平衡方程**（基本形式），其中前三个方程称为**投影方程**，后三个方程称为**力矩方程**。这六个方程虽然是由直角坐标系导出的，但在具体应用时，三个投影轴或矩轴不一定相互垂直，矩轴和投影轴也不一定重合。适当选取投影轴或矩轴，可使平衡方程中包含的未知量最少，以简化计算。有时为了方便，通过减少投影方程、增加力矩方程，使平衡方程成为四力矩形式（即两个投影方程，四个力矩方程）、五力矩形式（即一个投影方程，五个力矩方程）或六力矩形式（即六个力矩方程）。但不管采用何种形式的平衡方程，空间任意力系最多只能有六个独立的平衡方程，可求解六个未知量。

对于空间平行力系，令轴 z 平行于各力，则 $F_{ix}\equiv0$，$F_{iy}\equiv0$，$M_{zi}\equiv0$。因而空间平行力系的平衡方程成为

$$\sum F_{iz} = 0, \sum M_{xi} = 0, \sum M_{yi} = 0 \tag{3-9}$$

【例3-7】 三轮卡车自重（包括车轮重）$W=8\text{kN}$，载重 $F=10\text{kN}$，作用点位置如图3-18（a）所示，求静止时地面作用于三个轮子的约束力（图中长度单位为m）。

解 以三轮卡车为研究对象，示力图见图3-18（b），$\boldsymbol{W}$、$\boldsymbol{F}$ 及地面对轮子的铅直约束力 $\boldsymbol{F}_A$、$\boldsymbol{F}_B$、$\boldsymbol{F}_C$ 组成一平衡的空间平行力系。取坐标轴如图所示，列平衡方程求解。

由 $\sum M_{xi}=0$，$W\times1.2-F_A\times2=0$，得 $F_A=4.8\text{kN}$；

由 $\sum M_{yi}=0$，$W\times0.6+F\times0.4-F_A\times0.6-F_C\times1.2=0$，得 $F_C=4.93\text{kN}$；

由 $\sum F_{iz}=0$，$F_A+F_B+F_C-W-F=0$，得 $F_B=8.27\text{kN}$。

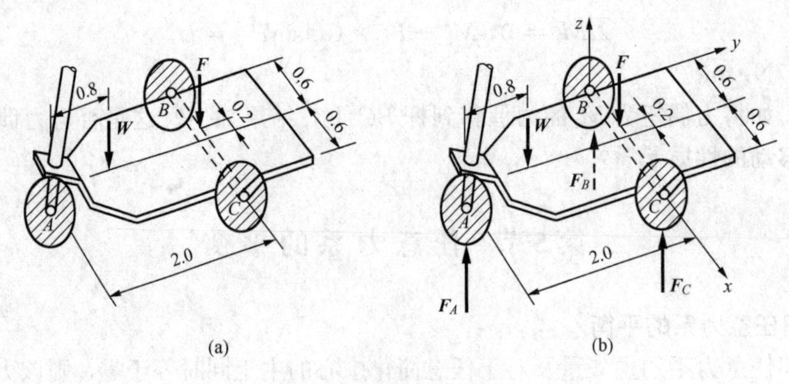

图 3-18 [例 3-7] 图

【例 3-8】 重 $W=100\text{N}$ 的均质矩形板 $ABCD$，在 A 处用球铰，B 处用普通铰链（约束力在垂直于铰链轴的平面内），并用绳 DE 支承于水平位置，如图 3-19（a）所示。力 $\boldsymbol{F}$ 作用在过 C 点的铅直面内。设 $F=200\text{N}$，$a=1\text{m}$，$b=0.4\text{m}$，$\theta=45°$，求 A、B 两处的约束力及绳 DE 的拉力。

解 以矩形板为研究对象，示力图见图 3-19（b）。取坐标系如图所示，列平衡方程求解。

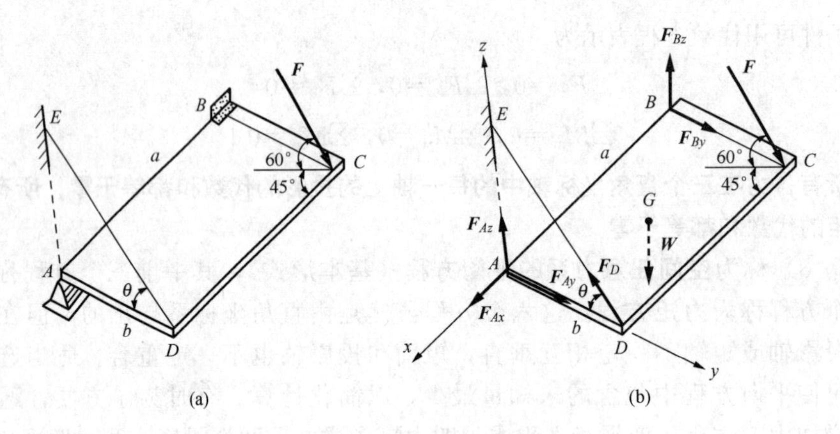

图 3-19 [例 3-8] 图

由 $\sum F_{ix}=0$，$F_{Ax}-F\cos 60°\cos 45°=0$，得 $F_{Ax}=70.7\text{N}$；

由 $\sum M_{xi}=0$，$F_D\sin\theta\times b-W\times 0.5b-F\sin 60°\times b=0$，得 $F_D=315.7\text{N}$；

由 $\sum M_{yi}=0$，$F_{Bz}\times a-F\sin 60°\times a-W\times 0.5a=0$，得 $F_{Bz}=223.2\text{N}$；

由 $\sum M_{zi}=0$，$-F_{By}\times a+F\cos 60°\cos 45°\times b-F\cos 60°\sin 45°\times a=0$，得 $F_{By}=-42.4\text{N}$；

由 $\sum F_{iy}=0$，$F_{Ay}+F_{By}-F_D\cos\theta+F\cos 60°\sin 45°=0$，得 $F_{Ay}=194.9\text{N}$；

由 $\sum F_{iz}=0$，$F_{Az}+F_{Bz}+F_D\sin\theta-W-F\sin 60°=0$，得 $F_{Az}=-173.2\text{N}$。

【例 3-9】 梯形柱重 P，用六根连杆支承，如图 3-20（a）所示。重力 $\boldsymbol{P}$ 与铅垂面 $ABGH$ 相距 $0.5b$，与铅垂面 $ADGJ$ 相距 $0.4a$。此外，斜面上还作用一矩为 M 的力偶。已知 a、b、θ、β，求各连杆所受的力。

解 以梯形柱为研究对象，假设各杆都受压，示力图见图 3-20（b）。为方便计算，力偶矩用矢量 $\boldsymbol{M}$ 表示。应注意力偶中的两个力在任何轴上投影的代数和都等于零，因此写投影方程时无须考虑力偶。

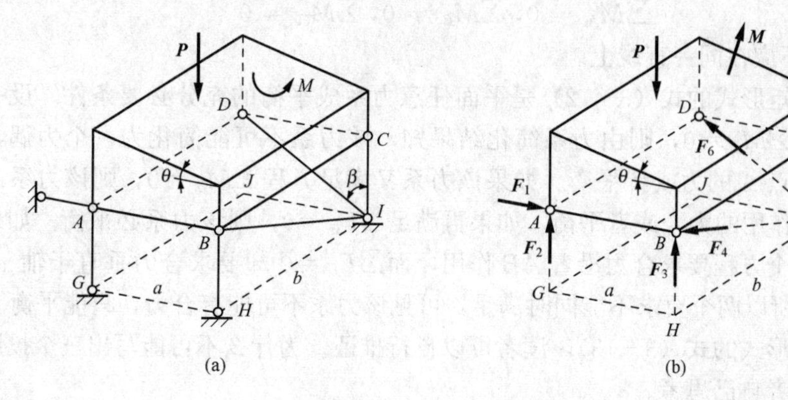

图 3-20 ［例 3-9］图

选轴 x 沿 BC，由 $\sum F_{ix}=0$，解得 $F_4=0$。然后按下列次序建立平衡方程：

$\sum M_{CI}=0$，$F_1\times b+M\cos\theta=0$，

$\sum M_{BH}=0$，$F_6\sin\beta\times b+M\cos\theta=0$，

$\sum M_{AB}=0$，$F_5\times b+F_6\cos\beta\times b-P\times 0.5b+M\sin\theta=0$，

$\sum M_{HI}=0$，$F_1\times a\cot\beta+F_2\times a-P\times 0.6a=0$，

$\sum M_{JI}=0$，$F_2\times b+F_3\times b-P\times 0.5b-M\sin\theta=0$。

依次解得 $F_1=-\dfrac{M\cos\theta}{b}$，$F_6=-\dfrac{M\cos\theta}{b\sin\beta}$，$F_5=\dfrac{P}{2}+\dfrac{M}{b}(\cos\theta\cot\beta-\sin\theta)$，$F_2=0.6P+\dfrac{M}{b}\cos\theta\cot\beta$，$F_3=-0.1P-\dfrac{M}{b}(\cos\theta\cot\beta-\sin\theta)$。

这里平衡方程采用了五力矩形式，我们还可以用其他方程进行校核。

二、平面任意力系的平衡

平面任意力系平衡的充分必要条件是力系的主矢量与力系对于任一点的主矩都等于零，即

$$\boldsymbol{F}_{\mathrm{R}}=0,\ M_O=0 \tag{3-10}$$

上述条件可用代数方程表示为

$$\sum F_{ix}=0,\ \sum F_{iy}=0,\ \sum M_{Oi}=0 \tag{3-11}$$

即力系中各力在两个直角坐标轴中的每一轴上的投影的代数和都等于零，所有各力对于任一点的矩的代数和等于零。

式（3-11）称为平面任意力系的平衡方程，这组方程虽然是根据直角坐标系导出来的，但在具体应用时，投影轴可以任选，只要两个轴不相互平行即可，而不一定要使两轴互相垂直；矩心也可以任选，而不一定取两投影轴的交点（原因请读者自行思考）。

对于平面任意力系，独立的平衡方程有三个，可求解三个未知量。式（3-11）是平面任意力系平衡方程的基本形式，除此之外，还有二力矩形式、三力矩形式。

二力矩形式的平衡方程

$$\sum F_{ix}=0,\ \sum M_{Ai}=0,\ \sum M_{Bi}=0 \tag{3-12}$$

矩心 A、B 的连线应不垂直于轴 x。

三力矩形式的平衡方程

$$\sum M_{Ai}=0,\ \sum M_{Bi}=0,\ \sum M_{Ci}=0 \tag{3-13}$$

矩心 A、B、C 不应在同一直线上。

现说明二力矩形式的式（3-12）是平面任意力系成平衡的充分必要条件。设一平面任意力系满足方程 $\sum M_{Ai}=0$，则由力系简化结果知，该力系不可能简化为一个力偶，只可能简化为一个通过点 A 的力或者平衡。如果该力系又满足方程 $\sum M_{Bi}=0$，则该力系或者简化为一个沿着 AB 作用的力，或者平衡。如果再满足 $\sum F_{ix}=0$，则该力系必平衡。如果该力系有合力，则前两个方程要求合力沿着 AB 作用，而 $\sum F_{ix}=0$ 却要求合力垂直于轴 x，但 AB 不垂直于轴 x，所以两个要求不能同时满足，可见该力系不可能有合力，只能平衡。

关于三力矩形式的式（3-13），读者可以自行推证。为什么不可能写出三个投影形式平衡方程，也请读者自己思考。

对于平面平行力系，如取轴 y 平行于各力，则在式（3-11）中，$F_{ix}\equiv 0$，因而平面平行力系的平衡成为

$$\sum F_{iy}=0,\ \sum M_{Oi}=0 \tag{3-14}$$

也可表示为二力矩形式

$$\sum M_{Ai}=0,\ \sum M_{Bi}=0 \tag{3-15}$$

对于平面平行力系，独立的平衡方程有两个，可求解两个未知量（请考虑用二力矩形式时，对矩心 A、B 的选取有何限制）。

请思考：断线钳是如何省力的？

【例 3-10】 悬臂梁 AB 受分布力和集中力作用，如图 3-21（a）所示。已知 F、q_1、q_2、l 和 θ，求固定端 A 处的约束力。

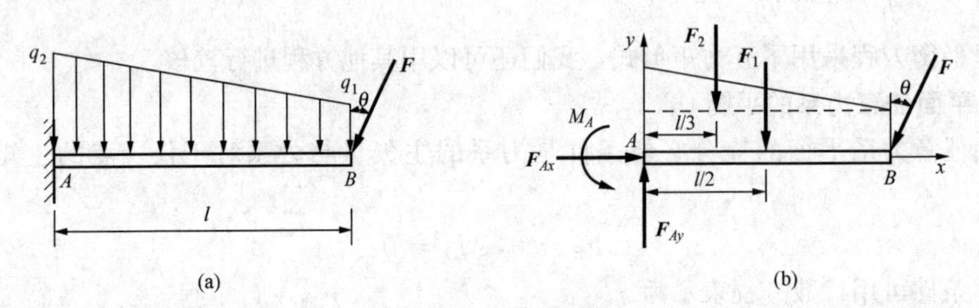

图 3-21 ［例 3-10］图

解 以梁 AB 为研究对象，示力图见图 3-21（b）。为方便计算，将梁上分布力简化为两个力 $\boldsymbol{F}_1$ 和 $\boldsymbol{F}_2$，$F_1=q_1 l$，$F_2=\frac{1}{2}(q_2-q_1)l$。由平衡方程

$$\sum F_{ix}=0,\ F_{Ax}-F\sin\theta=0$$

$$\sum F_{iy}=0,\ F_{Ay}-F_2-F_1-F\cos\theta=0$$

$$\sum M_{Ai}=0,\ M_A-F_2\frac{l}{3}-F_1\frac{l}{2}-F\cos\theta\cdot l=0$$

解得 $F_{Ax}=F\sin\theta$，$F_{Ay}=\frac{1}{2}(q_1+q_2)l+F\cos\theta$，$M_A=\frac{1}{6}(2q_1+q_2)l^2+Fl\cos\theta$。

【例 3-11】 梁 AB 支承及荷载如图 3-22（a）所示。已知 $F=15\text{kN}$，$M=20\text{kN}\cdot\text{m}$，求各约束力（图中长度单位是 m）。

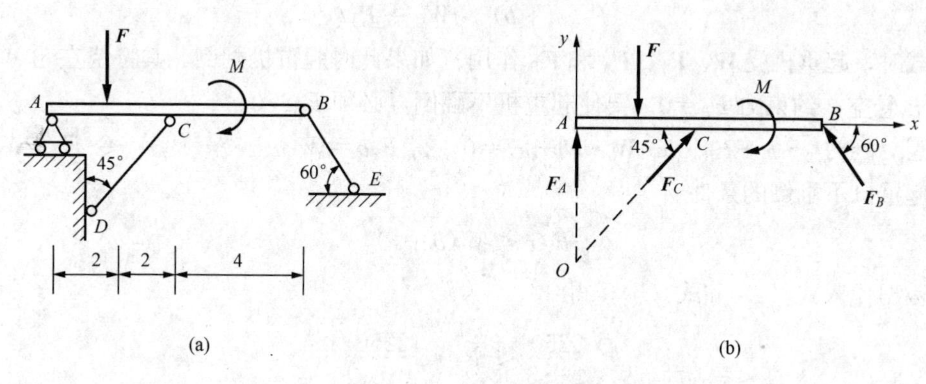

图3-22 ［例3-11］图

解　以梁AB为研究对象，示力图见图3-22（b）。由示力图可以看出，如果先用投影方程，则不论怎样选取投影轴，每个平衡方程中至少包含两个未知量。为使每个平衡方程中的未知量最少，避免解联立方程，首先选$\boldsymbol{F}_A$与$\boldsymbol{F}_C$的交点O为矩心，由$\sum M_{Oi}=0$求F_B，然后由$\sum F_{ix}=0$、$\sum F_{iy}=0$分别求F_C和F_A。

$\sum M_{Oi}=0$，$F_B\sin60°\times8+F_B\cos60°\times4-M-F\times2=0$，解得$F_B=5.6\text{kN}$；

$\sum F_{ix}=0$，$F_C\cos45°-F_B\cos60°=0$，解得$F_C=3.96\text{kN}$；

$\sum F_{iy}=0$，$F_A-F+F_C\sin45°+F_B\sin60°=0$，解得$F_A=7.35\text{kN}$。

本题也可以$\boldsymbol{F}_A$与$\boldsymbol{F}_B$的交点为矩心，由力矩方程求F_C，以$\boldsymbol{F}_B$与$\boldsymbol{F}_C$的交点为矩心，由力矩方程求F_A，但都需先确定矩心位置，不如上面的方法简捷。读者不妨试做，作为校核。

【例3-12】　图3-23（a）为一可沿路轨移动的塔式起重机。已知机身重$W=500\text{kN}$，最大起重量$P_1=250\text{kN}$，$b=3\text{m}$，$e=1.5\text{m}$，$l=10\text{m}$。试确定平衡重P_2及x之值，使起重机在满载及空载时均不致翻倒。

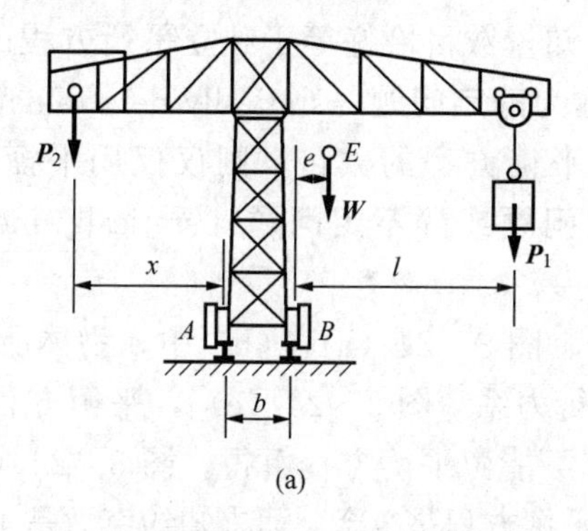

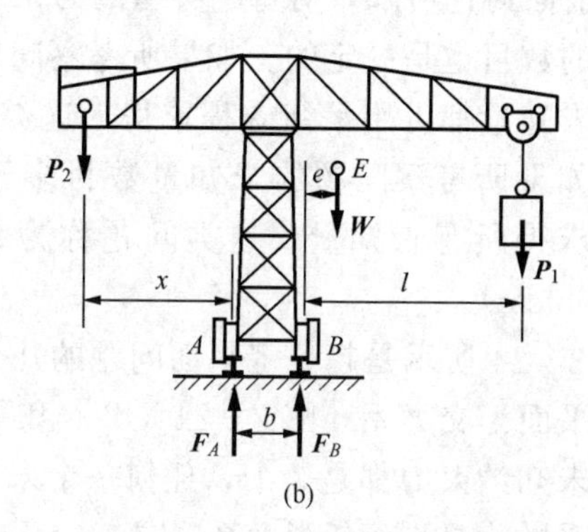

图3-23 ［例3-12］图

解　以起重机为研究对象，满载时起重机受$\boldsymbol{W}$、$\boldsymbol{P}_1$、$\boldsymbol{P}_2$、$\boldsymbol{F}_A$和$\boldsymbol{F}_B$作用［图3-23（b）］。如果此时起重机翻倒，其将绕右轮B转动，而左轮A悬空，约束力$F_A=0$。要使起重机不翻倒，必须$F_A>0$。

由$\sum M_{Bi}=P_2\cdot(x+b)-F_A\cdot b-W\cdot e-P_1\cdot l=0$，得$F_Ab=P_2(x+b)-We-P_1l$，令$F_A>0$，可得满载时起重机不翻倒的条件

$$P_2(x+b) > We + P_1 l \tag{a}$$

空载时，起重机受 $\boldsymbol{W}$、$\boldsymbol{P}_2$、$\boldsymbol{F}_A$ 和 $\boldsymbol{F}_B$ 作用。如果此时起重机翻倒，其将绕左轮 A 转动，而右轮 B 悬空，约束力 $F_B=0$。要使起重机不翻倒，必须 $F_B>0$。

由 $\sum M_{Ai}=P_2\cdot x+F_B\cdot b-W\cdot(b+e)=0$，得 $F_B b=W(b+e)-P_2 x$，令 $F_B>0$，可得空载时起重机不翻倒的条件

$$P_2 x < W(b+e) \tag{b}$$

将数据代入式（a）和式（b），得

$$\frac{3250}{x+3} < P_2 < \frac{2250}{x} \tag{c}$$

$$\frac{3250-3P_2}{P_2} < x < \frac{2250}{P_2} \tag{d}$$

由式（c）及式（d），得 $\frac{3250}{x+3}<\frac{2250}{x}$ 及 $\frac{3250-3P_2}{P_2}<\frac{2250}{P_2}$，即

$$x < 6.75\text{m},\ P_2 > 333.3\text{kN} \tag{e}$$

只有满足式（e），才有可能满足式（c）和式（d）；如果不满足式（e），则式（c）和式（d）将无法满足。必须注意，x 和 P_2 除了满足式（e）外，还必须满足式（c）和式（d），两者不可任意取值。例如，取 $x=6\text{m}$，则由式（c）得 $361\text{kN}<P_2<375\text{kN}$；取 $P_2=400\text{kN}$，则由式（d）得 $5.125\text{m}<x<5.625\text{m}$。

第6节 静定与超静定问题 物体系统的平衡

一、静定与超静定问题

由前面讨论可知，对每一类型的力系来说，独立平衡方程的数目是一定的，能求解的未知量的数目也是一定的。如果所考察问题的未知量数目恰好等于独立平衡方程的数目，则所有未知量都可用平衡方程求得，这类问题称为**静定问题**（statically determinate problem）；如果所考察问题的未知量数目多于独立平衡方程的数目，则仅仅用平衡方程不能完全求得所有未知量，这类问题称为**超静定问题或静不定问题**（statically indeterminate problem）。

图 3-24 所示是超静定平面问题的几个例子。图 3-24（a）、（b）中，物体所受的力分别为平面汇交力系［图 3-24（d）］和平面平行力系［图 3-24（e）］，平衡方程都是 2 个，而未知约束力都是 3 个，任何一个未知力都不能由平衡方程解得。图 3-24（c）中，物体所受的力是平面任意力系［图 3-24（f）］，平衡方程是 3 个，而未知约束力是 4 个，虽然可利用 $\sum M_{Ai}=0$ 求出 F_{By}，再利用 $\sum M_{Bi}=0$ 或 $\sum F_{iy}=0$ 求出 F_{Ay}，但 F_{Ax}、F_{Bx} 却无法求得。

工程上很多结构都是超静定的，因为超静定结构与静定结构相比能较经济地利用材料，也较牢固。解决超静定问题，除考虑平衡方程外，还须考虑物体因受力作用而产生的变形，增列有关补充方程后，方可求解。超静定问题已超出刚体静力学的范围，它将在后继课程材料力学、结构力学中研究。

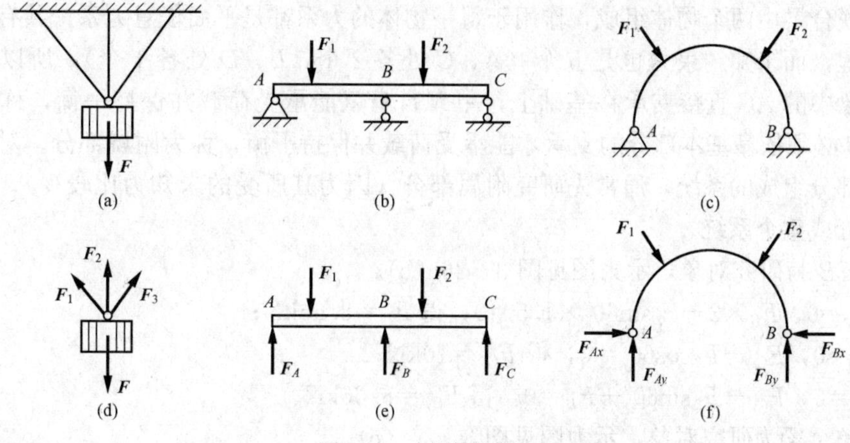

图 3-24 超静定问题

二、物体系统的平衡

实际研究对象往往不止一个物体，而是由若干个物体组成的物体系统，各物体之间以一定的方式联系着，整个系统又以适当方式与其他物体相联系。系统内各物体之间的联系构成**内约束**，而系统与系统外其他物体的联系则构成**外约束**。当系统受到主动力作用时，约束处一般将产生约束力。内约束处的约束力是系统内部物体之间相互作用的力，对整个系统来说，是**内约束力**；而外约束处的约束力则是其他物体作用于系统的力，是**外约束力**。例如，土木工程上常用的三铰拱（图 3-25），由 AC、BC 两半拱组成，连接两半拱的铰 C 是内约束，而铰 A、B 则是外约束。对整个拱来说，铰 C 处的约束力是内约束力，而铰 A、B 处的约束力则是外约束力。

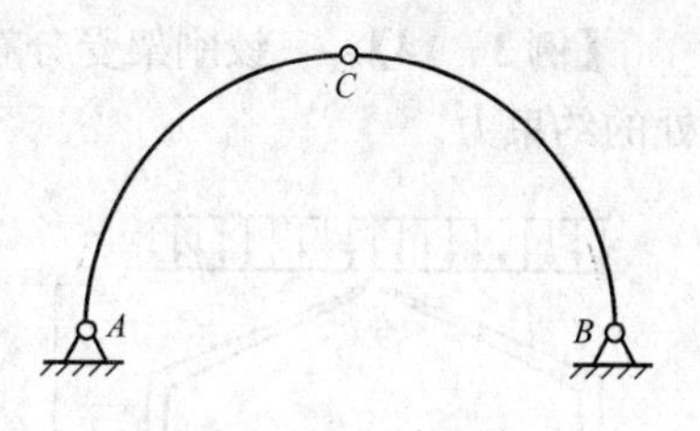

图 3-25 三铰拱

注意，外约束力和内约束力是相对的概念，是对一定的研究对象而言的。如果取 AC 或 BC 为研究对象，则铰 C 对 AC 或 BC 作用的力为外约束力。

对于物体系统的平衡问题，为求未知力，可选取系统中的任一物体作为研究对象，也可将整个系统或其中某几个物体的组合作为研究对象，以建立平衡方程。列平衡方程时，应适当选取投影轴和矩心，尽可能减少平衡方程中的未知量，最好只含一个未知量，以避免解联立方程。选取不同的研究对象，建立不同形式的平衡方程，可能使问题求解的繁简程度不同，希望读者用心体察，务求灵活掌握。

【例 3-13】 联合梁由 AC、CB 铰接而成，如图 3-26（a）所示。已知 $F_1=10\text{kN}$，$F_2=20\text{kN}$，试求 A、B、C、D 处的约束力（图中长度单位为 m）。

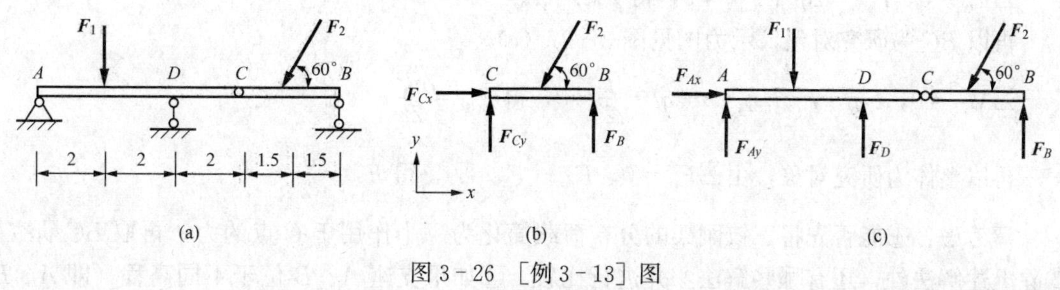

图 3-26 ［例 3-13］图

解 联合梁由两个物体组成，作用于每一物体的力系都是平面任意力系，共有6个独立的平衡方程，而未知约束力也是6个（A、C处各2个，B、D处各1个），所以是静定问题。联合梁中的AC直接支承在基础上，单靠自身就能承受荷载并保持平衡，称为**基本部分**；而CB必须依靠基本部分的支承才能承受荷载并保持平衡，称为**附属部分**。对由基本部分和附属部分组成的系统，通常先研究附属部分（因为其所受的未知力比较少），然后再研究基本部分或整个系统。

先以CB为研究对象，示力图见图3-26（b）。

$\sum M_{Ci}=0$，$F_B\times3-F_2\sin60°\times1.5=0$，得$F_B=8.66\text{kN}$；

$\sum F_{ix}=0$，$F_{Cx}-F_2\cos60°=0$，得$F_{Cx}=10\text{kN}$；

$\sum F_{iy}=0$，$F_{Cy}-F_2\sin60°+F_B=0$，得$F_{Cy}=8.66\text{kN}$。

再以整个梁为研究对象，示力图见图3-26（c）。

$\sum F_{ix}=0$，$F_{Ax}-F_2\cos60°=0$，得$F_{Ax}=10\text{kN}$；

$\sum M_{Ai}=0$，$F_B\times9-F_2\sin60°\times7.5+F_D\times4-F_1\times2=0$，得$F_D=18\text{kN}$；

$\sum F_{iy}=0$，$F_{Ay}-F_1+F_D-F_2\sin60°+F_B=0$，得$F_{Ay}=0.66\text{kN}$。

利用AC的平衡方程可进行校核。本题也可先研究CB，再研究AC，然后用整体的平衡方程进行校核。

【例3-14】 三铰刚架受分布力作用，如图3-27（a）所示。已知q、l、h，试求A、B处的约束力。

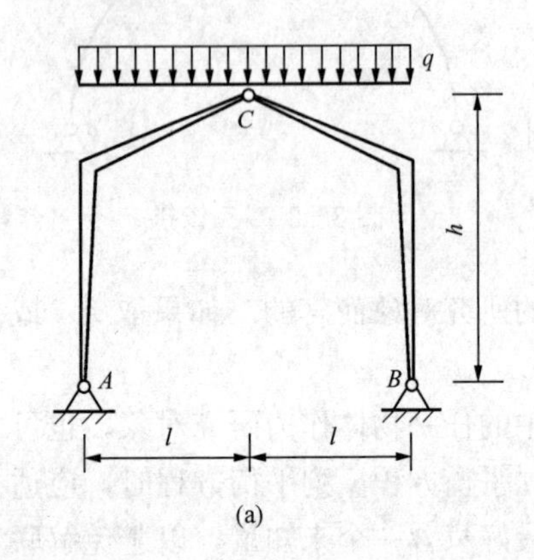

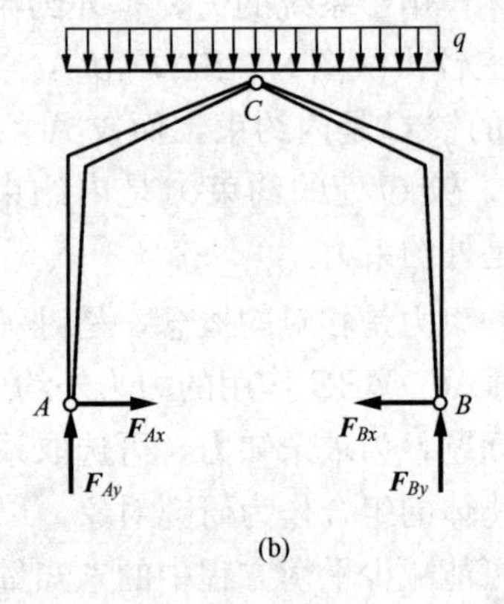

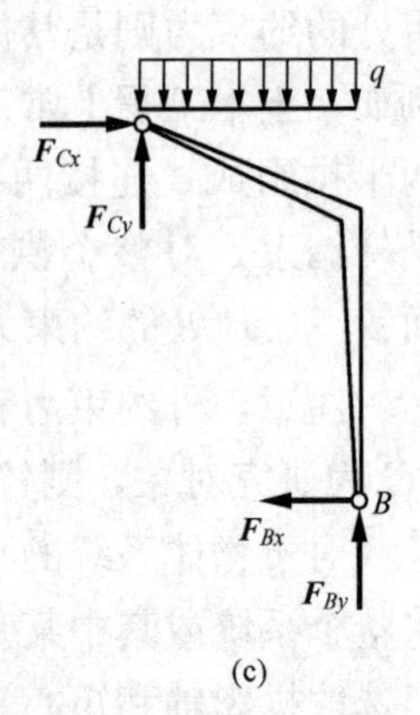

图3-27 ［例3-14］图

解 本题是静定问题。先以整体为研究对象，示力图见图3-27（b）。

$\sum M_{Ai}=0$，$F_{By}\cdot2l-2ql\cdot l=0$，得$F_{By}=ql$；

$\sum F_{iy}=0$，$F_{Ay}-2ql+F_{By}=0$，得$F_{Ay}=ql$。

再以BC为研究对象，示力图见图3-27（c）。

$\sum M_{Ci}=0$，$F_{By}\cdot l-F_{Bx}\cdot h-ql\cdot\dfrac{l}{2}=0$，得$F_{Bx}=\dfrac{ql^2}{2h}$；

再以整体为研究对象，由$\sum F_{ix}=0$，$F_{Ax}-F_{Bx}=0$，得$F_{Ax}=\dfrac{ql^2}{2h}$。

请考虑：①能否先将三铰刚架的分布荷载简化为一个作用于C点的力，再取BC研究？②除上述解法外，还有哪些解法？并进行比较。③如果支座A、B位于不同高程（即A、B

不在同一水平线上)，应如何求解最为简便。

【例 3-15】 组合结构如图 3-28 (a) 所示。已知 M、F、q、θ，杆 AB、BC、DE 水平，长均为 l，杆 BD 铅直，试求固定端 A 的约束力及杆 CD 的内力。

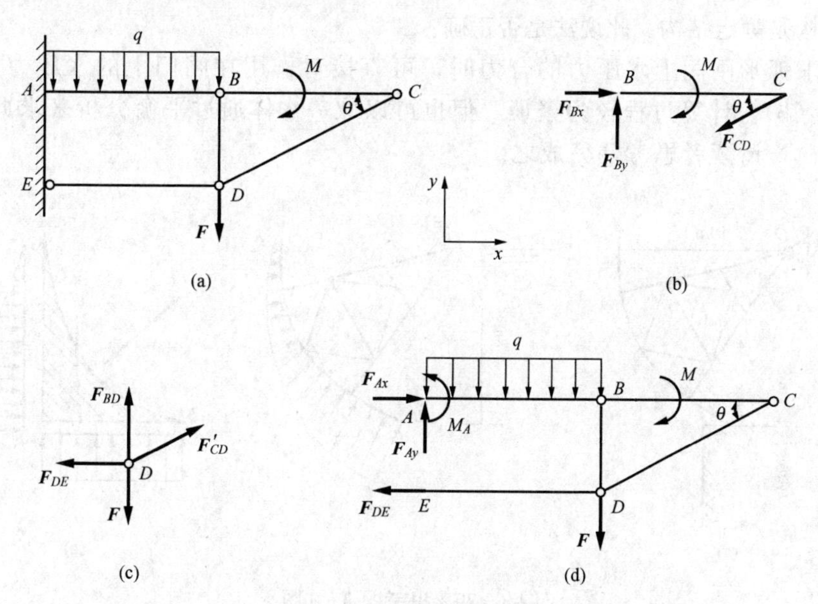

图 3-28 ［例 3-15］图

解　本题是静定问题。先以杆 BC 为研究对象，示力图见图 3-28 (b)。

$\sum M_{Bi}=0$，$-M-F_{CD}\sin\theta\cdot l=0$，得 $F_{CD}=-\dfrac{M}{l\sin\theta}$。

再以铰 D 为研究对象，示力图见图 3-28 (c)。

$\sum F_{ix}=0$，$F'_{CD}\cos\theta-F_{DE}=0$，得 $F_{DE}=-\dfrac{M}{l}\cot\theta$。

再以整体为研究对象，示力图见图 3-28 (d)。

$\sum F_{ix}=0$，$F_{Ax}-F_{DE}=0$，得 $F_{Ax}=-\dfrac{M}{l}\cot\theta$；

$\sum F_{iy}=0$，$F_{Ay}-ql-F=0$，得 $F_{Ay}=ql+F$；

$\sum M_{Ai}=0$，$M_A-\dfrac{1}{2}ql^2-M-Fl-F_{DE}\cdot l\tan\theta=0$，得 $M_A=\dfrac{1}{2}ql^2+Fl$。

请考虑：除上述解法外，还有哪些解法?

思　考　题

3-1　怎样将实际工程结构简化为合理的力学模型？一般应从哪几个方面进行简化？试举例说明。

3-2　汇交力系的平衡方程能否用力矩平衡方程来表示。为什么？使用条件是什么？

3-3　一空间力系，若各力作用线与某一固定直线相交，试分析其独立的平衡方程最多有几个?

3-4 若一刚体只受两个力 $\boldsymbol{F}_A$、$\boldsymbol{F}_B$作用，且 $\boldsymbol{F}_A+\boldsymbol{F}_B=0$，请问该刚体能否平衡？若一刚体只受两个力偶 $\boldsymbol{M}_A$、$\boldsymbol{M}_B$ 作用，且 $\boldsymbol{M}_A+\boldsymbol{M}_B=0$，请问该刚体能否平衡？

3-5 如果一个结构包含的未知量个数恰好等于此结构所能建立的独立平衡方程的个数，则此结构是静定结构。此说法是否正确？

3-6 求弧形闸门上水压力的合力时，可直接对作用在闸门上的水压力进行简化，见图 3-29（b)，计算过程较为繁琐，但也可以取一水体通过平衡分析来求此合力，见图 3-29（c)，请读者思考并完成之。

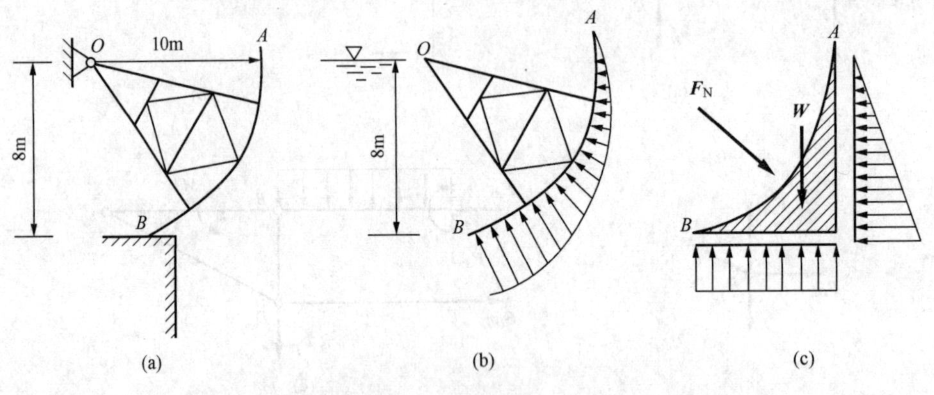

图 3-29 思考题 3-6 图

3-7 试验证下列方程组是否为空间力系平衡的充分必要条件（图 3-30）。

①$\sum M_{xi}=0$；②$\sum M_{yi}=0$；③$\sum M_{zi}=0$；④$\sum M_{CC'}=0$；⑤$\sum M_{BB'}=0$；⑥$\sum F_{ix}=0$。

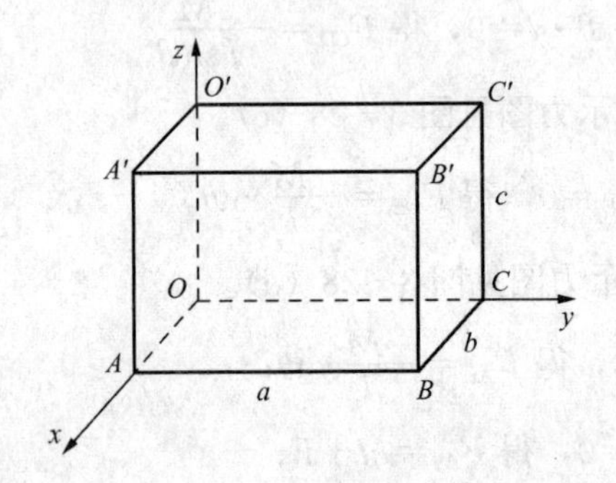

图 3-30 思考题 3-7 图

3-1 作下列指定物体的示力图。物体重量除图 3-31 上已注明者外，均略去不计。假设接触处都是光滑的。

3-2 在桥梁桁架的节点上作用有五个力，其中三个力是已知的（图 3-32)，试用汇交力系的平衡方程求另外两个力 $\boldsymbol{F}_1$和 $\boldsymbol{F}_2$的大小。

3-3 三铰拱受铅直力 $\boldsymbol{F}$ 作用（图 3-33），如拱的重量不计，求 A、B 处支座约束力。

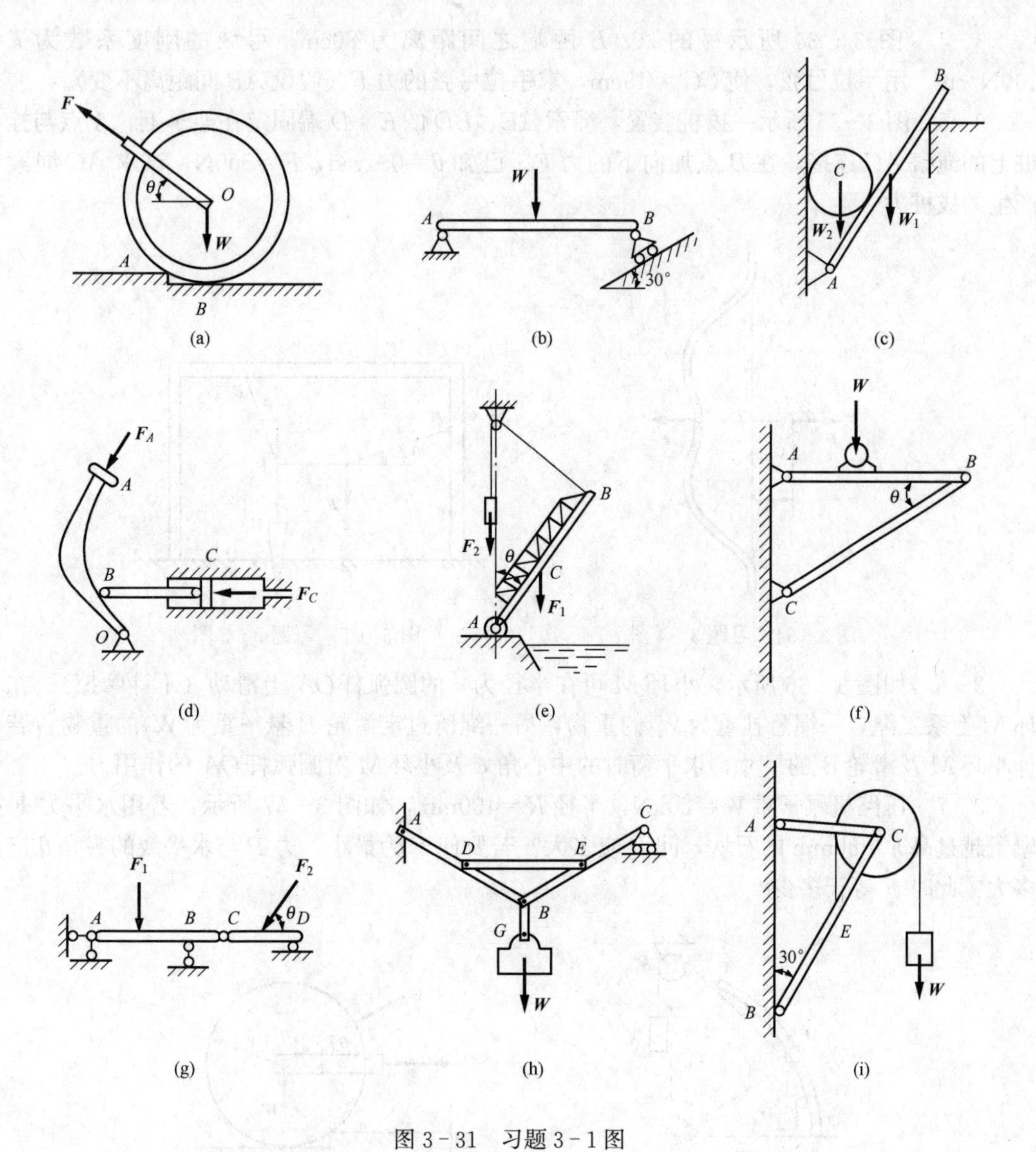

图3-31　习题3-1图

(a) 滚子；(b) 梁 AB；(c) 杆、轮及整体；(d) AO；(e) 吊桥 AB；(f) 梁 AB；(g) 梁 AC，CD 及联合梁整体；(h) 杆 AB、BC 及整体；(i) 杆 BC 及轮 C

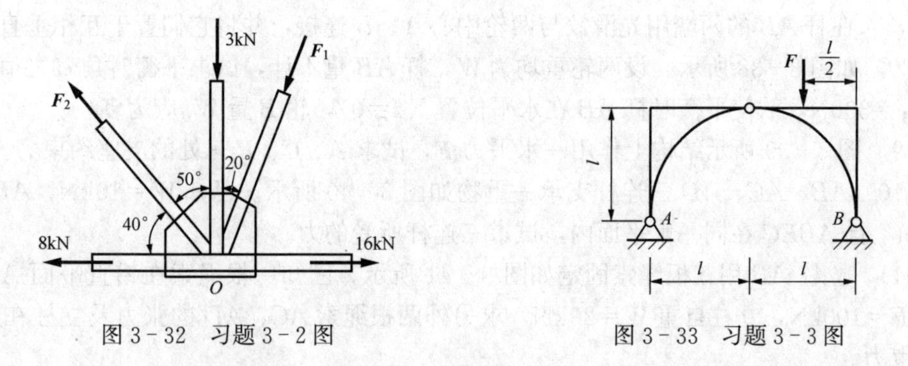

图3-32　习题3-2图　　　图3-33　习题3-3图

3-4 图3-34所示弓的A、B两端之间距离为80cm，弓弦的刚度系数为$k=100\text{N/cm}$。用手拉弓弦，使$CC'=15\text{cm}$，求手拉弓弦的力F（假设AB间距离不变）。

3-5 图3-35所示一拔桩装置，绳索AE、BD的E、D端固定在架子上，A点与拴在桩上的绳索AC连接，在B点加向下的力$\boldsymbol{F}$。已知$\theta=0.1\text{rad}$，$F=800\text{N}$，试求AC绳索中产生的拔桩力。

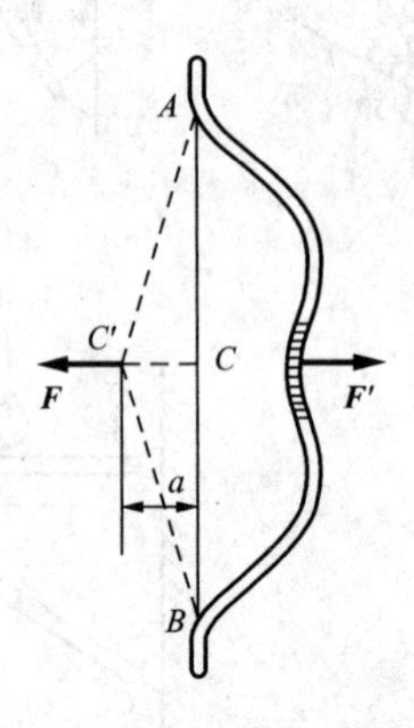

图3-34 习题3-4图

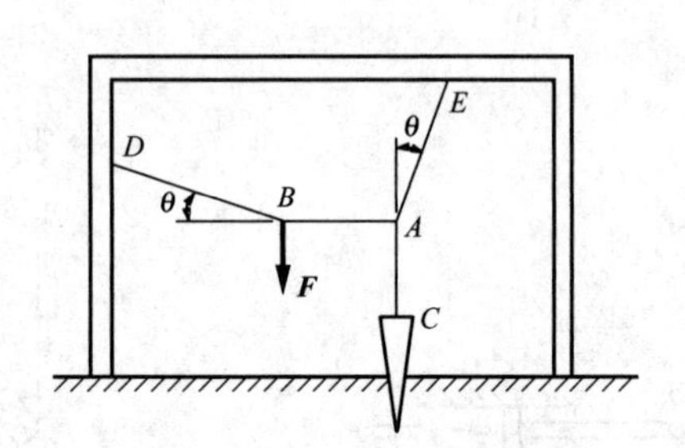

图3-35 习题3-5图

3-6 如图3-36所示，小环M可在半径为r的圆弧杆OA上滑动（不计摩擦）。在小环M上系二绳，一绳悬挂重为W_1的重物，另一绳跨过定滑轮B悬一重为W_2的重物。若不计小环M及滑轮B的尺寸，求平衡时的中心角φ及小环M对圆弧杆OA的作用力。

3-7 压路机碾子重$W=20\text{kN}$，半径$R=400\text{mm}$，如图3-37所示，若用水平力$\boldsymbol{F}$拉碾子越过高$h=80\text{mm}$的石坎，问F应多大？若要使F为最小，力$\boldsymbol{F}$与水平线的夹角θ应为多大？此时F等于多少？

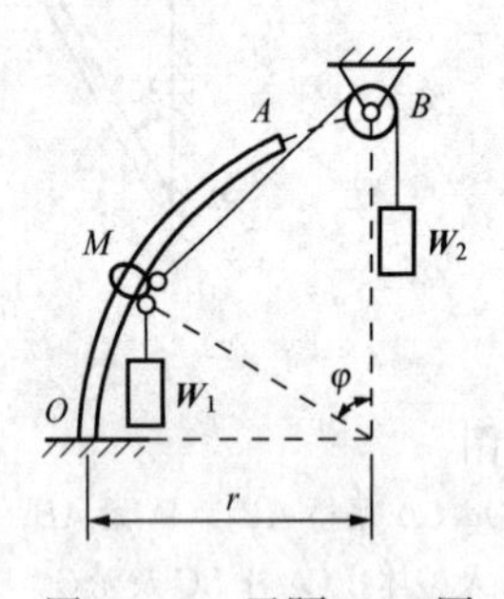

图3-36 习题3-6图

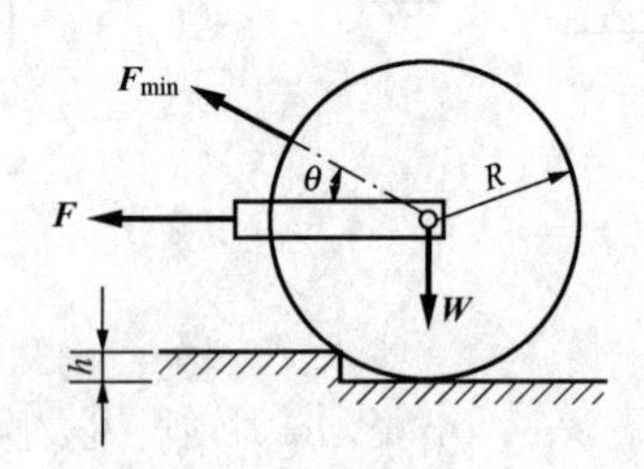

图3-37 习题3-7图

3-8 在杆AB的两端用光滑铰与两轮中心A、B连接，并将它们置于互相垂直的两光滑斜面上，如图3-38所示。设两轮重均为W，杆AB重不计，试求平衡时角φ之值。若轮A重$W_A=300\text{N}$，欲使平衡时杆AB在水平位置（$\varphi=0$），轮B重W_B应为多少？

3-9 图3-39所示结构上作用一水平力$\boldsymbol{F}$，试求A、C、E三处的支座约束力。

3-10 AB、AC、AD三连杆支承一重物如图3-40所示。已知$W=10\text{kN}$，$AB=4\text{m}$，$AC=3\text{m}$，且$ABEC$在同一水平面内，试求三连杆所受的力。

3-11 立柱AB用三根绳索固定如图3-41所示，已知一根绳索在铅直平面ABE内，其张力$F=100\text{kN}$，立柱自重$W=20\text{kN}$，求另外两根绳索AC、AD的张力及立柱在B处受到的约束力。

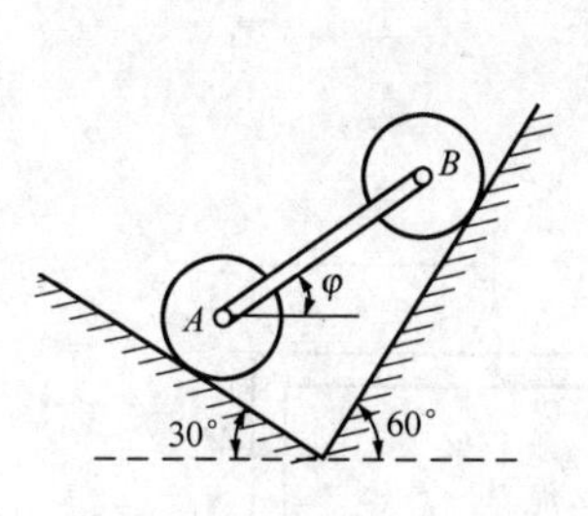

图3-38　习题3-8图

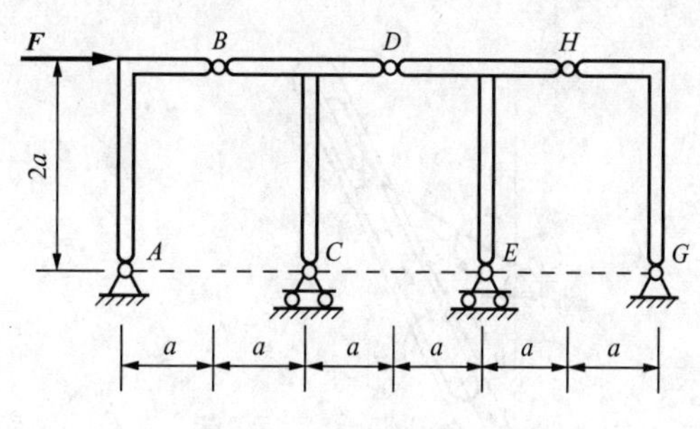

图3-39　习题3-9图

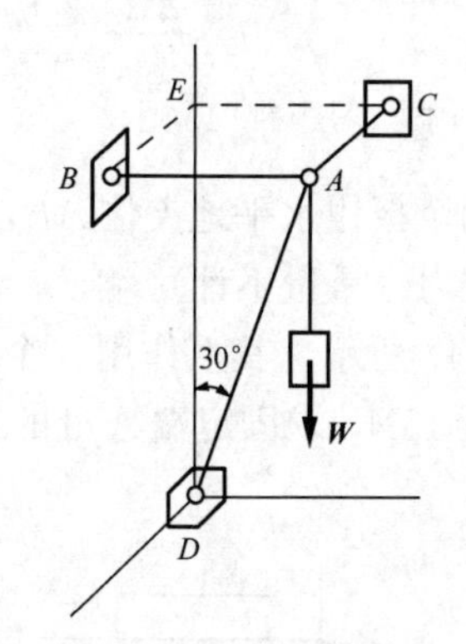

图3-40　习题3-10图

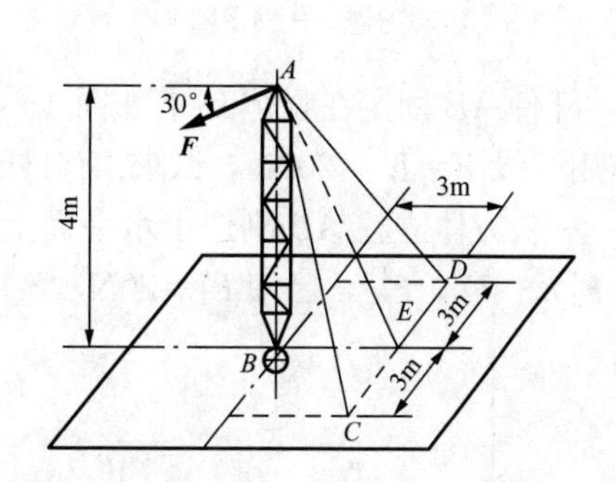

图3-41　习题3-11图

3-12　连杆AB、AC、AD铰连如图3-42所示。杆AB水平，绳AEG上悬挂重物W=10kN。图示位置系统保持平衡，求G处绳的张力F及AB、AC、AD三杆的约束力(xy平面为水平面)。

3-13　直角曲杆AB和BC在B处铰接如图3-43所示，各构件自重忽略不计。在构件BC上作用一力偶，位于曲杆所在平面内，其矩为M=800N·m，试求A、C处约束力。

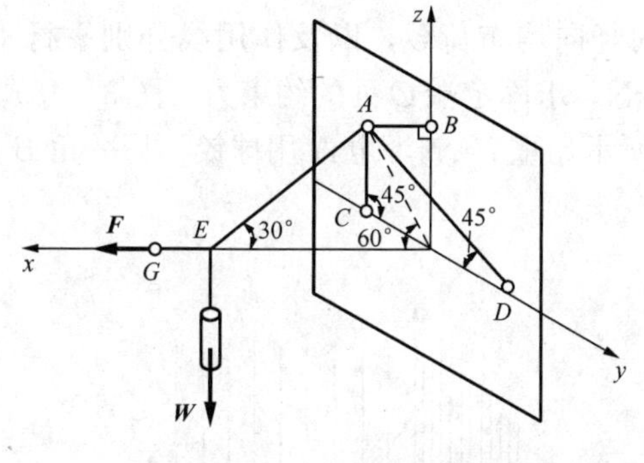

图3-42　习题3-12图

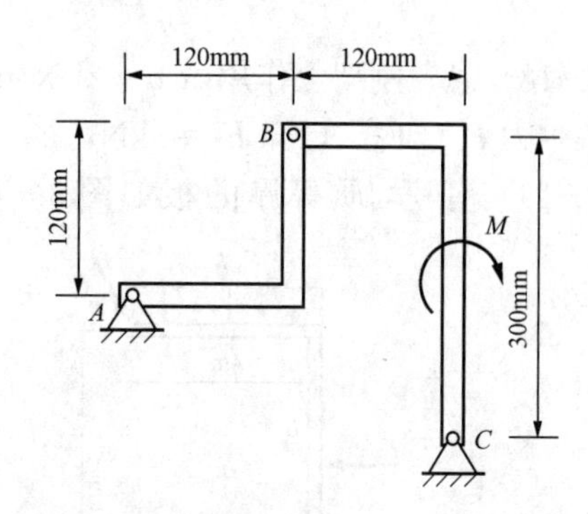

图3-43　习题3-13图

3-14　滑道摇杆机构受两力偶作用，在图3-44所示位置平衡。已知$OO_1=OA=0.2$m，M_1=200N·m，求另一力偶矩M_2及O、O_1两处的约束力(摩擦不计)。

3-15　曲杆AB上受一矩为M的力偶作用，约束如图3-45所示，试求A、B处的约束力。

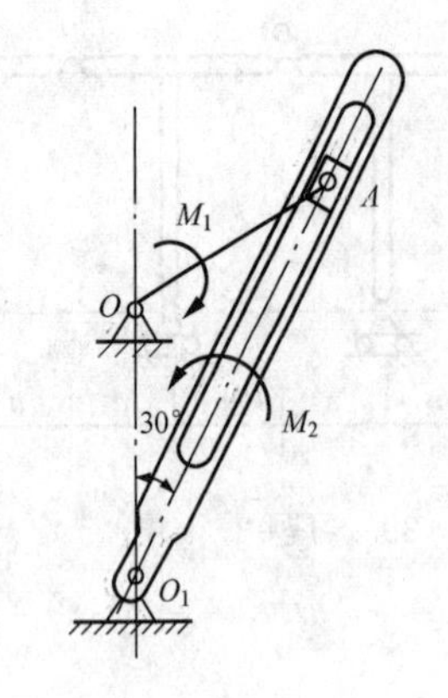

图3-44 习题3-14图

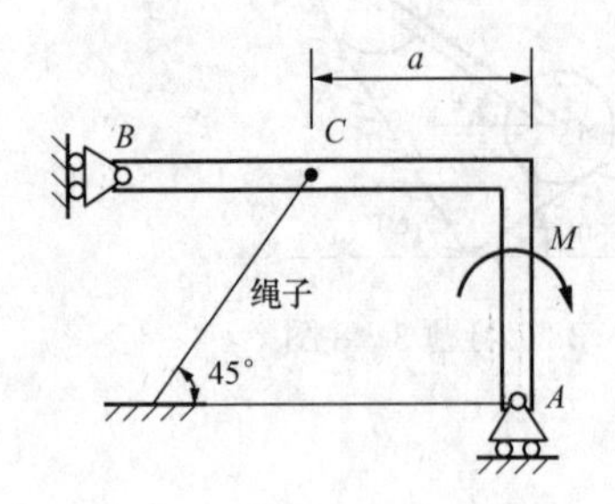

图3-45 习题3-15图

3-16 杆件AB固定在物体D上如图3-46所示，两个扳钳水平地夹住AB，并受铅直力$\boldsymbol{F}$、$\boldsymbol{F}'$作用。设$F=F'=200\text{N}$，试求D对杆AB的约束力（重量不计）。

3-17 一长方体立柱AB刚连于水平面上，如图3-47所示，其上作用三个力偶（$\boldsymbol{F}_1$，$\boldsymbol{F}_1'$）、（$\boldsymbol{F}_2$，$\boldsymbol{F}_2'$）、（$\boldsymbol{F}_3$，$\boldsymbol{F}_3'$），已知$F_1=20\text{N}$，$F_2=12\text{N}$，$F_3=15\text{N}$，求固定端A处的约束力。

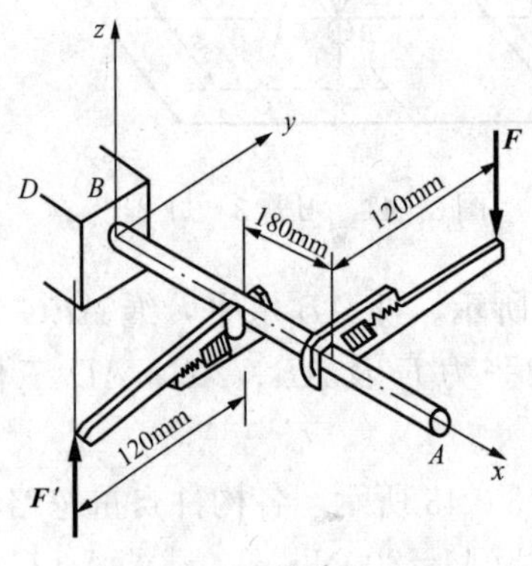

图3-46 习题3-16图

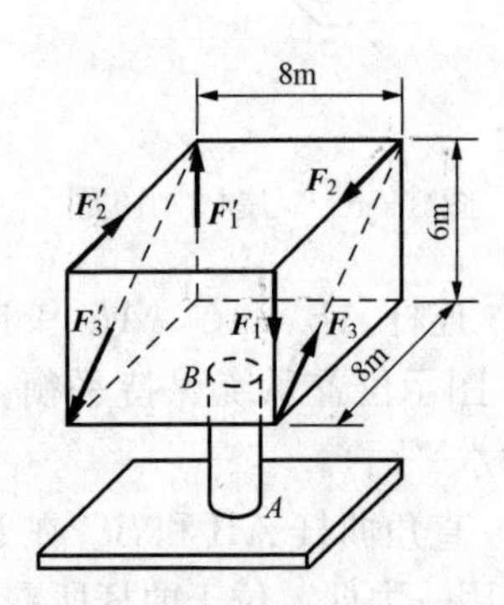

图3-47 习题3-17图

3-18 悬臂刚架上作用着$q=2\text{kN/m}$的竖向均布荷载，以及作用线分别平行于x、y轴的集中力$\boldsymbol{F}_1$、$\boldsymbol{F}_2$。已知$F_1=5\text{kN}$，$F_2=4\text{kN}$，求固定端O处的约束力（图3-48）。

3-19 有一均质等厚的板如图3-49所示，重200N，角A用球铰，另一角B用铰链

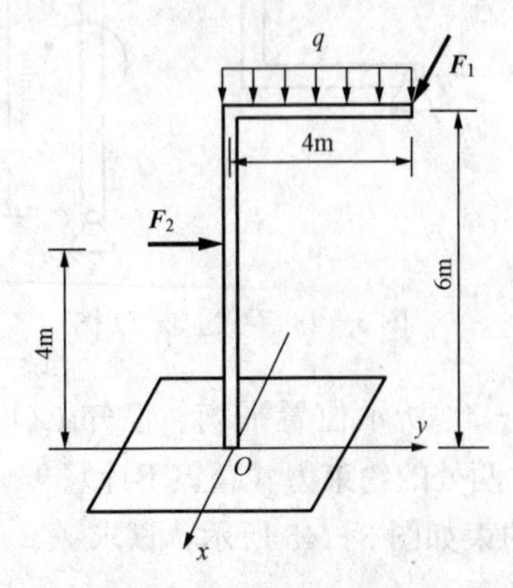

图3-48 习题3-18图

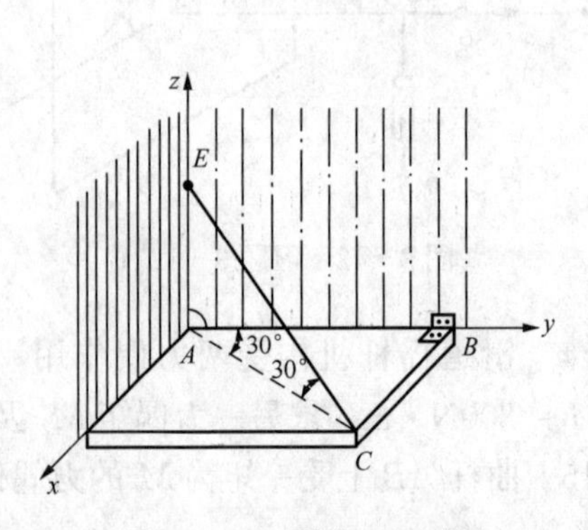

图3-49 习题3-19图

与墙壁相连，再用一索 EC 维持于水平位置。若$\angle ECA=\angle BAC=30°$，试求索内的拉力及 A、B 两处的约束力（注意：铰链 B 沿 y 方向无约束力）。

3-20 手摇钻由支点 B、钻头 A 和一个弯曲手柄组成如图 3-50 所示。当在 B 处施力 $\boldsymbol{F}_B$ 并在手柄上加力 $\boldsymbol{F}$ 时，手柄恰可以带动钻头绕 AB 转动（支点 B 不动）。已知 $\boldsymbol{F}_B$ 的铅直分量 $F_{Bz}=50\text{N}$，$F=150\text{N}$。求：①材料阻抗力偶 M 为多大？②材料对钻头作用的力 F_{Ax}、F_{Ay}、F_{Az} 为多大？③力 $\boldsymbol{F}_B$ 在 x、y 方向的分力 F_{Bx}、F_{By} 为多大？图中长度单位为 mm。

3-21 正方形板 $ABCD$ 由六根连杆支承如图 3-51 所示。在 A 点沿 AD 边作用水平力 $\boldsymbol{F}$。求各杆的内力（板自重不计）。

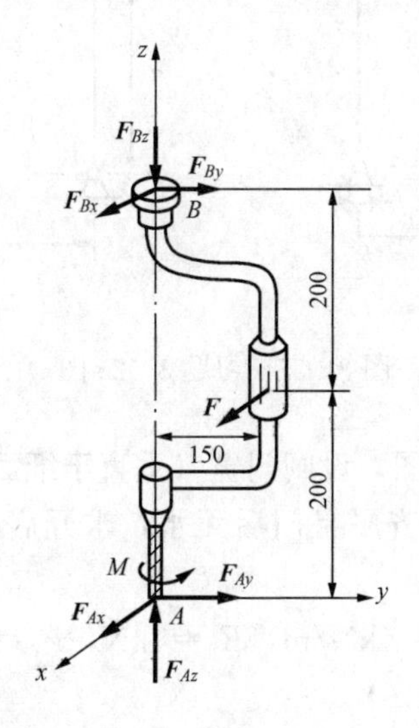

图 3-50 习题 3-20 图

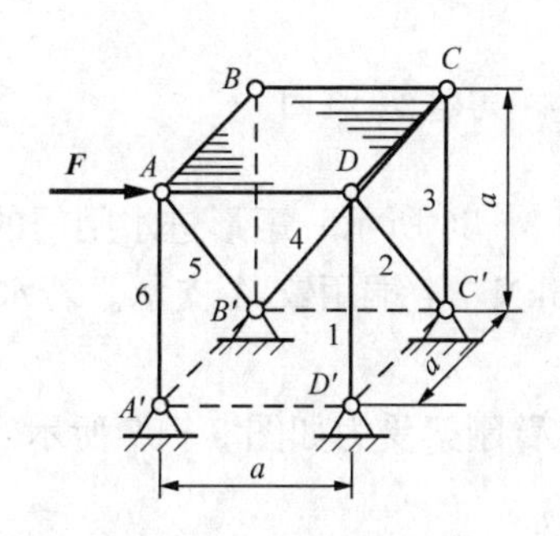

图 3-51 习题 3-21 图

3-22 扒杆如图 3-52 所示（图中长度单位为 m），竖柱 AB 用两绳拉住，并在 A 点用球铰约束。试求两绳中的拉力和 A 处的约束力（竖柱 AB 及梁 CD 重量不计）。

3-23 重 W 的均质长方体，支承和受力如图 3-53 所示，求各支承处的约束力。

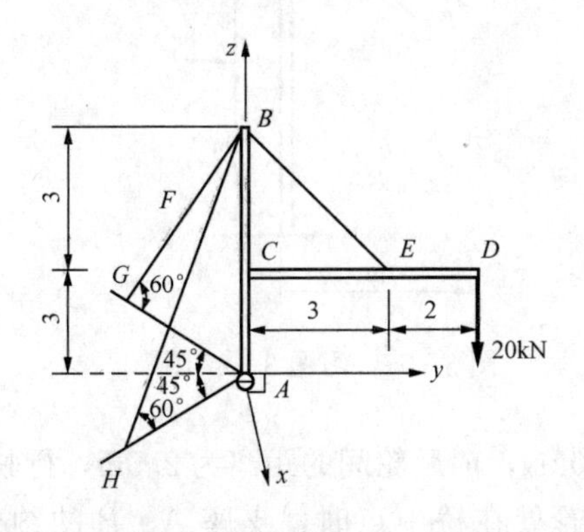

图 3-52 习题 3-22 图

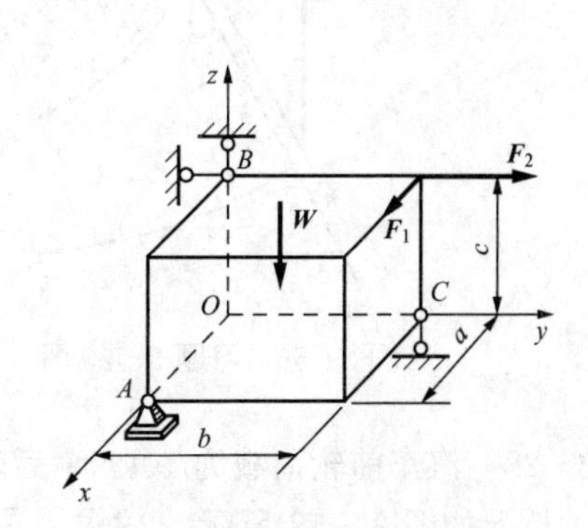

图 3-53 习题 3-23 图

3-24 曲杆 ABC 用球铰 A 及连杆 CI、DE、GH 支承如图 3-54 所示（图中长度单位为 m），在其上作用两个力 $\boldsymbol{F}_1$、$\boldsymbol{F}_2$，力 $\boldsymbol{F}_1$ 与 x 轴平行，$\boldsymbol{F}_2$ 铅直向下。已知 $F_1=300\text{N}$，$F_2=600\text{N}$，求所有的约束力。

3－25　求图3－55所示（图中长度单位为m）刚架支座A、B的约束力，已知：图3－55（a）中，M=2.5kN·m，F=5kN；图3－55（b）中，q=1kN/m，F=3kN。

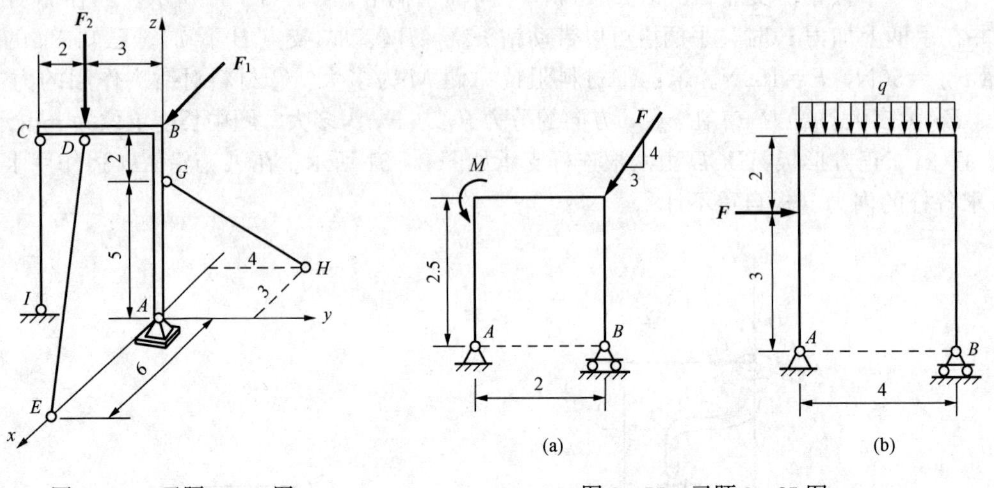

图3－54　习题3－24图　　　　图3－55　习题3－25图

3－26　图3－56所示一矩形进水闸门的计算简图，设闸门宽（垂直于纸面）1m，AB=2m，重W=15kN，上端用铰A支承。若水面与A齐平且门后无水，求开启闸门时绳的张力F。

3－27　悬臂刚架受力如图3－57所示。已知q=4kN/m，F_1=4kN，F_2=5kN，求固定端A的约束力。

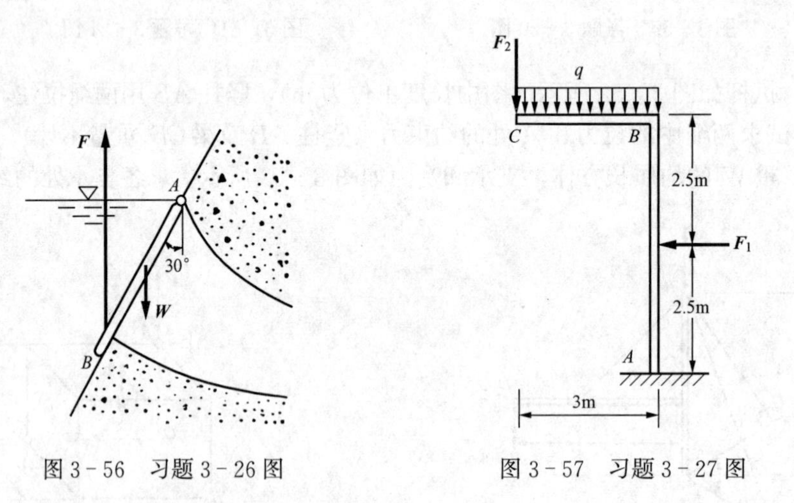

图3－56　习题3－26图　　　　图3－57　习题3－27图

3－28　汽车前轮荷载为10kN，后轮荷载为40kN，前后轮间的距离为2.5m，行驶在长10m的桥上如图3－58所示。试求：①当汽车后轮处在桥中点时，支座A、B的约束力；②当支座A、B的约束力相等时，后轮到支座A的距离。

3－29　汽车起重机在图3－59所示位置保持平衡，已知起重量W_1=10kN，起重机自重W_2=70kN，求A、B两处地面的约束力。起重机在这位置的最大起重量为多少（图中长度单位为m）？

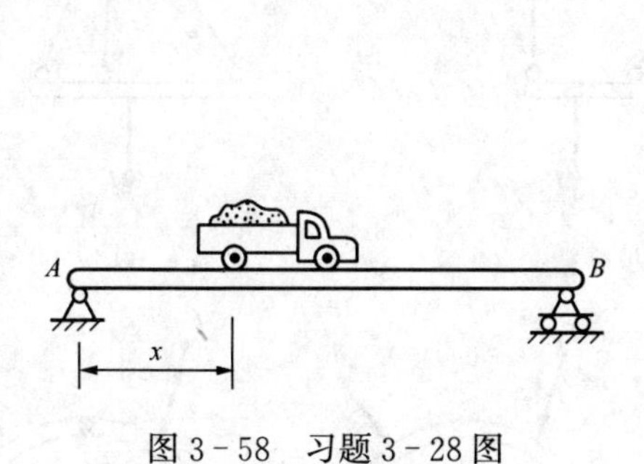

图 3-58 习题 3-28 图

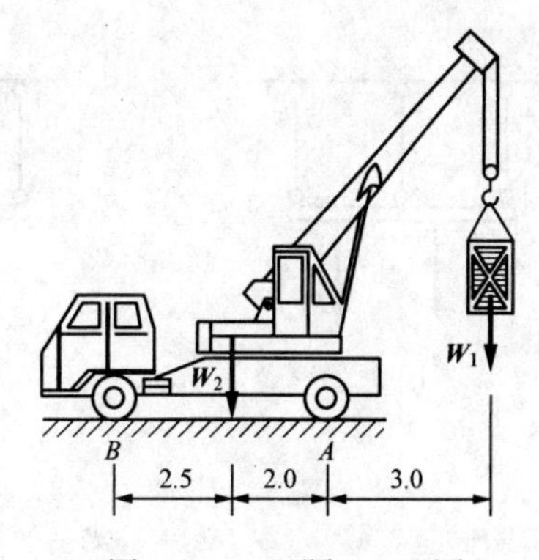

图 3-59 习题 3-29 图

3-30 基础梁 AB 上作用集中力 $\boldsymbol{F}_1$、$\boldsymbol{F}_2$，如图 3-60 所示，已知 $F_1=200\text{kN}$，$F_2=400\text{kN}$。假设梁下的地基约束力呈直线变化，试求 A、B 两端分布力的集度 q_A、q_B（图中长度单位为 m）。

3-31 起重机如图 3-61 所示。已知 $AD=DB=1\text{m}$，$CD=1.5\text{m}$，$CM=1\text{m}$；机身与平衡锤 E 共重 $W_1=100\text{kN}$，重力作用线在平面 LMN 内，到机身轴线 MN 的距离为 0.5m；起重量 $W_2=30\text{kN}$。求当平面 LMN 平行于 AB 时，车轮对轨道的压力。

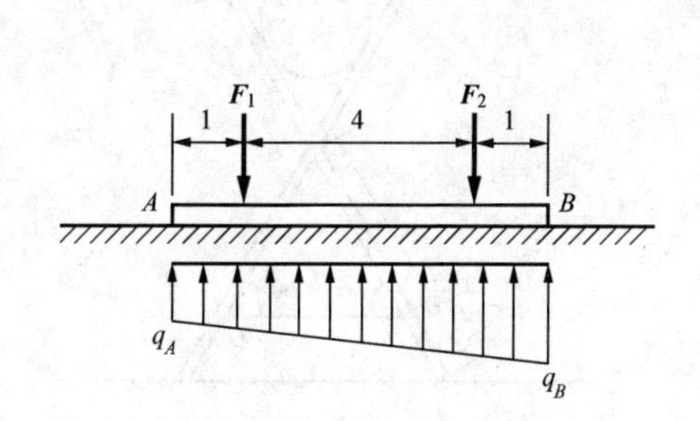

图 3-60 习题 3-30 图

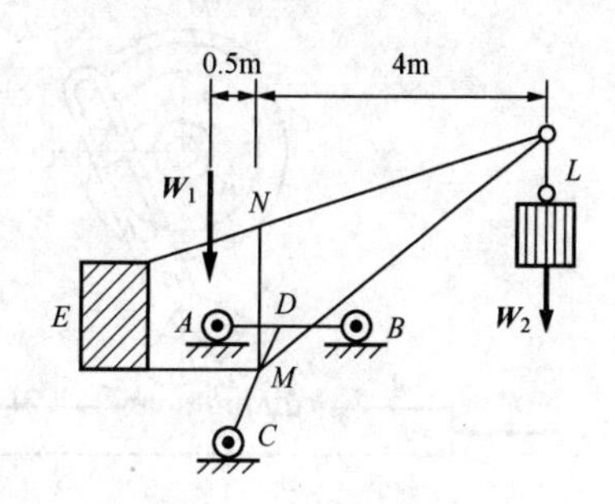

图 3-61 习题 3-31 图

3-32 空心楼板 $ABCD$ 重 2.8kN，一端支撑在 AB 中点 O，并在 O_1、O_2 两处用绳悬挂如图 3-62 所示。已知 $O_1D=O_2C=AD/8$，求 O_1、O_2 两处绳的张力及 O 处的约束力。

3-33 试判断图 3-63 所示各结构是静定的还是超静定的？

3-34 图 3-64 所示一半径为 R 的扇形齿轮，可借助于轮 O_1 上的销钉 A 而绕 O_2 转动，从而带动齿条 BC 在水平槽内运动。已知 $O_1A=r$，$O_1O_2=\sqrt{3}r$。在图示位置 O_1A 水平，O_1O_2 铅直。今在圆轮上作用一力矩 M，齿条 BC 上作用一水平力 $\boldsymbol{F}$，使机构平衡，试求力矩 M 与水平力 F 之间的关系（设机构各部件自重不计，摩擦不计）。

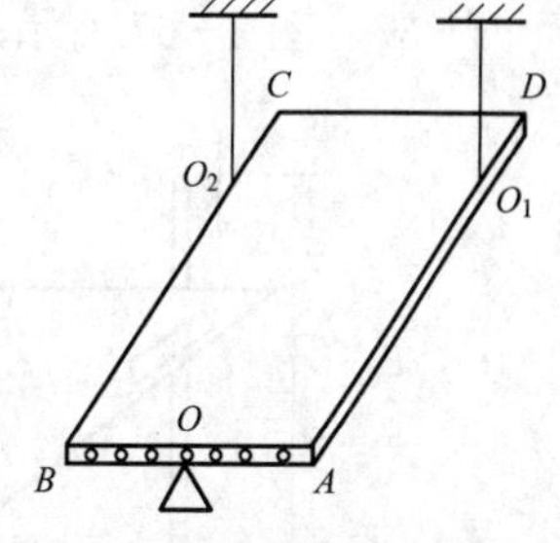

图 3-62 习题 3-32 图

3-35 杆 AE、BD 铰接于 C，并用平行于 AB 的绳 HG 连接如图 3-65 所示。均质圆柱半径 $r=0.5\text{m}$，重 $W=200\text{N}$，求铰 C 处的约束力及绳 HG 的张力。假设地面是光滑的，杆重不计。

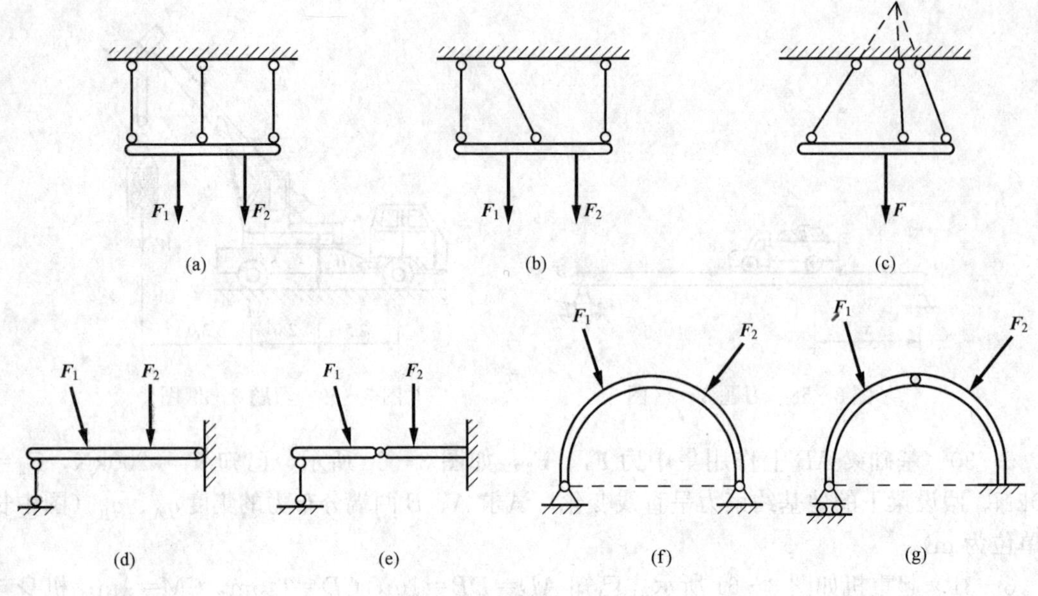

图 3-63 习题 3-33 图

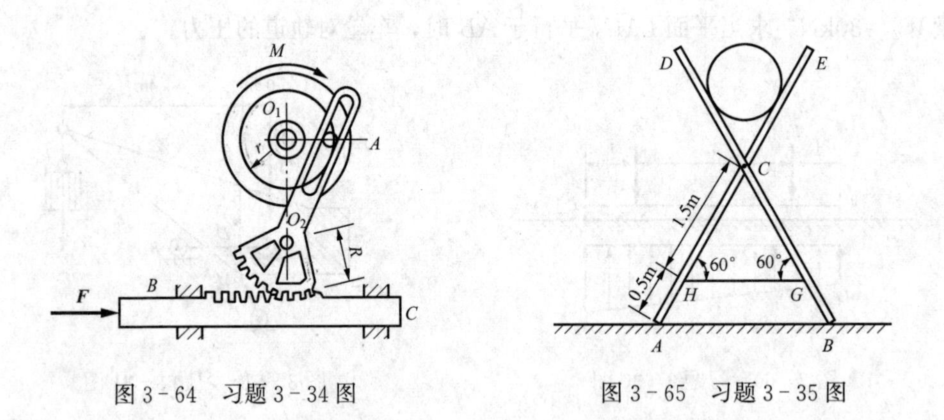

图 3-64 习题 3-34 图　　图 3-65 习题 3-35 图

3-36 如图 3-66 所示，三角形平板的 A 点为铰支座，销钉 C 固定在杆 DE 上，并与平板内滑槽光滑接触。各构件自重忽略不计，试求铰支座 D 处的约束力。

3-37 图 3-67 所示是一种气动夹具的简图，压缩空气推动活塞 E 向上，通过连杆 BC

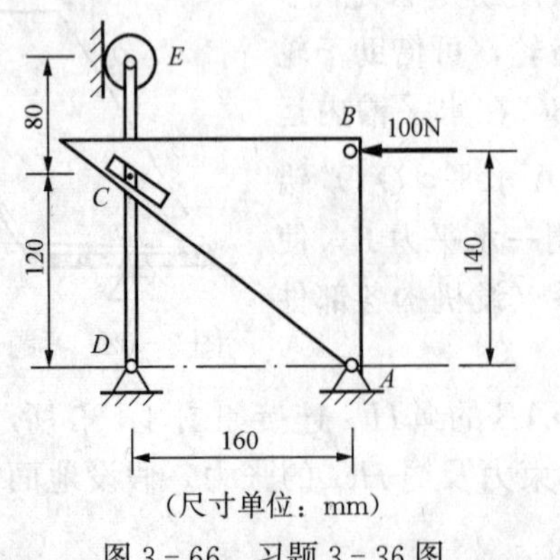

图 3-66 习题 3-36 图

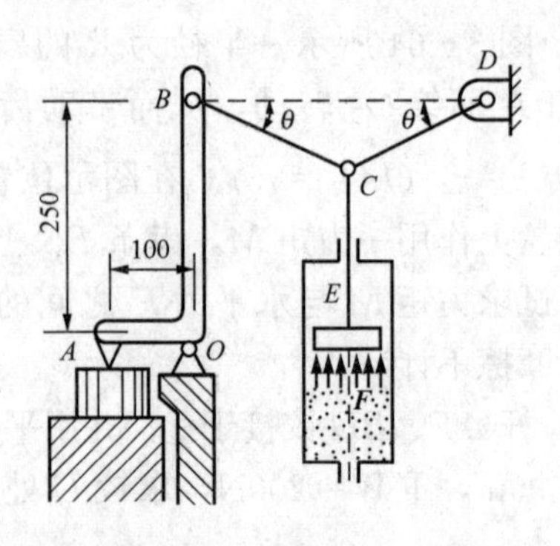

图 3-67 习题 3-37 图

推动曲臂 AOB，使其绕 O 点转动，从而在 A 点将工件压紧。在图示位置，$\theta=20°$，已知活塞所受总压力 $F=3\text{kN}$，试求工件受的压力（所有构件的重量和各铰处的摩擦都不计，图中长度单位为 mm）。

3-38　梁上起重机起吊重物 $W_1=10\text{kN}$，起重机 $W_2=50\text{kN}$ 如图 3-68 所示，其作用线位于铅垂线 EC 上，不计梁重，求 D 处及 A、B 处的支座约束力。

3-39　水平梁由 AC、BC 两部分组成如图 3-69 所示，A 端插入墙内，B 端搁在辊轴支座上，C 处用铰连接，受 $\boldsymbol{F}$、M 作用。已知 $F=4\text{kN}$，$M=6\text{kN}\cdot\text{m}$，求 A、B 两处的约束力。

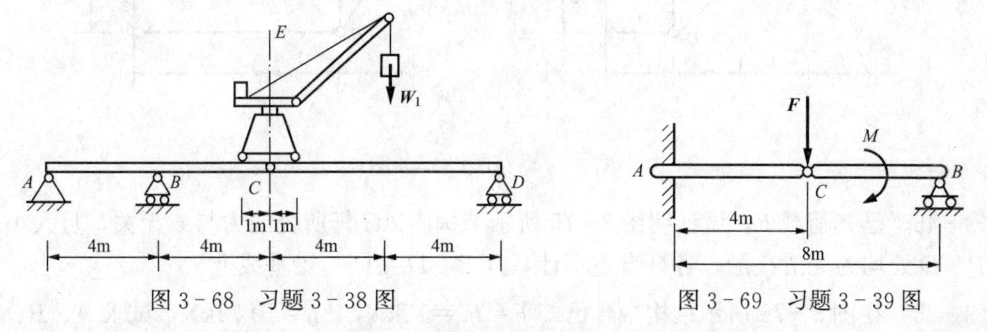

图 3-68　习题 3-38 图　　图 3-69　习题 3-39 图

3-40　刚架 ABC 和梁 CD，支承与荷载如图 3-70 所示。已知 $F=5\text{kN}$，$q=200\text{N/m}$，$q_0=300\text{N/m}$，求支座 A、B 的约束力（图中长度单位为 m）。

3-41　三铰拱式组合屋架如图 3-71 所示，已知 $q=5\text{kN/m}$，求铰 C 处的约束力及拉杆 AB 所受的力（图中长度单位为 m）。

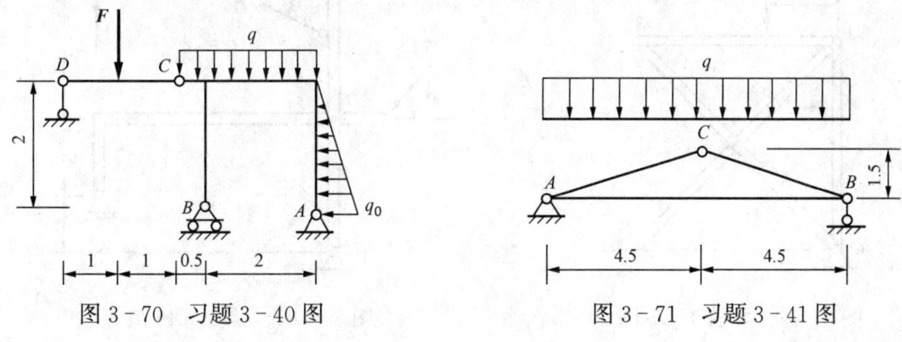

图 3-70　习题 3-40 图　　图 3-71　习题 3-41 图

3-42　组合结构如图 3-72 所示，已知 $q=2\text{kN/m}$，求 AD、CD、BD 三杆的内力（图中长度单位为 m）。

3-43　一组合结构、尺寸及荷载如图 3-73 所示，求杆 1、2、3 所受的力（图中长度单位为 m）。

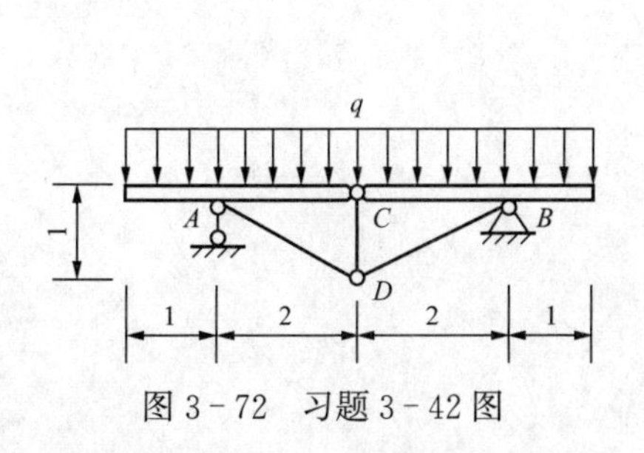

图 3-72　习题 3-42 图

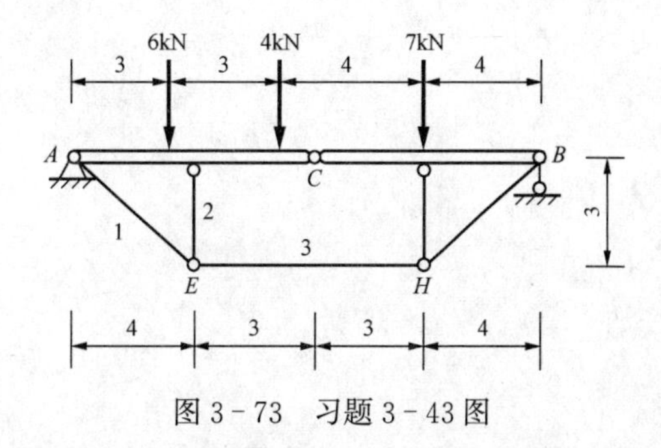

图 3-73　习题 3-43 图

3-44 图 3-74 所示结构由横梁 AB、BC 和三根支撑杆组成，荷载及尺寸如图，求 A 处的约束力及 1、2、3 杆的内力。

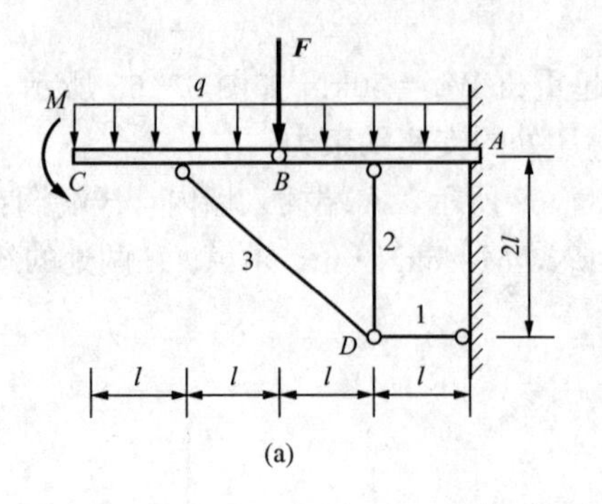

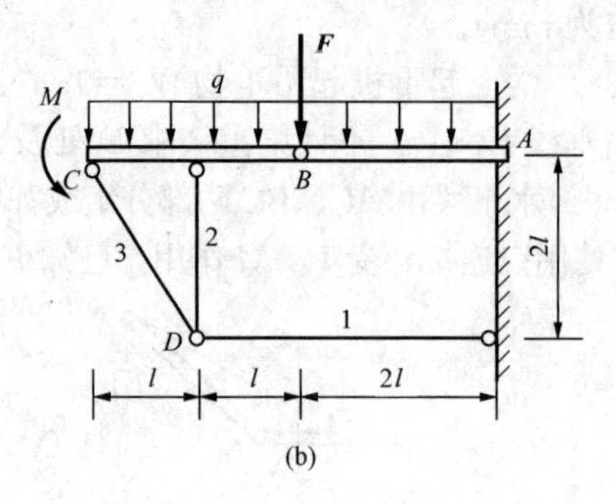

图 3-74 习题 3-44 图

3-45 已知荷载 $\boldsymbol{F}$，试证明图 3-75 所示结构中 AC 杆所受的力与 x 无关，且大小等于 F。B、D 处均为光滑接触，各杆自重不计，且 B、D 在同一铅垂线上。

3-46 在图 3-76 所示结构中，已知 $F=F'=12\text{kN}$，$F_D=10\sqrt{2}\text{kN}$，试求 A、B、C 三处的约束力（要求方程数目最少而且不需解联立方程）（图中长度单位为 m）。

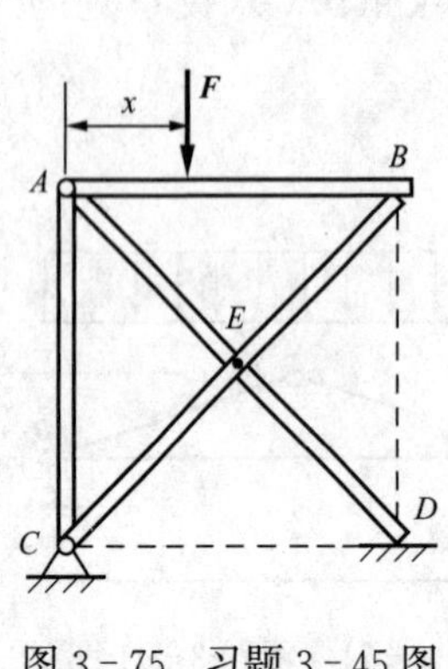

图 3-75 习题 3-45 图

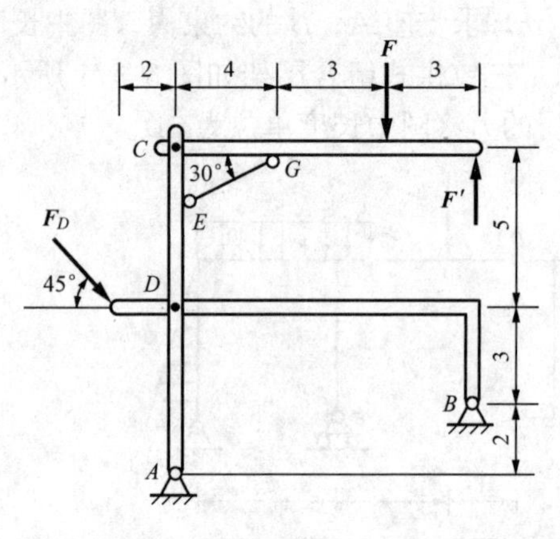

图 3-76 习题 3-46 图

第 4 章　静 力 学 应 用 专 题

本章将介绍桁架及摩擦的有关概念，并讨论力系的平衡条件在桁架及摩擦中的应用。

第 1 节　平 面 静 定 桁 架

桁架（truss）是由许多细长直杆按适当方式分别在两端连接而成的几何形状不变的结构。它在桥梁、房屋、航空航天等工程（图 4－1）中得到广泛应用。

图 4－1　桁架的应用

桁架中杆件与杆件相结合的点，称为**节点**（joint）。如果桁架所有杆件的轴线与其受到的荷载均在同一平面内，则称为**平面桁架**，否则称为**空间桁架**。

设计桁架时，必须先根据作用于桁架的荷载，确定各杆件所受的力——**内力**。凡是杆件内力可用平衡方程求得的桁架称为**静定桁架**，否则称为**超静定桁架**。本书只讨论较简单的平面静定桁架的内力计算，有关桁架问题的进一步讨论，则属于结构力学的内容。

实际桁架的构造和受力情况一般较为复杂，作为初步分析，为了简化计算，通常采用如下的基本假设：

（1）各杆件均在杆端用光滑铰链连接；

（2）各杆件的轴线均为直线，并通过铰链中心（即节点）；

（3）所有外力（包括荷载和支座约束力）均作用在节点上。

在上述假设下，桁架的各杆件均为二力杆，杆端所受的力沿杆轴线，这种力称为**轴向力**。现研究桁架中的任一杆件 AB [图 4－2（a）]，其在杆端受力 $\boldsymbol{F}_1$、$\boldsymbol{F}_2$ 作用，由杆 AB 平衡可知：$\boldsymbol{F}_1$ 与 $\boldsymbol{F}_2$ 大小相等，方向相反，沿杆轴线 AB 作用。在杆 AB 上任选一处 M，假想地在此处将杆切断，取左边部分 AM 研究，由 AM 平衡可知，M 处的截面上必受力 $\boldsymbol{F}$ 作用[图 4-2 (b)]，且 $\boldsymbol{F}$ 与 $\boldsymbol{F}_1$ 大小相等，方向相反，沿轴线作用。$\boldsymbol{F}$ 就是杆 AB 的内力，或为拉力，或为压力。对同一杆件来说，各处的内力是相同的。

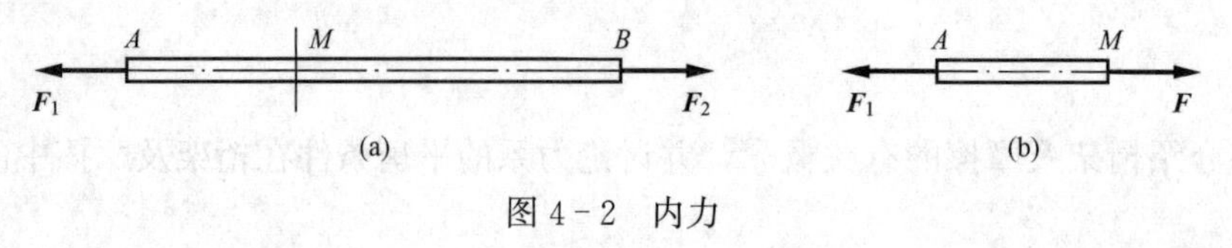

图 4-2 内力

桁架中的杆件只受轴向拉力或压力，这是桁架的基本特征，也是它的优点。因为受轴向拉压的杆件，截面上受力均匀（将在材料力学中介绍），能充分发挥材料的作用，达到节约材料、减轻结构重量的目的。特别是大跨度结构，桁架更能显出优越性，这也是工程上常采用这种结构形式的原因。

符合上述三个假设的桁架称为**理想桁架**，根据理想桁架计算出的内力是实际桁架的主内力，一般情况下已可以满足设计需要。如有必要，则需考虑因简化因素所引起的次内力。

下面介绍两种计算桁架杆件内力的方法——节点法和截面法。

一、节点法

节点法是将桁架中的节点作为研究对象。节点受平面汇交力系作用，利用平面汇交力系的两个平衡方程进行求解。为避免解联立方程，必须按一定的顺序考虑各节点的平衡。

计算内力时，习惯上总是先假设每一杆件都受拉力，如果计算结果是负值，则表示杆件受压力。由于杆件承受拉力的能力与承受压力的能力不同，设计时对受压杆件的考虑与对受拉杆件的考虑大不一样，因此，对杆件内力的性质（拉力或压力）必须十分重视。

【例 4-1】 桁架如图 4-3 (a) 所示，已知 $\boldsymbol{F}$、a，求桁架中各杆的内力。

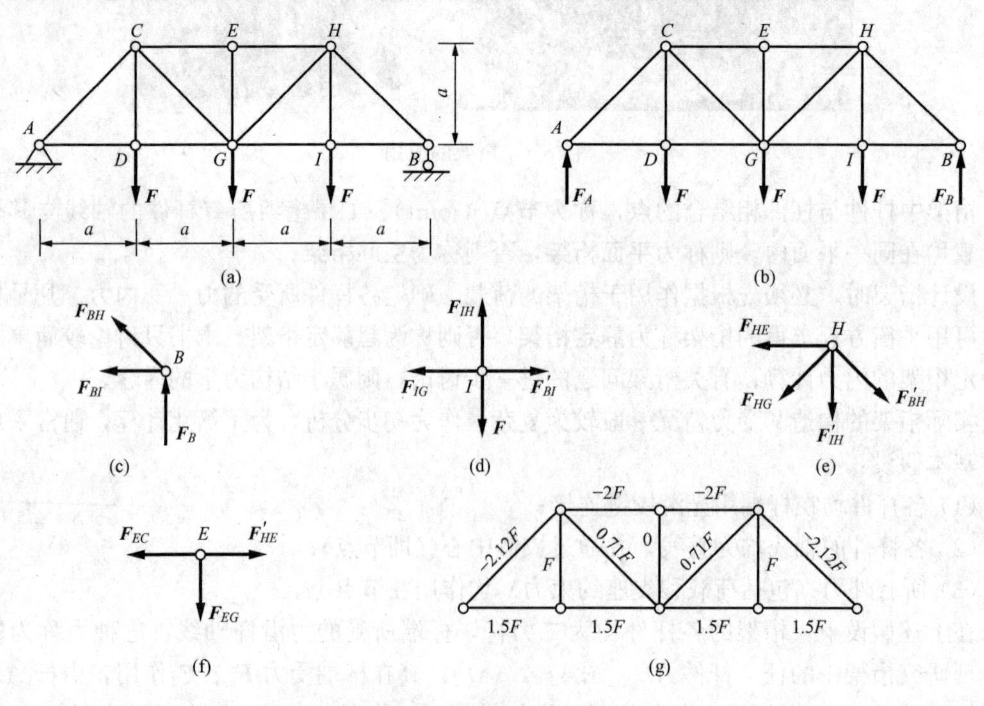

图 4-3 [例 4-1] 图

解　先求支座约束力。以整个桁架为研究对象，示力图见图 4－3（b）。

$\sum M_{Ai}=0$，$F_B\times 4a-F\times 3a-F\times 2a-F\times a=0$，解得 $F_B=1.5F$；

$\sum F_{iy}=0$，$F_A-3F+F_B=0$，解得 $F_A=1.5F$。

再求桁架中各杆的内力。由于桁架结构及所受的力（包括荷载和约束力）都对称于中线 EG，而对称杆件中的内力必定相同，所以只需计算一半杆件的内力。依次研究节点 B、I、H、E，示力图见图 4－3（c）～(f)。

节点 B　$\sum F_{iy}=0$，$F_B+F_{BH}\sin 45°=0$，解得 $F_{BH}=-2.12F$；

$\sum F_{ix}=0$，$-F_{BI}-F_{BH}\cos 45°=0$，解得 $F_{BI}=1.5F$。

节点 I　$\sum F_{ix}=0$，$F'_{BI}-F_{IG}=0$，解得 $F_{IG}=1.5F$；

$\sum F_{iy}=0$，$F_{IH}-F=0$，解得 $F_{IH}=F$。

节点 H　$\sum F_{iy}=0$，$-F'_{BH}\sin 45°-F'_{IH}-F_{HG}\sin 45°=0$，解得 $F_{HG}=0.71F$；

$\sum F_{ix}=0$，$F'_{BH}\cos 45°-F_{HG}\cos 45°-F_{HE}=0$，解得 $F_{HE}=-2F$。

节点 E　$\sum F_{iy}=0$，$F_{EG}=0$。

实际工作中，为清楚起见，常将计算结果用图 4－3（g）的形式表示出来。

本例中杆件 EG 的内力为零，在结构上常将内力为零的杆件称为**零杆**（zero bar）。通常无须计算，根据观察即可判断哪些杆件是零杆。找出零杆之后，计算其他杆件内力时，完全可以不考虑零杆，这样常能省却一些计算工作。

判断平面桁架零杆的准则：

(1) 一节点上有三根杆件，如果节点上无外力作用，且有两根杆共线，则另一杆必为零杆［图 4－4（a)］。

(2) 一节点上只有两根不共线的杆件，如果节点上无外力作用，则两杆均为零杆［图 4－4（b)］。

(3) 一节点上只有两根不共线的杆件，如果节点上的外力沿其中一杆作用，则另一杆必为零杆［图 4－4（c)］。

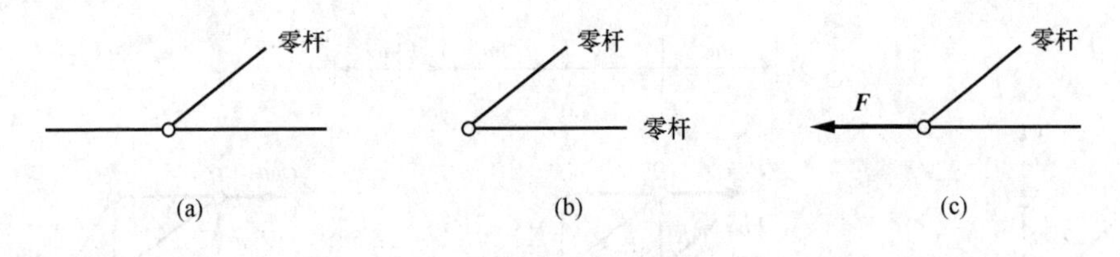

图 4－4　零杆判断

二、截面法

截面法是用适当的截面，假想地将桁架的某些杆件截断，取出桁架的一部分作为研究对象。取出的这一部分受平面任意力系作用，利用平面任意力系的三个平衡方程进行求解。

截面法适用于只需求某几根杆件内力的情况（抽查验算时往往如此），对某些较复杂的桁架，有时需要联合应用截面法与节点法。

【例 4－2】　桁架如图 4－5（a）所示，已知 F、a、h，试求杆 1、2、3 的内力。

解　先以整个桁架为研究对象，求支座约束力。示力图见图 4－5（b）。

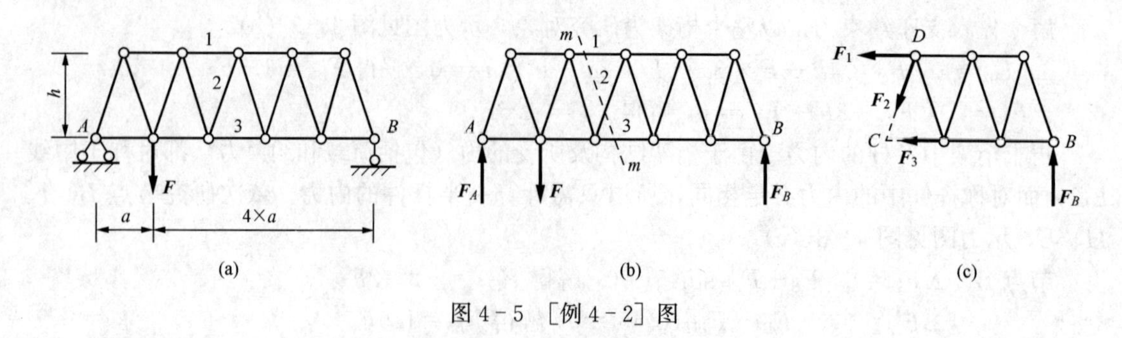

(a) (b) (c)

图 4-5 [例 4-2] 图

$\sum M_{Ai}=0$，$F_B\times 5a-F\times a=0$，解得 $F_B=\dfrac{1}{5}F$；

再用截面 m-m 将桁架分割成两部分，取右边部分作为研究对象，示力图见图 4-5（c）。

$\sum M_{Ci}=0$，$F_B\times 3a+F_1h=0$，解得 $F_1=-\dfrac{3a}{5h}F$；

$\sum F_{iy}=0$，$F_B-\dfrac{h}{\sqrt{h^2+\left(\dfrac{a}{2}\right)^2}}F_2=0$，解得 $F_2=\dfrac{\sqrt{4h^2+a^2}}{10h}F$；

$\sum M_{Di}=0$，$F_B\times\dfrac{5}{2}a-F_3h=0$，解得 $F_3=\dfrac{a}{2h}F$。

【例 4-3】 试求图 4-6（a）所示悬臂桁架中杆 DG 和 EG 的内力。

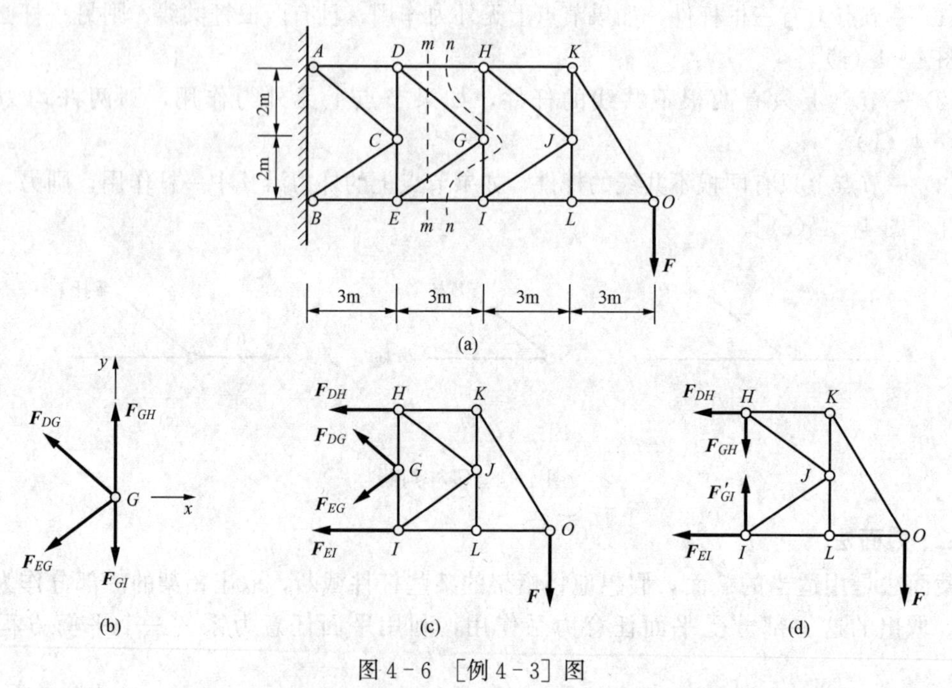

(a) (b) (c) (d)

图 4-6 [例 4-3] 图

解 悬臂桁架无须求支座约束力，可用节点法，依次考虑节点 O、L、K、J、I、…，就可求得杆 DG 和 EG 的内力。但计算量大，过于麻烦。如用截面 $m-m$ 将杆 DH、DG、EG、EI 割断［图 4-6（a）］，则被割断的杆件有 4 根，不能直接求得杆 DG 和 EG 的内力。较简便的方法是联合应用节点法和截面法。

以节点 G 为研究对象，示力图见图 4－6（b）。由 $\sum F_{ix}=0$ 得

$$-\frac{3}{\sqrt{13}}F_{DG}-\frac{3}{\sqrt{13}}F_{EG}=0 \tag{a}$$

用截面 $m-m$ 将桁架截成两部分，取右边作为研究对象，示力图见图 4－6（c）。由 $\sum F_{iy}=0$ 得

$$\frac{2}{\sqrt{13}}F_{DG}-\frac{2}{\sqrt{13}}F_{EG}-F=0 \tag{b}$$

联立求解式（a）和式（b），得 $F_{DG}=-F_{EG}=\frac{\sqrt{13}}{4}F$。

本题也可用截面 $n-n$ 将桁架截成两部分，取右边作为研究对象，示力图见图 4－6（d）。由 $\sum M_{Ii}=0$ 求 F_{DH}，再由图 4－6（c）求 F_{DG} 和 F_{EG}。

第2节 摩 擦

通常两物体间的接触面并非绝对光滑，当它们有相对运动或相对运动趋势时，在接触面上存在着阻碍物体相对运动的现象，这种现象称为**摩擦**（friction），而相应阻碍物体运动的力称为**摩擦力**（friction force）。发生在两物体有相对滑动或相对滑动趋势时的摩擦力称为**滑动摩擦力**，发生在两物体有相对滚动或相对滚动趋势时的摩擦力称为**滚动摩擦力**。如果摩擦力很小，对所研究的问题是次要因素，可以忽略不计，这时可以把接触面看作是光滑的。

摩擦是一种自然现象，对工程实际和日常生活起着重要的作用。例如重力坝、挡土墙依靠摩擦防止可能产生的滑动；桥梁、高层建筑的摩擦桩依靠摩擦承受荷载；皮带轮、摩擦轮依靠摩擦传动；螺旋器械依靠摩擦夹紧工件。没有摩擦，人无法行走，车辆无法起动与制动。另一面，摩擦消耗能量、损坏机件。我们研究摩擦的目的就是为了认识有关摩擦的规律，利用其有利的一面，减少或避免其有害的一面。

摩擦是十分复杂的物理现象，涉及物理、化学、弹塑性力学、冶金、磨损、润滑理论等，已形成“摩擦学”。本书讨论只限于古典的摩擦理论，研究物体在考虑摩擦时的平衡问题。

一、滑动摩擦

1. 滑动摩擦力

将重为 $\boldsymbol{P}$ 的物体静止地放在水平面上（图 4－7），水平面对物体的法向力 $\boldsymbol{F}_{\mathrm{N}}$ 与重力 $\boldsymbol{P}$ 平衡。现施加水平力 $\boldsymbol{F}_1$，当力 $\boldsymbol{F}_1$ 较小时，物体虽有滑动趋势，但仍保持静止。水平面对物体的摩擦力 $\boldsymbol{F}_{\mathrm{s}}$ 称为**静滑动摩擦力**，简称**静摩擦力**，它的大小由物体的平衡条件确定，即 $F_{\mathrm{s}}=F_1$。当力 $\boldsymbol{F}_1$ 增大时，静摩擦力 $\boldsymbol{F}_{\mathrm{s}}$ 也等值增大。当 $\boldsymbol{F}_1$ 增大到一定数值时，物体开始滑动。这说明静摩擦力有一极限值，这一极限值称为**极限摩擦力**或**最大静摩擦力**。当静摩擦力达到极限值时，物体处于将动未动的**临界状态**。当物体滑动时，水平面对物体的摩擦力称为**动滑动摩擦力**，简称**动摩擦力**。

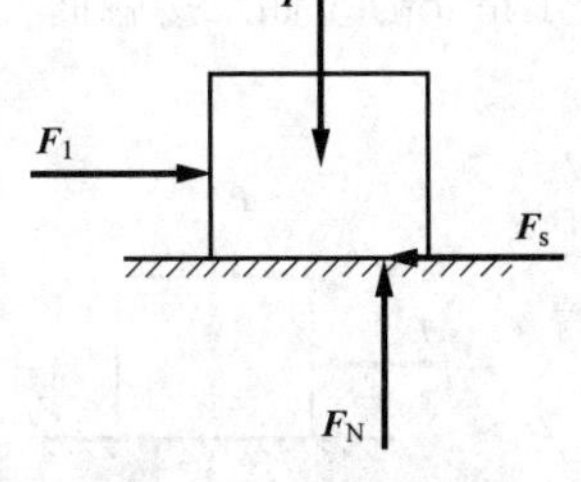

图 4－7 滑动摩擦力

摩擦力是阻碍物体运动的，其方向必与物体相对滑动或相对滑动趋势的方向相反。而摩擦力的大小则随物体的不同情况而各异。物体无相对滑动趋势时，摩擦力为零；**静摩擦力的大小由平衡条件决定**，其数值变化范围为：$0\leqslant F_{\mathrm{s}}\leqslant F_{\max}$。

库伦根据大量实验结果，得出**库伦摩擦定律**（coulomb law of friction）：极限摩擦力的大小与接触面之间的正压力（即法向力）成正比，即

$$F_{max} = f_s \cdot F_N \tag{4-1}$$

上式中无量纲的比例常数 f_s 称为**静摩擦因数**（static friction factor），它与接触物的材料以及接触面状况（粗糙度、湿度、温度等）有关。静摩擦因数由实验测定，一般可在工程手册中查到，常用材料的静摩擦因数见表 4-1。

表 4-1　常用材料的静摩擦因数

钢与钢	钢与铸铁	混凝土与砖	混凝土与土	聚四氟乙烯与不锈钢
0.10～0.20	0.20～0.30	0.70～0.80	0.30～0.40	0.04～0.12

必须指出，式（4-1）是近似的，它并没有反映出摩擦现象的复杂性。但由于公式简单，应用方便，又有足够的准确性，故在工程实际中被广泛采用。摩擦因数的数值对工程的安全与经济有着极为密切的关系，对于一些重要的工程，如采用式（4-1），必须通过现场量测与试验精确地测定静摩擦因数的值，作为设计计算的依据。

动摩擦力与法向力也有类似于式（4-1）的近似关系，即

$$F_d = f \cdot F_N \tag{4-2}$$

上式中无量纲的比例常数 f 称为**动摩擦因数**（dynamic friction factor），它与物体相对滑动速度有关，但由于关系复杂，通常在一定速度范围内不予考虑，认为动摩擦因数只与接触物的材料以及接触面状况有关。动摩擦因数由实验测定，一般比静摩擦因数略小。这说明维持一个物体的运动要比使其由静止进入运动更容易。

2. 摩擦角与自锁

摩擦力 $\boldsymbol{F}_s$ 与法向力 $\boldsymbol{F}_N$ 的合力 $\boldsymbol{F}_R = \boldsymbol{F}_s + \boldsymbol{F}_N$ 称为支承面对物体的**全约束力**［图 4-8（a）］，当摩擦力 $\boldsymbol{F}_s$ 达到极限值 $\boldsymbol{F}_{max}$ 时，全约束力 $\boldsymbol{F}_R$ 与接触面公法线的夹角 φ_f 称为**摩擦角**（angle of static friction）。由于 $\boldsymbol{F}_{max}$ 是最大摩擦力，所以 φ_f 是全约束力 $\boldsymbol{F}_R$ 与接触面公法线之间夹角 φ 的最大值。由图 4-8（b）可知

$$\tan\varphi_f = \frac{F_{max}}{F_N} = f_s \tag{4-3}$$

即摩擦角的正切等于静摩擦因数。

临界状态下，改变水平力 $\boldsymbol{F}_1$ 在水平面内的方向，全约束力的方位随之改变。通过接触点在不同的方向作全约束力的作用线，得到一锥面（见图 4-9），称为**摩擦锥**（cone of static friction）。如果接触面各个方向的静摩擦因数都相同，则摩擦锥是一个顶角为 $2\varphi_f$ 的圆锥。

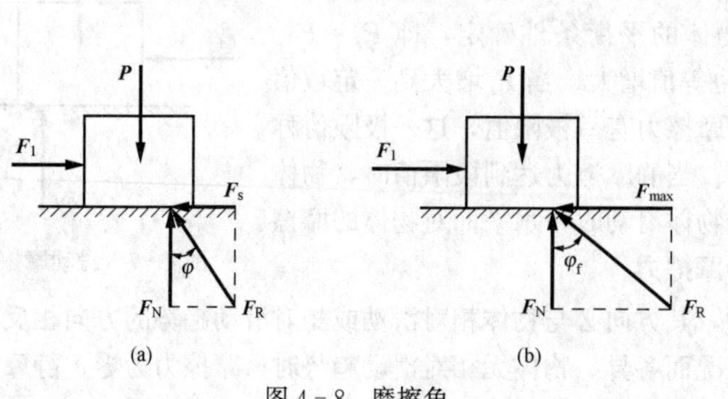

图 4-8　摩擦角

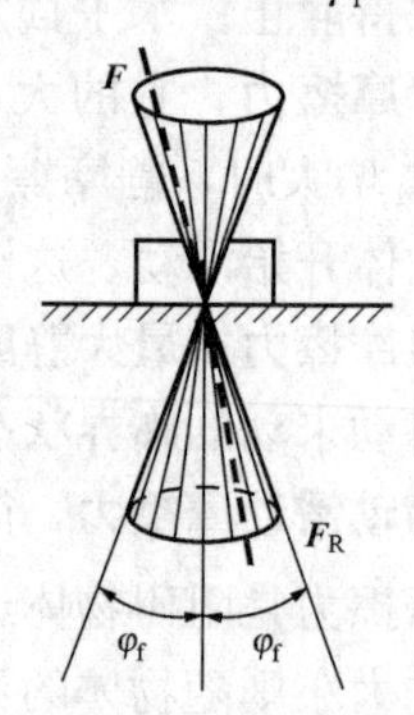

图 4-9　摩擦锥

物体平衡时，静摩擦力不超过其极限值，即 $0 \leqslant F_s \leqslant F_{max}$，所以有

$$0 \leqslant \varphi \leqslant \varphi_f \tag{4-4}$$

即全约束力的作用线不超出摩擦锥。如果作用于物体的所有主动力的合力 $\boldsymbol{F}$ 作用线落在摩擦锥内，则不论主动力的合力有多大，物体总能保持静止，这种现象称为**自锁**（self-lock）。如果作用于物体的所有主动力的合力 $\boldsymbol{F}$ 作用线落在摩擦锥外，则不论主动力的合力有多小，物体都不能保持静止，这种现象称为**不自锁**。

工程上常利用自锁设计一些机构或夹具，以保证物体工作时能自动“卡住”，如螺旋千斤顶举起重物后不会自行下落，楔块楔入物体后不会被挤出。而在另一些问题中，则要设法避免产生自锁现象，如水闸闸门启闭时应避免自锁，以防闸门卡住。

3. 有摩擦的平衡问题

对于有摩擦的平衡问题，在考虑摩擦力之后，求解过程与没有摩擦的平衡问题相同。但由于静摩擦力的大小可在一个范围内变化，即 $0 \leqslant F_s \leqslant F_{max}$，因此物体的平衡位置或所受的力也有一个范围，称为**平衡范围**，这显然不同于没有摩擦的平衡问题。为了确定平衡范围，通常是对物体将动未动的临界状态进行分析，以避免解不等式。

应注意，极限摩擦力（或动摩擦力）的方向总是与相对滑动趋势（或相对滑动）的方向相反，不可任意假定。但是，由于静摩擦力（未达到极限值）是由平衡条件决定的，所以也可像一般约束力那样假设其指向，根据最终结果的正负号来判断假设的指向是否正确。

【例 4-4】 图 4-10（a）所示物块重 $\boldsymbol{W}$，放在倾角 θ 大于摩擦角 φ_f 的斜面上，试求维持物块静止时的水平力 $\boldsymbol{F}$ 的大小。

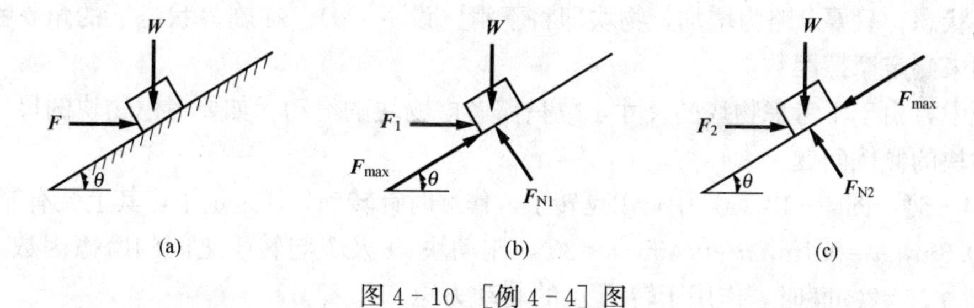

图 4-10 ［例 4-4］图

解 以物块为研究对象。当 $\theta > \varphi_f$ 时，如 $\boldsymbol{F}$ 太小，物块将下滑；如 $\boldsymbol{F}$ 太大，物块将上滑，因此须分两种情形加以讨论。

先求恰能维持物块不下滑所需水平力的最小值 $\boldsymbol{F}_1$。因物块有下滑的趋势，所以摩擦力 $\boldsymbol{F}_{max}$ 沿斜面向上，示力图见图 4-10（b）。列平衡方程

$$F_1\cos\theta + F_{max} - W\sin\theta = 0$$

$$F_{N1} - F_1\sin\theta - W\cos\theta = 0$$

建立关于摩擦力的补充方程 $F_{max} = f_s \cdot F_{N1} = \tan\varphi_f \cdot F_{N1}$

联立解得

$$F_1 = W\tan(\theta - \varphi_f) \tag{a}$$

再求恰能维持物块不上滑所需水平力的最大值 $\boldsymbol{F}_2$。因物块有上滑的趋势，所以摩擦力 $\boldsymbol{F}_{max}$ 沿斜面向下，示力图见图 4-10（c）。列平衡方程

$$F_2\cos\theta - F_{max} - W\sin\theta = 0$$

$$F_{N2} - F_2\sin\theta - W\cos\theta = 0$$

补充方程 $$F_{max} = f_s \cdot F_{N2} = \tan\varphi_f \cdot F_{N2}$$

联立解得 $$F_2 = W\tan(\theta + \varphi_f) \tag{b}$$

可见，要使物块在斜面上维持静止，水平力 $\boldsymbol{F}$ 必须满足

$$W\tan(\theta - \varphi_f) \leqslant F \leqslant W\tan(\theta + \varphi_f)$$

利用摩擦角求解本题，则上面结果很容易得到。

当 $\boldsymbol{F}$ 有最小值 $\boldsymbol{F}_1$ 时，物体受力如图 4－11（a）所示，其中 $\boldsymbol{F}_R$ 是斜面对物块的全约束力。$\boldsymbol{W}$、$\boldsymbol{F}_1$ 及 $\boldsymbol{F}_R$ 三力成平衡，力多边形应闭合如图 4－11（b）所示，于是有 $F_1 = W\tan(\theta - \varphi_f)$；当 $\boldsymbol{F}$ 有最大值 $\boldsymbol{F}_2$ 时，物体受力如图 4－11（c）所示，力多边形如图 4－11（d）所示，于是有 $F_2 = W\tan(\theta + \varphi_f)$。

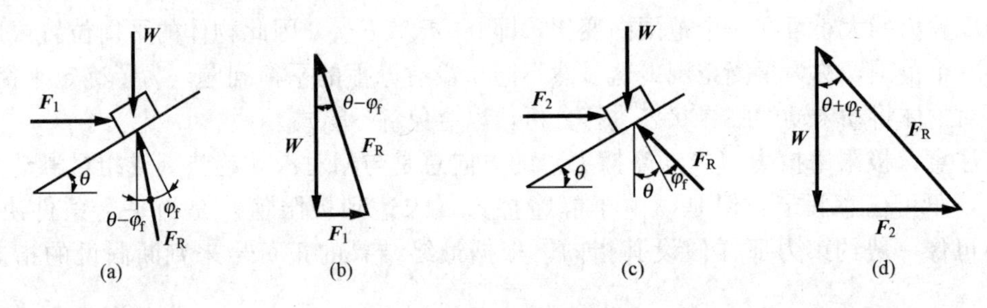

图 4－11 ［例 4－4］图

从式（a）可以看出，如果 $\theta = \varphi_f$，则 $F_1 = 0$，即无须施加力 $\boldsymbol{F}$，物块已能平衡。但这只是临界状态，只要 θ 略为增加，物块即将下滑（设 $F=0$）。在临界状态下的角 θ 称为**休止角**，可用来测定摩擦因数。

本题中，由于不考虑物块的尺寸，故只需考虑物块的滑动。如要考虑物块的尺寸，则还要考虑物块的倾倒问题。

【例 4－5】 图 4－12（a）中，A 是转子，作顺时针转动，B 是定子，其上装有制动装置。已知 $r=0.3\text{m}$，$a=0.1\text{m}$，$b=0.4\text{m}$，$\theta=30°$，制动块 H 及 I 与转子之间的摩擦因数 $f=0.4$，求当制动力 $F=200\text{N}$ 时，作用于转子 A 的制动力矩。

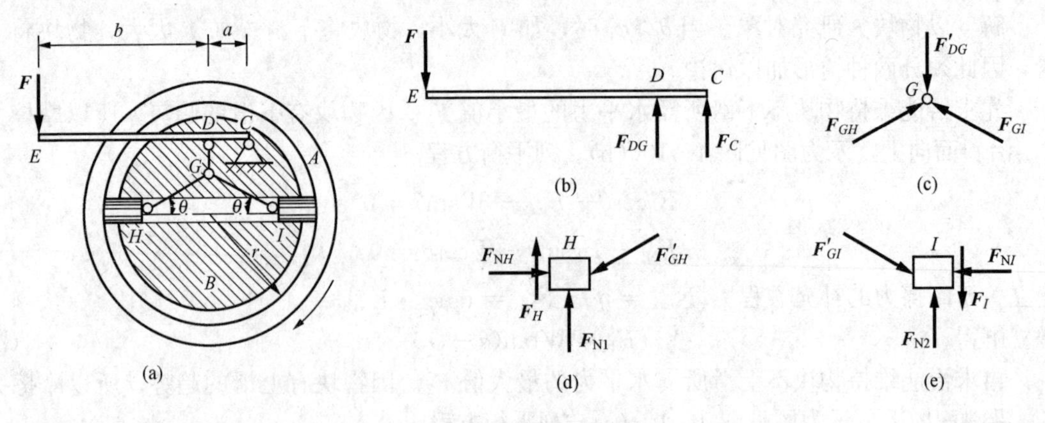

图 4－12 ［例 4－5］图

解 制动力矩是由制动块作用于转子的摩擦力产生的。分别以杆 CE、铰点 G、制动块 H、I 为研究对象，示力图见图 4-12（b）～(e)。

杆 CE：由 $\sum M_{Ci}=0$，$F\cdot(a+b)-F_{DG}\cdot a=0$，得 $F_{DG}=1000\text{N}$。

铰点 G：由对称性（或 $\sum F_{ix}=0$）知，$F_{GI}=F_{GH}$；

由 $\sum F_{iy}=0$，$F_{GH}\sin30°+F_{GI}\sin30°-F'_{DG}=0$，得 $F_{GH}=F_{GI}=1000\text{N}$。

制动块 H 与 I 受力情况相似，只需考虑其中一块即可。制动块 H：由 $\sum F_{ix}=0$，$F_{NH}-F'_{GH}\cos30°=0$，得 $F_{NH}=866\text{N}$。摩擦力 $F_I=F_H=f\cdot F_{NH}=346.4\text{N}$，而制动力矩为 $M=F_H\cdot r+F_I\cdot r=207.8\text{N}\cdot\text{m}$。

【例 4-6】 如图 4-13（a）所示，已知 $F_1=20\text{kN}$，$F_2=20\text{kN}$，$f_{sA}=f_{sB}=0.3$，试问圆柱是否运动？

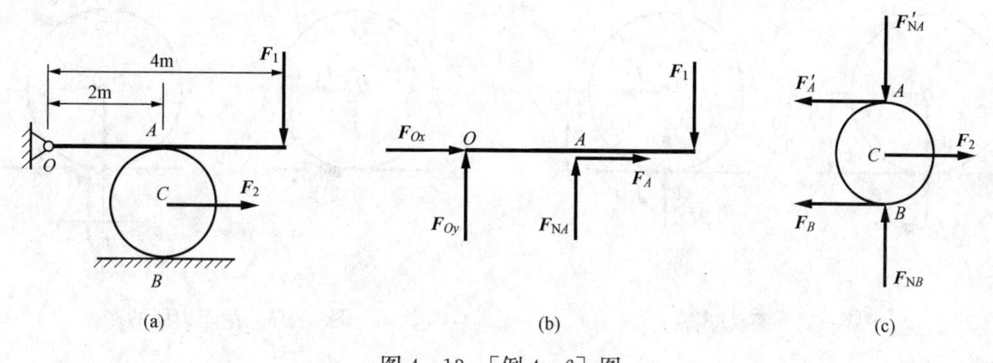

图 4-13 ［例 4-6］图

解 由于不清楚圆柱是否运动，所以先假设圆柱静止，利用平衡方程求解。解出的结果是否正确，关键看假设是否成立，这需要检验。按平衡方程计算出的摩擦力 F 是静摩擦力，如果 $F\leqslant F_{\max}$，则假设成立，否则假设不成立。

分别以杆 OA、圆柱为研究对象，示力图见图 4-13（b）、(c)。

杆 OA：由 $\sum M_{Oi}=0$，$F_{NA}\cdot2-F_1\cdot4=0$，得 $F_{NA}=40\text{kN}$。

圆柱：由 $\sum F_{iy}=0$，得 $F_{NB}=F'_{NA}=40\text{kN}$；由 $\sum M_{Ci}=0$，得 $F_A=F_B$；由 $\sum F_{ix}=0$，$F_2-F_A-F_B=0$，得 $F_A=F_B=10\text{kN}$。

极限摩擦力 $F_{A\max}=F_{B\max}=f_{sA}\cdot F_{NA}=12\text{kN}$，因 $F_A<F_{A\max}$、$F_B<F_{B\max}$，所以假设成立，即圆柱静止。

请考虑：若 $F_2=25\text{kN}$，且柱重 $P=10\text{kN}$，其他条件不变，问圆柱是否运动？

请思考： 做一个小试验，并仔细观察。取一根稍长的棒（可粗细不均，长约 80cm 左右），置于水平伸直的两手的食指上，相向移动双手，使二指靠拢，棒能自动平衡于手上，即使两掌重合，亦不掉下，何故？

二、滚动摩擦

将一半径为 r、重为 W 的轮子放在水平面上，在轮心 O 加一水平力 $\boldsymbol{F}_1$［图 4-14（a）］，并假定接触处有足够的摩擦阻止轮子滑动。要是轮子与平面都是刚体，则两者接触于 I 点（实际上是通过 I 点的一条直线），法向约束力 $\boldsymbol{F}_N$ 和摩擦力 $\boldsymbol{F}_s$ 都作用于 I 点。显然 $\boldsymbol{F}_N=-\boldsymbol{W}$，由轮子不滑动的条件知 $\boldsymbol{F}_s=-\boldsymbol{F}_1$。这时 $\boldsymbol{F}_N$ 与 $\boldsymbol{W}$ 作用线相同、大小相等、方向相反，互成平衡，而 $\boldsymbol{F}_1$ 与 $\boldsymbol{F}_s$ 则组成一力偶。不论 $\boldsymbol{F}_1$ 的值多么小，都将使轮子滚动。但由经验知，当

力 $\boldsymbol{F}_1$ 较小时，轮子并不滚动，可见必另有一个力偶与力偶（$\boldsymbol{F}_1$，$\boldsymbol{F}_s$）平衡，该力偶的矩应为 $M=F_1 r$［图 4-14（b）］。这一阻碍轮子滚动的力偶称为**滚阻力偶**（rolling resistance couple）。

滚阻力偶的发生，主要是接触物体（轮子与水平面）并非刚体，受力后产生了微小变形，使接触处不是一直线而是偏向轮子相对滚动的前方的一小块面积，水平面对轮子作用的力就分布在这一小块面积上，如图 4-15（a）所示（图中假设只是水平面变形）。将分布力合成为一个力 $\boldsymbol{F}_R$，则 $\boldsymbol{F}_R$ 的作用线也稍稍偏于轮子前方，将 $\boldsymbol{F}_R$ 沿水平与铅直两个方向分解，则水平方向的分力即为摩擦力 $\boldsymbol{F}_s$，铅直方向的分力即为法向约束力 $\boldsymbol{F}_N$。可见 $\boldsymbol{F}_N$ 向轮子前方偏移了一小段距离 d，使 $\boldsymbol{F}_N$ 与 $\boldsymbol{W}$ 组成一个力偶，这个力偶就是滚阻力偶。我们也可以不用图 4-15（b）的表示法，而令 $\boldsymbol{F}_N$ 及 $\boldsymbol{F}_s$ 作用于 I 点（向 I 点简化），但附加一个力偶，如图 4-14（b）所示，当然力偶矩 $M = F_N d$ 。

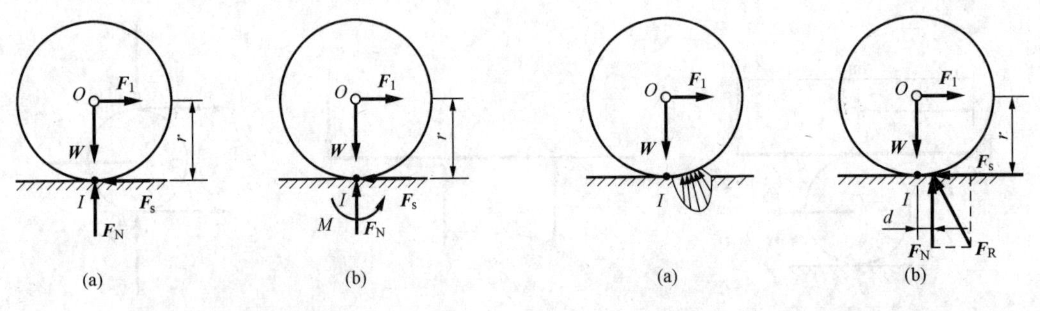

图 4-14　滚动摩擦　　　　图 4-15　滚阻力偶的产生

当 $\boldsymbol{F}_1$ 增大时，若轮子仍处于静止，显然滚阻力偶矩也随着增大。但是滚阻力偶矩不能无限增大，而有一最大值。当主动力偶的矩超过该最大值时，轮子即开始滚动。滚阻力偶矩的最大值称为**极限滚阻力偶矩**（limited moment of rolling resistance couple）。根据实验结果：**极限滚阻力偶矩近似与法向约束力成正比**。如用 M_{max} 代表极限滚阻力偶矩，则

$$M_{max} = \delta F_N \tag{4-5}$$

上式中 δ 称为**滚阻系数**（coefficient of rolling resistance），是一个以长度为单位的系数，常用的单位是毫米（mm）。显然 δ 起着力偶臂的作用，它是法向约束力朝相对滚动的前方偏离轮子最低点的最大距离。滚阻系数 δ 的大小与接触体材料性质有关，可由实验测定。某些材料的 δ 值也可在工程手册中查到。几种材料的滚阻系数的大约值见表 4-2。

表 4-2　　**滚　阻　系　数**　　（mm）

木与木	软钢与软钢	木与钢	轮胎与路面
0.5～0.8	0.05	0.3～0.4	2～10

轮子滚动后，滚阻力偶仍存在。通常认为滚动后的滚阻力偶矩与极限滚阻力偶矩的大小相等。

【例 4-7】 在半径为 r、重为 W_1 的两个滚子上放一木板，木板上放一重物，板与重物共重 W_2［图 4-16（a）］，在水平力 $\boldsymbol{F}$ 的作用下，木板与重物以匀速沿直线缓慢运动。设木板与滚子之间及滚子与地面之间的滚阻系数分别为 δ' 及 δ，并且无相对滑动，试求力 $\boldsymbol{F}$ 的大小。

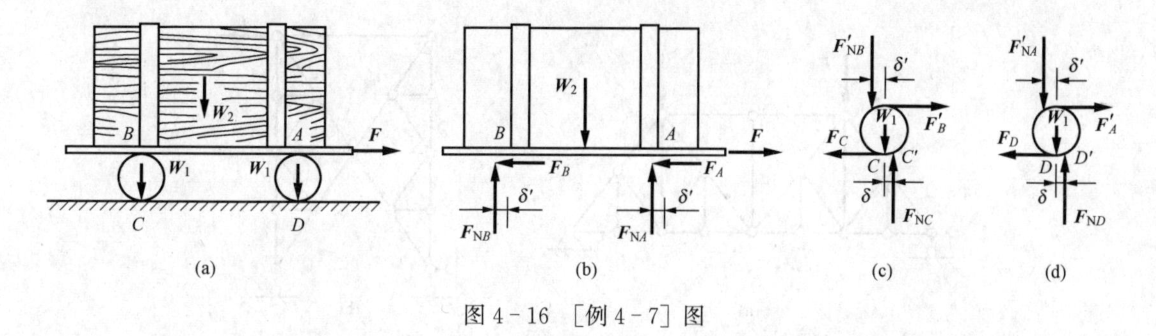

图 4-16 [例 4-7] 图

解 因为木板和重物以匀速沿直线缓慢运动，所以滚子以匀速缓慢滚动，因而作用在整个系统上的力必成平衡。由于接触处的变形，所有接触处的法向约束力都向相对滚动的一边偏移一微小距离（等于滚阻系数）。

分别考虑木板和重物以及两个滚子的平衡，示力图见图 4-16 (b)～(d)。

木板和重物：

$$\sum F_{ix}=0,\ F-F_A-F_B=0 \tag{a}$$

$$\sum F_{iy}=0,\ F_{NA}+F_{NB}-W_2=0 \tag{b}$$

滚子 C：

$$\sum M_{C'i}=0,\ F'_{NB}\cdot(\delta+\delta')+W_1\cdot\delta-F'_B\cdot 2r=0 \tag{c}$$

滚子 D：

$$\sum M_{D'i}=0,\ F'_{NA}\cdot(\delta+\delta')+W_1\cdot\delta-F'_A\cdot 2r=0 \tag{d}$$

将式（c）、（d）相加，得

$$(F'_{NA}+F'_{NB})(\delta+\delta')+2W_1\delta-2r(F'_A+F'_B)=0 \tag{e}$$

由式（a）、（b）得 $F_A+F_B=F$、$F_{NA}+F_{NB}=W_2$，代入式（e），得

$$F=\frac{2W_1\delta+W_2(\delta+\delta')}{2r}$$

当 W_1 远比 W_2 小时，可略去不计，于是得

$$F=\frac{W_2(\delta+\delta')}{2r}$$

设 $W_2=10\text{kN}$，$r=30\text{mm}$，$\delta=0.3\text{mm}$，$\delta'=0.4\text{mm}$，滚子重 W_1 略去不计，代入上式，得

$$F=\frac{10\cdot(0.3+0.4)}{2\times 30}=0.117\text{kN}$$

如将木板下滚子移去，使木板与地面接触，设木板与地面间的滑动摩擦因数 $f=0.6$，则刚能拖动木板和重物的水平力 $F'=fF_N=fW_2=0.6\times 10=6\text{kN}$。对比 F 与 F' 的值，可知滚动所需的力仅为滑动所需的力的 1.95%。在生产实践中，常以滚动代替滑动，如沿地面拖曳重物时，常在重物底部垫以圆辊，在机器中用滚珠轴承代替滑动轴承等，就是这个道理。

思 考 题

4-1 试判断图 4-17 所示平面桁架中的零杆。

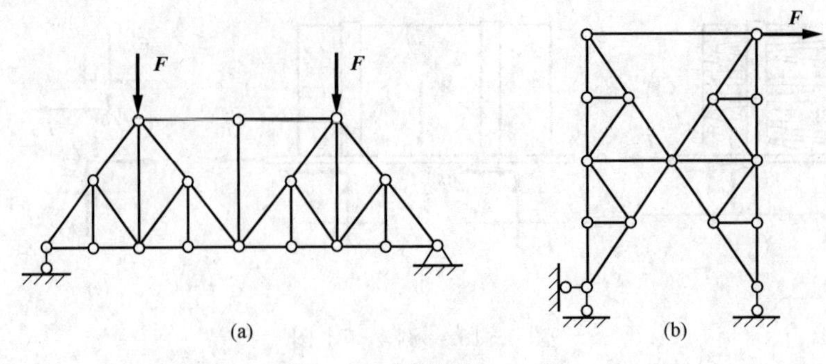

图 4-17 思考题 4-1 图

4-2 物块重 W，一力 F 作用在摩擦角之外，如图 4-18 所示。已知 $\theta=25°$，摩擦角 $\varphi_f=20°$，$F=W$，求物块是否运动？为什么？

4-3 一边长为 a 的正方形均质物块，放在粗糙的斜面上，物块在重力 W、拉力 F_1、法向力 F_N 及摩擦力 F_s 作用下在斜面上保持平衡，但在图 4-19 中，$\sum M_{Ci}\neq 0$，试问错在哪里？

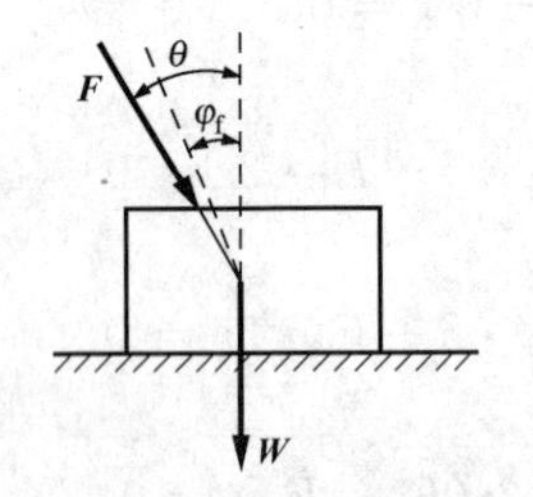

图 4-18 思考题 4-2 图

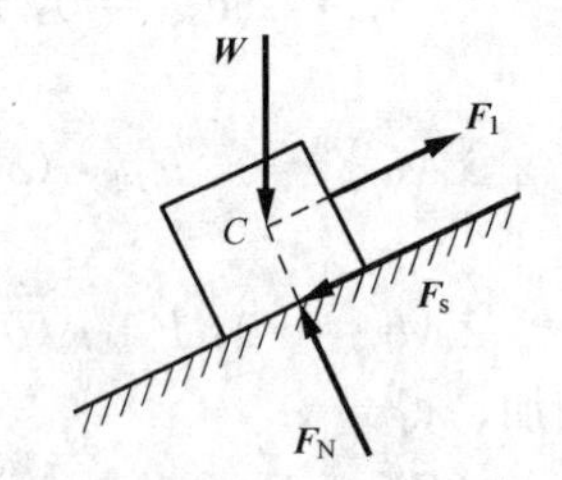

图 4-19 思考题 4-3 图

4-4 在图 4-20 中，已知物块 A、B 重分别为 W_A、W_B，物块 A 与墙之间用一连杆连接，各接触面之间的静摩擦因数均为 f_s。试判断在三种情况下，能使 B 滑动的水平力 F_1、F_2、F_3 之值，哪个最大？哪个最小？

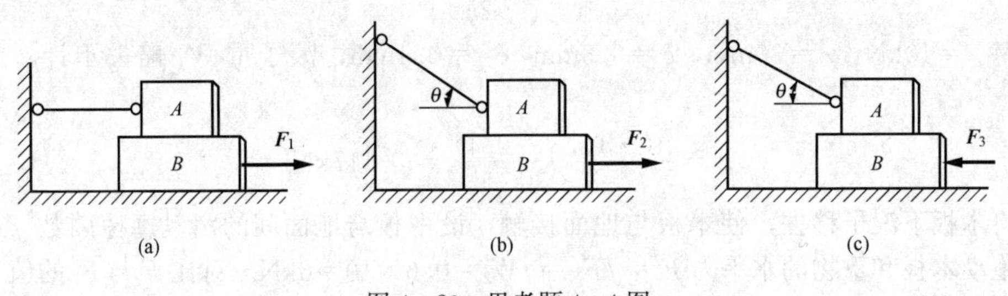

图 4-20 思考题 4-4 图

4-1 试用节点法求图 4-21 所示桁架各杆内力。

4-2 试用截面法（或联合节点法和截面法）求图 4-22 所示静定桁架指定杆件内力[图 4-22（a）各结点均为铰接，图中长度单位为 m]。

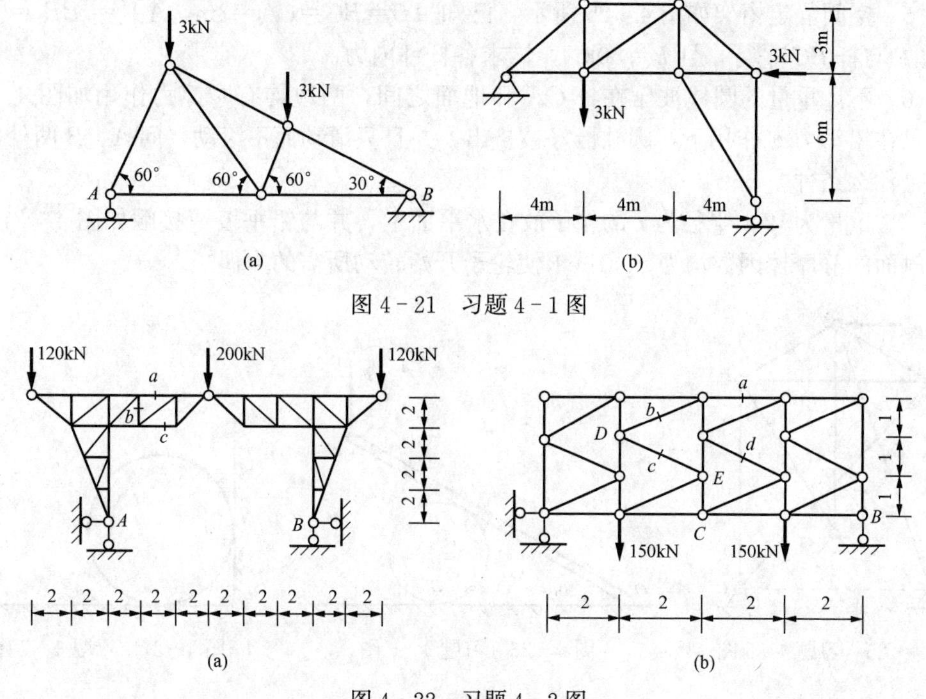

图 4－21　习题 4－1 图

120kN
200kN
120kN
a
b
c
A
B
2
(a)
a
b
D
c
d
E
C
B
150kN
150kN
1
2
(b)

图 4－22　习题 4－2 图

4－3　求图 4－23 所示平面静定桁架中杆 1、2 的内力。

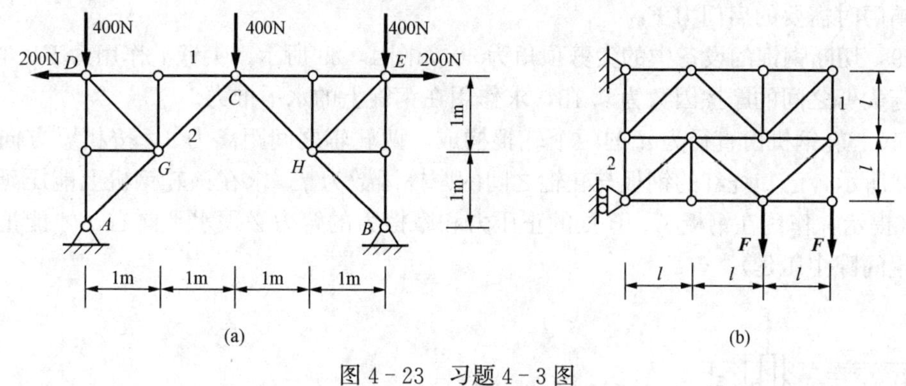

图 4－23　习题 4－3 图

4－4　试用最简捷的方法求图 4－24 所示桁架指定杆件内力。图（b）*ABCDEG* 为正八边形的一半。

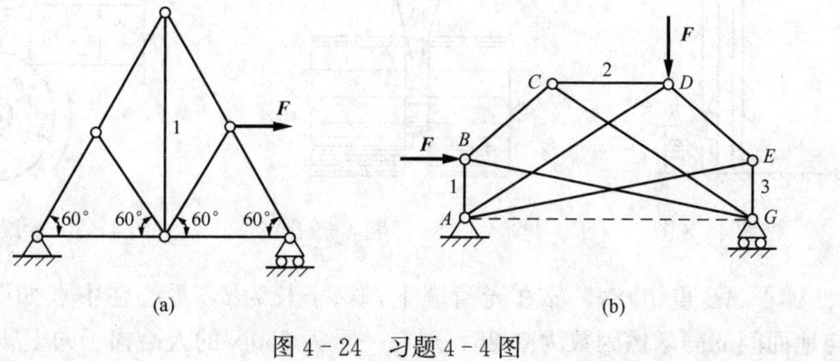

图 4－24　习题 4－4 图

4-5 空间静定桁架如图4-25所示，已知$AB=BC=CA=3\text{m}$，$AA'=BB'=CC'=4\text{m}$，力$\boldsymbol{F}$与杆BC平行，且$F=50\text{kN}$，试求各杆件内力。

4-6 不计重量的圆柱被压在杆OA和地面之间，两边均有摩擦力作用如图4-26所示。如果在铅垂力$\boldsymbol{F}$作用下，圆柱恰好被挤出，并且只滑动而不滚动，问A、B两处的摩擦角应满足什么条件？

4-7 重量为W，半径为r的轮子放在水平面上，并与铅垂墙壁接触如图4-27所示。已知接触面的静摩擦因数均为f_s，试求使轮子开始转动所需的力偶矩。

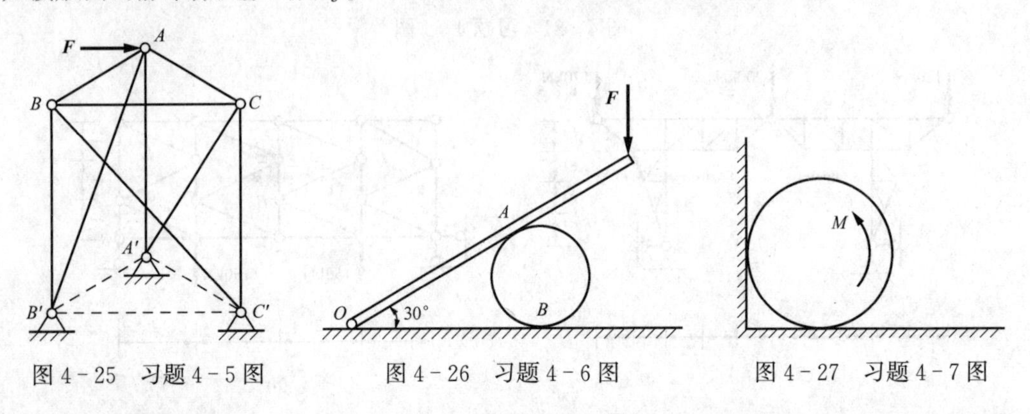

图4-25 习题4-5图　　图4-26 习题4-6图　　图4-27 习题4-7图

4-8 矩形平板闸门宽6m，重150kN。为了减少摩擦，门槽以瓷砖贴面，并在闸门上设置胶木滑块A、B，位置如图4-28所示。瓷砖与胶木的摩擦因数$f_s=0.25$，水深8m。求开启闸门时需要的启门力$\boldsymbol{F}$。

4-9 切断钢锭的设备中的尖劈顶角为30°如图4-29所示。尖劈上作用力$F=3500\text{kN}$，设钢锭与尖劈之间的摩擦因数为0.15，求作用在钢锭上的水平推力。

4-10 轧钢机由直径为d的两个轧辊构成，两轧辊之间距离为a，按相反方向转动如图4-30所示，已知烧红的钢板与轧辊之间的摩擦因数为f。求在该轧钢机上能压延的钢板厚度b（提示：作用在钢板A、B处的正压力和摩擦力的合力必须水平向右，才能把钢板带进两轧辊间隙中压延）。

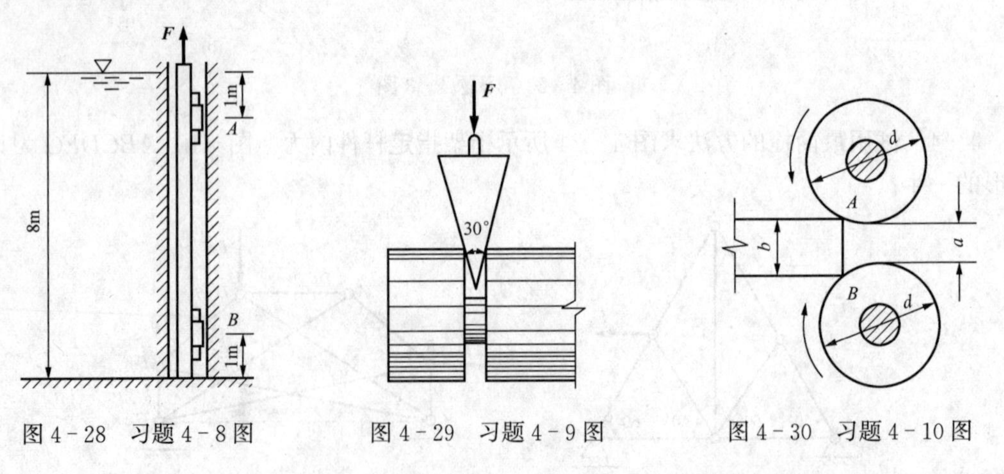

图4-28 习题4-8图　　图4-29 习题4-9图　　图4-30 习题4-10图

4-11 梯子AB重200N，靠在光滑墙上，梯子长为l，重心在中点如图4-31所示。已知梯子与地面间的静摩擦因数为0.25，现有一重为650N的人沿梯子向上爬，试问人到达

最高点 B 而梯子仍能保持平衡的最小角度 φ 应为多少？

4－12　板 AB 长 l，A、B 两端分别搁在倾角 $\theta_1=50°$，$\theta_2=30°$的两斜面上如图4－32所示。已知板端与斜面之间的摩擦角 $\varphi_f=25°$。欲使物块 M 放在板上而板保持水平不动，试求物块放置的范围（板重不计）。

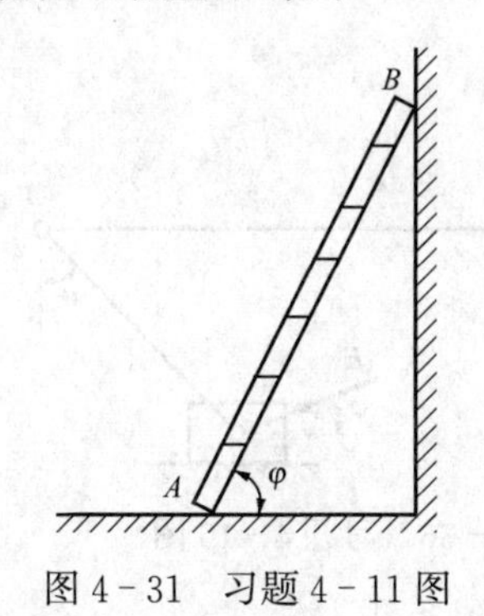

图4－31　习题4－11图

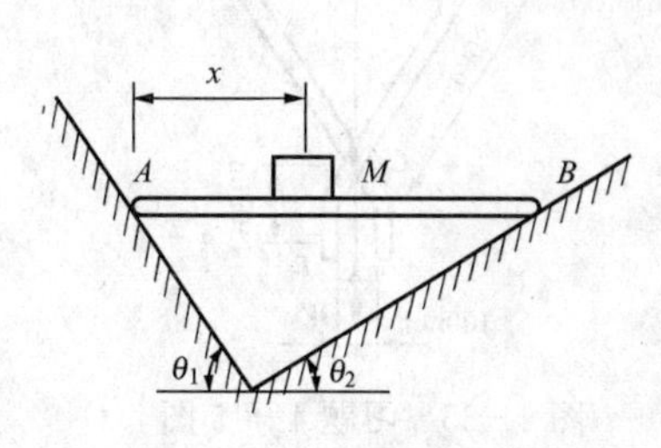

图4－32　习题4－12图

4－13　攀登电线杆的脚套钩如图4－33所示。设电线杆直径 $d=300$mm，套钩 A、B 间的铅直距离 $b=100$mm。若套钩与电线杆之间静摩擦因数 $f_s=0.5$，求工人操作时，为了安全，站在套钩上的最小距离 l 应为多少。

4－14　长 l 的杆 BC，在 B 端铰连着一套筒，套筒可在杆 OA 上滑动如图4－34所示。杆 OA 上作用一力矩 M。在图示位置，套筒与杆 OA 恰好卡住。求套筒与杆 OA 之间的摩擦因数 f_s 及 BC 所受的力。

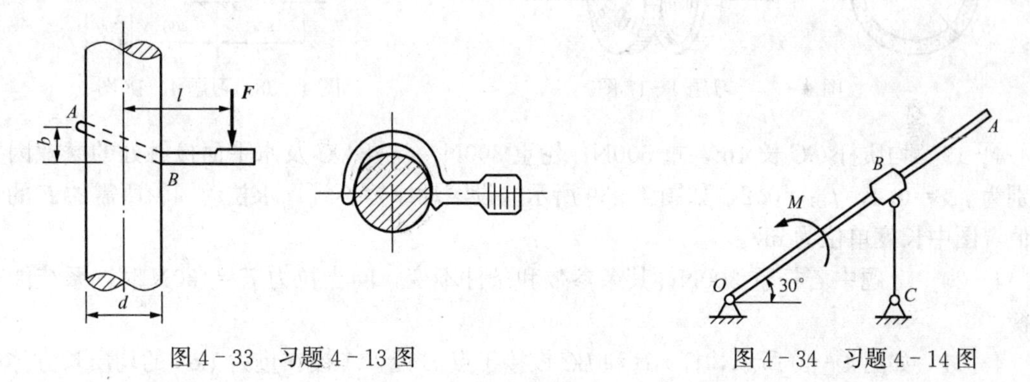

图4－33　习题4－13图　　图4－34　习题4－14图

4－15　起重机的夹子尺寸如图4－35所示，要把重物 W 夹起，必须利用重物与夹子之间的摩擦力。设夹子对重物的压力的合力作用于 C 点相距150mm处的 A、B 两点，不计夹子重量。问要把重物夹起，重物与夹子之间的摩擦因数 f_s 最少要多大？

4－16　平面曲柄连杆机构如图4－36所示。曲柄 OA 长 l，其上作用一矩为 M 的力偶。OA 杆水平，连杆 AB 与铅垂线的夹角为 θ，滑块与水平面间的静摩擦因数为 f_s，不计重量，且 $\tan\theta>f_s$。求机构在图示位置保持平衡时 $\boldsymbol{F}$ 之值。

4－17　图4－37所示为摩擦离合器的示意图，试求施于离合器的力 $\boldsymbol{F}$ 所产生的极限力矩 M。设摩擦因数为 f_s，且接触面上的压力是均匀分布的。

4－18　摩擦制动器尺寸如图4－38所示。制动时，在杠杆 O_2G 上施加一力 $\boldsymbol{F}$，通过连杆机构使制动块与轮压紧，借助于摩擦制动。已知 $F=200$N，制动块与轮缘间摩擦因数

$f_s=0.4$，求制动力矩（图中长度单位为 mm）。

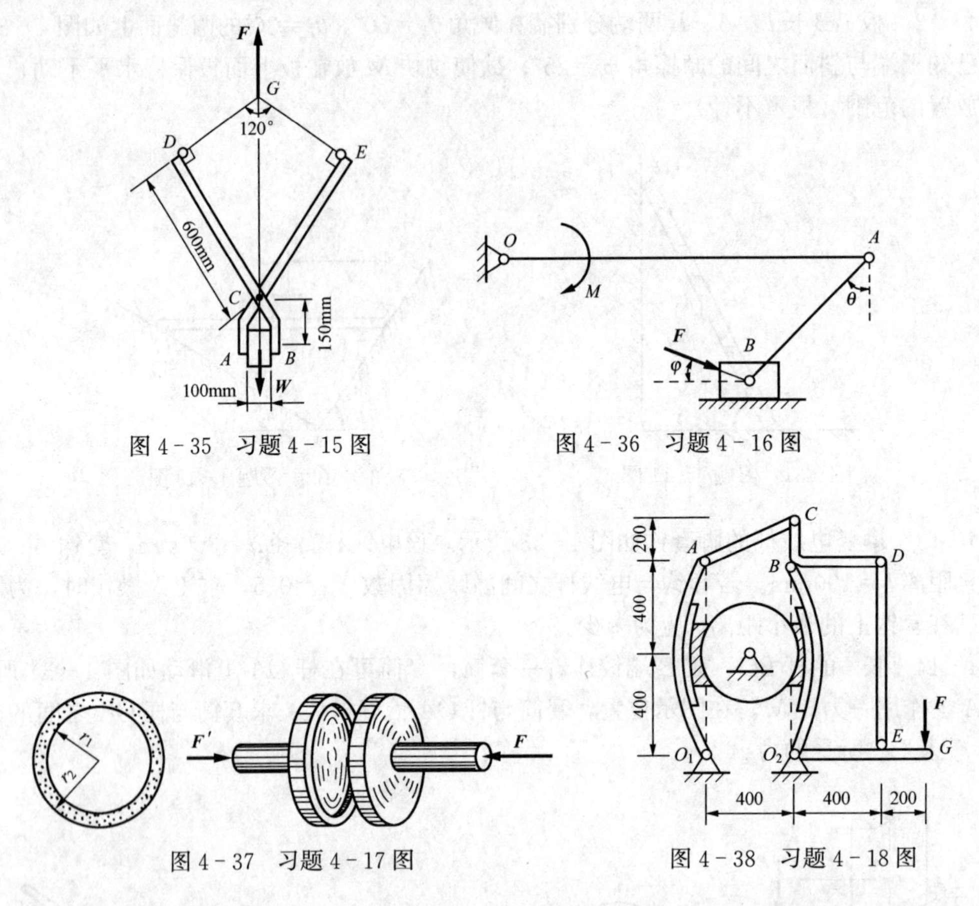

图 4-35 习题 4-15 图　　图 4-36 习题 4-16 图

图 4-37 习题 4-17 图　　图 4-38 习题 4-18 图

4-19 均质杆 OC 长 4m，重 500N；轮重 300N，与杆 OC 及水平面接触处的摩擦因数分别为 $f_{sA}=0.4$，$f_{sB}=0.2$，如图 4-39 所示。设滚动摩擦不计，求拉动圆轮所需的 $\boldsymbol{F}$ 的最小值（图中长度单位为 m）。

4-20 上题中若杆重 300N，其余参数和条件不变，问当拉力 $F=150\text{N}$ 时，系统能否平衡？

4-21 如图 4-40 所示，杆 AB 和 BC 铰接于点 B 处，A 铰在重为 1kN 的均质长方体的形心上。已知杆 BC 水平，长方体与水平面间的静摩擦因数为 0.52。杆重不计，试问若 $F=420\text{N}$，该系统能否保持平衡？

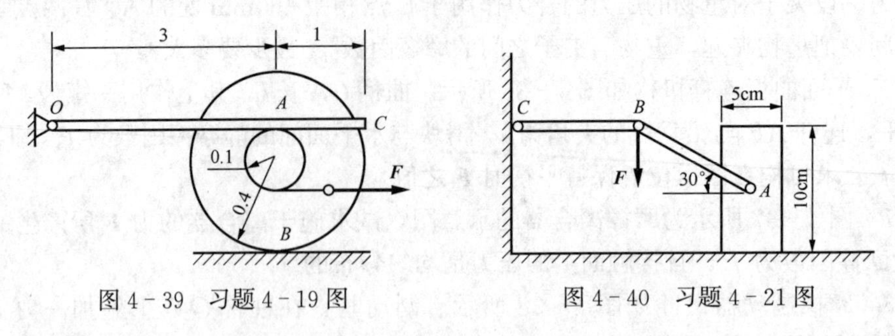

图 4-39 习题 4-19 图　　图 4-40 习题 4-21 图

4－22 均质杆长 l，重 W，A 端用球铰支承于水平面，B 端靠在铅垂墙上，A 端至墙的距离为 a，杆与墙的静摩擦因数为 f_s，如图4－41所示。证明 B 端开始滑动时平面 AOB 与铅垂面所成的 φ 角满足：$\tan\varphi = f_s a / \sqrt{l^2 - a^2}$。

4－23 一个半径为300mm、重为3kN的滚子放在水平面上，如图4－42所示。在过滚子重心 O 而垂直于滚子轴线的平面内加一力 $\boldsymbol{F}$，恰好使滚子滚动。若滚阻系数 δ=5mm，求 $\boldsymbol{F}$ 的大小。

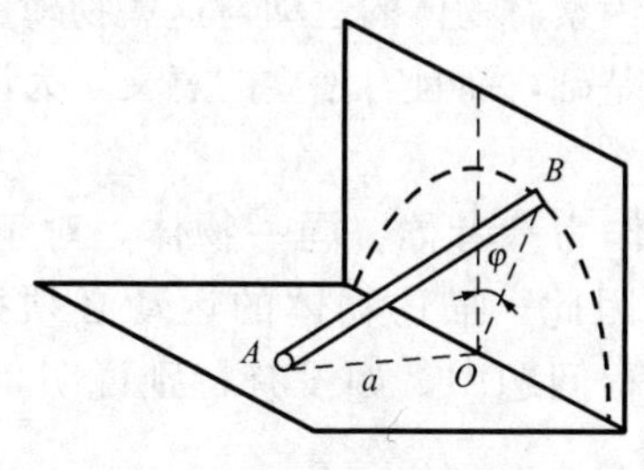

图4－41 习题4－22图

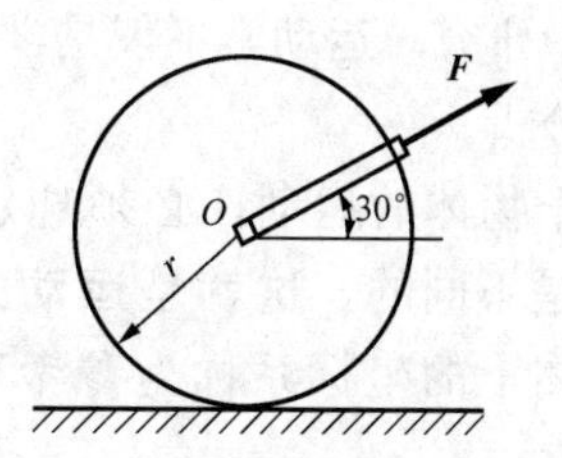

图4－42 习题4－23图

4－24 为了在松软地面上移动一重1kN的木箱如图4－43所示。在地面上铺以木板，并在木箱与木板之间放入直径为50mm的钢管。设钢管与木板及与木箱之间的滚阻系数 δ 均为2.5mm，试求推动木箱所需的水平力 $\boldsymbol{F}$。若不用钢管而使木箱直接在木板上移动，已知木箱与木板的摩擦因数为0.4，试求推动木箱需要的水平力。

4－25 已知圆轮重 W_1，半径为 R，轮与倾角为 φ 的斜面间静摩擦因数为 f_s，滚阻系数为 δ，如图4－44所示。求使轮在斜面上保持静止的 W_2 值。

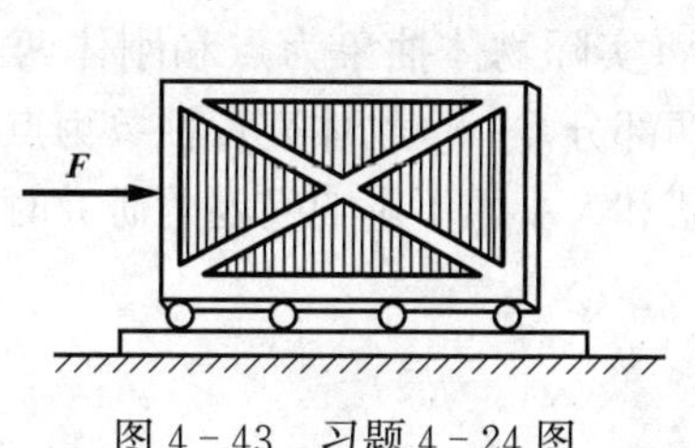

图4－43 习题4－24图

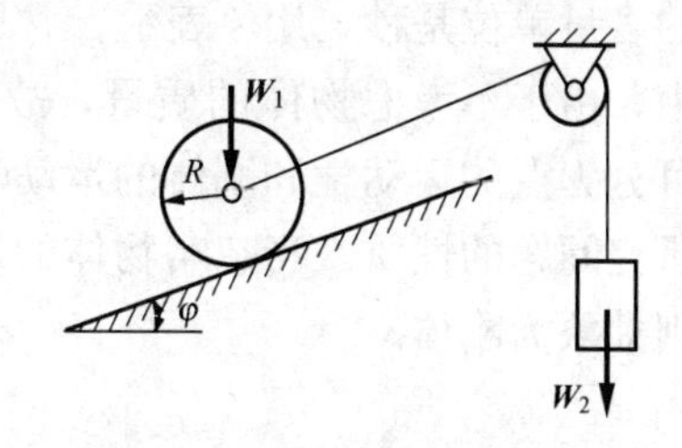

图4－44 习题4－25图

第2篇 运 动 学

本篇仅从几何学方面来研究物体的机械运动，即研究物体在空间的位置随时间的变化规律，而不涉及力和质量等与运动变化有关的物理因素。物体的运动与这些物理量之间的关系将在动力学中研究。运动学不仅是学习动力学的基础，而且有独立的意义，为设计机构进行必要的运动分析。

研究一个物体的运动，必须选定另一物体作为**参考体**。同一物体，对于不同的参考体，其运动是不同的，这就是**运动的相对性**。因此，描述物体的运动必须指明参考体。固结在参考体上的坐标系称为**参考系**。一般工程问题中，如没有特别说明，参考系固结在地球上。

关于时间需要区分两个概念：**瞬时**和**时间间隔**。瞬时是指某一时刻或某一刹那。时间间隔是指两瞬时之间的一段时间，也常简称时间。如用时间轴来表示，则瞬时对应于轴上一点，而时间间隔对应于轴上一段区间。

根据相对论的观点，空间和时间的度量是依赖于物质的运动的。但这种依赖关系只有当物质运动速度可与光速相比时才显现出来，在古典力学研究的范围内，这种依赖关系并不明显，不予考虑，可认为空间和时间的度量不依赖于物质的运动，它们是彼此独立的，而且对不同的参考系，长度和时间的度量是一样的。在国际单位制中，长度的度量单位是米，用 m 表示；时间的度量单位是秒，用 s 表示。

运动学中，由于不考虑物体的质量，故可将实际物体抽象为点和刚体两种模型，相应的，运动学可分为点的运动学和刚体的运动学两部分。一个物体究竟抽象为点还是刚体，主要取决于所研究问题的性质，当忽略物体的形状和大小而不影响问题的研究时，该物体可抽象为点，否则抽象为刚体。

第5章 点 的 运 动

点运动时，在空间所占据的位置随时间连续变化而形成一条曲线，这条曲线称为点的运动**轨迹**或**路径**。轨迹为直线的运动称为**直线运动**，轨迹为曲线的运动称为**曲线运动**。本章主要研究点的曲线运动，包括点的运动方程、运动轨迹、位移、速度和加速度等。

第1节 点的运动的矢量法

设动点做曲线运动（图 5-1），某一瞬时 t，动点位于 M。在参考体上任选一固定点 O，由点 O 向动点 M 作矢量 $\overrightarrow{OM}=\boldsymbol{r}$，称为动点对于点 O 的**矢径**或**位置矢**（position vector）。点运动时，在不同的瞬时占据不同的位置，矢径 $\boldsymbol{r}$ 的大小和方向都随时间而变，并且是时间 t

的单值连续函数，即

$$\boldsymbol{r}=\boldsymbol{r}(t) \tag{5-1}$$

这就是**用矢量表示的点的运动方程**。显然，矢径 $\boldsymbol{r}$ 的矢端线就是动点的**运动轨迹**（trajectory of motion）。

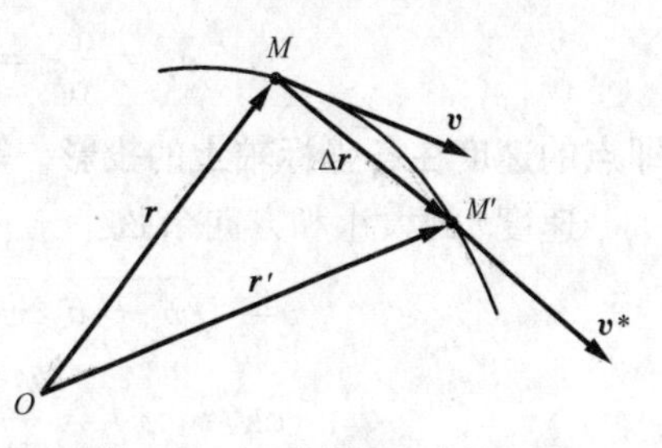

图 5-1 矢量法描述点的运动

设从瞬时 t 到瞬时 $t+\Delta t$，动点的位置由 M 到 M'，其矢径分别为 $\boldsymbol{r}$ 和 $\boldsymbol{r}'$，见图 5-1。作矢量 $\overrightarrow{MM'}=\boldsymbol{r}'-\boldsymbol{r}=\Delta\boldsymbol{r}$，它表示在 Δt 时间内动点位置矢的改变，称为动点在 Δt 时间内的**位移**（displacement）。比值 $\dfrac{\Delta\boldsymbol{r}}{\Delta t}$ 称为动点在 Δt 时间内的平均速度 $\boldsymbol{v}^*$，当 $\Delta t\to 0$ 时，平均速度的极限值称为动点在瞬时 t 的**速度**（velocity）$\boldsymbol{v}$，即

$$\boldsymbol{v}=\lim_{\Delta t\to 0}\boldsymbol{v}^*=\lim_{\Delta t\to 0}\frac{\Delta\boldsymbol{r}}{\Delta t}=\frac{\mathrm{d}\boldsymbol{r}}{\mathrm{d}t}=\dot{\boldsymbol{r}} \tag{5-2}$$

动点的速度等于其矢径对于时间的一阶导数。速度是一个矢量，它的方向沿动点运动轨迹的切线，并指向动点前进的方向；速度的大小 v 表明点运动的快慢，常称为**速率**（speed rate）。在国际单位制中，速度的单位是 m/s。

动点运动时，在不同的瞬时具有不同的速度，速度对时间的改变率称为**加速度**（acceleration）。设在 Δt 时间内速度的改变量为 $\Delta\boldsymbol{v}$，则加速度为

$$\boldsymbol{a}=\lim_{\Delta t\to 0}\frac{\Delta\boldsymbol{v}}{\Delta t}=\frac{\mathrm{d}\boldsymbol{v}}{\mathrm{d}t}=\dot{\boldsymbol{v}}=\ddot{\boldsymbol{r}} \tag{5-3}$$

动点的加速度等于其速度对于时间的一阶导数，也等于其矢径对于时间的二阶导数。在国际单位制中，加速度的单位是 $\mathrm{m/s^2}$。

第 2 节 点的运动的直角坐标法

以 O 为坐标原点，选取一直角坐标系 $Oxyz$，动点的位置可用坐标 x、y、z 来确定，见图 5-2。点运动时，坐标 x、y、z 随时间而变化，都是时间 t 的单值连续函数，即

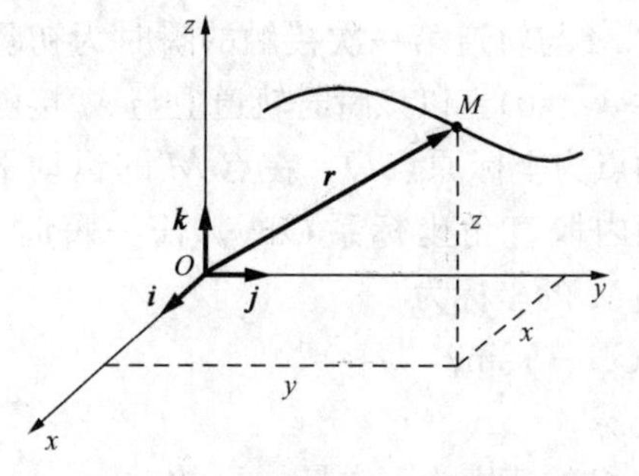

图 5-2 直角坐标法描述点的运动

$$\left.\begin{aligned}x&=f_1(t)\\y&=f_2(t)\\z&=f_3(t)\end{aligned}\right\} \tag{5-4}$$

这就是**用直角坐标表示的点的运动方程**，也是以时间 t 为参变量的点的轨迹方程。

由图 5-2 可知，动点 M 的坐标 x、y、z 与其矢径 $\boldsymbol{r}$ 之间的关系是

$$\boldsymbol{r}=x\boldsymbol{i}+y\boldsymbol{j}+z\boldsymbol{k} \tag{5-5}$$

由式（5-5）、式（5-2）、式（5-3）可得用直角坐标表示的点的速度和加速度的计算公式。因为单位矢量 $\boldsymbol{i}$、$\boldsymbol{j}$、$\boldsymbol{k}$ 为常矢量，对时间 t 的导数均为零，所以

$$\boldsymbol{v}=\frac{\mathrm{d}\boldsymbol{r}}{\mathrm{d}t}=\frac{\mathrm{d}x}{\mathrm{d}t}\boldsymbol{i}+\frac{\mathrm{d}y}{\mathrm{d}t}\boldsymbol{j}+\frac{\mathrm{d}z}{\mathrm{d}t}\boldsymbol{k} \tag{5-6}$$

由此得速度$\boldsymbol{v}$在各坐标轴上的投影

$$v_x=\frac{\mathrm{d}x}{\mathrm{d}t}=\dot{x},\ v_y=\frac{\mathrm{d}y}{\mathrm{d}t}=\dot{y},\ v_z=\frac{\mathrm{d}z}{\mathrm{d}t}=\dot{z} \tag{5-7}$$

即点的速度在各坐标轴上的投影，等于点的相应坐标对时间的一阶导数。

速度$\boldsymbol{v}$的大小和方向余弦

$$\left.\begin{aligned}&v=\sqrt{v_x^2+v_y^2+v_z^2}\\&\cos(\boldsymbol{v},x)=\frac{v_x}{v},\ \cos(\boldsymbol{v},y)=\frac{v_y}{v},\ \cos(\boldsymbol{v},z)=\frac{v_z}{v}\end{aligned}\right\} \tag{5-8}$$

同样可得

$$\boldsymbol{a}=\frac{\mathrm{d}\boldsymbol{v}}{\mathrm{d}t}=\frac{\mathrm{d}^2x}{\mathrm{d}t^2}\boldsymbol{i}+\frac{\mathrm{d}^2y}{\mathrm{d}t^2}\boldsymbol{j}+\frac{\mathrm{d}^2z}{\mathrm{d}t^2}\boldsymbol{k} \tag{5-9}$$

加速度$\boldsymbol{a}$在各坐标轴上的投影

$$a_x=\frac{\mathrm{d}v_x}{\mathrm{d}t}=\ddot{x},\ a_y=\frac{\mathrm{d}v_y}{\mathrm{d}t}=\ddot{y},\ a_z=\frac{\mathrm{d}v_z}{\mathrm{d}t}=\ddot{z} \tag{5-10}$$

即点的加速度在各坐标轴上的投影，等于点的速度在对应轴上的投影对时间的一阶导数，也等于点的对应坐标对时间的二阶导数。

加速度$\boldsymbol{a}$的大小和方向余弦

$$\left.\begin{aligned}&a=\sqrt{a_x^2+a_y^2+a_z^2}\\&\cos(\boldsymbol{a},x)=\frac{a_x}{a},\ \cos(\boldsymbol{a},y)=\frac{a_y}{a},\ \cos(\boldsymbol{a},z)=\frac{a_z}{a}\end{aligned}\right\} \tag{5-11}$$

请考虑：若点作平面曲线运动或直线运动，如何求点的速度和加速度？

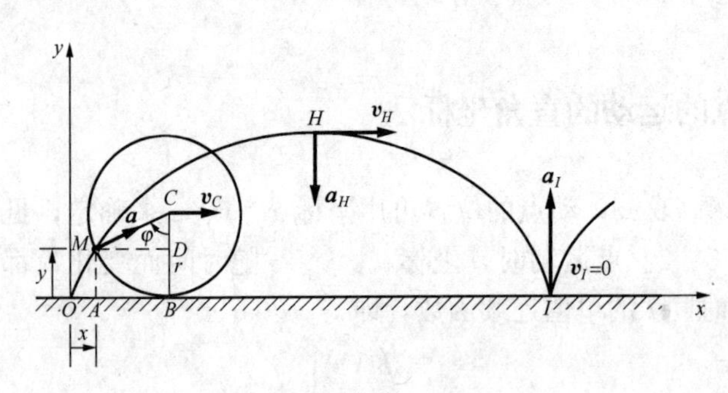

图5-3 ［例5-1］图

【例5-1】 图5-3所示一半径为r的圆轮沿直线轨道滚动而不滑动，设轮心C的速度为一常量$\boldsymbol{v}_C$，试求轮缘上一点M的轨迹、速度和加速度。

解 先建立点M的运动方程。设点M与轨道第一次接触的瞬时为初瞬时（$t=0$），以该瞬时轨道上与M接触的点为坐标原点O，在点M的运动平面内取直角坐标系Oxy。任一瞬时t点M的坐标为

$$\left.\begin{aligned}&x=OB-AB=OB-MD=OB-r\sin\varphi\\&y=MA=CB-CD=r-r\cos\varphi\end{aligned}\right\} \tag{a}$$

因圆轮滚动而不滑动，故$OB=\overset{\frown}{MB}=r\varphi$。又因轮心$C$的速度为一常量$\boldsymbol{v}_C$，故$OB=v_Ct$。所以有$\varphi=\frac{v_Ct}{r}$，代入式（a），得点$M$的运动方程

$$x=v_Ct-r\sin\frac{v_Ct}{r},\ y=r-r\cos\frac{v_Ct}{r} \tag{b}$$

从式（b）中消去t，可得点M的轨迹方程。点M的轨迹曲线如图5-3中实线所示，为旋轮线或摆线。

用微分法可求得速度方程

$$\dot{x}=v_C-v_C\cos\frac{v_Ct}{r},\ \dot{y}=v_C\sin\frac{v_Ct}{r} \tag{c}$$

任一瞬时速度的大小和方向为

$$\left.\begin{aligned}&v=\sqrt{\dot{x}^2+\dot{y}^2}=v_C\sqrt{2\left(1-\cos\frac{v_Ct}{r}\right)}=v_C\sqrt{2(1-\cos\varphi)}\\&\cos(\boldsymbol{v},x)=\frac{\dot{x}}{v}=\frac{1-\cos\varphi}{\sqrt{2(1-\cos\varphi)}},\ \cos(\boldsymbol{v},y)=\frac{\dot{y}}{v}=\frac{\sin\varphi}{\sqrt{2(1-\cos\varphi)}}\end{aligned}\right\} \tag{d}$$

加速度方程

$$\ddot{x}=\frac{v_C^2}{r}\sin\frac{v_Ct}{r},\ \ddot{y}=\frac{v_C^2}{r}\cos\frac{v_Ct}{r} \tag{e}$$

任一瞬时加速度的大小和方向为

$$\left.\begin{aligned}&a=\sqrt{\ddot{x}^2+\ddot{y}^2}=\frac{v_C^2}{r}\\&\cos(\boldsymbol{a},x)=\frac{\ddot{x}}{a}=\sin\varphi,\ \cos(\boldsymbol{a},y)=\frac{\ddot{y}}{a}=\cos\varphi\end{aligned}\right\} \tag{f}$$

由式（f）可知，$\boldsymbol{a}$ 与轴 x 正向的夹角等于 $\frac{\pi}{2}-\varphi$，$\boldsymbol{a}$ 与轴 y 正向的夹角等于 φ，即 $\boldsymbol{a}$ 由 M 指向轮心 C。

当点 M 到达最高位置 H 时，$y=2r$，$\varphi=\pi$，3π，5π，…，则 $v_H=2v_C$，$\boldsymbol{v}_H$ 沿轴 x 正向；$a_H=\frac{v_C^2}{r}$，$\boldsymbol{a}_H$ 沿轴 y 负向。

当点 M 到达最低位置 I 时，$y=0$，$\varphi=0$，2π，4π、…，则 $v_I=0$；$a_I=\frac{v_C^2}{r}$，$\boldsymbol{a}_I$ 沿轴 y 正向。这表明，当圆轮在轨道上作无滑动的滚动时，轮与轨道接触点的速度等于零，沿轮切线方向的加速度也等于零。

请考虑：若轮心 C 按规律 $x_C=f(t)$ 运动，则如何求点 M 的速度和加速度？点 M 到达最高与最低位置时，关于速度和加速度，是否还有上述结论？

【例 5-2】 一火箭沿直线飞行（图 5-4），它的加速度方程为 $a=ce^{-\alpha t}$，其中 c 和 α 均为常数。设初速度为 $\boldsymbol{v}_0$，初位置坐标为 x_0，求火箭的速度方程和运动方程。

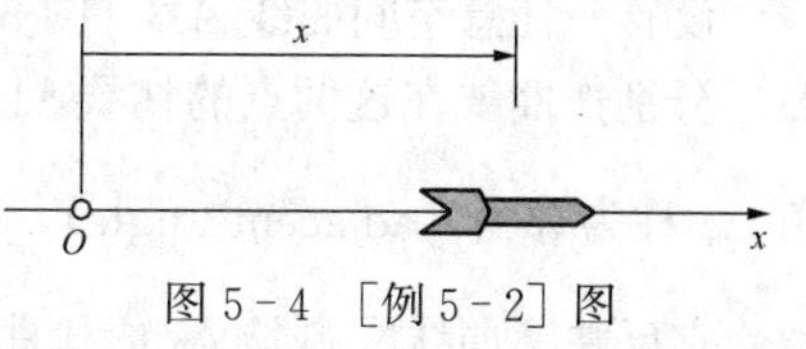

图 5-4 ［例 5-2］图

解 已知加速度方程和运动初条件，要求速度方程和运动方程，可用积分法。火箭作直线运动，由 $\mathrm{d}v=a\mathrm{d}t$，即 $v=v_0+\int_0^t a\mathrm{d}t=v_0+\int_0^t ce^{-\alpha t}\mathrm{d}t$，得速度方程

$$v=v_0-\frac{c}{\alpha}(e^{-\alpha t}-1)$$

又由 $\mathrm{d}x=v\mathrm{d}t$，即 $x=x_0+v_0t+\int_0^t\int_0^t a\mathrm{d}t\mathrm{d}t$，得运动方程

$$x=x_0+v_0t+\int_0^t\frac{c}{\alpha}(1-e^{-\alpha t})\mathrm{d}t=x_0+v_0t+\frac{c}{\alpha}\left(t+\frac{1}{\alpha}e^{-\alpha t}-\frac{1}{\alpha}\right)$$

第3节　点的运动的自然法

一、运动方程与速度

设已知动点运动的轨迹曲线（图5－5），在曲线上任选一点O为原点，从点O到动点的位置M量取弧长s，并规定从点O向某一边量取的s为正值，向另一边量取的为负值，则动点的位置可以由s完全确定。这种描述运动的方法称为**自然法**，代数值s称为动点的**弧坐标**（arc coordinate of a directed curve）。点运动时，弧坐标s随时间t变化，是时间t的单值连续函数，可表示为

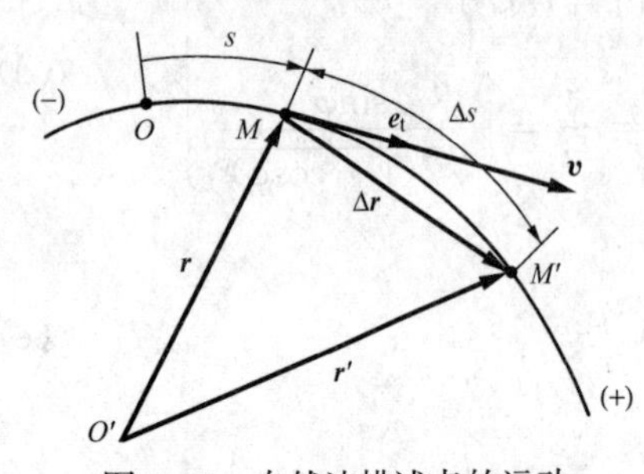

图5－5　自然法描述点的运动

$$s = s(t) \tag{5-12}$$

这就是**用自然法表示的点的运动方程**。

设由瞬时t到瞬时$t+\Delta t$，动点的位置由M改变到M'（图5－5），在Δt时间内弧坐标的增量为$\Delta s=\overset{\frown}{MM'}$，而矢径的增量即位移为$\Delta \boldsymbol{r}=\overrightarrow{MM'}$，当$\Delta t\to 0$时，$|\Delta \boldsymbol{r}|\to \Delta s$。由矢量法知，在瞬时$t$，速度$\boldsymbol{v}$的方向沿轨迹的切线并指向前进的方向，而大小为$v=\lim\limits_{\Delta t\to 0}\left|\dfrac{\Delta \boldsymbol{r}}{\Delta t}\right|=\lim\limits_{\Delta t\to 0}\left|\dfrac{\Delta s}{\Delta t}\right|=\left|\dfrac{\mathrm{d}s}{\mathrm{d}t}\right|$，将$v$看作代数值，则有

$$v=\frac{\mathrm{d}s}{\mathrm{d}t}=\dot{s} \tag{5-13}$$

即速度的代数值等于弧坐标对时间的一阶导数。当v为正时，弧坐标的代数值随时间增大，动点沿弧坐标的正向运动；v为负时，则相反。

沿轨迹切线并向弧坐标s增加的方向取单位矢量$\boldsymbol{e}_\mathrm{t}$，则速度$\boldsymbol{v}$可表示为

$$\boldsymbol{v}=v\boldsymbol{e}_\mathrm{t}=\dot{s}\boldsymbol{e}_\mathrm{t} \tag{5-14}$$

二、自然轴系

用自然法研究点的加速度，需用到与轨迹曲线几何性质有关的自然轴系。

设有一任意空间曲线AB（图5－6），在其上取相邻的两点M与M'，两点间的弧长为Δs。分别作曲线在这两点的切线MT与$M'T'$，过点M作直线$MQ/\!/M'T'$，MT与MQ的夹角$\Delta\varphi$称为**邻角**（adjacent angle），比值$\dfrac{\Delta\varphi}{\Delta s}$是曲线在$MM'$这段弧长内切线方向变化率的平均值，它反映了曲线在弧长Δs内弯曲的程度。当点$M'\to M$，即$\Delta s\to 0$时，其极限值称为曲线在点M处的**曲率**（buckling），用κ表示，即

$$\kappa=\lim_{\Delta s\to 0}\frac{\Delta\varphi}{\Delta s} \tag{5-15}$$

曲率k的倒数称为曲线在M处的曲率半径，用ρ表示，即

$$\rho=\frac{1}{\kappa} \tag{5-16}$$

图5－6所示直线MQ与MT构成一平面P'，当M'向M趋近时，$M'T'$的方位不断改变，相应地，MQ的方位也不断改变，从而平面P'不断地绕MT转动，其在空间的方位也

不断改变。当点 $M' \to M$，即 $\Delta s \to 0$ 时，平面 P' 趋近于一极限位置 P，在这极限位置的平面 P 称为曲线在点 M 处的**密切面**（osculating plane）。

过点 M 并垂直于切线 MT 的平面称为曲线在点 M 处的**法面**（normal surface），如图 5-7 所示。所有过点 M 并在法面内的直线都是曲线在点 M 处的法线，在密切面内的法线 MN 称为**主法线**（principle normal），垂直于密切面的法线 MB 称为**副法线**（binormal normal）。沿主法线向曲线凹向取一点 C，使 MC 等于曲线在点 M 处的曲率半径 ρ，点 C 称为曲线在点 M 处的**曲率中心**。

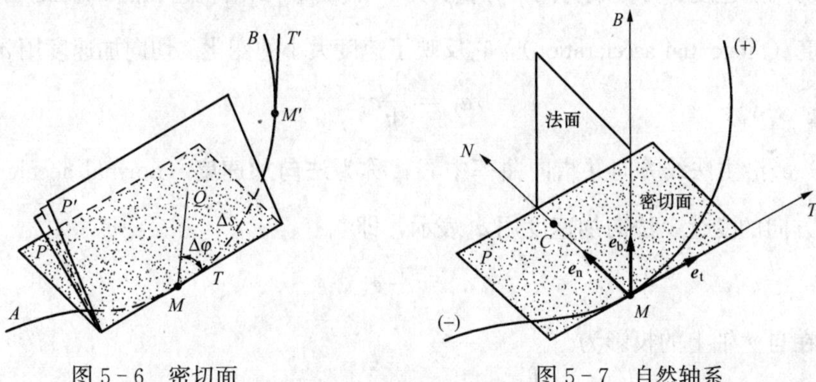

图 5-6　密切面　　　　图 5-7　自然轴系

以曲线在点 M 处的切线、主法线和副法线为轴的一组正交轴系称为**自然轴系**（trihedral axes of a space curve）。并规定：切线的正向与弧坐标的正向一致，其单位矢量用 $\boldsymbol{e}_t$ 表示；主法线的正向指向曲线的凹处（即指向曲率中心），其单位矢量用 $\boldsymbol{e}_n$ 表示；副法线的单位矢量用 $\boldsymbol{e}_b$ 表示，且

$$\boldsymbol{e}_b = \boldsymbol{e}_t \times \boldsymbol{e}_n \tag{5-17}$$

可见，切线、主法线与副法线形成一右手正交坐标系。必须注意，对曲线上的某一点来说，自然轴系各轴的方向是确定的，但对曲线上不同的点，则具有不同的方向，即 $\boldsymbol{e}_t$、$\boldsymbol{e}_n$、$\boldsymbol{e}_b$ 是随着点的位置变化的变矢量。

三、加速度

由矢量法知

$$\boldsymbol{a} = \frac{\mathrm{d}\boldsymbol{v}}{\mathrm{d}t} = \frac{\mathrm{d}(v\boldsymbol{e}_t)}{\mathrm{d}t} = \frac{\mathrm{d}v}{\mathrm{d}t}\boldsymbol{e}_t + v\frac{\mathrm{d}\boldsymbol{e}_t}{\mathrm{d}t} \tag{5-18}$$

式中单位矢量导数 $\frac{\mathrm{d}\boldsymbol{e}_t}{\mathrm{d}t} = \frac{\mathrm{d}\boldsymbol{e}_t}{\mathrm{d}s} \cdot \frac{\mathrm{d}s}{\mathrm{d}t} = v\frac{\mathrm{d}\boldsymbol{e}_t}{\mathrm{d}s}$，设沿 M' 切线 $M'T'$ 方向的单位矢量为 $\boldsymbol{e}_t'$（图 5-8），

因为 $|\Delta\boldsymbol{e}_t| = |\boldsymbol{e}_t' - \boldsymbol{e}_t| = 2\,|\boldsymbol{e}_t| \sin\frac{\Delta\varphi}{2} = 2\sin\frac{\Delta\varphi}{2}$，

所以 $\frac{\mathrm{d}\boldsymbol{e}_t}{\mathrm{d}s}$ 的大小 $\left|\frac{\mathrm{d}\boldsymbol{e}_t}{\mathrm{d}s}\right| = \lim\limits_{\Delta s \to 0}\left|\frac{\Delta\boldsymbol{e}_t}{\Delta s}\right| = \lim\limits_{\Delta s \to 0}\left|\frac{2\sin\frac{\Delta\varphi}{2}}{\Delta s}\right| =$

$\lim\limits_{\Delta\varphi \to 0}\left|\frac{\sin\frac{\Delta\varphi}{2}}{\frac{\Delta\varphi}{2}}\right| \cdot \lim\limits_{\Delta s \to 0}\left|\frac{\Delta\varphi}{\Delta s}\right| = \frac{1}{\rho}$。而 $\frac{\mathrm{d}\boldsymbol{e}_t}{\mathrm{d}s}$ 的方向也就是

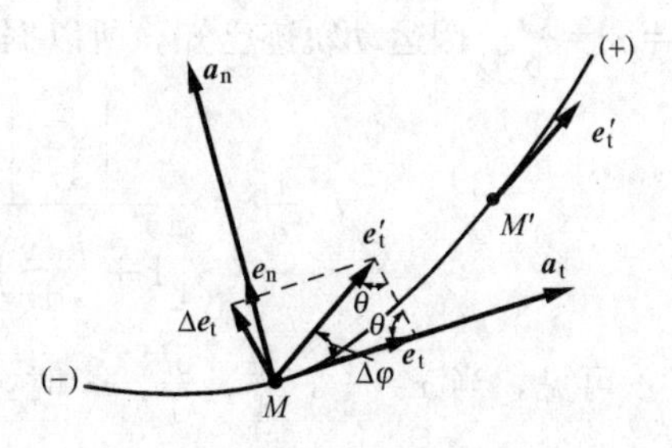

图 5-8　单位矢量导数分析

$\Delta \boldsymbol{e}_t$的极限方向，$\Delta \boldsymbol{e}_t$与$\boldsymbol{e}_t$的夹角$\theta=\frac{\pi}{2}-\frac{\Delta\varphi}{2}$，当$\Delta s\to 0$时，$\Delta\varphi\to 0$，$\theta\to\frac{\pi}{2}$，所以$\Delta \boldsymbol{e}_t$在密切面内与$\boldsymbol{e}_t$垂直，并指向曲线的凹向，即$\Delta \boldsymbol{e}_t$与$\boldsymbol{e}_n$同方向。将$\frac{d\boldsymbol{e}_t}{dt}=\frac{v}{\rho}\boldsymbol{e}_n$代入式（5－18），得

$$\boldsymbol{a}=\frac{dv}{dt}\boldsymbol{e}_t+\frac{v^2}{\rho}\boldsymbol{e}_n \tag{5-19}$$

上式表明，加速度$\boldsymbol{a}$可分成为两个分量：第一个分量$\frac{dv}{dt}\boldsymbol{e}_t$沿轨迹在点$M$处的切线方向，称为**切向加速度**（tangential acceleration），它反映了速度大小的变化。切向加速度用$\boldsymbol{a}_t$表示，即

$$\boldsymbol{a}_t=\frac{dv}{dt}\boldsymbol{e}_t \tag{5-20}$$

第二个分量$\frac{v^2}{\rho}\boldsymbol{e}_n$沿主法线方向并指向曲率中心，称为**法向加速度**（normal acceleration），它反映了速度方向的变化。法向加速度用$\boldsymbol{a}_n$表示，即

$$\boldsymbol{a}_n=\frac{v^2}{\rho}\boldsymbol{e}_n \tag{5-21}$$

加速度在自然轴上的投影为

$$a_t=\frac{dv}{dt}=\frac{d^2s}{dt^2},\ a_n=\frac{v^2}{\rho},\ a_b=0 \tag{5-22}$$

综上可知，**动点的加速度等于切向加速度与法向加速度的矢量和。加速度在切线上的投影等于速度的代数值对时间的一阶导数，也等于弧坐标对时间的二阶导数；加速度在主法线上的投影等于速度大小的平方除以轨迹在动点处的曲率半径；加速度在副法线上的投影等于零。**

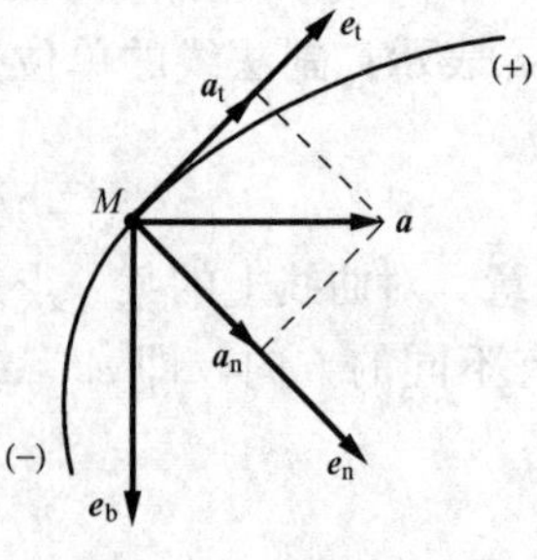

图5－9　加速度表示

加速度的大小和方向（图5－9）为

$$\left.\begin{aligned}&a=\sqrt{a_t^2+a_n^2}=\sqrt{\left(\frac{dv}{dt}\right)^2+\left(\frac{v^2}{\rho}\right)^2}\\&\cos(\boldsymbol{a},\boldsymbol{e}_t)=\frac{a_t}{a},\ \cos(\boldsymbol{a},\boldsymbol{e}_n)=\frac{a_n}{a},\ \cos(\boldsymbol{a},\boldsymbol{e}_b)=0\end{aligned}\right\} \tag{5-23}$$

【例5－3】 一动点以匀速率v_0沿正弦曲线$y=c\sin\frac{2\pi x}{l}$运动。求动点的最大加速度。

解 因点作匀速率曲线运动，所以切向加速度$a_t=\frac{dv}{dt}=0$，加速度等于法向加速度，即$a=a_n=\frac{v_0^2}{\rho}$。因运动轨迹已知，所以据高等数学有

$$\frac{1}{\rho}=\frac{\left|\frac{d^2y}{dx^2}\right|}{\left[1+\left(\frac{dy}{dx}\right)^2\right]^{\frac{3}{2}}}=\frac{\left|-\frac{4\pi^2c}{l^2}\sin\left(\frac{2\pi x}{l}\right)\right|}{\left[1+\frac{4\pi^2c^2}{l^2}\cos^2\left(\frac{2\pi x}{l}\right)\right]^{\frac{3}{2}}}$$

可见，当$x=\frac{l}{4}$，$\frac{3l}{4}$，$\frac{5l}{4}$，…时，$\frac{1}{\rho}$达到最大值$\frac{4\pi^2c}{l^2}$，此时加速度也达到最大值，即$a_{max}=\frac{4\pi^2cv_0^2}{l^2}$。

【例 5-4】 已知用直角坐标表示的点的运动方程

$$x=x(t),\ y=y(t),\ z=z(t)$$

试求在任一瞬时该点的切向加速度和法向加速度的大小及轨迹曲线的曲率半径。

解 用直角坐标法求任一瞬时的速度和加速度：

$\boldsymbol{v}=\dot{x}\boldsymbol{i}+\dot{y}\boldsymbol{j}+\dot{z}\boldsymbol{k}$，$v=\sqrt{\dot{x}^2+\dot{y}^2+\dot{z}^2}$；$\boldsymbol{a}=\ddot{x}\boldsymbol{i}+\ddot{y}\boldsymbol{j}+\ddot{z}\boldsymbol{k}$，$a=\sqrt{\ddot{x}^2+\ddot{y}^2+\ddot{z}^2}$。

切向加速度 $a_{\mathrm{t}}=\boldsymbol{a}\cdot\boldsymbol{e}_{\mathrm{t}}=\dfrac{\boldsymbol{a}\cdot v\boldsymbol{e}_{\mathrm{t}}}{v}=\dfrac{\boldsymbol{a}\cdot\boldsymbol{v}}{v}=\dfrac{\dot{x}\ddot{x}+\dot{y}\ddot{y}+\dot{z}\ddot{z}}{\sqrt{\dot{x}^2+\dot{y}^2+\dot{z}^2}}$，或 $a_{\mathrm{t}}=\dfrac{\mathrm{d}v}{\mathrm{d}t}=\dfrac{\dot{x}\ddot{x}+\dot{y}\ddot{y}+\dot{z}\ddot{z}}{\sqrt{\dot{x}^2+\dot{y}^2+\dot{z}^2}}$，

法向加速度 $a_{\mathrm{n}}=\sqrt{a^2-a_{\mathrm{t}}^2}$，曲率半径 $\rho=\dfrac{v^2}{a_{\mathrm{n}}}$。

第 4 节 点的运动的极坐标法

设点作平面曲线运动（图 5-10），在此平面内取固定点 O 为极点，取 x 为极轴，则动点 M 的位置可用极坐标 r 和 θ（规定逆时针转为正）确定。点运动时，极坐标 r 和 θ 随时间 t 变化，都是时间 t 的单值连续函数，即

$$r=f_1(t),\ \theta=f_2(t) \tag{5-24}$$

这就是**用极坐标表示的点的运动方程**，也是以时间 t 为参变量的点的轨迹方程。

设动点的矢径为 $\boldsymbol{r}$，沿 $\boldsymbol{r}$ 方向取单位矢量 $\boldsymbol{e}_{\mathrm{r}}$，则矢径 $\boldsymbol{r}=r\boldsymbol{e}_{\mathrm{r}}$。因点运动时，$r$ 以及 $\boldsymbol{e}_{\mathrm{r}}$ 的方向都随时间而变，所以动点的速度

$$\boldsymbol{v}=\frac{\mathrm{d}\boldsymbol{r}}{\mathrm{d}t}=\frac{\mathrm{d}(r\boldsymbol{e}_{\mathrm{r}})}{\mathrm{d}t}=\frac{\mathrm{d}r}{\mathrm{d}t}\boldsymbol{e}_{\mathrm{r}}+r\frac{\mathrm{d}\boldsymbol{e}_{\mathrm{r}}}{\mathrm{d}t} \tag{a}$$

现研究单位矢量导数 $\dfrac{\mathrm{d}\boldsymbol{e}_{\mathrm{r}}}{\mathrm{d}t}$ 的大小和方向。设在 Δt 时间内 $\boldsymbol{e}_{\mathrm{r}}$ 转过角度 $\Delta\theta$（图 5-11），$\left|\dfrac{\mathrm{d}\boldsymbol{e}_{\mathrm{r}}}{\mathrm{d}t}\right|=\lim\limits_{\Delta t\to 0}\dfrac{|\Delta\boldsymbol{e}_{\mathrm{r}}|}{\Delta t}=\lim\limits_{\Delta t\to 0}\dfrac{|e_{\mathrm{r}}\Delta\theta|}{\Delta t}=\left|\dfrac{\mathrm{d}\theta}{\mathrm{d}t}\right|=|\dot{\theta}|$，而 $\dfrac{\mathrm{d}\boldsymbol{e}_{\mathrm{r}}}{\mathrm{d}t}$ 的方向就是 $\Delta\boldsymbol{e}_{\mathrm{r}}$ 的极限方向，当 $\Delta t\to 0$ 时，$\Delta\theta\to 0$，$\Delta\boldsymbol{e}_{\mathrm{r}}$ 与 $\boldsymbol{e}_{\mathrm{r}}$ 垂直，并指向 $\boldsymbol{e}_{\mathrm{r}}$ 旋转的方向。取单位矢量 $\boldsymbol{e}_{\theta}$ 垂直于 $\boldsymbol{e}_{\mathrm{r}}$，并指向 θ 增加的一边，则 $\dfrac{\mathrm{d}\boldsymbol{e}_{\mathrm{r}}}{\mathrm{d}t}=\dot{\theta}\boldsymbol{e}_{\theta}$，代入式（a）得

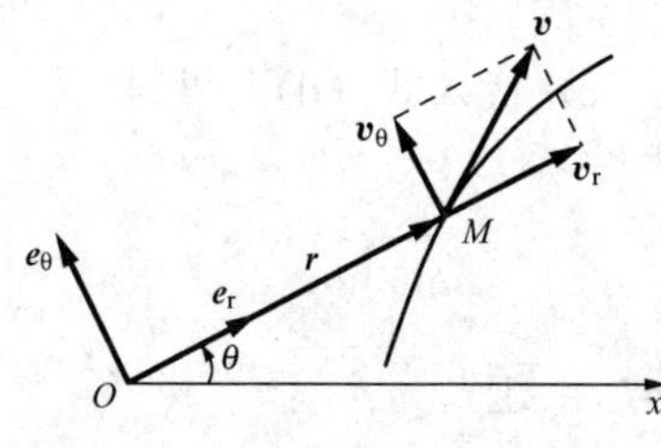

图 5-10 极坐标法描述点的运动

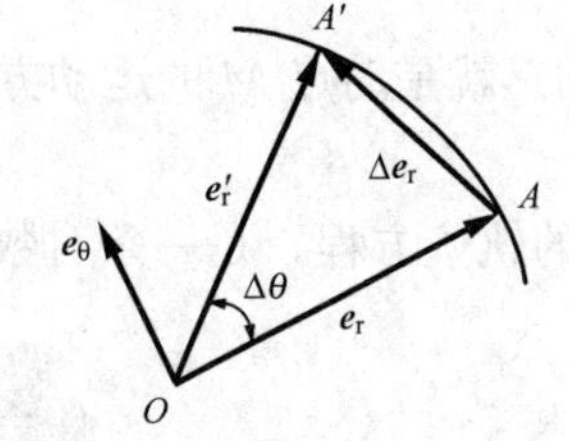

图 5-11 单位矢量导数分析

$$\boldsymbol{v}=\dot{r}\boldsymbol{e}_{\mathrm{r}}+r\dot{\theta}\boldsymbol{e}_{\theta} \tag{5-25}$$

上式右边第一项是速度 $\boldsymbol{v}$ 沿 $\boldsymbol{e}_{\mathrm{r}}$ 方向的分量，称为**径向速度**（radial velocity），用 $\boldsymbol{v}_{\mathrm{r}}$ 表示；第二项是速度 $\boldsymbol{v}$ 沿垂直于 $\boldsymbol{e}_{\mathrm{r}}$ 方向的分量，称为**横向速度**（transverse velocity），用 $\boldsymbol{v}_{\theta}$ 表示。

由式（5－25）可得加速度

$$\boldsymbol{a}=\frac{\mathrm{d}\boldsymbol{v}}{\mathrm{d}t}=\ddot{r}\boldsymbol{e}_{\mathrm{r}}+\dot{r}\frac{\mathrm{d}\boldsymbol{e}_{\mathrm{r}}}{\mathrm{d}t}+\dot{r}\dot{\theta}\boldsymbol{e}_{\theta}+r\ddot{\theta}\boldsymbol{e}_{\theta}+r\dot{\theta}\frac{\mathrm{d}\boldsymbol{e}_{\theta}}{\mathrm{d}t} \tag{b}$$

与$\frac{\mathrm{d}\boldsymbol{e}_{\mathrm{r}}}{\mathrm{d}t}$完全相似，$\frac{\mathrm{d}\boldsymbol{e}_{\theta}}{\mathrm{d}t}$的大小$\left|\frac{\mathrm{d}\boldsymbol{e}_{\theta}}{\mathrm{d}t}\right|=|\dot{\theta}|$，而$\frac{\mathrm{d}\boldsymbol{e}_{\theta}}{\mathrm{d}t}$的方向垂直于$\boldsymbol{e}_{\theta}$，当$\dot{\theta}>0$时，$\frac{\mathrm{d}\boldsymbol{e}_{\theta}}{\mathrm{d}t}$与$\boldsymbol{e}_{\mathrm{r}}$反向，于是有$\frac{\mathrm{d}\boldsymbol{e}_{\theta}}{\mathrm{d}t}=-\dot{\theta}\boldsymbol{e}_{\mathrm{r}}$。将单位矢量导数代入式（b），得

$$\boldsymbol{a}=(\ddot{r}-r\dot{\theta}^2)\boldsymbol{e}_{\mathrm{r}}+(r\ddot{\theta}+2\dot{r}\dot{\theta})\boldsymbol{e}_{\theta} \tag{5-26}$$

可见，加速度$\boldsymbol{a}$有两个分量：一个沿$\boldsymbol{e}_{\mathrm{r}}$方向，称为**径向加速度**（radial acceleration），用$\boldsymbol{a}_{\mathrm{r}}$表示；另一个沿$\boldsymbol{e}_{\theta}$方向，称为**横向加速度**（transverse acceleration），用$\boldsymbol{a}_{\theta}$表示（图5－12）。

【例5－5】　动点M以匀速率v运动，而$\boldsymbol{v}$与M至固定点O的连线MO之间的夹角φ保持不变（图5－13），试求以极坐标表示的动点的运动方程和轨迹方程。设$t=0$时，$r=r_0$，$\theta=0$。

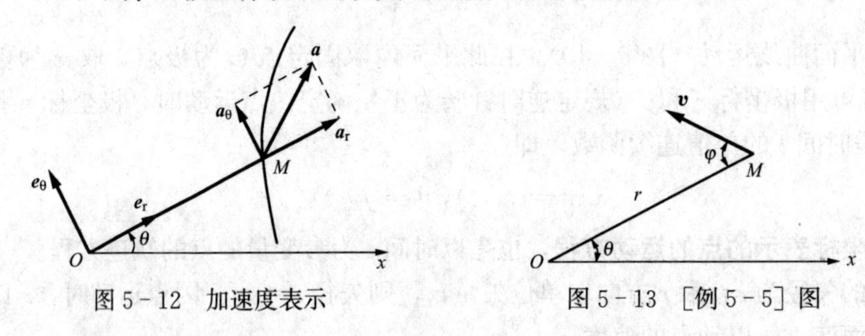

图5－12　加速度表示　　　图5－13　［例5－5］图

解　取Ox为极轴，设动点M的极坐标为（r，θ），由式（5－25）有

$$\dot{r}=-v\cos\varphi \tag{a}$$

$$r\dot{\theta}=v\sin\varphi \tag{b}$$

因v和φ均为常量，所以由式（a）积分并利用初条件可得

$$r=r_0-vt\cos\varphi \tag{c}$$

将式（b）改写为

$$\mathrm{d}\theta=\frac{v\sin\varphi}{r}\mathrm{d}t=\frac{v\sin\varphi}{r_0-vt\cos\varphi}\mathrm{d}t=-\tan\varphi\frac{\mathrm{d}(r_0-vt\cos\varphi)}{r_0-vt\cos\varphi}$$

积分并利用初条件可得

$$\theta=-\tan\varphi\ln\frac{r_0-vt\cos\varphi}{r_0} \tag{d}$$

式（c）和式（d）就是动点M的运动方程。将式（c）代入式（d），可得

$$r=r_0e^{-\theta\cot\varphi} \tag{e}$$

这就是动点M的轨迹方程，是一条对数螺旋线。

思　考　题

5－1　分析下列论述是否正确：

（1）点做曲线运动时，加速度的大小等于速度的大小对时间的导数。

（2）若点作匀速率运动，则点的加速度等于零。

（3）点做直线运动时，法向加速度等于零。因此，若已知某瞬时点的法向加速度等于

零，则该点做直线运动。

(4) 点做匀速运动时，其切向加速度等于零。因此，若已知某瞬时点的切向加速度等于零，则该点做匀速运动。

(5) 点以变速沿曲线运动时，加速度必不为零。

(6) 在极坐标表示法中，$v_r = \frac{dr}{dt}$，$v_\theta = r\frac{d\theta}{dt}$。因此有

$$a_r = \frac{dv_r}{dt} = \frac{d^2r}{dt^2},\ a_\theta = \frac{dv_\theta}{dt} = \frac{dr}{dt}\frac{d\theta}{dt} + r\frac{d^2\theta}{dt^2}$$

5-2 设点做曲线运动，试问图5-14所示的各种速度与加速度情形，哪几种是可能的，哪几种是不可能的？为什么？

5-3 试说明$\frac{dv}{dt}$、$\left|\frac{d\boldsymbol{v}}{dt}\right|$及$\frac{d\boldsymbol{v}}{dt}$三者的区别。

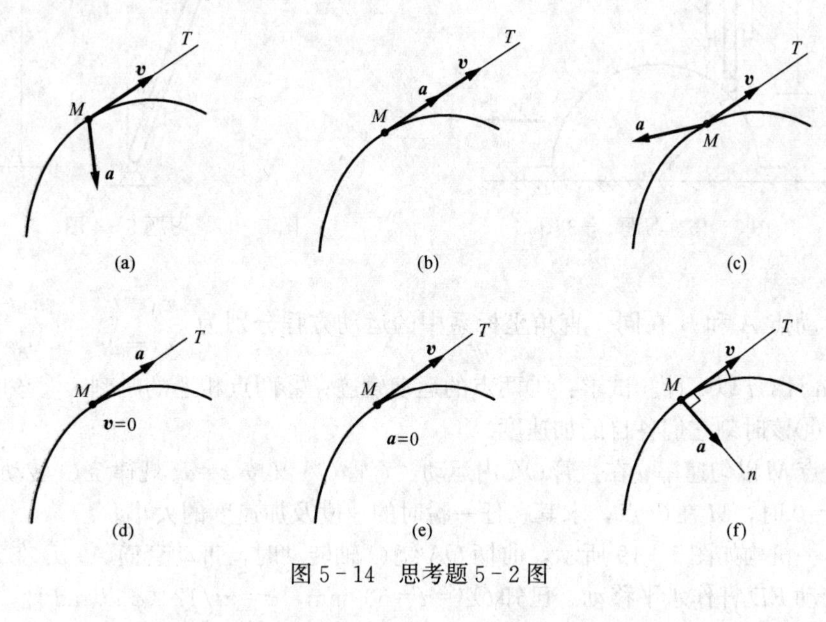

图5-14 思考题5-2图

5-1 一点按$x = t^3 - 12t + 2$的规律沿直线运动（其中t以s计，x以m计）。试求：①最初3s内的位移；②改变运动方向的时刻和所在位置；③最初3s内经过的路程；④$t = 3$s时的速度和加速度；⑤点在哪段时间作加速运动，哪段时间作减速运动？

5-2 如图5-15所示，跨过滑轮C的绳子一端挂有重物B，另一端A被人拉着沿水平方向运动，其速度为$v_0 = 1$m/s，A点到地面的距离保持常量$h = 1$m。滑轮离地面的高度$H = 9$m，其半径忽略不计。当运动开始时，重物在地面上B_0处，绳AC段在铅直位置A_0C处。求重物B上升

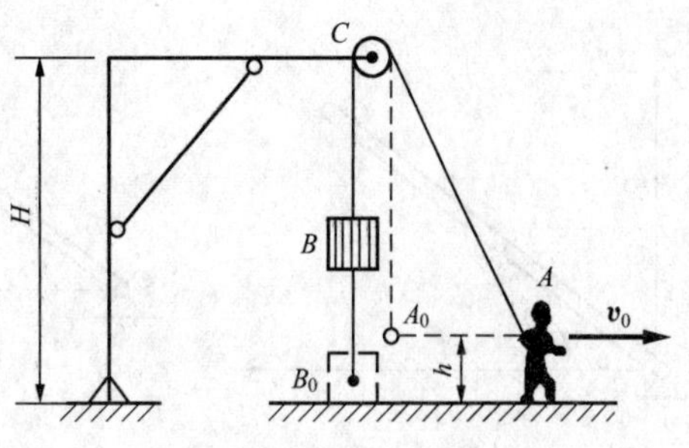

图5-15 习题5-2图

的运动方程和速度方程，以及重物 B 到达滑轮处所需的时间。

5－3　半圆形凸轮以匀速 $v=1\text{cm/s}$ 沿水平方向向右运动，活塞杆 AB 长 l，沿铅直方向运动如图 5－16 所示。当运动开始时，活塞杆 A 端在凸轮的最高点上。如凸轮的半径 $R=8\text{cm}$，求活塞 B 的运动方程和速度方程。

5－4　已知杆 OA 与铅直线夹角 $\theta=\frac{\pi t}{6}$（θ 以 rad 计，t 以 s 计），小环 M 套在杆 OA、CD 上，如图 5－17 所示。铰 O 至水平杆 CD 的距离 $a=40\text{cm}$。求小环 M 的速度方程与加速度方程，并求 $t=1\text{s}$ 时小环 M 的速度及加速度。

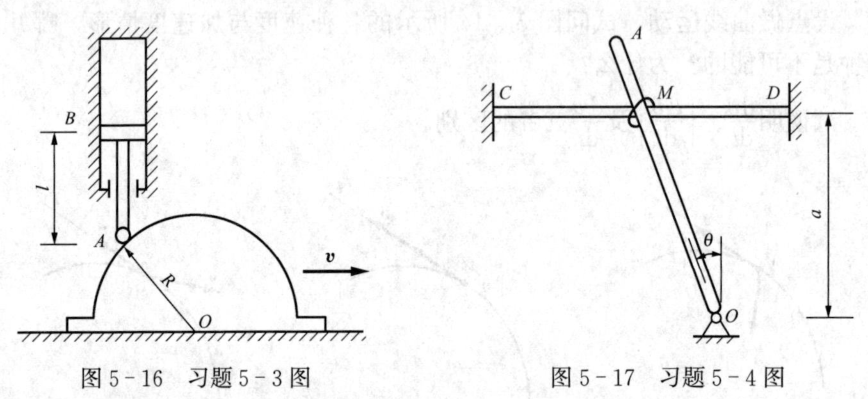

图 5－16　习题 5－3 图　　　　图 5－17　习题 5－4 图

5－5　动点 A 和 B 在同一直角坐标系中的运动方程分别为 $\begin{cases}x_A=t\\y_A=2t^2\end{cases}$，$\begin{cases}x_B=t^2\\y_B=2t^4\end{cases}$，其中 x、y 以 mm 计，t 以 s 计。试求：①两点的运动轨迹；②两点相遇的时刻；③该时刻它们各自的速度；④该时刻它们各自的加速度。

5－6　点 M 以匀速率 u 在直管 OA 内运动，直管 OA 又按 $\varphi=\omega t$ 规律绕 O 转动如图 5－18 所示。当 $t=0$ 时，M 在 O 点，求其在任一瞬时的速度及加速度的大小。

5－7　一机构如图 5－19 所示，曲柄 OA 绕 O 轴转动时，带动套筒 A、B 在 ED 杆上滑动，同时带动 ED 杆作水平移动。已知 $OA=l=600\text{mm}$，$\varphi=\pi t/12$（φ 以 rad 计，t 以 s 计），$AC=BC=l/3$。求 B 点运动的轨迹及 $t=2\text{s}$ 时 B 点的速度和加速度。

5－8　如图 5－20 所示，OA 以匀角速度 ω 绕 O 轴转动，通过十字形滑块 D 带动杆 O_1B 运动。在运动过程中，两杆始终互相垂直，$O_1O=l$，$\varphi=\omega t$。试求：滑块 D 的速度及其相对于 OA 杆的速度。

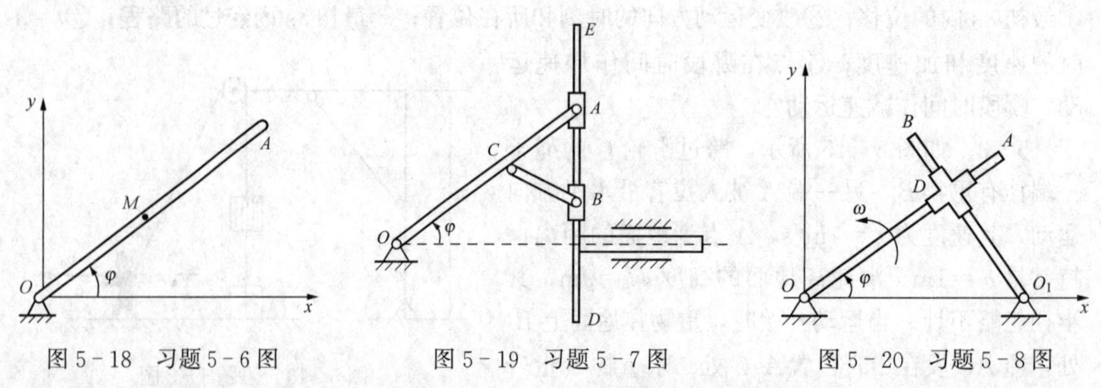

图 5－18　习题 5－6 图　　图 5－19　习题 5－7 图　　图 5－20　习题 5－8 图

5-9 定向爆破开山筑坝如图5-21所示。爆破物从爆处A至散落处B的运动可以近似地视为抛射运动，设A，B两处高差为H，水平距离为L，初速度$\boldsymbol{v}_0$与水平线夹角为θ，试推证$\boldsymbol{v}_0$的大小应为

$$v_0=\sqrt{\frac{gL}{\left(1+\dfrac{H}{L}\cot\theta\right)\sin 2\theta}}$$

5-10 喷水枪的仰角$\varphi=45°$，水流以20m/s的速度射至倾角为60°的斜坡上，如图5-22所示，欲使水流射到斜坡上的速度与斜面垂直，试求水流喷射在斜坡上的高度h及水枪放置的位置O与坡脚A的距离s。

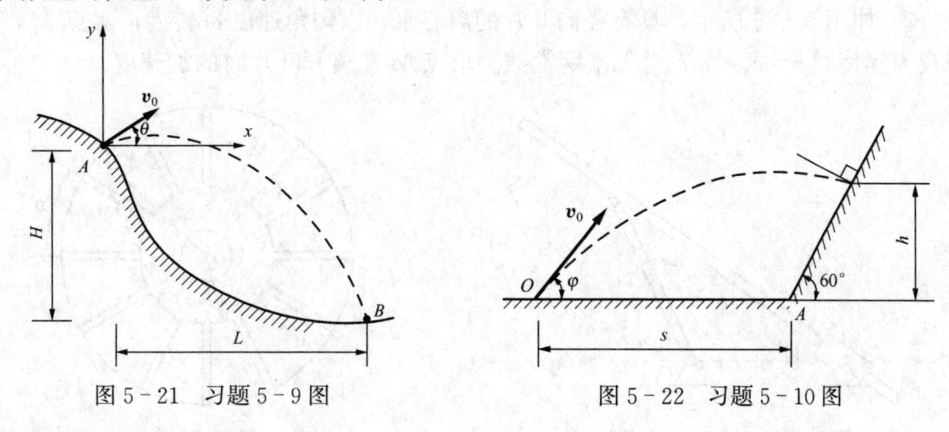

图5-21 习题5-9图　　　　图5-22 习题5-10图

5-11 已知点在直角坐标系Oxy平面内的运动方程为：$\begin{cases}x=2a\cos^2 kt\\ y=2a\sin kt\cos kt\end{cases}$，式中$a$，$k$均为正整数。①求点的轨迹方程并作图；②试以初瞬时位置为弧坐标原点，给出自然坐标表示的运动方程。

5-12 摇杆滑道机构如图5-23所示，滑块M同时在固定圆弧槽BC中和在摇杆OA的滑道中滑动。BC弧的半径为R，摇杆OA的转轴在BC弧所在的圆周上。摇杆绕O轴以匀角速度ω转动，当运动开始时，摇杆在水平位置。试分别用直角坐标法和自然法求滑块M的运动方程，并求其速度及加速度。

5-13 点作平面曲线运动，已知速度在其平面内一轴上的投影保持为常量c，试证明任一瞬时点的加速度大小为$a=v^3/c\rho$（v为速率，ρ为曲率半径）。

5-14 两槽杆A、B分别在OD及OE杆上滑动，并带动点M运动。已知在图5-24所

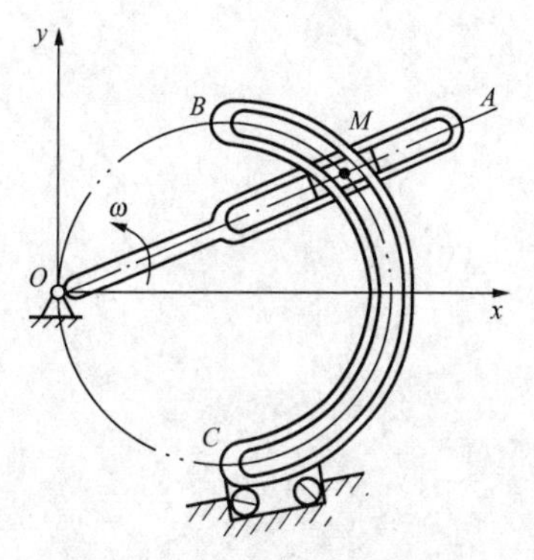

图5-23 习题5-12图

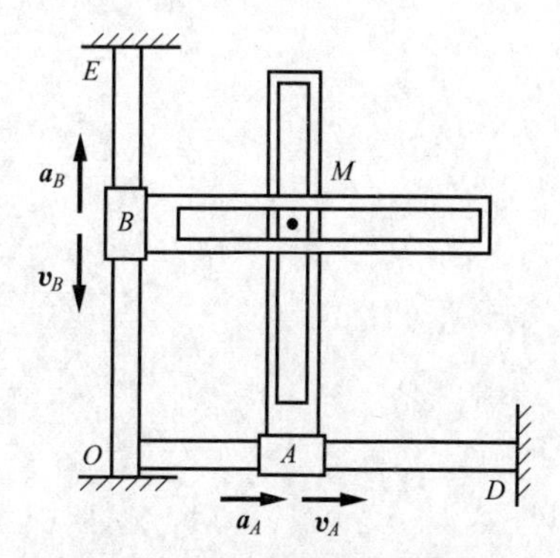

图5-24 习题5-14图

示位置时，A、B 的速度和加速度分别为$v_A=80\text{mm/s}$，$v_B=60\text{mm/s}$，$a_A=80\text{mm/s}^2$，$a_B=120\text{mm/s}^2$，试求点 M 的轨迹在该处的曲率半径。

5-15 已知点的极坐标表示的运动方程为：$\begin{cases}r=4t^2+3\\ \theta=1.5t^2\end{cases}$，求 $\theta=\dfrac{\pi}{3}$时点的速度与加速度。r 的单位为 m，θ 的单位为 rad，t 的单位为 s。

5-16 图 5-25 所示机构中，杆 CD 铰接于曲柄 OA，并可在套筒 B 内滑动。已知 $OA=OB=l$，$AD=b$，曲柄 OA 以匀角速度 ω 转动，试求用极坐标表示的 D 点的运动方程以及速度和加速度。

5-17 如图 5-26 所示，具有径向叶片的离心泵，以匀角速度 ω 转动，水点 M 的轨迹可近似视为螺旋线 $r=r_0e^{k\theta}$，k 为无量纲常数。求点 M 在离开叶片时的加速度。

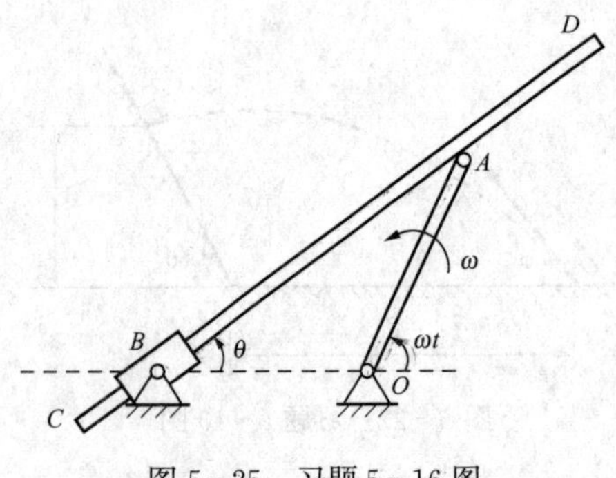

图 5-25 习题 5-16 图

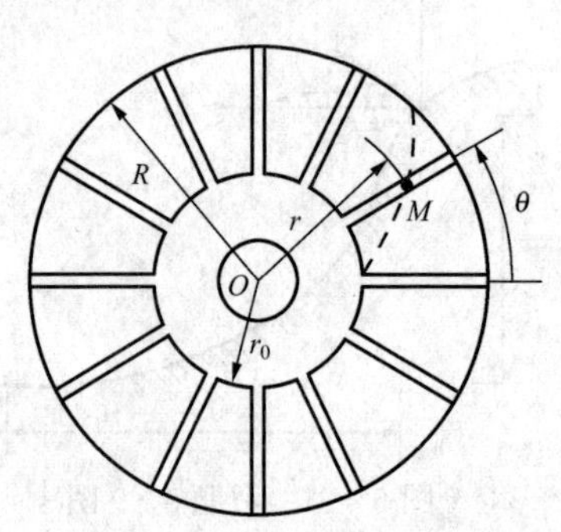

图 5-26 习题 5-17 图

第 6 章　刚 体 的 基 本 运 动

刚体的运动按其特征可分为平行移动、定轴转动、平面运动、定点运动和一般运动等形式，其中平行移动和定轴转动是最基本的，也是最简单的。本章将介绍这两种运动。无论刚体作何种运动，首先要根据其运动特征研究整个刚体的运动，然后研究刚体上各点的运动。

第 1 节　刚 体 的 平 行 移 动

刚体运动时，如其上任一直线始终保持与其初始位置平行，则这种运动称为平行移动，简称为**平移**（translation）。如直线轨道上车厢的运动（图 6－1）、筛沙机中筛子 AB 的运动（图 6－2）等都是刚体平移的实例。刚体平移时，若其各点的轨迹为直线，则称为**直线平移**，否则称为**曲线平移**。

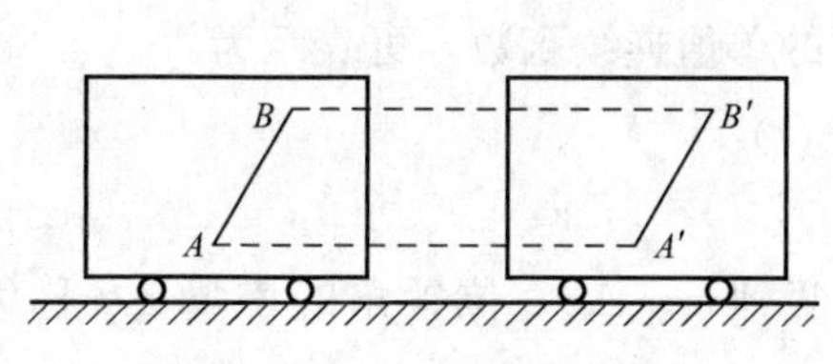

图 6－1　车厢直线平移

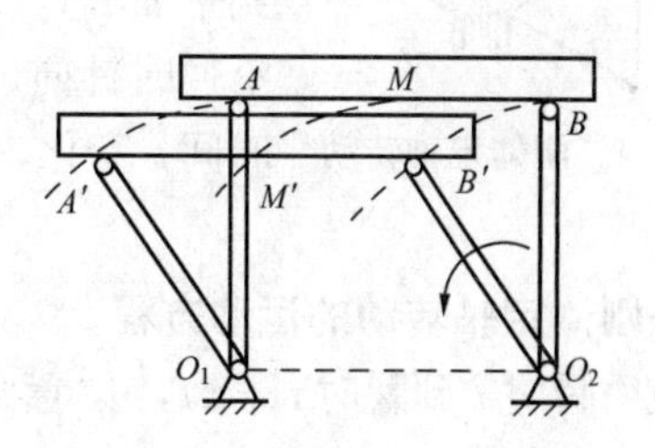

图 6－2　筛子 AB 曲线平移

在平移刚体上任取两点 A、B，作矢量$\overrightarrow{BA}$（图 6－3），因为是刚体，A、B 两点的距离保持不变，即矢量$\overrightarrow{BA}$的大小不变；又因为刚体作平移，矢量$\overrightarrow{BA}$的方向保持不变。所以$\overrightarrow{BA}$为常矢量。运动过程中，A、B 两点所描出的轨迹曲线的形状完全相同，也就是说，将点 B 的轨迹曲线沿$\overrightarrow{BA}$方向平行移动一段距离 BA，将与点 A 的轨迹曲线完全重合。

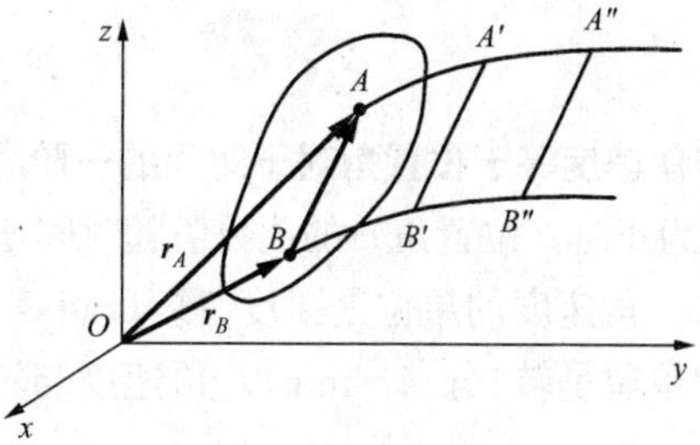

图 6－3　平移刚体上任意两点的运动

任选一固定点 O，设 A、B 两点相对点 O 的矢径为 $\boldsymbol{r}_A$、$\boldsymbol{r}_B$，则

$$\boldsymbol{r}_A=\boldsymbol{r}_B+\overrightarrow{BA} \tag{6-1}$$

将式（6－1）对时间 t 求导数，并注意$\overrightarrow{BA}$为常矢量，得$\frac{\mathrm{d}\boldsymbol{r}_A}{\mathrm{d}t}=\frac{\mathrm{d}\boldsymbol{r}_B}{\mathrm{d}t}$，即

$$\boldsymbol{v}_A=\boldsymbol{v}_B \tag{6-2}$$

将式（6－2）对时间 t 求导数，得

$$\boldsymbol{a}_A=\boldsymbol{a}_B \tag{6-3}$$

综上可知，**刚体平移时，体内所有各点的轨迹的形状相同，在同一瞬时，所有各点具有相同的速度和相同的加速度**。

平移刚体上各点的运动规律相同，只要知道其中任一点的运动就知道整个刚体的运动。因此，刚体平移的问题可以归结为点的运动问题来研究。

第2节 刚体的定轴转动

刚体运动时，如体内或其扩展部分有一直线保持不动，这种运动就称为**定轴转动**（fixed axis rotation）。该固定不动的直线称为**转轴**（revolution axis）。转动是机器中最常见的一种运动，例如卷扬机的卷筒、发电机的转子、飞轮、齿轮等的运动都是定轴转动。

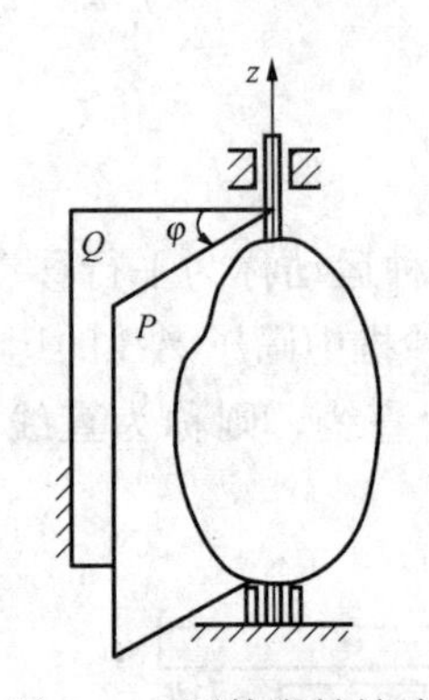

图6-4 刚体定轴转动

设刚体相对于参考体绕固定轴 z 转动（图6-4），为描述整个刚体的运动，首先确定刚体在任一瞬时的位置。通过轴 z 作 P、Q 两个平面，平面 Q 固结在参考体上，平面 P 固结在刚体上随同刚体一起转动。因刚体上各点相对于平面 P 的位置是一定的，故只要知道平面 P 的位置也就知道刚体上各点的位置，亦即知道整个刚体的位置。而平面 P 在任一瞬时 t 的位置可由它与固定平面 Q 的夹角 φ 来确定，角 φ 称为**位置角**（angle of position）或**转角**，从平面 Q 量到平面 P，以弧度（rad）计，并规定：从轴 z 的正向朝负向看去，沿逆时针向量取为正值，反之为负值。当刚体转动时，位置角 φ 随时间 t 变化，是时间 t 的单值连续函数，可表示为

$$\varphi=\varphi(t) \tag{6-4}$$

这就是**刚体定轴转动的运动方程**。

设由瞬时 t 到瞬时 $t+\Delta t$，位置角由 φ 改变到 $\varphi+\Delta\varphi$，位置角的增量 $\Delta\varphi$ 称为**角位移**（angular displacement）。比值 $\dfrac{\Delta\varphi}{\Delta t}$ 称为在 Δt 时间内的平均角速度。当 $\Delta t\to 0$ 时，平均角速度的极限称为刚体在瞬时 t 的**角速度**（angular speed），用 ω 表示，则

$$\omega=\lim_{\Delta t\to 0}\frac{\Delta\varphi}{\Delta t}=\frac{\mathrm{d}\varphi}{\mathrm{d}t}=\dot{\varphi} \tag{6-5}$$

即**角速度等于位置角对于时间的一阶导数**。ω 是一个代数量，其大小表示刚体转动的快慢。当 ω 为正时，位置角 φ 的代数值随时间增大，刚体作逆时针向转动；反之，作顺时针向转动。

角速度的单位是弧度/秒（rad/s）。工程上还常用转速 n 来表示刚体转动的快慢，转速的单位是转/分（r/min）。角速度与转速之间的关系是

$$\omega=\frac{2n\pi}{60}=\frac{n\pi}{30} \tag{6-6}$$

角速度一般也是随时间变化的，角速度对时间的改变率称为**角加速度**（angular acceleration）。设在 Δt 时间内，角速度改变了 $\Delta\omega$，则角加速度

$$\alpha=\lim_{\Delta t\to 0}\frac{\Delta\omega}{\Delta t}=\frac{\mathrm{d}\omega}{\mathrm{d}t}=\frac{\mathrm{d}^2\varphi}{\mathrm{d}t^2}=\ddot{\varphi} \tag{6-7}$$

即**角加速度等于角速度对于时间的一阶导数，也等于位置角对于时间的二阶导数**。角加速度 α 也是一个代数量，它的单位是弧度/秒^2（rad/s^2）。当 α 与 ω 符号相同时，刚体作加速转动；反之，刚体作减速转动。

第3节 转动刚体内各点的速度和加速度

当刚体作定轴转动时，转轴以外的各点都在垂直于转轴的平面内做圆周运动，圆心就在转轴上。下面采用自然法研究各点的运动。

在图 6-4 所示转动刚体的平面 P 内任取一点 M 来考察。设点 M 到转轴的距离为 ρ，则其轨迹是半径为 ρ 的一个圆［图 6-5 (a)］。以固定平面 Q 与该圆的交点 O' 为弧坐标的原点，按位置角 φ 的正向规定弧坐标 s 的正向，则有 $s=\rho\varphi$。

在任一瞬时，点 M 的速度 $\boldsymbol{v}$ 的代数值为

$$v=\frac{\mathrm{d}s}{\mathrm{d}t}=\rho\frac{\mathrm{d}\varphi}{\mathrm{d}t}=\rho\omega \tag{6-8}$$

速度 $\boldsymbol{v}$ 沿轨迹的切线，即垂直于半径 OM，指向与 ω 转向一致。

在任一瞬时，点 M 的切向加速度 $\boldsymbol{a}_{\mathrm{t}}$ 的代数值为

$$a_{\mathrm{t}}=\frac{\mathrm{d}v}{\mathrm{d}t}=\rho\frac{\mathrm{d}\omega}{\mathrm{d}t}=\rho\alpha \tag{6-9}$$

$\boldsymbol{a}_{\mathrm{t}}$ 也垂直于 OM，指向与 α 的转向一致［图 6-5 (b)］。点 M 的法向加速度 $\boldsymbol{a}_{\mathrm{n}}$ 的大小为

$$a_{\mathrm{n}}=\frac{v^2}{\rho}=\rho\omega^2 \tag{6-10}$$

$\boldsymbol{a}_{\mathrm{n}}$ 的方向总是指向圆心 O，即指向转轴。

点 M 的全加速度 $\boldsymbol{a}$ 的大小为

$$a=\sqrt{a_{\mathrm{t}}^2+a_{\mathrm{n}}^2}=\rho\sqrt{\alpha^2+\omega^4} \tag{6-11}$$

$\boldsymbol{a}$ 与 $\boldsymbol{a}_{\mathrm{n}}$ 之间夹角 θ 的正切为

$$\tan\theta=\frac{|a_{\mathrm{t}}|}{a_{\mathrm{n}}}=\frac{|\alpha|}{\omega^2} \tag{6-12}$$

由式 (6-8)、式 (6-11) 和式 (6-12) 可知，**在同一瞬时，刚体内各点的速度和加速度的大小与各点到转轴的距离成正比，所有各点的全加速度与其法向加速度的夹角相同。** 所以，直径 MN 上各点的速度和加速度的分布如图 6-6 所示。

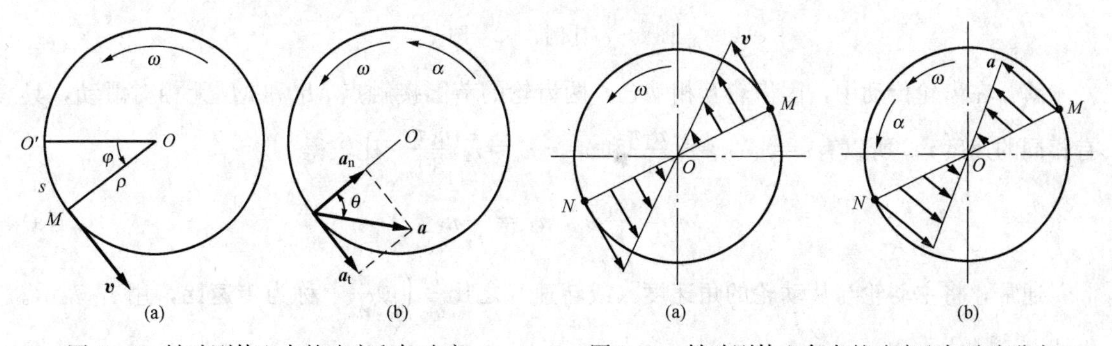

图 6-5 转动刚体上点的速度和加速度　　图 6-6 转动刚体上各点的速度和加速度分布

请思考： 剃须机的工作原理是什么？为什么有一个、二个甚至三个旋头的剃须机？振动式剃须机有何好处？还有哪些可以改进的？

【例 6-1】 一抽水机的转轮直径 $d=3.1\mathrm{m}$，额定转速 $n=150\mathrm{r/min}$。由静止开始加速到

额定转速所需的时间 $t=15\mathrm{s}$，设此起动过程为匀加速转动，求转轮的角加速度和在此时间内转过的角度。在达到额定转速以后，转轮做匀速转动，求转轮外缘上任一点 M 的速度和加速度。

解 因起动过程为匀加速转动，所以 α 为常量，而初角速度 $\omega_0=0$，末角速度 $\omega=\frac{n\pi}{30}=15.7\mathrm{rad/s}$，由式（6-7）积分得角加速度 $\alpha=\frac{\omega-\omega_0}{t}=\frac{15.7-0}{15}=1.05\mathrm{rad/s^2}$，转过的角度 $\Delta\varphi=\varphi-\varphi_0=\frac{\omega^2-\omega_0^2}{2\alpha}=\frac{15.7^2-0}{2\times1.05}=117.4\mathrm{rad}$。

当转轮的转速达到额定转速后，转轮做匀速转动，$\omega=15.7\mathrm{rad/s}$，$\alpha=0$，根据式（6-8），转轮外缘上任一点 M 的速度 $\boldsymbol{v}$ 的大小 $v=\rho\omega=\frac{3.1}{2}\times15.7=24.3\mathrm{m/s}$，$\boldsymbol{v}$ 的方向沿转轮外缘的切线，指向与 ω 转向一致。

根据式（6-9）和式（6-10），点 M 的切向加速度 $a_{\mathrm{t}}=\rho\alpha=0$、法向加速度 $a_{\mathrm{n}}=\rho\omega^2=\frac{3.1}{2}\times(15.7)^2=382.1\mathrm{m/s^2}$，全加速度 $a=a_{\mathrm{n}}=382.1\mathrm{m/s^2}$，方向指向转轴。

【例 6-2】 圆柱齿轮传动是常用的轮系传动方式之一，可用来提高或降低转速，并可用来改变转向。图 6-7 中（a）、（b）为外啮合情况，（c）为内啮合情况。两齿轮外啮合时，它们的转向相反，而内啮合时则转向相同。设主动轮 A 和从动轮 B 的节圆的半径分别为 r_1 和 r_2，轮 A 的角速度为 ω_1（转速为 n_1），试求轮 B 的角速度 ω_2（转速 n_2）（本例中角速度 ω_1、ω_2 及转速 n_1、n_2 均取绝对值）。

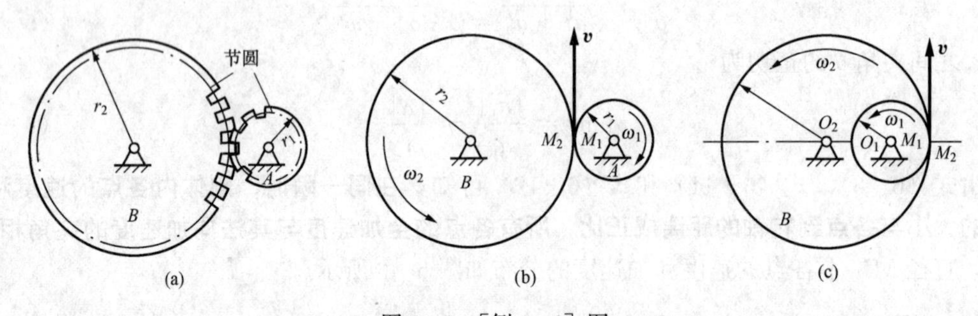

图 6-7 ［例 6-2］图

解 在齿轮传动中，因齿轮互相啮合，两齿轮的节圆接触点 M_1 和 M_2 无相对滑动，具有相同的速度 $\boldsymbol{v}$。所以有 $v=r_1\omega_1=r_1\frac{n_1\pi}{30}$ 和 $v=r_2\omega_2=r_2\frac{n_2\pi}{30}$，比较得

$$\omega_2=\frac{r_1}{r_2}\omega_1,\ n_2=\frac{r_1}{r_2}n_1 \tag{a}$$

通常，将主动轮与从动轮的角速度（或转速）之比 $\frac{\omega_1}{\omega_2}\left(或\frac{n_1}{n_2}\right)$ 称为**传速比**，用 i_{12} 表示。由式（a）得

$$i_{12}=\frac{\omega_1}{\omega_2}=\frac{n_1}{n_2}=\frac{r_2}{r_1} \tag{b}$$

即互相啮合的两个齿轮的角速度（或转速）与半径成反比。

设齿轮 A、B 的齿数分别为 z_1、z_2，因互相啮合的两个齿轮的齿数与它们节圆的周长成

正比，所以有

$$\frac{z_1}{z_2}=\frac{2\pi r_1}{2\pi r_2}=\frac{r_1}{r_2} \tag{c}$$

将式（c）代入式（b）可得

$$i_{12}=\frac{\omega_1}{\omega_2}=\frac{n_1}{n_2}=\frac{z_2}{z_1} \tag{d}$$

即互相啮合的两齿轮的角速度（或转速）与齿数成反比。

第4节 角速度与角加速度的矢量表示 以矢积表示点的速度和加速度

一、角速度与角加速度的矢量表示

在研究较复杂的问题时，将角速度和角加速度用矢量表示比较方便。角速度矢 $\boldsymbol{\omega}$ 的大小为角速度的绝对值，方向沿转轴 z，指向按右手螺旋法则确定：四个手指表示角速度的转向，大拇指的方向即为 $\boldsymbol{\omega}$ 的方向。设 $\boldsymbol{k}$ 为沿转轴 z 正向的单位矢量，则角速度矢 $\boldsymbol{\omega}$ 可表示为

$$\boldsymbol{\omega}=\omega\boldsymbol{k} \tag{6-13}$$

角速度矢 $\boldsymbol{\omega}$ 是滑移矢量，可画在转轴 z 上的任一点，见图 6-8。

角速度矢 $\boldsymbol{\omega}$ 对时间 t 的导数可定义为角加速度矢 $\boldsymbol{\alpha}$，注意 $\boldsymbol{k}$ 是常矢量，所以

$$\boldsymbol{\alpha}=\frac{\mathrm{d}\boldsymbol{\omega}}{\mathrm{d}t}=\frac{\mathrm{d}\omega}{\mathrm{d}t}\boldsymbol{k}=\alpha\boldsymbol{k} \tag{6-14}$$

角加速度矢 $\boldsymbol{\alpha}$ 沿转轴 z，也是滑移矢量，见图 6-8。

二、速度和加速度的矢积表示

角速度与角加速度用矢量 $\boldsymbol{\omega}$、$\boldsymbol{\alpha}$ 表示后，转动刚体上任一点 M 的速度、加速度都可以用矢积来表示。在转轴上任选一点 O 为原点，作 M 点的矢径 $\boldsymbol{r}=\overrightarrow{OM}$（图 6-9），并以 θ 表示 $\boldsymbol{r}$ 与转轴 z 的夹角，C 点表示 M 点所画的圆周的圆心，ρ 表示该圆的半径。在转动过程中，$\boldsymbol{r}$ 的模不变，但其方向不断改变。

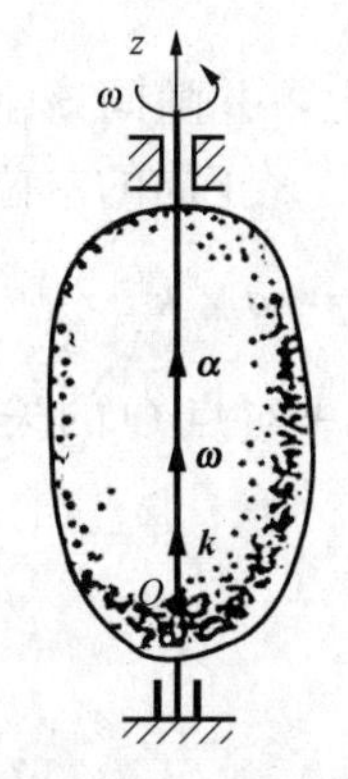

图 6-8 角速度与角加速度的矢量表示

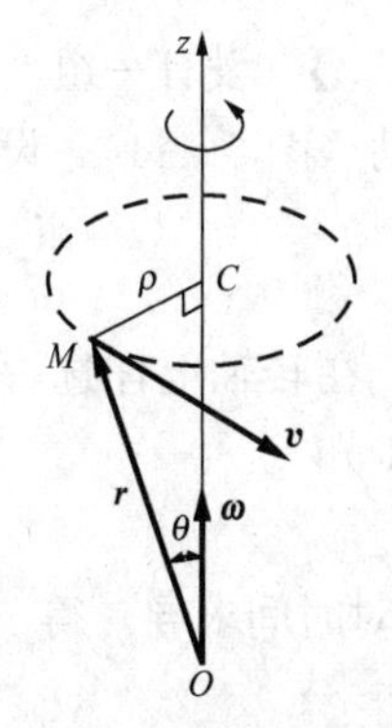

图 6-9 速度的矢积表示

M 点的速度 $\boldsymbol{v}$ 的大小为 $|\boldsymbol{v}|=|\omega|\rho=|\omega r\sin\theta|=|\boldsymbol{\omega}\times\boldsymbol{r}|$，速度矢 $\boldsymbol{v}$ 在垂直于 z 轴的平面内，且垂直于半径 CM。根据右手螺旋法则，矢积 $\boldsymbol{\omega}\times\boldsymbol{r}$ 的方向正好与 $\boldsymbol{v}$ 同方向。根据两矢量

的矢积定义，速度$\boldsymbol{v}$可用角速度矢$\boldsymbol{\omega}$与矢径$\boldsymbol{r}$的矢积表示为

$$\boldsymbol{v}=\boldsymbol{\omega}\times\boldsymbol{r} \tag{6-15}$$

将式（6-15）代入点的加速度的矢量表示式$\boldsymbol{a}=\frac{\mathrm{d}\boldsymbol{v}}{\mathrm{d}t}$中，得点$M$的加速度为

$$\boldsymbol{a}=\frac{\mathrm{d}\boldsymbol{\omega}}{\mathrm{d}t}\times\boldsymbol{r}+\boldsymbol{\omega}\times\frac{\mathrm{d}\boldsymbol{r}}{\mathrm{d}t}=\boldsymbol{\alpha}\times\boldsymbol{r}+\boldsymbol{\omega}\times\boldsymbol{v} \tag{6-16}$$

矢积$\boldsymbol{\alpha}\times\boldsymbol{r}$的模为$|\boldsymbol{\alpha}\times\boldsymbol{r}|=|\alpha r\sin\theta|=|\alpha|\rho=|a_{\mathrm{t}}|$，由图6-10可以看出$\boldsymbol{\alpha}\times\boldsymbol{r}$与$\boldsymbol{a}_{\mathrm{t}}$的方向一致，所以有

$$\boldsymbol{\alpha}\times\boldsymbol{r}=\boldsymbol{a}_{\mathrm{t}} \tag{6-17}$$

矢积$\boldsymbol{\omega}\times\boldsymbol{v}$的模为$|\boldsymbol{\omega}\times\boldsymbol{v}|=|\omega v\sin 90°|=\rho\omega^2=a_{\mathrm{n}}$，由图6-10可以看出$\boldsymbol{\omega}\times\boldsymbol{v}$与$\boldsymbol{a}_{\mathrm{n}}$方向一致，所以有

$$\boldsymbol{\omega}\times\boldsymbol{v}=\boldsymbol{a}_{\mathrm{n}} \tag{6-18}$$

综上所述，**刚体作定轴转动时，体内任一点的速度等于刚体的角速度矢与该点矢径的矢积；任一点的切向加速度等于刚体的角加速度矢与该点矢径的矢积；任一点的法向加速度等于刚体的角速度矢与该点速度的矢积。**

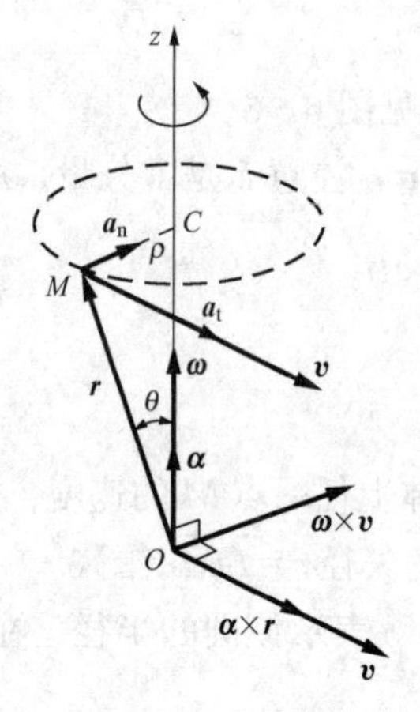

图6-10 加速度的矢积表示

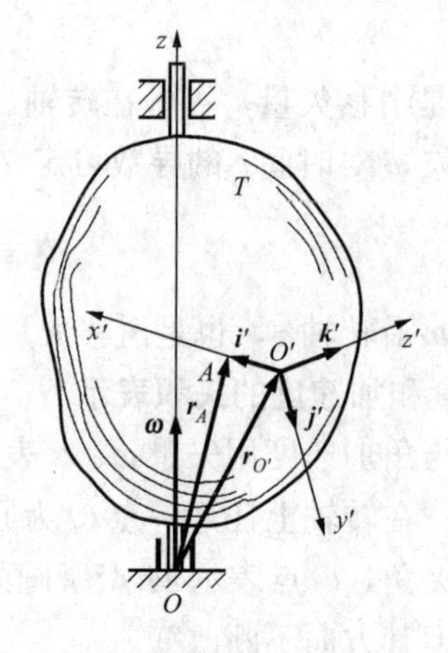

图6-11 ［例6-3］图

【例6-3】 设有一组坐标系$O'x'y'z'$固结在刚体T上，并随同该刚体绕固定轴z以角速度ω转动（图6-11），设$\boldsymbol{i}'$、$\boldsymbol{j}'$、$\boldsymbol{k}'$为沿坐标轴x'、y'、z'正向的单位矢量，试证明

$$\frac{\mathrm{d}\boldsymbol{i}'}{\mathrm{d}t}=\boldsymbol{\omega}\times\boldsymbol{i}',\ \frac{\mathrm{d}\boldsymbol{j}'}{\mathrm{d}t}=\boldsymbol{\omega}\times\boldsymbol{j}',\ \frac{\mathrm{d}\boldsymbol{k}'}{\mathrm{d}t}=\boldsymbol{\omega}\times\boldsymbol{k}' \tag{6-19}$$

证明 在转轴上任选一固定点O，设点O'和$\boldsymbol{i}'$端点A对点O的矢径分别为$\boldsymbol{r}_{O'}$和$\boldsymbol{r}_A$，由图6-11知

$$\boldsymbol{i}'=\boldsymbol{r}_A-\boldsymbol{r}_{O'} \tag{a}$$

将式（a）对时间求导，得

$$\frac{\mathrm{d}\boldsymbol{i}'}{\mathrm{d}t}=\frac{\mathrm{d}\boldsymbol{r}_A}{\mathrm{d}t}-\frac{\mathrm{d}\boldsymbol{r}_{O'}}{\mathrm{d}t}=\boldsymbol{v}_A-\boldsymbol{v}_{O'} \tag{b}$$

将$\boldsymbol{v}_A=\boldsymbol{\omega}\times\boldsymbol{r}_A$、$\boldsymbol{v}_{O'}=\boldsymbol{\omega}\times\boldsymbol{r}_{O'}$代入式（b），并利用式（a），得

$$\frac{\mathrm{d}\boldsymbol{i}'}{\mathrm{d}t}=\boldsymbol{\omega}\times\boldsymbol{i}' \tag{c}$$

其他两式可同样证明。

式（6-19）称为**泊桑公式**（poisson equations）。不难证明：对固结在转动刚体上的任一矢量 $\boldsymbol{b}$，都有

$$\frac{\mathrm{d}\boldsymbol{b}}{\mathrm{d}t}=\boldsymbol{\omega}\times\boldsymbol{b} \tag{6-20}$$

思　考　题

6-1　杆 AB 放在圆弧槽内，并在圆弧槽平面内运动，如图 6-12（a）所示；杆 CD 用两根等长的连杆 CC' 和 DD' 挂在图 6-12（b）所示平面内运动，且 $C'D'=CD$。试问杆 AB 和 CD 各做什么运动？

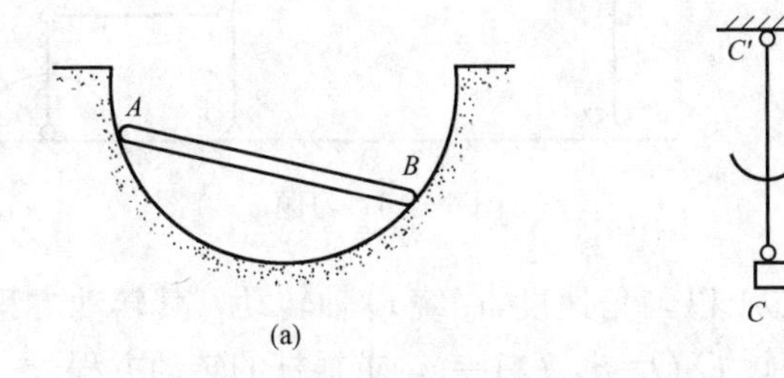

图 6-12　思考题 6-1 图

6-2　试分析图 6-13 中 M 点的速度和加速度的大小和方向。

6-3　一绳索绕在滑轮上，在其自由端挂一物块如图 6-14 所示。若已知轮子转动的角速度 ω 与角加速度 α，试问绳子上的 A 点（与轮子刚要接触但尚未接触）与轮缘上的 B 点的速度和加速度是否相同？又绳子上的 C 点与轮缘上的 D 点的速度和加速度是否相同（不论相同和不相同，都要说明理由）？

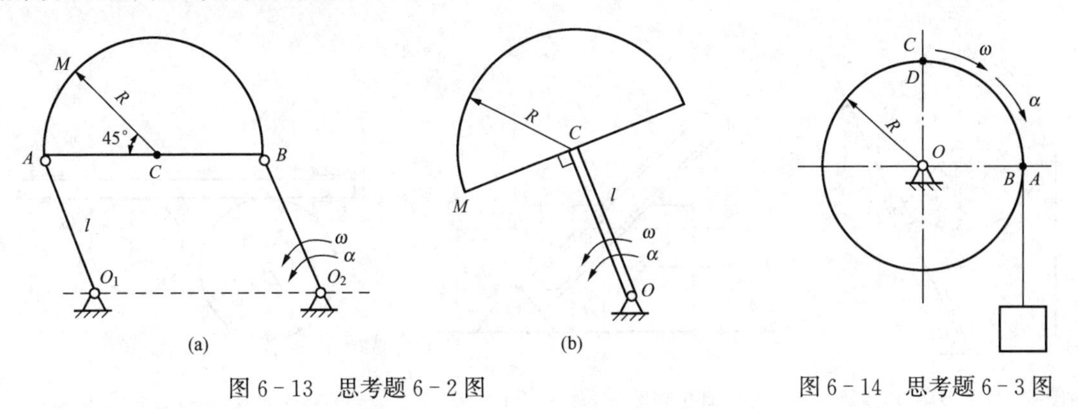

图 6-13　思考题 6-2 图　　图 6-14　思考题 6-3 图

习　　题

6-1　物体绕定轴转动的运动方程为 $\varphi=4t-3t^3$（φ 以 rad 计，t 以 s 计）。试求物体内与转动轴相距 $r=0.5\text{m}$ 的一点，在 $t_0=0$ 与 $t_1=1\text{s}$ 时的速度和加速度的大小，并问物体在什

么时刻改变它的转向？

6－2　已知圆盘的半径 $R=1\text{m}$ 如图 6－15 所示，在某瞬时，边缘上一点 M 的全加速度 $\boldsymbol{a}$ 与半径的夹角为 60°，$\boldsymbol{a}$ 的大小为 20m/s^2，求该瞬时圆盘的角速度和角加速度并求距转轴 0.5m 的一点的加速度。

6－3　已知图 6－16 所示机构中杆 $O_1A=O_2B=10\text{cm}$，$AB=O_1O_2$，杆 $O_2C=O_3D=20\text{cm}$，$CD=O_2O_3$，$CM=MD=15\text{cm}$，若杆 O_1A 以匀角速度 $\omega=5\text{rad/s}$ 转动，试求点 M 的速度和加速度。

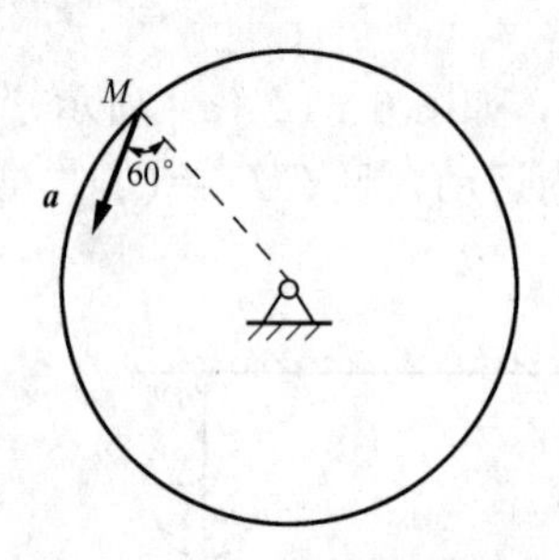

图 6－15　习题 6－2 图

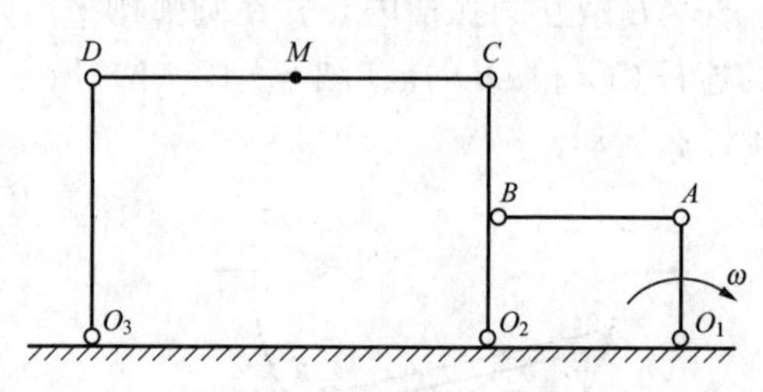

图 6－16　习题 6－3 图

6－4　如图 6－17 所示，曲柄 OA 以匀角速度 ω_0 绕 O 轴转动，其转动方程为 $\varphi=\omega_0 t$。滑块 A 带动摇杆 O_1B 绕 O_1 轴转动。设 $O_1O=h$，$OA=r$，求摇杆的转动方程。

6－5　槽杆 OA 可绕一端 O 转动，槽内嵌有刚连于方块 C 的销钉 B，方块 C 以匀速率 v_C 沿水平方向移动如图 6－18 所示。设 $t=0$ 时，OA 恰在铅直位置。求槽杆 OA 的角速度与角加速度随时间 t 变化的规律。

6－6　两轮Ⅰ、Ⅱ，半径分别为 $r_1=10\text{cm}$，$r_2=15\text{cm}$，平板 AB 放置在两轮上，如图 6－19 所示。已知轮Ⅰ在某瞬时的角速度 $\omega=2\text{rad/s}$，角加速度 $\alpha=0.5\text{rad/s}^2$，求此时平板移动的速度和加速度以及轮Ⅱ边缘上一点 C 的速度和加速度（设两轮与板接触处均无滑动）。

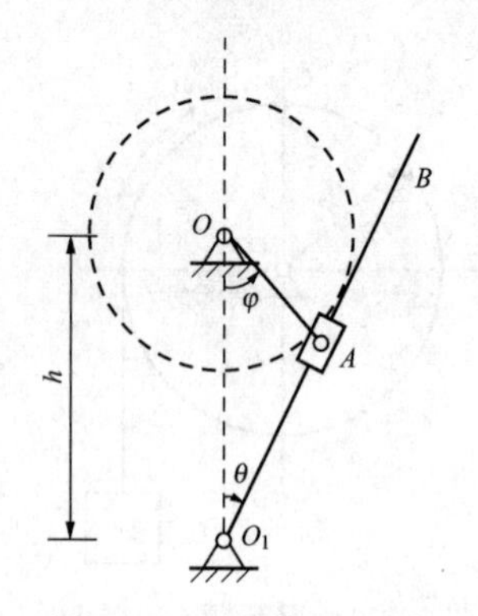

图 6－17　习题 6－4 图

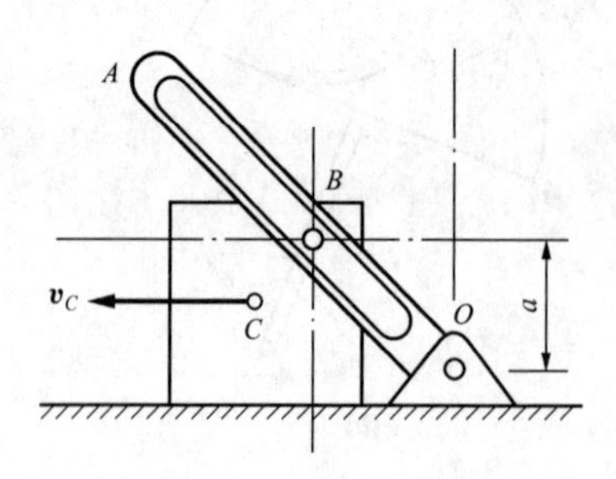

图 6－18　习题 6－5 图

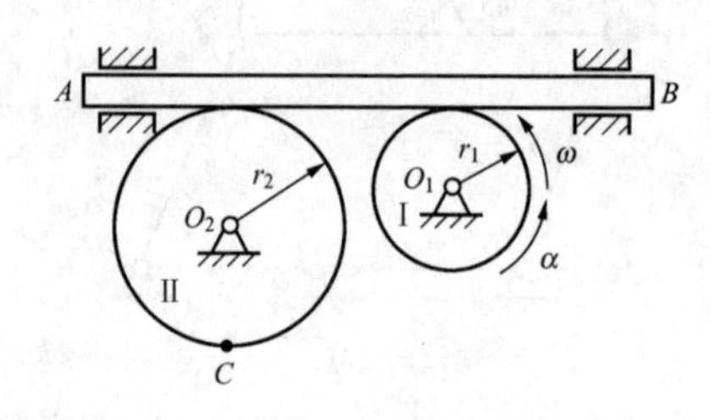

图 6－19　习题 6－6 图

6－7　电动绞车由带轮Ⅰ和Ⅱ及鼓轮Ⅲ组成，鼓轮Ⅲ和带轮Ⅱ刚连在同一轴上如图 6－20 所示。各轮半径分别为 $r_1=300\text{mm}$，$r_2=750\text{mm}$，$r_3=400\text{mm}$。轮Ⅰ的转速为 $n=100\text{r/min}$。设带轮与带之间无滑动，试求物块 M 上升的速度和带 AB、BC、CD、DA 各段上点的加速度的大小。

6－8　如图 6－21 所示，摩擦传动的主动轮Ⅰ作 600r/min 的转动，其与轮Ⅱ的接触点按箭头所示的方向移动，距离 d 按规律 $d=(100-5t)$ mm 变化（t 以 s 计）。求：①以距离 d 的函数表示Ⅱ的角加速度；②当 $d=r$ 时，轮Ⅱ边缘上一点的全加速度。已知摩擦轮的半径 $r=50$mm，$R=150$mm。

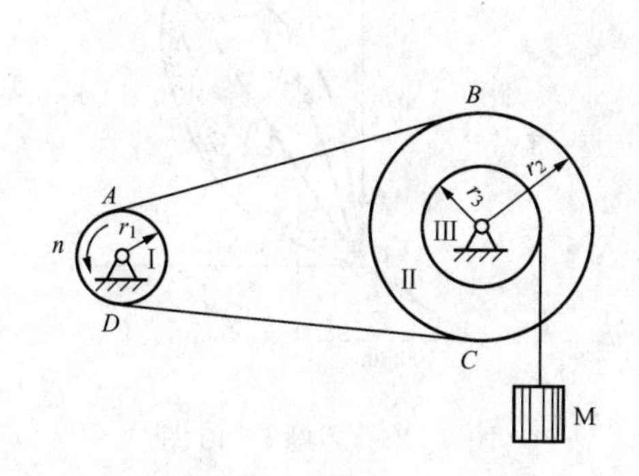

图 6-20　习题 6-7 图

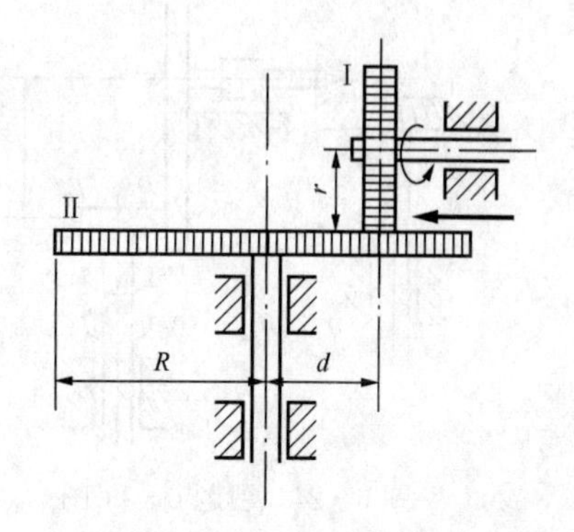

图 6-21　习题 6-8 图

6-9　轮Ⅰ、Ⅱ半径分别为 $r_1=15$cm，$r_2=20$cm，铰连于杆 AB 两端如图 6-22 所示。两轮在半径 $R=45$cm 的曲面上运动，在图示瞬时，A 点的加速度 $a_A=120\text{cm/s}^2$，$\boldsymbol{a}_A$ 与 OA 成 60°。试求：①AB 杆的角速度与角加速度；②B 点的加速度。

6-10　卷筒 B 以匀角速度 $\omega=25$r/min 转动，将厚为 $\delta=1$mm 的薄膜从 A 筒卷在 B 筒上如图 6-23 所示。在 t' 瞬时，$r_1=18$cm，$r_2=20$cm，求该瞬时 A 筒的角速度与角加速度。

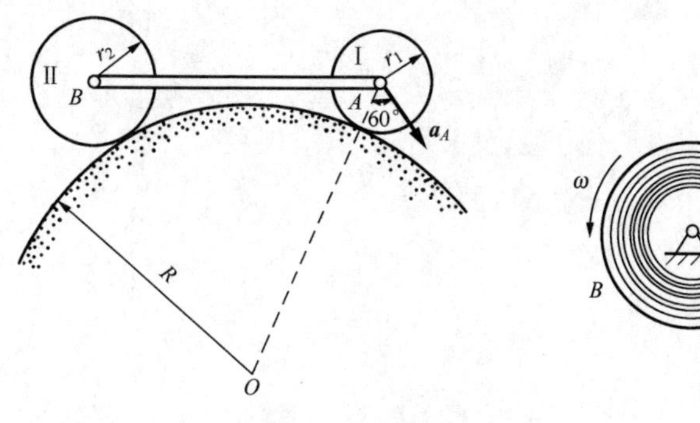

图 6-22　习题 6-9 图

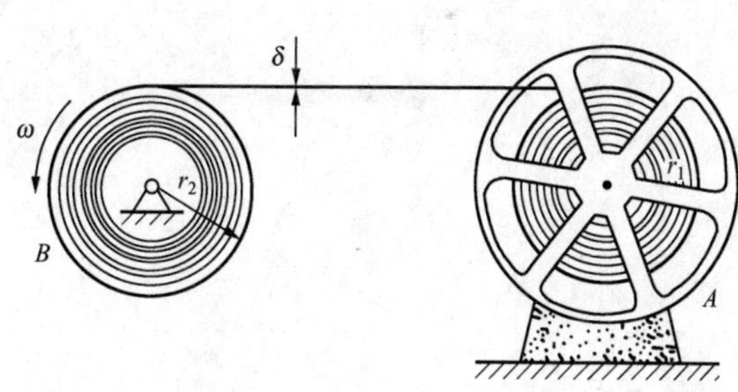

图 6-23　习题 6-10 图

6-11　摩擦传动系统如图 6-24 所示，主动轮 A 以匀角加速度 $\alpha_A=3\text{rad/s}^2$ 转动，初角速度 $\omega_A=5$rad/s。轮 B 与轮 C 同轴，轮 C 带动轮 E 转动，轮 E 向下按规律 $r=(4+3t)$ cm 变化。设各轮直径为 $d_A=8$cm，$d_B=3$cm，$d_E=2$cm，求初瞬时 E 轮转动的角速度及角加速度。

6-12　刚体以匀角速度 $\omega=2$rad/s 作定轴转动，沿转轴的单位矢 $\boldsymbol{t}=0.5\boldsymbol{i}+0.3316\boldsymbol{j}+0.8\boldsymbol{k}$，体内一点 M 在某瞬时的位置矢 $\boldsymbol{r}=0.5\boldsymbol{i}+0.8\boldsymbol{j}+0.2\boldsymbol{k}$（长度以 m 计）。试求该瞬时 M 点的速度与加速度。

6-13　刚体绕固定轴 $O\xi$ 按规定 $\omega=2\pi t$ rad/s 转动如图 6-25 所示，$O\xi$ 轴与 x、y、z 轴的夹角分别为 60°、60°、45°。在 $t=2$s 时，刚体上 M 点的坐标为（100mm，100mm，

200mm）。求该瞬时 M 点的速度和加速度。

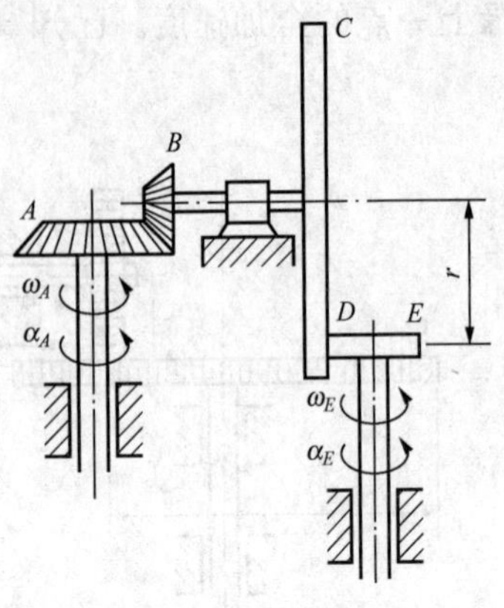

图 6-24 习题 6-11 图

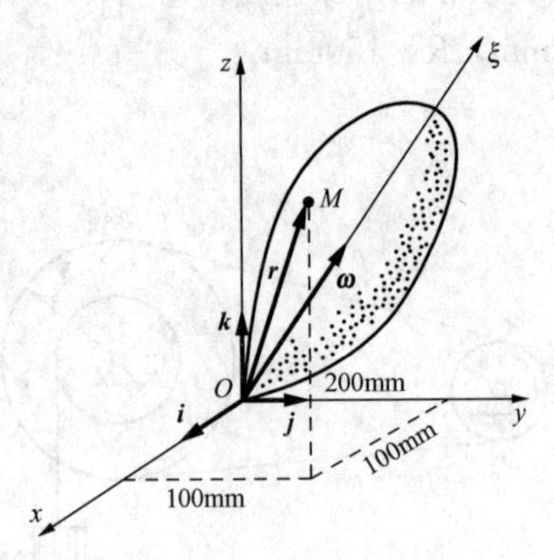

图 6-25 习题 6-13 图

第7章 点的合成运动

物体的运动具有相对性，同一物体相对于不同的参考体的运动是不同的。本章将研究同一个点相对两个不同的参考体的运动，并建立各种运动之间的速度、加速度关系。

第1节 合成运动的概念

同一物体相对于不同的参考体的运动是不同的。例如，列车沿直线轨道行驶时［图 7-1 (a)］，设车轮与轨道之间无滑动，则轮缘上一点 M 相对于固结在车厢上的坐标系 $O'x'y'$ 来说，轨迹是圆；相对于固结在地面上的坐标系 Oxy 来说，轨迹是旋轮线；而车厢相对于地面作直线平移。再如，直升机匀速垂直下降时［图 7-1 (b)］，螺旋桨上的一点 M 相对于固结在机身上的坐标系 $O'x'y'z'$ 作圆周运动，相对于固结在地面上的坐标系 $Oxyz$ 作螺旋线运动，而机身相对于地面作直线平移。工程中常会遇到这样的问题：点同时相对于甲、乙两个坐标系运动，而甲坐标系又相对于乙坐标系运动。下面将研究这三种运动之间的关系。

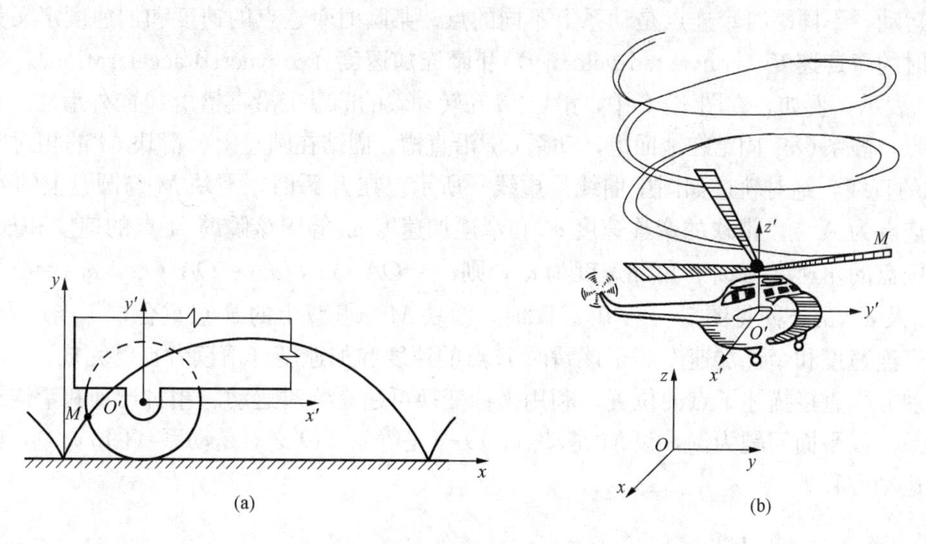

图 7-1　点的合成运动的实例

根据具体情况，将某一坐标系称为**静坐标系**（fixed reference system），简称**静系**，将另一个相对静系有运动的坐标系称为**动坐标系**（moving reference system），简称**动系**，将研究的点称为**动点**。动点相对静系的运动称为**绝对运动**（absolute motion），动点相对动系的运动称为**相对运动**（relative motion），动系相对静系的运动称为**牵连运动**（convected motion）。如图 7-1 (b) 所示，我们将固结在地面上的坐标系 $Oxyz$ 作为静系，将随机身一起运动的坐标系 $O'x'y'z'$ 作为动系，则螺旋桨上的点 M 相对于地面的运动是绝对运动，相对于机身的运动为相对运动，而机身相对于地面的运动是牵连运动。

动点的绝对运动可以看成是动点的相对运动与其因牵连运动而有的运动的合成，因而也称为**合成运动**（composition motion）。例如，图 7－1 两个例子中点 M 的旋轮线运动和螺旋线运动都可以看成是圆周运动与直线运动的合成。将一种复杂运动看成为由两种简单运动的合成，这种处理问题的方法，常常可以使一些复杂问题的研究得到简化，这在运动学的理论和应用上都具有重要的意义。

应注意，绝对运动和相对运动都是点的运动，它可能是直线运动或曲线运动；而牵连运动是刚体的运动，它可能是平移或定轴转动或其他较复杂的运动。

动点在绝对运动中的轨迹、位移、速度和加速度，即站在静系中的观察者所观测到的动点的轨迹、位移、速度和加速度，称为动点的**绝对轨迹**（absolute motion trajectory）、**绝对位移**（absolute displacement）、**绝对速度**（absolute velocity）和**绝对加速度**（absolute acceleration）。动点在相对运动中的轨迹、位移、速度和加速度，即站在动系中的观察者所观测到的动点的轨迹、位移、速度和加速度，称为动点的**相对轨迹**（relative trajectory）、**相对位移**（relative displacement）、**相对速度**（relative velocity）和**相对加速度**（relative acceleration）。以后用 $\boldsymbol{v}$（或 $\boldsymbol{v}_a$）和 $\boldsymbol{a}$（或 $\boldsymbol{a}_a$）表示绝对速度和绝对加速度；用 $\boldsymbol{v}_r$ 和 $\boldsymbol{a}_r$ 表示相对速度和相对加速度。

动点的绝对运动和相对运动是同一个点相对于静、动两个不同的坐标系的运动，它们虽然不同，但有一定的联系。这种联系与动系的运动有关，而且是与动系上与动点相重合的那一点的运动直接有关。动系上与动点相重合的点称为**牵连点**（convected point），由于动点的相对运动，不同瞬时牵连点是动系上不同的点。某瞬时牵连点的速度和加速度定义为动点在该瞬时的**牵连速度**（convected velocity）和**牵连加速度**（convected acceleration），分别用 $\boldsymbol{v}_e$ 和 $\boldsymbol{a}_e$ 表示。例如，在图 7－2 中，滑块 M 在转动着的圆盘上沿直槽由 O 向外滑动。选滑块 M 为动点，静系 Oxy 固结在地面上，动系 Ox'沿直槽，固结在圆盘上。滑块 M 的相对轨迹为沿 x'轴的直线，绝对轨迹如图中曲线（虚线）所示。在 t_1 瞬时，滑块 M 与圆盘上的 A 点重合，牵连点为 A 点，滑块的牵连速度 $\boldsymbol{v}_{e1}$ 和牵连加速度 $\boldsymbol{a}_{e1}$ 等于该瞬时 A 点的速度和加速度。设此时圆盘的角速度为 ω_1、角加速度为 α_1，则 $v_{e1}=OA\cdot\omega_1$，$a_{et1}=OA\cdot\alpha_1$，$a_{en1}=OA\cdot\omega_1^2$。$\boldsymbol{v}_{e1}$、$\boldsymbol{a}_{et1}$ 及 $\boldsymbol{a}_{en1}$ 的方向见图 7－2。在 t_2 瞬时，滑块 M 与圆盘上的 B 点重合，牵连点为 B 点，滑块的牵连速度和牵连加速度等于该瞬时 B 点的速度和加速度（请读者自己完成）。

运动方程直接描述了点的位置，利用坐标变换可建立绝对运动、相对运动和牵连运动之间的关系。以平面问题为例，设 M 是动点，Oxy 是静系，$O'x'y'$是动系（图 7－3），则动点的绝对运动方程为

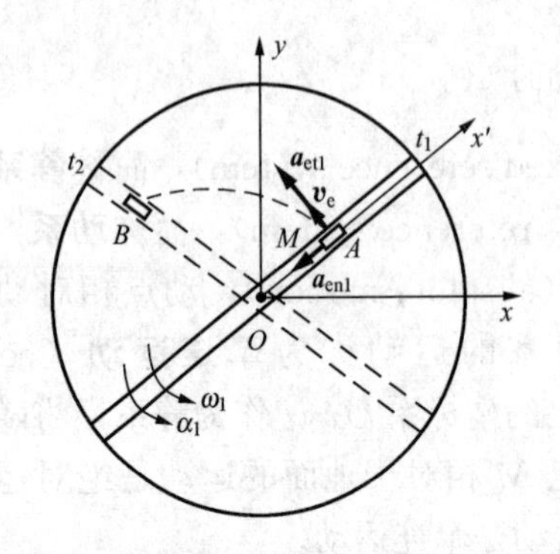

图 7－2　滑块在转动的圆盘上运动

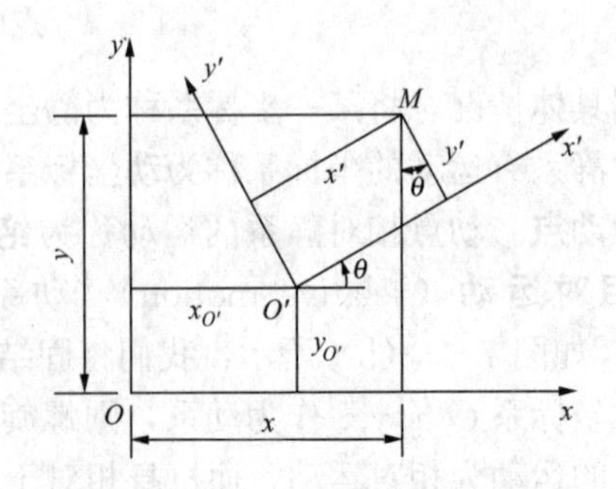

图 7－3　三种运动之间的关系

$$x = x(t), y = y(t)$$

动点的相对运动方程为

$$x' = x'(t), y' = y'(t)$$

牵连运动是动系 $O'x'y'$ 相对于静系 Oxy 的运动，以下三个方程可描述动系的位置

$$x_{O'} = x_{O'}(t), y_{O'} = y_{O'}(t), \theta = \theta(t)$$

由图 7-3 易得出如下关系

$$\begin{aligned} x &= x_{O'} + x'\cos\theta - y'\sin\theta \\ y &= y_{O'} + x'\sin\theta + y'\cos\theta \end{aligned} \tag{7-1}$$

【例 7-1】 在图 7-4（a）所示凸轮机构中，已知凸轮半径为 R，偏心距为 e。若以凸轮边缘上的点 A' 为动点，动系固结在顶杆 AB 上，试求动点的相对运动方程。

解 为了方便计算，不妨选凸轮边缘上满足 $CA' \perp OC$ 的点 A' 为动点，动系 $Ax'y'$ 固结在顶杆 AB 上，静系 Oxy 固结在地面上。设任一瞬时，OC 与轴 x 成 φ 角，动点 A' 的绝对运动方程为

$$\begin{cases} x = e\cos\varphi - R\sin\varphi \\ y = e\sin\varphi + R\cos\varphi \end{cases} \tag{a}$$

其轨迹方程为 $x^2 + y^2 = e^2 + R^2$，绝对轨迹是一个以点 O 为圆心、$\sqrt{e^2 + R^2}$ 为半径的圆。

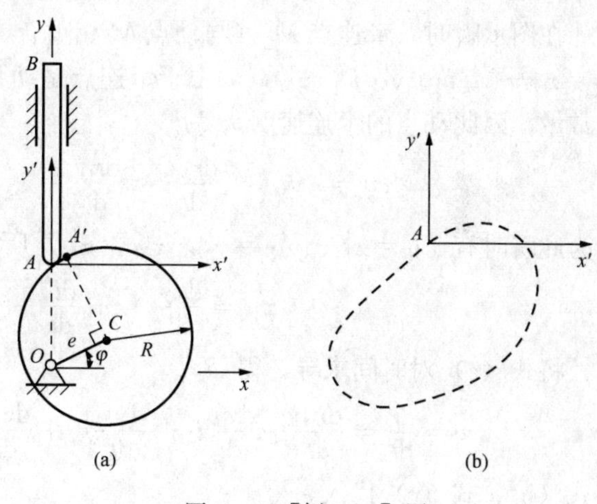

图 7-4 ［例 7-1］图

牵连运动方程为

$$\begin{cases} x_A = 0 \\ y_A = e\sin\varphi + \sqrt{R^2 - e^2\cos^2\varphi} \\ \theta = 0 \end{cases} \tag{b}$$

牵连运动是铅直方向上的直线平移。

根据式（7-1），有

$$\begin{cases} x = x_A + x'\cos\theta - y'\sin\theta \\ y = y_A + x'\sin\theta + y'\cos\theta \end{cases}$$

将式（a）、式（b）代入上式，得动点 A' 的相对运动方程

$$\begin{cases} x' = e\cos\varphi - R\sin\varphi \\ y' = R\cos\varphi - \sqrt{R^2 - e^2\cos^2\varphi} \end{cases}$$

相对轨迹见图 7-4（b）。

第2节 点的速度合成定理

在图 7-5 中，动系 $O'x'y'z'$ 相对于静系 $Oxyz$ 作一般运动。设在任一瞬时 t，动点 M 的

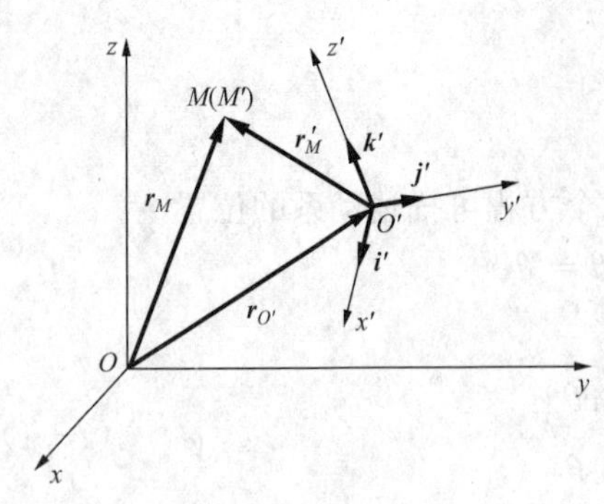

图 7-5　点的速度合成

绝对矢径为 $\boldsymbol{r}_M$、相对矢径为 $\boldsymbol{r}'_M$，点 O' 相对于点 O 的矢径为 $\boldsymbol{r}_{O'}$（即点 O' 的绝对矢径）。沿动系坐标轴正向取单位矢量 $\boldsymbol{i}'$、$\boldsymbol{j}'$、$\boldsymbol{k}'$，则 $\boldsymbol{r}'_M=x'_M\boldsymbol{i}'+y'_M\boldsymbol{j}'+z'_M\boldsymbol{k}'$。由矢量三角形，知

$$\boldsymbol{r}_M=\boldsymbol{r}_{O'}+\boldsymbol{r}'_M \tag{a}$$

由于动点的相对速度是动点相对于动系的速度，所以求导时 $\boldsymbol{i}'$、$\boldsymbol{j}'$、$\boldsymbol{k}'$ 作为常矢量（见附录 A），因此动点的相对速度 $\boldsymbol{v}_\mathrm{r}$ 为

$$\boldsymbol{v}_\mathrm{r}=\frac{\widetilde{\mathrm{d}}\boldsymbol{r}'_M}{\mathrm{d}t}=\frac{\mathrm{d}x'_M}{\mathrm{d}t}\boldsymbol{i}'+\frac{\mathrm{d}y'_M}{\mathrm{d}t}\boldsymbol{j}'+\frac{\mathrm{d}z'_M}{\mathrm{d}t}\boldsymbol{k}' \tag{b}$$

在图示瞬时，牵连点 M'（与动点 M 相重合、动系上的一点）的绝对矢径为 $\boldsymbol{r}_{M'}=\boldsymbol{r}_{O'}+\boldsymbol{r}'_{M'}=\boldsymbol{r}_{O'}+x'_{M'}\boldsymbol{i}'+y'_{M'}\boldsymbol{j}'+z'_{M'}\boldsymbol{k}'$，由于牵连点是动系上的一点，所以求导时 $x'_{M'}$、$y'_{M'}$、$z'_{M'}$ 作为常量，因此动点的牵连速度 $\boldsymbol{v}_\mathrm{e}$ 为

$$\boldsymbol{v}_\mathrm{e}=\boldsymbol{v}_{M'}=\frac{\mathrm{d}\boldsymbol{r}_{M'}}{\mathrm{d}t}=\frac{\mathrm{d}\boldsymbol{r}_{O'}}{\mathrm{d}t}+x'_{M'}\frac{\mathrm{d}\boldsymbol{i}'}{\mathrm{d}t}+y'_{M'}\frac{\mathrm{d}\boldsymbol{j}'}{\mathrm{d}t}+z'_{M'}\frac{\mathrm{d}\boldsymbol{k}'}{\mathrm{d}t}$$

因为此瞬时有 $x'_{M'}=x'_M$、$y'_{M'}=y'_M$、$z'_{M'}=z'_M$，所以上式改写为

$$\boldsymbol{v}_\mathrm{e}=\frac{\mathrm{d}\boldsymbol{r}_{O'}}{\mathrm{d}t}+x'_M\frac{\mathrm{d}\boldsymbol{i}'}{\mathrm{d}t}+y'_M\frac{\mathrm{d}\boldsymbol{j}'}{\mathrm{d}t}+z'_M\frac{\mathrm{d}\boldsymbol{k}'}{\mathrm{d}t} \tag{c}$$

将式（a）对时间求导，得

$$\boldsymbol{v}=\frac{\mathrm{d}\boldsymbol{r}}{\mathrm{d}t}=\frac{\mathrm{d}\boldsymbol{r}_{O'}}{\mathrm{d}t}+\frac{\mathrm{d}x'_M}{\mathrm{d}t}\boldsymbol{i}'+\frac{\mathrm{d}y'_M}{\mathrm{d}t}\boldsymbol{j}'+\frac{\mathrm{d}z'_M}{\mathrm{d}t}\boldsymbol{k}'+x'_M\frac{\mathrm{d}\boldsymbol{i}'}{\mathrm{d}t}+y'_M\frac{\mathrm{d}\boldsymbol{j}'}{\mathrm{d}t}+z'_M\frac{\mathrm{d}\boldsymbol{k}'}{\mathrm{d}t}$$

将式（b）、式（c）代入，得

$$\boldsymbol{v}=\boldsymbol{v}_\mathrm{e}+\boldsymbol{v}_\mathrm{r} \tag{7-2}$$

即在任一瞬时，动点的绝对速度等于牵连速度与相对速度的矢量和。这就是**速度合成定理**（theorem on the composition of velocity）。式（7-2）中包含 $\boldsymbol{v}$，$\boldsymbol{v}_\mathrm{e}$，$\boldsymbol{v}_\mathrm{r}$ 三者的大小和方向共 6 个量，已知其中任意 4 个便可求其余两个。

应注意，在推导速度合成定理时，对动系的运动未作任何限制，因此该定理适用于牵连运动是任何运动的情况。

【例 7-2】　图 7-6 所示曲柄滑道机构中，曲柄 OA 长 r，以匀角速度 ω 绕 O 转动，并通过滑块 A 带动滑道沿水平方向往复运动，求图示瞬时滑道 BC 的速度。

解　曲柄绕 O 转动，通过滑块 A 带动滑道水平方向直线平移，只要求出滑道上与 A 相重合的一点的速度，便可知道滑道的速度。选滑块 A 为动点，动系固结在滑道上，静系固结在地面上。动点的绝对运动是圆心为 O 的圆周运动，相对运动是铅直方向的直线运动，而牵连运动是水平方向的直线平移。

绝对速度 $\boldsymbol{v}_A$ 垂直于 OA，指向与 ω 的转向一致，大小 $v_A=r\omega$ 为已知值；相对速度 $\boldsymbol{v}_\mathrm{r}$ 沿铅直方向，指向、大小未知；牵连速度 $\boldsymbol{v}_\mathrm{e}$ 沿水平方向，指向、大小未知。根据速度合成定理 $\boldsymbol{v}_A=\boldsymbol{v}_\mathrm{e}+\boldsymbol{v}_\mathrm{r}$，作速度图（即速度平行四边形）。由图 7-6 可知

$$v_\mathrm{e}=v_A\sin\varphi=r\omega\sin\varphi$$

这就是所要求的滑道 BC 的速度。

【例 7-3】　图 7-7 所示牛头刨床机构中，主动轮 E 以匀转速 $n=30\mathrm{r/min}$ 绕 O 轴转动，

通过装在轮上的销钉 A 带动滑道摇杆 O_1B 绕 O_1 摆动，再通过固定在滑枕上的销钉 M 带动滑枕沿水平轨道往复运动。已知 $OA=150\text{mm}$，$h=500\text{mm}$，在图示瞬时，OA 位于水平位置，摇杆中心线与铅直线 O_1O 成 $\varphi=30°$。求该瞬时滑枕的速度。

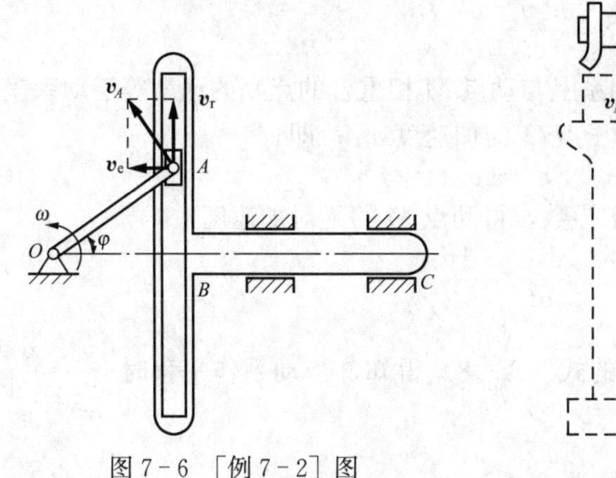

图 7-6 ［例 7-2］图

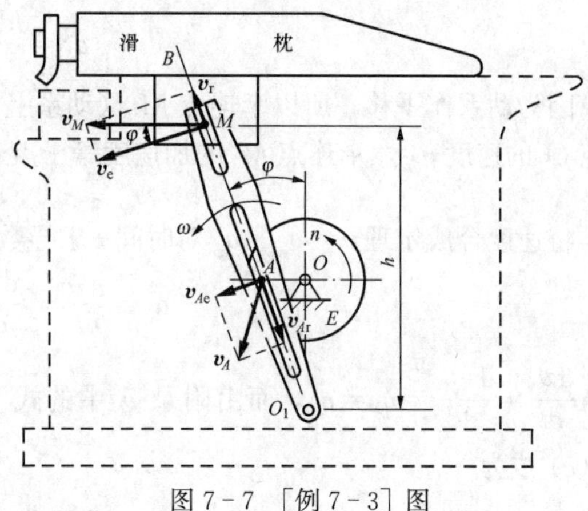

图 7-7 ［例 7-3］图

解　滑枕作平移，只要求出固定在滑枕上的销钉 M 的速度，便可知道滑枕的速度。要求销钉 M 的速度，必须先求出摇杆的角速度 ω。

选销钉 A 为动点，动系固结在摇杆上，静系固结在地面上。动点的绝对运动是圆周运动，相对运动是沿滑道方向的直线运动，而牵连运动是定轴转动。绝对速度 $\boldsymbol{v}_A$ 垂直于 OA，铅直向下，大小 $v_A=OA\cdot\frac{n\pi}{30}=150\cdot\frac{30\pi}{30}=471.2\text{mm/s}$；相对速度 $\boldsymbol{v}_{Ar}$ 沿 O_1B，指向、大小未知；牵连速度 $\boldsymbol{v}_{Ae}$ 垂直于 O_1B，指向、大小未知。根据速度合成定理 $\boldsymbol{v}_A=\boldsymbol{v}_{Ae}+\boldsymbol{v}_{Ar}$，作速度图。由图可知

$$v_{Ae}=v_A\sin\varphi=235.6\text{mm/s}$$

摇杆的角速度

$$\omega=\frac{v_{Ae}}{O_1A}=\frac{v_{Ae}}{OA/\sin\varphi}=0.785\text{rad/s}$$

ω 的转向与 $\boldsymbol{v}_{Ae}$ 的指向一致，即逆时针转向。

再选销钉 M 为动点，动系仍固结在摇杆上，静系固结在地面上。动点的绝对运动是水平方向的直线运动，相对运动是沿滑道方向的直线运动，而牵连运动是定轴转动。绝对速度 $\boldsymbol{v}_M$ 沿水平方向，指向、大小未知；相对速度 $\boldsymbol{v}_r$ 沿 O_1B，指向、大小未知；牵连速度 $\boldsymbol{v}_e$ 垂直于 O_1B，指向与 ω 的转向一致，大小 $v_e=O_1M\cdot\omega=\frac{h}{\cos\varphi}\cdot\omega=453.2\text{mm/s}$。根据速度合成定理 $\boldsymbol{v}_M=\boldsymbol{v}_e+\boldsymbol{v}_r$，作速度图。由图可知

$$v_M=\frac{v_e}{\cos\varphi}=523.3\text{mm/s}$$

这就是滑枕的速度，方向如图 7-7 所示。

第 3 节　牵连运动为平移时点的加速度合成定理

由前面讨论知，不论牵连运动为何种运动，速度合成定理都适用。但是，点的加速度的合成与牵连运动的形式有关。本节讨论牵连运动为平移时的情况。

设动点 M 相对于动系 $O'x'y'z'$ 运动，相对轨迹为曲线 C（图 7-8），而动系相对于静系 $Oxyz$ 作平移。设在任一瞬时，动点的绝对速度为 $\boldsymbol{v}$、绝对加速度为 $\boldsymbol{a}$。

设动点的相对速度为 $\boldsymbol{v}_r$、相对加速度为 $\boldsymbol{a}_r$，则

$$\boldsymbol{a}_r = \frac{\tilde{d}\boldsymbol{v}_r}{dt} \tag{a}$$

因为动系作平移，所以牵连点 M'（动系上与动点 M 相重合的点）的速度等于动系坐标原点 O' 的速度 $\boldsymbol{v}_{O'}$，牵连点 M' 的加速度等于点 O' 的加速度 $\boldsymbol{a}_{O'}$，即

$$\boldsymbol{v}_e = \boldsymbol{v}_{O'},\ \boldsymbol{a}_e = \boldsymbol{a}_{O'} \tag{b}$$

将速度合成定理 $\boldsymbol{v}=\boldsymbol{v}_e+\boldsymbol{v}_r$ 对时间 t 求导数，得动点 M 的绝对加速度

$$\boldsymbol{a} = \frac{d\boldsymbol{v}}{dt} = \frac{d\boldsymbol{v}_e}{dt} + \frac{d\boldsymbol{v}_r}{dt} \tag{c}$$

注意 $\frac{d\boldsymbol{v}_e}{dt}=\frac{d\boldsymbol{v}_{O'}}{dt}=\boldsymbol{a}_{O'}=\boldsymbol{a}_e$，而由附录 A 中的式（A-8）得知，当动系作平移时 $\frac{d\boldsymbol{v}_r}{dt}=\frac{\tilde{d}\boldsymbol{v}_r}{dt}$，式（c）成为

$$\boldsymbol{a} = \boldsymbol{a}_e + \boldsymbol{a}_r \tag{7-3}$$

即当牵连运动为平移时，在任一瞬时，动点的绝对加速度等于动点的牵连加速度与相对加速度的矢量和。这就是牵连运动为平移时的**加速度合成定理**（theorem on the composition of acceleration）。

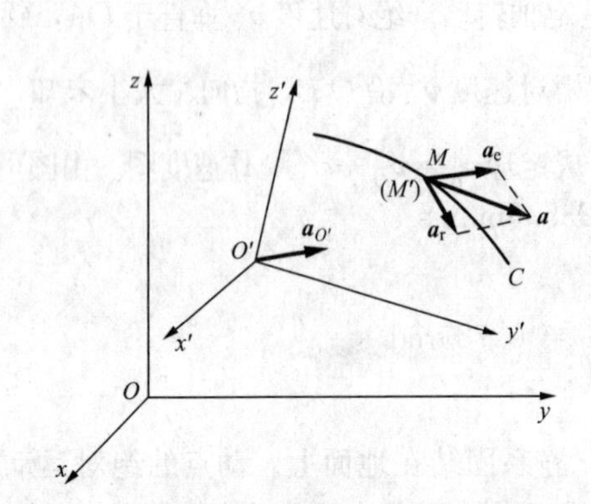

图 7-8 牵连运动为平移时点的加速度合成

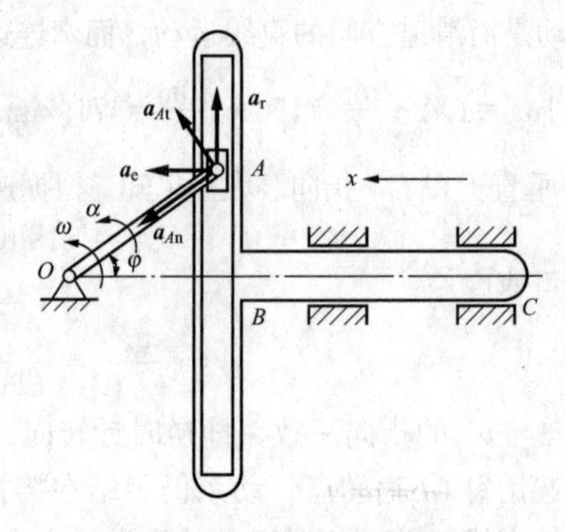

图 7-9 [例 7-4] 图

【例 7-4】 图 7-9 所示曲柄滑道机构中，曲柄 OA 长 r，以角速度 ω、角加速度 α 绕 O 转动，并通过滑块 A 带动滑道沿水平方向往复运动，求图示瞬时滑道 BC 的加速度。

解 本题分析方法与步骤同［例 7-2］。根据加速度合成定理，有

$$\boldsymbol{a}_{At} + \boldsymbol{a}_{An} = \boldsymbol{a}_e + \boldsymbol{a}_r \tag{a}$$

其中绝对加速度 $\boldsymbol{a}_{At}$ 垂直于 OA，指向与 α 的转向一致，大小 $a_{At}=r\alpha$ 已知；$\boldsymbol{a}_{An}$ 由 A 指向 O，大小 $a_{An}=r\omega^2$ 已知。相对加速度 $\boldsymbol{a}_r$ 沿铅直方向，假设向上，大小未知；牵连加速度 $\boldsymbol{a}_e$ 沿水平方向，假设向左，大小未知。加速度图见图 7-9。

式（a）中有 a_e、a_r 两个未知量，均可求出。为求 a_e，选 x 轴垂直于 $\boldsymbol{a}_r$，将式（a）投影到 x 轴上，得

$$a_{At}\sin\varphi + a_{An}\cos\varphi = a_e$$

即

$$a_e = r\alpha\sin\varphi + r\omega^2\cos\varphi$$

这就是所要求的滑道 BC 的加速度。

请考虑：本题中可否选滑道上与 A 相重合的一点为动点，动系固结在曲柄 OA 上？

【例 7-5】 小车沿直线轨道行驶，车上飞轮绕 O 转动［图 7-10（a)]，飞轮半径 $r=0.25\text{m}$。图示瞬时小车的速度 $v=1\text{m/s}$、加速度 $a=0.5\text{m/s}^2$，飞轮的角速度 $\omega=2\text{rad/s}$、角加速度 $\alpha=2\text{rad/s}^2$。试求该瞬时轮缘上点 M 的绝对速度和绝对加速度的大小。

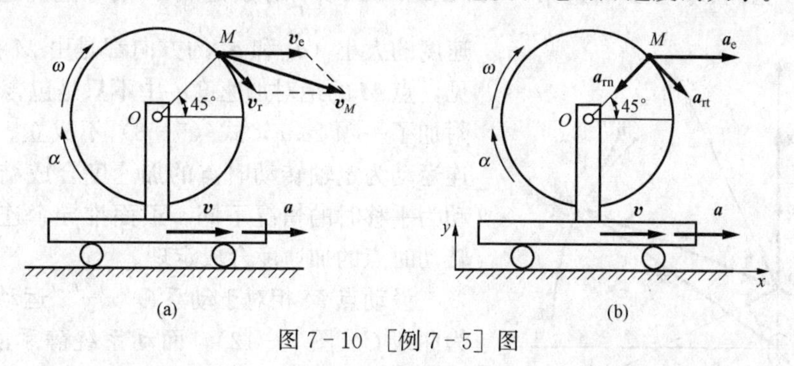

图 7-10 ［例 7-5］图

解 选轮缘上点 M 为动点，动系固结在小车上，静系固结在地面上。动点的绝对运动是曲线运动，相对运动是以 O 为圆心的圆周运动，而牵连运动是水平方向的直线平移。

先求速度。根据速度合成定理 $\boldsymbol{v}_M=\boldsymbol{v}_e+\boldsymbol{v}_r$，其中绝对速度 $\boldsymbol{v}_M$ 的大小、方向未知，相对速度的大小 $v_r=\omega\cdot r=0.5\text{m/s}$，牵连速度的大小 $v_e=v=1\text{m/s}$，速度图见图 7-10（a）。点 M 的绝对速度为

$$v_M=\sqrt{v_e^2+v_r^2+2v_ev_r\cos45^\circ}=1.40\text{m/s}$$

再求加速度。根据加速度合成定理，有

$$\boldsymbol{a}_M=\boldsymbol{a}_e+\boldsymbol{a}_{rn}+\boldsymbol{a}_{rt} \tag{a}$$

其中 $a_e=a=0.5\text{m/s}^2$，$a_{rn}=\omega^2\cdot r=1\text{m/s}^2$，$a_{rt}=\alpha\cdot r=0.5\text{m/s}^2$，而 $\boldsymbol{a}_M$ 的大小、方向未知，加速度图见图 7-10（b）。选直角坐标系 xy，将式（a）在 x、y 轴上分别投影，得

$$\begin{cases}a_{Mx}=a_e-a_{rn}\cos45^\circ+a_{rt}\sin45^\circ=0.15\text{m/s}^2\\ a_{My}=-a_{rn}\sin45^\circ-a_{rt}\cos45^\circ=-1.06\text{m/s}^2\end{cases}$$

则点 M 的绝对加速度为

$$a_M=\sqrt{a_{Mx}^2+a_{My}^2}=1.07\text{m/s}^2$$

第 4 节　牵连运动为定轴转动时点的加速度合成定理

介绍理论之前，先看一特例。设有一圆盘以匀角速 ω 绕垂直于盘面的 O 轴转动，动点 M 在圆盘上半径为 r 的圆槽内顺 ω 转向以匀速率 v_r 相对于圆盘运动（图 7-11）。试求点 M 的绝对加速度。

取动系固结于圆盘，静系固结于地面。由所给条件知，点 M 的相对轨迹和绝对轨迹都是以 O 为圆心、r 为半径的圆。在任一瞬时，点 M 的牵连速度的大小 $v_e=r\omega$，方向与 $\boldsymbol{v}_r$ 相同。由速度合成定理知，点 M 的绝对速度的大

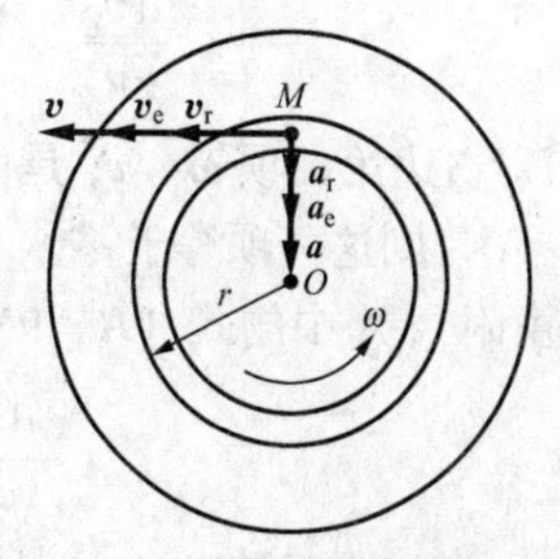

图 7-11　动点在转动的圆盘上运动

小$v=v_e+v_r=r\omega+v_r$，是一个常量。可见，点M的绝对运动是匀速圆周运动。点M的绝对加速度的大小为

$$a=\frac{v^2}{r}=\frac{(r\omega+v_r)^2}{r}=r\omega^2+\frac{v_r^2}{r}+2\omega v_r$$

$\boldsymbol{a}$的方向由M指向O。上式右边第一项$r\omega^2$和第二项$\frac{v_r^2}{r}$分别是点M的牵连加速度和相对加速度的大小（$\boldsymbol{a}_e$和$\boldsymbol{a}_r$的方向都是由M指向O）。可见，点$\boldsymbol{M}$的绝对加速度a中不只是包含a_e和a_r，还附加了一项$2\omega v_r$，式（7-3）不成立。这表明，牵连运动为定轴转动时点的加速度合成结果与牵连运动为平移时的情况不同。下面推导牵连运动为定轴转动时点的加速度合成定理。

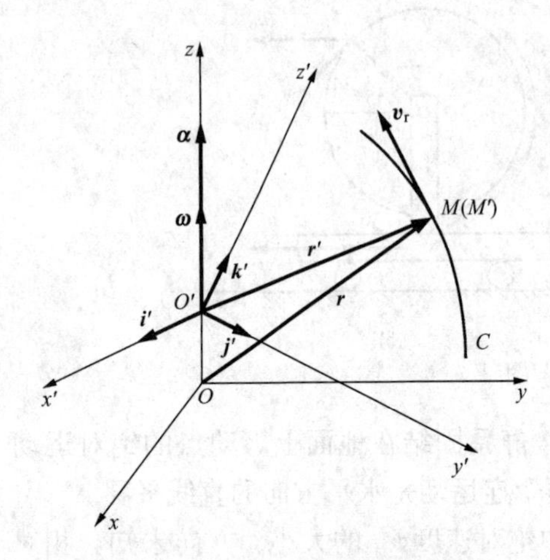

图7-12　牵连运动为定轴转动时点的加速度合成

设动点M相对于动系$O'x'y'z'$运动，相对轨迹为曲线C（图7-12），而动系绕静系的z轴转动，其角速度矢为$\boldsymbol{\omega}$、角加速度矢为$\boldsymbol{\alpha}$。动点M对于静系原点O的矢径为$\boldsymbol{r}$，对于动系原点O'的矢径是$\boldsymbol{r}'$。

设牵连点为M'（动系上与动点M相重合的点），由式（6-15）及式（6-16）可知，动点M的牵连速度及牵连加速度为

$$\boldsymbol{v}_e=\boldsymbol{v}_{M'}=\boldsymbol{\omega}\times\boldsymbol{r} \tag{a}$$

$$\boldsymbol{a}_e=\boldsymbol{a}_{M'}=\boldsymbol{\alpha}\times\boldsymbol{r}+\boldsymbol{\omega}\times\boldsymbol{v}_e \tag{b}$$

设动点M的相对速度为$\boldsymbol{v}_r$，则相对加速度为

$$\boldsymbol{a}_r=\frac{\tilde{\mathrm{d}}\boldsymbol{v}_r}{\mathrm{d}t} \tag{c}$$

将速度合成定理$\boldsymbol{v}=\boldsymbol{v}_e+\boldsymbol{v}_r$对时间$t$求导，得动点$M$的绝对加速度

$$\boldsymbol{a}=\frac{\mathrm{d}\boldsymbol{v}}{\mathrm{d}t}=\frac{\mathrm{d}\boldsymbol{v}_e}{\mathrm{d}t}+\frac{\mathrm{d}\boldsymbol{v}_r}{\mathrm{d}t} \tag{d}$$

现在分别研究上式右边的两项。将式（a）对时间t求导，得

$$\frac{\mathrm{d}\boldsymbol{v}_e}{\mathrm{d}t}=\frac{\mathrm{d}}{\mathrm{d}t}(\boldsymbol{\omega}\times\boldsymbol{r})=\frac{\mathrm{d}\boldsymbol{\omega}}{\mathrm{d}t}\times\boldsymbol{r}+\boldsymbol{\omega}\times\frac{\mathrm{d}\boldsymbol{r}}{\mathrm{d}t} \tag{e}$$

因为$\frac{\mathrm{d}\boldsymbol{r}}{\mathrm{d}t}=\boldsymbol{v}=\boldsymbol{v}_e+\boldsymbol{v}_r$，$\frac{\mathrm{d}\boldsymbol{\omega}}{\mathrm{d}t}=\boldsymbol{\alpha}$，所以式（e）成为

$$\frac{\mathrm{d}\boldsymbol{v}_e}{\mathrm{d}t}=\boldsymbol{\alpha}\times\boldsymbol{r}+\boldsymbol{\omega}\times\boldsymbol{v}_e+\boldsymbol{\omega}\times\boldsymbol{v}_r=\boldsymbol{a}_e+\boldsymbol{\omega}\times\boldsymbol{v}_r \tag{f}$$

式（f）右边第二项$\boldsymbol{\omega}\times\boldsymbol{v}_r$是由于相对运动引起牵连速度改变而引起的。如果没有相对运动，即$\boldsymbol{v}_r=0$，则这一项等于零。

由附录A中的式（A-9），得

$$\frac{\mathrm{d}\boldsymbol{v}_r}{\mathrm{d}t}=\frac{\tilde{\mathrm{d}}\boldsymbol{v}_r}{\mathrm{d}t}+\boldsymbol{\omega}\times\boldsymbol{v}_r=\boldsymbol{a}_r+\boldsymbol{\omega}\times\boldsymbol{v}_r \tag{g}$$

式（g）右边第二项$\boldsymbol{\omega}\times\boldsymbol{v}_r$是由于牵连运动（转动）引起相对速度改变而引起的。如果牵连

运动是平移，由附录A中的式（A-8）可知，$\boldsymbol{\omega}\times\boldsymbol{v}_r$ 这一项不存在。

将式（f）、式（g）代入式（d），得

$$\boldsymbol{a}=\boldsymbol{a}_e+\boldsymbol{a}_r+2\boldsymbol{\omega}\times\boldsymbol{v}_r \tag{h}$$

式（h）中的最后一项 $2\boldsymbol{\omega}\times\boldsymbol{v}_r$ 是牵连运动与相对运动相互影响而引起的一个加速度，称为**科氏加速度**（coriolis acceleration），用 $\boldsymbol{a}_C$ 表示，即

$$\boldsymbol{a}_C=2\boldsymbol{\omega}\times\boldsymbol{v}_r \tag{7-4}$$

科氏加速度等于牵连运动的角速度与动点的相对速度的矢积的2倍。将式（7-4）代入式（h），得动点的绝对加速度

$$\boldsymbol{a}=\boldsymbol{a}_e+\boldsymbol{a}_r+\boldsymbol{a}_C \tag{7-5}$$

即**当牵连运动为定轴转动时，在任一瞬时，动点的绝对加速度等于动点的牵连加速度、相对加速度与科氏加速度三者的矢量和**。这就是牵连运动为定轴转动时点的**加速度合成定理**。

为了确定 $\boldsymbol{a}_C$ 的大小和方向，过 M 点作 $\boldsymbol{\omega}$ 和 $\boldsymbol{v}_r$（图7-13），令 $\boldsymbol{\omega}$ 与 $\boldsymbol{v}_r$ 之间的夹角为 θ（小于 π），则

$$a_C=2\omega v_r\sin\theta \tag{7-6}$$

$\boldsymbol{a}_C$ 的方向如图7-13所示。由图可见，$v_r\sin\theta$ 等于 $\boldsymbol{v}_r$ 在垂直于 $\boldsymbol{\omega}$ 的平面上的投影 $\boldsymbol{v}_m$ 的大小，而 $\boldsymbol{a}_C$ 的方向为 $\boldsymbol{v}_m$ 顺着角速度 ω 的转向转90°后的方向。

两个特殊情况：

（1）当 $\boldsymbol{v}_r\perp\boldsymbol{\omega}$ 时，$\theta=90°$，$v_m=v_r$。此时 $a_C=2\omega v_r$，且 $\boldsymbol{v}_r$、$\boldsymbol{\omega}$、$\boldsymbol{a}_C$ 三者互相垂直。

（2）当 $\boldsymbol{v}_r /\!/ \boldsymbol{\omega}$ 时，$\theta=0$ 或 $\theta=180°$，$v_m=0$，此时 $a_C=0$。

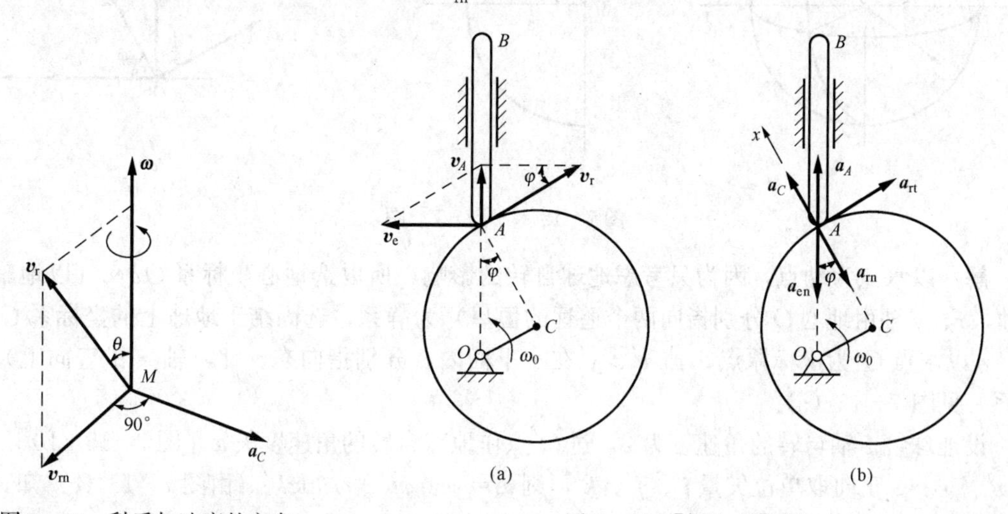

图7-13　科氏加速度的方向　　　　图7-14［例7-6］图

【例7-6】 偏心圆凸轮如图7-14（a）所示，已知偏心距 $OC=e$，半径 $r=\sqrt{3}e$，设凸轮以匀角速 ω_0 绕轴 O 转动，试求 OC 与 CA 垂直的瞬时，杆 AB 的速度和加速度。

解　凸轮定轴转动带动 AB 杆直线平移。只要求出 A 点的速度和加速度就可以知道 AB 杆的速度和加速度。AB 杆的端点 A 始终与凸轮接触，如果选凸轮上与点 A 接触的点 A' 为动点，动系固结在 AB 杆上，则动点的相对轨迹不清楚。因此选点 A 为动点，动系固结在凸轮上，静系固结在地面上。动点 A 的绝对运动是铅直方向的直线运动，相对运动是以 C 为圆心的圆周运动，而牵连运动是绕轴 O 的定轴转动。

先研究速度问题。根据速度合成定理$\boldsymbol{v}_A=\boldsymbol{v}_e+\boldsymbol{v}_r$，其中$v_e=OA\cdot\omega_0=2e\omega_0$，而$\boldsymbol{v}_A$、$\boldsymbol{v}_r$的大小未知，速度图见图7-14（a）。显然

$$v_A=v_e\tan\varphi=\frac{2}{\sqrt{3}}e\omega_0，v_r=\frac{v_e}{\cos\varphi}=\frac{4}{\sqrt{3}}e\omega_0$$

再研究加速度问题。根据加速度合成定理，有

$$\boldsymbol{a}_A=\boldsymbol{a}_{en}+\boldsymbol{a}_{et}+\boldsymbol{a}_{rn}+\boldsymbol{a}_{rt}+\boldsymbol{a}_C \tag{a}$$

其中$a_{en}=OA\cdot\omega_0^2=2e\omega_0^2$，$a_{et}=0$，$a_{rn}=\frac{v_r^2}{r}=\frac{16e\omega_0^2}{3\sqrt{3}}$，$a_C=2\omega_0 v_r=\frac{8}{\sqrt{3}}e\omega_0^2$，而$\boldsymbol{a}_A$、$\boldsymbol{a}_{rt}$的大小未知，加速度图见图7-14（b）。选轴$x\perp\boldsymbol{a}_{rt}$，将式（a）在$x$轴上投影，有

$$a_A\cos\varphi=-a_{en}\cos\varphi-a_{rn}+a_C$$

求出$a_A=-\frac{2}{9}e\omega_0^2$，负号说明$\boldsymbol{a}_A$的方向与图示假设方向相反。

【例7-7】 在北半球纬度φ处有一河流，河水沿着与正东成ψ角的方向流动，流速为$\boldsymbol{v}_r$［图7-15（a）］。考虑地球自转的影响，求河水的科氏加速度。

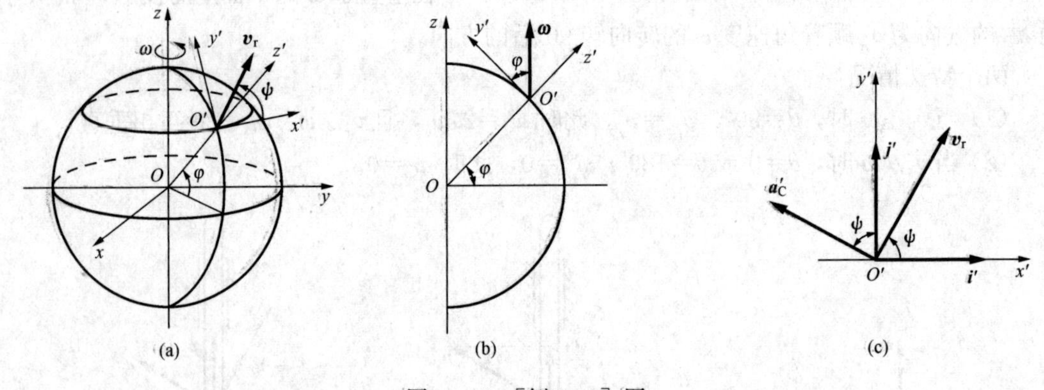

图7-15 ［例7-7］图

解 以水点为动点，因为只考虑地球自转的影响，所以选地心坐标系$Oxyz$（以地轴为z轴，x、y轴由地心O分别指向两个遥远的恒星）为静系，选固结于地球上的坐标系$O'x'y'z'$（以水点O'为坐标原点，轴x'、y'在水平面内，分别指向东、北，轴z'铅直向上）为动系，见图7-15（a）。

设地球绕z轴自转的角速度为ω，过O'点作地球自转的角速度矢$\boldsymbol{\omega}$［图7-15（b）］。沿轴x'、y'、z'正向取单位矢量$\boldsymbol{i}'$、$\boldsymbol{j}'$、$\boldsymbol{k}'$，则$\boldsymbol{\omega}=\omega\cos\varphi\boldsymbol{j}'+\omega\sin\varphi\boldsymbol{k}'$。由图7-15（c）知，相对速度$\boldsymbol{v}_r=v_r\cos\psi\boldsymbol{i}'+v_r\sin\psi\boldsymbol{j}'$，根据定义，科氏加速度为

$$\boldsymbol{a}_C=2\boldsymbol{\omega}\times\boldsymbol{v}_r=2\omega v_r(-\sin\varphi\sin\psi\boldsymbol{i}'+\sin\varphi\cos\psi\boldsymbol{j}'-\cos\varphi\cos\psi\boldsymbol{k}') \tag{a}$$

其大小为

$$a_C=2\omega v_r\sqrt{\sin^2\varphi+\cos^2\varphi\cos^2\psi} \tag{b}$$

由式（b）知，当$\psi=0°$或$180°$，即水流向东或向西流动时，a_C具有极大值$2\omega v_r$；当$\psi=90°$或$270°$，即水向北或向南流动时，a_C具有极小值$2\omega v_r\sin\varphi$。

现在求$\boldsymbol{a}_C$在水平面$O'x'y'$上的投影$\boldsymbol{a}'_C$。由式（a）知，$\boldsymbol{a}'_C$为等号右边的前两项，即

$$\boldsymbol{a}'_C=2\omega v_r\sin\varphi(-\sin\psi\boldsymbol{i}'+\cos\psi\boldsymbol{j}') \tag{c}$$

由式（c）得 $a'_C=2\omega v_r\sin\varphi$。这表明，不论 ψ 为何值，即不论水流方向如何，科氏加速度在水平面上的投影都等于 $2\omega v_r\sin\varphi$。

将式（c）改写为

$$\boldsymbol{a}'_C=2\omega v_r\sin\varphi[\cos(\psi+90°)\boldsymbol{i}'+\sin(\psi+90°)\boldsymbol{j}']$$

由上式知，$\boldsymbol{a}'_C$与轴 x'成角 $\psi+90°$，即$\boldsymbol{a}'_C$与$\boldsymbol{v}_r$垂直。由图 7－15（c）可以看出，顺着$\boldsymbol{v}_r$的方向看去，$\boldsymbol{a}'_C$是向左的。

由牛顿第二定律可知水流有向左的科氏加速度是由于河的右岸对水流作用有向左的力。根据作用与反作用定律，水流对右岸必有反作用力。由于这个力的经常不断的作用，使河的右岸受到冲刷。这就解释了在自然界观察到的一种现象：在北半球，河流冲刷右岸比较显著。

请思考：在我国，汽车靠右行，但双轨火车却靠左行，试分析其合理性。

思考题

7－1 是否只要牵连运动为定轴转动，就必定有科氏加速度？

7－2 试用合成运动的方法导出点运动的极坐标表示的速度和加速度公式。

7－3 杆 OA 绕轴 O 匀速转动，半径为 r 的小轮沿 OA 纯滚动如图 7－16 所示。若选取轮心 C 为动点，动系固结于 OA 杆，试求牵连速度，并在图中标出其方向。

7－4 图 7－17 所示矩形板 $ABCD$ 以匀角速度 ω 绕轴 z 转动，动点 M_1沿对角线 BD 以速度$\boldsymbol{v}_1$相对于板运动，动点 M_2沿 CD 边以速度$\boldsymbol{v}_2$相对于板运动。若动系固结于矩形板，试求动点 M_1、M_2的科氏加速度。

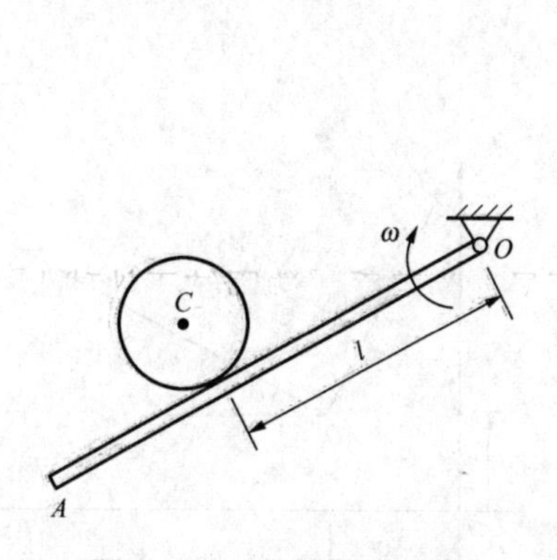

图 7－16 思考题 7－3 图

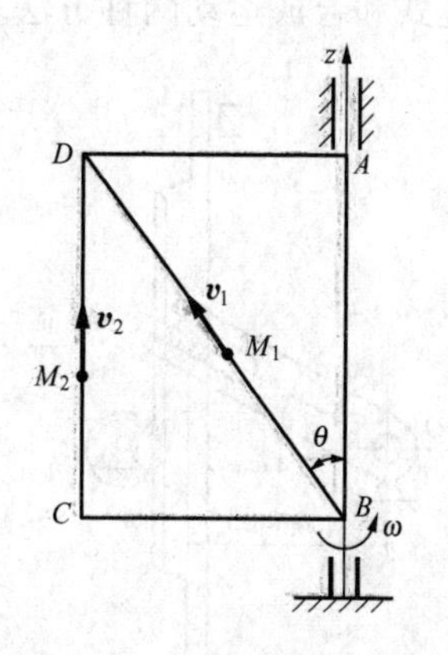

图 7－17 思考题 7－4 图

习题

7－1 一飞机以速度$v_1=400$km/h（相对于空气）向北偏东 45°飞行，地面导航站测得飞机的航向为北偏东 48°，飞行速度$v=422.6$km/h，试求风速的大小和方向。

7－2 播种机以匀速率$v_1=1$m/s 水平直线前进。种子脱离输种管时具有相对输种管的速度$\boldsymbol{v}_2$与$\boldsymbol{v}_1$成 60°角，且$v_2=2$m/s。求此时种子相对于地面的速度，及落至地面上的位置与离开输种管时的位置之间的水平距离，已知输种管口离地面25cm。

7-3 砂石料从传送带A落到另一传送带B的绝对速度为$v_1=4$m/s，其方向与铅直线成30°。设传送带B与水平面成15°，其速度为$v_2=2$m/s如图7-18所示，求此时砂石料对于传送带B的相对速度。又当传送带B的速度多大时，砂石料的相对速度才能与带垂直。

7-4 三角形凸轮沿水平方向运动，其斜边与水平线成θ角如图7-19所示。杆AB的A端搁置在斜面上，另一端活塞B在气缸内滑动，如某瞬时凸轮以速度$\boldsymbol{v}$向右运动，求活塞B的速度。

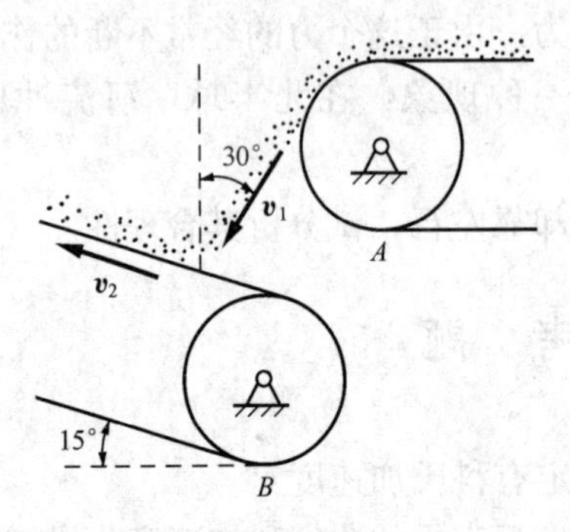

图7-18 习题7-3图

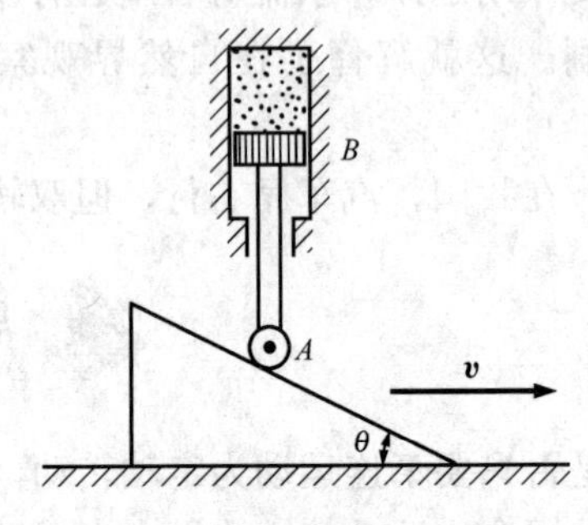

图7-19 习题7-4图

7-5 摇杆OC带动齿条AB上下移动，齿条又带动直径为100mm的齿轮绕O_1轴摆动。在图7-20所示瞬时，OC之角速度$\omega_0=0.5$rad/s，求这时齿轮的角速度。

7-6 已知点M在动坐标系$x'O'y'$平面内运动，其运动方程为$x'=3t^2+4t$，$y'=4t^2-2t$。点O'的运动方程为$x_{O'}=3t$，$y_{O'}=4t-5t^2$，x'与x轴夹角$\varphi=2t$如图7-21所示。试用建立运动方程式和合成运动两种方法求点M的速度。

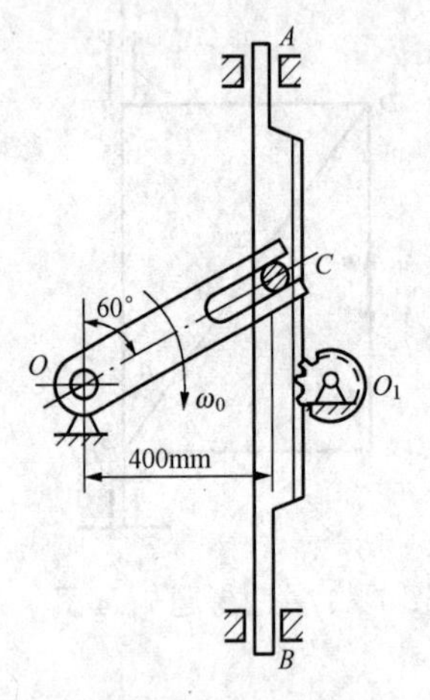

图7-20 习题7-5图

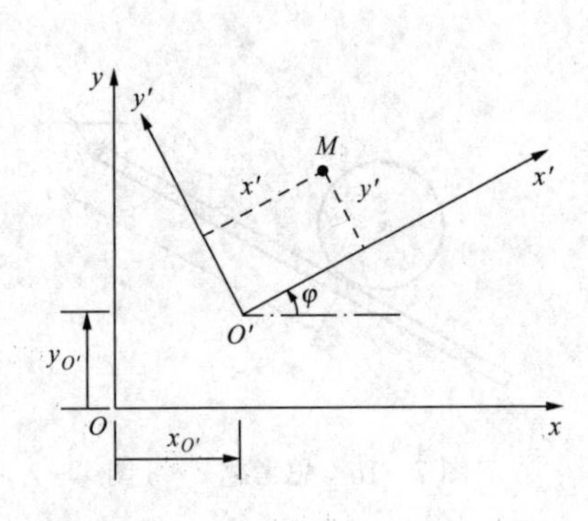

图7-21 习题7-6图

7-7 摇杆滑道机构的曲柄OA长l，以匀角速度ω_0绕O轴转动如图7-22所示。已知在图示位置$OA\perp OO_1$，$AB=2l$，求该瞬时BC杆的速度。

7-8 一外形为半圆弧的凸轮A，半径$r=300$mm，沿水平方向向右作匀加速运动，其加速度$a_A=800\text{mm/s}^2$。凸轮推动直杆BC沿铅直导槽上下运动。设在图7-23所示瞬时，$v_A=600$mm/s，求杆BC的速度及加速度。

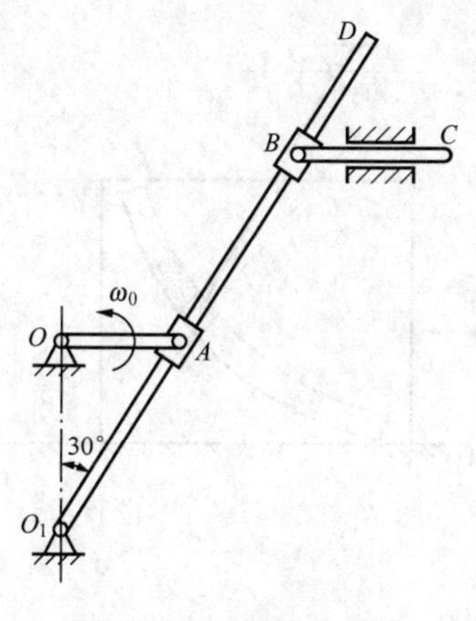

图7-22 习题7-7图

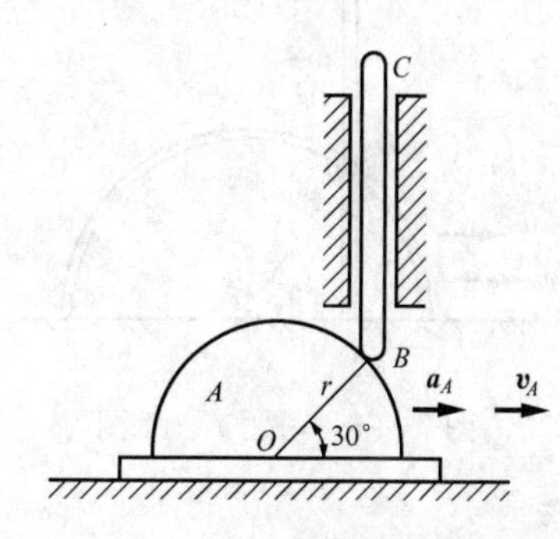

图7-23 习题7-8图

7-9 铰接四边形机构中的$O_1A=O_2B=100$mm，$O_1O_2=AB$，杆O_1A以等角速度$\omega=2$rad/s绕O_1轴转动如图7-24所示。AB杆上有一套筒C，此筒与CD杆相铰接，机构各部件都在同一铅直面内。求当$\varphi=60°$时CD杆的速度和加速度。

7-10 具有圆弧形滑道的曲柄滑道机构如图7-25所示，可使滑道CD获得间歇往复运动。若已知曲柄OA做匀速转动，其转速为$\omega=4\pi$rad/s，又$R=OA=100$mm，求当曲柄与水平轴成角$\varphi=30°$时滑道CD的速度及加速度。

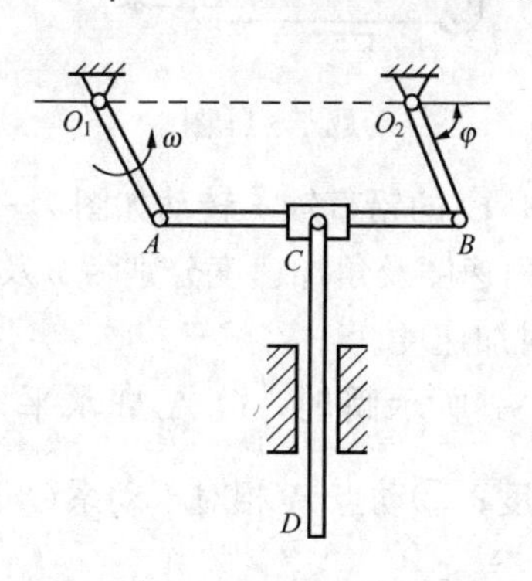

图7-24 习题7-9图

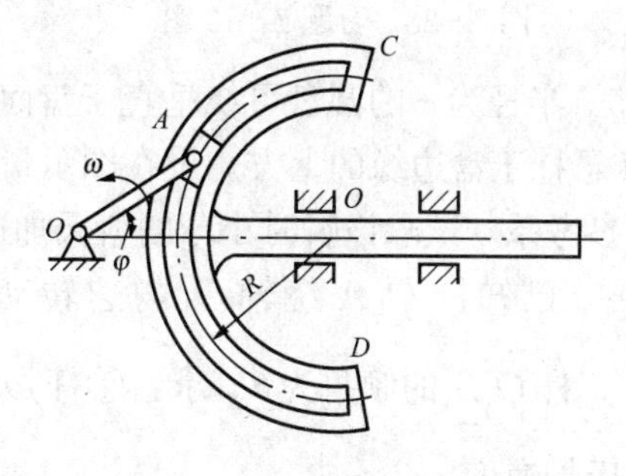

图7-25 习题7-10图

7-11 如图7-26所示，半径为$r=120$mm的半圆环在水平面上滑动，AB为固定铅垂直杆，小环M套在半圆环与直杆上，图示瞬时半圆环平移的速度$v_0=300$mm/s，加速度$a_0=30\text{mm/s}^2$，求该瞬时小环的速度和加速度。

7-12 带有半径为R的圆弧槽的滑板如图7-27所示，以匀速$\boldsymbol{v}_0$在水平面上滑动，通过嵌入槽内的滑块A带动曲柄OA运动，已知OA长为r，滑槽的曲率中心C与O点在同一水平线上，试求图示瞬时曲柄OA的角速度和角加速度。

7-13 偏心轮的偏心距$OC=e$如图7-28所示，当OC与铅垂线夹角为θ时，偏心轮的角速度和角加速度如图示，试求该瞬时T形导杆的速度和加速度。

7-14 销钉M可同时在槽AB、CD内滑动如图7-29所示。已知某瞬时杆AB沿水平方向移动的速度$v_1=800$mm/s，加速度$a_1=10\text{mm/s}^2$；杆CD沿铅直方向移动的速度$v_2=60$mm/s，加速度$a_2=20\text{mm/s}^2$。求该瞬时销钉M的速度及加速度。

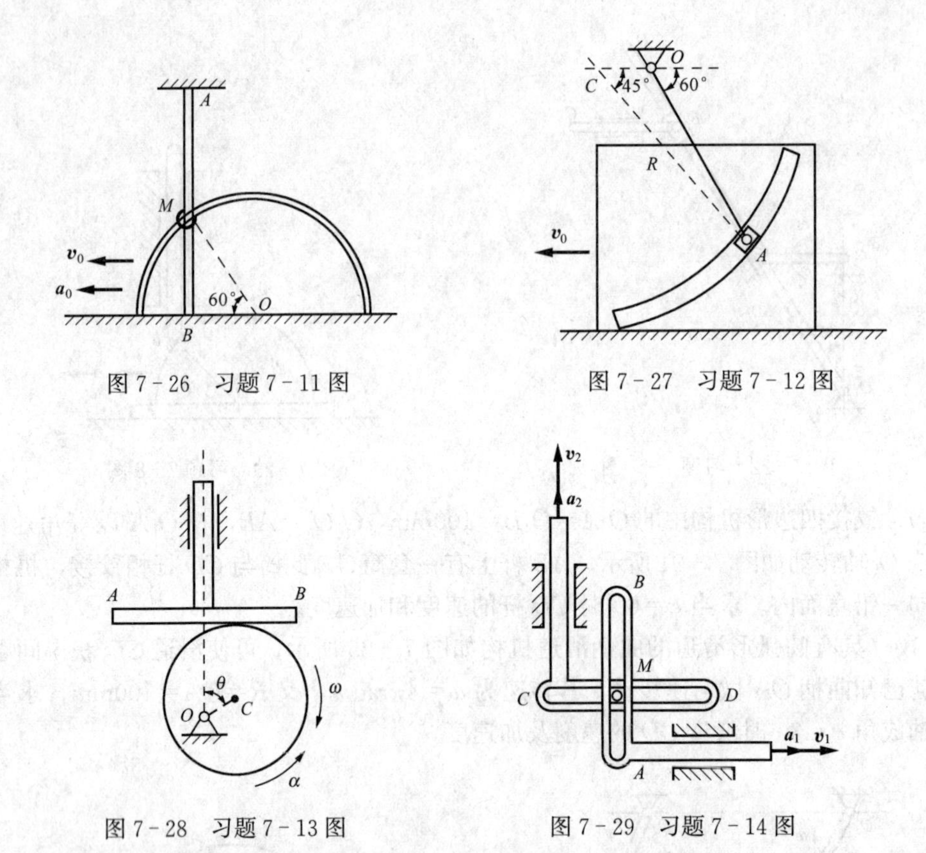

图7-26　习题7-11图

图7-27　习题7-12图

图7-28　习题7-13图

图7-29　习题7-14图

7-15　半径为r的圆盘可绕垂直于盘面且通过盘心O的铅直轴z转动如图7-30所示。一小球M悬挂于盘边缘的上方。设在图示瞬时圆盘的角速度及角加速度分别为ω及α，若以圆盘为动参考系，试求该瞬时小球的科氏加速度及相对加速度。

7-16　已知杆O_1A绕轴O_1匀速转动，图7-31所示瞬时，O_1A杆水平，$O_2A=\frac{2}{3}O_1A=l$，杆O_2B的倾角为θ。求：①杆O_2B的角速度；②动点A相对于动系O_2B的相对速度及科氏加速度。

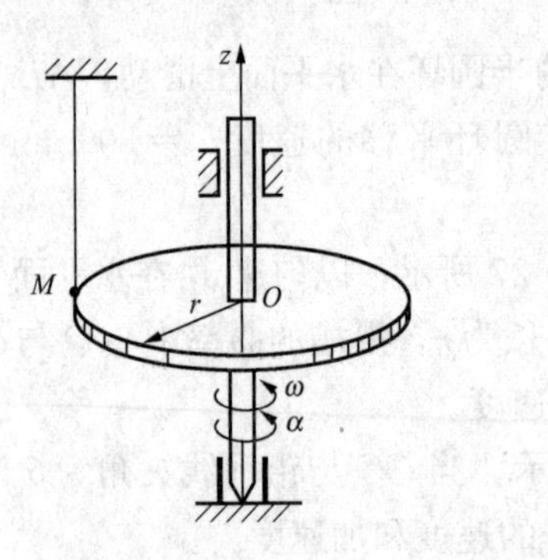

图7-30　习题7-15图

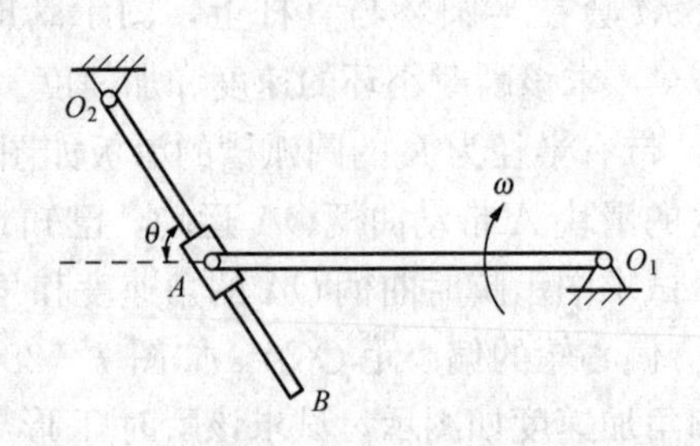

图7-31　习题7-16图

7-17　曲柄OA，长为$2r$，绕固定轴O转动；圆盘半径为r，绕A轴转动如图7-32所示。已知$r=100$mm，在图示位置，曲柄OA的角速度$\omega_1=4$rad/s，角加速度$\alpha_1=3\text{rad/s}^2$，

圆盘相对于 OA 的角速度 $\omega_2=6\text{rad/s}$，角加速度 $\alpha_2=4\text{rad/s}^2$。求圆盘上 M 点和 N 点的绝对速度和绝对加速度。

7－18　图 7－33 所示直角曲杆 OAB 以匀角速度 ω 绕轴 O 转动并推动直杆 CD 绕轴 C 转动，已知 $OA=AB=OC=a$。求当 CD 杆处于水平位置时 CD 杆的角速度和角加速度。

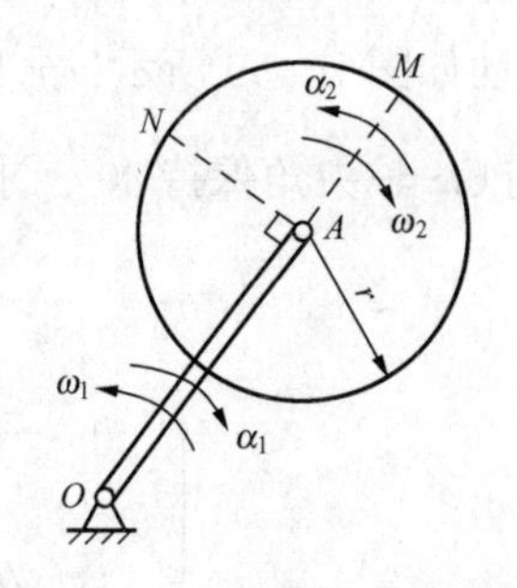

图 7－32　习题 7－17 图

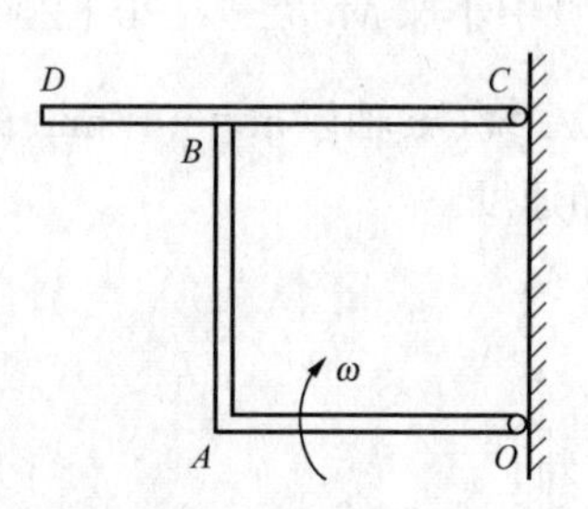

图 7－33　习题 7－18 图

7－19　在图 7－34 所示机构中，已知 $AA'=BB'=r$，且 $AB=A'B'$；连杆 AA' 以匀角速度 ω 绕 A' 转动，当 $\theta=60°$ 时，杆 OC 水平，$OD=2r$。求此时 OC 的角速度及角加速度。

7－20　图 7－35 所示偏心轮摇杆机构中，摇杆 O_1A 压在半径为 R 的偏心轮 C 上，偏心轮 C 可绕轴 O 往复摆动，从而带动摇杆绕轴 O_1 摆动。当 OC 处于铅垂位置时，轮 C 的角速度为 ω，角加速度为零，$\theta=60°$。求此时摇杆 O_1A 的角速度和角加速度。

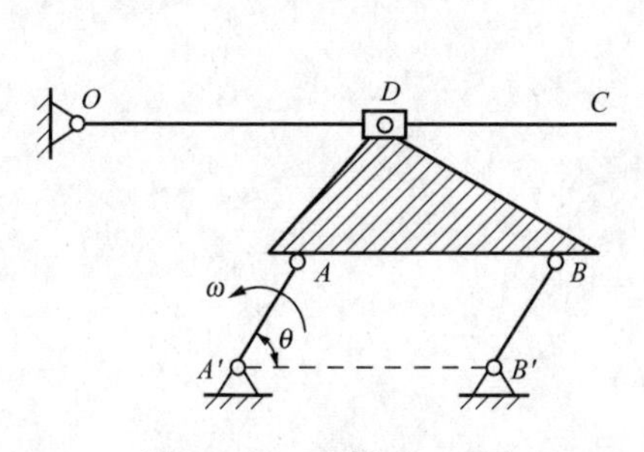

图 7－34　习题 7－19 图

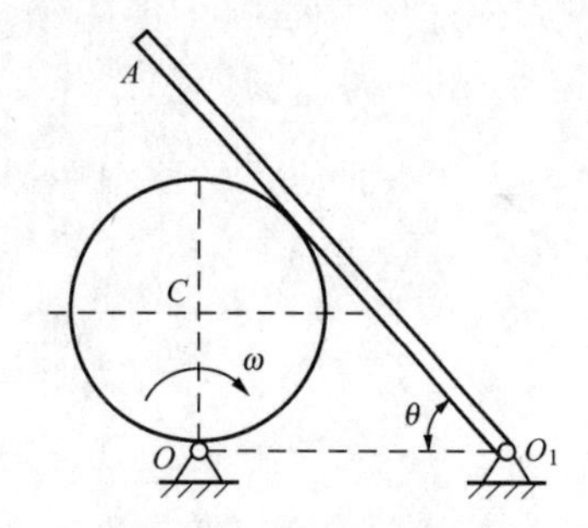

图 7－35　习题 7－20 图

7－21　销钉 M 可同时在 AB、CD 两滑道内运动如图 7－36 所示，CD 为一圆弧形滑槽，随同板以匀角速 $\omega_0=1\text{rad/s}$ 绕 O 转动；在图示瞬时，T 字杆平移的速度 $v=100\text{mm/s}$，加速度 $a=120\text{mm/s}^2$。试求该瞬时销钉 M 对板的速度与加速度。

7－22　板 $ABCD$ 绕 z 轴以 $\omega=0.5t$（其中 ω 以 rad/s 计，t 以 s 计）的规律转动如图 7－37 所示，小球 M 在半径 $r=100\text{mm}$ 的圆弧槽内相对于板按规律 $s=\dfrac{50}{3}\pi t$（s 以 mm 计，t 以 s 计）运动，求 $t=2\text{s}$ 时，小球 M 的速度与加速度。

7－23　瓦特离心调速器在某瞬时以角速度 $\omega=0.5\pi\text{rad/s}$、角加速度 $\alpha=1\text{rad/s}^2$ 绕其铅直轴转动如

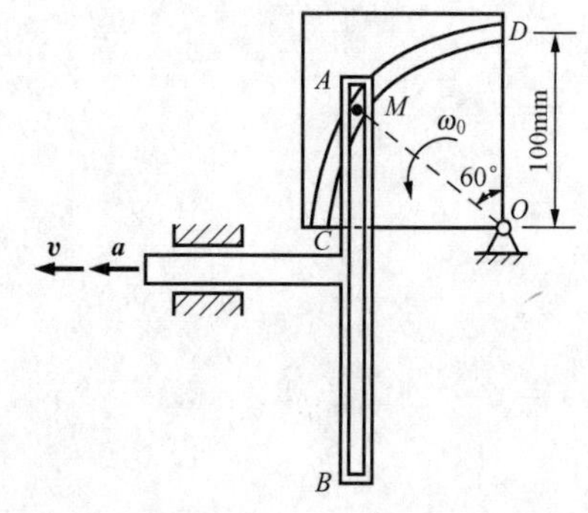

图 7－36　习题 7－21 图

图 7－38 所示，与此同时悬挂重球 A、B 的杆子以角速度 $\omega_1 = 0.5\pi \text{rad/s}$、角加速度 $\alpha_1 = 0.4 \text{rad/s}^2$ 绕悬挂点转动，使重球向外分开。设 $l = 500\text{mm}$，悬挂点间的距离 $2e = 100\text{mm}$，调速器的张角 $\theta = 30°$，球的大小略去不计，作为质点看待，求重球 A 的绝对速度和绝对加速度。

7－24　管中小球 M 以 $x' = 30 + 200\sin \dfrac{\pi}{2} t$ 在槽内运动如图 7－39 所示，x' 以 mm 计，t 以 s 计。杆 OA 绕 Oz 轴以 $n = 60\text{r/min}$ 的转速转动，并与 Oz 轴夹角保持 30°。求 $t = 1\text{s}$ 时 M 点的速度与加速度。

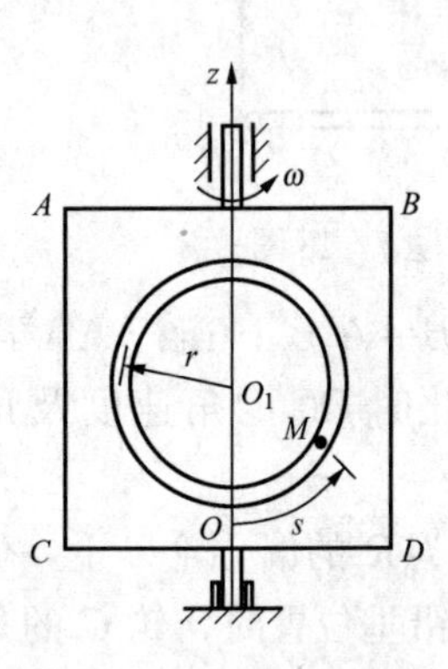

图 7－37　习题 7－22 图

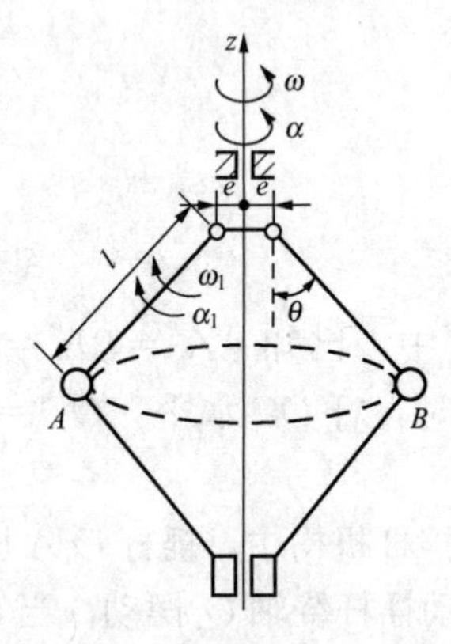

图 7－38　习题 7－23 图

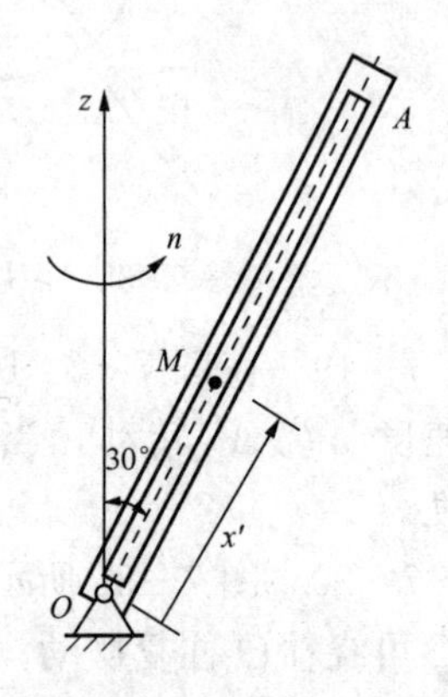

图 7－39　习题 7－24 图

第 8 章 刚体的平面运动

刚体的平面运动是工程中常见的一种较复杂的运动，它可以看成是平移和转动的合成。本章将介绍刚体平面运动的有关概念，研究平面运动刚体上各点的速度和加速度。

第 1 节 刚体平面运动的运动方程

刚体运动时，若体内各点分别保持在与某一固定平面相平行的平面内运动，则该刚体的运动称为**平面平行运动**，简称为**平面运动**（planar motion）。如车轮沿直线轨道滚动时（图 8-1），车轮上每一点都保持在与轨道平行的铅直平面内运动；再如曲柄连杆机构运动时（图 8-2），连杆 AB 上各点都保持在与机构中心平面相平行的平面内运动。所以车轮和连杆 AB 都是作平面运动。

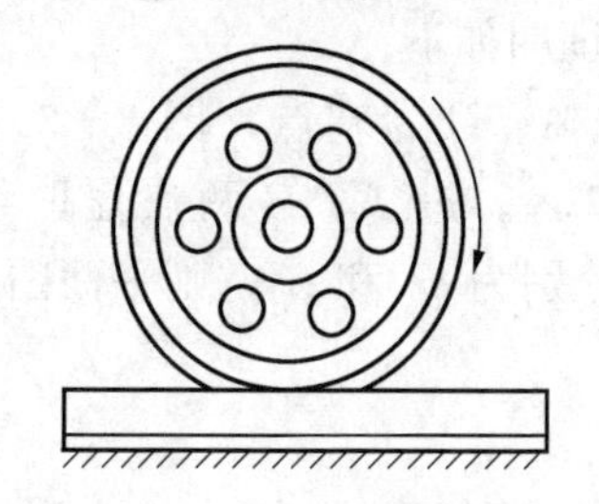

图 8-1 车轮沿直线轨道滚动

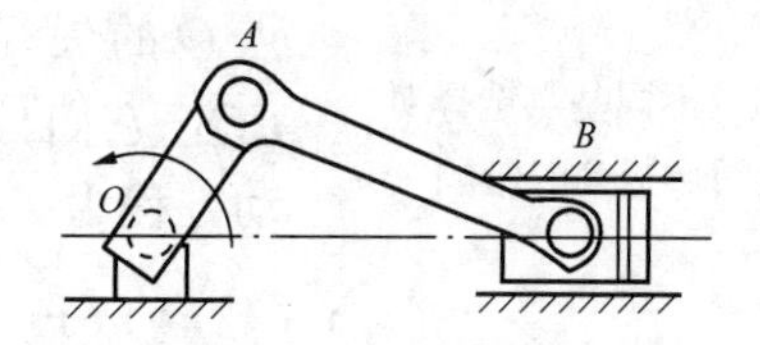

图 8-2 曲柄连杆机构

设刚体 T 作平面运动，刚体内每一点都在平行于固定平面 M 的平面内运动（图 8-3）。另取一个与平面 M 平行的固定平面 N，平面 N 与刚体 T 相交截出一平面图形 S。当刚体运动时，平面图形 S 将始终保持在平面 N 内，而刚体内与 S 垂直的任一条直线 $A'AA''$ 则作平移。因此，只要知道 $A'AA''$ 与 S 的交点 A 的运动，便可知道 $A'AA''$ 上所有各点的运动。从而，只要知道平面图形 S 内各点的运动，就可以知道整个刚体的运动。由此可见，**刚体的平面运动可以简化为平面图形在固定平面内的运动来研究**。

为描述平面图形 S 在固定平面 N 内的运动，在平面 N 内取静坐标系 Oxy（图 8-4）。在

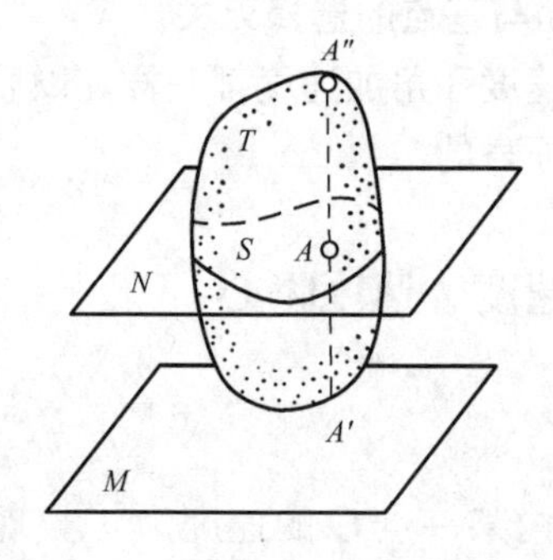

图 8-3 刚体 T 作平面运动

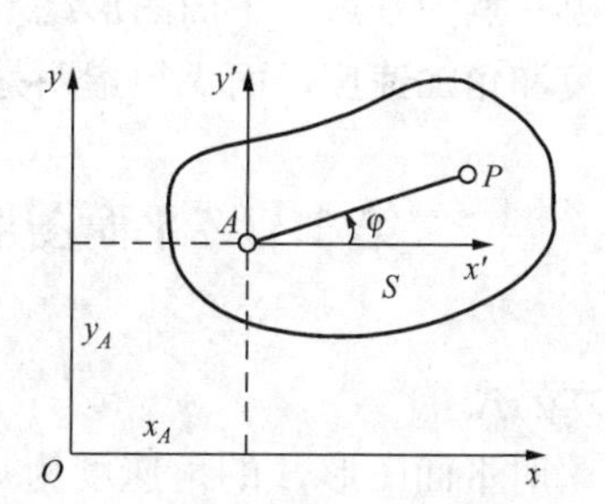

图 8-4 平面图形 S 位置的确定

图形 S 上任取一点 A，称为**基点**（base point），并取动坐标系 $Ax'y'$ 随基点 A 平移。再任取一线段 AP，由于 S 内各点相对于 AP 的位置是一定的，只要确定了 AP 的位置，S 的位置也就确定了。而 AP 的位置可用点 A 的坐标 x_A、y_A 及 AP 与轴 x' 的夹角 φ 来确定。当 S 运动时，x_A、y_A 及 φ 都随时间而改变，都是时间 t 的单值连续函数，可表示为

$$x_A = f_1(t),\ y_A = f_2(t),\ \varphi = f_3(t) \tag{8-1}$$

这是**平面图形 S 的运动方程**，也是**刚体平面运动的运动方程**。

当平面图形 S 在 Oxy 平面内运动时，若 φ 保持不变，则刚体在 Oxy 平面内作平移；若 x_A 和 y_A 保持不变，即点 A 不动，则刚体绕 A 点作定轴转动。一般情况下，x_A、y_A 和 φ 都随时间而变化，可见平面图形在其平面内的运动是由随基点的平移和绕基点的转动组合而成的。

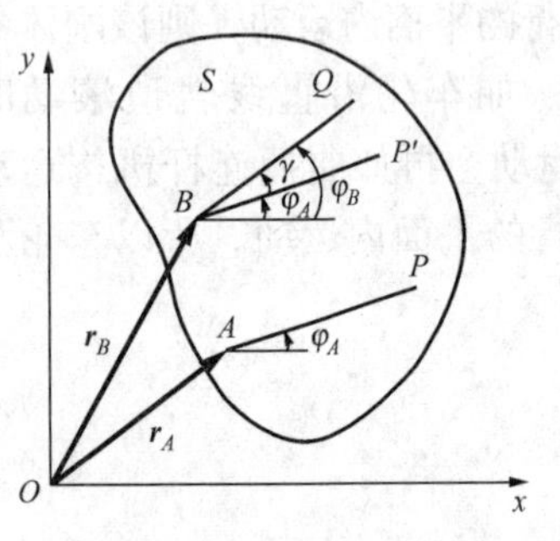

图 8-5 不同基点选择对平面图形运动的影响

将式（8-1）对时间 t 求导数，得基点的速度 $\boldsymbol{v}_A=\dot{x}_A\boldsymbol{i}+\dot{y}_A\boldsymbol{j}$、加速度 $\boldsymbol{a}_A=\ddot{x}_A\boldsymbol{i}+\ddot{y}_A\boldsymbol{j}$，平面图形绕基点转动的角速度 $\omega_A=\dot{\varphi}$、角加速度 $\alpha_A=\ddot{\varphi}$。

基点是任选的。基点选择不同，平面图形随基点平移的速度和加速度也不同，但绕基点转动的角速度和角加速度却不因基点的不同而改变。证明如下。

在平面图形 S 上任选 A、B 为基点（图 8-5），它们对点 O 的矢径分别为 $\boldsymbol{r}_A$ 和 $\boldsymbol{r}_B$。过 A、B 两点任取线段 AP、BQ，它们与轴 x 的夹角分别为 φ_A 和 φ_B，则平面图形 S 的运动方程为

$$\boldsymbol{r}_A = \boldsymbol{r}_A(t),\ \varphi_A = \varphi_A(t)$$

或

$$\boldsymbol{r}_B = \boldsymbol{r}_B(t),\ \varphi_B = \varphi_B(t)$$

对时间 t 求导数，得

$$\boldsymbol{v}_A = \dot{\boldsymbol{r}}_A,\ \boldsymbol{a}_A = \ddot{\boldsymbol{r}}_A,\ \omega_A = \dot{\varphi}_A,\ \alpha_A = \ddot{\varphi}_A$$

或

$$\boldsymbol{v}_B = \dot{\boldsymbol{r}}_B,\ \boldsymbol{a}_B = \ddot{\boldsymbol{r}}_B,\ \omega_B = \dot{\varphi}_B,\ \alpha_B = \ddot{\varphi}_B$$

因平面图形内各点的运动（包括轨迹、速度和加速度等）一般都不相同，所以 $\boldsymbol{v}_A\neq\boldsymbol{v}_B$，$\boldsymbol{a}_A\neq\boldsymbol{a}_B$，**即平面图形随基点的平移与基点的选择有关**。过点 B 作线段 $BP'/\!/AP$（图 8-5），设 BP' 与 BQ 的夹角为 γ，则 $\varphi_B=\varphi_A+\gamma$。因为 S 是刚体，γ 为常量，所以有 $\dot{\varphi}_B=\dot{\varphi}_A$，$\ddot{\varphi}_B=\ddot{\varphi}_A$，即 $\omega_B=\omega_A$，$\alpha_B=\alpha_A$，亦即**平面图形绕基点的转动与基点的选择无关**。

无论取哪一点为基点，平面图形绕基点转动的角速度和角加速度都一样，以后称它们为**图形的角速度和角加速度**，而无须指明是对哪个基点而言的。

第 2 节 平面图形内各点的速度 速度瞬心

一、基本公式

设某一瞬时平面图形 S 的角速度为 ω、平面图形内某一点 O 的速度为 $\boldsymbol{v}_O$，现求平面图形内任一点 M 的速度 $\boldsymbol{v}_M$（图 8-6）。

以点O为基点，选固结于基点O的平移坐标系为动系（图8-6中未画出），则平面图形的运动可以看成是随基点O的平移（牵连运动）和绕基点O的转动（相对运动）的合成。

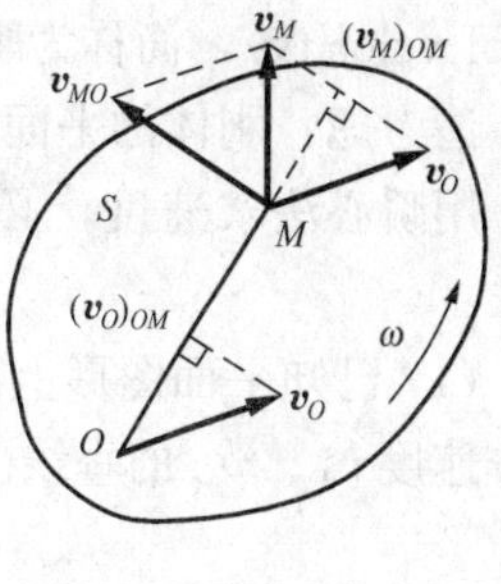

点M的速度可用速度合成定理$\boldsymbol{v}_M=\boldsymbol{v}_e+\boldsymbol{v}_r$求得，其中$\boldsymbol{v}_e=\boldsymbol{v}_O$（牵连运动是平移）；而$\boldsymbol{v}_r$是点$M$随同平面图形绕基点$O$转动的速度，记为$\boldsymbol{v}_{MO}$，$v_{MO}=OM\cdot\omega$，$\boldsymbol{v}_{MO}$垂直于$OM$，指向与$\omega$的转向一致。所以有

$$\boldsymbol{v}_M=\boldsymbol{v}_O+\boldsymbol{v}_{MO} \tag{8-2}$$

图8-6　平面图形内任一点的速度

即平面图形内任一点的速度等于基点的速度与该点随平面图形绕基点转动的速度的矢量和。利用式（8-2）求速度的方法称为**基点法**（method of base point）。由于基点是任选的，所以式（8-2）表明了平面图形内任意两点的速度之间的关系。根据基点法公式，可以求出两个未知量。

二、速度投影关系

将式（8-2）投影到O、M的连线上，因$\boldsymbol{v}_{MO}$垂直于OM，在OM上的投影为零，所以

$$(\boldsymbol{v}_M)_{OM}=(\boldsymbol{v}_O)_{OM} \tag{8-3}$$

即平面图形上任意两点的速度在该两点连线上的投影相等，这一关系称为**速度投影定理**（theorem of project of the velocities）。利用速度投影定理求速度的方法称为**投影法**。

三、速度瞬心

利用基点法求平面图形内任一点M的速度时，需要求基点的速度与点M随平面图形绕基点转动的速度的矢量和。如果选平面图形内速度为零的点作为基点，那么将给基点法求解速度问题带来方便。某一瞬时，平面图形内或其扩展部分上速度为零的点称为**瞬时速度中心**，简称**速度瞬心**（instantaneous center of velocity），用I表示。

可以证明，**当角速度$\boldsymbol{\omega}\neq 0$时，平面图形内或其扩展部分上唯一地存在一个速度为零的点。**

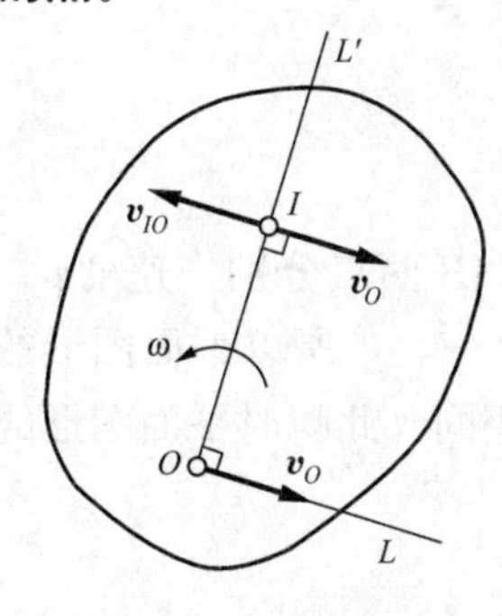

图8-7　速度瞬心

设某一瞬时平面图形内点O的速度为$\boldsymbol{v}_O$，平面图形的角速度$\omega\neq 0$（图8-7），求该瞬时平面图形的速度瞬心。以点O为基点，过点O沿$\boldsymbol{v}_O$的方向作半直线OL，将OL顺着ω的转向转90°得半直线OL'。半直线OL'上的点随同平面图形绕基点O转动的速度与基点的速度$\boldsymbol{v}_O$反向。若取$OI=v_O/\omega$，则点I的速度为$v_I=v_O-v_{IO}=0$。显然，不同的瞬时，$\boldsymbol{v}_O$、ω不同，速度瞬心I在平面图形内的位置也不同。

以速度瞬心I为基点，由基点法得平面图形内任一点M的速度

$$\boldsymbol{v}_M=\boldsymbol{v}_{MI} \tag{8-4}$$

即平面图形内任一点的速度等于该点随平面图形绕速度瞬心I转动的速度（图8-8）。$v_M=IM\cdot\omega$，$\boldsymbol{v}_M$垂直于IM，指向与ω的转向一致。可见，平面图形内某一点的速度的大小与该点到速度瞬心的距离成正比，速度的方向垂直于该点与速度瞬心的连线，指向与ω的转向一致。这种以速度瞬心为基点求速度的方法称为**速度瞬心法**（method of instantaneous center of velocity)，简称为**瞬心法**。

请考虑：刚体的平面运动与定轴转动有何区别？

用瞬心法求速度，必须先确定速度瞬心的位置，下面介绍几种确定速度瞬心位置的方法：

(1) 已知平面图形上任意两点 A、B 的速度方位，且 $\boldsymbol{v}_A$ 与 $\boldsymbol{v}_B$ 不平行。过 A、B 两点分别作速度 $\boldsymbol{v}_A$、$\boldsymbol{v}_B$ 的垂线（图 8-9），这两条垂线的交点 I 就是该瞬时平面图形的速度瞬心。

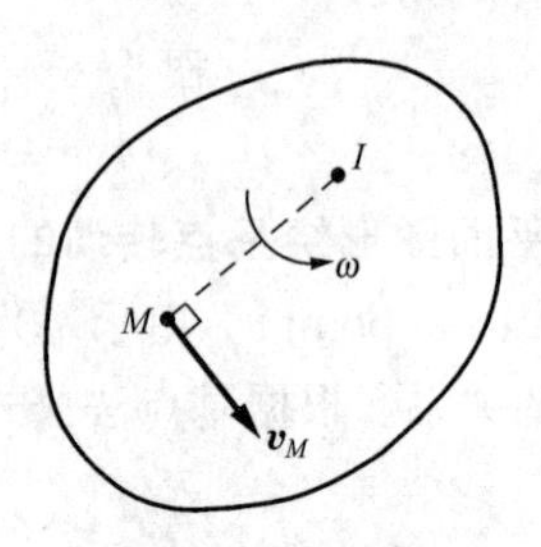

图 8-8　速度瞬心法

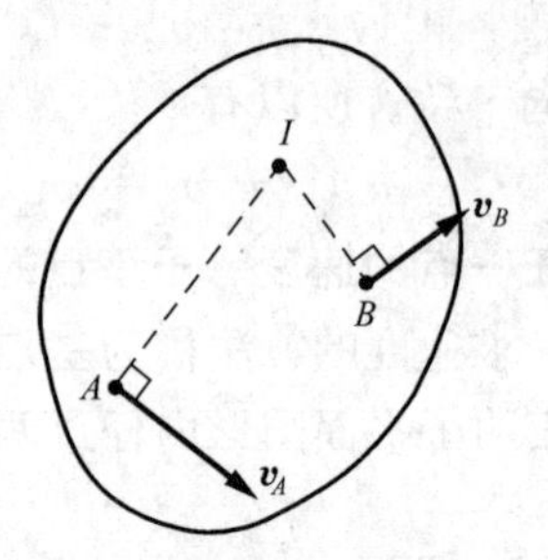

图 8-9　图形上两点的速度方位不平行

(2) 已知平面图形上任意两点 A、B 的速度方位，且 $\boldsymbol{v}_A$ 与 $\boldsymbol{v}_B$ 平行。

1) 当 A、B 的连线垂直于 $\boldsymbol{v}_A$、$\boldsymbol{v}_B$ 时［图 8-10 (a)、(b)］，两速度的矢端连线与 A、B 连线的交点就是速度瞬心 I。

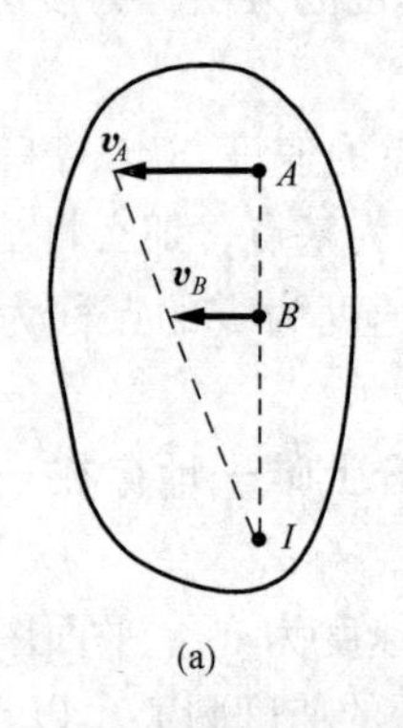

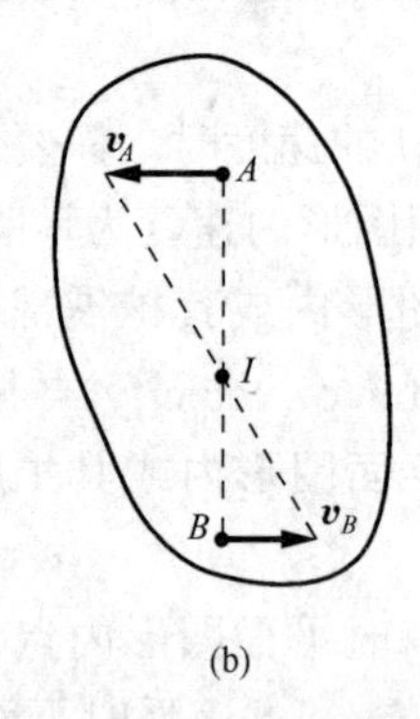

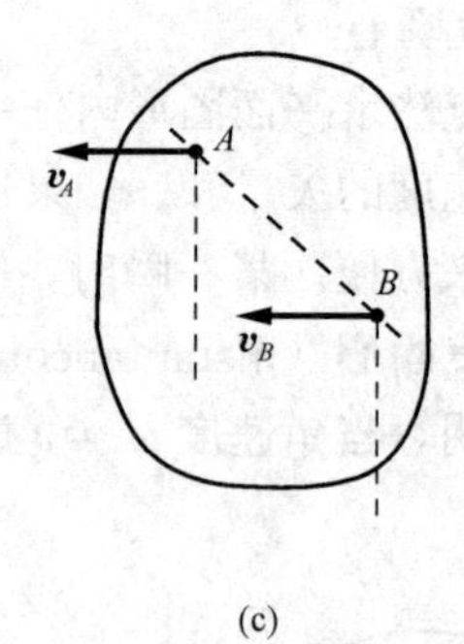

图 8-10　图形上两点的速度方位平行

2) 当 A、B 的连线不垂直于 $\boldsymbol{v}_A$、$\boldsymbol{v}_B$ 时［图 8-10 (c)］，过 A、B 两点分别作速度 $\boldsymbol{v}_A$、$\boldsymbol{v}_B$ 的垂线，这两条垂线平行，交点即速度瞬心 I 在无穷远处。因 $IA\to\infty$，所以平面图形的角速度 $\omega=v_A/IA=0$。由基点法知，该瞬时平面图形上各点的速度相同。此瞬时平面图形的运动状态称为**瞬时平移**（instantaneous translation）。

请考虑：刚体瞬时平移与平移有何区别？

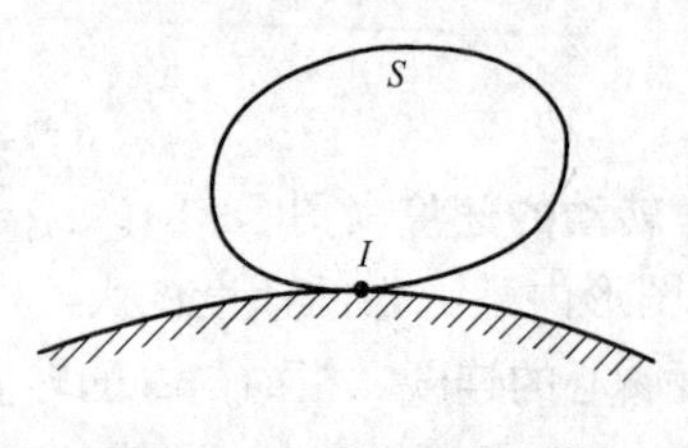

图 8-11　图形只滚不滑

(3) 已知平面图形沿某一固定面滚动而不滑动（图 8-11）。任一瞬时平面图形上与固定面相接触的点 I 就是速度瞬心（［例 5-1］已验证）。

综上，刚体作平面运动时，若图形的 $\omega\neq0$，则速度瞬心 I 在平面图形（或其扩展部分）上唯一存在，平面图形绕 I 作瞬时转动。

应注意，某一瞬时的速度瞬心只是在该瞬时的速度为零，而它的加速度一般不为零（[例5-1] 已验证），所以在下一瞬时其速度不再为零。因此，**速度瞬心在平面图形上和在固定平面上的位置都是随时间而变的，在不同的瞬时，平面图形具有不同的速度瞬心**。不同瞬时的速度瞬心在平面图形上形成的轨迹称为**动瞬心轨迹**，而在固定平面上形成的轨迹称为**静瞬心轨迹**。在图8-11中，平面图形S的轮廓线就是动瞬心轨迹，固定面上S沿着滚动的曲线就是静瞬心轨迹，动瞬心轨迹与静瞬心轨迹接触于点I，而点I的速度为零，所以动瞬心轨迹在静瞬心轨迹上作无滑动的滚动，平面图形在固定平面内的运动可以看作其动瞬心轨迹在静瞬心轨迹上作无滑动的滚动的结果。

【例8-1】 在图8-12所示曲柄—滑块机构中，已知$\omega_{OA}=2\mathrm{rad/s}$，$OA=r=0.1\mathrm{m}$，$\varphi=45°$，$\theta=30°$，试求该瞬时滑块$B$的速度。

解 曲柄OA作定轴转动，滑块B作平移，连杆AB作平面运动。下面用三种方法求$\boldsymbol{v}_B$。

1. 基点法

由OA定轴转动可求出$v_A=r\cdot\omega_{OA}=0.2\mathrm{m/s}$，$\boldsymbol{v}_A\perp OA$，指向与$\omega_{OA}$的转向一致。以点$A$为基点，点$B$的速度

$$\boldsymbol{v}_B=\boldsymbol{v}_A+\boldsymbol{v}_{BA}$$

式中$\boldsymbol{v}_B$方位水平，$\boldsymbol{v}_{BA}\perp AB$。在$B$点按上式作速度平行四边形（图8-12），根据正弦定理，有$\dfrac{v_A}{\sin(90°-\theta)}=\dfrac{v_B}{\sin(\varphi+\theta)}$，求出$v_B=\dfrac{\sin(\varphi+\theta)}{\sin(90°-\theta)}v_A=0.223\mathrm{m/s}$，$\boldsymbol{v}_B$指向向左。

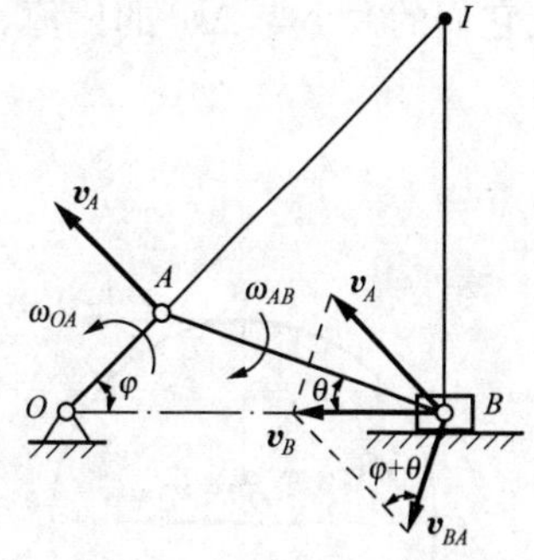

图8-12 [例8-1] 图

根据$\dfrac{v_A}{\sin(90°-\theta)}=\dfrac{v_{BA}}{\sin(90°-\varphi)}$，由几何关系$OA\sin\varphi=AB\sin\theta$，还可求出杆$AB$的角速度$\omega_{AB}=\dfrac{v_{BA}}{AB}=\dfrac{\tan\theta}{\tan\varphi}\omega_{OA}=1.155\mathrm{rad/s}$，$\omega_{AB}$顺时针转向（与$\boldsymbol{v}_{BA}$的指向一致）。

2. 投影法

根据速度投影定理$(\boldsymbol{v}_A)_{AB}=(\boldsymbol{v}_B)_{AB}$，有$v_A\cos(90°-\varphi-\theta)=v_B\cos\theta$，求出$v_B=\dfrac{\sin(\varphi+\theta)}{\cos\theta}v_A=0.223\mathrm{m/s}$。

3. 瞬心法

已知$\boldsymbol{v}_A$、$\boldsymbol{v}_B$的方位，过点A、B分别作$\boldsymbol{v}_A$、$\boldsymbol{v}_B$的垂线，交点I即为杆AB的速度瞬心。在三角形IAB中，由正弦定理$\dfrac{IA}{\sin(90°-\theta)}=\dfrac{IB}{\sin(\varphi+\theta)}$，得$\dfrac{IB}{IA}=\dfrac{\sin(\varphi+\theta)}{\cos\theta}$；由$\dfrac{IA}{\sin(90°-\theta)}=\dfrac{AB}{\sin(90°-\varphi)}$，得$IA=\dfrac{\cos\theta}{\cos\varphi}AB=\dfrac{\tan\varphi}{\tan\theta}OA$。

由$\dfrac{v_B}{IB}=\dfrac{v_A}{IA}$，求出$v_B=\dfrac{IB}{IA}v_A=0.223\mathrm{m/s}$。由$\boldsymbol{v}_A$的方向可知杆$AB$绕速度瞬心$I$顺时针转，所以$\boldsymbol{v}_B$指向向左。杆$AB$的角速度$\omega_{AB}=\dfrac{v_A}{IA}=1.155\mathrm{rad/s}$，顺时针转向。

比较以上三种解法，在本例所给条件下，求v_B用投影法最为方便；但若同时要求ω_{AB}，

则瞬心法比较简捷。

【例8-2】 半径为r的车轮沿直线轨道滚动而不滑动，设轮心O的速度为$\boldsymbol{v}_O$，见图8-13。试求车轮的角速度和轮缘上A、B、C诸点的速度。

解 因车轮沿轨道只滚不滑，所以车轮上与轨道接触的点是速度瞬心I。设车轮的角速度为ω，由瞬心法知$v_O = IO \cdot \omega$，得$\omega = \frac{v_O}{IO} = \frac{v_O}{r}$，顺时针转向。

轮缘上A、B、C诸点的速度分别垂直于诸点到速度瞬心I的连线，指向均与ω的转向一致，速度大小分别为

$$v_A = IA \cdot \omega = 2v_O,\ v_B = IB \cdot \omega = \sqrt{2}v_O,\ v_C = IC \cdot \omega = \sqrt{2}v_O。$$

【例8-3】 设刚架的支座B有一铅直向下的微小位移（沉陷）$\Delta \boldsymbol{s}_B$，相应的，C、D、E三点都将发生微小位移（图8-14）。试确定C、D、E三点的位移$\Delta \boldsymbol{s}_C$、$\Delta \boldsymbol{s}_D$、$\Delta \boldsymbol{s}_E$的方向以及它们的大小与$\Delta \boldsymbol{s}_B$的比值。

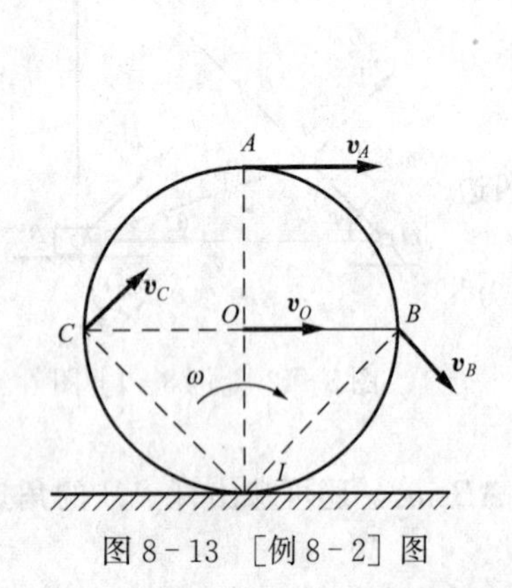

图8-13 ［例8-2］图

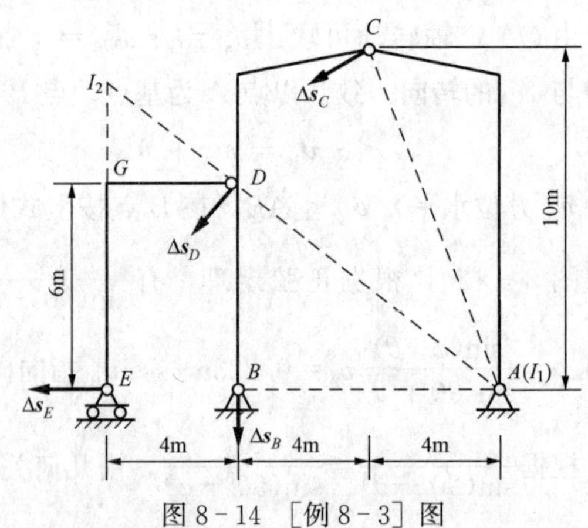

图8-14 ［例8-3］图

解 当支座B发生微小位移时，刚架各部分的位置都将有微小改变。根据所受约束，知AC将绕铰A转动、BC和DE将作平面运动。因$\Delta \boldsymbol{s} = \boldsymbol{v}\Delta t$，即微小位移与速度方向相同、大小成正比，所以平面运动刚体上各点的微小位移与各点的速度一样，可用瞬心法求得。

因AC定轴转动，所以点C的位移$\Delta \boldsymbol{s}_C$（与$\boldsymbol{v}_C$同方向）垂直于AC。过点B、C分别作垂直于$\Delta \boldsymbol{s}_B$、$\Delta \boldsymbol{s}_C$（即垂直于$\boldsymbol{v}_B$、$\boldsymbol{v}_C$）的直线，交点I_1（与点A重合）即为BC的速度瞬心。点D在BC上，位移$\Delta \boldsymbol{s}_D$垂直于I_1D。由$\Delta \boldsymbol{s}_B$的指向知BC绕I_1逆时针转动，所以$\Delta \boldsymbol{s}_C$、$\Delta \boldsymbol{s}_D$指向如图8-14所示（均绕I_1逆时针转向）。由点E所受约束知，$\Delta \boldsymbol{s}_E$方位水平。过点D、E分别作垂直于$\Delta \boldsymbol{s}_D$、$\Delta \boldsymbol{s}_E$的直线，交点I_2即为DE的速度瞬心。由$\Delta \boldsymbol{s}_D$的指向知DE绕I_2顺时针转动，所以$\Delta \boldsymbol{s}_E$指向向左。

位移比值为

$$\frac{\Delta s_C}{\Delta s_B} = \frac{v_C \Delta t}{v_B \Delta t} = \frac{v_C}{v_B} = \frac{I_1C}{I_1B} = \frac{\sqrt{10^2 + 4^2}}{8} = 1.35$$

$$\frac{\Delta s_D}{\Delta s_B} = \frac{v_D}{v_B} = \frac{I_1D}{I_1B} = \frac{\sqrt{8^2 + 6^2}}{8} = 1.25$$

由$\triangle I_2GD \backsim \triangle DBA$，算出$I_2G = 3\text{m}$，$I_2D = 5\text{m}$，所以

$$\frac{\Delta s_E}{\Delta s_B} = \frac{v_E}{v_B} = \frac{v_E}{v_D} \times \frac{v_D}{v_B} = \frac{I_2E}{I_2D} \times \frac{I_1D}{I_1B} = \frac{3+6}{5} \times 1.25 = 2.25$$

*第3节　平面图形内各点的加速度　加速度瞬心

一、基本公式

设某一瞬时平面图形 S 的角速度为 ω、角加速度为 α，平面图形内某一点 O 的加速度为 $\boldsymbol{a}_O$，现求平面图形内任一点 M 的加速度 $\boldsymbol{a}_M$（图 8－15）。

以点 O 为基点，固结于基点 O 的平移坐标系为动系（图 8－15 中未画出），则平面图形的运动可以看成是随基点 O 的平移（牵连运动）和绕基点 O 的转动（相对运动）的合成。点 M 的加速度可用牵连运动为平移的加速度合成定理 $\boldsymbol{a}_M=\boldsymbol{a}_e+\boldsymbol{a}_r$ 求得，其中 $\boldsymbol{a}_e=\boldsymbol{a}_O$（牵连运动是平移），而 $\boldsymbol{a}_r$ 是点 M 随同平面图形绕基点 O 转动的加速度，记为 $\boldsymbol{a}_{MO}$。点 M 的加速度为

$$\boldsymbol{a}_M=\boldsymbol{a}_O+\boldsymbol{a}_{MO} \qquad (8-5)$$

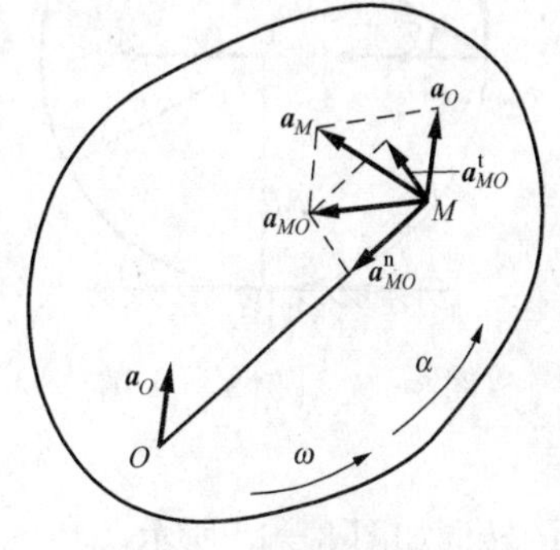

图 8－15　平面图形内任一点的加速度

即平面图形内任一点的加速度等于基点的加速度与该点随平面图形绕基点转动的加速度的矢量和。

点 M 随同平面图形绕基点 O 转动的加速度 $\boldsymbol{a}_{MO}$，可分为法向加速度 $\boldsymbol{a}_{MO}^{n}$ 和切向加速度 $\boldsymbol{a}_{MO}^{t}$，即 $\boldsymbol{a}_{MO}=\boldsymbol{a}_{MO}^{n}+\boldsymbol{a}_{MO}^{t}$。$\boldsymbol{a}_{MO}^{n}$ 由点 M 指向基点 O，大小为 $a_{MO}^{n}=OM\cdot\omega^2$；$\boldsymbol{a}_{MO}^{t}$ 垂直于 OM，指向与 α 的转向一致，大小为 $a_{MO}^{t}=OM\cdot|\alpha|$。式（8－5）也可写成

$$\boldsymbol{a}_M=\boldsymbol{a}_O+\boldsymbol{a}_{MO}^{n}+\boldsymbol{a}_{MO}^{t} \qquad (8-6)$$

由式（8－5）或式（8－6）求加速度的方法称为基点法。由于基点是任选的，所以此两式表明了平面图形上任意两点的加速度之间的关系。根据基点法公式，可以求出两个未知量。

二、加速度瞬心*

利用式（8－5）求加速度 $\boldsymbol{a}_M$ 涉及 $\boldsymbol{a}_O$ 和 $\boldsymbol{a}_{MO}$ 两个量。在某一确定瞬时，$\boldsymbol{a}_O$ 是一定的，而 $\boldsymbol{a}_{MO}$ 却随点 M 的位置不同而改变。因此，在某一瞬时，总能在平面图形内或其扩展部分上找到一点 J，使得 $\boldsymbol{a}_{JO}$ 与 $\boldsymbol{a}_O$ 大小相等、方向相反，从而使得 $\boldsymbol{a}_J=0$。某一瞬时，平面图形内或其扩展部分上加速度为零的点称为**加速度瞬心**（instantaneous center of acceleration）。加速度瞬心可用下述方法确定。

设在某一瞬时，已知平面图形内一点 O 的加速度 $\boldsymbol{a}_O$ 及图形的角速度 ω 和角加速度 α（图 8－16）。过点 O 沿 $\boldsymbol{a}_O$ 的方向作半直线 OL，将 OL 顺着 α 的转向转锐角 β，使得 $\tan\beta=|\alpha|/\omega^2$，得半直线 OL'。在半直线 OL' 上取一点 J，使 $OJ=a_O/\sqrt{\alpha^2+\omega^4}$，则点 J 就是平面图形在该瞬时的加速度瞬心。

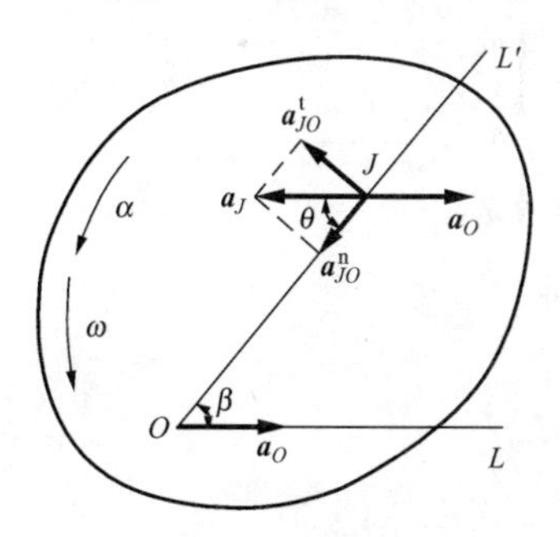

图 8－16　加速度瞬心

如果以加速度瞬心 J 为基点，则由式（8－5）知，平面图形内任一点的加速度就等于该点随平面图形绕加速度瞬心转动的加速度。但由于加速度瞬心 J 的确定并不方便，所以这种方法很少用。从上面的讨论可以看出，加速度瞬心的位置和速度瞬心的位置一般是不相同的，切不可将两者混淆起

来，误将速度瞬心作为加速度瞬心来求点的加速度。

【例 8-4】 半径为 r 的车轮沿直线轨道滚动而不滑动，已知轮心的速度 $\boldsymbol{v}_O$、加速度 $\boldsymbol{a}_O$（图 8-17）。试求车轮与轨道接触点 I 及轮缘上点 A 的加速度。

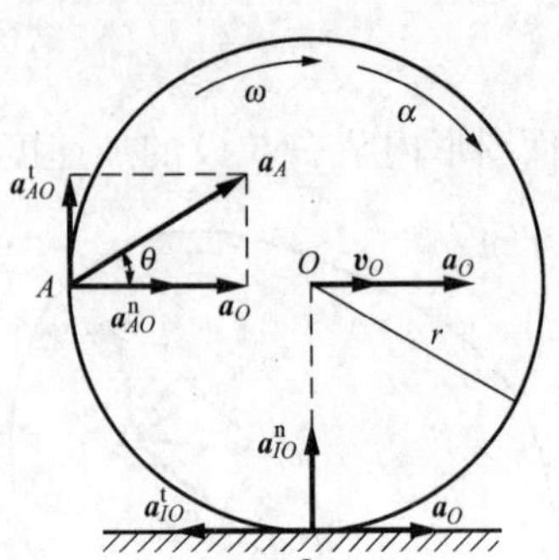

图 8-17 ［例 8-4］图

解 在［例 8-2］中已求出车轮的角速度

$$\omega = \frac{v_O}{r}$$

此关系式在任何瞬时都成立，故可对时间求导数，得车轮的角加速度

$$\alpha = \frac{\mathrm{d}\omega}{\mathrm{d}t} = \frac{1}{r}\frac{\mathrm{d}v_O}{\mathrm{d}t}$$

因轮心 O 做直线运动，所以 $\frac{\mathrm{d}v_O}{\mathrm{d}t} = a_O$，代入上式有

$$\alpha = \frac{a_O}{r}$$

α 的转向如图 8-17 所示。

以点 O 为基点，求点 I、A 的加速度。据式（8-6）有

$$\boldsymbol{a}_I = \boldsymbol{a}_O + \boldsymbol{a}_{IO}^{\mathrm{t}} + \boldsymbol{a}_{IO}^{\mathrm{n}} \quad 及 \quad \boldsymbol{a}_A = \boldsymbol{a}_O + \boldsymbol{a}_{AO}^{\mathrm{t}} + \boldsymbol{a}_{AO}^{\mathrm{n}}$$

其中 $a_{IO}^{\mathrm{t}} = a_{AO}^{\mathrm{t}} = r\alpha = a_O$，$a_{IO}^{\mathrm{n}} = a_{AO}^{\mathrm{n}} = r\omega^2 = \frac{v_O^2}{r}$，$\boldsymbol{a}_{IO}^{\mathrm{t}}$、$\boldsymbol{a}_{IO}^{\mathrm{n}}$、$\boldsymbol{a}_{AO}^{\mathrm{t}}$、$\boldsymbol{a}_{AO}^{\mathrm{n}}$ 的方向见图 8-17。

因 $\boldsymbol{a}_{IO}^{\mathrm{t}}$ 与 $\boldsymbol{a}_O$ 大小相等、方向相反，互相抵消，所以 $a_I = a_{IO}^{\mathrm{n}} = r\omega^2 = \frac{v_O^2}{r}$，$\boldsymbol{a}_I$ 的方向与 $\boldsymbol{a}_{IO}^{\mathrm{n}}$ 的方向相同，由 I 指向 O。

由图 8-17 知

$$a_A = \sqrt{(a_O + a_{AO}^{\mathrm{n}})^2 + (a_{AO}^{\mathrm{t}})^2} = \sqrt{\left(a_O + \frac{v_O^2}{r}\right)^2 + a_O^2}$$

$$\tan\theta = \frac{a_{AO}^{\mathrm{t}}}{a_O + a_{AO}^{\mathrm{n}}} = \frac{a_O}{a_O + v_O^2/r}$$

本题用实例说明了速度瞬心 I 的加速度并不为零。因此，切不可将速度瞬心 I 作为加速度为零的一点来求图形内其他各点的加速度。

【例 8-5】 在图 8-18（a）所示四连杆机构中，$OA=r$，$AB=l$，$BC=R$。已知曲柄

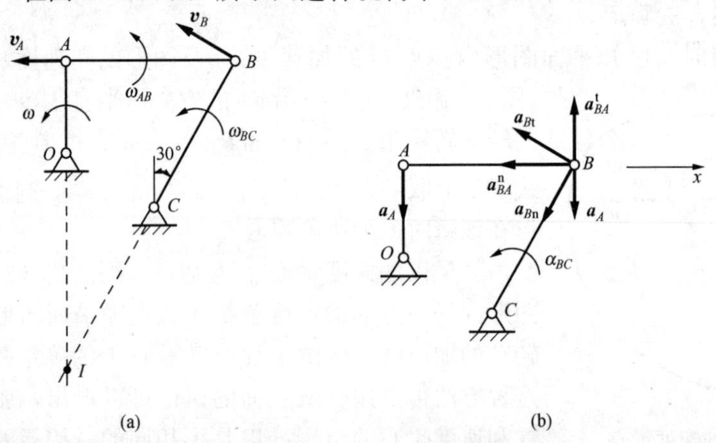

图 8-18 ［例 8-5］图

OA 以匀角速度 ω 转动，试求图示位置摇杆 BC 的角速度和角加速度。

解 曲柄 OA、摇杆 BC 作定轴转动，连杆 AB 作平面运动。

1. 用瞬心法求摇杆的角速度

已知 $\boldsymbol{v}_A$、$\boldsymbol{v}_B$ 的方位，作它们的垂线，交点 I 即为杆 AB 的速度瞬心。由几何关系知 $IA=\sqrt{3}l$，$IB=2l$。因 $v_A=\omega r$，所以杆 AB 的角速度

$$\omega_{AB}=\frac{v_A}{IA}=\frac{r}{\sqrt{3}l}\omega$$

由 $\boldsymbol{v}_A$ 的指向可知 ω_{AB} 逆时针转向。$v_B=IB\cdot\omega_{AB}=\dfrac{2}{\sqrt{3}}r\omega$，方向见图 8-18（a）。杆 BC 的角速度为

$$\omega_{BC}=\frac{v_B}{R}=\frac{2r}{\sqrt{3}R}\omega$$

由 $\boldsymbol{v}_B$ 的指向可知 ω_{BC} 逆时针转向。

2. 用基点法求摇杆的角加速度

杆 OA 做匀速转动，$a_A=r\omega^2$，方向由 A 指向 O。杆 BC 作定轴转动，$\boldsymbol{a}_B=\boldsymbol{a}_{Bn}+\boldsymbol{a}_{Bt}$，其中 $a_{Bn}=R\cdot\omega_{BC}^2=4r^2\omega^2/3R$，方向由 B 指向 C；$a_{Bt}=R\alpha_{BC}$，α_{BC} 未知、待求，$\boldsymbol{a}_{Bt}$ 垂直于 BC，指向假设如图 8-18（b）所示，相应的 α_{BC} 逆时针转向。杆 AB 作平面运动，以点 A 为基点，根据基点法有

$$\boldsymbol{a}_{Bn}+\boldsymbol{a}_{Bt}=\boldsymbol{a}_A+\boldsymbol{a}_{BA}^{n}+\boldsymbol{a}_{BA}^{t} \tag{a}$$

其中 $a_{BA}^{n}=AB\cdot\omega_{AB}^2=r^2\omega^2/3l$，方向由 B 指向 A；$a_{BA}^{t}=AB\cdot\alpha_{AB}=l\alpha_{AB}$，$\alpha_{AB}$ 未知，$\boldsymbol{a}_{BA}^{t}$ 垂直于 AB，指向假设如图 8-18（b）所示。

选轴 $x\perp\boldsymbol{a}_{BA}^{t}$，将式（a）投影到轴 x 上，得

$$-a_{Bn}\cos60^\circ-a_{Bt}\cos30^\circ=-a_{BA}^{n}$$

解出

$$\alpha_{BC}=\frac{2r^2\omega^2}{3\sqrt{3}R}\left(\frac{1}{l}-\frac{2}{R}\right)$$

若括号中的值为正，则 α_{BC} 的转向如图 8-18（b）所示；若为负，则相反。

请思考： 四连杆机构是一种非常有用的机构，当其中两杆处于同一直线（称为“死点”）位置时，其后的运动会出现不确定状态，即正转、反转、死机。有些机构（如缝纫机、冲床等）通过安装飞轮，越过死点位置，而有些机构（如夹具、管子钳等）则要利用死点位置。请找出你身边的四连杆机构，并进行分析。

思 考 题

8-1 是非题

（1）作平面运动的刚体，某瞬时若角速度和角加速度同时为零，则此时刚体上各点的速度和加速度均相等。

（2）设 A 为平面运动刚体上任意一点，I 为刚体在该瞬时的速度瞬心，则点 A 的运动轨迹在此处的曲率半径等于 A、I 间的距离。

（3）刚体作平面运动时，若某瞬时其上有两点加速度相同，则此瞬时刚体上各点的速度

都相同。

（4）平面图形瞬时平移时，其上任意两点的加速度在这两点连线上的投影相等。

8-2　图8-19所示各平面图形上各点的速度分布是否可能？为什么？若图中速度改为加速度，则各点加速度分布是否可能？为什么？

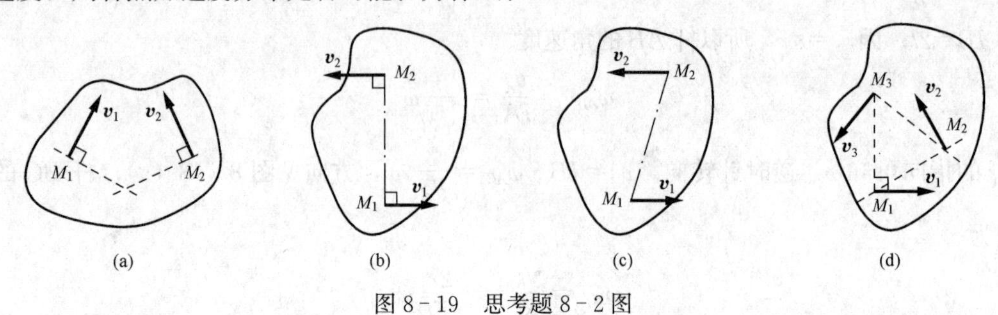

图8-19　思考题8-2图

8-3　图8-20所示两机构，根据A、B两点的速度$\boldsymbol{v}_A$、$\boldsymbol{v}_B$的方位可以定出作平面运动的构件的速度瞬心I之位置如图所示，是否正确？

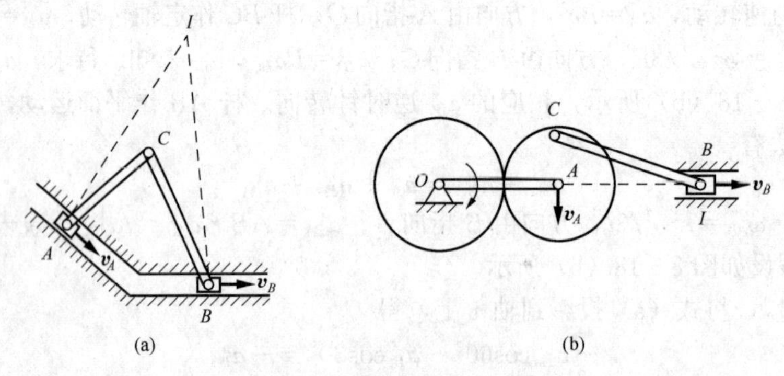

图8-20　思考题8-3图

8-4　试从图8-21所示各机构中找出作平面运动的刚体，并判断速度瞬心的位置。

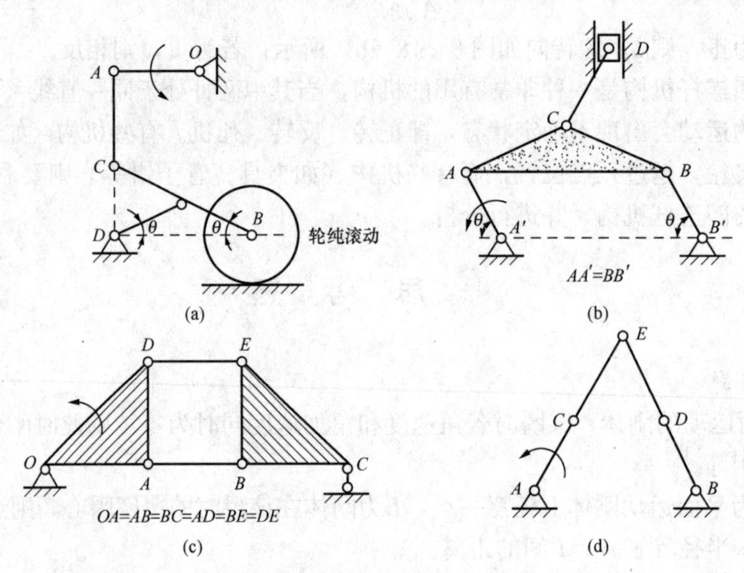

图8-21　思考题8-4图

习　题

8-1　椭圆规尺AB由曲柄OC带动如图8-22所示，曲柄以匀角速度ω_0绕O轴匀速转动。如$OC=BC=AC=r$，并取C为基点，求椭圆规尺AB的平面运动方程。

8-2　半径为r的齿轮由曲柄OA带动，沿半径为R的固定齿轮滚动如图8-23所示。如曲柄OA以匀角加速度α绕O轴转动，且当运动开始时，角速度$\omega_0=0$，转角$\varphi=0$，求动齿轮以中心A为基点的平面运动方程。

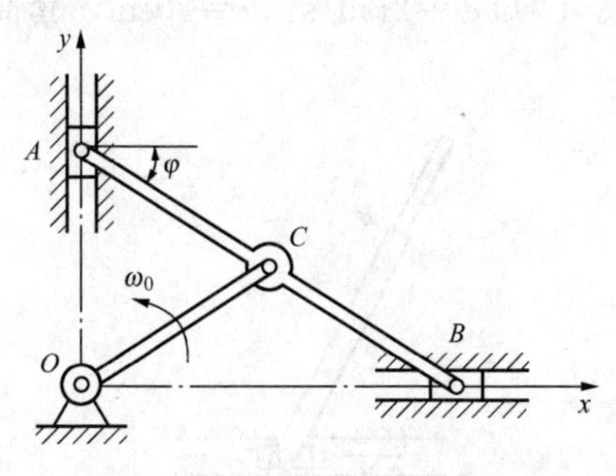

图8-22　习题8-1图

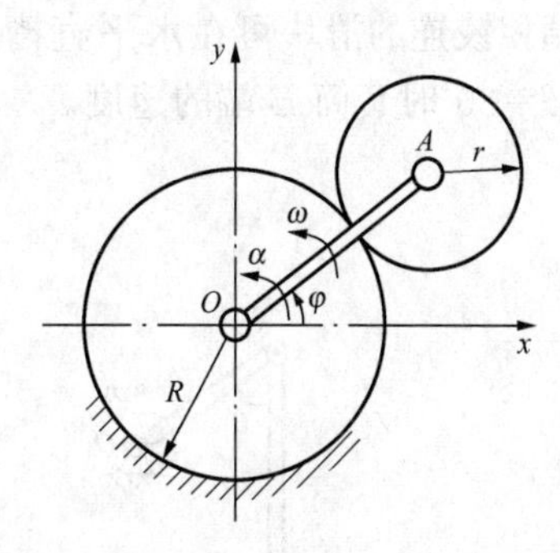

图8-23　习题8-2图

8-3　试证明：作平面运动的平面图形内任意两点的连线中点的速度等于该两点速度的矢量和的一半。

8-4　两刚体M、N用铰C连接，作平面平行运动。已知$AC=BC=600$mm，在图8-24所示位置$v_A=200$mm/s，$v_B=100$mm/s。试求C点的速度。

8-5　习题8-4中若$\boldsymbol{v}_B$与BC的夹角为60°，其他条件相同，试求C点的速度。

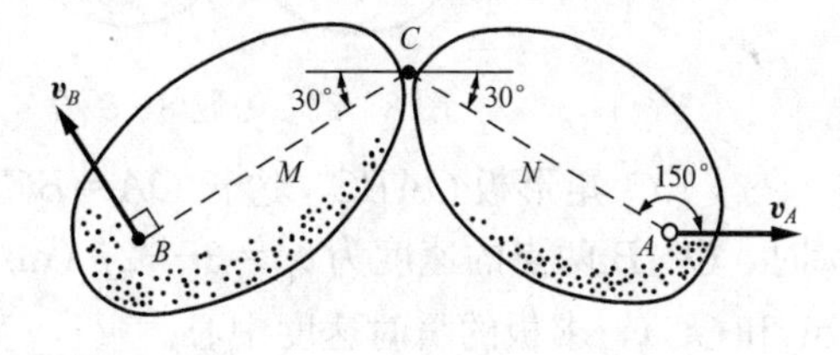

图8-24　习题8-4图

8-6　图8-25所示瞬时，卡车以6m/s的速度向前运动。已知车轮半径为60cm，所装圆管半径为1.5m，①若卡车上装载的圆管以角速度$\omega_1=8$rad/s相对卡车作纯滚动，试求圆管中心C的速度；②若此瞬时后车轮角速度为$\omega_2=11$rad/s，车轮与地面接触点A打滑，试求车轮点A的速度。

8-7　如图8-26所示为一曲柄机构，曲柄OA可绕O轴转动，带动杆AC在套管B内

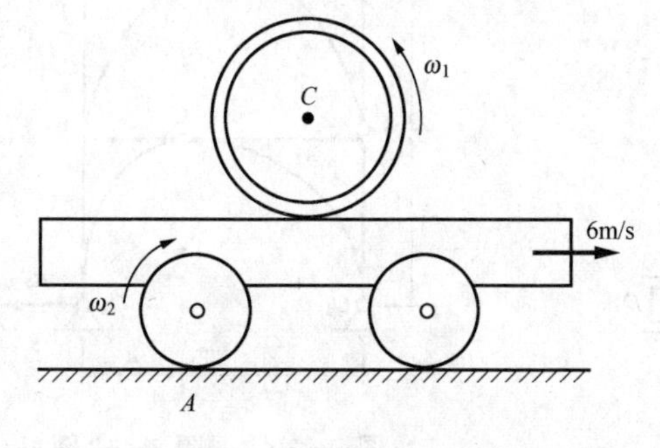

图8-25　习题8-6图

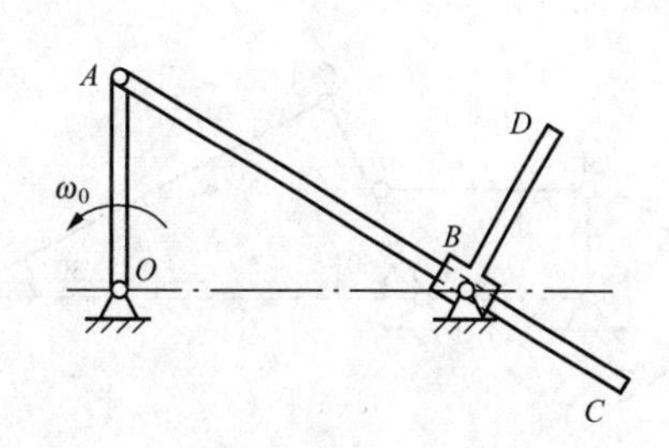

图8-26　习题8-7图

滑动，套管 B 及与其刚连的 BD 杆又可绕通过 B 铰而与图示平面垂直的水平轴运动。已知：$OA=BD=300\text{mm}$，$OB=400\text{mm}$，当 OA 转至铅直位置时，其角速度 $\omega_0=2\text{rad/s}$，试求 D 点的速度。

8-8 在瓦特行星传动机构中，杆 O_1A 绕 O_1 轴转动，并借杆 AB 带动曲柄 OB，而曲柄 OB 活动地装置在 O 轴上如图 8-27 所示。在 O 轴上装有齿轮Ⅰ；齿轮Ⅱ的轴安装在杆 AB 的 B 端，齿轮Ⅰ、Ⅱ啮合。已知：$r_1=r_2=300\sqrt{3}\text{mm}$，$O_1A=750\text{mm}$，$AB=1500\text{mm}$，又杆 O_1A 的角速度 $\omega_{O1}=6\text{rad/s}$，求当 $\theta=60°$ 与 $\beta=90°$ 时，曲柄 OB 及轮Ⅰ的角速度。

8-9 在图 8-28 所示机构中，杆 OC 可绕 O 转动。套筒 AB 可沿 OC 杆滑动。与套筒 AB 的 A 端相铰连的滑块可在水平直槽内滑动。已知 $\omega=2\text{rad/s}$，$h=20\text{cm}$，套筒长 $AB=20\text{cm}$，求 $\theta=30°$ 时套筒 B 端的速度。

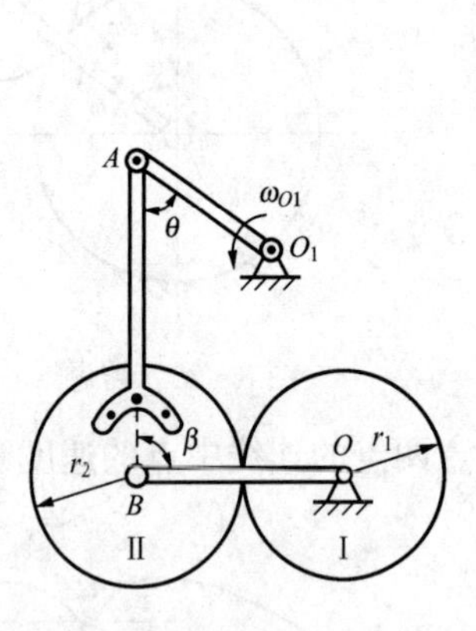

图 8-27 习题 8-8 图

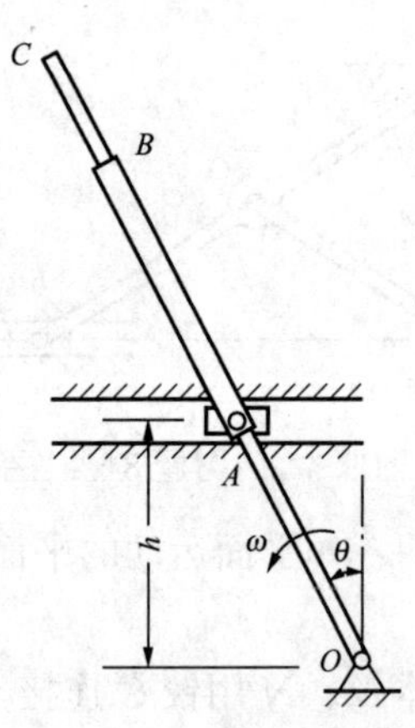

图 8-28 习题 8-9 图

8-10 矩形板 $OABC$，边长 $OA=BC=4\text{m}$，$OC=AB=2\text{m}$，在板所在平面内运动。某瞬时，O、B 两点的速度为 $\boldsymbol{v}_O=3\boldsymbol{i}+2\boldsymbol{j}$（m/s），$\boldsymbol{v}_B=v_{Bx}\boldsymbol{i}+5\boldsymbol{j}$（m/s）（单位矢量 $\boldsymbol{i}$、$\boldsymbol{j}$ 分别沿 OA 和 OC），求板的瞬时速度中心。

8-11 图 8-29 所示机构中，曲柄 $O'A$ 垂直于 AB，而 AB 平行于 $O'O$，试求 A、D 两点微小位移间的关系。已知 $CD=400\text{mm}$，$BC=BO$。

8-12 设图 8-30 所示结构中的支座 O_2 向右发生一微小位移，A、B、C、D 各点将发生怎样的位移？D 点与 O_2 点位移的比值为多少？

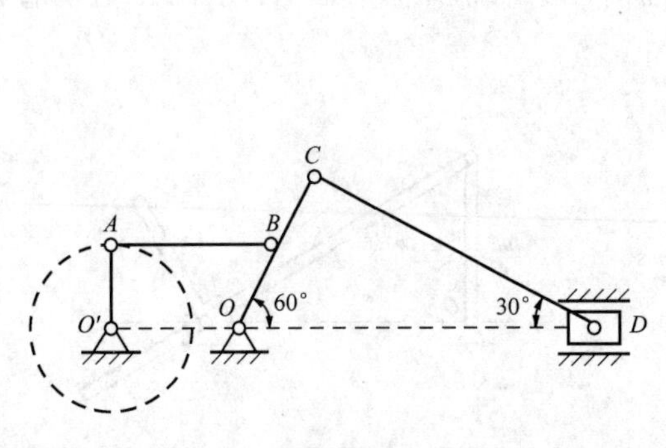

图 8-29 习题 8-11 图

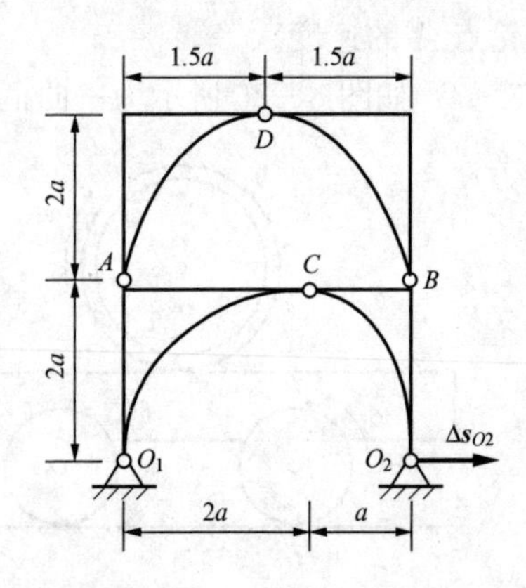

图 8-30 习题 8-12 图

8-13　作平面运动的平面图形内两点 A、B 间距离为 10cm，某瞬时 A、B 两点的加速度为 $a_A=10\text{cm/s}^2$，$a_B=20\text{cm/s}^2$，试分别就下列两种情形求平面图形的角速度与角加速度：①$\boldsymbol{a}_A$、$\boldsymbol{a}_B$ 均垂直于 AB，且同向；②$\boldsymbol{a}_A$ 沿 AB，$\boldsymbol{a}_B$ 沿 BA。

8-14　作平面运动的等边三角形 ABC 边长为 60cm，在其所在平面内运动。以 B 为基点，已知 C 点相对于 B 点的加速度 $a_{CB}=6\text{m/s}^2$，方向如图 8-31 所示。若 G 为三角形形心，试求 AG 线的角速度和角加速度。

8-15　绕线轮沿水平面滚动而不滑动，如图 8-32 所示，轮的半径为 R，在轮上有圆柱部分，其半径为 r，将线绕于圆柱上，线的 B 端以速度 $\boldsymbol{u}$ 与加速度 $\boldsymbol{a}$ 沿水平方向运动，求绕线轮轴心 O 的速度和加速度。

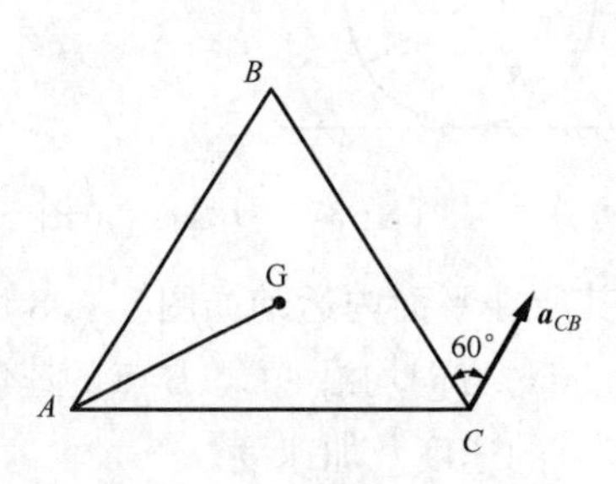

图 8-31　习题 8-14 图

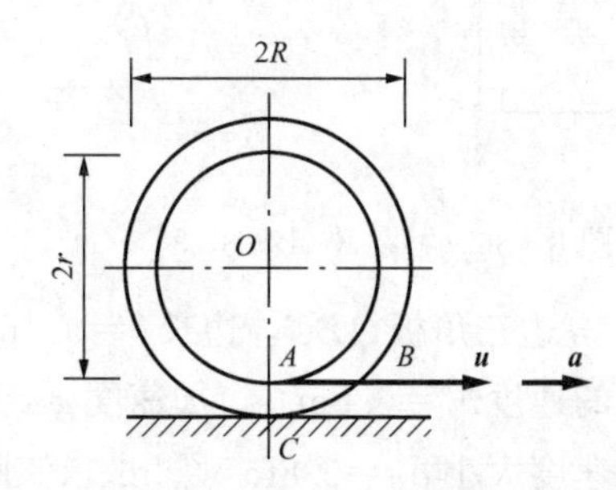

图 8-32　习题 8-15 图

8-16　图 8-33 所示为一机构的简图，已知轮的转速为一常量 $n=60\text{r/min}$，在图示位置 $OA/\!/BC$，$AC\perp BC$，求齿条 MN 的速度和加速度（图中长度单位为 m）。

8-17　在图 8-34 所示机构中，曲柄 OA 长 r，绕 O 轴以匀角速度 ω_0 转动。在图示瞬时，$\theta=60°$，$\beta=90°$，又 $AB=6r$，$BC=3\sqrt{3}r$，试求滑块 C 的速度和加速度。

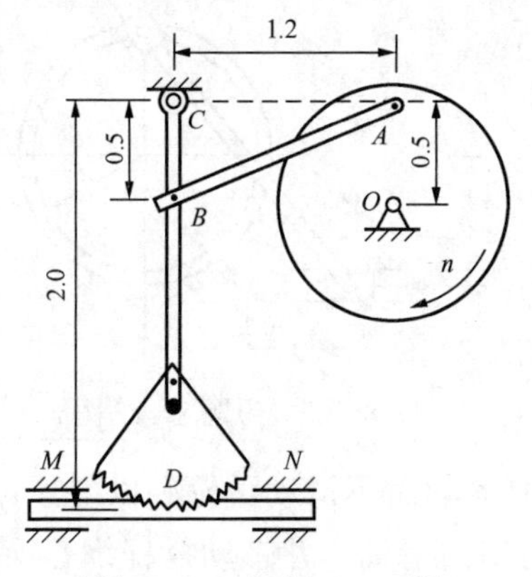

图 8-33　习题 8-16 图

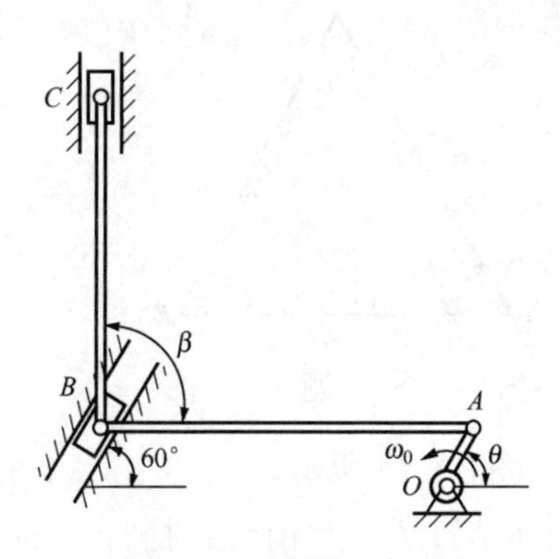

图 8-34　习题 8-17 图

8-18　四连杆机构 $OABO_1$ 中，$OO_1=OA=O_1B=$ 10cm，OA 以匀角速度 $\omega=2\text{rad/s}$ 转动如图 8-35 所示，当 $\varphi=90°$时，O_1B 与 OO_1 在一直线上，求这时：①AB 杆及 O_1B 杆的角速度；②AB 杆与 O_1B 杆的角加速度。

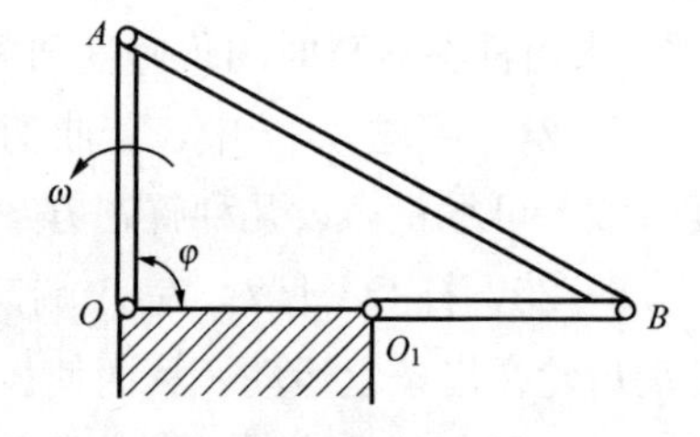

图 8-35　题 8-18 图

8-19　如图 8-36 所示机构中，各杆长均为 0.4m，

已知杆 OA 及 CD 做匀速转动，角速度分别为 $\omega_{OA}=3\text{rad/s}$ 及 $\omega_{CD}=5\text{rad/s}$。在图示瞬间，$OA$ 杆水平且 $\tan\theta=4/3$。试求该瞬时杆 AB 和杆 BD 的角速度以及角加速度。

8-20 如图 8-37 所示机构中，轮 A 以匀角速度 $\omega=20\pi\text{rad/s}$ 逆时针转动，轮 B 与水平面无相对滑动。已知 $CD=24\text{cm}$，$OE=15\text{cm}$，$DE=72\text{cm}$，$r=30\text{cm}$。在图示瞬时，DE 杆水平，CD 与铅垂线成 30°。试求该瞬时轮 B 的角速度和角加速度。

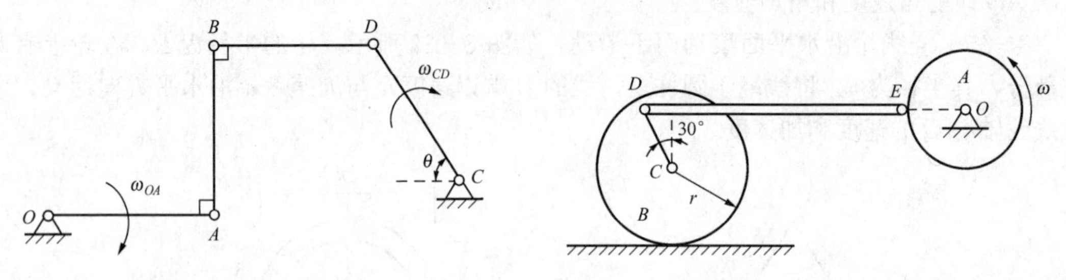

图 8-36 习题 8-19 图　　　　图 8-37 习题 8-20 图

8-21 等边三角板 ABC，边长 $l=0.4\text{m}$，在其所在平面内运动如图 8-38 所示。已知某瞬时 A 点的速度 $v_A=0.8\text{m/s}$，加速度 $a_A=3.2\text{m/s}^2$，方向均沿 AC，B 点的速度大小 $v_B=0.4\text{m/s}$，加速度大小 $a_B=0.8\text{m/s}^2$。试求该瞬时 C 点的速度及加速度。

8-22 套筒 C 可沿杆 AB 滑动，套筒上装有销钉如图 8-39 所示，销钉被限制在半径为 $R=0.2\text{m}$ 的固定圆槽上运动。在图示瞬时，杆 AB 的 A 端沿水平直线运动的速度为 $v_A=0.8\text{m/s}$，杆 AB 的角速度为 $\omega=2\text{rad/s}$，试求套筒 C 上的销钉在固定圆槽上运动的速度。

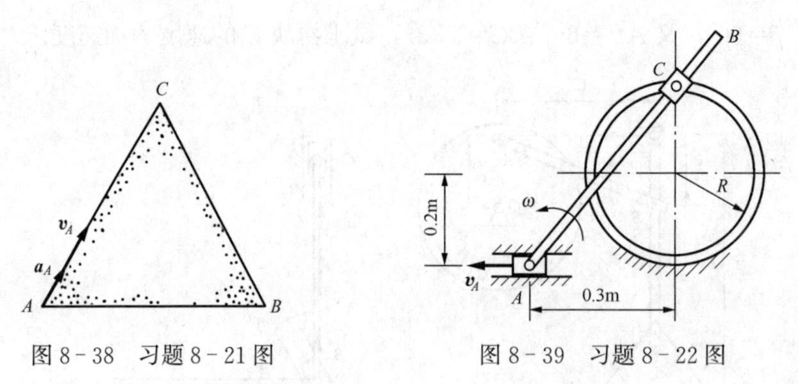

图 8-38 习题 8-21 图　　　　图 8-39 习题 8-22 图

8-23 如图 8-40 所示，轮 O 在水平面上滚动而不滑动，轮心以匀速 $v_0=0.2\text{m/s}$ 运动。轮缘上固连销钉 B，此销钉在摇杆 O_1A 的槽内滑动，并带动摇杆绕 O_1 轴转动。已知：轮的半径 $R=0.5\text{m}$，在图 8-40 所示位置时，AO_1 是轮的切线，摇杆与水平面间的交角为 60°。求摇杆在该瞬时的角速度和角加速度。

8-24 习题 8-7 中，若曲柄 OA 做匀速转动，角速度为 $\omega_0=2\text{rad/s}$，试求 D 点的加速度（读者可尽量多设几种解题方案，并比较各种方法的特点）。

8-25 杆 OA 长 l，在 A 端铰连一半径为 r 的齿轮，OA 杆以匀角速度 ω_0 绕 O 轴转动，带动齿轮在齿条上运动，从而使齿条 O_1B 绕 O_1 轴转动。在图 8-41 所示瞬时，齿条 O_1B 处于水平位置，试求该瞬时齿条的角速度和角加速度。

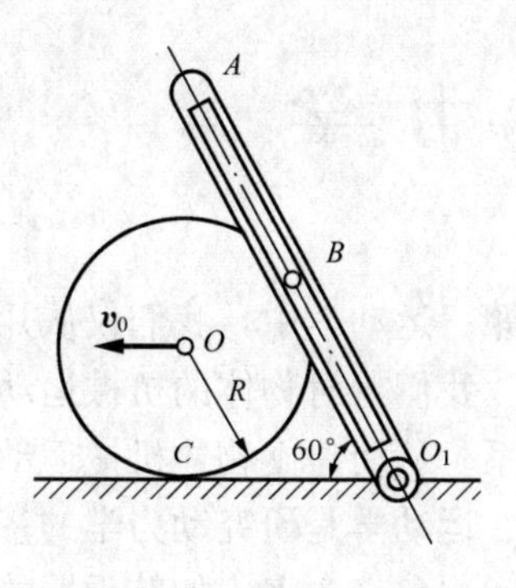

图8-40　习题8-23图

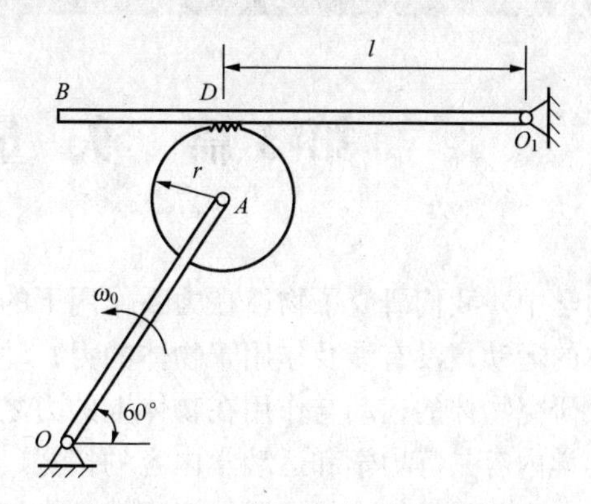

图8-41　习题8-25图

第3篇 矢 量 动 力 学

静力学中，我们研究了物体在力系作用下的平衡问题；运动学中，我们仅从几何方面研究了物体的运动，没有涉及作用于物体的力；动力学中，我们将对物体的机械运动进行全面的分析，研究物体的运动与作用在物体上的力之间的关系，从而建立物体机械运动的普遍规律。动力学内容是静力学和运动学内容的拓宽，静力学、运动学是研究动力学的基础。

随着生产和科学技术的发展，工程技术中的动力学问题愈来愈多，如航天器的发射与运行，建筑物的振动与抗震等，这些问题的研究都是以动力学基本理论为基础的。因此，学习和掌握动力学基本理论是非常重要的。

根据研究的具体问题，可将动力学中的物体抽象为质点或质点系。质点是具有一定质量而可以忽略尺寸大小的物体，质点系是一群具有某种联系的质点。刚体是一种特殊的质点系，由无限个质点组成，其中任意两个质点之间的距离保持不变。

矢量力学（vectorial mechanics）也称为牛顿力学，因其所讨论的许多力学概念（如力、加速度等）都是以矢量形式出现而得名，如第一篇的静力学即为矢量静力学。矢量动力学从牛顿基本定律出发，建立动力学普遍定理（即动量定理、动量矩定理和动能定理）和达朗贝尔原理。矢量力学理论严密，表述直观，可以解决许多实际问题，但在用矢量力学建立受约束系统的动力学方程时，将涉及较多的未知约束力。

第9章 动力学基本定律 质点运动微分方程

本章主要在牛顿运动定律的基础上建立质点在惯性坐标系下的运动微分方程，运用微积分方法求解质点的动力学问题。

第1节 牛顿运动定律 惯性参考系

动力学的基本定律是牛顿（Isaac Newton）在其《自然哲学之数学原理》一书中提出的三个定律，即**牛顿运动定律**（Newton’s laws of motion）。

第一定律 任何物体，如不受外力作用，将保持静止或做匀速直线运动。

第二定律 质点受到外力作用时，所产生的加速度的大小与力的大小成正比，而与质点的质量成反比，加速度的方向与力的方向相同。这一定律可表示为

$$\boldsymbol{F}=m\boldsymbol{a}$$

其中 m 为质点的质量，$\boldsymbol{F}=\sum \boldsymbol{F}_i$ 是作用于质点的所有的力的合力。

第三定律（作用与反作用定律） 两物体间相互作用的力（作用力与反作用力）同时存在，大小相等，方向相反，沿同一作用线分别作用在这两个物体上。

不受外力作用时，物体将保持静止的或匀速直线运动的状态，这是物体的属性，这种属性称为**惯性**（inertia）。第一定律也称为惯性定律，匀速直线运动也称为惯性运动。

由第二定律可知，在相同的力的作用下，质量愈大的质点加速度愈小，即质点的质量愈大，保持惯性运动的能力愈强，由此可知，质量是物体惯性的度量。

根据相对论力学，物体的质量将随运动速度而变[1]，但只有当物体运动的速度可与光速相比时，变化才显著。在古典力学里，所考察的物体的运动速度都远远小于光速，因而将物体的质量看作常量是足够精确的。

任一物体的质量 m 与其重量 W 之间的关系为

$$W = mg \quad 或 \quad m = \frac{W}{g}$$

其中 g 是重力加速度。注意，质量与重量是两个不同的概念。一个物体的质量是一定的，而重量则随物体在地面上的位置而变。地面上各地的 g 值略有不同（与高度、纬度有关），在我国一般取 $g=9.80\text{m/s}^2$。

牛顿定律中，涉及静止、运动、速度和加速度等运动学的概念，这些概念是对什么参考系而言的呢？

牛顿在提出各定律之前，先引进了"绝对空间"的概念。所谓"绝对空间"，是与物质无关的、绝对不动的空间。牛顿认为，他提出的定律只适用于质点在"绝对空间"内的运动，即质点在绝对静止的参考系内的运动。当然，"绝对空间"是不存在的，宇宙间根本找不到绝对静止不动的参考系。但牛顿引进"绝对空间"这一概念，就清楚地告诉我们：牛顿定律并不是对任何参考系都适用，而只适用于某种参考系。

适用牛顿定律的参考系称为**惯性参考系**（inertial coordinate system）。既然找不到绝对静止不动的参考系，那么什么样的参考系可以作为惯性参考系呢？只有靠观察和实验来验证。

实践证明，在绝大多数工程问题中，可取固结于地球的坐标系为惯性参考系。对需考虑地球自转影响的问题（如由地球自转而引起的河流冲刷，落体对铅直线的偏离等）必须选取以地心为原点而三个轴指向三个"恒星"的坐标系作为惯性参考系，即所谓的地心参考系。在天文计算中，则取日心参考系，即以太阳中心为坐标原点，三个轴指向三个"恒星"。后面将证明，凡是相对惯性参考系作匀速直线平移的参考系，也是惯性参考系（见17章第1节）。在以后的论述中，如果没有特别指明，则所有运动都是对惯性参考系而言的。并且约定物体在惯性参考系中的运动称为绝对运动，还习惯地将惯性参考系称为固定坐标系或静坐标系，以区别于某些需要考虑其运动的参考系。在实际问题中，除少数特别指明者外，都以固结于地球的坐标系为惯性参考系。

第2节　单位制和量纲

力学中有许多物理量，每一个物理量都必须用一适当的单位来度量。由于某些物理量之

[1] 根据相对论力学，物体以速度 v 在一参考系内运动时，它的质量与速度的关系是 $m=m_0/\sqrt{1-\beta^2}$，其中 m_0 是物体相对于参考系处于静止状态时的质量（称为静止质量），$\beta=v/c$，而 c 是光速。

间具有一定的关系，因而并不是每个物理量的单位都可以任意规定的。在许多物理量中，我们以某几个量作为**基本量**，它们的单位称为**基本单位**；其他量的单位都可由基本单位导出，称为**导出单位**，而那些量相应的称为**导出量**。

选取不同的基本单位，就形成不同的单位制。本书采用国际单位制（SI），以长度、时间和质量为基本量，它们的单位米（m）、秒（s）、千克（kg）为基本单位。

在国际单位制中，力是导出量，力的单位是导出单位。质量为1kg的质点，获得$1m/s^2$的加速度时，作用于该质点的力为1N（牛顿，简称为牛），即

$$1N = 1kg \times 1m/s^2 = 1kg \cdot m/s^2$$

导出量可用几个基本量的组合表示出来，表示某一物理量是由哪几个基本量按什么规律组成的式子，称为该物理量的**量纲**（dimensions）或**因次**[1]。

在国际单位制中，长度、时间和质量的量纲分别用L、T和M表示，其他量的量纲可表示为这三个量纲的函数。例如速度的量纲为L/T，加速度的量纲为L/T^2，力的量纲为ML/T^2。

应当注意，量纲与单位是两个不同的概念。一个物理量的量纲是一定的，但其大小却可用不同的单位来度量。例如长度的量纲是L，但长度的大小可用m、mm、km等不同单位来度量。同样，力的量纲为ML/T^2，但力的大小可用N、kN等不同单位来度量。

物理量的量纲还有一个重要的作用，就是检验力学方程的正确性。因为在同一个方程中，各项的量纲必须相同（在作数字计算时，还必须单位相同）。虽然一个方程的各项的量纲相同时，并不能判断该方程是否正确；但如一个方程的各项的量纲不尽相同，则可以判断该方程必然是错误的。

第3节　质点运动微分方程

设有一质点M，质量为m，作用于该质点的所有的力的合力为$\boldsymbol{F}=\sum \boldsymbol{F}_i$，质点对固定点$O$的矢径为$\boldsymbol{r}$，令质点的速度为$\boldsymbol{v}$、加速度为$\boldsymbol{a}$（图9-1），则

$$m\boldsymbol{a} = \boldsymbol{F} \tag{9-1}$$

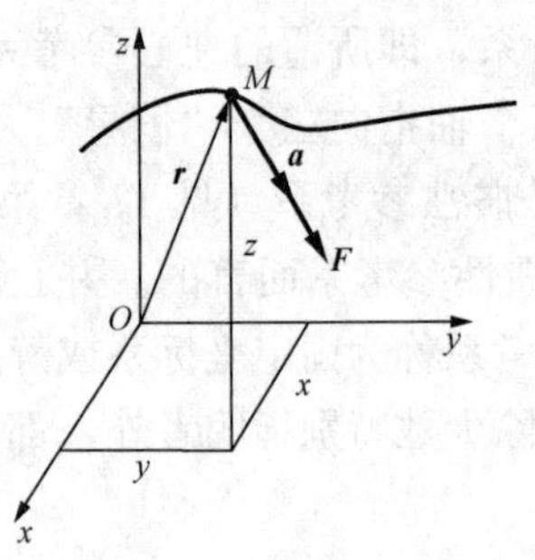

图9-1　直角坐标下质点的动力学

由运动学可知，质点的加速度$\boldsymbol{a}=\frac{\mathrm{d}\boldsymbol{v}}{\mathrm{d}t}=\frac{\mathrm{d}^2\boldsymbol{r}}{\mathrm{d}t^2}$，代入式（9-1），得质点运动微分方程的矢量形式

$$m\frac{\mathrm{d}\boldsymbol{v}}{\mathrm{d}t} = \boldsymbol{F} \quad 或 \quad m\frac{\mathrm{d}\boldsymbol{r}^2}{\mathrm{d}t^2} = \boldsymbol{F} \tag{9-2}$$

过点O取直角坐标系$Oxyz$，设力$\boldsymbol{F}$在坐标轴上投影分别为F_x、F_y、F_z，将式（9-2）投影到各坐标轴上，得到质点运动微分方程的直角坐标形式

$$m\frac{\mathrm{d}^2 x}{\mathrm{d}t^2} = F_x,\ m\frac{\mathrm{d}^2 y}{\mathrm{d}t^2} = F_y,\ m\frac{\mathrm{d}^2 z}{\mathrm{d}t^2} = F_z \tag{9-3}$$

[1] 有的把这种式子称为量纲式，而把基本量的指数称为量纲。

若已知质点运动的轨迹曲线（图 9-2），以轨迹曲线上质点所在处为原点，取自然轴系 $Mtnb$，设力 $\boldsymbol{F}$ 在坐标轴上投影分别为 F_t、F_n、F_b，将式（9-2）投影到自然轴系上，得到质点运动微分方程的自然形式

$$m\frac{d^2 s}{dt^2}=F_t,\ m\frac{v^2}{\rho}=F_n,\ F_b=0 \tag{9-4}$$

当质点作平面曲线运动时，如采用极坐标表示法（图 9-3），则质点的加速度 $\boldsymbol{a}=(\ddot{r}-r\dot{\theta}^2)\boldsymbol{e}_r+(r\ddot{\theta}+2\dot{r}\dot{\theta})\boldsymbol{e}_\theta$，其中 $\boldsymbol{e}_r$、$\boldsymbol{e}_\theta$ 分别为沿径向、横向的单位矢量。设力 $\boldsymbol{F}$ 在坐标轴上投影分别为 F_r、F_θ，将式（9-2）投影到极坐标轴上，得到质点运动微分方程的极坐标形式

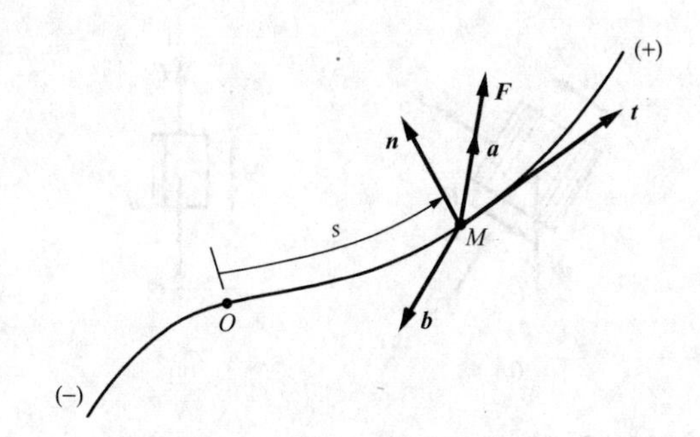

图 9-2　自然坐标下质点的动力学

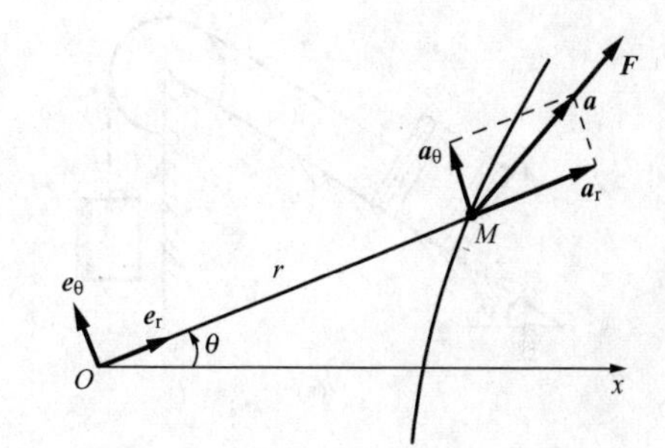

图 9-3　极坐标下质点的动力学

$$m(\ddot{r}-r\dot{\theta}^2)=F_r,\ m(r\ddot{\theta}+2\dot{r}\dot{\theta})=F_\theta \tag{9-5}$$

应用质点运动微分方程可求解质点动力学的两类基本问题。

第一类问题：已知质点的运动规律，求质点所受的力。这类问题不难用微分法求得解答。

第二类问题：已知作用于质点的力，求质点的运动规律。这类问题归结为求解运动微分方程。作用于质点的力可以是常力或变力，变力可能是时间、质点的位置坐标、速度的函数，只有当函数关系较简单时，才能求得微分方程的精确解；如果函数关系复杂，求解将非常困难，有时只能求出近似解。此外，求解微分方程时将出现积分常数，这些积分常数须根据质点运动的**初条件**（initial condition）即初速度和初位置坐标来确定。

有的问题既要求质点的运动规律，又要求未知的约束力，是第一类问题与第二类问题综合在一起的动力学问题，称为混合问题。

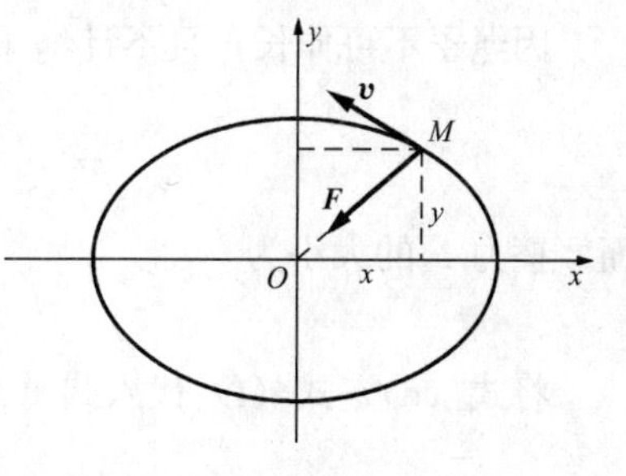

图 9-4　[例 9-1] 图

【例 9-1】　质量为 m 的质点 M 在平面 Oxy 内运动（图 9-4），已知其运动方程为 $x=a\cos\omega t$、$y=b\sin\omega t$，其中 a、b、ω 都是常量，求质点所受的力 $\boldsymbol{F}$。

解　由式（9-3）可求得力 $\boldsymbol{F}$ 在坐标上的投影

$$F_x=m\frac{d^2 x}{dt^2}=-m\omega^2 a\cos\omega t=-m\omega^2 x$$

$$F_y=m\frac{d^2 y}{dt^2}=-m\omega^2 b\sin\omega t=-m\omega^2 y$$

力 $\boldsymbol{F}$ 的大小为 $F=\sqrt{F_x^2+F_y^2}=m\omega^2\sqrt{x^2+y^2}=m\omega^2 r$，其中 r 是点 M 的矢径 $\boldsymbol{r}$ 的模；力 $\boldsymbol{F}$ 的方向余弦为 $\cos(\boldsymbol{F},\ x)=\frac{F_x}{F}=-\frac{x}{r}$，$\cos(\boldsymbol{F},\ y)=\frac{F_y}{F}=-\frac{y}{r}$，恰与矢径 $\boldsymbol{r}$ 的方向余弦数值相等而符号相反。所以力 $\boldsymbol{F}$ 与矢径 $\boldsymbol{r}$ 成比例而方向相反（即 $\boldsymbol{F}$ 指向坐标原点 O），可表示为 $\boldsymbol{F}=-m\omega^2\boldsymbol{r}$。

【例 9-2】 在倾角为 θ 的粗糙斜面上放一重 W 的物块 A［图 9-5（a）］，物块上系一绳，绳与斜面平行，绕过滑轮后，在另一端悬挂一重 P 的物块 B。物块与斜面间的摩擦因数为 f。求物块 A 沿斜面向上的加速度。假设绳子不可伸长，绳子的质量不计，滑轮的质量及轮轴处的摩擦也不计。

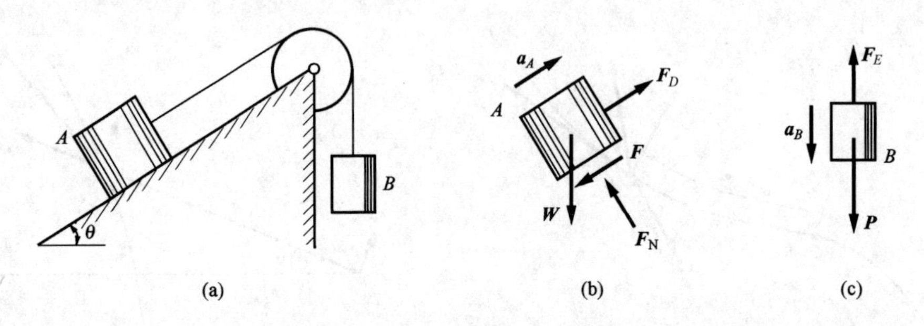

图 9-5 ［例 9-2］图

解 分别考察物块 A、B，作示力图，并标出加速度的方向［图 9-5（b）、（c）］。物块 A、B 虽为刚体，但由于均作平移，故可抽象为质点，可用质点运动微分方程求解。

分别建立物块 A、B 的动力学方程

$$\frac{W}{g}a_A = F_D - F - W\sin\theta \tag{a}$$

$$\frac{W}{g}\cdot 0 = F_N - W\cos\theta \tag{b}$$

$$\frac{P}{g}\cdot a_B = P - F_E \tag{c}$$

因绳子不可伸长，且不计绳子和滑轮的质量以及轮轴处的摩擦，所以有

$$a_B = a_A \tag{d}$$

$$F_E = F_D \tag{e}$$

而摩擦力 $\boldsymbol{F}$ 的大小为

$$F = fF_N \tag{f}$$

将式（d）～式（f）代入式（a）～式（c），解得

$$a_A = a_B = \frac{P - W(\sin\theta + f\cos\theta)}{P+W}g$$

【例 9-3】 在地面上以速度 v_0 铅直向上射出一物体，设地球引力与物体到地心的距离之平方成反比，求物体可能达到的最大高度。空气阻力不计，地球半径 $R=6370\text{km}$[1]。

---

❶ 地球形状是椭球而非圆球，这只是通常采用地简化了的数值。

解　以地面上发射物体处为坐标原点，x 轴铅直向上（图 9-6）。物体射出后，在运动过程中的任一位置，仅受地球引力 $\boldsymbol{F}$ 作用，引力 $\boldsymbol{F}$ 的大小为

$$F=\frac{Gm_{\mathrm{e}}m}{(R+x)^2} \tag{a}$$

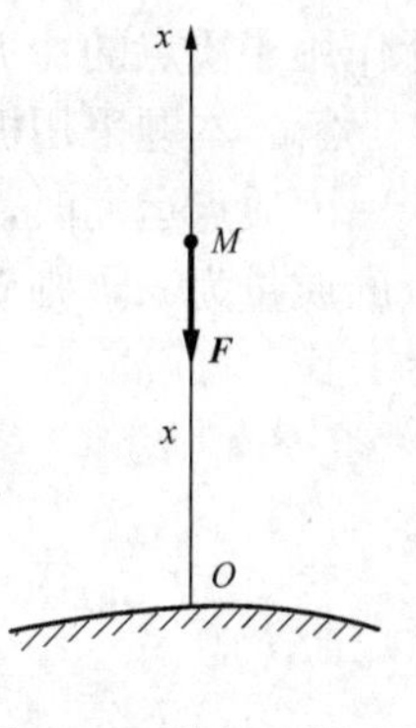

图 9-6 ［例 9-3］图

其中 G 是引力常数，m_{e} 是地球的质量，m 是射出物体的质量，x 是物体与地面的距离。当物体在地面上时，$x=0$，$F=mg$，由式（a）得 $mg=\dfrac{Gm_{\mathrm{e}}m}{R^2}$❶，即 $Gm_{\mathrm{e}}=gR^2$，所以有 $F=mg\dfrac{R^2}{(R+x)^2}$。

建立物体的运动微分方程

$$m\frac{\mathrm{d}^2x}{\mathrm{d}t^2}=-F=-\frac{mgR^2}{(R+x)^2}$$

即

$$\frac{\mathrm{d}v}{\mathrm{d}t}=-\frac{gR^2}{(R+x)^2} \tag{b}$$

上式中有三个变量 t、v、x，现采用如下的变换，分离变量，以便积分。

$$\frac{\mathrm{d}v}{\mathrm{d}t}=\frac{\mathrm{d}v}{\mathrm{d}x}\cdot\frac{\mathrm{d}x}{\mathrm{d}t}=v\frac{\mathrm{d}v}{\mathrm{d}x}$$

代入式（b），得

$$v\frac{\mathrm{d}v}{\mathrm{d}x}=-\frac{gR^2}{(R+x)^2}，即 v\mathrm{d}v=-gR^2\frac{\mathrm{d}x}{(R+x)^2}$$

积分并注意积分上、下限：初瞬时 $t=0$ 时，$v=v_0$，$x=0$；任一瞬时 t 时，速度为 v，坐标为 x。于是有

$$\int_{v_0}^{v}v\mathrm{d}v=\int_0^x-gR^2\frac{\mathrm{d}x}{(R+x)^2}$$

解得

$$v^2=v_0^2-\frac{2gRx}{R+x} \tag{c}$$

当物体到达最高点时，$x=x_{\max}$，$v=0$，代入式（c），得

$$x_{\max}=\frac{v_0^2R}{2gR-v_0^2} \tag{d}$$

为了使射出的物体脱离地球引力的影响，发射速度 v_0 应当多大？从式（a）可知，要使物体不受地球引力作用，必须使 $x=\infty$。而由式（d）可知，要使 $x=\infty$，必须 $2gR-v_0^2=0$，即 $v_0=\sqrt{2gR}=11.2\mathrm{km/s}$，这一速度称为**逃逸速度或第二宇宙速度**。

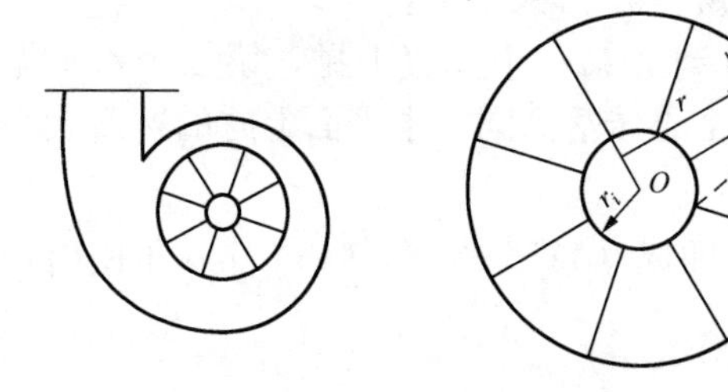

图 9-7 ［例 9-4］图

【例 9-4】　一质点 M 沿离心泵的光滑导叶向外运动（图 9-7）。设离心泵以匀角速度 $\omega=\dot{\theta}$ 转动，初瞬时，质点在导叶内端 $r=r_i$ 处（r 为质点与泵轴心的距离），而 $\dot{r}=0$。试将质点沿导叶运动的速度 $\dot{r}$ 及导

❶　这是一个不十分准确的关系，详见 17 章第 3 节中“铅直线的偏差”。

叶作用于质点的力 F_N 表示为 r 的函数，并求质点的运动方程。

解　本题采用极坐标表示法最为方便。

因质点运动时，沿径向不受力，横向只受导叶作用的力 $\boldsymbol{F}_N$，即 $F_r=0$、$F_\theta=F_N$。设质点的质量为 m，则质点的运动微分方程为

$$m(\ddot{r}-r\dot{\theta}^2)=0 \tag{a}$$

$$m(r\ddot{\theta}+2\dot{r}\dot{\theta})=F_N \tag{b}$$

将 $\ddot{r}=\dot{r}\dfrac{d\dot{r}}{dr}$代入式（a），有 $\dot{r}\,d\dot{r}=r\omega^2 dr$，积分$\int_0^{\dot{r}}\dot{r}d\dot{r}=\int_{r_i}^{r}r\omega^2 dr$，得

$$\dot{r}=\omega\sqrt{r^2-r_i^2} \tag{c}$$

将式（c）代入式（b），并考虑到 $\ddot{\theta}=0$，得 $F_N=2m\omega^2\sqrt{r^2-r_i^2}$。

因离心泵匀速转动，取 $\theta_0=0$，则极角

$$\theta=\omega t \tag{d}$$

将式（c）改写成$\dfrac{dr}{\sqrt{r^2-r_i^2}}=\omega dt$，积分$\int_{r_i}^{r}\dfrac{dr}{\sqrt{r^2-r_i^2}}=\int_0^t\omega dt$，得 $\mathrm{arcosh}\dfrac{r}{r_i}=\omega t$，即

$$r=r_i\cosh\omega t \tag{e}$$

式（d）和式（e）就是质点位于泵内时的运动方程。质点离泵后，则以离泵时的速度为初速度而运动。

从以上的例子可以看出，求解质点的动力学问题，必须先分析质点的受力情况，正确作出示力图，再分析质点的运动情况，然后选适宜的坐标系，建立相应形式的运动微分方程，最后求解。对于质点系问题，还必须特别注意，除根据作用与反作用定律确定各质点相互作用的力之间的关系外，还应根据约束条件确定各质点的运动之间的关系（位移、速度或加速度之间的关系）。

思考题

9-1　分析以下论述是否正确：

(1) 一个运动的质点必定受到力的作用；质点运动的方向总是与所受的力的方向一致。

(2) 质点运动时，速度大则受力也大，速度小则受力也小，速度等于零则不受力。

(3) 两质量相同的质点，在相同的力 $\boldsymbol{F}$ 作用下，任一瞬时的速度、加速度均相等。

9-2　质量相同的两物块 A、B，初速度的大小均为v_0。今在两物块上分别作用一力 $\boldsymbol{F}_A$ 和 $\boldsymbol{F}_B$。若 $F_A>F_B$，试问经过相同的时间间隔 t 后，是否v_A 必大于v_B？

9-3　从高度为 h 处同时抛出三个质量相同的小球，第一个垂直下抛，第二个水平抛出，第三个倾斜向上抛出，初速大小均为v_0，请问三个小球落到同一水平面上时的速度大小是否相同？为什么？

9-4　试证明：以大小相同的初速度$\boldsymbol{v}_0$沿与水平面成（45°+α）和（45°−α）角抛出物体，其抛掷的水平距离相同，不计空气阻力。

9-1　质量为 m 的球A，用两根各长为 l 的杆支承如图 9-8 所示。支承架以匀角速度 ω

绕铅直轴 BC 转动。已知 $BC=2a$，杆 AB 及 AC 的两端均铰接，杆重忽略不计。求杆所受的力。

9-2　物块 A、B 质量分别为 $m_1=100\text{kg}$，$m_2=200\text{kg}$，用弹簧连接如图 9-9 所示。设物块 A 在弹簧上按规律 $x=20\sin 10t$ 作简谐运动（x 以 mm 计，t 以 s 计），求水平面所受的压力的最大值与最小值。

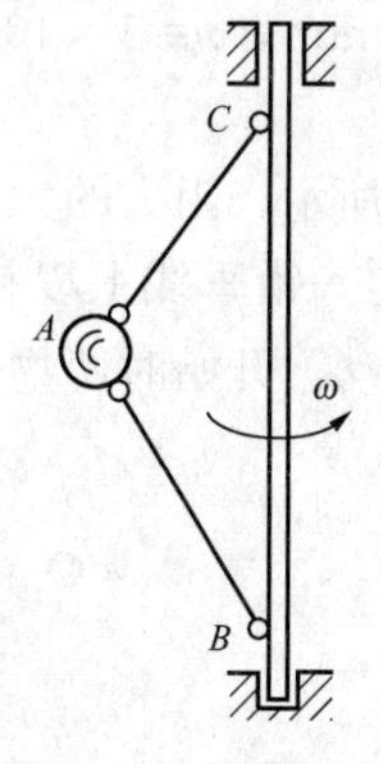

图 9-8　习题 9-1 图

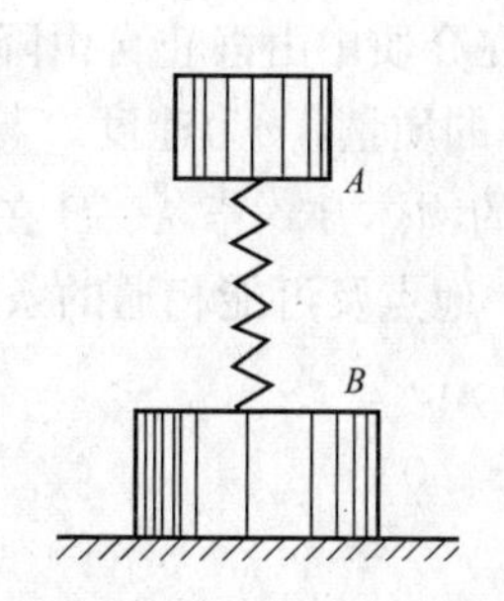

图 9-9　习题 9-2 图

9-3　质量为 m 的小球，从斜面上 A 点开始运动如图 9-10 所示，初速度 $v_0=5\text{m/s}$，方向与 CD 平行，不计摩擦。试求：①球运动到 B 点所需的时间；②距离 d。

9-4　销钉 M 的质量为 0.2kg，由水平槽杆带动如图 9-11 所示，使其在半径为 $r=200\text{mm}$ 的固定半圆槽内运动。设水平槽杆以匀速 $v=400\text{mm/s}$ 向上运动。求在图示位置时圆槽对销钉 M 作用的力。摩擦不计。

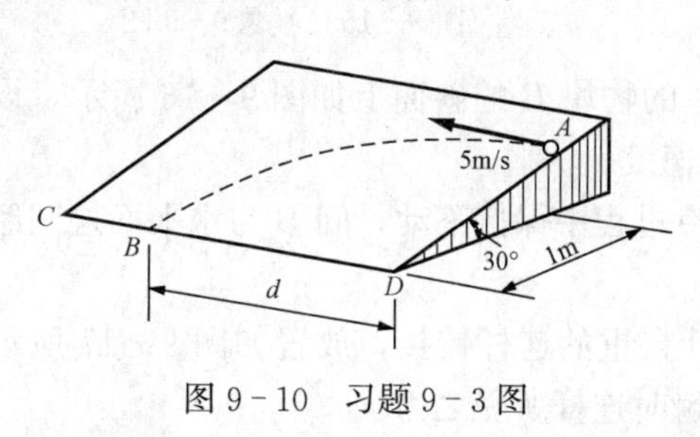

图 9-10　习题 9-3 图

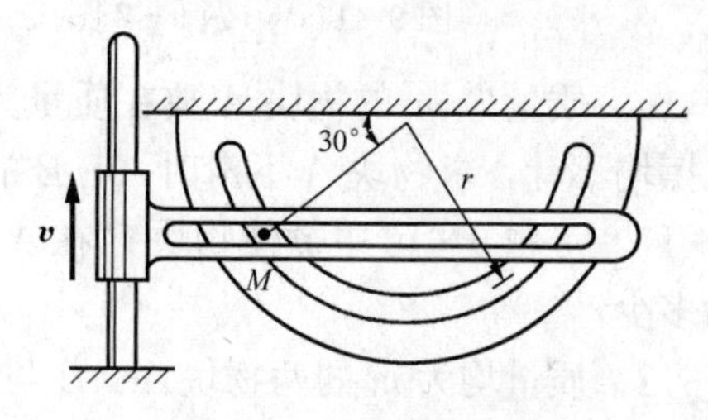

图 9-11　习题 9-4 图

9-5　小球从光滑半圆柱的顶点 A 无初速地下滑如图 9-12 所示，求小球脱离半圆柱时的位置角 φ。

9-6　质量为 2kg 的滑块在力 $\boldsymbol{F}$ 作用下沿杆 AB 运动，杆 AB 在铅直平面内绕 A 转动如图 9-13 所示，已知 $s=0.4t$，$\varphi=0.5t$（s 的单位为 m，φ 的单位为 rad，t 的单位为 s），滑块与杆 AB 的摩擦因数为 0.1，求 $t=2\text{s}$ 时力 $\boldsymbol{F}$ 的大小。

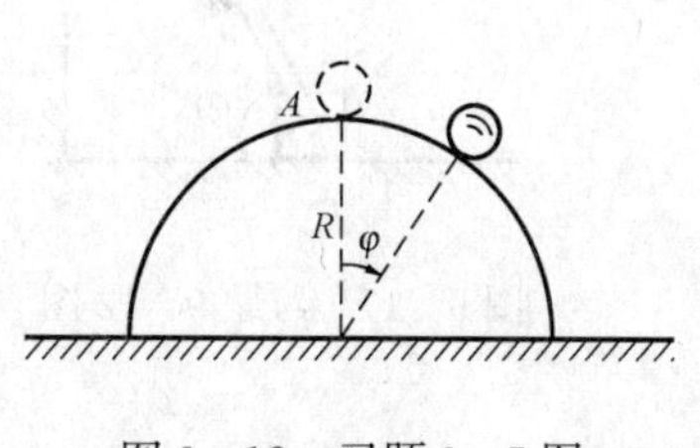

图 9-12　习题 9-5 图

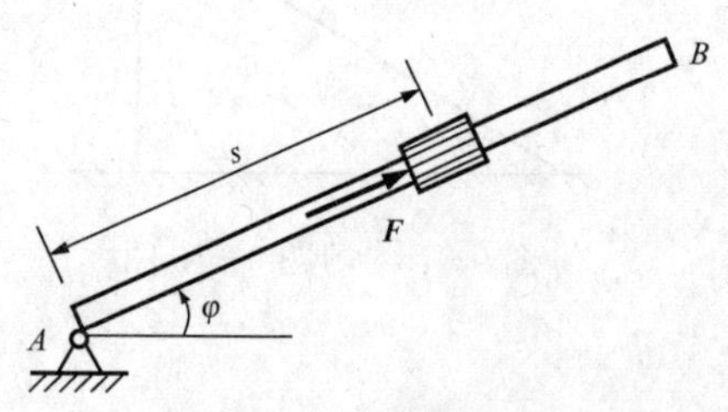

图 9-13　习题 9-6 图

9-7 质量为 m 的质点 M 受指向原点 O 的力 $\boldsymbol{F}=-k\boldsymbol{r}$ 作用，如图 9-14 所示，其中 k 为常量，$\boldsymbol{r}$ 为质点 M 相对于 O 点的矢径，力的大小与质点到 O 的距离成正比。如初瞬时质点的坐标为 $x=a$，$y=0$，而速度 $v_x=0$，$v_y=v_0$，求质点的轨迹方程。

9-8 泥沙在水中下沉时，受到的阻力可用斯托克斯公式计算：$F=6\pi\eta vr$，其中 η 为水的阻力系数；v 为泥沙的运动速度，以 mm/s 计；r 为泥沙的半径，以 mm 计；F 以 N 计。已知细沙半径 $r=0.05\mathrm{mm}$，沙的密度 $\gamma=2.8\times10^{-6}\mathrm{kg/mm^3}$，$\eta=1\times10^{-6}\mathrm{N\cdot s/mm^2}$。试求细沙在水中下沉的极限速度。

9-9 物体 A 在介质中由静止自由降落如图 9-15 所示，阻力的大小为 $R=kmv$，其中 k 为常数，m 为物体的质量，v 为速度。与此同时，在同一铅垂线上以初速度 v_0 铅直向上抛出另一质量同为 m 的物体 B。若 A、B 在相同介质中运动，开始时两物体相距高度为 h，求两物体相遇的时间、地点及可能相遇的条件。

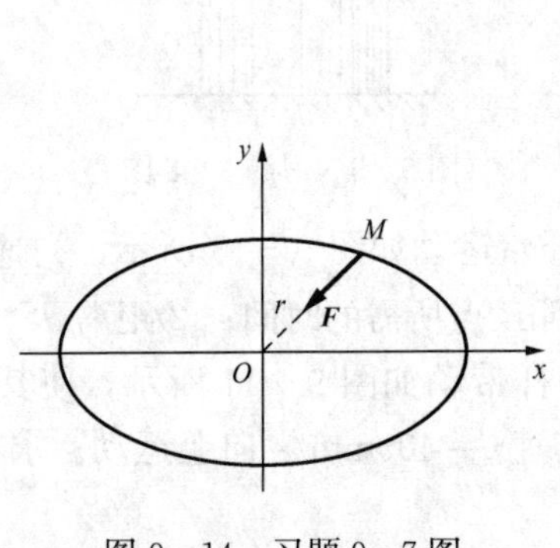

图 9-14 习题 9-7 图

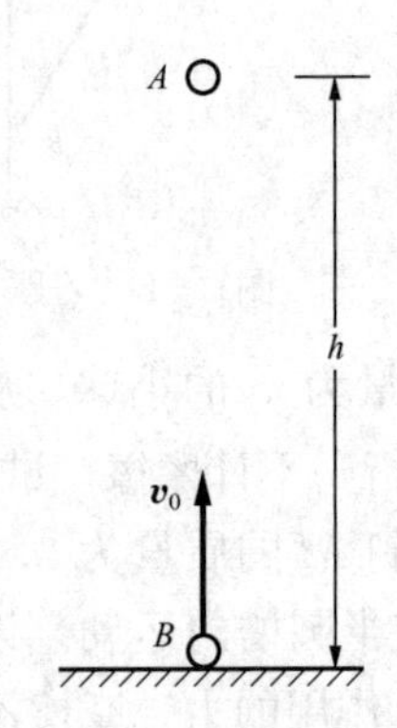

图 9-15 习题 9-9 图

9-10 质量为 m_1 的物块 A 放在质量为 m_2 的物块 B 的斜面上如图 9-16 所示，设各接触处摩擦均不计，求物块 A 下滑时 A、B 的加速度。

9-11 习题 9-10 中欲使物块 B 在 A 下滑过程中保持不动，问 B 与水平面之间摩擦因数应为多少？

9-12 质量均为 m 的两物块 A、B 与不计自重的连杆铰接，放置如图 9-17 所示。在 $\varphi=60°$ 时由静止释放，不计各处摩擦，试求该瞬时连杆所受之力。

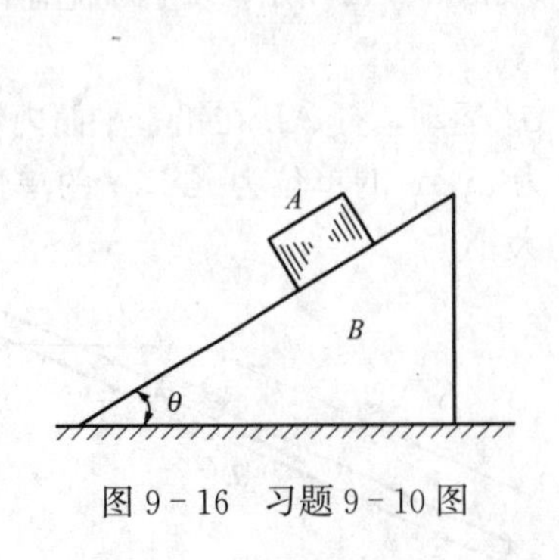

图 9-16 习题 9-10 图

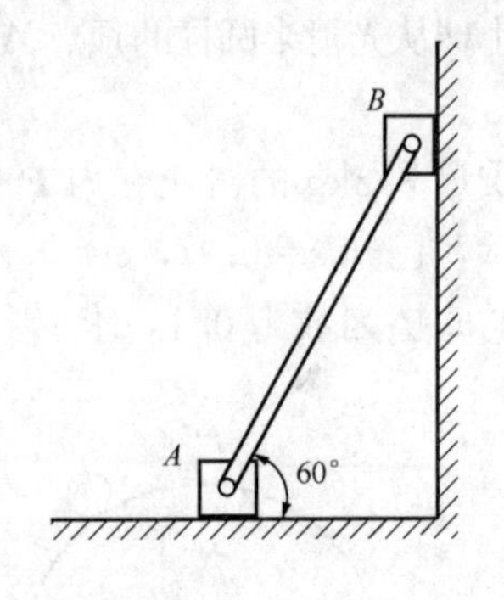

图 9-17 习题 9-12 图

第 10 章　质心运动定理　动量定理

先建立质点运动微分方程然后积分求解，是解答动力学问题的基本方法。但此方法并非总是可行的，因为求运动微分方程的积分时，常会遇到困难；对于任意质点系，需求解微分方程组，多数情况下将遇到难以克服的数学上的困难；对于刚体，无法就每个质点建立运动微分方程。在许多实际问题中，并不需要求出质点系中每个质点的运动，而只要知道整个质点系运动的某些特征就够了。因此，我们将建立描述整个质点系运动特征的一些物理量（如动量、动量矩、动能等），并建立作用在质点系上的力与这些物理量的变化率之间的关系。这些关系统称为动力学普遍定理，它包括动量定理、动量矩定理和动能定理。在一定条件下，用这些定理来解答动力学问题，非常方便简捷。

本章将介绍动量和冲量的概念，由牛顿第二定律导出质心运动定理和动量定理，并用于求解质点系的动力学问题。

第1节　质 心 运 动 定 理

一、质心

设质点系由 n 个质点 M_1、M_2、…、M_n 组成，各质点的质量分别为 m_1、m_2、…、m_n，质点系的质量为 $m=\sum m_i$。任取固定点 O，设任一质点 M_i 对点 O 的矢径为 $\boldsymbol{r}_i$（图 10－1），则由下列公式

$$\boldsymbol{r}_C=\frac{\sum m_i\boldsymbol{r}_i}{m} \text{ 或 } m\boldsymbol{r}_C=\sum m_i\boldsymbol{r}_i \qquad (10-1)$$

确定的一点 C 称为质点系的**质量中心**（center of mass），简称**质心**，又称**惯性中心**。

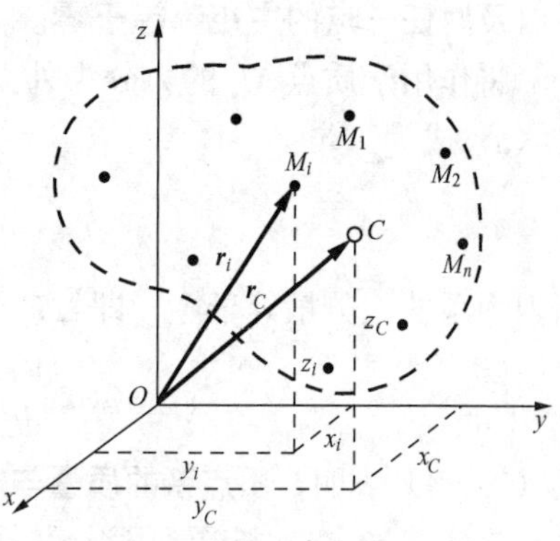

图 10－1　质点系的质心

过点 O 取直角坐标系 $Oxyz$，命 M_i 的坐标为 x_i、y_i、z_i，则质心的位置坐标可由式（10－2）确定

$$x_C=\frac{\sum m_ix_i}{m},\ y_C=\frac{\sum m_iy_i}{m},\ z_C=\frac{\sum m_iz_i}{m} \qquad (10-2)$$

如质点系在地面附近，即在重力场内，则 $m_i=W_i/g$、$m=W/g$，W_i 及 $W=\sum W_i$ 分别是质点 M_i 及整个质点系的重量。质心坐标式（10－2）成为

$$x_C=\frac{\sum W_ix_i}{W},\ y_C=\frac{\sum W_iy_i}{W},\ z_C=\frac{\sum W_iz_i}{W}$$

这也是静力学中重心位置坐标公式。可见，在重力场内，质点系的质心与重心相重合。注意，质心与重心是两个不同的概念。质心完全决定于质点系各质点质量的大小及其分布情况，不论质点系在宇宙空间什么位置都是存在的，而重心则只当质点系位于重力场中时才存在。所以，质心比重心具有更广泛的意义。

如果质点系是由几个刚体组成的系统，则与求组合物体重心相似，可先求出各刚体的质心，然后再求整个系统的质心。

二、质心运动定理

将式（10-1）两边对时间 t 求导数，得

$$m\frac{\mathrm{d}\boldsymbol{r}_C}{\mathrm{d}t}=\frac{\mathrm{d}}{\mathrm{d}t}\sum m_i\boldsymbol{r}_i=\sum m_i\frac{\mathrm{d}\boldsymbol{r}_i}{\mathrm{d}t} \tag{10-3}$$

将上式两边再对时间 t 求导数，并由牛顿第二定律得

$$m\frac{\mathrm{d}^2\boldsymbol{r}_C}{\mathrm{d}t^2}=\sum m_i\frac{\mathrm{d}^2\boldsymbol{r}_i}{\mathrm{d}t^2}=\sum\boldsymbol{F}_i \tag{a}$$

式中 $\boldsymbol{F}_i$——作用于质点 M_i 的所有力的合力。

作用于 M_i 的那些力中，既有所考察的质点系内其他质点对 M_i 的作用力，也有质点系之外的物体对 M_i 的作用力。这里约定：所考察的质点系内各质点之间相互作用的力称为**内力**（internal forces），所考察的质点系以外的物体作用于该质点系中各质点的力称为**外力**（external forces）。

内力与外力的区分是相对的，随着所取的考察对象不同，同一个力可能是内力，也可能是外力。例如，将整列火车作为考察对象，则机车与第一节车厢之间相互作用的力是内力；但如将机车与车厢分作两个质点系来考察，则它们之间相互作用的力就是外力。内力既然是质点系内各质点之间相互作用的力，根据作用与反作用定律，这些力必然成对出现，而且每一对力都是大小相等、方向相反而且作用线相同，因此，**对整个质点系来说，内力系的主矢量以及对任一点的主矩都等于零。**

将作用于质点 M_i 的力分为外力和内力，用 $\boldsymbol{F}_i^{(e)}$ 代表外力之和，$\boldsymbol{F}_i^{(i)}$ 代表内力之和，则式（a）成为

$$m\frac{\mathrm{d}^2\boldsymbol{r}_C}{\mathrm{d}t^2}=\sum\boldsymbol{F}_i^{(e)}+\sum\boldsymbol{F}_i^{(i)} \tag{b}$$

因内力系的主矢量等于零，即$\sum\boldsymbol{F}_i^{(i)}=0$，所以

$$m\frac{\mathrm{d}^2\boldsymbol{r}_C}{\mathrm{d}t^2}=\sum\boldsymbol{F}_i^{(e)}\text{或}\ m\frac{\mathrm{d}\boldsymbol{v}_C}{\mathrm{d}t}=\sum\boldsymbol{F}_i^{(e)} \tag{10-4}$$

式（10-4）表明，**质点系的质量与质心加速度的乘积等于作用在质点系上所有外力的矢量和。**

将式（10-4）投影到固定直角坐标轴 x、y、z 上，得

$$m\frac{\mathrm{d}^2x_C}{\mathrm{d}t^2}=\sum F_{ix}^{(e)}，m\frac{\mathrm{d}^2y_C}{\mathrm{d}t^2}=\sum F_{iy}^{(e)}，m\frac{\mathrm{d}^2z_C}{\mathrm{d}t^2}=\sum F_{iz}^{(e)} \tag{10-5}$$

式（10-4）与式（10-5）就是质心的运动微分方程。与质点运动微分方程式（9-2）、式（9-3）比较，可知**质点系的质心就像一个质点那样运动，这个质点的质量等于质点系的质量，而且在这个质点上作用着所有作用于质点系的外力**。这就是**质心运动定理**（theorem of the motion of the center of mass）。

式（10-4）中，设$\sum\boldsymbol{F}_i^{(e)}\equiv0$，即质点系不受外力，或作用于质点系的外力的矢量和始终等于零，则$\boldsymbol{v}_C$=常量，即质心处于静止（如果原来是静止的）或做匀速直线运动。式（10-5）中，设$\sum F_{ix}^{(e)}\equiv0$，即作用于质点系的外力在轴 x 上投影的代数和始终等于零，则 v_{Cx}=常量，即质心的 x 坐标不变（如果质心的初速度在轴 x 上的投影等于零），或者质心沿轴 x 的运动是匀速的。由此可见，**要改变质点系质心的运动，必须有外力作用**；质点系内

部各质点之间相互作用的内力不能改变质心的运动。

例如汽车开动时，发动机汽缸内的燃气压力对汽车整体来说是内力，不能使汽车前进，只是当燃气推动活塞，通过传动机构带动主动轮转动，地面对主动轮作用了向前的摩擦力，而且这个摩擦力大于总的阻力时，汽车才能前进。日常生活中，在非常光滑的地面上行走很困难；在静止的小船上，人向前走，船往后退等，都是因为水平方向外力很小，人的质心或人与小船的质心趋向于保持静止的缘故。

根据质心运动定理，某些质点系动力学问题可以直接用质点动力学理论来解答。例如刚体平移时，知道了刚体质心的运动，也就知道了整个刚体的运动，所以刚体平移的问题完全可以作为质点问题来求解。又如土建、水利工程中采用定向爆破的施工方法时，要求一次爆破就将大量土石方抛掷到指定的地方。虽然爆破出来的土石块运动各不相同，情况很复杂，但就它们整体来说，不计空气阻力，爆破后就只受重力作用，根据质心运动定理，它们质心的运动就像一个质点在重力作用下作抛射运动一样。因此，只要控制好质心的初速度 $\boldsymbol{v}_0$，使质心的运动轨迹通过指定区域内的适当位置，就可能使大部分土石块落在该区域内，达到预期的效果（图 10-2）。

质心运动定理在理论上有着重要的意义。因为质点系的复杂运动总可以看作随同质心的运动与相对于质心的运动（约定：以后凡是讲相对于质心的运动，都是指相对于随质心平移的坐标系的运动）两部分合成的结果。应用质心运动定理求出质心的运动，也就确定了质点系随同质心的平移。至于相对于质心的运动，则需用下一章“动量矩定理”来研究。

【例 10-1】 浮动起重船重 $W_1=200\text{kN}$，起吊重 $W_2=20\text{kN}$ 的物体（图 10-3），求当吊杆从与铅直线成 60°角的位置转到与铅直线成 30°角的位置时起重船的位移。吊杆长 $AB=8\text{m}$，吊杆的重量及水的阻力不计（整个系统本来是静止的）。

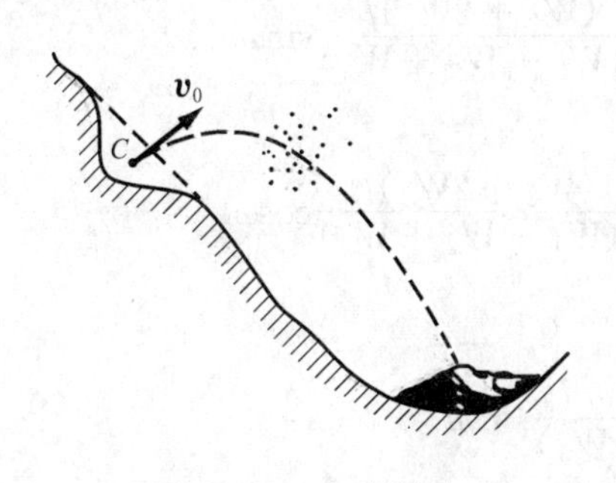

图 10-2 定向爆破

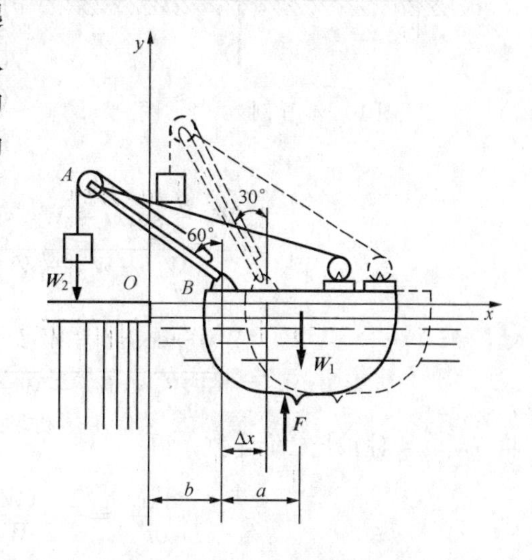

图 10-3 [例 10-1] 图

解 考察起重船与重物所组成的质点系。因不计水的阻力，作用于质点系的外力只有重力 $\boldsymbol{W}_1$、$\boldsymbol{W}_2$ 及水的浮力 $\boldsymbol{F}$。由于整个系统本来是静止的，所有外力又都是铅直的，在水平方向的投影等于零，所以质点系质心的水平位置应保持不变。

以码头上一点 O 为原点，取坐标系 Oxy（图 10-3）。设点 B 至起重船重力作用线的距离为 a、至轴 y 的距离为 b。当吊杆与铅直线成 60°角时，质点系质心的 x 坐标为

$$x_C=\frac{W_1(a+b)+W_2(b-AB\sin 60^\circ)}{W_1+W_2}$$

当吊杆转到与铅直位置成30°角时，设起重船向右移动了Δx，质点系质心的x坐标为

$$x_C'=\frac{W_1(a+b+\Delta x)+W_2(b+\Delta x-AB\sin30^\circ)}{W_1+W_2}$$

由$x_C=x_C'$，得

$$\Delta x=\frac{W_2\cdot AB(\sin30^\circ-\sin60^\circ)}{W_1+W_2}$$

将各已知值代入，得$\Delta x=-0.266\text{m}$，"－"号表示起重船应向左（向着岸边）移动。

【例10-2】 电动机重W_1，外壳用螺栓固定在基础上（图10-4）。另有一均质杆，长l，重W_2，一端固连在电动机轴上，并与机轴垂直，另一端刚连一重W_3的小球。设电动机轴以匀角速ω转动，求螺栓和基础作用于电动机的最大总水平力及铅直力。

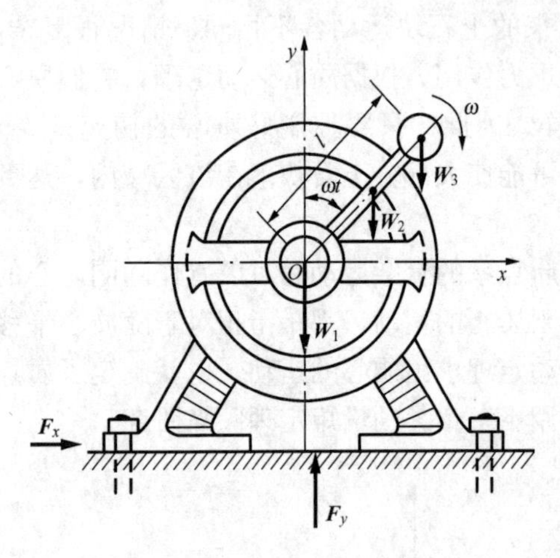

图10-4 [例10-2]图

解 将电动机、均质杆和小球组成的质点系作为考察对象。作用于质点系的外力有：重力$\boldsymbol{W}_1$、$\boldsymbol{W}_2$、$\boldsymbol{W}_3$及螺栓和基础对电动机作用的总的水平力$\boldsymbol{F}_x$、铅直力$\boldsymbol{F}_y$。

由各部分运动已知，可求质心的运动。再由质心运动定理，求螺栓和基础作用于电动机的力。因电动机机身不动，取静坐标系Oxy固结于机身（图10-4）。任一瞬时t，均质杆与轴y夹角为ωt，所考察的质点系的质心的位置坐标为

$$x_C=\frac{W_2\dfrac{l}{2}\sin\omega t+W_3l\sin\omega t}{W_1+W_2+W_3}=\frac{(W_2+2W_3)l}{2(W_1+W_2+W_3)}\sin\omega t$$

$$y_C=\frac{W_2\dfrac{l}{2}\cos\omega t+W_3l\cos\omega t}{W_1+W_2+W_3}=\frac{(W_2+2W_3)l}{2(W_1+W_2+W_3)}\cos\omega t$$

将x_C、y_C对t求二阶导数，得

$$\left.\begin{aligned}\frac{\mathrm{d}^2x_C}{\mathrm{d}t^2}&=-\frac{(W_2+2W_3)\omega^2l}{2(W_1+W_2+W_3)}\sin\omega t\\\frac{\mathrm{d}^2y_C}{\mathrm{d}t^2}&=-\frac{(W_2+2W_3)\omega^2l}{2(W_1+W_2+W_3)}\cos\omega t\end{aligned}\right\}\tag{a}$$

由式（10-5），有

$$\left.\begin{aligned}\frac{W_1+W_2+W_3}{g}\cdot\frac{\mathrm{d}^2x_C}{\mathrm{d}t^2}&=F_x\\\frac{W_1+W_2+W_3}{g}\cdot\frac{\mathrm{d}^2y_C}{\mathrm{d}t^2}&=F_y-W_1-W_2-W_3\end{aligned}\right\}\tag{b}$$

将式（a）代入式（b），得

$$F_x = -\frac{W_2 + 2W_3}{2g}\omega^2 l\sin\omega t,\ F_y = W_1 + W_2 + W_3 - \frac{W_2 + 2W_3}{2g}\omega^2 l\cos\omega t$$

水平力的最大值为 $F_{x\max} = \frac{W_2 + 2W_3}{2g}\omega^2 l$，铅直力的最大值为 $F_{y\max} = W_1 + W_2 + W_3 + \frac{W_2 + 2W_3}{2g}\omega^2 l$。由 F_y 的表达式可知，铅直力包含两部分：一部分是由 $\boldsymbol{W}_1$、$\boldsymbol{W}_2$、$\boldsymbol{W}_3$ 等静力作用引起的，称为**静约束力**（statical constraint force）；另一部分是由物体运动引起的，称为**动约束力**（dynamical constraint force）。一般说来，动力学中的约束力，不仅与物体所受的主动力有关，而且与物体的运动有关，这是与静力学中的约束力不同之处。

请思考：

(1) 跳水运动员离开跳板后，在空中作各种腾翻转体动作。忽略空气阻力，试分析这些腾翻转体动作是否会改变运动员质心的运动规律。

(2) 体重、力气不同的两宇航员在太空中拔河，设初始时静止，试分析胜负情况。

第 2 节　动量和冲量

一、动量

动量是表征机械运动的一个物理量。大家都知道，枪弹的质量尽管很小，但因速度很大，所以能对阻碍其运动的物体产生很大的冲击力；轮船靠岸时，速度很小，但由于质量很大，如果不慎，也会撞坏码头；重量相同而速度不同的两辆汽车，要在相同的时间内停下来，则速度大的比速度小的需要更大的制动力。

一个质点的质量 m 与它在某瞬时 t 的速度 $\boldsymbol{v}$ 的乘积，称为该质点在瞬时 t 的**动量**（momentum）。质点系中所有质点动量之矢量和，称为该质点系的动量，用 $\boldsymbol{p}$ 表示

$$\boldsymbol{p} = \sum m_i \boldsymbol{v}_i \tag{10-6}$$

根据式（10-3），可将质点系的动量表示为

$$\boldsymbol{p} = \sum m_i \boldsymbol{v}_i = m\boldsymbol{v}_C \tag{10-7}$$

即质点系的质量与其质心速度的乘积等于质点系的动量。式（10-7）为计算质点系特别是刚体的动量提供了简捷的方法。

动量是矢量，如果利用速度的投影来计算动量，式（10-7）又可写成

$$\boldsymbol{p} = \sum m_i v_{ix}\boldsymbol{i} + \sum m_i v_{iy}\boldsymbol{j} + \sum m_i v_{iz}\boldsymbol{k} = mv_{Cx}\boldsymbol{i} + mv_{Cy}\boldsymbol{j} + mv_{Cz}\boldsymbol{k} \tag{10-8}$$

对于刚体系统，设第 i 个刚体的质心 C_i 的速度为 $\boldsymbol{v}_{Ci}$，则整个系统的动量为

$$\boldsymbol{p} = \sum m_i \boldsymbol{v}_{Ci} \tag{10-9}$$

其中 m_i 是第 i 个刚体的质量。

动量的量纲是 ML/T，单位为 kg · m/s。

【例 10-3】　曲柄连杆机构的曲柄 OA 以匀角速度 ω 转动（图 10-5）。设 $OA=AB=l$，曲柄 OA、连杆 AB 都是均质杆，质量均为 m，滑块 B 的质量也是 m。求当 $\varphi=45°$ 时系统的动量。

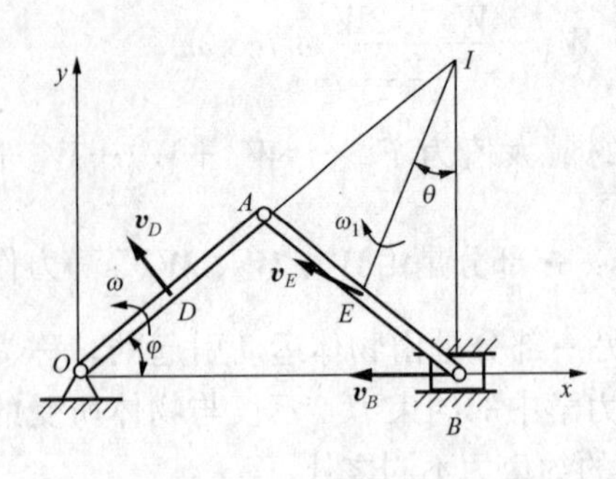

图 10-5 ［例 10-3］图

解　曲柄 OA 作定轴转动，其质心 D 的速度 $v_D=\frac{l\omega}{2}$，$\boldsymbol{v}_D\perp OA$，指向如图 10-5 所示。连杆 AB 作平面运动，其质心 E 的速度 $\boldsymbol{v}_E$ 以及滑块 B 的速度都须根据平面运动理论求得。

连杆 AB 的速度瞬心在 I，当 $\varphi=45°$时，$IA=l$，$IB=\sqrt{2}l$，由几何关系得 $IE=\frac{\sqrt{5}}{2}l$，$\sin\theta=\frac{1}{\sqrt{10}}$，$\cos\theta=\frac{3}{\sqrt{10}}$，而 AB 的角速度是 $\omega_1=\omega$，所以 $v_E=IE\cdot\omega_1=\frac{\sqrt{5}}{2}l\omega$，$\boldsymbol{v}_E\perp IE$，指向如图所示；$v_B=\sqrt{2}l\omega$，$\boldsymbol{v}_B$ 水平向左。由式（10-9）求系统的动量

$$\boldsymbol{p}=m[(-v_D\sin\varphi-v_E\cos\theta-v_B)\boldsymbol{i}+(v_D\cos\varphi+v_E\sin\theta)\boldsymbol{j}]=ml\omega\left(-2\sqrt{2}\boldsymbol{i}+\frac{1}{\sqrt{2}}\boldsymbol{j}\right)$$

二、冲量

物体运动状态的改变，不仅与作用在物体上的力有关，还与力作用的时间长短有关。例如，工人用手推动一辆停在轨道上的小车，推力越大，时间越长，小车获得的速度也越大。一个力与其作用时间的乘积称为该力的**冲量**（impulse），用 $\boldsymbol{I}$ 表示，即

$$\boldsymbol{I}=\int_{t_1}^{t_2}\boldsymbol{F}\mathrm{d}t \tag{10-10}$$

其中 $\boldsymbol{F}\mathrm{d}t$ 是力 $\boldsymbol{F}$ 在 $\mathrm{d}t$ 时间内的**元冲量**。

冲量是矢量。将式（10-10）投影到固定坐标轴上，得冲量 $\boldsymbol{I}$ 在直角坐标轴上的投影

$$I_x=\int_{t_1}^{t_2}F_x\mathrm{d}t,\ I_y=\int_{t_1}^{t_2}F_y\mathrm{d}t,\ I_z=\int_{t_1}^{t_2}F_z\mathrm{d}t \tag{10-11}$$

如果作用于质点的力不止一个而有若干个，设为 $\boldsymbol{F}_1$、$\boldsymbol{F}_2$、…、$\boldsymbol{F}_n$，其合力为 $\boldsymbol{F}=\sum\boldsymbol{F}_i$，则

$$\boldsymbol{I}=\int_{t_1}^{t_2}\boldsymbol{F}\mathrm{d}t=\int_{t_1}^{t_2}(\sum\boldsymbol{F}_i)\ \mathrm{d}t=\sum\int_{t_1}^{t_2}\boldsymbol{F}_i\mathrm{d}t=\sum\boldsymbol{I}_i \tag{10-12}$$

即在任一段时间内，合力的冲量等于所有分力的冲量的矢量和。

冲量的量纲是 ML/T，单位为 kg·m/s 或 N·s。

第3节　动量定理

设质点系由 n 个质点组成，取任一质点 M_i 来考察。命 M_i 的质量为 m_i，速度为 $\boldsymbol{v}_i$，作用于质点 M_i 的所有力的合力为 $\boldsymbol{F}_i$，因 m_i 为常量，式（9-2）可改写为

$$\frac{\mathrm{d}}{\mathrm{d}t}(m_i\boldsymbol{v}_i)=\boldsymbol{F}_i \tag{a}$$

将作用于质点 M_i 的力分为外力和内力，它们的合力分别用 $\boldsymbol{F}_i^{(\mathrm{e})}$ 与 $\boldsymbol{F}_i^{(\mathrm{i})}$ 表示，则 $\boldsymbol{F}_i=$

$\boldsymbol{F}_i^{(e)} + \boldsymbol{F}_i^{(i)}$，代入式（a）得

$$\frac{\mathrm{d}}{\mathrm{d}t}(m_i \boldsymbol{v}_i) = \boldsymbol{F}_i^{(e)} + \boldsymbol{F}_i^{(i)} \tag{b}$$

对质点系中每一个质点写出这样一个方程，共有 n 个方程。将这 n 个方程相加，得

$$\sum \frac{\mathrm{d}}{\mathrm{d}t}(m_i \boldsymbol{v}_i) = \sum \boldsymbol{F}_i^{(e)} + \sum \boldsymbol{F}_i^{(i)} \tag{c}$$

根据矢量导数运算法则（参见附录 A)，有

$$\sum \frac{\mathrm{d}}{\mathrm{d}t}(m_i \boldsymbol{v}_i) = \frac{\mathrm{d}}{\mathrm{d}t}\sum (m_i \boldsymbol{v}_i) \tag{d}$$

$\sum m_i \boldsymbol{v}_i$ 是质点系的动量 $\boldsymbol{p}$。方程（c）右边第一项 $\sum \boldsymbol{F}_i^{(e)}$ 为作用于质点系的外力的矢量和，第二项 $\sum \boldsymbol{F}_i^{(i)}$ 为作用于质点系的内力的矢量和，因内力系的矢量和等于零，即 $\sum \boldsymbol{F}_i^{(i)} = 0$，所以方程（c）成为

$$\frac{\mathrm{d}\boldsymbol{p}}{\mathrm{d}t} = \sum \boldsymbol{F}_i^{(e)} \tag{10-13}$$[1]

即质点系的动量对于时间的导数，等于作用于质点系的外力的矢量和。这就是质点系的动量定理（theorem of the momentum of a system of particles)。

任取固定的直角坐标轴 x、y、z，将方程（10-13）投影到各轴上，并注意矢量导数的投影等于矢量投影的导数，有

$$\frac{\mathrm{d}p_x}{\mathrm{d}t} = \sum F_{ix}^{(e)},\ \frac{\mathrm{d}p_y}{\mathrm{d}t} = \sum F_{iy}^{(e)},\ \frac{\mathrm{d}p_z}{\mathrm{d}t} = \sum F_{iz}^{(e)} \tag{10-14}$$

其中 p_x、p_y、p_z 分别为质点系的动量 $\boldsymbol{p}$ 在轴 x、y、z 上的投影，据式（10-6)，它们分别等于

$$p_x = \sum m_i v_{ix},\ p_y = \sum m_i v_{iy},\ p_z = \sum m_i v_{iz} \tag{10-15}$$

式（10-14）是质点系动量定理的投影形式，它表明：**质点系的动量在任一固定轴上的投影对于时间的导数，等于作用于质点系的所有外力在同一轴上投影的代数和。**

将式（10-13）改写为 $\mathrm{d}\boldsymbol{p} = \sum \boldsymbol{F}_i^{(e)} \mathrm{d}t$，两边求对应的积分，时间 t 从 t_1 到 t_2，动量 $\boldsymbol{p}$ 从 $\boldsymbol{p}_1$ 到 $\boldsymbol{p}_2$，得

$$\boldsymbol{p}_2 - \boldsymbol{p}_1 = \sum \int_{t_1}^{t_2} \boldsymbol{F}_i^{(e)} \mathrm{d}t = \sum \boldsymbol{I}_i^{(e)} \tag{10-16}$$

即质点系的动量在任一段时间内的增量，等于作用于质点系的所有外力在同一段时间内的冲量之和。这是质点系动量定理的积分形式，或称质点系的冲量定理（theorem of the impulse of particles)。

将式（10-16）投影到固定直角坐标轴上，得

$$\left.\begin{aligned} p_{2x} - p_{1x} &= \sum \int_{t_1}^{t_2} F_{ix}^{(e)} \mathrm{d}t = \sum I_{ix}^{(e)} \\ p_{2y} - p_{1y} &= \sum \int_{t_1}^{t_2} F_{iy}^{(e)} \mathrm{d}t = \sum I_{iy}^{(e)} \\ p_{2z} - p_{1z} &= \sum \int_{t_1}^{t_2} F_{iz}^{(e)} \mathrm{d}t = \sum I_{iz}^{(e)} \end{aligned}\right\} \tag{10-17}$$

[1] 利用式（10-7），可由式（10-4）导出此式，反之亦然。

即在任一段时间内，质点系的动量在任一固定轴上的投影的增量，等于作用于质点系的外力的冲量在同一轴上的投影的代数和。

如$\sum \boldsymbol{F}_i^{(e)} \equiv 0$，则由式（10－13）得，$\boldsymbol{p}=\sum m_i \boldsymbol{v}_i=$常矢量；如$\sum F_{ix}^{(e)} \equiv 0$，则由式（10－14）得，$p_x=\sum m_i v_{ix}=$常量。可见**在运动过程中，如作用于质点系的外力的矢量和（或在某一固定轴上投影的代数和）始终保持为零，则质点系的动量（或在该轴上的投影）保持不变**。该结论称为**质点系动量守恒定理**（theorem of conservation of momentum of system of particles）。由该定理可知，要使质点系动量发生变化，必须有外力作用。

质点系动量守恒定理是自然界中最普遍的客观规律之一，在科学技术上应用很广。例如，枪炮的“后坐”，火箭和喷气飞机的反推作用，都可用动量守恒定理加以研究。

【例 10－4】 图 10－6 所示机构位于铅直平面内，已知曲柄 OA 重 W_1，长 r，以 $\theta=\omega t$（ω 为常量）运动；丁字杆重 W_2，滑块重 W_3，不计摩擦，求铰 O 处水平约束力。

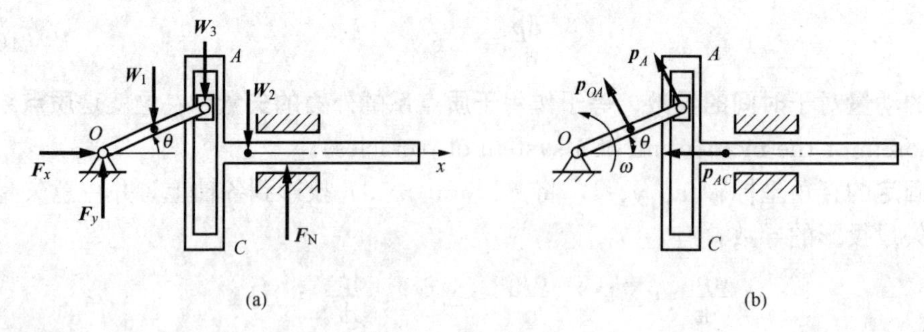

图 10－6 ［例 10－4］图

解 考察整个系统，示力图见图 10－6（a）。曲柄 OA 作定轴转动，丁字杆作直线平移，滑块作曲线平移。沿水平方向选 x 轴。

曲柄 OA 的动量为 $p_{OA}=\dfrac{W_1}{g}\omega\dfrac{r}{2}$；滑块的动量为 $p_A=\dfrac{W_3}{g}\omega r$；丁字杆的质心速度可根据点的运动（运动方程求导数）或点的合成运动（速度合成定理）求得，其动量为 $p_{AC}=\dfrac{W_2}{g}\omega r\sin\omega t$，动量的方向见图 10－6（b）。整个系统的动量在 x 轴上的投影为

$$p_x=-p_{OA}\sin\theta-p_A\sin\theta-p_{AC}=-\frac{W_1+2W_2+2W_3}{g}\omega r\sin\omega t$$

由式（10－14）得

$$F_x=-\frac{W_1+2W_2+2W_3}{g}\omega^2 r\cos\omega t$$

本题也可用质心运动定理求解，而［例 10－1］和［例 10－2］也可用动量定理求解，请读者自己完成，并比较两种解法的难易差别。本章开头曾指出，**在一定条件下**，用动力学普遍定理解答问题非常方便。初学者必须一开始就注意，根据问题的已知条件和要求，宜用什么定理求解，以求灵活掌握。

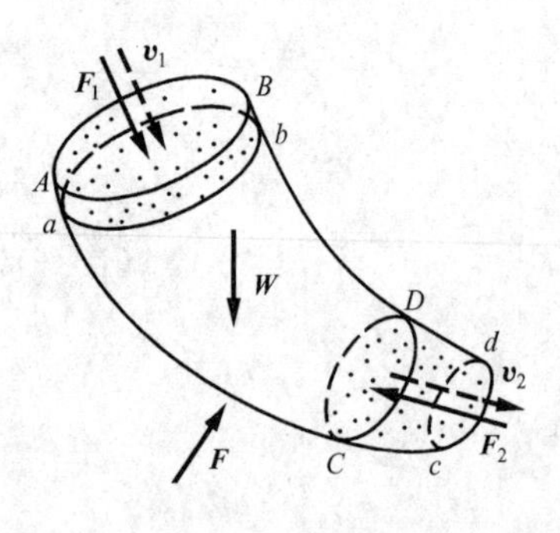

图 10－7 ［例 10－5］图

【例 10－5】 水流流过弯管时（图 10－7），在 AB、

CD 两断面处平均流速分别为 $\boldsymbol{v}_1$、$\boldsymbol{v}_2$（大小以 m/s 计），求水流对弯管的动压力（即由于水流改变方向而产生的附加压力）。假设水流是恒定的（即水流流过管内每一点的速度都不随时间而变），因而体积流量 q_V（每秒钟流过一断面的水的体积，以 m^3/s 计）是常量，水的密度为 ρ（以 kg/m^3 计）。

解　对于水之类的流体，分析时总是假想取出其中的一部分作为质点系来考察。现在已知的是水流在 AB、CD 两断面处的速度，所以取 AB、CD 两断面之间的流体 $ABCD$ 作为考察的质点系。分析流体 $ABCD$ 所受的外力：除重力 $\boldsymbol{W}$ 外，还有其他部分流体作用于断面 AB、CD 上的力 $\boldsymbol{F}_1$、$\boldsymbol{F}_2$，管壁作用的约束力 $\boldsymbol{F}$。

因为是根据速度的变化求动压力，所以用动量定理求解。设经过 Δt 时间后，流体由 $ABCD$ 位置运动到 $abcd$ 位置。流体在两位置的速度不同，动量也相应改变，根据动量的改变，可以求出管壁作用于流体的力，与之相反的力，就是流体作用于管壁的力。

先计算质点系动量的改变

$$\boldsymbol{p}_2 - \boldsymbol{p}_1 = \boldsymbol{p}_{abcd} - \boldsymbol{p}_{ABCD} = (\boldsymbol{p}_{abCD} + \boldsymbol{p}_{CDcd})_2 - (\boldsymbol{p}_{ABab} + \boldsymbol{p}_{abCD})_1$$

因为水流情况不随时间而变，所以 $abCD$ 部分流体在两瞬时的动量相等，即 $(\boldsymbol{p}_{abCD})_1 = (\boldsymbol{p}_{abCD})_2$，于是有

$$\boldsymbol{p}_2 - \boldsymbol{p}_1 = \boldsymbol{p}_{CDcd} - \boldsymbol{p}_{ABab}$$

因体积流量 q_V 是常量，故 Δt 时间内流经 AB、CD 两断面的体积都是 $q_V\Delta t$，质量都是 $m=\rho q_V\Delta t$，这也就是 $ABab$ 及 $CDcd$ 两部分的质量。由于所取时间间隔 Δt 很小，ab 接近于 AB，cd 接近于 CD，所以可以认为：$ABab$ 部分的速度等于 $\boldsymbol{v}_1$，$CDcd$ 部分的速度等于 $\boldsymbol{v}_2$，从而有

$$\boldsymbol{p}_2 - \boldsymbol{p}_1 = \boldsymbol{p}_{CDcd} - \boldsymbol{p}_{ABab} = \rho q_V \Delta t(\boldsymbol{v}_2 - \boldsymbol{v}_1)$$

据式（10-16），有 $\rho q_V \Delta t\ (\boldsymbol{v}_2 - \boldsymbol{v}_1) = (\boldsymbol{W} + \boldsymbol{F}_1 + \boldsymbol{F}_2 + \boldsymbol{F})\Delta t$，由此得

$$\boldsymbol{F} = -(\boldsymbol{W} + \boldsymbol{F}_1 + \boldsymbol{F}_2) + \rho q_V(\boldsymbol{v}_2 - \boldsymbol{v}_1)$$

可见，为使流体改变方向，管壁作用于流体的力应为

$$\boldsymbol{F}' = \rho q_V(\boldsymbol{v}_2 - \boldsymbol{v}_1)$$

与 $\boldsymbol{F}'$ 相反的力就是流体作用于管道的动压力。

思　考　题

10-1　分析下列陈述是否正确：

(1) 将质量为 m 的小球以速度 $\boldsymbol{v}_1$ 向上抛，小球回落到地面时的速度为 $\boldsymbol{v}_2$。因 $\boldsymbol{v}_1$ 与 $\boldsymbol{v}_2$ 的大小相等，所以动量也相等。

(2) 一物体受到大小为 10N 的常力 $\boldsymbol{F}$ 作用，在 $t=3s$ 的瞬时，该力的冲量的大小 $I=Ft=30N \cdot s$。

(3) 常力偶 $M=4kN \cdot m$，在一平面运动刚体上持续作用了 0.005s，则其对刚体的冲量为 20Nms。

(4) 两物块 A 和 B，质量分别为 m_A、m_B。初始时刻系统静止，若 A 沿斜面下滑的相对

速度为$\boldsymbol{v}_r$，B向右的速度为$\boldsymbol{v}$，如图10-8所示。不计各处摩擦，根据动量守恒定理有：$m_A v_r \cos\theta = m_B v$。

10-2　炮弹在空中飞行时，若不计空气阻力，则质心的轨迹为一抛物线。炮弹在空中爆炸后，其质心轨迹是否改变？又当部分弹片落地后，其质心轨迹是否改变？为什么？

10-3　两个半径和质量相同的均质圆盘A、B，放在光滑的水平面上如图10-9所示，分别受到力$\boldsymbol{F}_A$、$\boldsymbol{F}_B$的作用，$\boldsymbol{F}_A=\boldsymbol{F}_B$。设两圆盘受力后自静止开始运动，在某一瞬时两圆盘的动量分别为$\boldsymbol{p}_A$，$\boldsymbol{p}_B$。问下列三个关系式哪一个正确？试说明理由。①$p_A=p_B$；②$p_A<p_B$；③$p_A>p_B$。

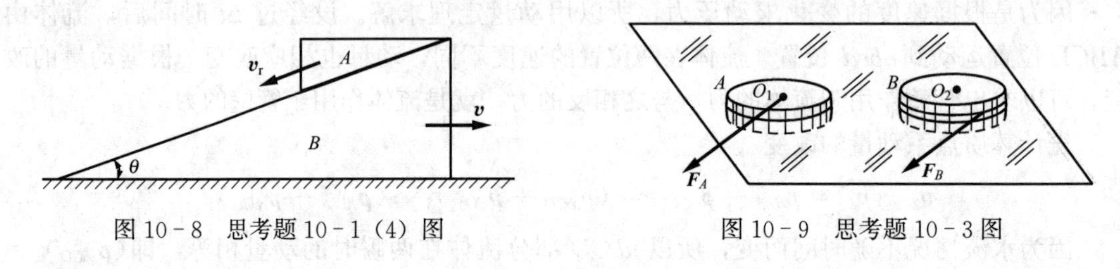

图10-8　思考题10-1（4）图　　　　图10-9　思考题10-3图

习　题

10-1　两均质杆AC及BC，长均为l，重各为W_1、W_2，在C处用光滑铰相连如图10-10所示。开始时静止直立于光滑的水平地面上，后来在铅直平面内向两边分开倒下。问倒到地面上时，C点的位置在哪里？设①$W_1=W_2$；②$W_1=2W_2$；③$W_1=4W_2$。

10-2　船A、B的重量分别为2.4kN及1.3kN，两船原处于静止间距6m，如图10-11所示。设船B上有一人，重500N，用绳拉船A，使两船靠拢。不计水的阻力，求当两船靠拢在一起时，船B移动的距离。

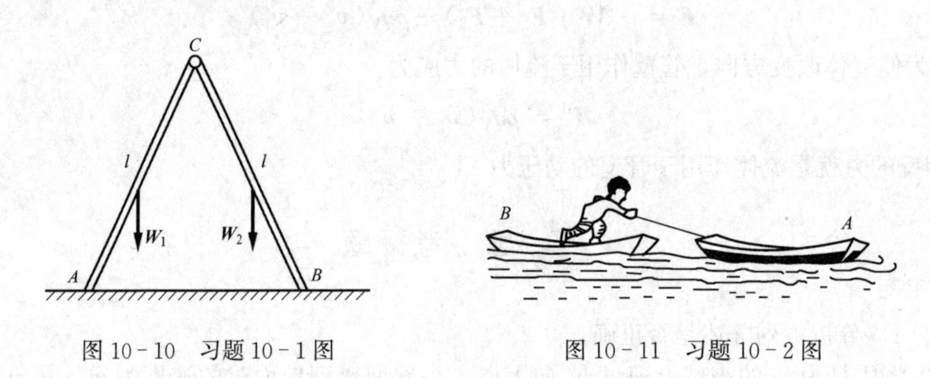

图10-10　习题10-1图　　　　图10-11　习题10-2图

10-3　图10-12所示曲柄导杆机构中曲柄OA的转动方程为$\varphi=\omega t$（ω为常量）。已知均质曲柄重W_1，长为l；物块A重W_2；导杆重W_3，重心在C点。试求机构质心的运动方程。

10-4　重为W_1的物块M放在光滑的水平基础上如图10-13所示，另有一均质杆，长$2l$，重W_2，一端铰接于物块的质心B，另一端刚连一不计尺寸且重W_3的小球A。开始时杆处于铅直位置，整个系统静止，而后杆以匀角速度ω转动。试求物块M的水平运动。

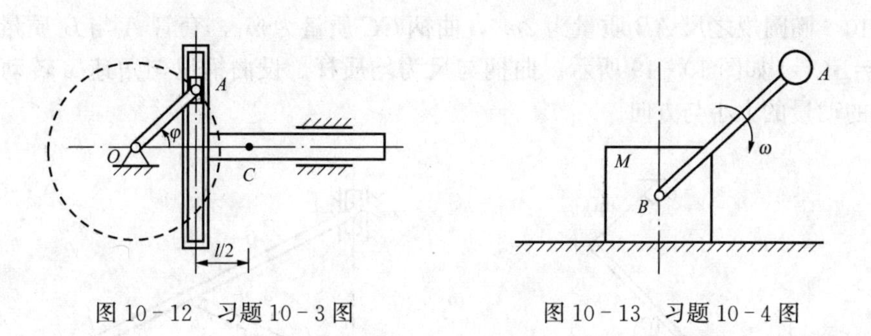

图10－12　习题10－3图　　图10－13　习题10－4图

10－5　长$2l$的均质杆AB，其一端B搁置在光滑水平面上，并与水平成θ_0角如图10－14所示，求当杆倒下时，A点之轨迹方程。

10－6　质量分别为m和$2m$的两个小球M_1、M_2用长为l的无重刚杆连接，现将M_1置于光滑水平面上，如图10－15所示，当系统无初速释放，问M_2球落地时，M_1球水平移动了多少距离？

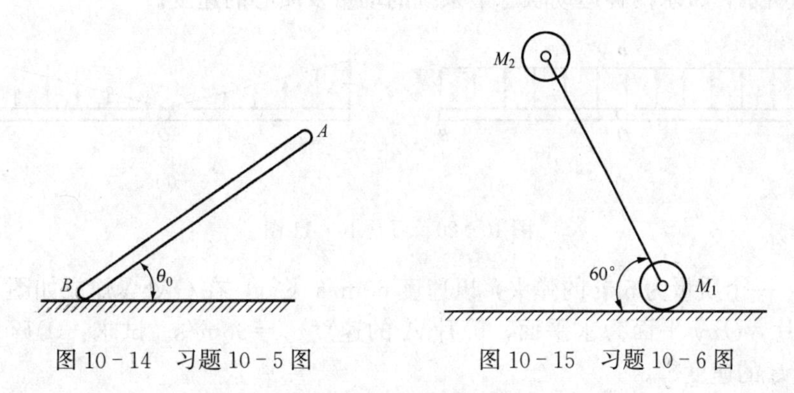

图10－14　习题10－5图　　图10－15　习题10－6图

10－7　均质圆盘绕偏心轴O以匀角速度ω转动如图10－16所示。重W_1的夹板借右端弹簧的推压而顶在圆盘上，当圆盘转动时，夹板作往复运动。设圆盘重W_2，半径为r，偏心距为e，求任一瞬时作用于基础和螺栓的动约束力。

10－8　均质杆OA长$2l$，重W，绕着通过O端的水平轴在铅直面内转动如图10－17所示，杆与水平线的夹角$\varphi=\dfrac{\pi}{6}t^2$(rad)，试求$t=1$s时$O$端的约束力。

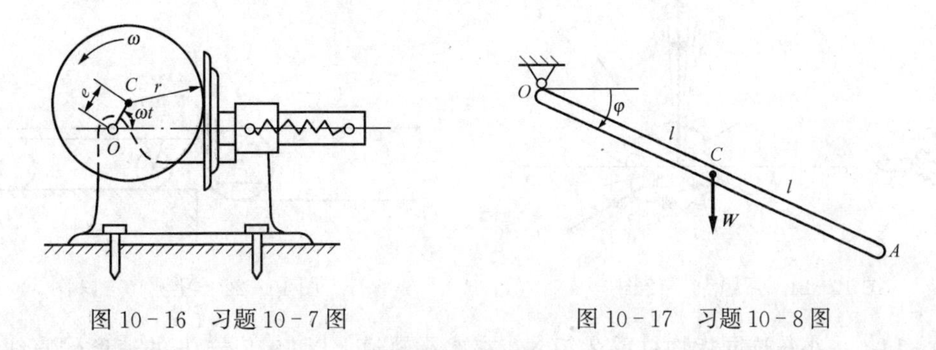

图10－16　习题10－7图　　图10－17　习题10－8图

10－9　质量1kg、长度2m的均质杆被绳索和光滑地面约束，已知在图10－18所示位置时B点的速度为$\sqrt{2}$m/s、加速度为$\sqrt{2}/2$m/s^2，试求该瞬时绳索的拉力。

10－10　椭圆规之尺 AB 质量为 $2m_1$，曲柄 OC 质量为 m_1，套管 A 与 B 质量各为 m_2，$OC=AC=BC=l$ 如图 10－19 所示。曲柄与尺为均质杆。设曲柄以匀角速 ω 转动。求此椭圆规机构的动量的大小与方向。

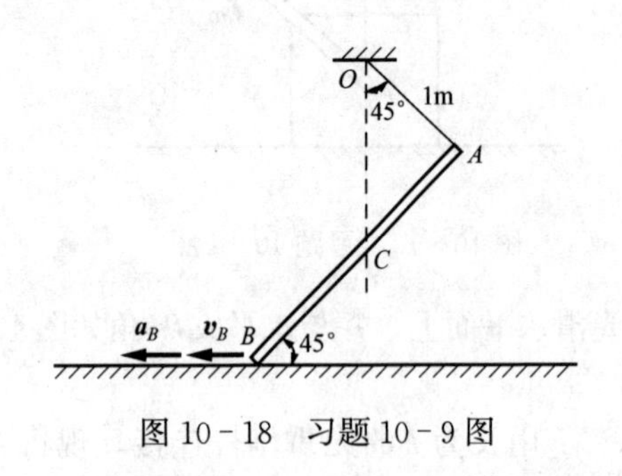

图 10－18　习题 10－9 图

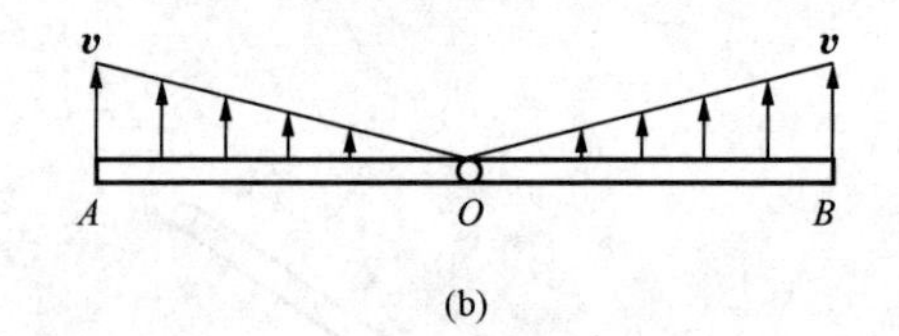

图 10－19　习题 10－10 图

10－11　长均为 l、质量均为 m 的均质杆 OA 和 OB 铰接于 O 处，各点的瞬时速度分布如图 10－20 所示，试求两种运动状态下系统的动量及质心的速度。

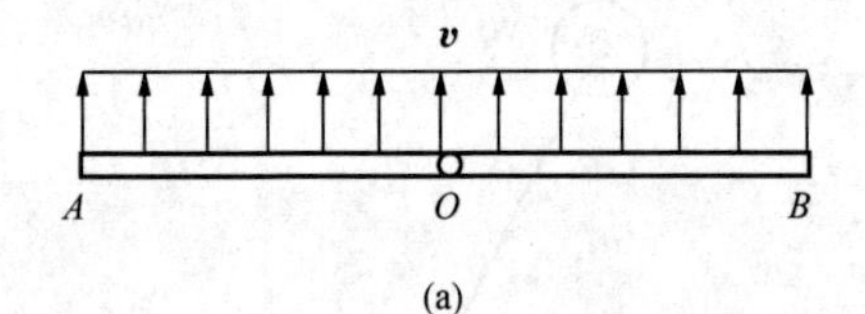

图 10－20　习题 10－11 图

10－12　一个质量为 5kg 的弹头，以速度 60m/s 飞行，在 O 处爆炸成如图 10－21 所示方向两块碎片，Oxy 平面为水平面，碎片 A 的速度 $v_A=90\text{m/s}$。试求：①碎块 A 的质量 m_A；②碎块 B 的速度 v_B。

10－13　胶带输送机的胶带速度 $v=2\text{m/s}$，将质量为 20kg 的重物 M 送入小车如图 10－22 所示。已知小车的质量为 50kg，求 M 进入小车后，车与重物 M 共同的速度。若人用手挡住小车，M 进入小车后，经过 0.2s 停止运动，求人手作用于小车上的水平力。不计地面上的摩擦。

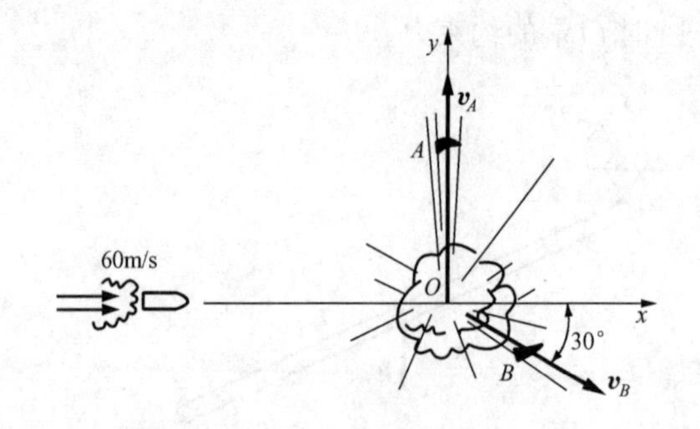

图 10－21　习题 10－12 图

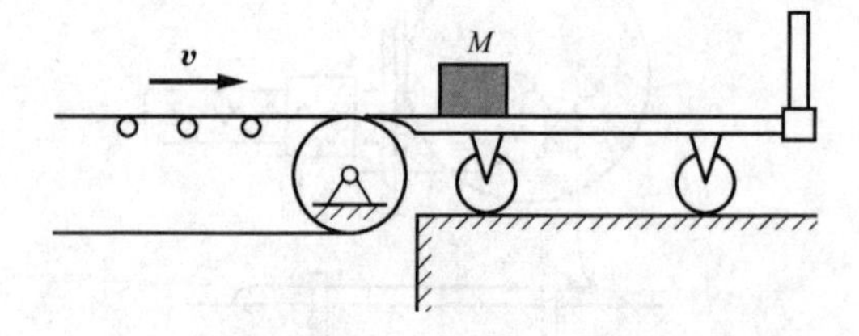

图 10－22　习题 10－13 图

10－14　一小车连同货物总重 2.5kN，在水平轨道上以 10.8km/h 的速度作直线运动，一人重 0.6kN，以 4m/s 的水平速度从车后跳至车上。问人跳上车后，车与人的共同速度多大？此后，人从车上将一重 0.2kN 的物体以相对于车的速度 10m/s 水平向后抛出，问此时人与车的共同速度多大?

10－15　自动传送带运煤速度恒为 20kg/s，胶带速度为 1.5m/s 如图 10－23 所示。试确定在匀速传送时胶带作用于煤块的总水平推力。

10－16　施工中广泛采用喷枪浇筑混凝土衬砌如图 10－24 所示。设喷枪的直径为 $d=80\text{mm}$，喷枪速度 $v_1=50\text{m/s}$，混凝土容重 $\gamma=21.6\text{kN/m}^3$，求喷枪对壁的压力。

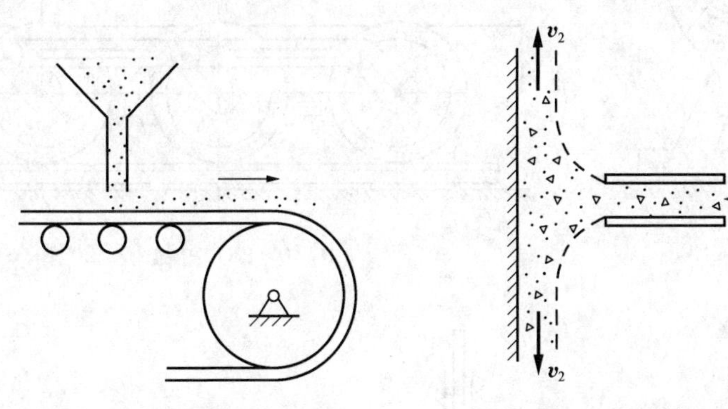

图 10－23　习题 10－15 图　　图 10－24　习题 10－16 图

10－17　一固定水道，其截面积逐渐改变，并对称于图平面如图 10－25 所示。水流入水道的速度 $v_1=2\text{m/s}$，垂直于水平面；水流出水道的速度 $v_2=4\text{m/s}$，与水平成 30°角，已知水道进口处的截面积等于 0.02m^2，求由于水的流动而产生的对水道的附加水平压力。

10－18　如图 10－26 所示系统中均质定滑轮质量为 m_0，物块 A、B 质量各为 m_1 和 m_2。不计各处摩擦，若物块 B 的加速度为 $\boldsymbol{a}$，方向如图示，试求轴承 O 处的约束力。

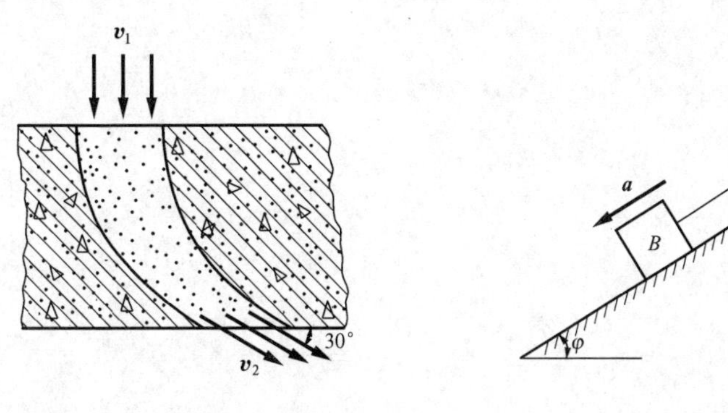

图 10－25　习题 10－17 图　　图 10－26　习题 10－18 图

10－19　压实土壤的振动器，由两个相同的偏心块和机座组成。机座重 W，每个偏心块重 P，偏心距 e，两偏心块以相同的匀角速 ω 反向转动，转动时两偏心块的位置对称于 y 轴。试求振动器在图 10－27 所示位置时对土壤的压力。

10－20　机车以速度 $\boldsymbol{v}$（v为常量）沿直线轨道行驶，如图 10－28 所示。平行杆 ABC 重 W，其质量可视为沿长度均匀分布；曲柄长 r，其质量不计；车轮半径为 R，在路轨上只滚动不滑动。求由于平行杆运动而加于铁轨的附加压力的最大值。

10－21　如图 10－29 所示，质量为 m 的直杆下端搁在质量为 $2m$ 的楔块上，由于杆的自重影响，楔块将沿水平方向移动。不计系统各处摩擦，试求两物体的加速度及地面约束力。

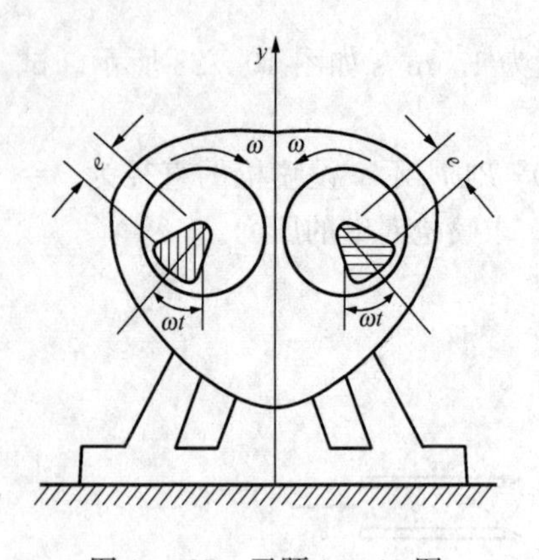

图 10-27 习题 10-19 图

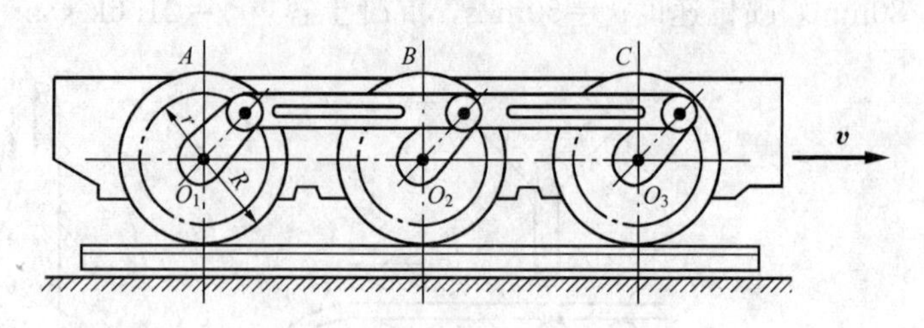

图 10-28 习题 10-20 图

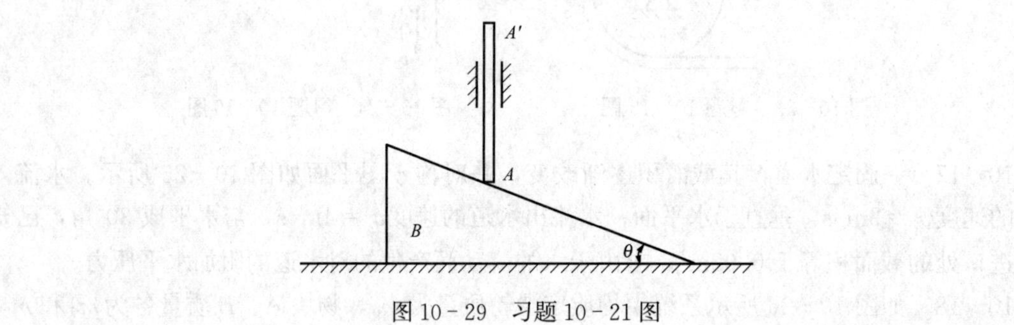

图 10-29 习题 10-21 图

第11章 动量矩定理

动量是表征物体机械运动的物理量。但在有些情况下，动量却不能表征物体的运动。如刚体绕着通过质心的轴转动时，不论转动快慢如何，质心速度总是等于零，因而刚体的动量总是零，在这里，就不能用动量，而必须用另一个物理量——动量矩来表征刚体的运动。

本章将介绍动量矩的概念，由牛顿第二定律导出动量矩定理，并用于求解质点系的动力学问题。

第1节 动　量　矩

一、质点系的动量矩

设质点系由 n 个质点组成，**任取固定点** O。在质点系中任选一点 M_i，设其质量为 m_i，速度为$\boldsymbol{v}_i$，对 O 点的矢径为$\boldsymbol{r}_i$（图 11-1），则 M_i 点的动量为 $m_i\boldsymbol{v}_i$。M_i 对 O 点的动量矩$\boldsymbol{L}_{Oi}$定义为：$\boldsymbol{L}_{Oi}=\boldsymbol{r}_i\times m_i\boldsymbol{v}_i$；取直角坐标系 $Oxyz$，质点 M_i 对 z 轴的动量矩 L_{zi} 定义为 $m_i\boldsymbol{v}_i$ 在 xy 平面上的投影 $m_i\boldsymbol{v}_i'$对 O 点的矩。

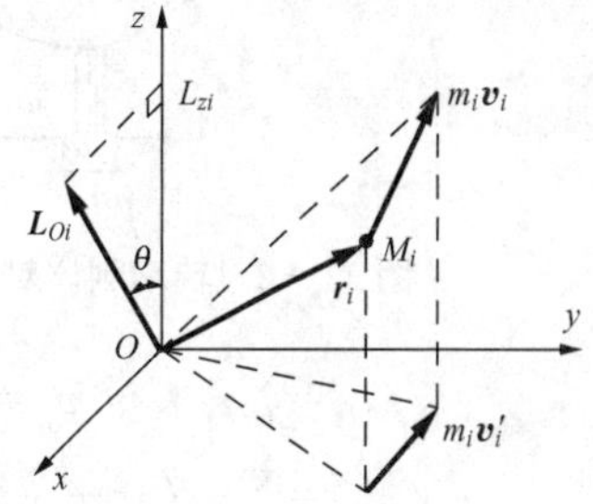

图 11-1　质点系对固定点的动量矩

若将动力学中质点的动量与静力学中的力相对应，则动力学中质点的动量矩（对点或对轴的）与静力学中的力矩相对应。和力对于一点的矩与对于经过该点的任一轴的矩之间的关系相似，动量对于一点的矩在经过该点的任一轴上的投影就等于动量对于该轴的矩，即 $L_{zi}=(\boldsymbol{L}_{Oi})_z=L_{Oi}\cos\theta$。

质点系对 O 点的动量矩$\boldsymbol{L}_O$、对 z 轴的动量矩 L_z 定义为

$$\boldsymbol{L}_O=\sum\boldsymbol{L}_{Oi}=\sum\boldsymbol{r}_i\times m_i\boldsymbol{v}_i \tag{11-1}$$

$$L_z=\sum L_{zi} \tag{11-2}$$

动量矩的量纲是 $\mathrm{ML^2/T}$，单位为 $\mathrm{kg\cdot m^2/s}$。

二、定轴转动刚体的动量矩

刚体以角速度 ω 绕固定轴 z 转动（图 11-2）。设刚体内任一质点 M_i 的质量为 m_i，与转轴的距离为 ρ_i，速度为$\boldsymbol{v}_i$。由运动学可知，$\boldsymbol{v}_i$ 在垂直于转轴 z 的平面内，而 $v_i=\rho_i\omega$。质点 M_i 对 z 轴的动量矩为

$$L_{zi}=m_iv_i\rho_i=m_i\rho_i^2\omega$$

整个刚体对 z 轴的动量矩为

$$L_z=\sum L_{zi}=\sum m_i\rho_i^2\omega=\omega\sum m_i\rho_i^2 \tag{a}$$

因 $\sum m_i\rho_i^2=J_z$ 是刚体对 z 轴的转动惯量（参见附录 B），故

$$L_z = J_z\omega \tag{11-3}$$

即作定轴转动的刚体对于转轴的动量矩，等于刚体对于转轴的转动惯量与角速度之乘积。因为转动惯量是正标量，所以动量矩 L_z 的符号与角速度 ω 的符号相同。

为了对定轴转动刚体的动量矩有较全面的了解，现求刚体对于转轴 z 上一点 O 的动量矩及对于坐标系 $Oxyz$ 中各轴的动量矩（图 11－3）。设 M_i 对 O 点的矢径为 $\boldsymbol{r}_i$，M_i 在坐标系中的坐标为 x_i、y_i、z_i。以矢量 $\boldsymbol{\omega}=\omega\boldsymbol{k}$ 表示刚体的角速度，则 M_i 的速度 $\boldsymbol{v}_i=\omega\boldsymbol{k}\times\boldsymbol{r}_i$。刚体对 O 点的动量矩

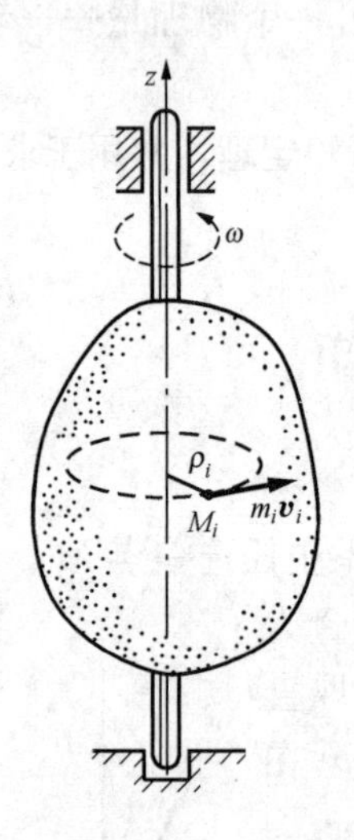

图 11－2　转动刚体对转轴的动量矩

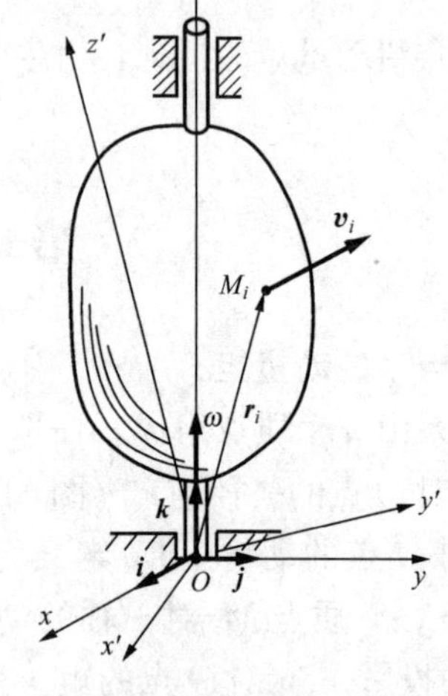

图 11－3　转动刚体对任一轴的动量矩

$$\begin{aligned}\boldsymbol{L}_O &= \sum\boldsymbol{r}_i\times m_i\boldsymbol{v}_i=\sum\boldsymbol{r}_i\times m_i\ (\omega\boldsymbol{k}\times\boldsymbol{r}_i)^{❶}=\sum m_i r_i^2\omega\boldsymbol{k}-\sum m_i(\boldsymbol{r}_i\cdot\omega\boldsymbol{k})\boldsymbol{r}_i\\ &=\sum m_i(x_i^2+y_i^2+z_i^2)\omega\boldsymbol{k}-\sum m_i z_i\omega(x_i\boldsymbol{i}+y_i\boldsymbol{j}+z_i\boldsymbol{k})\\ &=\sum m_i(x_i^2+y_i^2)\omega\boldsymbol{k}-\sum m_i x_i z_i\omega\boldsymbol{i}-\sum m_i y_i z_i\omega\boldsymbol{j}\end{aligned}$$

因 $\sum m_i(x_i^2+y_i^2)=J_z$，$\sum m_i x_i z_i=J_{xz}$，$\sum m_i y_i z_i=J_{yz}$（见附录 B），所以上式成为

$$\boldsymbol{L}_O = J_z\omega\boldsymbol{k}-J_{xz}\omega\boldsymbol{i}-J_{yz}\omega\boldsymbol{j} \tag{11-4}$$

因为 $\boldsymbol{\omega}=\omega\boldsymbol{k}$，可见：当转轴 z 是主轴时，$J_{xz}=J_{yz}=0$，故 $\boldsymbol{L}_O=J_z\omega\boldsymbol{k}=J_z\boldsymbol{\omega}$，$\boldsymbol{L}_O$ 与 $\boldsymbol{\omega}$ 共线，即 $\boldsymbol{L}_O$ 沿 z 轴；如果转轴 z 不是主轴，则 $\boldsymbol{L}_O$ 与 $\boldsymbol{\omega}$ 不共线。

据矢量分解公式，式（11－4）中 $\boldsymbol{i}$、$\boldsymbol{j}$、$\boldsymbol{k}$ 前面的系数就是 $\boldsymbol{L}_O$ 在坐标轴上的投影，亦即刚体对 x、y、z 轴的动量矩 L_x、L_y、L_z。所以

$$L_x=-J_{xz}\omega,\ L_y=-J_{yz}\omega,\ L_z=J_z\omega \tag{11-5}$$

如果将动量矩投影到任取的三个正交坐标轴 x'、y'、z' 上（图 11－3），可以证明

$$\left.\begin{aligned}L_{x'}&=J_{x'}\omega_{x'}-J_{x'y'}\omega_{y'}-J_{x'z'}\omega_{z'}\\ L_{y'}&=J_{y'}\omega_{y'}-J_{y'z'}\omega_{z'}-J_{y'x'}\omega_{x'}\\ L_{z'}&=J_{z'}\omega_{z'}-J_{z'x'}\omega_{x'}-J_{z'y'}\omega_{y'}\end{aligned}\right\} \tag{11-6}$$

---

❶ 矢量三重积 $\boldsymbol{a}\times(\boldsymbol{b}\times\boldsymbol{c})=(\boldsymbol{c}\cdot\boldsymbol{a})\boldsymbol{b}-(\boldsymbol{a}\cdot\boldsymbol{b})\boldsymbol{c}$。

如果 x'、y'、z'是刚体在O点的惯性主轴，则 $J_{x'y'}=J_{y'z'}=J_{z'x'}=0$，上式成为

$$L_{x'}=J_{x'}\omega_{x'},\ L_{y'}=J_{y'}\omega_{y'},\ L_{z'}=J_{z'}\omega_{z'} \tag{11-7}$$

式（11-6)、式（11-7）中的 $\omega_{x'}$、$\omega_{y'}$、$\omega_{z'}$是$\boldsymbol{\omega}$在相应轴上的投影。

第2节 动量矩定理

设质点系由n个质点组成，任取一固定点O。在质点系中任取一点M_i，命其质量为m_i，速度为$\boldsymbol{v}_i$，对O点的矢径为$\boldsymbol{r}_i$，作用于质点M_i的所有力的合力为$\boldsymbol{F}_i$。将作用于M_i点的力分为外力和内力，它们的合力分别用$\boldsymbol{F}_i^{(e)}$与$\boldsymbol{F}_i^{(i)}$表示，则$\boldsymbol{F}_i=\boldsymbol{F}_i^{(e)}+\boldsymbol{F}_i^{(i)}$。将点$M_i$对$O$点的动量矩$\boldsymbol{L}_{Oi}$对时间求导，得

$$\frac{\mathrm{d}\boldsymbol{L}_{Oi}}{\mathrm{d}t}=\frac{\mathrm{d}(\boldsymbol{r}_i\times m_i\boldsymbol{v}_i)}{\mathrm{d}t}=\frac{\mathrm{d}\boldsymbol{r}_i}{\mathrm{d}t}\times m_i\boldsymbol{v}_i+\boldsymbol{r}_i\times\frac{\mathrm{d}(m_i\boldsymbol{v}_i)}{\mathrm{d}t} \tag{a}$$

方程（a）中右边第一项$\frac{\mathrm{d}\boldsymbol{r}_i}{\mathrm{d}t}\times m_i\boldsymbol{v}_i=\boldsymbol{v}_i\times m_i\boldsymbol{v}_i=0$，第二项$\boldsymbol{r}_i\times\frac{\mathrm{d}(m_i\boldsymbol{v}_i)}{\mathrm{d}t}=\boldsymbol{r}_i\times\boldsymbol{F}_i=\boldsymbol{r}_i\times\boldsymbol{F}_i^{(e)}+\boldsymbol{r}_i\times\boldsymbol{F}_i^{(i)}=\boldsymbol{M}_{Oi}^{(e)}+\boldsymbol{M}_{Oi}^{(i)}$，所以方程（a）成为

$$\frac{\mathrm{d}\boldsymbol{L}_{Oi}}{\mathrm{d}t}=\boldsymbol{M}_{Oi}^{(e)}+\boldsymbol{M}_{Oi}^{(i)} \tag{b}$$

对整个质点系，可写出n个这样的方程，相加得

$$\sum\frac{\mathrm{d}\boldsymbol{L}_{Oi}}{\mathrm{d}t}=\sum\boldsymbol{M}_{Oi}^{(e)}+\sum\boldsymbol{M}_{Oi}^{(i)} \tag{c}$$

方程（c）中左边$\sum\frac{\mathrm{d}\boldsymbol{L}_{Oi}}{\mathrm{d}t}=\frac{\mathrm{d}}{\mathrm{d}t}\sum\boldsymbol{L}_{Oi}=\frac{\mathrm{d}\boldsymbol{L}_O}{\mathrm{d}t}$，右边第二项$\sum\boldsymbol{M}_{Oi}^{(i)}=0$（内力系对任一点的矩之和等于零)，所以方程（c）成为

$$\frac{\mathrm{d}\boldsymbol{L}_O}{\mathrm{d}t}=\sum\boldsymbol{M}_{Oi}^{(e)} \tag{11-8}$$

即质点系对于任一固定点的动量矩对时间的导数，等于作用于质点系的所有外力对于同一点的矩的矢量和。这就是质点系的**动量矩定理**（theorem of the moment of momentum of a particles)。

式（11-8）有一明晰的几何解释。因为一个变矢量对时间t的导数，就是该矢量的矢端速度，所以$\frac{\mathrm{d}\boldsymbol{L}_O}{\mathrm{d}t}$是$\boldsymbol{L}_O$的矢端速度。如令$\boldsymbol{u}$为$\boldsymbol{L}_O$的矢端速度，则式（11-8）成为

$$\boldsymbol{u}=\sum\boldsymbol{M}_{Oi}^{(e)} \tag{11-9}$$

即质点系对固定点O的动量矩矢的矢端速度等于作用于质点系的所有外力对O点的矩的矢量和。该结论称为**赖柴尔定理**（Resal′s theorem)。在某些情况下，用该定理解答问题十分方便。

将式（11-8）投影到固定坐标系$Oxyz$的各轴上，得

$$\frac{\mathrm{d}L_x}{\mathrm{d}t}=\sum M_{xi}^{(e)},\ \frac{\mathrm{d}L_y}{\mathrm{d}t}=\sum M_{yi}^{(e)},\ \frac{\mathrm{d}L_z}{\mathrm{d}t}=\sum M_{zi}^{(e)} \tag{11-10}$$

即质点系对任一固定轴的动量矩对时间的导数，等于作用于质点系的所有外力对同一轴的矩的代数和。这是质点系动量矩定理的投影形式。

将式（11-8）改写成 $\mathrm{d}\boldsymbol{L}_O=\sum\boldsymbol{M}_{Oi}^{(e)}\mathrm{d}t$，两边积分，$t$ 从 t_1 到 t_2，$\boldsymbol{L}_O$ 从 $\boldsymbol{L}_{O1}$ 到 $\boldsymbol{L}_{O2}$，得

$$\boldsymbol{L}_{O2}-\boldsymbol{L}_{O1}=\sum\int_{t_1}^{t_2}\boldsymbol{M}_{Oi}^{(e)}\mathrm{d}t \tag{11-11}$$

式中　$\int_{t_1}^{t_2}\boldsymbol{M}_{Oi}^{(e)}\mathrm{d}t$——外力对 O 点的**冲量矩**（moment of impulse）。

式（11-11）是动量矩定理的积分形式，它表明：**质点系对固定点 O 的动量矩在一段时间内的增量，等于作用于质点系的外力在同一时间内对 O 点的冲量矩之和**。对于任一固定轴，也可由式（11-10）积分而得到相似的结论。

由式（11-8）及式（11-10）可知，如果 $\sum\boldsymbol{M}_{Oi}^{(e)}\equiv0$［或 $\sum M_{xi}^{(e)}\equiv0$］，则 $\boldsymbol{L}_O=$常量（或 $L_x=$常量）。**即如果质点系所受的外力对某一固定点（或固定轴）的矩始终等于零，则质点系对该点（或轴）的动量矩保持为常量**。此结论称为**质点系动量矩守恒定理**（theorem of conservation of moment of momentum of system of particles）。

动量矩守恒定理在科学技术、生产和日常生活中都有着广泛的应用。

某些机器或机械使用离合器传动，传动速度可用动量矩守恒定理计算。图 11-4 所示为摩擦离合器的示意图。在离合器接合之前［图 11-4（a）］，飞轮Ⅰ以角速度 ω_1 转动，而摩擦盘Ⅱ静止不动。离合器接合以后［图 11-4（b）］，飞轮与摩擦盘以相同的角速度 ω 一起转动。将飞轮与摩擦盘（包括盘后的传动系统）作为一个质点系来考虑。设飞轮对转动轴的转动惯量为 J_1，摩擦盘及其后的传动系统对转动轴的转动惯量为 J_2，则整个系统在离合器接合前后的动量矩分别为 $J_1\omega_1$ 及 $(J_1+J_2)\omega$。因为整个系统不受外力矩（轴承处的摩擦不计），所以对转动轴的动量矩守恒，即 $J_1\omega_1=(J_1+J_2)\omega$，由此得

$$\omega=\frac{J_1}{J_1+J_2}\omega_1$$

请考虑：如果离合器以图 11-5 的方式接合，ω 与 ω_1 之间是否仍有上面的关系？

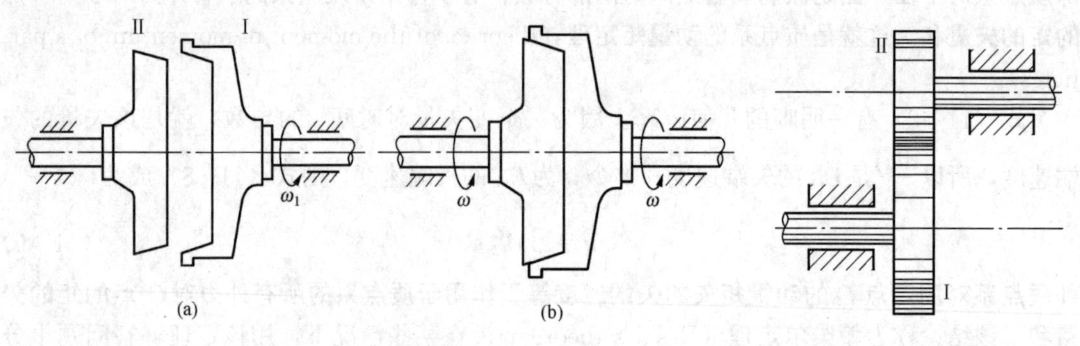

图 11-4　摩擦离合器 1　　　　图 11-5　摩擦离合器 2

舞蹈演员绕着通过脚尖的铅直轴旋转时，可借着伸张或收缩两臂以调整旋转的速度，也是动量矩守恒（阻力不计）的例子。

【例 11-1】　卷扬机鼓轮重 W，半径为 R，可绕经过鼓轮中心 O 的水平轴 O_z 转动

(图 11-6)。鼓轮上绕一绳，绳的一端挂一重 P 的物体。今在鼓轮上作用一力矩 M 以提升重物，求重物上升的加速度。鼓轮可看作均质圆柱，绳的重量及轮轴处的摩擦都不计。

解 考察鼓轮与重物组成的质点系，作用于该质点系的外力有：已知的重力 $\boldsymbol{P}$、$\boldsymbol{W}$ 及力矩 M，轮轴处的未知约束力 $\boldsymbol{F}_O$。约束力 $\boldsymbol{F}_O$ 通过轮轴 O_z，若以 O_z 为矩轴，用动量矩定理求解，方程中将不包含未知力 $\boldsymbol{F}_O$，可直接求加速度。

重物作平移，鼓轮作定轴转动。设重物上升的速度为 $\boldsymbol{v}$，则鼓轮的角速度为 $\omega=\frac{v}{R}$，整个质点系对于 z 轴的动量矩为

$$L_z=\frac{1}{2}\frac{W}{g}R^2\omega+\frac{P}{g}vR=\frac{W+2P}{2g}Rv$$

外力对 z 轴的矩为

$$\sum M_{zi}^{(e)}=M-PR$$

由动量矩定理有

$$\frac{W+2P}{2g}R\frac{\mathrm{d}v}{\mathrm{d}t}=M-PR$$

得重物上升的加速度

$$a=\frac{\mathrm{d}v}{\mathrm{d}t}=\frac{2(M-PR)}{(W+2P)R}g$$

【例 11-2】 水轮机受水流冲击而以匀角速 ω 绕着通过中心 O 的铅直轴（垂直于图平面）转动［图 11-7 (a)］。设总体积流量为 q_V，水的密度为 ρ；水流入水轮机的流速为 $\boldsymbol{v}_1$，离开水轮机时的流速为 $\boldsymbol{v}_2$，方向分别与轮缘切线成角 θ_1 及 θ_2（$\boldsymbol{v}_1$ 和 $\boldsymbol{v}_2$ 都是绝对速度）。假设水流是恒定的，求水流对水轮机的转动力矩。

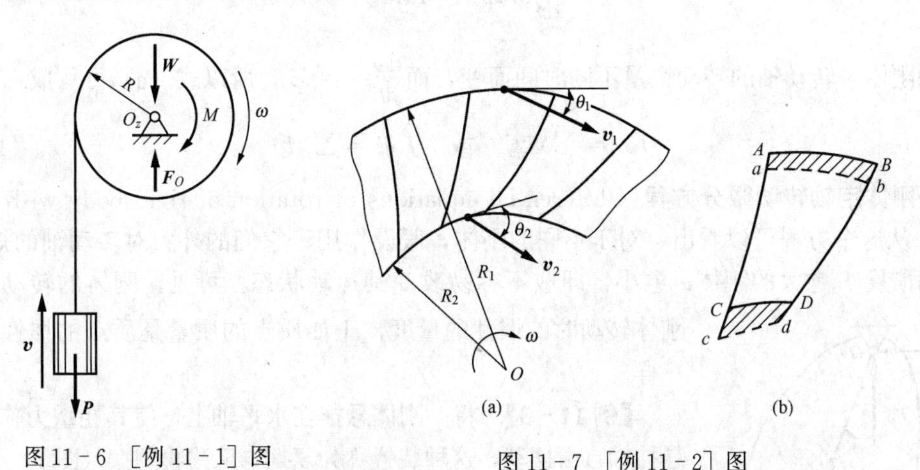

图 11-6 ［例 11-1］图　　图 11-7 ［例 11-2］图

解 取两叶片之间的流体作为质点系来考察。水在叶片间流动时，由于叶片的作用，各质点的速度以及与转动轴的距离都随时间而变，因此质点系对转动轴的动量矩也随时间而变。求出动量矩对时间的改变率，也就求得水轮机叶片对质点系作用的力矩（重力沿铅直方向，对动量矩没有影响），根据反作用定律，与该力矩转向相反的力矩就是该质点系作用于

水轮机的力矩。所有叶片间的水流作用于水轮机的力矩之和，就是全部水流作用于水轮机的转动力矩。

设在瞬时 t，两叶片间的流体为 $ABCD$ [图 11－7（b)]，在瞬时 $t+\Delta t$，流体位移至 $abcd$。用 L_i 代表这部分流体的动量矩，则两瞬时的动量矩之差为

$$\Delta L_i = L_{abcd} - L_{ABCD} = (L_{abCD} + L_{CDcd})_2 - (L_{ABab} + L_{abCD})_1$$

因水流是恒定的（即水流情况不随时间而变），所以 $(L_{abCD})_2=(L_{abCD})_1$，上式为

$$\Delta L_i = L_{CDcd} - L_{ABab}$$

设两叶片间的体积流量为 q_{Vi}，则 $ABab$ 与 $CDcd$ 两部分流体的体积都是 $V_i=q_{Vi}\Delta t$，质量都是 $\rho q_{Vi}\Delta t$，对转动轴的动量矩分别是 $\rho q_{Vi}\Delta t\cdot v_1\cos\theta_1\cdot R_1$ 及 $\rho q_{Vi}\Delta t\cdot v_2\cos\theta_2\cdot R_2$，于是

$$\Delta L_i = \rho q_{Vi}\Delta t(R_2 v_2\cos\theta_2 - R_1 v_1\cos\theta_1)$$

由动量矩定理得两叶片间流体所受的力矩为

$$M_i = \frac{\mathrm{d}L_i}{\mathrm{d}t} = \lim_{\Delta t\to 0}\frac{\Delta L_i}{\Delta t} = \rho q_{Vi}(R_2 v_2\cos\theta_2 - R_1 v_1\cos\theta_1)$$

该部分流体作用于水轮机的力矩为 $M_i'=-M_i$，全部水流作用于水轮机的转动力矩是

$$M' = \sum M_i' = (R_1 v_1\cos\theta_1 - R_2 v_2\cos\theta_2)\rho\sum q_{Vi} = \rho q_V(R_1 v_1\cos\theta_1 - R_2 v_2\cos\theta_2)$$

第3节　刚体定轴转动微分方程

定轴转动刚体对转动轴 z 的动量矩是 $L_z=J_z\omega$，设作用于刚体的所有外力对 z 轴的矩之和是 $\sum M_{zi}^{(e)}$，则由式（11－10）有

$$\frac{\mathrm{d}}{\mathrm{d}t}(J_z\omega) = \sum M_{zi}^{(e)} \tag{a}$$

考虑到刚体对转动轴的转动惯量不随时间而变，而 $\frac{\mathrm{d}\omega}{\mathrm{d}t}=\alpha=\ddot{\varphi}$，所以式（a）可写成

$$J_z\alpha = \sum M_{zi}^{(e)} \quad 或 \quad J_z\ddot{\varphi} = \sum M_{zi}^{(e)} \tag{11-12}$$

这就是**刚体定轴转动微分方程**（differential equations of rotation of rigid body with a fixed axis）。从这个方程可以看出，对于不同的刚体，假设作用于它们的外力对转动轴的矩相同，则转动惯量 J_z 愈大的刚体 α 愈小，即愈不容易改变其运动状态。可见，刚体的转动惯量是刚体转动时的惯性的量度，正如质点的质量是质点的惯性的量度一样。

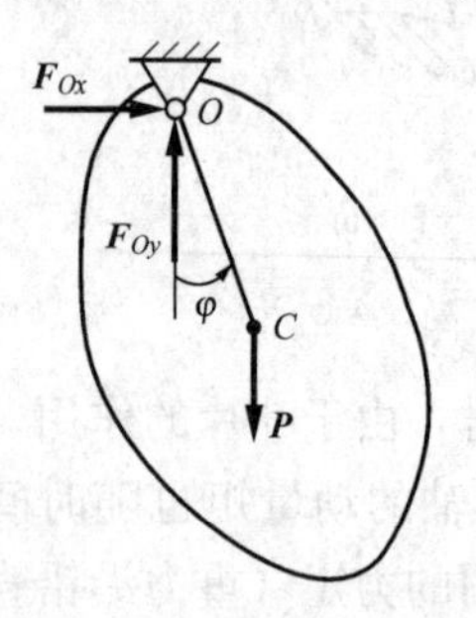

图 11－8　[例 11－3] 图

【例 11－3】 将一刚体悬挂在水平轴上，使其在重力作用下绕悬挂轴自由摆动，这种装置称为复摆，又称物理摆（图 11－8)。设摆的质量为 m，对悬挂轴 O 的转动惯量为 J_O，质心 C 到 O 的距离为 a，求摆的微幅摆动规律。空气阻力及转轴处的摩擦都不计。

解 刚体在任一瞬时的位置可用 OC 与铅直线的夹角 φ 来确定，φ 以逆时针量取为正。

因不计摩擦和空气阻力，作用于刚体上外力只有重力 $\boldsymbol{P}$ 及转轴处的约束力 $\boldsymbol{F}_{Ox}$、$\boldsymbol{F}_{Oy}$。外力对转轴的矩为 $\sum M_{Oi}^{(e)}=-Pa\sin\varphi=-mga\sin\varphi$，由式（11－12）有

$$J_O\ddot{\varphi}=-mga\sin\varphi \quad 即 \quad \ddot{\varphi}+\frac{mga}{J_O}\sin\varphi=0$$

当摆作微小摆动时，角 φ 始终很小，$\sin\varphi\approx\varphi$。令 $\frac{mga}{J_O}=p^2$，则上式成为

$$\ddot{\varphi}+p^2\varphi=0 \tag{a}$$

此方程的解为

$$\varphi=A\sin(pt+\beta)=A\sin\left(\sqrt{\frac{mga}{J_O}}t+\beta\right) \tag{b}$$

式中：A、β 是积分常数，由初条件确定。式（b）是复摆微幅摆动的运动方程，可见复摆作简谐振动，振动周期为

$$T=\frac{2\pi}{p}=2\pi\sqrt{\frac{J_O}{mga}} \tag{c}$$

利用复摆振动周期的公式（c），可以测定形状不规则或形状复杂的物体的转动惯量。设已知物体的重量及重心位置，将它悬挂起来作为复摆，使其作微小振动，测出其振动周期 T，利用式（c）求该物体对悬挂轴的转动惯量；再利用平行轴定理求物体对通过质心 C 且与悬挂轴平行的轴的转动惯量。

【例 11－4】 为了测定物体 A 的转动惯量，采用图 11－9 所示装置。测得重物 B 由静止下落一段距离 h 所需的时间 t，试求物体 A 对转动轴的转动惯量。鼓轮 D、滑轮 C 及绳子等的质量以及各轴承处的摩擦都忽略不计，并假定绳子是不可伸长的。鼓轮半径为 r，重物 B 的质量为 m。

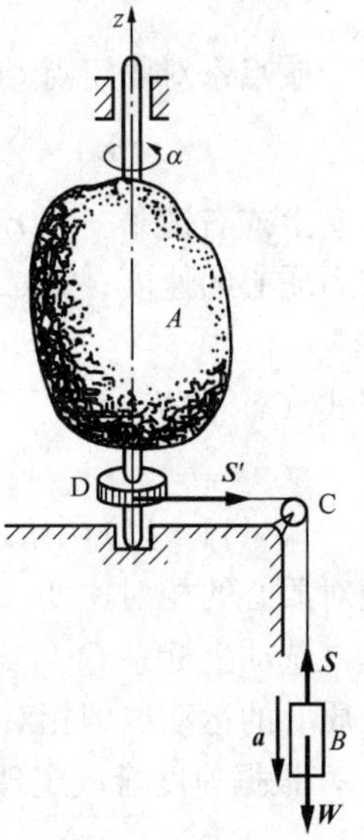

解 如将物体 A 及重物 B 作为一个质点系来考察，则不论怎样选取矩轴，在动量矩方程中将不能完全避免出现 z 轴轴承处或滑轮 C 轴承处的约束力。因此，将重物 B 与物体 A 分开考察。

作用于重物 B 的力有：重力 $\boldsymbol{W}$（$W=mg$）和绳子张力 $\boldsymbol{S}$。作用于物体 A 与鼓轮 D 组成的系统上的力有：绳子张力 $\boldsymbol{S}'$（因不计滑轮 C 的质量，所以 $S'=S$）、物体 A 的重力及 z 轴轴承处的约束力（因为它们对 z 轴的矩都等于零，将不出现在动量矩方程中，图上亦未画出）。设物体 A 的角加速度为 α，重物 B 下落的加速度为 a，则

$$J_z\alpha=S'r$$
$$ma=mg-S$$

图 11－9 ［例 11－4］图

从上两式中消去 S，并注意 $r\alpha=a$，得

$$a=\frac{mr^2}{mr^2+J_z}g$$

可见重物 B 以匀加速下降，据匀加速运动公式有 $h=\frac{1}{2}\frac{mr^2}{mr^2+J_z}gt^2$，由此得

$$J_z = mr^2\left(\frac{gt^2}{2h}-1\right)$$

实际上，这里求得的是物体 A 和鼓轮 D 对 z 轴的总转动惯量。要是鼓轮 D 的质量不能忽略，从上式中减去鼓轮 D 的转动惯量，就得到物体 A 对 z 轴的转动惯量。

第4节　相对于质心的动量矩定理　刚体平面运动微分方程

一、相对于质心的动量矩定理

前面阐述的动量矩定理只适用于惯性参考系中的**固定点**或**固定轴**，对于一般的动点或动轴，动量矩定理具有较复杂的形式。但可以证明，如取质点系的质心或随同质心平移的坐标系的轴作为矩心或矩轴，动量矩定理的形式不变。

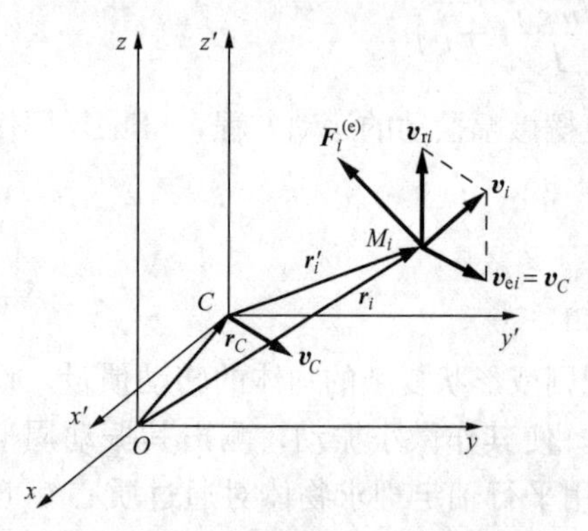

图 11－10　质点系对质心的动量矩

从质点系对固定点的动量矩定理出发。任取一固定点 O（图 11－10），设质点系的质心 C 对于固定点 O 的矢径为 $\boldsymbol{r}_C$，质点系中任一质点 M_i 对于 O 点的矢径为 $\boldsymbol{r}_i$、对于质心 C 的矢径为 $\boldsymbol{r}_i'$，作用于质点 M_i 的外力为 $\boldsymbol{F}_i^{(e)}$。

命质点 M_i 的质量为 m_i，速度为 $\boldsymbol{v}_i$，则 M_i 对固定点 O 的动量矩为

$$\boldsymbol{L}_{Oi} = \boldsymbol{r}_i \times m_i \boldsymbol{v}_i = (\boldsymbol{r}_C + \boldsymbol{r}_i') \times m_i \boldsymbol{v}_i$$

整个质点系对固定点 O 的动量矩为

$$\boldsymbol{L}_O = \sum \boldsymbol{L}_{Oi} = \sum (\boldsymbol{r}_C + \boldsymbol{r}_i') \times m_i \boldsymbol{v}_i = \boldsymbol{r}_C \times \sum m_i \boldsymbol{v}_i + \sum \boldsymbol{r}_i' \times m_i \boldsymbol{v}_i \tag{a}$$

上式右边第一项 $\boldsymbol{r}_C \times \sum m_i \boldsymbol{v}_i = \boldsymbol{r}_C \times m\boldsymbol{v}_C$，其中 $m=\sum m_i$ 是整个质点系的质量，$\boldsymbol{v}_C$ 是质点系质心的速度；第二项 $\sum \boldsymbol{r}_i' \times m_i \boldsymbol{v}_i$ 是**质点系对于质心 C 的动量矩**，用 $\boldsymbol{L}_C$ 表示

$$\boldsymbol{L}_C = \sum \boldsymbol{r}_i' \times m_i \boldsymbol{v}_i \tag{11-13}$$

则式（a）成为

$$\boldsymbol{L}_O = \boldsymbol{r}_C \times m\boldsymbol{v}_C + \boldsymbol{L}_C \tag{11-14}$$

式（11－13）中的 $\boldsymbol{L}_C$ 是根据各质点的绝对速度 $\boldsymbol{v}_i$ 来计算的。事实上，$\boldsymbol{L}_C$ 也可用各质点相对质心的相对速度（即相对于随同质心平移的坐标系的速度）$\boldsymbol{v}_{ri}$ 来计算，证明如下。

选动坐标系 $Cx'y'z'$ 随同质心 C 作平移。将质点系的运动看作随同质心 C 的平移与相对于质心的运动（即相对于动坐标系 $Cx'y'z'$ 的运动）的合成结果。设质点 M_i 的相对速度为 $\boldsymbol{v}_{ri}$，根据速度合成定理，有

$$\boldsymbol{v}_i = \boldsymbol{v}_{ei} + \boldsymbol{v}_{ri} = \boldsymbol{v}_C + \boldsymbol{v}_{ri}$$

代入式（11－13），得

$$\boldsymbol{L}_C = \sum \boldsymbol{r}_i' \times m_i \boldsymbol{v}_i = \sum \boldsymbol{r}_i' \times m_i (\boldsymbol{v}_C + \boldsymbol{v}_{ri}) = (\sum m_i \boldsymbol{r}_i') \times \boldsymbol{v}_C + \sum \boldsymbol{r}_i' \times m_i \boldsymbol{v}_{ri}$$

由式（10－1）可知，$\sum m_i \boldsymbol{r}_i' = m\boldsymbol{r}_C' = 0$，则上式为

$$\boldsymbol{L}_C = \sum \boldsymbol{r}_i' \times m_i \boldsymbol{v}_{ri} \tag{11-15}$$

这表明，不论用各质点的相对速度还是绝对速度来计算质点系对质心的动量矩 $\boldsymbol{L}_C$，结果都

一样。

应用对固定点 O 的动量矩定理，有

$$\frac{\mathrm{d}\boldsymbol{L}_O}{\mathrm{d}t}=\sum \boldsymbol{r}_i\times \boldsymbol{F}_i^{(\mathrm{e})}$$

将式（11－14）代入，并注意 $\boldsymbol{r}_i=\boldsymbol{r}_C+\boldsymbol{r}_i'$，得

$$\frac{\mathrm{d}}{\mathrm{d}t}(\boldsymbol{r}_C\times m\boldsymbol{v}_C)+\frac{\mathrm{d}\boldsymbol{L}_C}{\mathrm{d}t}=\boldsymbol{r}_C\times\sum \boldsymbol{F}_i^{(\mathrm{e})}+\sum \boldsymbol{r}_i'\times \boldsymbol{F}_i^{(\mathrm{e})} \tag{b}$$

因 $\frac{\mathrm{d}}{\mathrm{d}t}(\boldsymbol{r}_C\times m\boldsymbol{v}_C)=\frac{\mathrm{d}\boldsymbol{r}_C}{\mathrm{d}t}\times m\boldsymbol{v}_C+\boldsymbol{r}_C\times\frac{\mathrm{d}}{\mathrm{d}t}(m\boldsymbol{v}_C)$，而 $\frac{\mathrm{d}\boldsymbol{r}_C}{\mathrm{d}t}\times m\boldsymbol{v}_C=\boldsymbol{v}_C\times m\boldsymbol{v}_C=0$，又由质心运动定理有 $\frac{\mathrm{d}}{\mathrm{d}t}(m\boldsymbol{v}_C)=\sum \boldsymbol{F}_i^{(\mathrm{e})}$，所以有

$$\frac{\mathrm{d}}{\mathrm{d}t}(\boldsymbol{r}_C\times m\boldsymbol{v}_C)=\boldsymbol{r}_C\times\sum \boldsymbol{F}_i^{(\mathrm{e})}$$

代入式（b），并注意 $\sum \boldsymbol{r}_i'\times \boldsymbol{F}_i^{(\mathrm{e})}=\sum \boldsymbol{M}_{Ci}^{(\mathrm{e})}$ 是质点系所有外力对于质心 C 的矩之和，得

$$\frac{\mathrm{d}\boldsymbol{L}_C}{\mathrm{d}t}=\sum \boldsymbol{M}_{Ci}^{(\mathrm{e})} \tag{11-16}$$

式（11－16）表明：**质点系对于质心的动量矩对时间的导数，等于作用于质点系的所有外力对于质心的矩的矢量和。**这就是**质点系相对于质心的动量矩定理**（theorem of moment of momentum with respect to a center of mass）。

将式（11－16）投影到随同质心平移的坐标轴 x'、y'、z' 上，得

$$\frac{\mathrm{d}L_{x'}}{\mathrm{d}t}=\sum M_{x'i}^{(\mathrm{e})},\ \frac{\mathrm{d}L_{y'}}{\mathrm{d}t}=\sum M_{y'i}^{(\mathrm{e})},\ \frac{\mathrm{d}L_{z'}}{\mathrm{d}t}=\sum M_{z'i}^{(\mathrm{e})} \tag{11-17}$$

式中：$L_{x'}$、$L_{y'}$、$L_{z'}$ 是质点系对于轴 x'、y'、z' 的动量矩。这是质点系相对于质心的动量矩定理的投影形式，它表明：**质点系对于随同质心平移的任一轴的动量矩对时间的导数，等于作用于质点系的所有外力对同一轴的矩的代数和。**

如果 $\sum \boldsymbol{M}_{Ci}^{(\mathrm{e})}\equiv 0$（或 $\sum M_{x'i}^{(\mathrm{e})}\equiv 0$），则质点系对于质心（或通过质心的轴）的动量矩守恒。装有太阳板（收集太阳能用）的人造卫星绕 z 轴转动（图 11－11），由于对称，引力通过质心，如不计阻力，则外力对 z 轴的矩等于零，整个质点系对 z 轴的动量矩应保持不变。因此，调整太阳板与 z 轴的夹角 θ，将改变质点系对 z 轴的转动惯量，卫星绕 z 轴转动的角速度也随着改变。京剧或杂技演员翻跟斗及游泳运动员跳水时，身体都绕着通过重心（质心）的轴转动，身体和四肢蜷缩或伸展，将改变对转动轴的转动惯量，使转动角速度加快或变慢，可在落地时或入水时取得必要的位置。这些都是利用相对于质心的动量矩守恒的例子。

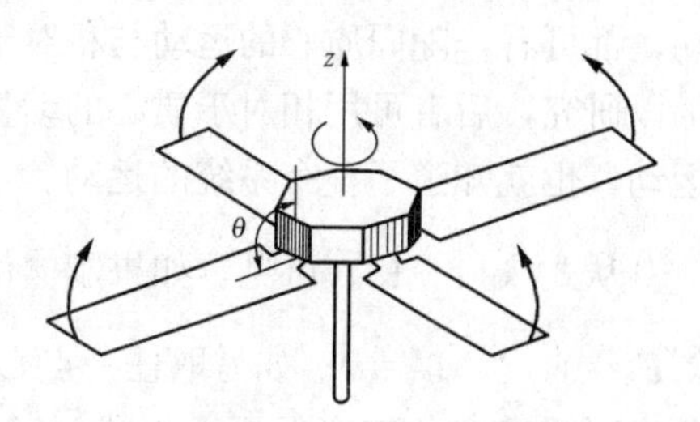

图 11－11　人造卫星太阳板

二、刚体平面运动微分方程

下面应用质心运动定理和相对于质心的动量矩定理来研究刚体平面运动的动力学问题。

设刚体在力 $\boldsymbol{F}_1$、$\boldsymbol{F}_2$、…、$\boldsymbol{F}_n$ 作用下作平面运动，它的运动可用平面图形 S 的运动来表

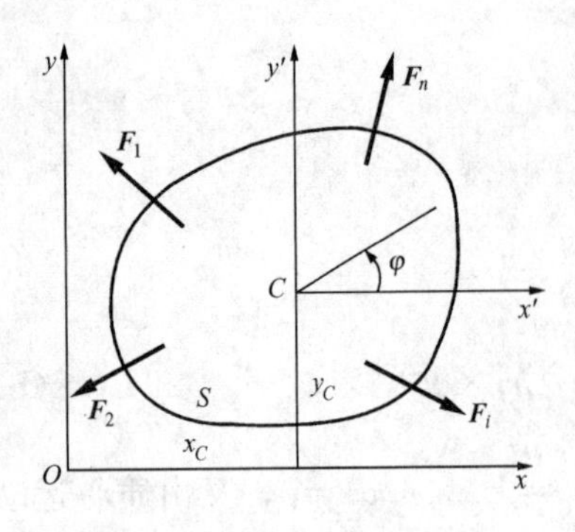

图11-12 刚体平面运动

明（图11-12），质心C位于平面图形S内。将平面运动看作随同质心的平移与绕着通过质心而垂直于图平面的轴的转动合成的结果，由质心运动定理及相对于质心的动量矩定理有

$$m\boldsymbol{a}_C=\sum \boldsymbol{F}_i,\ \frac{\mathrm{d}\boldsymbol{L}_C}{\mathrm{d}t}=\sum \boldsymbol{M}_{Ci} \qquad (11-18)$$

式中 m——刚体的质量；

$\boldsymbol{a}_C$——质心的加速度；

$\boldsymbol{M}_{Ci}$——力$\boldsymbol{F}_i$对于质心的矩。

取图形S的运动平面为xy面，通过质心而垂直于图平面的轴为z'轴，将式（11-18）中第一式投影到x、y轴，第二式投影到z'轴，得

$$ma_{Cx}=\sum F_{ix},\ ma_{Cy}=\sum F_{iy},\ \frac{\mathrm{d}L_{z'}}{\mathrm{d}t}=\sum M_{z'i} \qquad (c)$$

请考虑：为什么这里只用三个投影方程？

设刚体绕z'转动的角速度为ω，与计算作定轴转动的刚体对转动轴的动量矩相似，可得到刚体对z'轴的动量矩

$$L_{z'}=J_{z'}\omega$$

式中 $J_{z'}$——刚体对z'轴的转动惯量。

于是式（c）成为

$$\left.\begin{aligned}ma_{Cx}&=m\ddot{x}_C=\sum F_{ix}\\ ma_{Cy}&=m\ddot{y}_C=\sum F_{iy}\\ J_{z'}\alpha&=J_{z'}\ddot{\varphi}=\sum M_{z'i}\end{aligned}\right\} \qquad (11-19)$$

这就是**刚体平面运动的微分方程**（differential equations of planar motion of rigid body）。

式（11-18）对刚体以及任意质点系的任何运动都适用。例如导弹、空间飞行器等的运动，都可看作随同质心的运动与相对于质心的运动两者合成的结果，前者可用质心运动定理加以研究，后者可用相对于质心的动量矩定理加以研究。知道了质心的运动及相对于质心的运动，也就知道了整个系统的运动。

从式（11-18）可见，如果刚体保持静止或作匀速直线平移，则$\boldsymbol{a}_C\equiv 0$，$\dfrac{\mathrm{d}\boldsymbol{L}_C}{\mathrm{d}t}\equiv 0$，因而$\sum \boldsymbol{F}_i=0$，$\sum \boldsymbol{M}_{Ci}=0$；如另取任一点$O$为矩心，根据静力学关于力系简化的理论可知，所有各力对O点的矩亦必等于零，即$\sum \boldsymbol{M}_{Oi}=0$。这就得到了静力学中已导出过的空间力系的平衡条件。在本书绪论里曾指出，平衡是机械运动的特殊情形。既然如此，刚体的平衡条件（亦即作用于刚体的力系的平衡条件），自然可作为刚体动力学的特例而得到。而在静力学中讲述力的可传性、二力平衡原理、加减平衡力系原理等时，都是从实践经验说明其正确性，现从式（11-18）也得到了证明。

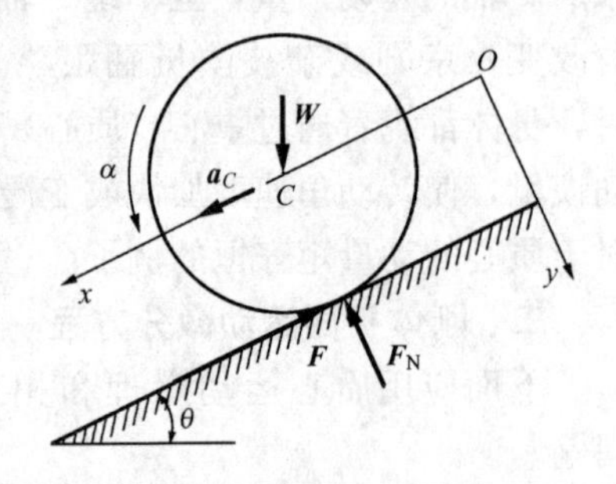

图11-13 ［例11-5］图

【例11-5】 均质圆轮重W，半径R，沿倾角为θ的斜面滚下（图11-13）。设轮与斜面间的摩擦因数为f，

试求轮心 C 的加速度及斜面对于轮子的约束力。

解 取坐标系见图 11-13。作用于轮的外力有：重力 $\boldsymbol{W}$、法向约束力 $\boldsymbol{F}_{\mathrm{N}}$ 及摩擦力 $\boldsymbol{F}$。假设 $\boldsymbol{F}$ 的方向沿斜面向上，并注意 $\ddot{x}_C=a_C$，$\ddot{y}_C=0$，则轮的运动微分方程为

$$\frac{W}{g}a_C = W\sin\theta - F \tag{a}$$

$$0 = W\cos\theta - F_{\mathrm{N}} \tag{b}$$

$$J_C\alpha = FR \tag{c}$$

由式（b）得

$$F_{\mathrm{N}} = W\cos\theta \tag{d}$$

而在式（a）及式（c）中，有三个未知量 a_C、α 及 F，必须有一附加条件才能求解。下面分两种情况来讨论：

(1) 假设轮与斜面间无滑动。这时 $\boldsymbol{F}$ 是静摩擦力，大小、方向都未知，但

$$a_C = R\alpha \tag{e}$$

解方程（a）、方程（c）及方程（e），并以 $J_C=\dfrac{WR^2}{2g}$ 代入，得

$$a_C = \frac{2}{3}g\sin\theta,\ \alpha = \frac{2g}{3R}\sin\theta,\ F = \frac{1}{3}W\sin\theta \tag{f}$$

F 为正值，表明其方向如图 11-13 所设。

(2) 假设轮与斜面间有滑动。这时 $\boldsymbol{F}$ 是动摩擦力，因轮与斜面接触点向下滑动，故 $\boldsymbol{F}$ 斜向上，而大小为

$$F = fF_{\mathrm{N}} \tag{g}$$

解方程（a）、方程（c）及方程（g），将 $F_{\mathrm{N}}=W\cos\theta$ 代入，得

$$a_C = (\sin\theta - f\cos\theta)g,\ \alpha = \frac{2fg\cos\theta}{R},\ F = fW\cos\theta \tag{h}$$

要确定轮子有无滑动，须视摩擦力 F 之值是否达到极限值 fF_{N}。要使轮子只有滚动而无滑动，必须 $F\leqslant fF_{\mathrm{N}}$，由式（f）有

$$\frac{1}{3}W\sin\theta \leqslant fW\cos\theta,\ 即\frac{1}{3}\tan\theta \leqslant f$$

如果 $\frac{1}{3}\tan\theta\leqslant f$，表示摩擦力未达极限值，轮子只滚不滑，则解答式（f）适用；如果 $\frac{1}{3}\tan\theta > f$，表示轮子既滚且滑，则解答式（h）适用。

【例 11-6】 均质杆 AB 质量为 m，长为 l，A 端装有质量不计的小轮，小轮可沿斜面下滑［图 11-14（a）］。初瞬时，杆静止于铅直位置。求开始下滑时 A 点的加速度及斜面对轮的作用力。

解 以小轮为研究对象，示力图见图 11-14（b）。小轮作平面运动，设角加速度为 α_A。由对质心的动量矩定理，有 $J_A\alpha_A=F_Ar$，不计小轮质量，即 $J_A=0$，而 $r\neq 0$，所以 $F_A=0$，即小轮所受的摩擦力为零。

以整体为研究对象，杆开始下滑时受力如图 11-14（c）所示，设 A 点的加速度为 $\boldsymbol{a}_A$、杆角加速度为 α。取直角坐标系 xy 如图，由平面运动微分方程，有

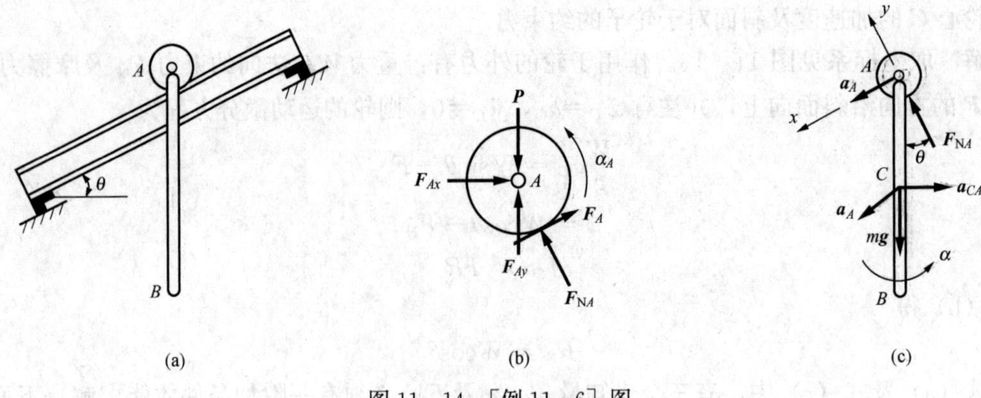

图 11-14 ［例 11-6］图

$$ma_{Cx} = mg\sin\theta \tag{a}$$

$$ma_{Cy} = F_{NA} - mg\cos\theta \tag{b}$$

$$\frac{ml^2}{12}\alpha = F_{NA}\frac{l}{2}\sin\theta \tag{c}$$

在这三个方程中，有 a_{Cx}、a_{Cy}、α、F_{NA} 四个未知量，必须补充方程才能求解。由运动学知 $\boldsymbol{a}_C=\boldsymbol{a}_A+\boldsymbol{a}_{CAt}+\boldsymbol{a}_{CAn}$，因 $a_{CAn}=\omega^2\dfrac{l}{2}=0$，$a_{CAt}=\alpha\dfrac{l}{2}$，所以 $\boldsymbol{a}_C=\boldsymbol{a}_A+\boldsymbol{a}_{CAt}$，投影到 x、y 轴上，有

$$a_{Cx} = a_A - a_{CAt}\cos\theta = a_A - \alpha\frac{l}{2}\cos\theta \tag{d}$$

$$a_{Cy} = -a_{CAt}\sin\theta = -\alpha\frac{l}{2}\sin\theta \tag{e}$$

解上述五个方程，得

$$a_A = \frac{4g\sin\theta}{1+3\sin^2\theta},\ F_{NA} = \frac{mg\cos\theta}{1+3\sin^2\theta}$$

请思考：跳水运动员离开跳台后，为什么能在空中做各种翻腾动作？试分析。

思　考　题

11-1　试判断以下说法是否正确。

(1) 若质点系的质心速度为零，则质点系对任一固定点的动量矩都一样。

(2) 刚体作定轴转动时，若质心正好在转轴上，则附加动约束力为零。

(3) I 为刚体作平面运动的速度瞬心，有动量矩定理：$\dfrac{\mathrm{d}L_I}{\mathrm{d}t}=\sum M_I[\boldsymbol{F}_i^{(e)}]$。

(4) 管绕轴 O 转动，图 11-15 所示瞬时角速度为 ω。管中小球 M 质量为 m，该瞬时相对于管运动的速度如图，则其对 O 点的动量矩为零。

11-2　如图 11-16 所示两相同的均质滑轮各绕以细绳。图 11-16（a）绳的末端挂一重为 W 的物块；图 11-16（b）绳的末端作用一铅直向下的力 $\boldsymbol{F}$，设 $F=W$。问两滑轮的角加速度是否相同？说明理由。

11-3　图 11-17 所示小球沿粗糙斜面运动。试定性分析小球在斜面上作何运动，当小球离开斜面后又将如何运动。

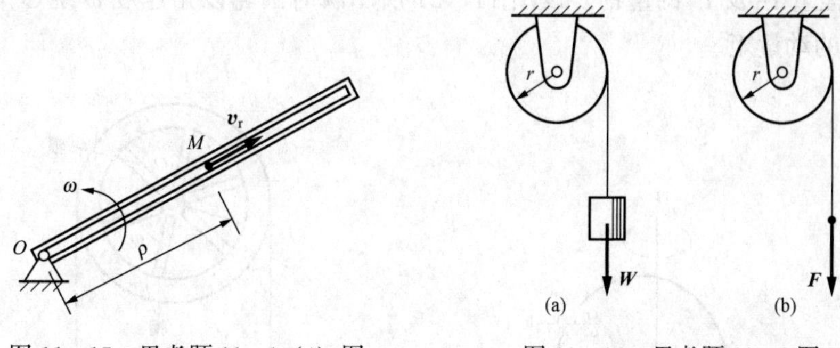

图 11-15　思考题 11-1（4）图　　图 11-16　思考题 11-2 图

11-4　质量为 m 的均质圆盘，$R=2r$ 初始时刻静止地平放在光滑水平面上。若受力情况分别如图 11-18 所示，问圆盘将各做什么运动？在运动过程中，哪一个移动的快？哪一个转动的快？

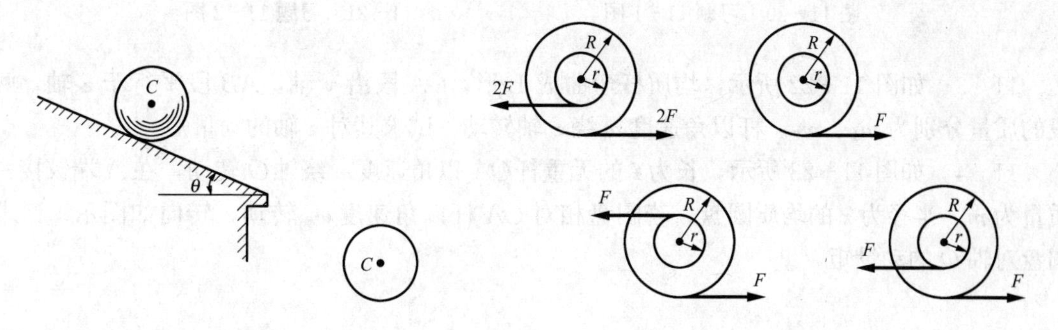

图 11-17　思考题 11-3 图　　图 11-18　思考题 11-4 图

11-5　图 11-19 所示半径为 R 的均质圆轮沿直线轨道滚动，除重力外不受其他主动力作用。若轮心初速度为 $\boldsymbol{v}_0$，轮子初角速度为 ω_0，试讨论下列三种情况下轮子所受的摩擦力及其运动规律（只作定性分析）。①$v_0=R\omega_0$；②$v_0>R\omega_0$；③$v_0<R\omega_0$。设滑动摩擦因数为 f，滚动摩擦不计。

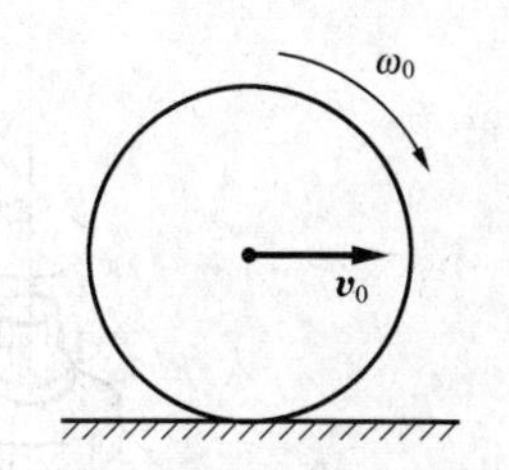

图 11-19　思考题 11-5 图

11-6　若取任一动点 A 为基点，质点系的运动分解为随 A 点的平移和相对于 A 点的运动。试证明质点系相对于任意动点 A 的动量矩定理可表示为

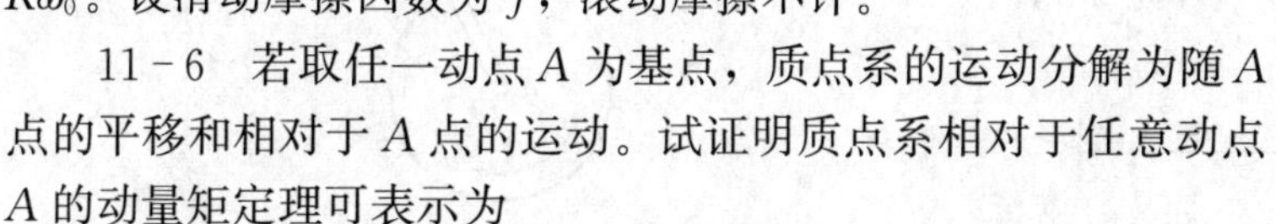

$$\frac{\mathrm{d}\boldsymbol{L}'_A}{\mathrm{d}t}=\boldsymbol{M}_A-\boldsymbol{r}'_C\times m\boldsymbol{a}_A$$

式中 $\boldsymbol{r}'_C$为质心相对于动点 A 的位置矢，$\boldsymbol{L}'_A$为质点系对于 A 点的相对动量矩。

习　题

11-1　如图 11-20 所示，一刚体以匀角速度 ω 绕 z 轴转动，其上有一质点 M，质量为 m，在图示坐标系中的位置为（x，y，z）。试求该质点对三个直角坐标轴的动量矩。

11-2 圆轮的辋重 P，外径为 R，内径为 r；轮辐为6根均质杆，各重 W。一绳跨过圆轮，两端悬挂重 P_1 及 P_2 的重物。设图11-21所示瞬时圆轮以角速度 ω 绕 O 轴转动，求整个系统对 O 的动量矩。

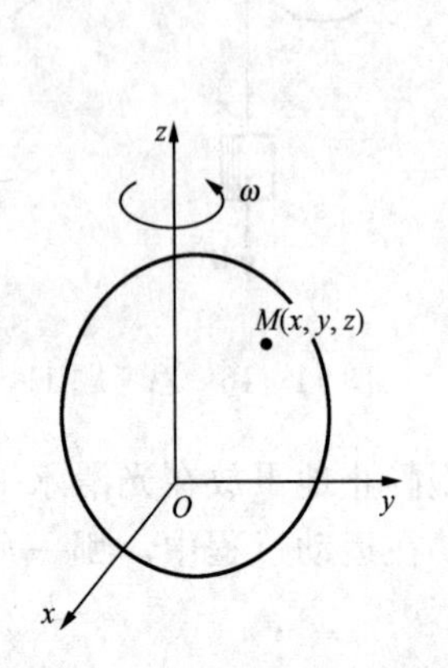

图11-20 习题11-1图

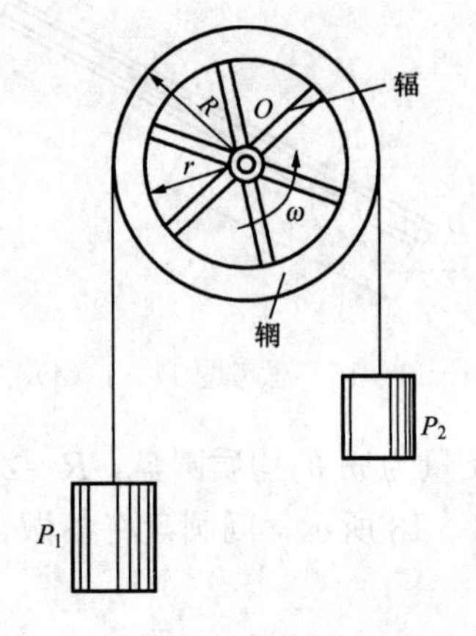

图11-21 习题11-2图

11-3 如图11-22所示，均质杆弯曲成L形，OA 段沿 y 轴，AB 段平行于 z 轴，两段的质量分别为 m_1、m_2。杆以角速度 ω 绕 z 轴转动，试求其对 z 轴的动量矩。

11-4 如图11-23所示，长为 l 的无重杆 OA 以角速度 ω 绕轴 O 转动，在 A 端铰接一质量为 m、半径为 r 的均质圆盘。若圆盘相对 OA 杆以角速度 ω_r 转动，转向如图示，试求圆盘对轴 O 的动量矩。

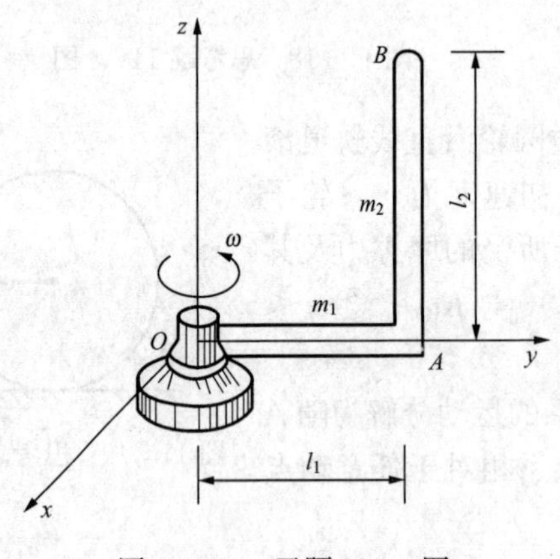

图11-22 习题11-3图

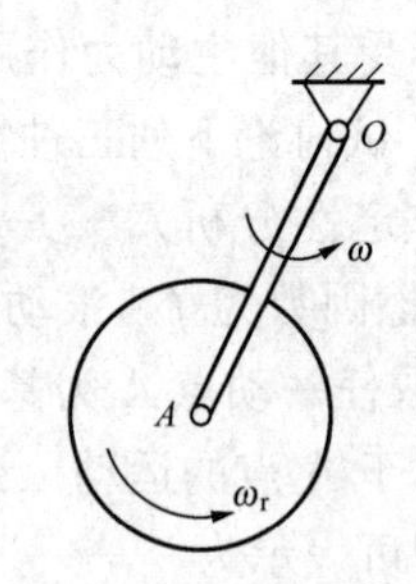

图11-23 习题11-4图

11-5 如图11-24所示，通风机之风扇的转动部分对于其轴的转动惯量为 J，以初角速 ω_0 转动，空气阻力矩 $M=k\omega^2$，k 为比例系数，问经过多少时间角速度减少为初角速的一半？在此时间内共转了多少转？

11-6 均质杆 AB 长 l，重 W_1，B 端刚结一重 W_2 的小球（小球可看作质点），杆上 D 点连一刚度系数为 k 的弹簧，使杆在水平位置保持平衡如图11-25所示。设给小球 B 一微小初位移 δ_0，而 $v_0=0$，试求 AB 杆的运动规律。

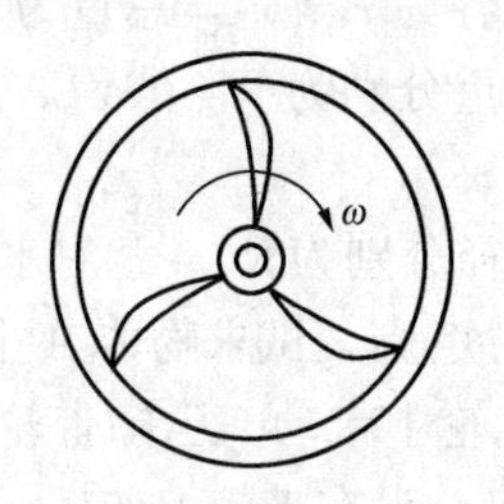

图11-24 习题11-5图

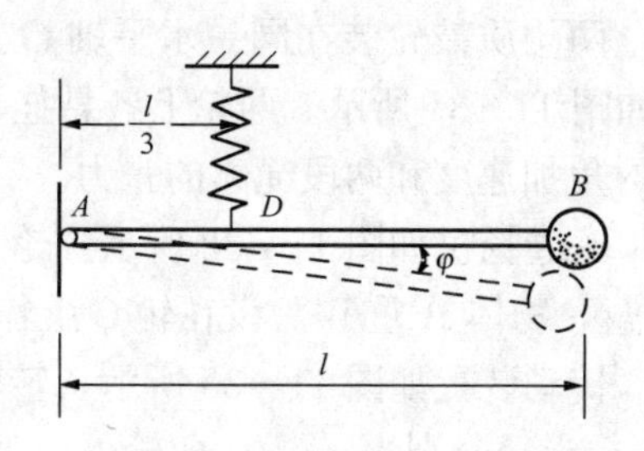

图11-25 习题11-6图

11-7 如图11-26所示，已知齿轮的质量是40kg，悬挂于扭转刚度为58N·m/rad的钢杆上，测得周期为2s，求齿轮的回转半径。

11-8 已知扭摆A的转动惯量为J_1，扭振周期为T_1如图11-27所示。今将另一物体B加于扭摆上，测得扭振周期为T_2。试求所加物体对扭转轴的转动惯量J_2。

11-9 质量为15kg的空心套管绕铅直轴转动如图11-28所示。管内放一质量为10kg的小球，用细绳与转动轴连接。绳长0.2m，细绳能承受的最大拉力为8N。问套管角速度多大时恰好将细绳拉断？细绳拉断后，小球滑至管端时，套管的角速度是多少？套管的转动惯量按均质杆计算。

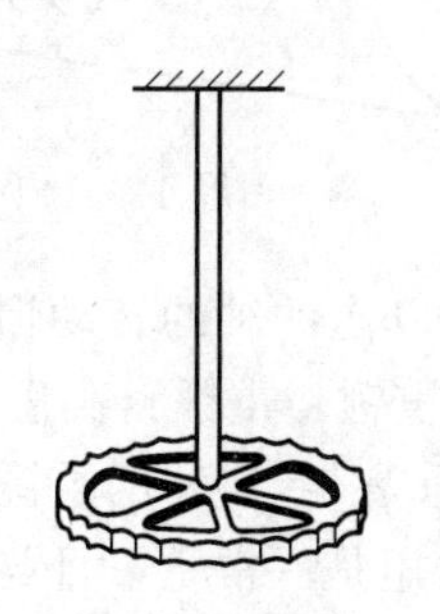
图11-26 习题11-7图

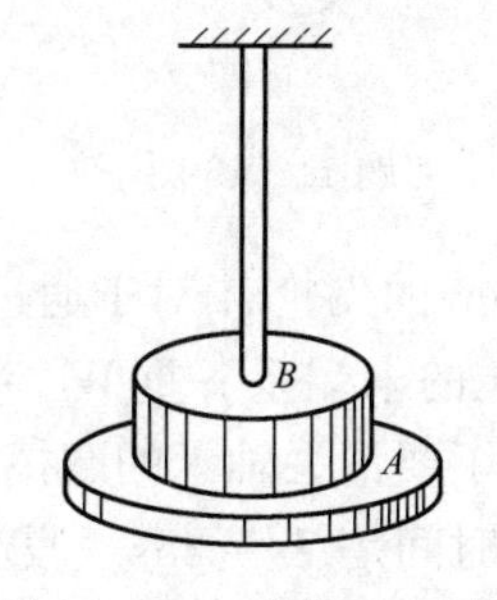

图11-27 习题11-8图

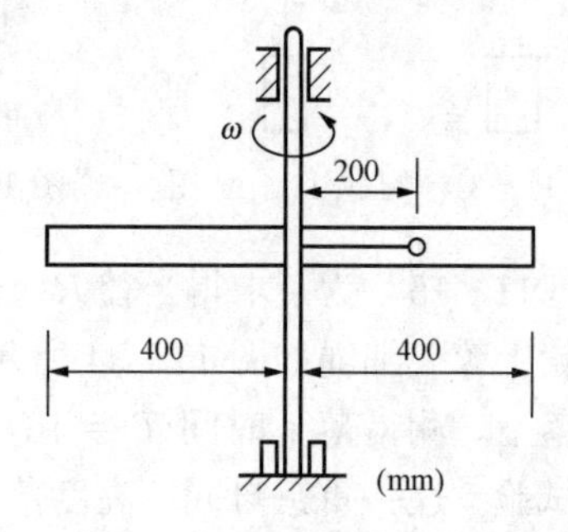

图11-28 习题11-9图

11-10 一半径为r、重为W_1的均质水平圆形转台如图11-29所示，可绕通过中心O并垂直于台面的铅直轴z转动。一重为W_2的质点M，沿AB滑道以匀速$\boldsymbol{u}$相对于转台运动。已知M滑至AB中点C时，圆台角速度为ω_0。求质点继续运动后，圆台的角速度。

11-11 两摩擦轮重量各为W_1、W_2，在同一平面内分别以角速度ω_{O1}与ω_{O2}转动如图11-30所示。用离合器使两轮啮合，求此后两轮的角速度。设两轮为均质圆盘。

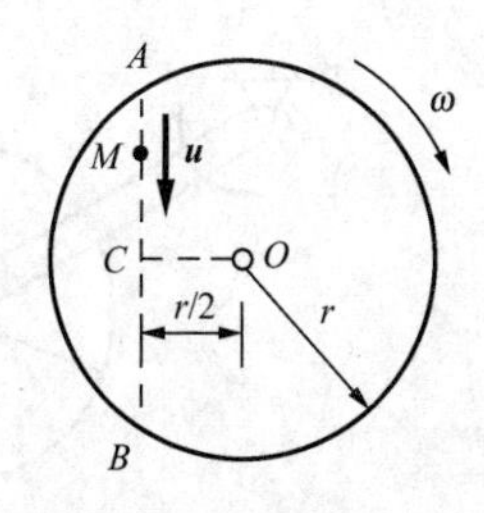

图11-29 习题11-10图

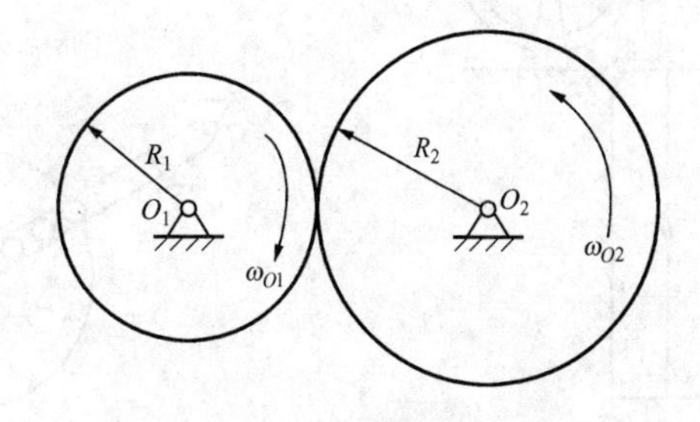

图11-30 习题11-11图

11－12　两均质鼓轮装在同一水平轴 O 上，半径各为 r_1、r_2，总重为 W，对轴 O 的回转半径为 ρ 如图 11－31 所示。两轮上各悬挂一物体，重分别为 W_A、W_B，且 $W_A r_1 > W_B r_2$。求鼓轮转动的角加速度和两段绳索的张力。

11－13　一卷扬机如图 11－32 所示。轮 B、C 半径分别为 R、r，对水平转动轴的转动惯量为 J_1、J_2，物体 A 重 W。设在轮 C 上作用一常力矩 M，试求物体 A 上升的加速度。

11－14　传动装置如图 11－33 所示，转轮Ⅱ由带轮Ⅰ带动。已知带轮与转轮的质量分别为 m_1、m_2，半径分别为 r、R，两轮可视为均质圆盘。设在带轮上作用一转矩 M，不计轴承处摩擦，胶带与轮间无滑动，求带轮与转轮的角加速度。若在转轮Ⅱ上作用一反向阻力偶，矩为 M'，求带轮Ⅰ的角加速度。

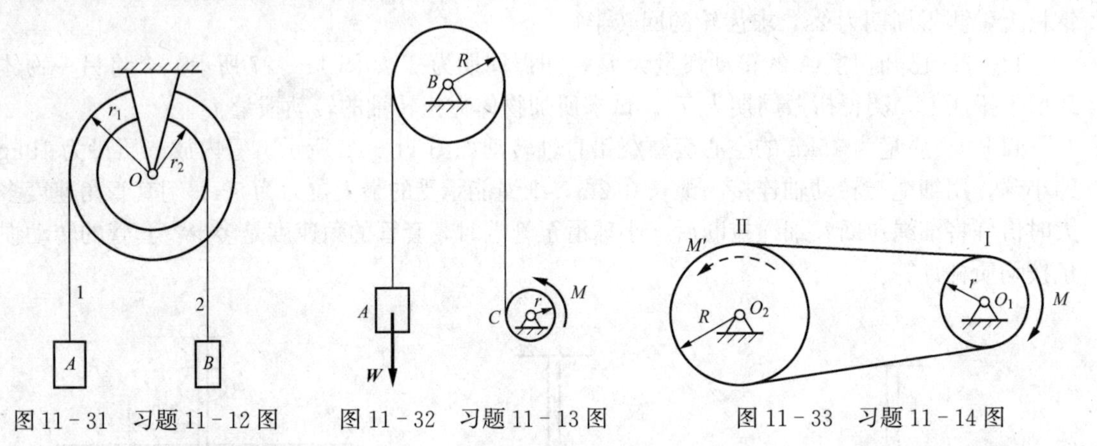

图 11－31　习题 11－12 图　　图 11－32　习题 11－13 图　　图 11－33　习题 11－14 图

11－15　为了求得半径 R＝500mm 的飞轮 A 对于通过其重心 O 点的轴的转动惯量，在飞轮上缠一细绳如图 11－34 所示，绳的末端系一重 W_1＝80N 的重锤，重锤自高度 h＝2m 处落下，测得落下时间 T_1＝16s。为了要消去轴承的摩擦，再用重 W_2＝40N 的重锤做第二个试验。这一重锤自同一高度落下的时间是 T_2＝25s。假定摩擦力矩是一常量，且与重锤的重量无关，试计算飞轮的转动惯量 J 和轴承处的摩擦力矩。

11－16　一均质圆盘刚连于均质杆 OC 上，可绕 O 在水平面内运动如图 11－35 所示。已知圆盘的质量 m_1＝40kg，半径 r＝15cm；杆 OC 长 l＝30cm，质量 m_2＝10kg。设在杆上作用一常力矩 M＝20N·m，试求杆 OC 转动的角加速度。

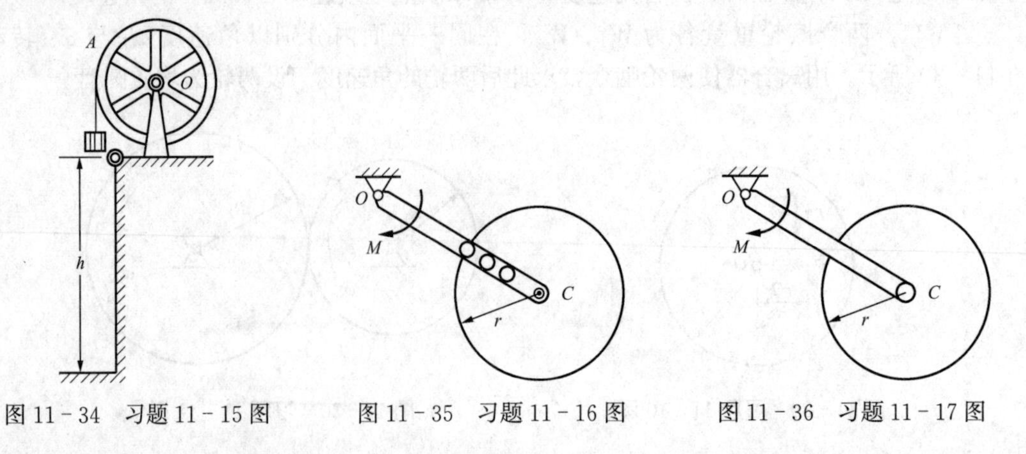

图 11－34　习题 11－15 图　　图 11－35　习题 11－16 图　　图 11－36　习题 11－17 图

11－17　习题11－16中的圆盘若与杆OC用光滑销钉连于C，其他条件相同，如图11－36所示，则杆OC的角加速度又是多少？

11－18　如图11－37所示，滑轮A、B质量分别为m_1、m_2，半径分别为R、r，且$R=2r$，物体C质量为m_3，作用于A轮上的力矩M为一常量，试求C上升的加速度。A、B轮可视为均质圆盘。

11－19　圆轮A半径$R=300\text{mm}$，将一绳绕在半径为$r=100\text{mm}$的轴上，绳的另一端固定如图11－38所示。另一绳绕在圆轮A上，一端悬挂重物B。已知轮和轴总质量为60kg，并视为均质的，图示瞬时圆轮中心有向上的加速度$a_C=2\text{m/s}^2$，求重物B的质量。

11－20　一均质鼓轮如图11－39所示，由绕在轮轴上的细绳拉动，已知轴的半径$r=40\text{mm}$，轮的半径$R=80\text{mm}$，总质量为1kg，对过轮心垂直于轮中心平面的轴的惯性半径$\rho=60\text{mm}$，拉力$F=5\text{N}$，轮与地面的摩擦因数$f=0.2$。试求圆轮的角加速度及轮心的加速度。

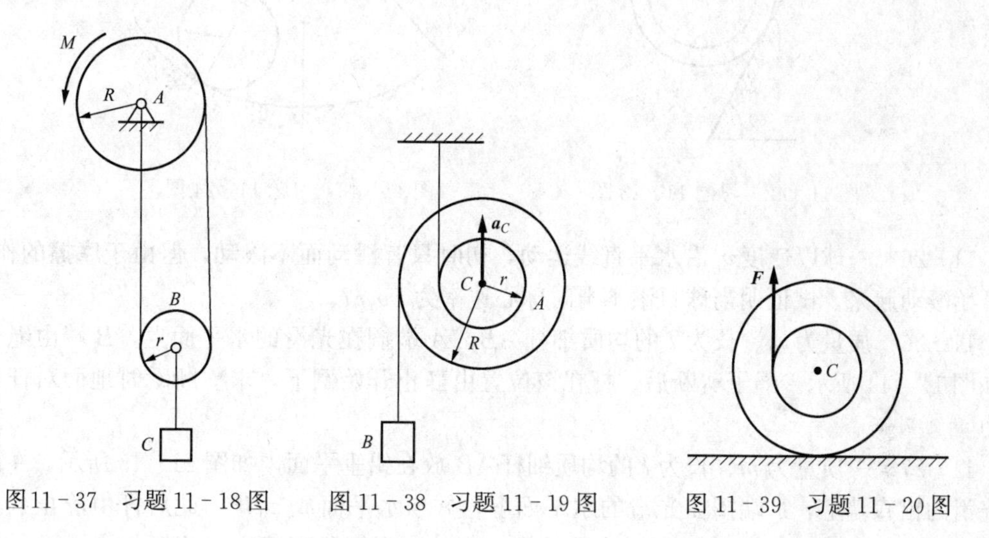

图11－37　习题11－18图　　图11－38　习题11－19图　　图11－39　习题11－20图

11－21　两小锤M_1与M_2，质量分别为$m_1=2\text{kg}$与$m_2=1\text{kg}$，以长$l=60\text{cm}$杆连接如图11－40所示。初瞬时，杆在水平位置，M_2不动，而M_1的速度$v=60\pi\text{cm/s}$，方向垂直向上。设杆质量及小锤尺寸都可忽略不计。试求：①两小锤在重力作用下的运动；②在$t=2\text{s}$时，两小锤与初始位置的距离；③$t=2\text{s}$时，杆的内力。

11－22　有一轮子，轴直径为5cm，无初速度地沿倾角$\theta=20°$的轨道滚下，如图11－41所示，5s内滚过的距离$s=3\text{m}$。设轮子只滚动不滑动，试求轮子对轮心的惯性半径。

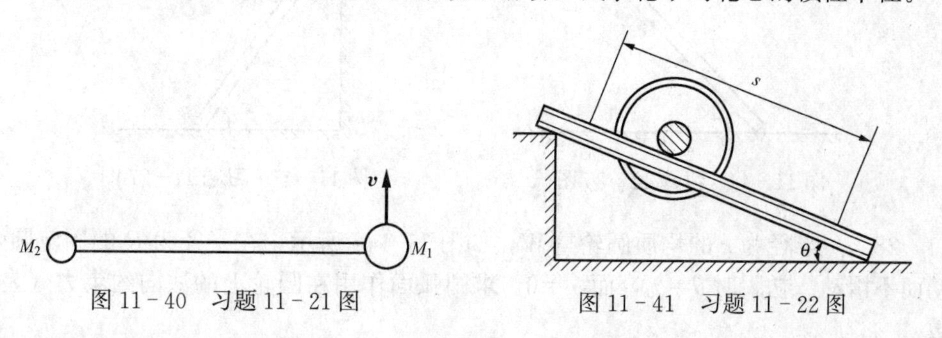

图11－40　习题11－21图　　图11－41　习题11－22图

11-23 一鼓轮上绕有不可伸长的绳子，绳子一端固定如图 11-42 所示。轮子的半径 $R=90\text{mm}$，轮轴的半径 $r=60\text{mm}$，总重量 W（单位为 N），对过轮心而垂直于轮中心平面的轴 C 的惯性半径为 $\rho=80\text{mm}$，轮与斜面的摩擦因数 $f=0.4$。求当轮子沿斜面向下运动时轮心的加速度。

11-24 一半径为 r 的均质圆轮，在半径为 R 的固定圆弧上只滚动而不滑动，如图 11-43 所示。初瞬时 $\varphi=\varphi_0$（为一微小角度），而 $\dot{\varphi}_0=0$，求圆轮的运动规律。

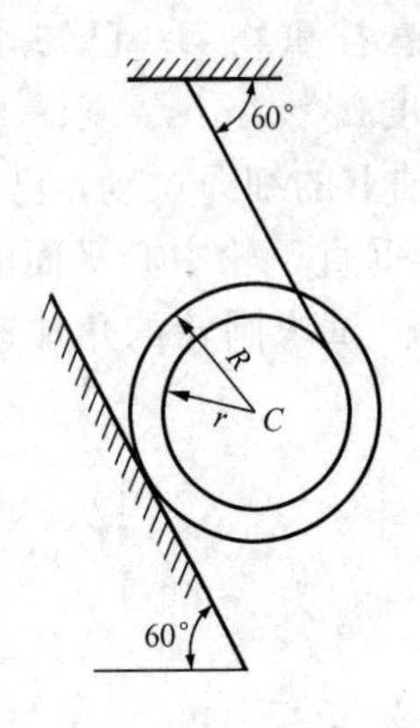

图 11-42 习题 11-23 图

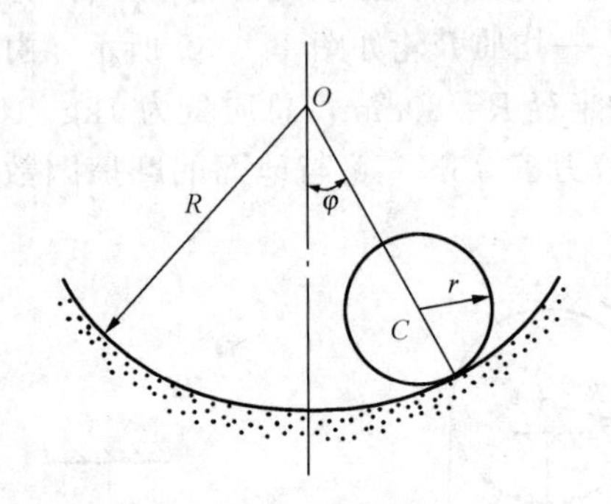

图 11-43 习题 11-24 图

11-25 一球以速度 v_0 沿水平直线运动，初时只有滑动而不滚动，但由于摩擦的作用，球开始滚动起来。试证明当球只滚不滑时球心速率为 $5v_0/7$。

11-26 质量为 m、长为 l 的均质细杆 AB，A 端搁在光滑的水平面上，B 端由绳子约束如图 11-44 所示。绳子剪断后，杆在该位置由静止开始倒下，求剪断瞬时地面对杆的约束力。

11-27 一质量为 m、长为 l 的均质细杆 AB 放在铅垂平面内如图 11-45 所示，A 端靠在光滑的铅直墙上，B 端搁在光滑的水平面上，并与水平面成 φ_0 角。此后杆由静止状态倒下。求：①杆在任一位置时的角加速度及角速度；②当杆脱离墙时，此杆与水平面所夹的角度。

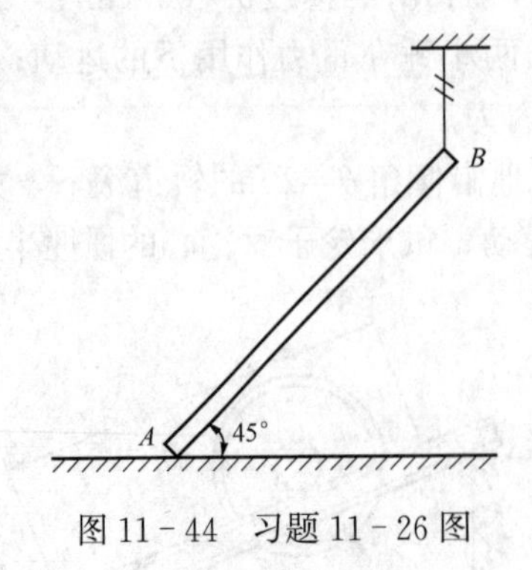

图 11-44 习题 11-26 图

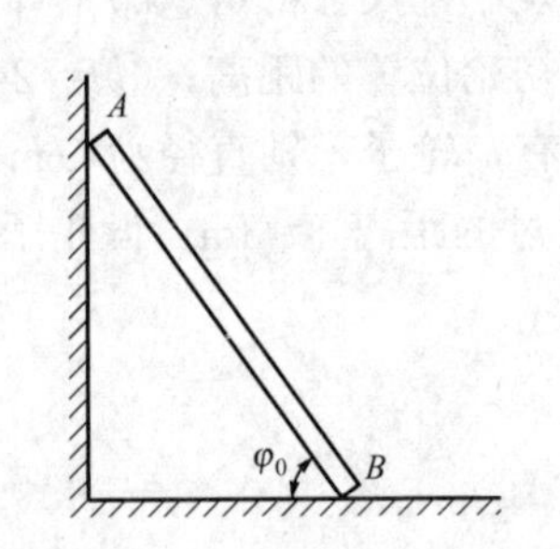

图 11-45 习题 11-27 图

11-28 一半径为 r 的均质圆轮重 W，如图 11-46 所示，在半径为 R 的固定圆弧面上只滚动而不滑动。初瞬时 $\theta=\theta_0$，而 $\dot{\theta}=0$。求圆弧面作用在圆轮上的法向约束力（表示为 θ 的函数）。

11-29 均质圆柱体 A 和 B 的质量均为 m，半径均为 r，如图 11-47 所示。一绳绕于可绕固定轴 O 转动的圆柱 A 上，绳的另一端绕在圆柱 B 上。求 B 下落时质心的加速度。摩擦不计。

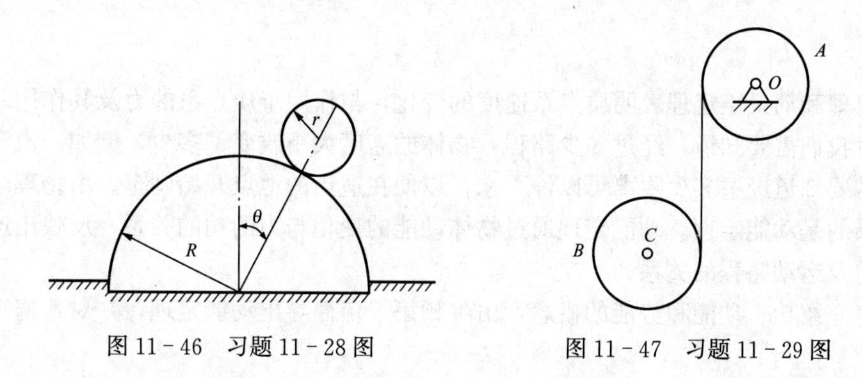

图 11-46 习题 11-28 图　　图 11-47 习题 11-29 图

11-30 习题 11-29 中若 A 轮上作用一逆时针向的转矩 M，问在何条件下圆柱 B 的质心将上升？

11-31 如图 11-48 所示，长 0.4m 的曲柄 OA 以匀角速度 $\omega=4.5\text{rad/s}$ 绕轴 O 转动。试求当 OA 处于水平位置时均质细长杆 B 端的作用力。已知杆 AB 质量为 10kg，长为 1m，不计摩擦和 OA 杆质量。

11-32 如图 11-49 所示，平板质量为 30kg，受水平力 $F=500\text{N}$ 作用，沿水平面运动，板与水平面间的动摩擦因数为 $f=0.2$。板上放置一质量为 60kg 均质实心圆柱，圆柱相对于板只滚不滑。求板的加速度。

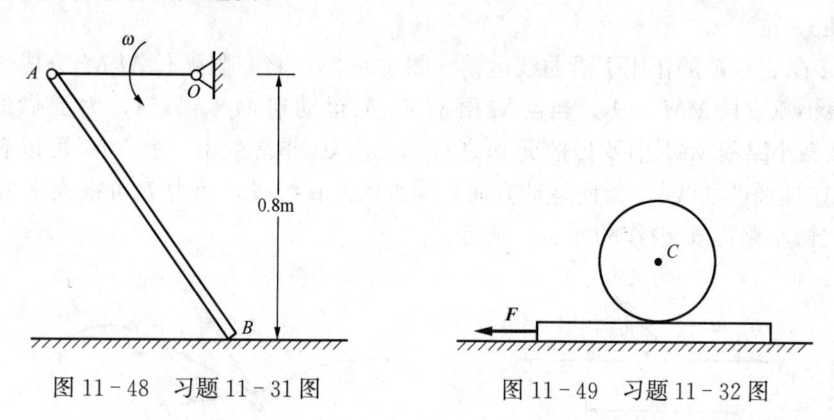

图 11-48 习题 11-31 图　　图 11-49 习题 11-32 图

第12章 动 能 定 理

动量定理和动量矩定理表明质点系速度的变化，与作用于质点系的力及其作用时间的关系。但有时我们需要知道，经过多少路程，物体的速度大小改变了多少。例如，汽车或火车刹车时，需要知道经过多少距离可以停下来，以便在适当的地点开始刹车。由物理学知，表明这种关系的是动能定理。动能定理通过物体动能的变化与力的功的关系，反映出速度大小的改变与力及运动路程的关系。

本章将介绍功、动能和势能的概念，由牛顿第二定律导出动能定理，并对普遍定理进行综合应用。

第1节 功 与 功 率

一、力的功

质点 M 在常力 $\boldsymbol{F}$ 作用下沿直线运动（图 12-1），设力 $\boldsymbol{F}$ 与位移 $\boldsymbol{s}=\overrightarrow{M_1M_2}$ 之间的夹角为 θ，则力 $\boldsymbol{F}$ 在路程 s 上作的**功**（work）W 为

$$W = F\cos\theta \cdot s = \boldsymbol{F} \cdot \boldsymbol{s} \tag{12-1}$$

功是代数量，数值可正可负，也可为零。功的量纲为 $\mathrm{ML^2/T^2}$，单位为 J（焦耳），$1\mathrm{J}=1\mathrm{N}\cdot\mathrm{m}=1\mathrm{kg}\cdot\mathrm{m^2/s^2}$。

质点 M 在变力 $\boldsymbol{F}$ 的作用下沿曲线运动（图 12-2），将有限弧长 M_1M_2 分成无限多个微小弧段，微小弧段长 $MM'=\mathrm{d}s$。当点 M 由 $M_1(s_1)$ 运动到 $M_2(s_2)$ 时，力 $\boldsymbol{F}$ 做的功可以看作是在无数微小路程 MM' 中所做的**元功**之总和。因 $\mathrm{d}s$ 非常微小，弧 MM' 可以看作与速度 $\boldsymbol{v}$ 亦即与轨迹曲线的切线 t（指向运动方向）同方向的直线段，而力 $\boldsymbol{F}$ 可视为常力。用 δW❶ 代表力 $\boldsymbol{F}$ 在微小路程 $\mathrm{d}s$ 中作的元功，则有

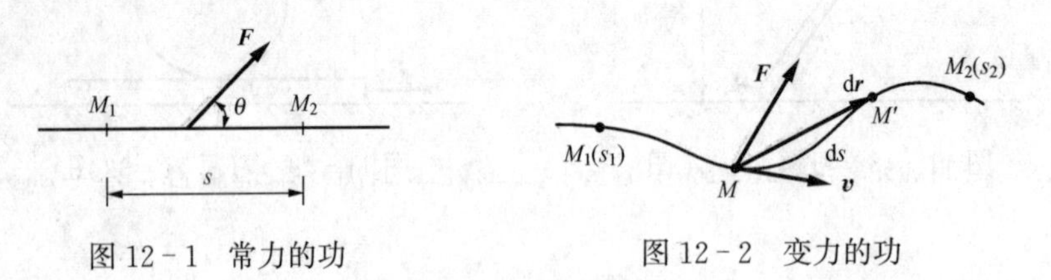

图 12-1 常力的功　　图 12-2 变力的功

$$\delta W = F\cos(\boldsymbol{F},\ \boldsymbol{v})\mathrm{d}s = F_{\mathrm{t}}\mathrm{d}s \tag{12-2}$$

其中 $F_{\mathrm{t}}=F\cos(\boldsymbol{F},\ \boldsymbol{v})$ 是力 $\boldsymbol{F}$ 在轨迹曲线的切线上的投影。由运动学知，动点的位移可用矢径的增量 $\mathrm{d}\boldsymbol{r}$ 来表示，而当时间增量趋近于零时，$|\mathrm{d}\boldsymbol{r}|=\mathrm{d}s$，$\mathrm{d}\boldsymbol{r}$ 的方向与 $\boldsymbol{v}$ 的方向一致。因此式（12-2）又可写成

$$\delta W = \boldsymbol{F} \cdot \mathrm{d}\boldsymbol{r} \tag{12-3}$$

❶ 一般情况下，力的元功 δW 不等于功的全微分 $\mathrm{d}W$。

力 $\boldsymbol{F}$ 在 $M_1(s_1)$ 至 $M_2(s_2)$ 一段路程中作的总功为

$$W=\int_{s_1}^{s_2} F\cos(\boldsymbol{F},\boldsymbol{v})\mathrm{d}s=\int_{s_1}^{s_2} F_{\mathrm{t}}\mathrm{d}s \tag{12-4}$$

或

$$W=\int_{M_1}^{M_2}\boldsymbol{F}\cdot\mathrm{d}\boldsymbol{r} \tag{12-5}$$

设质点同时受 n 个力 $\boldsymbol{F}_1$、$\boldsymbol{F}_2$、…、$\boldsymbol{F}_n$ 作用，设这 n 个力的合力为 $\boldsymbol{F}$，则 $\boldsymbol{F}=\sum\boldsymbol{F}_i$。当质点由 M_1 运动到 M_2 时，合力 $\boldsymbol{F}$ 所做的功为

$$W=\int_{M_1}^{M_2}\boldsymbol{F}\cdot\mathrm{d}\boldsymbol{r}=\int_{M_1}^{M_2}\left(\sum\boldsymbol{F}_i\right)\cdot\mathrm{d}\boldsymbol{r}=\sum\int_{M_1}^{M_2}\boldsymbol{F}_i\cdot\mathrm{d}\boldsymbol{r}=\sum W_i \tag{12-6}$$

即合力在任一段路程中做的功等于各分力在同一段路程中做的功之和。

取直角坐标系 $Oxyz$，设力 $\boldsymbol{F}$ 在坐标轴上的投影为 F_x、F_y、F_z，位移 $\mathrm{d}\boldsymbol{r}$ 在坐标轴上的投影为 $\mathrm{d}x$、$\mathrm{d}y$、$\mathrm{d}z$，则力 $\boldsymbol{F}$ 的元功又可表示为

$$\delta W=\boldsymbol{F}\cdot\mathrm{d}\boldsymbol{r}=F_x\mathrm{d}x+F_y\mathrm{d}y+F_z\mathrm{d}z \tag{12-7}$$

而在由 $M_1(x_1,y_1,z_1)$ 至 $M_2(x_2,y_2,z_2)$ 一段路程中力 $\boldsymbol{F}$ 的总功为

$$W=\int_{M_1}^{M_2}(F_x\mathrm{d}x+F_y\mathrm{d}y+F_z\mathrm{d}z) \tag{12-8}$$

二、常见力的功

1. 重力的功

质点系在地面附近运动时，所受重力可看作是不变的。取直角坐标系 $Oxyz$，并使 z 轴铅直向上（图 12-3），则质点系中任一质点 M_i 所受的重力 $\boldsymbol{P}_i$ 在各坐标轴上的投影为 $F_{ix}=0$、$F_{iy}=0$、$F_{iz}=-P_i$，当质点系由第一位置运动到第二位置时，质点系重力 $\boldsymbol{P}$ 所做的功为

$$W=\sum\int_{z_{i1}}^{z_{i2}}(-P_i)\mathrm{d}z_i=\sum P_i(z_{i1}-z_{i2})=\sum P_iz_{i1}-\sum P_iz_{i2}$$

因 $\sum P_iz_{i1}=Pz_{C1}$，$\sum P_iz_{i2}=Pz_{C2}$，所以有

$$W=P(z_{C1}-z_{C2})=\pm Ph \tag{12-9}$$

其中 $h=|z_{C1}-z_{C2}|$ 是质点系在两位置重心的高度差。**质点系所受重力的功，等于质点系的重量与其重心的高度差之乘积**。正负号的选取原则：当质点系重心由高处运动到低处时，取"+"号，反之取"−"号。重力所做的功只与质点系重心的起始位置与终了位置之高度差有关，而与所经的路径无关。

2. 弹性力的功

设有一弹簧，一端固定于 O 点，另一端系一质点 M（图 12-4）。质点运动时，弹簧将伸长或缩短，因而对质点作用一弹性力 $\boldsymbol{F}$。在弹性极限内，根据虎克定律，弹性力的大小是

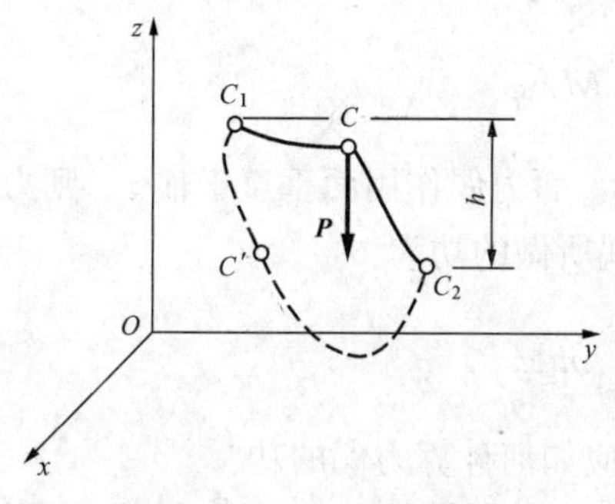

图 12-3 重力的功

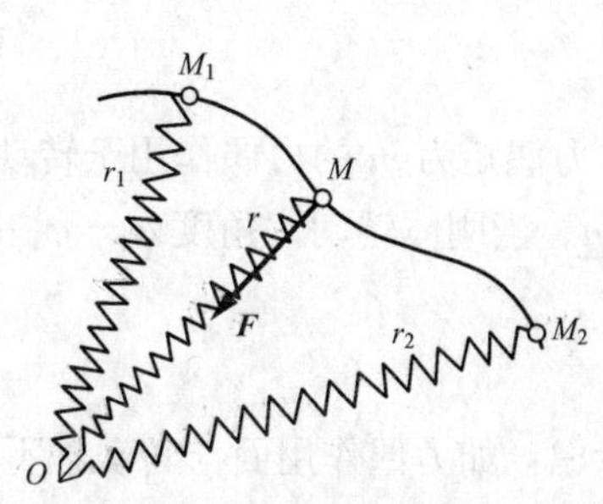

图 12-4 弹性力的功

$$F = k(r - l_0)$$

其中 k 是弹簧常数（或称刚度系数），就是使弹簧伸长或缩短一单位长度所需的力；l_0 是弹簧的自然长度（即未伸长或缩短时的长度）。弹簧伸长时，弹性力 $\boldsymbol{F}$ 指向固定点 O。以固定点为原点，取矢径 $\boldsymbol{r}$，则

$$\boldsymbol{F} = -k(r - l_0)\frac{\boldsymbol{r}}{r}$$

弹性力 $\boldsymbol{F}$ 的元功为

$$\delta W = \boldsymbol{F} \cdot \mathrm{d}\boldsymbol{r} = -k(r - l_0)\frac{\boldsymbol{r} \cdot \mathrm{d}\boldsymbol{r}}{r}$$

因为 $\boldsymbol{r} \cdot \mathrm{d}\boldsymbol{r} = \frac{1}{2}\mathrm{d}(\boldsymbol{r} \cdot \boldsymbol{r}) = r\mathrm{d}r$，代入上式得

$$\delta W = -k(r - l_0)\mathrm{d}r$$

积分得，质点由 M_1 运动到 M_2 弹性力所做的功

$$W = \int_{r_1}^{r_2} -k(r - l_0)\mathrm{d}r = -\frac{k}{2}[(r_2 - l_0)^2 - (r_1 - l_0)^2]$$

命 $\delta_1 = r_1 - l_0$ 及 $\delta_2 = r_2 - l_0$ 分别代表质点在第一位置及第二位置时弹簧的伸长（或缩短）量，则上式成为

$$W = \frac{k}{2}(\delta_1^2 - \delta_2^2) \tag{12-10}$$

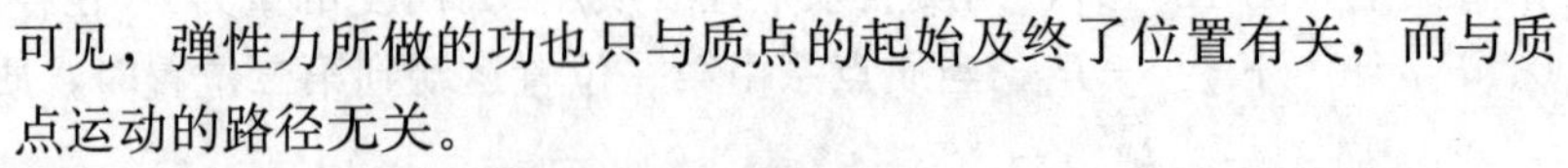

可见，弹性力所做的功也只与质点的起始及终了位置有关，而与质点运动的路径无关。

3．作用于转动刚体的力及力偶的功

在绕 z 轴转动的刚体的 M 点作用一力 $\boldsymbol{F}$（图 12-5），将力 $\boldsymbol{F}$ 分解为三个分力：平行于 z 轴的轴向力 $\boldsymbol{F}_z$、沿 M 点运动路径（圆周）的切向力 $\boldsymbol{F}_t$ 及圆周半径的径向力 $\boldsymbol{F}_r$。若刚体转动一微小角度 $\mathrm{d}\varphi$，则 M 点有一微小位移，大小为 $\mathrm{d}s = r\mathrm{d}\varphi$，其中 r 是 M 点与转动轴的距离。由于 $\boldsymbol{F}_z$ 及 $\boldsymbol{F}_r$ 都垂直于 M 点的运动路径，不做功，所以切向力 $\boldsymbol{F}_t$ 所做的功就是力 $\boldsymbol{F}$ 所做的功，即

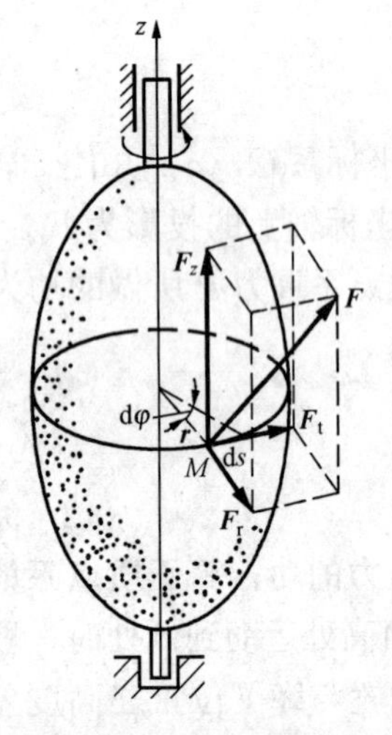

图 12-5 转动刚体上力的功

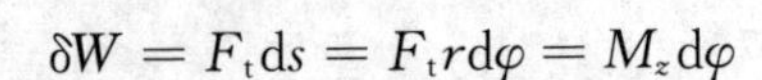

$$\delta W = F_t \mathrm{d}s = F_t r \mathrm{d}\varphi = M_z \mathrm{d}\varphi$$

其中 M_z 是力 $\boldsymbol{F}_t$ 对于 z 轴的矩，亦即力 $\boldsymbol{F}$ 对于 z 轴的矩（因 $\boldsymbol{F}_z$ 及 $\boldsymbol{F}_r$ 对于 z 轴的矩均等于零）。积分得，力 $\boldsymbol{F}$ 在刚体从 φ_1 到 φ_2 的转动过程中所做的功

$$W = \int_{\varphi_1}^{\varphi_2} M_z \mathrm{d}\varphi \tag{12-11}$$

设有力偶矩为 m 的力偶作用于转动的刚体，而力偶作用面垂直于轴 z，则力偶对 z 轴的矩 $M_z = m$。当刚体转动一角度 $\varphi_2 - \varphi_1$ 时，力偶所做的功为

$$W = \int_{\varphi_1}^{\varphi_2} m\mathrm{d}\varphi \tag{12-12}$$

请考虑：如力偶作用面与转动轴不垂直，应如何计算力偶的功？

当刚体作平面运动（如车轮滚动）时，作用于刚体的力偶所做的功，可同样计算。

4. 摩擦力的功

一般情况下，摩擦力总是起着阻碍运动的作用，即摩擦力方向与其作用点的运动方向相反，所以摩擦力做负功[1]，大小等于摩擦力与滑动距离之乘积。如果摩擦力作用点没有位移，即 $\mathrm{d}\boldsymbol{r}=0$ 或 $\boldsymbol{v}=0$（如轮子在地面上只滚不滑的情形），则摩擦力不做功。滚动摩擦力偶的功，与一般力偶的功一样计算。

5. 理想约束力的功

对于固定铰支座、固定端等约束，因约束力的作用点没有位移，所以约束力不做功；对于光滑接触、一端固定的柔索、活动铰支座、轴承等约束，因约束力垂直于力作用点的位移，所以约束力也不做功。约束力不作功的约束称为**理想约束**（ideal constraint）。

三、功率

工程上，不仅要知道力所做的功，有时还要知道力作功的快慢程度。**力在单位时间内所做的功**称为**功率**（power），用 P 表示。

设力在 $\mathrm{d}t$ 时间内做的元功为 δW，则功率为

$$P=\frac{\delta W}{\mathrm{d}t}=\frac{\boldsymbol{F}\cdot\mathrm{d}\boldsymbol{r}}{\mathrm{d}t}=\boldsymbol{F}\cdot\frac{\mathrm{d}\boldsymbol{r}}{\mathrm{d}t}=\boldsymbol{F}\cdot\boldsymbol{v}=F_{\mathrm{t}}v \tag{12-13}$$

即**功率等于力与速度的标积，亦即等于力在速度方向上的投影与速度之乘积**。由此可见，P 一定时，F_{t}越大，则v越小；反之，F_{t}越小，则v越大。汽车速度所以有几“挡”，就是因为汽车的功率是一定的，而在不同情况下，需要不同的牵引力，所以必须改变速度。在平地上，所需牵引力较小，速度可以大些；上坡时，所需牵引力随坡度增大而增大，所以必须“换挡”，使速度相应减小。

如果作用在转动物体（如电机或水轮机的转子）上的力对转轴 z 的矩为 M_z，物体转动的角速度为 ω，则功率

$$P=\frac{\delta W}{\mathrm{d}t}=M_z\frac{\mathrm{d}\varphi}{\mathrm{d}t}=M_z\omega \tag{12-14}$$

即作用在定轴转动刚体上的力的功率等于该力对转轴的矩与角速度的乘积。

功率的量纲为 $\mathrm{ML^2/T^3}$，单位为 W（瓦特），$1\mathrm{W}=1\mathrm{J/s}=1\mathrm{kg\cdot m^2/s^3}$。

机器工作时，必须输入功率。输入的功率中，一部分用于克服摩擦力之类的阻力而损耗掉，只有一部分输出成为用来做功的有效功率。输出功率与输入功率之比称为机器的**机械效率**，它是衡量机器质量的指标之一。用 η 表示机械效率，则

$$\eta=\text{输出功率}/\text{输入功率} \tag{12-15}$$

第2节 动 能

一、质点系的动能

设质点系由 n 个质点组成，其中任一质点 M_i 的质量为 m_i，在某一位置的速度为 $\boldsymbol{v}_i$，则 M_i 点在该位置的动能为$\frac{1}{2}m_iv_i^2$，而质点系在该位置的动能即为质点系中各质点的动能之和。

---

[1] 有时摩擦力对某物体起着阻力的作用，而对另一物体起着主动力的作用。当摩擦力起主动力作用时，力的方向与作用点运动方向相同，则做正功。

用 T 表示动能，则

$$T=\sum\frac{1}{2}m_i v_i^2 \tag{12-16}$$

动能是正标量，动能的量纲、单位与功的相同。

将质点系的运动看作随同其质心的平移与相对于质心的运动的组合，利用下述的柯尼希定理计算动能较为方便。

选固定坐标系 $Oxyz$，再以质点系质心 C 为原点选动坐标系 $Cx'y'z'$，动坐标系随质心 C 平移。设质心的速度为 $\boldsymbol{v}_C$，任一质点 M_i 相对于质心运动的速度为 $\boldsymbol{v}_{ri}$，则质点 M_i 的绝对速度为 $\boldsymbol{v}_i=\boldsymbol{v}_C+\boldsymbol{v}_{ri}$，而

$$\begin{aligned} v_i^2 &= \boldsymbol{v}_i\cdot\boldsymbol{v}_i=(\boldsymbol{v}_C+\boldsymbol{v}_{ri})\cdot(\boldsymbol{v}_C+\boldsymbol{v}_{ri}) \\ &= \boldsymbol{v}_C\cdot\boldsymbol{v}_C+\boldsymbol{v}_{ri}\cdot\boldsymbol{v}_{ri}+2\boldsymbol{v}_C\cdot\boldsymbol{v}_{ri}=v_C^2+v_{ri}^2+2\boldsymbol{v}_C\cdot\boldsymbol{v}_{ri}\end{aligned}$$

代入式（12-16），得质点系的动能

$$T=\frac{1}{2}\sum m_i v_C^2+\frac{1}{2}\sum m_i v_{ri}^2+\sum m_i\boldsymbol{v}_C\cdot\boldsymbol{v}_{ri} \tag{a}$$

上式右边第一项 $\sum m_i v_C^2=mv_C^2$，第三项 $\sum m_i\boldsymbol{v}_C\cdot\boldsymbol{v}_{ri}=\boldsymbol{v}_C\cdot\sum m_i\boldsymbol{v}_{ri}=\boldsymbol{v}_C\cdot m\boldsymbol{v}_{rC}=0$（因 $\boldsymbol{v}_{rC}=0$），所以式（a）成为

$$T=\frac{mv_C^2}{2}+\frac{1}{2}\sum m_i v_{ri}^2 \tag{12-17}$$

即质点系的动能等于随同其质心平移的动能与相对于其质心运动的动能之和。这就是柯尼希定理（Koenig theorem）。

二、刚体的动能

1. 平移刚体的动能

刚体平移时，在同一瞬时，所有各点的速度都等于刚体平移的速度 $\boldsymbol{v}$，因此平移刚体的动能为

$$T=\sum\frac{1}{2}m_i v_i^2=\frac{1}{2}\sum m_i v^2=\frac{1}{2}mv^2 \tag{12-18}$$

式中：$m=\sum m_i$ 是整个刚体的质量。

2. 定轴转动刚体的动能

设刚体绕固定轴 z 转动，角速度为 ω，则与 z 轴相距 ρ_i 的一点的速度为 $v_i=\rho_i\omega$，因此定轴转动刚体的动能为

$$T=\sum\frac{1}{2}m_i v_i^2=\frac{1}{2}\sum m_i\rho_i^2\omega^2=\frac{1}{2}\left(\sum m_i\rho_i^2\right)\omega^2=\frac{1}{2}J_z\omega^2 \tag{12-19}$$

式中：$J_z=\sum m_i\rho_i^2$ 是刚体对于 z 轴的转动惯量。

3. 平面运动刚体的动能

将刚体的平面运动看作随同质心 C 的平移与绕着通过质心且垂直于运动平面的 Cz' 轴的转动的合成，利用柯尼希定理求动能。设质心速度为 $\boldsymbol{v}_C$，刚体的角速度为 ω，则与 Cz' 轴相距 ρ_i' 的一点相对于质心运动的速度 $v_{ri}=\rho_i'\omega$，代入式（12-17），得平面运动刚体的动能

$$T=\frac{1}{2}mv_C^2+\frac{1}{2}J_C\omega^2 \tag{12-20}$$

式中：m 是刚体的质量；J_C 是刚体对于**通过质心**且垂直于运动平面的 Cz' 轴的转动惯量。

请考虑：如果选取质心以外的任一点 O 作基点，将平面运动看作随同 O 点的平移与绕着 O 点的转动，动能是否可以写成 $T=\frac{1}{2}mv_O^2+\frac{1}{2}J_O\omega^2$？

设 I 为平面运动刚体的速度瞬心，则 $v_C=IC\cdot\omega$，代入式（12-20），并利用转动惯量的平行轴定理，得

$$T=\frac{1}{2}J_I\omega^2 \tag{12-21}$$

其中 J_I 是刚体对于通过速度瞬心且垂直于运动平面的 Iz' 轴的转动惯量。

第3节　动　能　定　理

一、质点系的动能定理

设质点系由 n 个质点组成，其中任一质点 M_i 的质量为 m_i，速度为 $\boldsymbol{v}_i$，作用于 M_i 的所有力的合力为 $\boldsymbol{F}_i$。由自然轴系形式的运动微分方程，得

$$m_i\frac{\mathrm{d}v_i}{\mathrm{d}t}=F_{ti}$$

式中：F_{ti} 是 $\boldsymbol{F}_i$ 在 M_i 点切线方向上的投影。

上式两边分别乘以 $v_i\mathrm{d}t=\mathrm{d}s_i$，得

$$m_iv_i\mathrm{d}v_i=F_{ti}\mathrm{d}s_i$$

即

$$\mathrm{d}\left(\frac{1}{2}m_iv_i^2\right)=\delta W_i$$

对每一质点写出这样一个方程，然后相加，得

$$\sum\mathrm{d}\left(\frac{m_iv_i^2}{2}\right)=\sum\delta W_i$$

上式中 $\sum\mathrm{d}\left(\frac{m_iv_i^2}{2}\right)=\mathrm{d}\sum\frac{m_iv_i^2}{2}=\mathrm{d}T$，是质点系动能的全微分，于是上式成为

$$\mathrm{d}T=\sum\delta W_i \tag{12-22}$$

这是质点系**动能定理的微分形式**。两边求积分，积分的上、下限对应于质点系的第二位置及第一位置，得

$$T_2-T_1=\sum W_i \tag{12-23}$$

即当质点系从第一位置运动到第二位置时，质点系动能的改变等于所有作用于质点系的力的功之和。这是质点系的**动能定理的积分形式**，即常说的**动能定理**（theorem of the kinetic energy of a system of particles）。

注意，在式（12-22）及式（12-23）中，力的功包括作用于质点系的**所有的力**的功。如果将作用于质点系的力分为主动力与约束力，则包括主动力与约束力的功。若质点系所受的约束都是理想约束，则对应的约束力不做功，方程中只包括主动力的功。

如果将作用于质点系的力分为外力与内力，则方程中包括所有外力与内力的功。内力虽然是成对出现的，但它们的功之和一般并不等于零。例如，蒸汽机车汽缸中的蒸汽压力，自

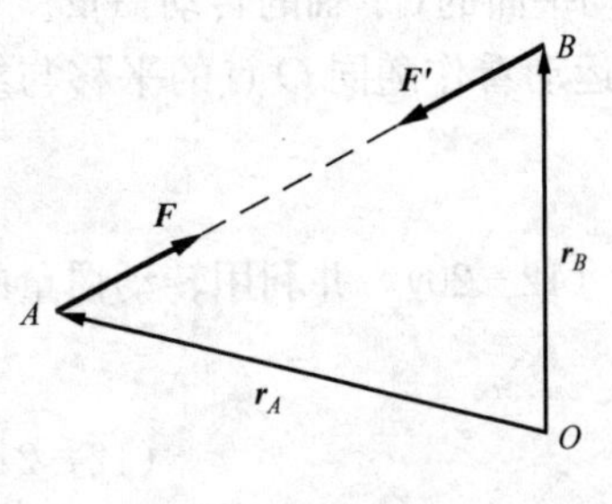

图 12-6 内力的功

行车刹车时闸块对钢圈作用的摩擦力，对机车或自行车来说，都是内力，它们的功之和都不等于零，所以才能使机车加速运动，使自行车减慢乃至停止运动。但是，也有一些内力的功之和等于零。

二、内力的功

在质点系中任取两质点 A、B，其矢径分别为 $\boldsymbol{r}_A$ 及 $\boldsymbol{r}_B$（图 12-6）。设两质点相互作用的力（即内力）为 $\boldsymbol{F}$ 及 $\boldsymbol{F}'$，$\boldsymbol{F}'=-\boldsymbol{F}$。当质点 A 及 B 各发生位移 $\mathrm{d}\boldsymbol{r}_A$ 及 $\mathrm{d}\boldsymbol{r}_B$ 时，内力 $\boldsymbol{F}$ 及 $\boldsymbol{F}'$ 的功之和为

$$\begin{aligned}\boldsymbol{F}\cdot\mathrm{d}\boldsymbol{r}_A+\boldsymbol{F}'\cdot\mathrm{d}\boldsymbol{r}_B&=\boldsymbol{F}\cdot\mathrm{d}\boldsymbol{r}_A-\boldsymbol{F}\cdot\mathrm{d}\boldsymbol{r}_B=\boldsymbol{F}\cdot(\mathrm{d}\boldsymbol{r}_A-\mathrm{d}\boldsymbol{r}_B)\\&=\boldsymbol{F}\cdot\mathrm{d}(\boldsymbol{r}_A-\boldsymbol{r}_B)=\boldsymbol{F}\cdot\mathrm{d}(\boldsymbol{BA})\end{aligned}$$

其中 $\mathrm{d}(\boldsymbol{BA})$ 是矢量 $\boldsymbol{BA}$ 的改变，包括大小的改变和方向的改变。前一改变与 $\boldsymbol{BA}$ 共线，数值可用 $\mathrm{d}(BA)$ 表示；后一改变垂直于 $\boldsymbol{BA}$。乘积 $\boldsymbol{F}\cdot\mathrm{d}(\boldsymbol{BA})=\pm F\mathrm{d}(BA)$，一般不等于零，可见**内力的功之和一般不等于零**。但若 $\mathrm{d}(BA)=0$，即 A、B 两点间的距离保持不变，则内力的功之和等于零。据此可知，**刚体内各质点相互作用的内力的功之和恒等于零**；不可伸长的绳索内的力的功之和、连接两刚体的光滑铰处的力的功之和、连接刚体的无重刚杆的约束力的功之和都等于零。在应用动能定理时，这些力的功都不需考虑。

【例 12-1】 不可伸长的绳子，绕过半径为 r 的均质滑轮 B，一端悬挂物体 A，另一端连接于放在光滑水平面上的物块 C；物块 C 又与一端固定于墙壁的弹簧相连（图 12-7）。已知物体 A 重 P_1，滑轮 B 重 P_2，物块 C 重 P_3，弹簧刚度系数为 k，绳子与滑轮之间无滑动。设系统原来静止于平衡位置，现给 A 以向下的初速度 $\boldsymbol{v}_{A0}$，求 A 下降一段距离 h 时的速度。滑轮轴处的摩擦不计。

解 求速度大小与位置之关系，选用动能定理求解。

系统在运动过程中受力如图 12-7 所示，其中弹性力 $F=k(\delta_{\mathrm{st}}+h)$，$\delta_{\mathrm{st}}$ 是弹簧的静伸长，分析物块 C 在平衡位置的受力情况，得 $k\delta_{\mathrm{st}}=P_1$。设物体 A 下降 h 时的速度为 $\boldsymbol{v}_A$，因绳子不可伸长、绳子与滑轮之间无滑动，所以滑轮 B 的角速度 $\omega=\dfrac{v_A}{r}$，物块 C 的速度 $v_C=v_A$。系统在 A 下降 h 时（第二位置）的动能为

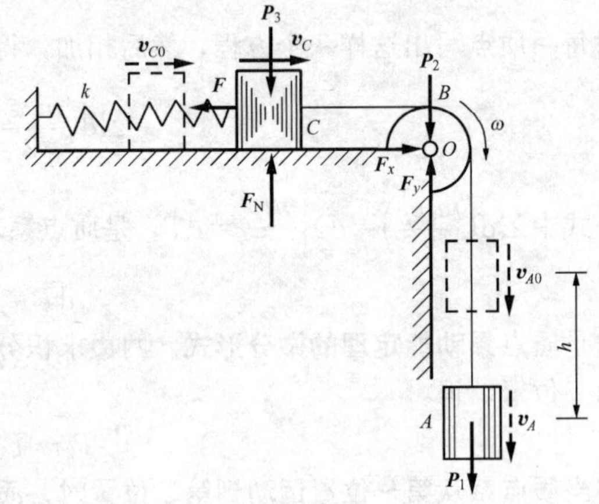

图 12-7 ［例 12-1］图

$$T_2=\frac{P_1}{2g}v_A^2+\frac{1}{2}\cdot\frac{P_2r^2}{2g}\left(\frac{v_A}{r}\right)^2+\frac{P_3}{2g}v_A^2=\frac{v_A^2}{4g}(2P_1+P_2+2P_3)$$

同理，系统在初始位置（第一位置）的动能为

$$T_1=\frac{v_{A0}^2}{4g}(2P_1+P_2+2P_3)$$

系统从第一位置运动到第二位置所有的力所做的功之和为

$$\sum W_i = P_1 h + \frac{k}{2}[\delta_{st}^2 - (\delta_{st} + h)^2] = -\frac{k}{2}h^2$$

由动能定理 $T_2 - T_1 = \sum W_i$，解得

$$v_A = \sqrt{\frac{v_{A0}^2 - 2kgh^2}{2P_1 + P_2 + 2P_3}}$$

【例 12-2】 行星机构位于水平面内，曲柄 OO_1 受力矩 M 作用而绕固定铅直轴 O 转动，并带动齿轮 O_1 在固定水平齿轮 O 上滚动（图 12-8）。设曲柄 OO_1 为均质杆，长 l，重 P_1；齿轮 O_1 为均质圆盘，半径为 r，重 P_2。设曲柄由静止开始转动，试求曲柄运动到任一位置的角速度、角加速度。

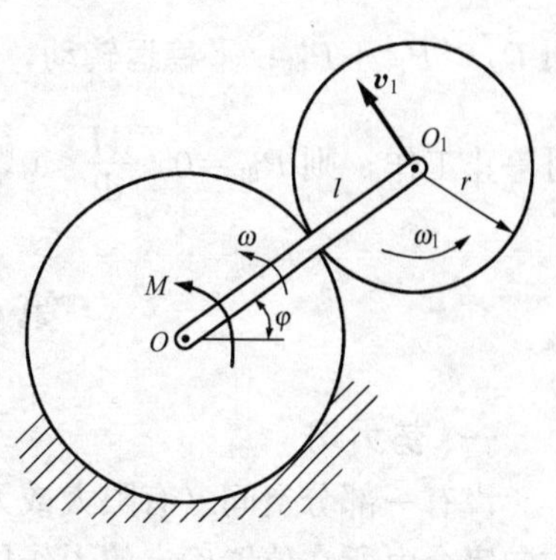

图 12-8 ［例 12-2］图

解 开始时，整个系统处于静止，$T_1 = 0$。

当曲柄转过任一角 φ 时，设曲柄角速度为 ω，则动齿轮中心 O_1 的速度 $v_1 = l\omega$，动齿轮转动的角速度 $\omega_1 = \frac{v_1}{r} = \frac{l}{r}\omega$，此时系统的动能为

$$T_2 = \frac{1}{2} \cdot \frac{P_1 l^2}{3g}\omega^2 + \frac{1}{2} \cdot \frac{P_2}{g}v_1^2 + \frac{1}{2} \cdot \frac{P_2 r^2}{2g}\omega_1^2 = \frac{2P_1 + 9P_2}{12g}l^2\omega^2$$

曲柄转过 φ 角的过程中，系统所有的力所做的功之和为 $\sum W_i = M\varphi$。

根据动能定理，有

$$\frac{2P_1 + 9P_2}{12g}l^2\omega^2 = M\varphi \tag{a}$$

解得

$$\omega = \frac{2}{l}\sqrt{\frac{3gM\varphi}{2P_1 + 9P_2}}$$

将式（a）对 t 求导数，并注意 $\frac{d\omega}{dt} = \alpha$、$\frac{d\varphi}{dt} = \omega$，得

$$\alpha = \frac{6gM}{(2P_1 + 9P_2)l^2}$$

请思考：试分析跳高运动员的过杆姿势（跨越式、剪式、俯卧式、背越式等）对跳高成绩的影响。

三、功率方程

将动能定理的微分形式（12-22）改写成

$$dT = \sum \boldsymbol{F}_i \cdot d\boldsymbol{r}_i = \sum \boldsymbol{F}_i \cdot \boldsymbol{v}_i dt$$

两边除以 dt，注意 $\boldsymbol{F}_i \cdot \boldsymbol{v}_i = P_i$ 是功率，得

$$\frac{dT}{dt} = \sum P_i \tag{12-24}$$

这就是**功率方程**（power equation）。

式（12-24）右边包括所有作用于质点系的力的功率。就机器而言，包括输入功率 $P_入$，即作用于机器的主动力（如电机的转矩）的功率；输出功率 $P_出$，即有用阻力（如机床加工

时工件作用于机床的力）的功率；损耗功率 $P_{损}$，即无用阻力（如摩擦力）的功率。后两者显然应取负值，式（12－24）成为

$$\frac{\mathrm{d}T}{\mathrm{d}t}=P_{入}-P_{出}-P_{损} \tag{12-25}$$

这是机器的**功率方程**，它表明机器动能的变化与各种功率之关系。机器起动时，$\frac{\mathrm{d}T}{\mathrm{d}t}>0$，必须 $P_{入}>P_{出}+P_{损}$；平稳运转动，$\frac{\mathrm{d}T}{\mathrm{d}t}=0$，应有 $P_{入}=P_{出}+P_{损}$；停车时，$P_{入}=0$，如机器同时停止工作，则 $P_{出}=0$，$\frac{\mathrm{d}T}{\mathrm{d}t}<0$，表明机器受到无用阻力的作用而逐渐停止运转。

第4节 势力场与势能

一、势力场

设有一部分空间（有限大或无限大），当质点占据其中任一位置时，都受到一个大小和方向完全由所在位置确定的力作用，则这部分空间称为**力场**（force field）。例如，质点在地面附近受到重力作用，而重力的大小和方向完全由质点的位置确定，所以地面附近的空间称为重力场。用弹簧系住一质点，当质点运动时，就受到弹性力的作用，而弹性力的大小和方向也完全由质点的位置确定，所以在弹性极限内弹簧所能达到的空间称为弹性力场。

质点在力场中运动时，如果作用于质点的力所做的功只与质点的起始位置及终了位置有关，而与质点运动的路径无关，则该力场称为**势力场**（potential field）。质点在势力场中所受的力称为**有势力**（conservative force）。由第1节知，重力、弹性力的功都与质点运动路径无关，所以重力、弹性力都是有势力，重力场、弹性力场都是势力场。

二、势能

在势力场中，当质点从某一位置 M 运动到任选的基准位置 M_0，有势力 $\boldsymbol{F}$ 所做的功称为质点在位置 M 相对于基准位置 M_0 的**势能**（potential energy）。用 V 表示为

$$V=\int_M^{M_0}\boldsymbol{F}\cdot\mathrm{d}\boldsymbol{r}=\int_M^{M_0}(F_x\mathrm{d}x+F_y\mathrm{d}y+F_z\mathrm{d}z) \tag{12-26}$$

在基准位置，质点的势能等于零，因此基准位置又称为**零位置**。注意，零位置是任意选定的。当质点位于某一确定位置时，选取不同的零位置，势能一般将不相同，所以在讲势能时，必须指明零位置才有意义。

一般情况下，质点的势能可表示为质点坐标的单值连续函数，即

$$V=V(x,y,z) \tag{12-27}$$

这个函数称为**势能函数**。

势力场中，如果 V（x，y，z）＝常量，则此方程代表一个曲面，不论质点位于该面上什么位置，势能都相等，这个面称为**等势面**（equipotential surfaces）。

当质点沿一条闭合的路径曲线运动一周（由 M 点出发又回到 M 点）时，有势力所做的功等于零。所以有势力又称为**保守力**，势力场又称为**保守力场**。

如果一个质点系位于势力场中某一位置，则各质点的势能之总和就是质点系在该位置的势能，它是各质点位置坐标的单值连续函数，即

$$V(x_1, y_1, z_1, \cdots, x_n, y_n, z_n)=\sum\int_{M_i}^{M_{0i}}(F_{ix}\mathrm{d}x_i+F_{iy}\mathrm{d}y_i+F_{iz}\mathrm{d}z_i) \quad (12-28)$$

三、常见势力场中的势能

1. 重力场

任取一坐标原点，z 轴铅直向上，由式（12-9）得质点系在任一位置的势能

$$V=P(z_C-z_{C0})=\pm Ph \quad (12-29)$$

式中：z_C、z_{C0}分别为质点系在给定位置及零位置时重心的坐标；$h=|z_C-z_{C0}|$是在两位置时重心的高度差。正负号视给定位置重心在零位置重心之上或之下而定。由此可见，重力场中的等势面是水平面。

2. 弹性力场

以弹簧自然长度末端为零位置，质点在指定位置时弹簧的伸长（或缩短）为 δ，由式（12-10），令 $\delta_1=\delta$，$\delta_2=0$，得质点在指定位置的势能

$$V=\frac{k\delta^2}{2} \quad (12-30)$$

事实上，任何弹性体变形时都具有势能，且计算势能的公式都与式（12-30）相似。例如，设一弹性杆的扭转刚度（扭转一弧度所需的力矩）为 k（N·m/rad），则在扭转角为 φ（rad）时，该杆的势能（以扭转角 $\varphi=0$ 的位置为零位置）为 $V=\frac{k\varphi^2}{2}$。

四、用势能计算有势力所做的功

设质点系在势力场中由位置 1 运动到位置 2 时，质点 M_i 由 M_{i1} 运动到 M_{i2}。因有势力所做的功与其作用点运动的路径无关，所以 M_i 的运动可以看成：先从 M_{i1} 运动到势能零位置 M_{i0}，再运动到 M_{i2}。有势力所做的功为

$$\begin{aligned}W_{1\to 2}&=\sum\int_{M_{i1}}^{M_{i2}}(F_{ix}\mathrm{d}x_i+F_{iy}\mathrm{d}y_i+F_{iz}\mathrm{d}z_i)\\&=\sum\int_{M_{i1}}^{M_{i0}}(F_{ix}\mathrm{d}x_i+F_{iy}\mathrm{d}y_i+F_{iz}\mathrm{d}z_i)+\sum\int_{M_{i0}}^{M_{i2}}(F_{ix}\mathrm{d}x_i+F_{iy}\mathrm{d}y_i+F_{iz}\mathrm{d}z_i)\\&=\sum\int_{M_{i1}}^{M_{i0}}(F_{ix}\mathrm{d}x_i+F_{iy}\mathrm{d}y_i+F_{iz}\mathrm{d}z_i)-\sum\int_{M_{i2}}^{M_{i0}}(F_{ix}\mathrm{d}x_i+F_{iy}\mathrm{d}y_i+F_{iz}\mathrm{d}z_i)\\&=V_1-V_2\end{aligned} \quad (12-31)$$

即有势力所做的功等于质点系在运动过程中的起始位置与终了位置的势能差。

第5节 机械能守恒定理

一、机械能守恒定理

设质点系运动时只受到有势力的作用（或同时受到不做功的约束力的作用），当质点系从第一位置运动到第二位置时，根据动能定理应有

$$T_2-T_1=W$$

由式（12-31）知，$W=V_1-V_2$，代入上式得

$$T_1+V_1=T_2+V_2 \quad (12-32)$$

即质点系受有势力作用而运动时，在任意两位置的动能与势能之和相等。此关系对于任意两

位置都成立，式（12－32）可写成

$$T+V=\text{常量} \tag{12-33}$$

即**质点系在势力场中运动时，其动能与势能之和保持不变**。质点系的动能与势能之和称为质点系的机械能，此结论称为**机械能守恒定理**（theorem of conservation of mechanical energy）。

根据这一定理，质点系在势力场中运动时，动能与势能可以互相转换。动能的减少（或增加），必然伴随着势能的增加（或减少），而且减少和增加的量相等，机械能保持不变，这样的系统称为**保守系统**（conservative system）。

机械能守恒定理是普遍的能量守恒定律的一个特殊情况。能量守恒定律表明，能量不会消失，也不能创造，而只能从一种形式转换为另一种形式。如运动着的物体由于受摩擦阻力的作用而减小速度，是动能转换成了热能；水流冲击水轮机带动发电机发电，是动能转换成了电能；电动机带动机器运转，则是电能转换成了机械能等。在这里，虽然机械能改变了，但机械能与热能、电能等的总和却保持不变。

请思考：怎样才能把秋千越荡越高？

【例 12－3】 重量 $W=30\text{kN}$ 的物体悬于钢索下端，以匀速 $v_0=2\text{m/s}$ 下降，若卷筒突然刹车，求钢索的最大伸长。设钢索每伸长 10mm 需力 20kN。

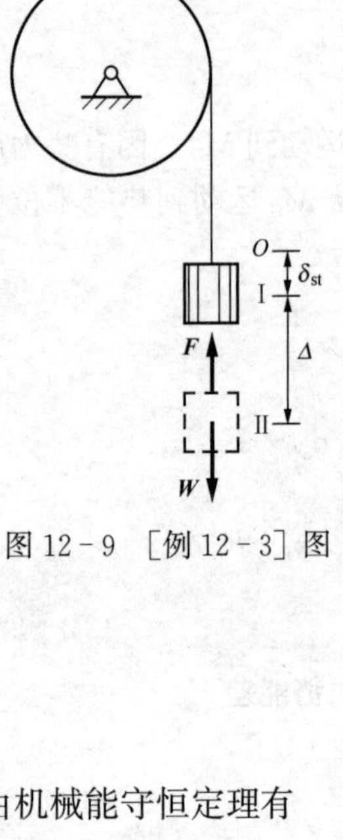

图 12－9 ［例 12－3］图

解 因为物体只受有势力（重力 $\boldsymbol{W}$、钢索的拉力 $\boldsymbol{F}$）作用，所以可用机械能守恒定理求解。

物体匀速下降时处于平衡状态，钢索已有静伸长 δ_{st}，钢索的刚度系数 $k=\dfrac{20\times10^3}{10\times10^{-3}}=2\times10^6\text{N/m}$。由平衡条件 $k\delta_{st}=W$，得 $\delta_{st}=\dfrac{W}{k}=0.015\text{m}$。卷筒刹车后，由于惯性，物体继续下降，钢索继续伸长，钢索的拉力增大，而物体的速度减小。当速度为零时，钢索的伸长量达到最大 δ_{max}。设钢索因卷筒刹车伸长 Δ（图 12－9）。

选Ⅰ位置为平衡位置（对应于卷筒刹车瞬时），Ⅱ位置为钢索伸长最大的位置。重力势能零位置选在Ⅰ位置，弹性势能零位置选在弹簧自然长度末端，则

$$T_1=\frac{1}{2}\frac{W}{g}v_0^2,\ V_1=\frac{k}{2}\delta_{st}^2$$

$$T_2=0,\ V_2=\frac{k}{2}(\delta_{st}+\Delta)^2-W\Delta$$

由机械能守恒定理有

$$\frac{1}{2}\frac{W}{g}v_0^2+\frac{k}{2}\delta_{st}^2=\frac{k}{2}(\delta_{st}+\Delta)^2-W\Delta$$

解得 $\Delta=v_0\sqrt{\dfrac{W}{kg}}=0.078\text{m}$（是 δ_{st} 的 5.2 倍），钢索的最大伸长 $\delta_{max}=\delta_{st}+\Delta=0.093\text{m}$。

*二、用势能对坐标的偏导数表示有势力

设质点由 $M(x,\ y,\ z)$ 运动到 $M'(x+dx,\ y+dy,\ z+dz)$，则有势力所做的功为

$$\delta W=F_x dx+F_y dy+F_z dz \tag{a}$$

由式（12－31）知，$\delta W=V(x,\ y,\ z)-V(x+dx,\ y+dy,\ z+dz)=-dV$，代入式

(a) 得

$$F_x\mathrm{d}x+F_y\mathrm{d}y+F_z\mathrm{d}z=-\mathrm{d}V \tag{b}$$

而由高等数学知，势能的全微分为

$$\mathrm{d}V=\frac{\partial V}{\partial x}\mathrm{d}x+\frac{\partial V}{\partial y}\mathrm{d}y+\frac{\partial V}{\partial z}\mathrm{d}z \tag{c}$$

比较式（b）与式（c），得

$$F_x=-\frac{\partial V}{\partial x},\ F_y=-\frac{\partial V}{\partial y},\ F_z=-\frac{\partial V}{\partial z} \tag{12-34}$$

即作用于质点的有势力在各坐标轴上的投影，等于势能对于相应坐标的偏导数冠以负号。

第6节　普遍定理的综合应用

从前面关于普遍定理的讨论可知，虽然各定理都是由质点运动微分方程导出的，研究的都是质点系运动的变化与所受的力之间的关系，但却各有特点。例如，动量定理和动量矩定理都反映了速度矢的变化，而动能定理只反映了速度大小的变化；动量定理和动量矩定理都只涉及外力（包括主动力和约束力），与内力无关，而动能定理则涉及所有做功的力，不论其为内力或外力、主动力或约束力。对于具体问题，有些可用其中一个定理求解，有些则要同时应用几个定理求解。通常，需要根据质点系的受力情况、约束情况、可能的运动、给定的条件及要求的未知量，结合各定理的特点，进行综合分析，才能确定用什么定理求解，或用什么定理求解较为简便。因此，我们必须首先对各定理有较透彻的了解，弄清楚什么样的问题适用什么定理求解，再进一步掌握各定理的综合应用。

【例12-4】 绕在鼓轮C上的绳子，分别连接物块A及B（图12-10）。已知A、B、C的质量分别为m_1、m_2、m_3，鼓轮对转动轴的惯性半径为ρ，绳子通过B的质心。所有的摩擦均不计。求物块A的加速度及轮轴O处的约束力。

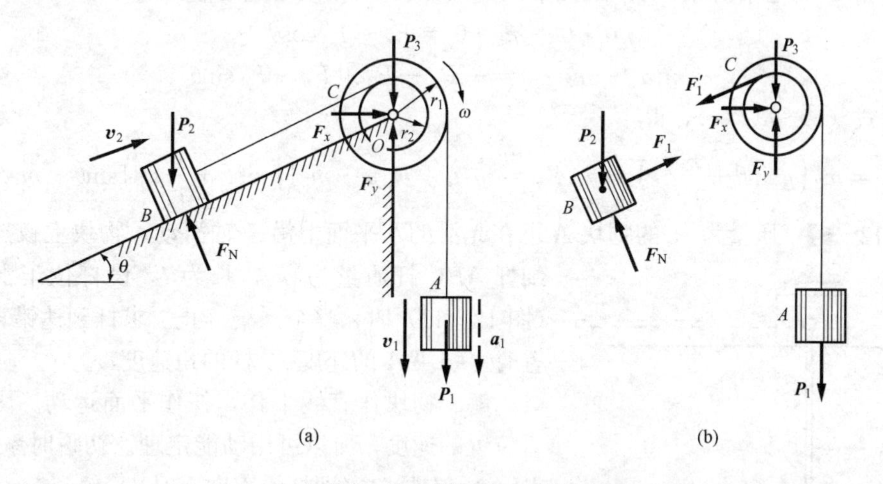

图12-10 ［例12-4］图

解 （1）求A的加速度。

求A的加速度有三种方法：①用动能定理或机械能守恒定理求出A在任一位置的速度

v_1，对 t 求导数得加速度 a_1；②对 O 点用动量矩定理，由 v_1 对 t 的导数求 a_1；③将 A、B、C 三物体分开考虑，分别写出动力学方程，并找出各有关未知量之间的关系，联立求解。请考虑，为什么不能用动量定理求 a_1？下面采用第②种方法求解，其他两种方法，请读者自己完成，并将三种方法进行比较。

取整个系统为考察对象，受力情况见图 12-10（a），以鼓轮中心 O 为矩心，以 ω 转向即顺时针转向为正，应用动量矩定理。$\omega=\frac{v_1}{r_1}$，$v_2=\frac{v_1 r_2}{r_1}$，动量矩和力矩分别为

$$L_O=m_1 v_1 r_1+m_2 v_2 r_2+J_O\omega=m_1 v_1 r_1+\frac{m_2 v_1 r_2^2}{r_1}+\frac{m_3\rho^2 v_1}{r_1}$$

$$\sum M_{Oi}^{(e)}=P_1 r_1-P_2\sin\theta\cdot r_2$$

由 $\frac{\mathrm{d}L_O}{\mathrm{d}t}=\sum M_{Oi}^{(e)}$ 得

$$a_1=\frac{\mathrm{d}v_1}{\mathrm{d}t}=\frac{r_1(m_1 r_1-m_2 r_2\sin\theta)}{m_1 r_1^2+m_2 r_2^2+m_3\rho^2}g$$

请考虑：如物块 B 与斜面之间有摩擦，须加上摩擦力 $\boldsymbol{F}$。因 $\boldsymbol{F}$ 通过 O，对 O 的矩为零，按上面的方法计算，将得到与无摩擦时同样的结果，这显然是错误的。错在哪里？由此得出什么结论？

(2) 求轮轴 O 处的约束力。

已知 a_1，可用三种方法求 O 处的约束力 F_x、F_y：①对整个系统应用质心运动定理（此时 $F_N=P_2\cos\theta$ 为已知量）；②分别以 B、A 和 C 为考察对象，应用质心运动定理；③分别写出三个物体的动力学方程等。下面采用第②种方法求解，其他方法请读者自己完成。

以 B 为考察对象，示力图见图 12-10（b），由质心运动定理有

$$m_2\frac{a_1}{r_1}r_2=F_1-P_2\sin\theta \tag{a}$$

以 A 和 C 为考察对象，示力图见图 12-10（b），由质心运动定理有

$$m_1\cdot 0+m_3\cdot 0=F_x-F_1'\cos\theta \tag{b}$$

$$-m_1 a_1+m_3\cdot 0=-P_1-P_3+F_y-F_1'\sin\theta \tag{c}$$

联立求解式（a）~式（c），得

$$F_x=m_2\left(g\sin\theta+\frac{r_2}{r_1}a_1\right)\cos\theta,\ F_y=m_1 g+m_3 g+m_2\left(g\sin\theta+\frac{r_2}{r_1}a_1\right)\sin\theta-m_1 a_1$$

【例 12-5】 质量为 m_1 的物块 A 可在光滑的水平面上沿 x 轴滑动，物块上铰连着均质细杆 AB，杆质量为 m_2，长为 l。设杆位于水平位置（图 12-11）时，整个系统静止。求杆到达铅直向下位置时，物块 A 的速度 v 及杆的角速度 ω。

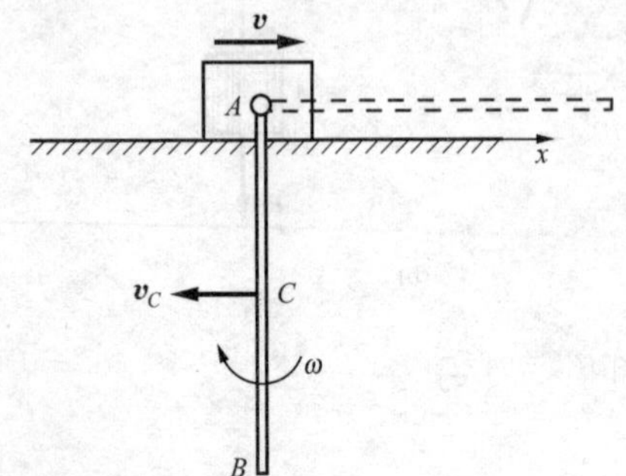

图 12-11 [例 12-5] 图

解 物块作直线平移，杆作平面运动。因求杆铅直位置的速度，所以可用动能定理。初瞬时系统静止，$T_1=0$；末瞬时（即杆铅直向下时），有

$$T_2=\frac{1}{2}m_1 v^2+\frac{1}{2}m_2 v_C^2+\frac{1}{2}J_C\omega^2$$

设 A 的速度 $\boldsymbol{v}$ 及杆质心的速度 $\boldsymbol{v}_C$ 方向如图 2-11 所示，

由速度合成定理，有$v_C=\frac{l}{2}\omega-v$，而$J_C=\frac{1}{12}m_2l^2$，所以有

$$T_2=\frac{1}{2}(m_1+m_2)v^2+\frac{1}{6}m_2l^2\omega^2-\frac{1}{2}m_2l\omega v$$

运动过程中，只有杆的重力做功$W=m_2g\frac{l}{2}$，由动能定理，有

$$\frac{1}{2}(m_1+m_2)v^2+\frac{1}{6}m_2l^2\omega^2-\frac{1}{2}m_2l\omega v=\frac{1}{2}m_2gl \tag{a}$$

式（a）中有v、ω两个未知量，应再建立一个方程方可求解。

考虑到系统在水平方向不受力，系统的动量在水平方向的投影应守恒，而初瞬时动量为零，所以有$m_1v-m_2v_C=0$，即

$$(m_1+m_2)v-\frac{1}{2}m_2l\omega=0 \tag{b}$$

联立求解式（a）与式（b），得

$$v=\sqrt{\frac{m_2^2lg}{(m_1+m_2)(4m_1+m_2)}},\ \omega=\sqrt{\frac{12(m_1+m_2)g}{(4m_1+m_2)l}}$$

【例12-6】 在可绕铅直轴z转动的圆筒内壁上刻有螺纹槽，螺纹平均半径为R，导角为θ（图12-12），令质量为m的质点M自M_0处无初速度地沿螺纹槽下滑。设圆筒对转动轴的转动惯量为J，所有摩擦都不计。求质点下降高度h时圆筒的角速度。设圆筒原来是静止的。

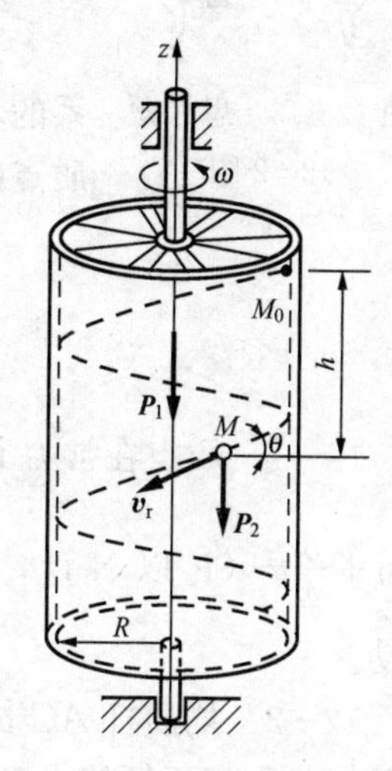

图12-12 ［例12-6］图

解 设质点下降h至M处时，沿螺纹槽滑动的相对速度为$\boldsymbol{v}_r$，圆筒转动的角速度为ω，方向如图12-12所示。这里有v_r、ω两个未知量，需建立两个方程才能求解。

以圆筒和质点为考察对象。不计摩擦，则作用于质点系的外力有圆筒重力$\boldsymbol{P}_1$、质点重力$\boldsymbol{P}_2$及转动轴支承处的约束力（图中未画）。因为重力$\boldsymbol{P}_1$、$\boldsymbol{P}_2$都平行于z轴，支承处的约束力都与z轴相交，它们对z轴的矩都等于零，故质点系对z轴的动量矩应守恒。又因运动中只有有势力$\boldsymbol{P}_2$做功，所以质点系的机械能应守恒。

初瞬时，质点系处于静止，对z轴的动量矩等于零。由动量矩守恒定理有

$$J\omega+m(R\omega-v_r\cos\theta)R=0 \tag{a}$$

初瞬时，$T_1=0$；质点在M处时，$T_2=\frac{1}{2}J\omega^2+\frac{m}{2}[(R\omega-v_r\cos\theta)^2+(v_r\sin\theta)^2]$。以质点在$M_0$处时的位置为零位置，则$V_1=0$，$V_2=-mgh$。由机械能守恒定理有

$$\frac{1}{2}J\omega^2+\frac{m}{2}(R^2\omega^2+v_r^2-2R\omega v_r\cos\theta)-mgh=0 \tag{b}$$

联立求解式（a）与式（b），得

$$\omega=mR\cos\theta\sqrt{\frac{2gh}{(J+mR^2)(J+mR^2\sin^2\theta)}}$$

思考题

12-1 分析下述论点是否正确：

(1) 力的功总是等于 $Fs\cos(\boldsymbol{F}, \boldsymbol{s})$。

(2) 元功 $\delta W = F_x\mathrm{d}x + F_y\mathrm{d}y + F_z\mathrm{d}z$，在直角坐标 x、y、z 轴上的投影分别为 $F_x\mathrm{d}x$、$F_y\mathrm{d}y$、$F_z\mathrm{d}z$。

(3) 如果外力对物体不做功，则该力便不能改变物体的动量。

(4) 若力使刚体做加速运动，则力必对此刚体做功。

(5) 从高空 h 处以相同的初速，但以不同的角度发射物体，当物体落地时，其动能不同。不计空气阻力。

(6) 力 $\boldsymbol{F} = (x\boldsymbol{i} + y\boldsymbol{j})/(x^2 + y^2)$ 是有势力。

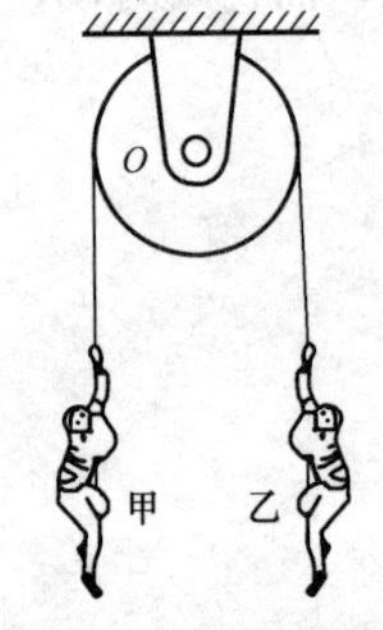

图 12-13 思考题 12-2 图

12-2 甲乙两人自重相同，沿绕过定滑轮的细绳，由静止同时向上爬，如图 12-13 所示。不计滑轮质量，若甲比乙更奋力向上爬，问：①谁先到达上端？②谁的动能大？③谁做的功多？

12-3 设质点系所受外力的主矢量和主矩都等于零，试问该质点系的动量、动量矩、动能、质心的速度和位置会不会改变？质点系中各质点的速度和位置会不会改变？

习题

12-1 质点在常力 $\boldsymbol{F} = 3\boldsymbol{i} + 4\boldsymbol{j} + 5\boldsymbol{k}$ 作用下运动，其运动方程为 $x = 2 + t + \frac{3}{4}t^2$，$y = t^2$，$z = t + \frac{5}{4}t^2$（$F$ 以 N 计，x、y、z 以 m 计，t 以 s 计）。求在 $t = 0$ 至 $t = 2\mathrm{s}$ 时间内 $\boldsymbol{F}$ 所做的功。

12-2 均质杆 AC 长为 $2l$ 如图 12-14 所示，开始时，$\theta = 180°$。在 A 端作用一大小不变且始终垂直于杆的力 $\boldsymbol{F}$，求 B 点由初位置到达 O 点（即 $\theta = 0$ 时）过程中力 $\boldsymbol{F}$ 所做的功。

12-3 汽车上装有一可翻转之车厢，内装有 $5\mathrm{m}^3$ 的砂石如图 12-15 所示，砂石的密度为 $2.3\mathrm{t/m}^3$，车厢装砂石后重心 B 与翻转轴 A 之水平距离为 1m。如欲使车厢绕 A 轴翻转之角速度为 0.05rad/s，问所需的最大功率为若干？

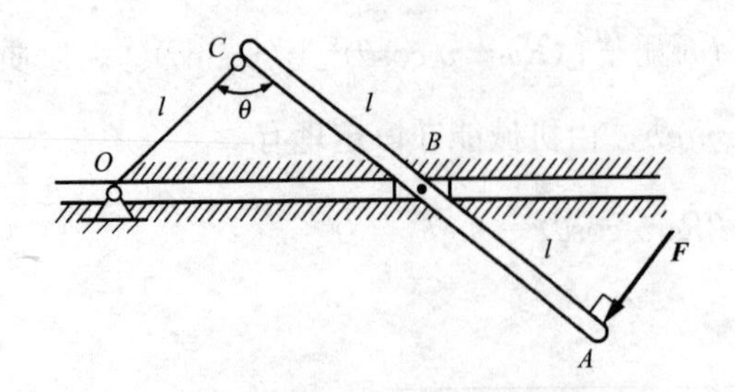

图 12-14 习题 12-2 图

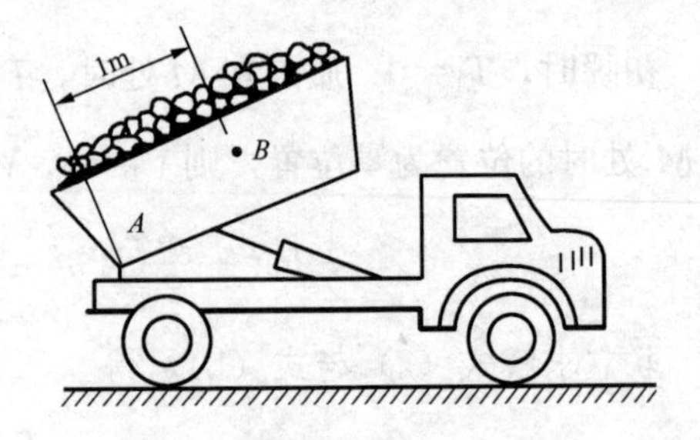

图 12-15 习题 12-3 图

12－4 长为 l、重为 W 的均质杆 OA 以匀角速度 ω 绕铅直轴 Oz 转动如图 12－16 所示，并与 Oz 轴的夹角 θ 保持不变，求杆 OA 的动能。

12－5 履带式推土机前进速度为 $\boldsymbol{v}$ 如图 12－17 所示。已知车架总重 W_1，两条履带各重 W_2，四轮各重 W_3，半径为 R，其惯性半径为 ρ。试求整个系统的动能。

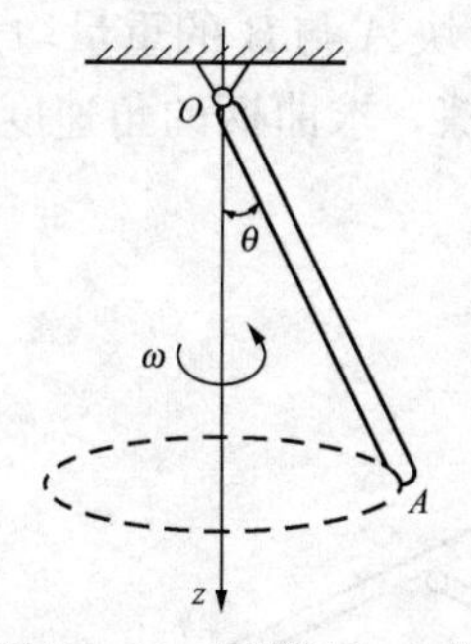

图12－16 习题 12－4 图

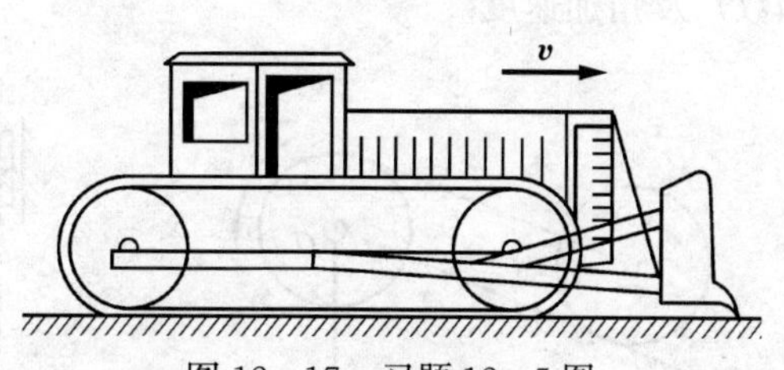

图 12－17 习题 12－5 图

12－6 如图 12－18 所示弹簧一端固定在置于铅垂平面内之圆环的最高点 A 上，另一端系一重物 M。设 M 无摩擦地沿圆环滑下，欲使其在最低处对圆环的压力为零，求弹簧的刚度系数。已知圆环的半径 r＝0.2m，重物 M 的质量为 5kg，在初位置 M_0 时，AM_0＝0.2m，弹簧无伸长，且重物的初速度为零。

12－7 铁链长为 l＝11.14r，重量为 W_1＝20N，悬挂在半径 r＝100mm、重为 W_2＝10N 的滑轮上。在图 12－19 所示位置，两边悬挂长度略有差别，因而链子由静止开始运动。试求链子离开滑轮时的速度。设链子与滑轮无相对滑动，滑轮为均质圆盘。

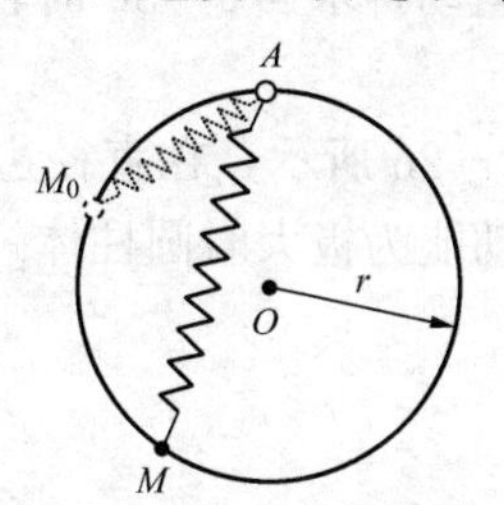

图 12－18 习题 12－6 图

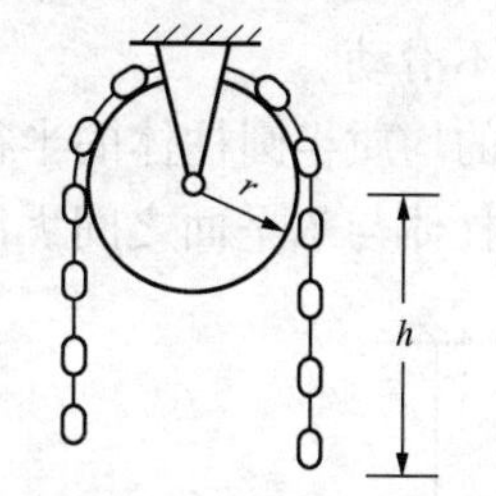

图 12－19 习题 12－7 图

12－8 一直角尺 ABC，BC＝2AB＝2a 在 B 处用铰固定如图 12－20 所示。若在 θ＝0 的位置无初速地释放，求运动时 BC 边与铅直线的夹角的最大值。

12－9 如图 12－21 所示一根质量为 m、长为 l 的均质杆 AB，直立于光滑水平面上，并由此开始倾倒，试求质心的速率（表示为位置的函数）。

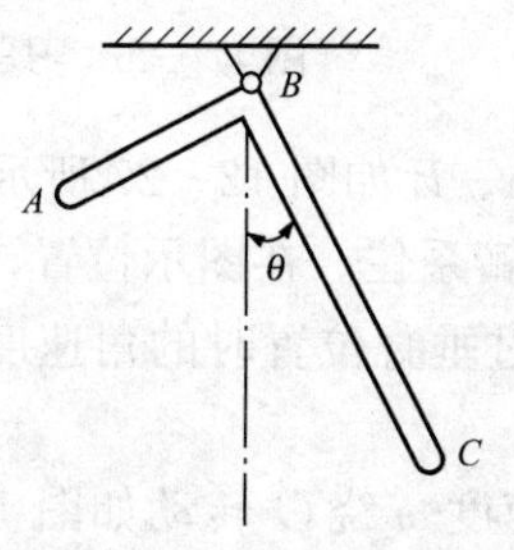

图 12－20 习题 12－8 图

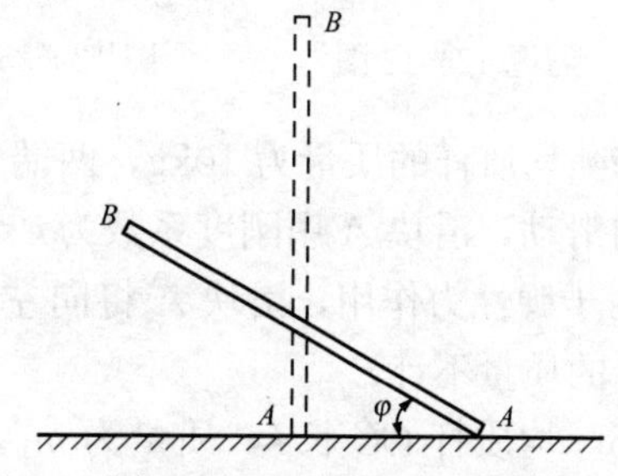

图 12－21 习题 12－9 图

12-10　已知鼓轮 B 半径为 R，重为 P_1 如图12-22所示，对过形心的转轴 O 的回转半径为 ρ，在力偶 M 作用下，拖动均质滚轮 A 沿斜面由静止开始向上只滚不滑（绳子连于滚轮 A 的质心 C 处），滚轮 A 半径也为 R，重为 P_2。斜面倾角为 θ，求滚轮 A 的角加速度。

12-11　椭圆规尺位于水平面内，由曲柄 OC 带动如图12-23所示。设曲柄与椭圆规尺都是均质杆，重量分别为 P 与 $2P$，且 $OC=AC=BC=l$，滑块 A 与 B 的重量均为 P_1。如作用在曲柄上的常力矩为 M，当 $\varphi=0$ 时，系统静止。不计摩擦，求曲柄的角速度（表为转角 φ 的函数）及角加速度。

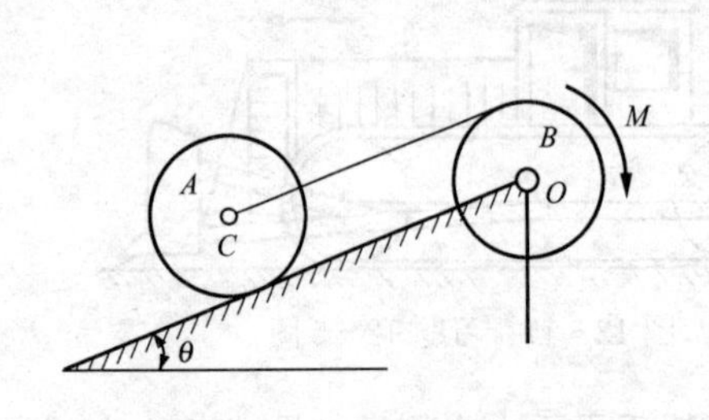

图12-22　习题12-10图

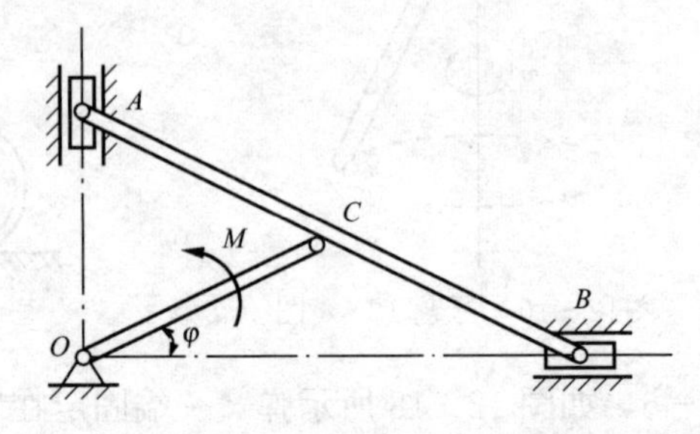

图12-23　习题12-11图

12-12　一系统如图12-24所示。当 M 离地面 h 时，系统处于平衡。现给 M 一向下的初速度 $\boldsymbol{v}_0$，使其恰能到达地面处，求 v_0 应为多小？已知物体 M 和滑轮 A、B 的重量均为 W，且滑轮可看成均质圆盘。弹簧的刚度系数为 k，绳重不计，绳与轮之间无滑动。

12-13　在图12-25所示系统中，均质杆 OA、AB 各长 l，质量均为 m_1；均质圆轮的半径为 r，质量为 m_2。当 $\theta=60°$ 时，系统由静止开始运动，求当 $\theta=30°$ 时轮心的速度。设轮在水平面上只滚动不滑动。

12-14　实心的均质半圆柱体的半径为 R 如图12-26所示，在直径边位于铅直位置时将其释放，设半圆柱体与水平面之间无滑动，试确定动能为极大时圆柱体的角速度。

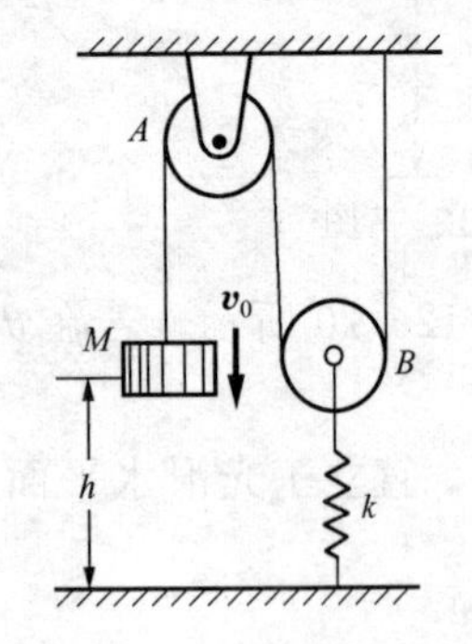

图12-24　习题12-12图

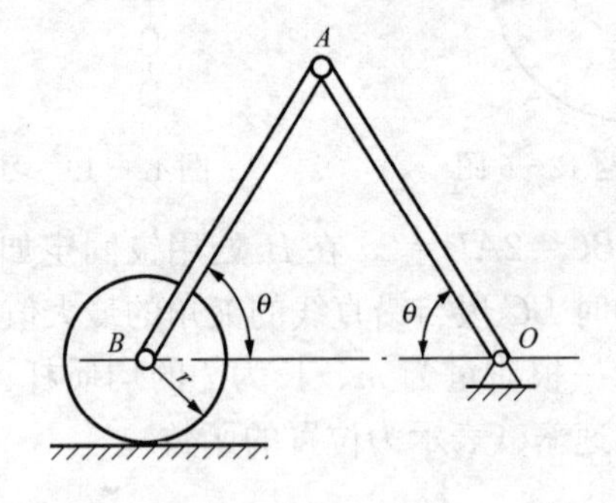

图12-25　习题12-13图

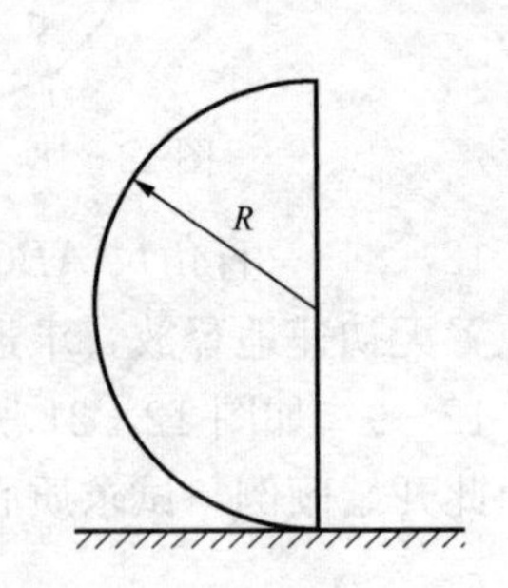

图12-26　习题12-14图

12-15　均质杆的质量为10kg，两端分别铰连滑块 A、B 如图12-27所示，滑块 B 可在铅直槽内滑动，滑块 A 用刚度系数为 $k=360\text{N/m}$ 的弹簧系住。在图示位置，弹簧已伸长200mm，由于弹性力作用，滑块 A 将向左运动。求杆通过垂直位置时的角速度（摩擦以及滑块 A、B 的质量不计）。

12-16　均质杆 OC 长 l，质量为 m_1，某瞬时以角速度 ω 绕 O 转动如图12-28所示。设：①图12-28（a）所示圆盘与杆固结不能相对运动；②图12-28（b）所示圆盘与杆端

C 用光滑销钉连接。设圆盘是均质的，质量为 m_2，半径为 R，初始角速度为零。试求此时①、②两种情况下系统的动量、动能及对 O 的动量矩。

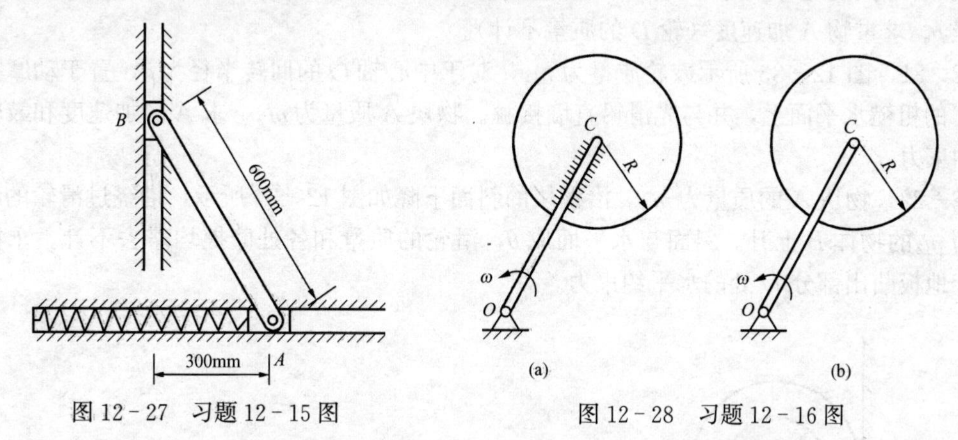

图 12-27 习题 12-15 图　　图 12-28 习题 12-16 图

12-17 图 12-29 所示均质细杆 AB 长 $2l$，质量为 m，初始时刻静止于水平位置。如 A 端脱落，杆绕 B 端转动至铅垂位置时，B 端也脱落了。不计空气阻力，试求杆在 B 端脱落后的角速度及其质心的轨迹。

12-18 圆轮 A 的质量是 m，轮上绕以细绳如图 12-30 所示，绳的一端 B 固定不动。圆轮从初始位置 A_0 无初速地下降，求当轮心降落高度为 h 时轮心的速度和绳子的拉力。

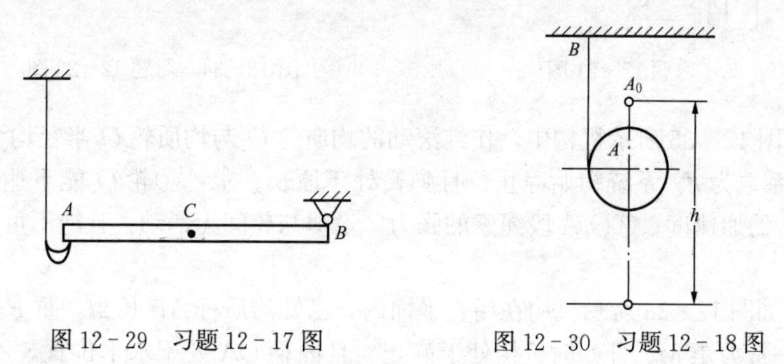

图 12-29 习题 12-17 图　　图 12-30 习题 12-18 图

12-19 质量为 m、半径为 r 的均质圆柱如图 12-31 所示，在其质心 C 位于与 O 同一高度时由静止开始滚动而不滑动。求滚至半径为 R 的圆弧 AB 上时，作用于圆柱上的法向力及摩擦力（表示为 θ 的函数）。

12-20 重物 A 重 P，连在一根无重量的、不能伸长的绳子上如图 12-32 所示，绳子

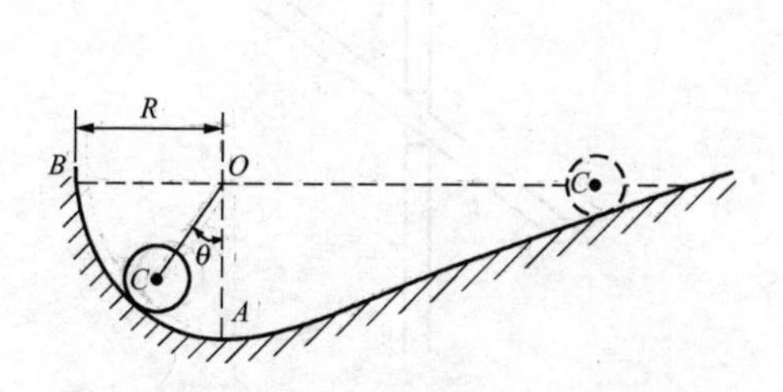

图 12-31 习题 12-19 图

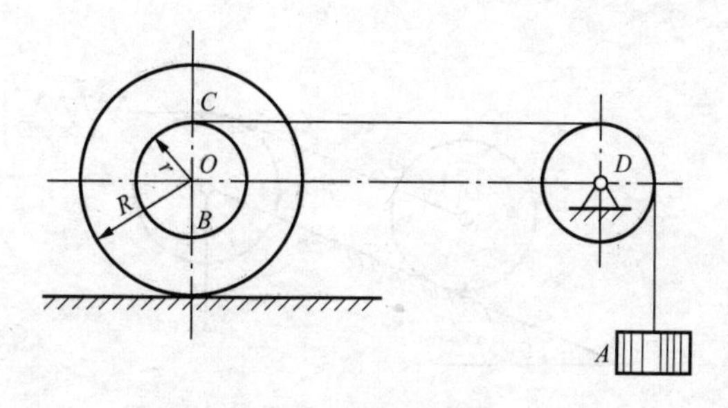

图 12-32 习题 12-20 图

绕过固定滑轮 D 并绕在鼓轮 B 上。由于重物下降，带动轮 C 沿水平轨道滚动而不滑动。鼓轮 B 的半径为 r，轮 C 的半径为 R，两者固连在一起，总重量为 W，对于水平轴 O 的惯性半径等于 ρ。求重物 A 加速度（轮 D 的质量不计）。

12－21　图 12－33 所示鼓轮质量为 m_1，对于中心轴 O 的回转半径为 ρ，置于动摩擦因数为 f 的粗糙水平面上，并与光滑铅直墙接触。物块 A 质量为 m_2，求 A 的加速度和鼓轮所受的约束力。

12－22　物块 A 的质量为 m_1，沿楔块的斜面下降如图 12－34 所示，借绕过滑轮的绳使质量为 m_2 的物体 B 上升。斜面与水平面成 θ，滑轮的质量和各处摩擦均略去不计。求楔块作用于地板凸出部分 D 处的水平约束力。

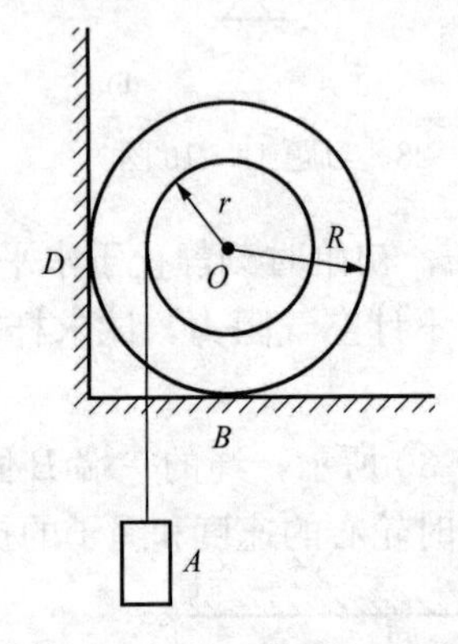

图 12－33　习题 12－21 图

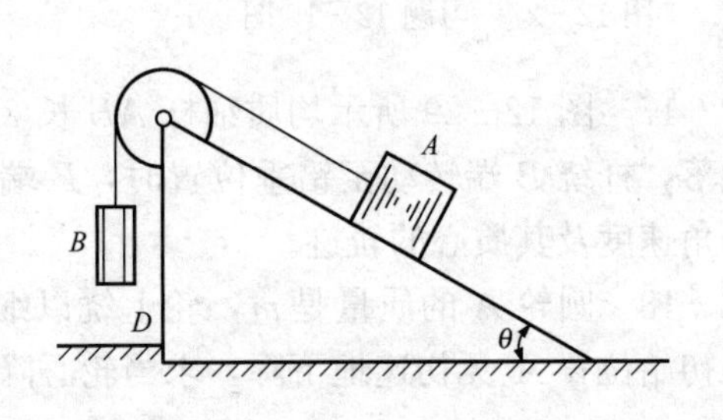

图 12－34　习题 12－22 图

12－23　图 12－35 所示机构中，作纯滚动的均质轮 O_1 与均质轮 O_2 半径均为 R，重均为 P，弹簧刚度系数为 k。系统初始静止，且弹簧处于原长。求：①轮 O_1 能下达的最大距离；②此时轮心 O_1 的加速度；③O_1A 段绳索的张力。设绳与轮间无滑动，且绳不可伸长，OA 段水平。

12－24　如图 12－36 所示机构在铅直平面内，已知均质杆 AB 长 $2l$，重 P；曲柄 OA 长 l，其上作用一常力矩 M。开始时机构处于静止，且曲柄 OA 处于水平位置。不计摩擦，不计曲柄 OA 与滑块 C 的质量，求当杆 AB 运动到铅直位置时，①杆 AB 的角速度和角加速度；②槽对滑块 C 的约束力和铰 A 处的约束力。

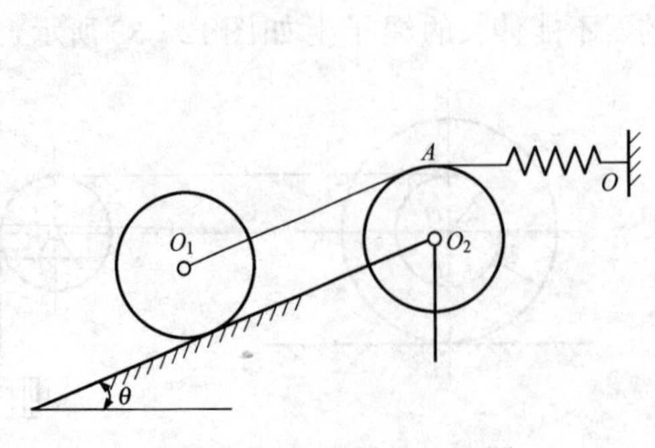

图 12－35　习题 12－23 图

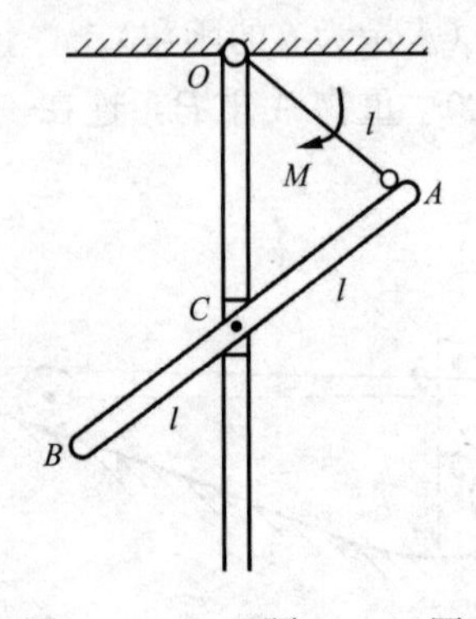

图 12－36　习题 12－24 图

12－25 均质圆轮重 $P_1=196\text{N}$，半径为 r 如图 12－37 所示，在力 $\boldsymbol{F}$ 作用下沿水平直线轨道滚动而不滑动，并带动重 $P_2=294\text{N}$ 的均质杆 OA 运动 。设 A 处摩擦力为杆 OA 重量的 $\frac{1}{19.6}$，某瞬时轮心的速度 $v=10\text{m/s}$，加速度 $a=0.5\text{m/s}^2$，求此时力 $\boldsymbol{F}$ 的大小。如果力 $\boldsymbol{F}$ 是常力而初瞬时系统是静止的，试用动力学方法求在此之前经过了多少时间和路程。

12－26 图 12－38 所示弹簧两端分别系以重物 A 和 B，A 和 B 放在光滑水平面上。A 重 W_1，B 重 W_2，不计质量的弹簧原长为 l_0，刚度系数为 k。先将弹簧拉长至 l 后无初速地释放，求当弹簧回到原长时，A 和 B 两物体的速度。

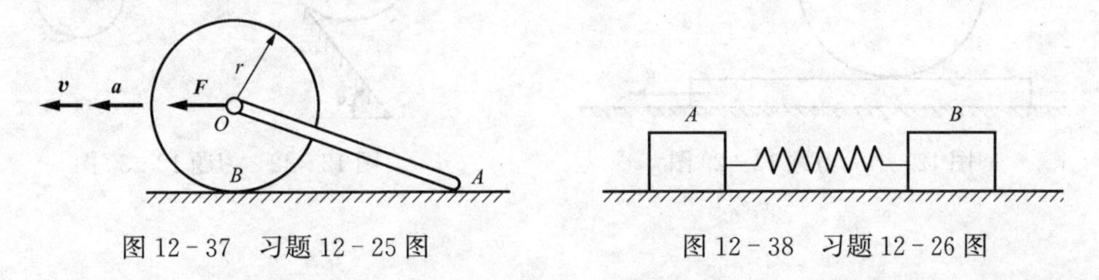

图 12－37 习题 12－25 图　　　图 12－38 习题 12－26 图

12－27 圆管的质量为 M，半径为 R 如图 12－39 所示，以初角速度 ω_0 绕铅直轴 z 转动。管内有质量为 m 的小球 S，由静止开始自 A 处下落，试求小球到达 B 处和 C 处时圆管的角速度和小球 S 相对圆管的速度。已知圆管对 z 轴的转动惯量为 J，摩擦不计。

12－28 如图 12－40 所示两根质量为 m，长为 l 的均质杆构成的系统静止于铅垂位置，若在 B 端受已知力 $\boldsymbol{F}$ 作用，试求该瞬时两根杆的角加速度。

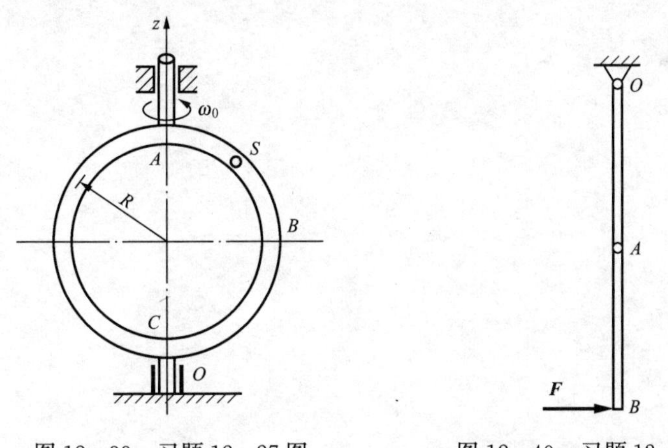

图 12－39 习题 12－27 图　　　图 12－40 习题 12－28 图

12－29 一均质圆球原静止于板上如图 12－41 所示。若使板有向右的加速度 $a=2g$（g 为重力加速度）。已知球与板之间摩擦因数为 f（滚动摩擦不计），试分别就球在板上只滚不滑和又滚又滑两种情况计算球心相对于板的加速度，并确定 f 之值至少应为多少才不致产生相对滑动。

12－30 一不可伸长的绳跨过滑轮 D，绳的一端系于均质轮 A 的圆心 C 处，另一端绕在均质圆柱体 B 上如图 12－42 所示。轮 A 重 P_1，半径为 R；圆柱 B 重 P_2，半径为 r，斜面倾角为 θ。试问：①为使轮 A 沿斜面向下滚动而不滑动，轮 A 与斜面的摩擦因数应为何值？

②P_1、P_2应满足什么关系，轮 A 才会沿斜面滚下（滑轮 D 的质量不计）？

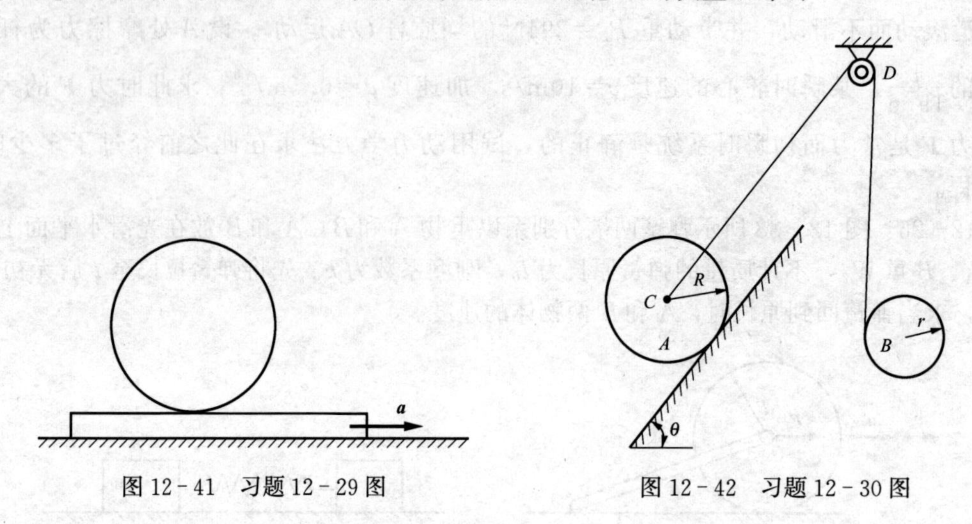

图 12－41　习题 12－29 图　　　图 12－42　习题 12－30 图

第13章 达 朗 贝 尔 原 理

普遍定理在一定条件下为研究动力学问题提供了简捷而有效的方法，而达朗贝尔原理则为研究动力学问题提供了另一种新方法。通过引入惯性力，将动力学问题从形式上转化为静力学问题，根据平衡的理论来求解，这种方法称为**动静法**（kinetic-static method）。

本章由牛顿第二定律导出达朗贝尔原理，对质点系的惯性力系进行简化，用达朗贝尔原理求解动力学问题。

第1节 达朗贝尔原理 惯性力

一、质点的达朗贝尔原理

非自由质点M质量为m，在主动力$\boldsymbol{F}$、约束力$\boldsymbol{F}_{\mathrm{N}}$的作用下运动，加速度为$\boldsymbol{a}$（图13-1）。据牛顿第二定律有$m\boldsymbol{a}=\boldsymbol{F}+\boldsymbol{F}_{\mathrm{N}}$，移项后得

$$\boldsymbol{F}+\boldsymbol{F}_{\mathrm{N}}-m\boldsymbol{a}=0 \tag{a}$$

引入质点M的**惯性力**（inertial force）

$$\boldsymbol{F}_{\mathrm{I}}=-m\boldsymbol{a} \tag{13-1}$$

即惯性力的大小等于质点的质量与其加速度的乘积，方向与加速度的方向相反。

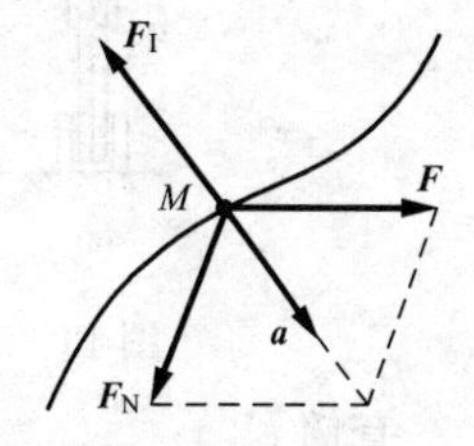

图13-1 质点的运动

假如在质点M上加惯性力$\boldsymbol{F}_{\mathrm{I}}$（图13-1），则由式（a）及式（13-1）得

$$\boldsymbol{F}+\boldsymbol{F}_{\mathrm{N}}+\boldsymbol{F}_{\mathrm{I}}=0 \tag{13-2}$$

即在质点运动的任一瞬时，作用于质点的主动力、约束力与加在质点上的惯性力成平衡。这就是**质点的达朗贝尔原理**（d'Alembert principle）。

注意，惯性力是虚拟的，人为加于质点的，实际上质点并未受到惯性力的作用。加上惯性力，只是为了用较熟悉的平衡理论来解答动力学问题。而这里所说的“平衡”也只是就式（13-2）的数学形式来说的，实际上质点是加速运动着的，并非真正处于平衡状态。

二、质点系的达朗贝尔原理

设质点系由n个质点组成，其中任一质点M_i的质量为m_i，加速度为$\boldsymbol{a}_i$，作用于质点M_i的主动力和约束力的合力分别为$\boldsymbol{F}_i$和$\boldsymbol{F}_{\mathrm{N}i}$，根据质点的达朗贝尔原理，有

$$\boldsymbol{F}_i+\boldsymbol{F}_{\mathrm{N}i}+\boldsymbol{F}_{\mathrm{I}i}=0$$

式中：$\boldsymbol{F}_{\mathrm{I}i}=-m_i\boldsymbol{a}_i$为质点$M_i$的惯性力。

对每个质点，只需加上相应的惯性力，则作用于质点的主动力、约束力与质点的惯性力成平衡。将所有作用于质点的主动力、约束力以及所有质点的惯性力一起考虑，显然，这是一个平衡力系。于是可知，**在质点系中的每一质点上加上相应的惯性力，则作用于质点系的所有主动力、约束力与所有质点的惯性力成平衡**。这就是**质点系的达朗贝尔原理**。

作用于质点系的主动力、约束力与加上的惯性力一般将构成一个空间任意力系，其平衡

条件是：力系的主矢为零、对任一点的主矩为零。即

$$\left.\begin{aligned}\sum \boldsymbol{F}_i+\sum \boldsymbol{F}_{\mathrm{N}i}+\sum \boldsymbol{F}_{\mathrm{I}i}=0\\ \sum \boldsymbol{M}_O(\boldsymbol{F}_i)+\sum \boldsymbol{M}_O(\boldsymbol{F}_{\mathrm{N}i})+\sum \boldsymbol{M}_O(\boldsymbol{F}_{\mathrm{I}i})=0\end{aligned}\right\}\tag{13-3}$$

实际应用时，同静力学中一样，仍然是用投影方程和力矩方程，并可选取不同的考察对象来建立平衡方程求解。

【例 13-1】 瓦特调速器以匀角速 ω 绕铅直轴 y 转动。飞球 A、B 各重 W_1；套筒 C 重 W_2，可沿 y 轴上下移动；各杆长均为 l，重量可略去不计。试求杆张开的角度 θ。

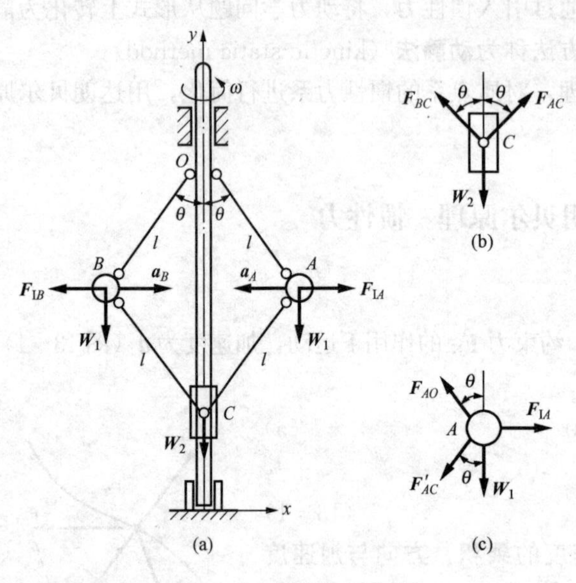

图 13-2 ［例 13-1］图

解 调速器受重力和轴承约束力（未画出）作用。当调速器以匀角速转动时，角 θ 将保持不变，飞球 A、B 在水平面内作匀速圆周运动，套筒 C 静止不动。飞球 A、B 的加速度为 $a_A=a_B=\omega^2 l\sin\theta$（法向加速度），在飞球上加上惯性力

$$F_{\mathrm{I}A}=F_{\mathrm{I}B}=\frac{W_1}{g}\omega^2 l\sin\theta \tag{a}$$

由图 13-2（a）可知，整体考虑时，平衡方程中将包含约束力，而不包含 θ，无法求 θ，所以必须分开考虑。分别取套筒 C、飞球 A（因对称，只取一个）作为考察对象，示力图见图 13-2（b），（c）。

套筒 C：

$$\sum F_{ix}=0,\ F_{AC}\sin\theta-F_{BC}\sin\theta=0$$

$$\sum F_{iy}=0,\ F_{AC}\cos\theta+F_{BC}\cos\theta-W_2=0$$

得

$$F_{AC}=F_{BC}=\frac{W_2}{2\cos\theta} \tag{b}$$

飞球 A：

$$\sum F_{ix}=0,\ F_{\mathrm{I}A}-F_{AO}\sin\theta-F'_{AC}\sin\theta=0 \tag{c}$$

$$\sum F_{iy}=0,\ F_{AO}\cos\theta-F'_{AC}\cos\theta-W_1=0 \tag{d}$$

将式（a）、式（b）代入式（c）和式（d），并注意 $F'_{AC}=F_{AC}$，联立解得

$$\cos\theta=\frac{W_1+W_2}{W_1 l\omega^2}g$$

可见 ω 越大，则 $\cos\theta$ 越小，而角 θ 越大，套筒 C 将上升；反之，则套筒将下降。由套筒的升降带动调节机构，即可达到调速目的。

【例 13-2】 飞轮半径为 R，质量为 m，以匀角速 ω 转动。假设轮缘较薄，质量沿轮缘均匀分布，不计轮辐质量。求轮缘内由于转动而引起的张力。

解 由于对称，轮缘各处的张力相同，可任取其一部分来考察。现取轮缘的四分之一作为研究对象，设轮缘的张力为 $\boldsymbol{F}_1$、$\boldsymbol{F}_2$（图 13-3），且 $F_1=F_2$。在微段上加惯性力 $\mathrm{d}\boldsymbol{F}_{\mathrm{I}}$，

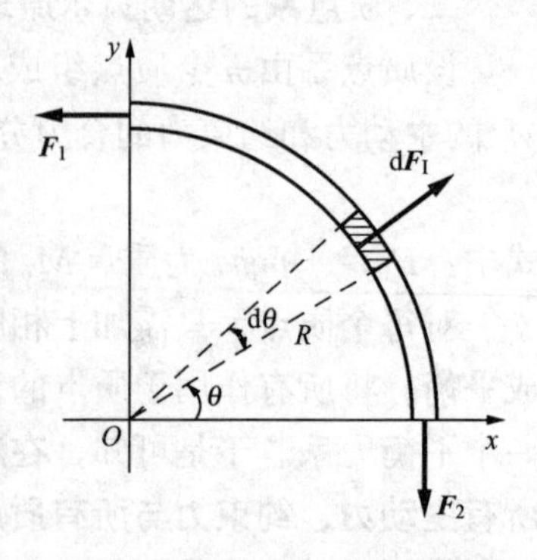

图 13-3 ［例 13-2］图

其大小为

$$dF_{\mathrm{I}}=\omega^2 R\mathrm{d}m=\omega^2 R\frac{m}{2\pi R}R\mathrm{d}\theta=\frac{mR\omega^2}{2\pi}\mathrm{d}\theta$$

因 $\boldsymbol{F}_1$、$\boldsymbol{F}_2$ 与轮缘的惯性力成平衡力系，所以根据$\sum F_{ix}=0$，有

$$\int_0^{\frac{\pi}{2}}\frac{mR\omega^2}{2\pi}\cos\theta\mathrm{d}\theta-F_1=0$$

解得

$$F_1=\frac{mR\omega^2}{2\pi}$$

第2节　达朗贝尔原理在刚体动力学中的应用

用达朗贝尔原理求解质点系动力学问题时，需要在质点系中的每一质点上加相应的惯性力，这些惯性力所形成的力系称为惯性力系。为方便计算，利用静力学中力系简化的理论，求出惯性力系的主矢和主矩，以代替加在质点系每一质点上的惯性力。下面就刚体作平移、定轴转动及平面运动的情形，分别讨论惯性力系的简化结果。

1. 刚体作平移

设刚体作平行移动，某瞬时质心 C 的加速度为 $\boldsymbol{a}_C$（图 13-4），则刚体内任一点 M_i 的加速度 $\boldsymbol{a}_i=\boldsymbol{a}_C$，而虚加的惯性力为 $\boldsymbol{F}_{\mathrm{I}i}=-m_i\boldsymbol{a}_C$，显然，刚体的惯性力系是与重力相似的平行力系（与重力相比，只是以$-\boldsymbol{a}_C$ 代替 $\boldsymbol{g}$），可以合成为一个通过刚体质心的合力

$$\boldsymbol{F}_{\mathrm{I}}=-m\boldsymbol{a}_C \tag{13-4}$$

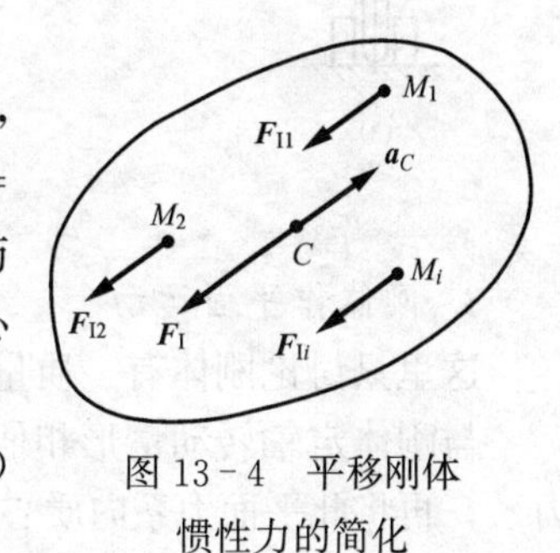

图 13-4　平移刚体惯性力的简化

式中：$m=\sum m_i$ 是刚体的质量。

2. 刚体作定轴转动

这里仅讨论刚体具有对称面，且转动轴垂直于对称面的情形，一般情形将在第 3 节中讨论。

因为刚体具有垂直于转动轴的对称面，所以其惯性力系可由空间力系简化为平面力系。任选一垂直于对称面的直线 AB，因 AB 平行于刚体的转动轴，所以刚体转动时直线 AB 平移。由上面讨论知，该直线的惯性力是一个位于对称面内的力 $\boldsymbol{F}_{\mathrm{I}i}=-m_i\boldsymbol{a}_i=\boldsymbol{F}_{\mathrm{I}i}^{\mathrm{t}}+\boldsymbol{F}_{\mathrm{I}i}^{\mathrm{n}}$［图 13-5（a）］，这里 m_i 是直线 AB 上所有各质点的质量之和，$\boldsymbol{F}_{\mathrm{I}i}^{\mathrm{t}}=-m_i\boldsymbol{a}_i^{\mathrm{t}}$、$\boldsymbol{F}_{\mathrm{I}i}^{\mathrm{n}}=-m_i\boldsymbol{a}_i^{\mathrm{n}}$ 分别是该直线的切向惯性力、法向惯性力。这样就将惯性力系简化成位于对称面内的平面力系。

若取转动轴与对称面的交点 O 为简化中心，则最后得到一个力 $\boldsymbol{F}_{\mathrm{I}}$ 和一个矩为 $M_{\mathrm{I}O}$ 的力偶［图 13-5（b）］。设刚体的质量为 m，某瞬时绕 z 轴转动的角速度为 ω、角加速度为 α，刚体质心的加速度为 $\boldsymbol{a}_C$，则

$$\left.\begin{aligned}&\boldsymbol{F}_{\mathrm{I}}=\sum\boldsymbol{F}_{\mathrm{I}i}=-\sum m_i\boldsymbol{a}_i=-m\boldsymbol{a}_C\\&M_{\mathrm{I}O}=\sum M_O(\boldsymbol{F}_{\mathrm{I}i})=\sum M_O(\boldsymbol{F}_{\mathrm{I}i}^{\mathrm{t}})=\sum -m_ir_i\alpha\cdot r_i=-(\sum m_ir_i^2)\alpha=-J_O\alpha\end{aligned}\right\} \tag{13-5}$$

即 $\boldsymbol{F}_{\mathrm{I}}$ 应加在转动轴与对称面的交点 O 上，方向与质心加速度的方向相反；$M_{\mathrm{I}O}$ 应加在对称面内，转向与角加速度的转向相反。

若取质心 C 为简化中心，则最后得到一个力 $\boldsymbol{F}_{\mathrm{I}}$ 和一个矩为 $M_{\mathrm{I}C}$ 的力偶［图 13-5（c）］。利用力系简化理论可得（请读者自己证明）

$$\left.\begin{aligned} \boldsymbol{F}_{\mathrm{I}} &= -m\boldsymbol{a}_C \\ M_{\mathrm{IC}} &= -J_C\alpha \end{aligned}\right\} \tag{13-6}$$

其中 J_C 是刚体对于通过质心而与转动轴 z 平行的轴的转动惯量。

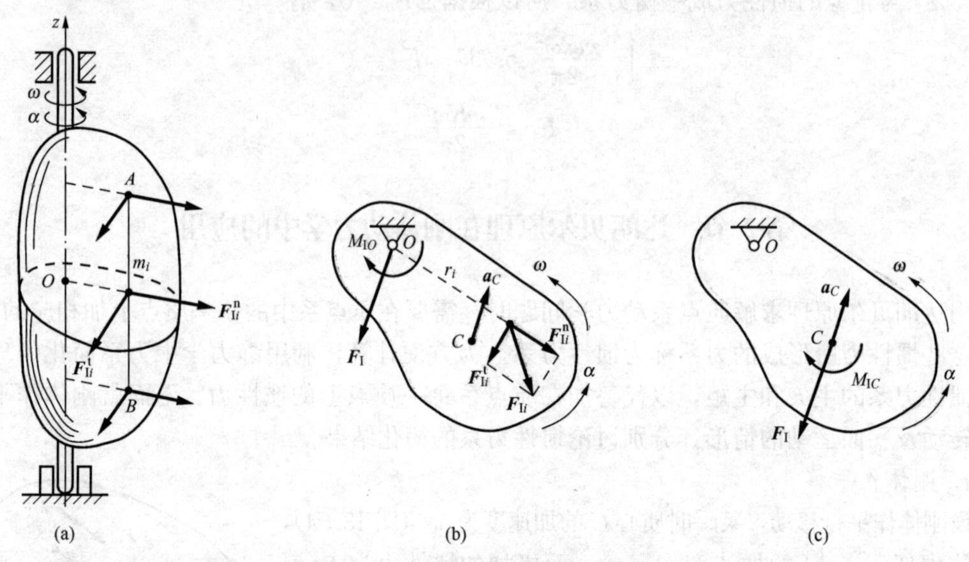

图 13-5 定轴转动刚体惯性力的简化

3. 刚体作平面运动

这里只讨论刚体有一质量对称平面，且对称面在质心运动平面内的情形。

与刚体定轴转动情形相似，先将刚体的惯性力系由空间力系简化成位于对称面内的平面力系，再将此平面力系向质心 C 简化为一个力 $\boldsymbol{F}_{\mathrm{I}}$ 和一个力偶 M_{IC}（图 13-6）。将刚体平面运动分解为随同其质心的平移和绕质心的转动，设质心的加速度为 $\boldsymbol{a}_C$，转动的角加速度为 α，则

$$\left.\begin{aligned} \boldsymbol{F}_{\mathrm{I}} &= \sum \boldsymbol{F}_{\mathrm{I}i} = -m\boldsymbol{a}_C \\ M_{\mathrm{IC}} &= \sum M_C(\boldsymbol{F}_{\mathrm{I}i}) = -J_C\alpha \end{aligned}\right\} \tag{13-7}$$

其中 J_C 是刚体对于通过质心 C 且垂直于对称面的轴的转动惯量。

刚体的运动形式不同，惯性力系简化结果也不同。因此在应用达朗贝尔原理求解刚体动力学问题时，应根据刚体的运动形式，正确地加惯性力或惯性力偶。

【例 13-3】 轿车重 W，以速度 $\boldsymbol{v}$ 行驶在直线公路上，因故紧急制动，制动后还滑行了一段距离 s 才停车。求在制动过程中地面对前后轮的法向约束力。已知重心离地面的距离为 h，到前轴和后轴的水平距离分别为 l_1 和 l_2，车轮的质量忽略不计。

解 以轿车为研究对象，其实际受到的外力有：重力 $\boldsymbol{W}$、法向约束力 $\boldsymbol{F}_{NA}$ 和 $\boldsymbol{F}_{NB}$、摩擦力 $\boldsymbol{F}_A$ 和 $\boldsymbol{F}_B$（因制动时车轮向前滑动，所以前后轮的摩擦力都向后），见图 13-7。

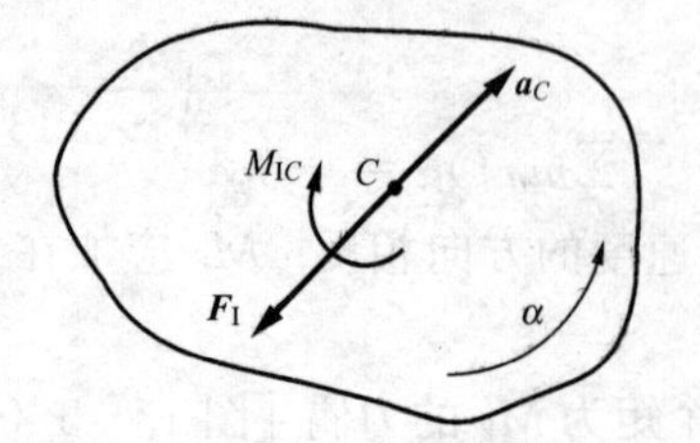

图 13-6 平面运动刚体惯性力的简化

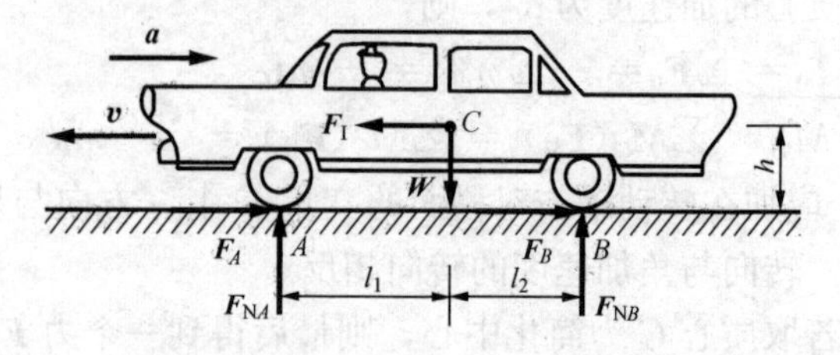

图 13-7 ［例 13-3］图

设轿车在制动过程中做匀减速直线平移，则质心加速度大小为

$$a=\left|\frac{v_t^2-v_0^2}{2s}\right|=\left|\frac{0-v^2}{2s}\right|=\frac{v^2}{2s}$$

加速度的方向与速度方向相反，即指向车后方。

轿车作平移，只需在质心 C 加一惯性力 $\boldsymbol{F}_{\mathrm{I}}$，$F_{\mathrm{I}}=\dfrac{W}{g}a$，指向车前方。由达朗贝尔原理知，轿车所受的主动力、约束力与加上的惯性力构成一平面平衡力系，列平衡方程：

由 $\sum M_{Bi}=0$，$F_{\mathrm{NA}}(l_1+l_2)-Wl_2-F_{\mathrm{I}}h=0$，得 $F_{\mathrm{NA}}=\dfrac{W}{l_1+l_2}\left(l_2+\dfrac{a}{g}h\right)$

由 $\sum F_{iy}=0$，$F_{\mathrm{NA}}+F_{\mathrm{NB}}-W=0$，得 $F_{\mathrm{NB}}=\dfrac{W}{l_1+l_2}\left(l_1-\dfrac{a}{g}h\right)$

与轿车静止或作匀速直线平移时的法向约束力 $F_{\mathrm{NA}}^0=\dfrac{l_2}{l_1+l_2}W$ 及 $F_{\mathrm{NB}}^0=\dfrac{l_1}{l_1+l_2}W$ 相比较，可见在紧急制动时，前轮法向约束力增大，而后轮法向约束力减小。这表明前轮压紧而后轮放松，所以车头将有明显下倾的现象。

请考虑：在什么条件下轿车的后轮将会脱离地面？如果轿车在紧急启动或匀加速直线平移时，地面对前后轮的法向约束力是多少？前轮在什么条件下脱离地面？

【例 13-4】 涡轮机的转轮具有对称面，并有偏心距 $e=0.5\mathrm{mm}$，已知轮重 $W=2\mathrm{kN}$，以 $n=6000\mathrm{r/min}$ 的匀角速转动。设 $AB=h=1\mathrm{m}$，$BD=\dfrac{h}{2}=0.5\mathrm{m}$，转动轴垂直于对称面（图 13-8）。试求止推轴承 A 及环轴承 B 处的约束力。

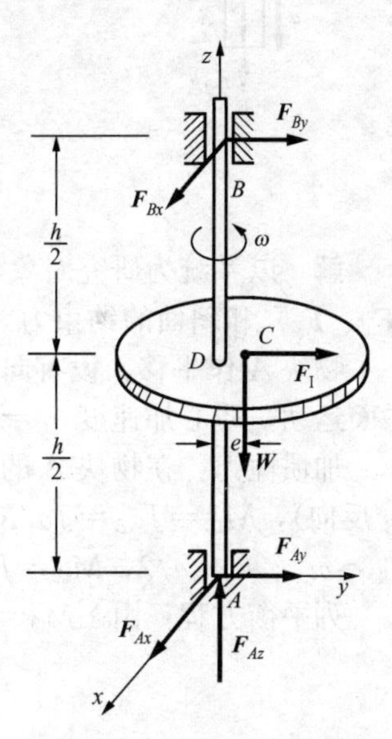

图 13-8　[例 13-4] 图

解　以涡轮机为研究对象，其实际受到的外力有：重力 $\boldsymbol{W}$、轴承约束力 $\boldsymbol{F}_{Ax}$、$\boldsymbol{F}_{Ay}$、$\boldsymbol{F}_{Az}$ 和 $\boldsymbol{F}_{Bx}$、$\boldsymbol{F}_{By}$（图 13-8）。

涡轮机的转轮做匀速转动，角加速度 $\alpha=0$，其质心 C 的加速度 $a_C=a_{C\mathrm{n}}=e\omega^2$，所以只需在质心 C 沿 DC 方向加惯性力 $\boldsymbol{F}_{\mathrm{I}}$，其大小为

$$F_{\mathrm{I}}=\frac{We\omega^2}{g}$$

涡轮机所受的主动力、约束力与加上的惯性力构成一空间平衡力系。为简化计算，取质心 C 在 yz 平面内（即 $x_C=0$），列平衡方程：

由 $\sum F_{iz}=0$，$F_{Az}-W=0$，得 $F_{Az}=W=2\mathrm{kN}$

由 $\sum M_{yi}=0$，得 $F_{Bx}=0$

由 $\sum F_{ix}=0$，$F_{Ax}+F_{Bx}=0$，得 $F_{Ax}=0$

由 $\sum M_{xi}=0$，$-hF_{By}-eW-\dfrac{h}{2}F_{\mathrm{I}}=0$，得 $F_{By}=-We\left(\dfrac{1}{h}+\dfrac{\omega^2}{2g}\right)=-20\mathrm{kN}$

由 $\sum F_{iy}=0$，$F_{Ay}+F_{By}+F_{\mathrm{I}}=0$，得 $F_{Ay}=We\left(\dfrac{1}{h}-\dfrac{\omega^2}{2g}\right)=-20\mathrm{kN}$

在 F_{Ay} 及 F_{By} 的表达式中，$\dfrac{We}{2g}\omega^2$ 是由于转动而引起的，是动约束力。计算数值时，因 $\dfrac{1}{h}$

远比$\frac{\omega^2}{2h}$小可忽略，所以F_{Ay}及F_{By}几乎完全是由于转轮的动力作用而产生的。从计算结果可以看出，虽然只有0.5mm的偏心距，转速也不是太高，而动约束力却达到轮重的10倍。所以对于由高速旋转的物体而引起的动约束力，必须予以足够的重视。还须注意，上面是就质心C位于yz平面内这一特定位置进行讨论的。事实上，质心位置是随着时间改变的，因而轴承约束力的方向也随时间而变。

【例13-5】　图13-9（a）所示系统中，物块A的质量为m_1；鼓轮B的半径为R与0.5R，质量为m_2，质心与中心O重合，转动轴通过中心O，对转动轴的转动惯量为J；均质轮C的半径为$r=0.5R$，质量为m_3，在倾角为θ的斜面上只滚不滑。不计转轴处的摩擦，绳索不可伸长，其质量不计。求物块A的加速度及绳①的约束力。

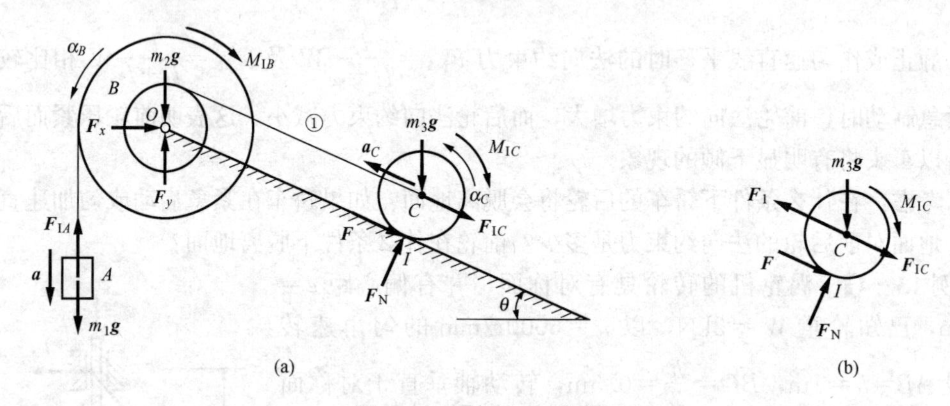

图13-9　［例13-5］图

解　以系统为研究对象，其实际受到的外力有：重力（$m_1\boldsymbol{g}$、$m_2\boldsymbol{g}$、$m_3\boldsymbol{g}$）、轴承约束力（$\boldsymbol{F}_x$、$\boldsymbol{F}_y$）和斜面的约束力（$\boldsymbol{F}$、$\boldsymbol{F}_\text{N}$）。

物块A作平移，设有向下的加速度$\boldsymbol{a}$；鼓轮B做定轴转动，角加速度$\alpha_B=a/R$；轮C做平面运动，质心加速度$a_C=a/2$，角加速度$\alpha_C=a_C/r=a/R$（轮只滚不滑）。

加惯性力：在物块A的质心上加$\boldsymbol{F}_\text{IA}$（与$\boldsymbol{a}$反向），$F_\text{IA}=m_1a$；在鼓轮B上加M_IB（与α_B反向），$M_\text{IB}=J\alpha_B=Ja/R$；在轮$C$的质心上加$\boldsymbol{F}_\text{IC}$（与$\boldsymbol{a}_C$反向）和$M_\text{IC}$（与$\alpha_C$反向），$F_\text{IC}=m_3a_C=m_3a/2$，$M_\text{IC}=J_C\alpha_C=(m_3r^2/2)\cdot(a/R)=m_3Ra/8$，见图13-9（a）。

列平衡方程：由$\sum M_{Oi}=0$，$(m_1g-F_\text{IA})R-M_\text{IB}-(m_3g\sin\theta+F_\text{IC})r-M_\text{IC}=0$，得

$$a=\frac{(8m_1-4m_3\sin\theta)R^2}{(8m_1+3m_3)R^2+8J}g$$

若$2m_1-m_3\sin\theta>0$，$a>0$，则$\boldsymbol{a}$的方向与图中假设一致；若$2m_1-m_3\sin\theta<0$，$a<0$，则$\boldsymbol{a}$的方向与图中假设相反。

以轮C为研究对象［图13-9（b）］，由$\sum M_{Ii}=0$，$(F_1-m_3g\sin\theta-F_\text{IC})r-M_\text{IC}=0$，得$F_1=\frac{(6+8\sin\theta)m_1R^2+8J\sin\theta}{(8m_1+3m_3)R^2+8J}m_3g$。

请思考：蛙式打夯机巧妙地利用了惯性力、摩擦力等力学知识，试分析其工作原理。

第3节　非对称转动刚体的轴承动约束力

机器或机械中转动的零部件，由于制造或安装不精确，或其他一些不可避免的因素，转

动时出现的惯性力将在轴承处产生动压力，这种动压力不仅数值可能很大，而且方向在不断变化，会引起轴承振动，影响机器或机械的平稳运行和正常工作，甚至造成轴承的破坏。因此，如何消除动压力，或将其控制在一定范围内，有着重要的意义。

设刚体（如机器上的转动部件）在主动力 $\boldsymbol{F}_1$、$\boldsymbol{F}_2$、…、$\boldsymbol{F}_n$的作用下绕固定轴 z 转动，某瞬时有角速度 ω、角加速度 α（图 13-10），下面用达朗贝尔原理求轴承处的动约束力（其反作用力即为对轴承的动压力）。

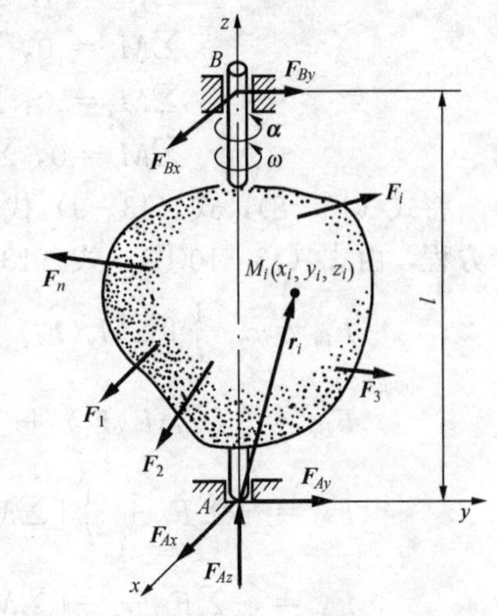

图 13-10　非对称转动刚体的轴承动约束力

以刚体为研究对象，其实际受到的外力有：主动力、约束力（$\boldsymbol{F}_{Ax}$、$\boldsymbol{F}_{Ay}$、$\boldsymbol{F}_{Az}$和$\boldsymbol{F}_{Bx}$、$\boldsymbol{F}_{By}$）。刚体的惯性力系为空间力系，现将其向 A 点简化，求主矢和主矩。

取坐标系 $Axyz$，沿坐标轴正向取单位矢量 $\boldsymbol{i}$、$\boldsymbol{j}$、$\boldsymbol{k}$，则 $\boldsymbol{\omega}=\omega\boldsymbol{k}$，$\boldsymbol{\alpha}=\alpha\boldsymbol{k}$。设刚体质量为 m，质心为 $C(x_C, y_C, z_C)$，质心相对于 A 点的矢径为 $\boldsymbol{r}_C=x_C\boldsymbol{i}+y_C\boldsymbol{j}+z_C\boldsymbol{k}$。在刚体内任选一质点 $M_i(x_i, y_i, z_i)$，其质量为 m_i，相对于 A 点的矢径为 $\boldsymbol{r}_i=x_i\boldsymbol{i}+y_i\boldsymbol{j}+z_i\boldsymbol{k}$。

惯性力系的主矢为

$$\boldsymbol{F}_{\mathrm{I}}=\sum\boldsymbol{F}_{\mathrm{I}i}=-\sum m_i\boldsymbol{a}_i=-m\boldsymbol{a}_C$$

将 $\boldsymbol{a}_C=\boldsymbol{\alpha}\times\boldsymbol{r}_C+\boldsymbol{\omega}\times(\boldsymbol{\omega}\times\boldsymbol{r}_C)=-(\alpha y_C+\omega^2x_C)\boldsymbol{i}+(\alpha x_C-\omega^2y_C)\boldsymbol{j}$ 代入上式，得

$$\boldsymbol{F}_{\mathrm{I}}=m(\alpha y_C+\omega^2x_C)\boldsymbol{i}-m(\alpha x_C-\omega^2y_C)\boldsymbol{j}$$

$\boldsymbol{F}_{\mathrm{I}}$在坐标轴上的投影为

$$F_{\mathrm{I}x}=my_C\alpha+mx_C\omega^2,\ F_{\mathrm{I}y}=-mx_C\alpha+my_C\omega^2,\ F_{\mathrm{I}z}=0 \tag{13-8}$$

质点 M_i的惯性力为 $\boldsymbol{F}_{\mathrm{I}i}=-m_i\boldsymbol{a}_i=-m_i(\boldsymbol{\alpha}\times\boldsymbol{r}_i+\boldsymbol{\omega}\times\boldsymbol{v}_i)$，对 A 点的矩为

$$\begin{aligned}\boldsymbol{M}_{\mathrm{IA}i}&=\boldsymbol{r}_i\times\boldsymbol{F}_{\mathrm{I}i}=-m_i(\boldsymbol{r}_i\times\boldsymbol{\alpha}\times\boldsymbol{r}_i+\boldsymbol{r}_i\times\boldsymbol{\omega}\times\boldsymbol{v}_i)\\&=-m_i[(\boldsymbol{r}_i\cdot\boldsymbol{r}_i)\boldsymbol{\alpha}-(\boldsymbol{r}_i\cdot\boldsymbol{\alpha})\boldsymbol{r}_i+(\boldsymbol{v}_i\cdot\boldsymbol{r}_i)\boldsymbol{\omega}-(\boldsymbol{r}_i\cdot\boldsymbol{\omega})\boldsymbol{v}_i]\\&=-m_i(r_i^2\boldsymbol{\alpha}-\alpha z_i\boldsymbol{r}_i-\omega z_i\boldsymbol{v}_i)\end{aligned}$$

将 $\boldsymbol{v}_i=\boldsymbol{\omega}\times\boldsymbol{r}_i=\omega(x_i\boldsymbol{j}-y_i\boldsymbol{i})$ 代入上式，整理得

$$\boldsymbol{M}_{\mathrm{IA}i}=-m_i[(\omega^2y_iz_i-\alpha x_iz_i)\boldsymbol{i}-(\omega^2x_iz_i+\alpha y_iz_i)\boldsymbol{j}+\alpha(x_i^2+y_i^2)\boldsymbol{k}]$$

惯性力系对 A 点的主矩为

$$\boldsymbol{M}_{\mathrm{IA}}=(\alpha\sum m_ix_iz_i-\omega^2\sum m_iy_iz_i)\boldsymbol{i}+(\alpha\sum m_iy_iz_i+\omega^2\sum m_ix_iz_i)\boldsymbol{j}-\alpha\sum m_i(x_i^2+y_i^2)\boldsymbol{k}$$

由附录 B 知$\sum m_ix_iz_i=J_{xz}$及$\sum m_iy_iz_i=J_{yz}$分别是刚体对 x、z 轴及对 y、z 轴的惯性积，$\sum m_i(x_i^2+y_i^2)=J_z$ 是刚体对 z 轴的转动惯量。所以上式为

$$\boldsymbol{M}_{\mathrm{IA}}=(J_{xz}\alpha-J_{yz}\omega^2)\boldsymbol{i}+(J_{yz}\alpha+J_{xz}\omega^2)\boldsymbol{j}-J_z\alpha\boldsymbol{k}$$

惯性力系对 A 点的主矩 $\boldsymbol{M}_{\mathrm{IA}}$ 在坐标轴上的投影为

$$M_{\mathrm{I}x}=J_{xz}\alpha-J_{yz}\omega^2,\ M_{\mathrm{I}y}=J_{yz}\alpha+J_{xz}\omega^2,\ M_{\mathrm{I}z}=-J_z\alpha \tag{13-9}$$

列平衡方程求轴承约束力。设轴承 A、B 间的距离为 l，主动力在各坐标轴上的投影之和为$\sum F_{ix}$、$\sum F_{iy}$、$\sum F_{iz}$，对各坐标轴的矩之和为$\sum M_x(\boldsymbol{F}_i)$、$\sum M_y(\boldsymbol{F}_i)$ 及$\sum M_z(\boldsymbol{F}_i)$，则

$$
\left.\begin{array}{ll}
\sum F_{ix}=0,\ \sum F_{ix}+F_{Ax}+F_{Bx}+F_{Ix}=0 & ①\\
\sum F_{iy}=0,\ \sum F_{iy}+F_{Ay}+F_{By}+F_{Iy}=0 & ②\\
\sum F_{iz}=0,\ \sum F_{iz}+F_{Az}=0 & ③\\
\sum M_{xi}=0,\ \sum M_x(\boldsymbol{F}_i)-F_{By}l+M_{Ix}=0 & ④\\
\sum M_{yi}=0,\ \sum M_y(\boldsymbol{F}_i)+F_{Bx}l+M_{Iy}=0 & ⑤\\
\sum M_{zi}=0,\ \sum M_z(\boldsymbol{F}_i)+M_{Iz}=0 & ⑥
\end{array}\right\} \tag{13-10}
$$

将式（13-8），式（13-9）代入式（13-10），由式（13-10⑥）可得刚体定轴转动微分方程，由式（13-10①）～式（13-10⑤）可得轴承约束力

$$
\left.\begin{array}{l}
F_{Bx}=-\dfrac{1}{l}\left[\sum M_y(\boldsymbol{F}_i)+J_{yz}\alpha+J_{xz}\omega^2\right]\\
F_{By}=\dfrac{1}{l}\left[\sum M_x(\boldsymbol{F}_i)+J_{xz}\alpha-J_{yz}\omega^2\right]\\
F_{Ax}=-\sum F_{ix}+\dfrac{1}{l}\left[\sum M_y(\boldsymbol{F}_i)+J_{yz}\alpha+J_{xz}\omega^2\right]-my_C\alpha-mx_C\omega^2\\
F_{Ay}=-\sum F_{iy}-\dfrac{1}{l}\left[\sum M_x(\boldsymbol{F}_i)+J_{xz}\alpha-J_{yz}\omega^2\right]+mx_C\alpha-my_C\omega^2\\
F_{Az}=-\sum F_{iz}
\end{array}\right\} \tag{13-11}
$$

可见，轴承处的约束力由两部分组成：静约束力——直接由主动力的静力作用引起的［包含$\sum F_{ix}$、$\sum M_x(\boldsymbol{F}_i)$等各项］、动约束力——由刚体转动时的惯性力引起的（包含$J_{yz}\omega^2$、$J_{xz}\alpha$等各项）。动约束力中与角速度有关的各项都与ω^2成正比，对于有高速转动零部件的机器或机械，动约束力可能很大，应设法减小直至消除，以免产生不良后果。

如何消除动约束力？由式（13-11）知，要使动约束力等于零，必须$x_C=y_C=0$及$J_{xz}=J_{yz}=0$。前一条件要求转动轴通过刚体的质心，后一条件则要求转动轴是刚体的惯性主轴。**即欲使动约束力为零，转动轴必须是刚体的中心惯性主轴**。如果转动刚体的轴通过刚体质心（不一定是主轴），当只有重力而无其他主动力时，不论刚体位置如何，总能平衡，这种情况称为**静平衡**（static equilibrium）。如果刚体的转动轴是中心惯性主轴，刚体转动时不会引起轴承的动约束力，这种情况称为**动平衡**（dynamic equilibrium）。显然，要满足动平衡条件，必须首先满足静平衡条件；而满足静平衡条件，却不一定能满足动平衡条件。由于材料不十分均匀，或者由于制造、安装不够精确，动平衡条件往往不易满足。对于某些高速转动的转子，为了达到动平衡目的，通常都在安装好之后，用动平衡机进行动平衡试验，并根据试验结果在转子的适当位置附加或挖去一小部分质量，以使转动轴成为中心惯性主轴。

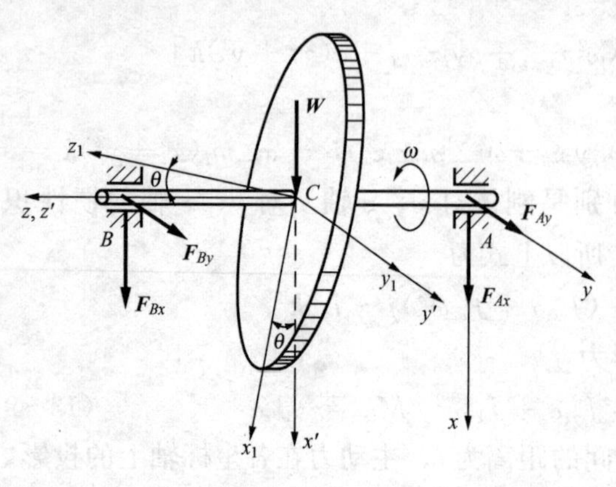

图13-11 ［例13-6］图

工程上也有利用动压力的情形，如蛙式打夯机利用偏心块的运动来夯实基础。

【例13-6】 涡轮机的叶轮可近似地简化为一均质圆盘（图13-11），设轮重W，半径为r，以转速n（r/min）做匀速转动。由于安装误差，致使叶轮轴线z_1与转动轴z之间有一微小偏角θ，试求轴承处的动约束力。

已知两轴承间距离为 l，质心 C 与两轴承的距离相等。

解 转动轴 z 虽然通过质心，但不是惯性主轴，所以将产生动约束力。过点 A 取直角坐标系 $Axyz$，按式（13-11）计算动约束力。$\omega=n\pi/30$，$\alpha=0$（匀速转动），$x_C=y_C=0$，须先计算 J_{xz} 和 J_{yz}。

过质心 C 取直角坐标系 $Cx'y'z'$，使 z' 与 z 重合，$x'/\!/x$，$y'/\!/y$，且 y' 为圆盘的对称轴，所以 $J_{y'z'}=0$。根据惯性积的平行轴定理即附录公式（B-12），有

$$J_{yz}=J_{y'z'}+\frac{W}{g}\cdot y_Cz_C=0,\ J_{xz}=J_{x'z'}+\frac{W}{g}\cdot x_Cz_C=J_{x'z'}$$

为计算 $J_{x'z'}$，过 C 再取直角坐标系 $Cx_1y_1z_1$，使 x_1、y_1 在圆盘平面内，y_1 与 y' 重合，而 z_1 垂直于圆盘平面。轴 x_1、y_1、z_1 都是对称轴，都是主轴。$J_{z_1}=\dfrac{Wr^2}{2g}$、$J_{x_1}=\dfrac{Wr^2}{4g}$、$J_{z_1x_1}=0$。根据相交轴系的惯性积之间的关系即附录公式（B-10），有

$$J_{zx}=\frac{1}{2}(J_{z_1}-J_{x_1})\sin 2\theta+J_{z_1x_1}\cos 2\theta=\frac{Wr^2}{8g}\sin 2\theta=\frac{Wr^2}{4g}\theta$$

由式（13-11）得轴承处的动约束力

$$F'_{Bx}=-\frac{1}{l}J_{xz}\omega^2=-\frac{Wr^2\theta}{4gl}\left(\frac{n\pi}{30}\right)^2,\ F'_{Ax}=\frac{1}{l}J_{xz}\omega^2=\frac{Wr^2\theta}{4gl}\left(\frac{n\pi}{30}\right)^2,\ F'_{Ay}=F'_{By}=0$$

设 $\theta=0.015\text{rad}$，$W=10\text{kN}$，$r=0.5\text{m}$，$n=3000\text{r/min}$，$l=2\text{m}$，则

$$F'_{Ax}=-F'_{Bx}=\frac{10\times 10^3\times 0.5^2\times 0.015\times(3000\pi)^2}{4\times 9.8\times 2\times 30^2}=47.2\times 10^3\text{N}=47.2\text{kN}$$

两轴承处的静约束力均为5kN，动约束力是静约束力的9.44倍。应当注意，动约束力的大小与转速的平方成正比，随着转速的增加，动约束力将迅速增大。例如设 $n=6000\text{r/min}$，则动约束力是静约束力的37.76倍。有的涡轮机（燃气轮机）的转速以每分钟万转计，如果制造或安装不精确，即使误差很小，也将产生十分巨大的动约束力，对此必须特别注意。

思考题

13-1 试证明惯性力系的主矢量 $\boldsymbol{F}_{\mathrm{I}}=-\dfrac{\mathrm{d}\boldsymbol{p}}{\mathrm{d}t}$，主矩 $\boldsymbol{M}_{\mathrm{I}O}=-\dfrac{\mathrm{d}\boldsymbol{L}_O}{\mathrm{d}t}$，其中 $\boldsymbol{p}$ 和 $\boldsymbol{L}_O$ 分别为质系的动量和对 O 点的动量矩。

13-2 均质矩形板重 W，长 a，宽 b 如图13-12所示，绕通过板的质心 C 并垂直于板面的 z 轴以角速度 ω 及角加速度 α 转动，试加惯性力。若该板绕通过板上的 A 点并垂直于板面的 z' 轴以角速度 ω 及角加速度 α 转动，试加惯性力。

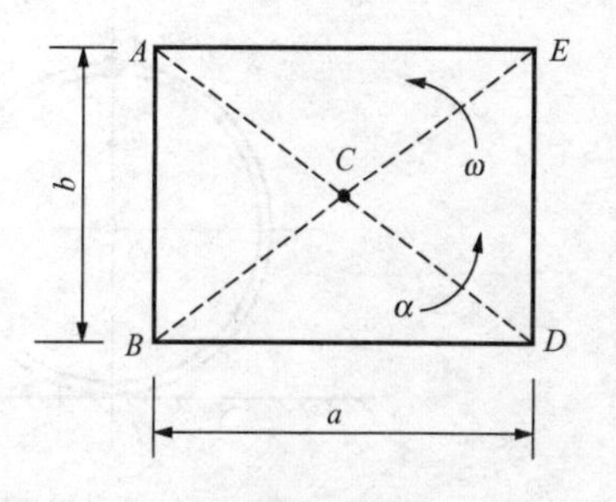

图13-12 思考题13-2图

13-3 判断图13-13所示系统上施加的惯性力是否正确。

13-4 图13-14所示均质滑轮对轴 O 的转动惯量为 J_O，重物质量为 m，拉力为 $\boldsymbol{F}$。绳与轮之间不打滑，当重物以等速 $\boldsymbol{v}$ 上升和下降时，轮两边绳的拉力是否相同？当重物

以加速度 a 上升和下降时，情况又如何？

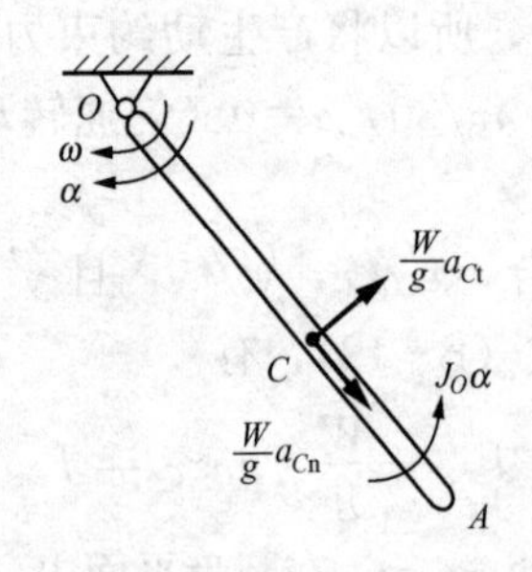

图 13-13 思考题 13-3 图

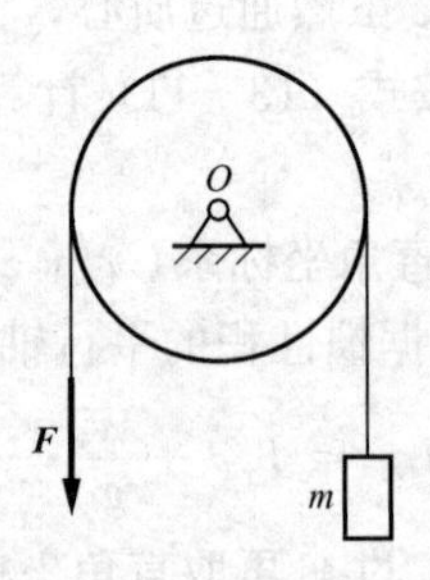

图 13-14 思考题 13-4 图

习题

13-1 均质细杆 AB 长 l，重 W，图 13-15 所示瞬时绕轴 O 转动的角速度为 ω，角加速度为 α，试求杆的惯性力系向点 O 简化的结果，并用图表示。

13-2 均质圆盘 D，质量为 m，半径为 R 如图 13-16 所示。设在图示瞬时绕轴 O 转动的角速度为 ω，角加速度为 α。试求惯性力系向 C 点及向 A 点简化的结果。

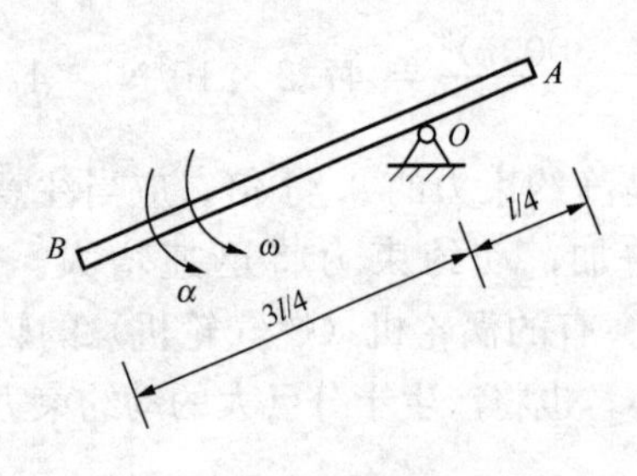

图 13-15 习题 13-1 图

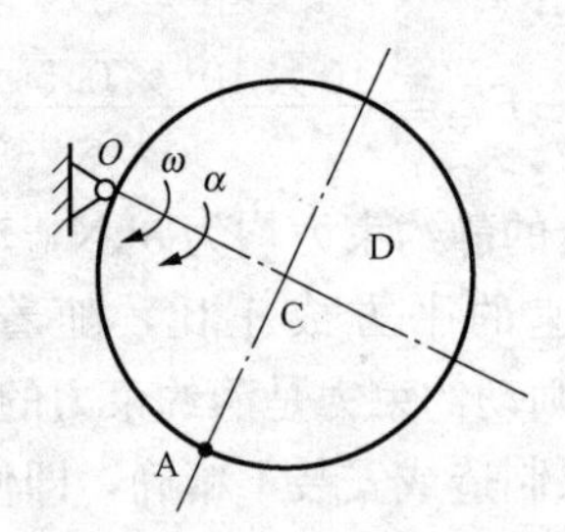

图13-16 习题 13-2 图

13-3 质量为 m，半径为 r 的均质圆环在水平面上纯滚动如图 13-17 所示，其边缘上固结一质量同为 m 的质点 A。图示瞬时，OA 在铅垂位置，圆环角速度 $\omega=0$，角加速度为 α。试分别求系统惯性力系对 O、A、OA 中点 B 以及对点 I 的主矩。

13-4 均质杆 AB 的质量为 4kg，置于光滑的水平面上如图 13-18 所示。在杆的 B 端作用一水平推力 $F=60\text{N}$，使杆 AB 沿 $\boldsymbol{F}$ 方向作直线平移。试求 AB 杆的加速度和角 θ 之值。

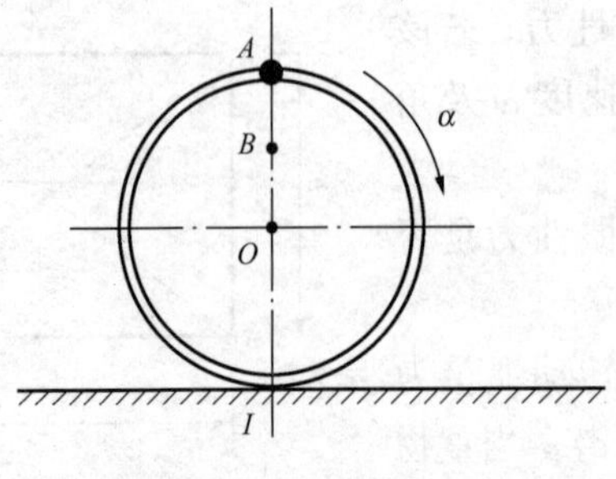

图 13-17 习题 13-3 图

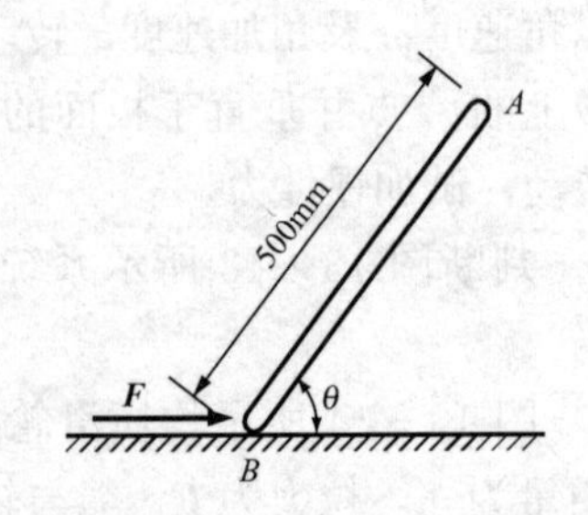

图 13-18 习题 13-4 图

13－5　均质杆 AB 重 140N，铰 A 和绳 BC 与水平杆 AD 连接，使其保持铅直如图 13－19 所示。整个系统绕铅直轴转动。若绳子可以承受的最大拉力为 500N，求允许的最大转动角速度。图中长度单位：mm。

13－6　一均质圆盘可绕通过圆心 O 而垂直于盘面的轴转动如图 13－20 所示，在 $r=100$mm 的圆周上 A、B 处钻有 $d=40$mm 的两孔。设圆盘单位体积重 $\gamma=78\times10^{-6}\text{N/mm}^3$，求当圆盘以匀角速度 $\omega=28\pi\text{rad/s}$ 转动时，轴承 D、E 处的动约束力。为了消除动约束力，在 $r=100$mm 圆周上再钻一孔，求此孔的直径及位置。

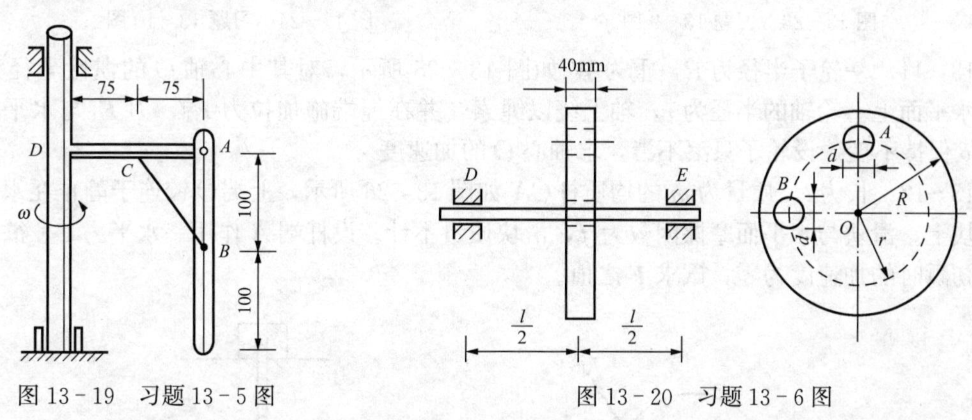

图 13－19　习题 13－5 图　　图 13－20　习题 13－6 图

13－7　质量为 m 的细圆环，半径为 r 如图 13－21 所示，可绕 O 点在铅直面内转动。当 OC 在水平位置时，圆环从静止开始运动。求圆环运动过程中 O 处约束力与 θ 的关系。若在 $\theta=\dfrac{\pi}{4}$时，铰 O 突然破坏，求此后圆环的运动。

13－8　图 13－22 所示系统由质量为 $m=100$kg 的均质矩形平板和无重的等长连杆 AO_1、BO_2连接位于铅垂平面内。已知 $AC=1.2$m，$AB=O_1O_2=0.9$m，若在图示位置平板由静止释放，试求该瞬时平板中心的加速度以及两连杆所受之力。

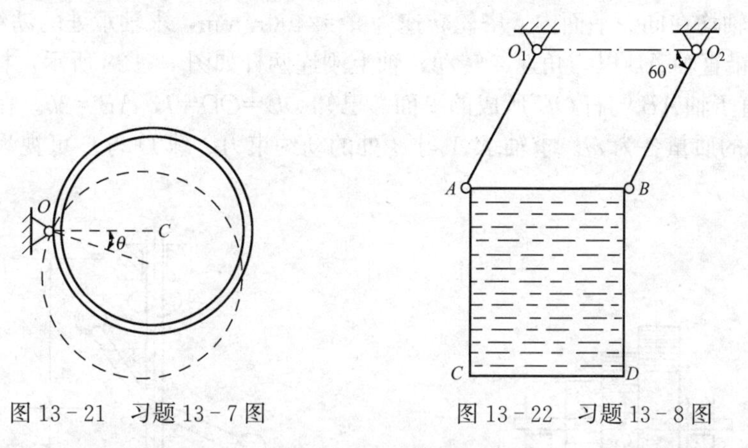

图 13－21　习题 13－7 图　　图 13－22　习题 13－8 图

13－9　图 13－23 所示系统中，悬臂梁 AB 不计自重，长 l。B 端铰接一质量为 m 的鼓轮，其对轴 B 的回转半径为 ρ。不可伸长的绳上挂质量为 m_1、m_2 的两物体，绳与轮间无滑动。在鼓轮上作用一力偶，矩为 M，试求 A 处约束力。

13－10　均质杆重 W，长 l，悬挂如图 13－24 所示。求一绳突然断开时，杆质心的加速度及另一绳的拉力。

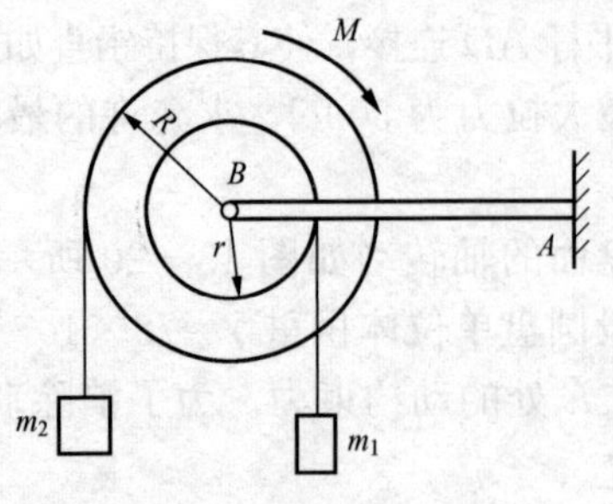

图 13-23 习题 13-9 图

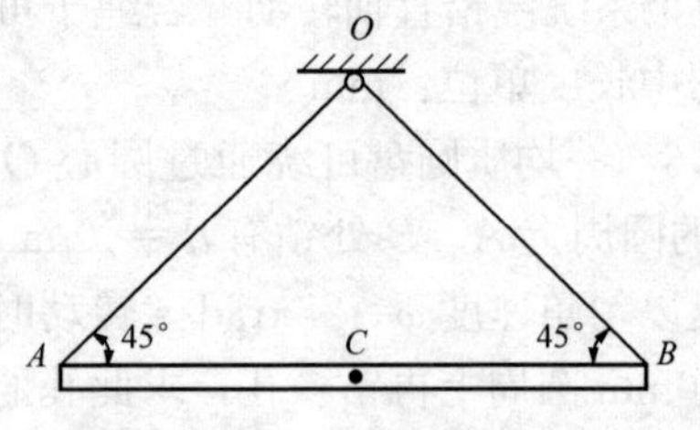

图 13-24 习题 13-10 图

13-11 一轮子半径为R，重为W如图 13-25 所示，对其中心轴O的惯性半径为ρ，置于水平面上。轮轴的半径为r，轴上绕以绳索，并在绳端施加拉力$\boldsymbol{F}_{\mathrm{T}}$，力$\boldsymbol{F}_{\mathrm{T}}$与水平线的夹角$\theta$保持不变。设轮子只滚不滑，求轴心$O$的加速度。

13-12 长为l、质量为m的均质杆OA如图 13-26 所示，上端O铰连于静止在水平面的滑块上。滑块与水平面摩擦因数为f，滑块质量不计。设杆端A作用一水平力$\boldsymbol{F}$，欲使滑块在初瞬时的加速度为零，试求$\boldsymbol{F}$之值。

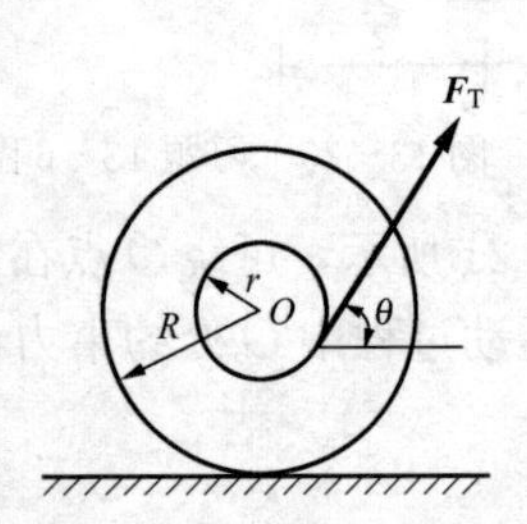

图 13-25 习题 13-11 图

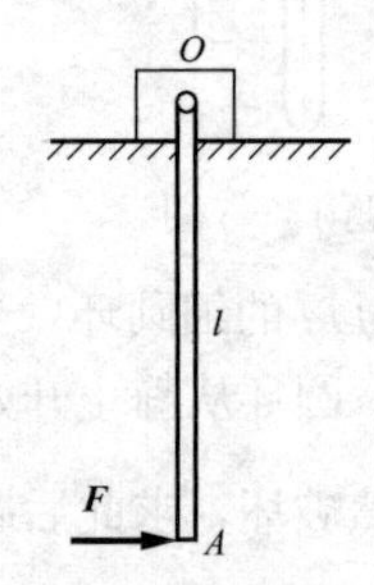

图13-26 习题 13-12 图

13-13 一塔轮由三个圆轮组成如图 13-27 所示，其质量分别为$m_1=20\text{kg}$，$m_2=16\text{kg}$，$m_3=10\text{kg}$，其中两轮的重心偏离轴线的距离为$e_1=1\text{mm}$，$e_3=1.2\text{mm}$，三轮重心C_1、C_2、C_3与转动轴均在同一平面内。塔轮转速为$n=2400\text{r/min}$，求轴承处的动约束力。

13-14 铅直轴AB以匀角速ω转动，轴上刚连两杆如图 13-28 所示，杆OE与轴成角φ，杆OD垂直于轴AB与杆OE所成的平面。已知$OE=OD=l$，$AB=2b$。在两杆端各连一球E与D，球的质量各为m。求轴承A与B处的动约束力。球D与E可视为质点，杆的质量不计。

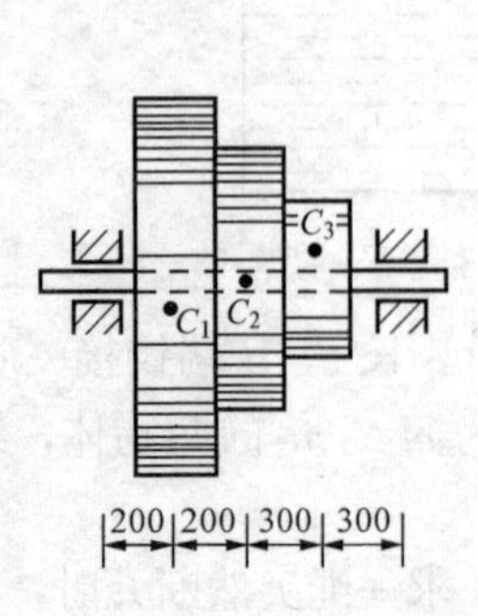

图 13-27 习题 13-13 图

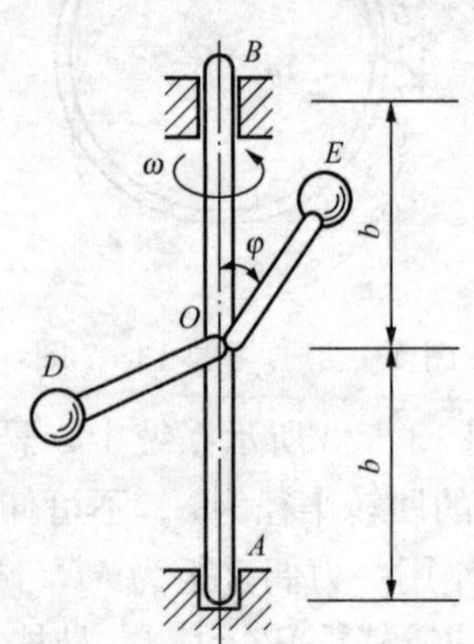

图 13-28 习题 13-14 图

13－15　均质板 $ABCD$ 由球铰 A 和铰链 D 及绳索 BE 支承如图 13－29 所示，在水平位置保持平衡，板重 $W=900\text{N}$，重心坐标 $x=0.8\text{m}$，$y=0.3\text{m}$。求绳索断开瞬时 A、D 处的约束力。

13－16　重为 W 的滚轮与轴置于倾角为 θ 的斜面上如图 13－30 所示，轮的半径为 R，轴的半径为 r，轮与轴对通过轮中心的轴线的惯性半径为 ρ。今在轴上作用一力 $\boldsymbol{F}$，设力作用线与轴相切，并与水平线成 φ 角，使轮沿斜面向上运动。设轮与斜面之间的摩擦因数为 f。试分别讨论轮与地面接触点无滑动及有滑动两种情况下轮心 C 的加速度。

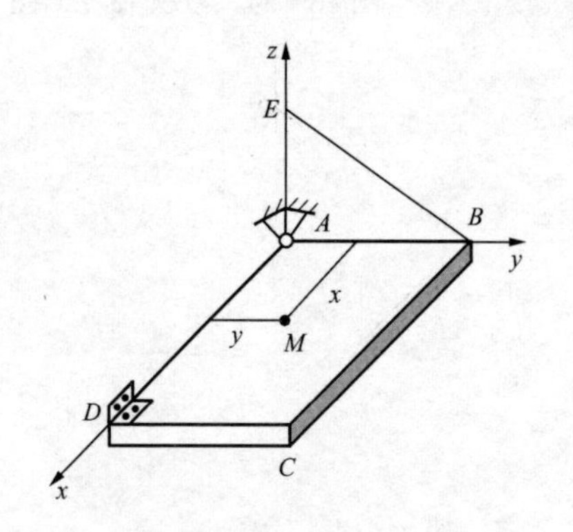

图 13－29　习题 13－15 图

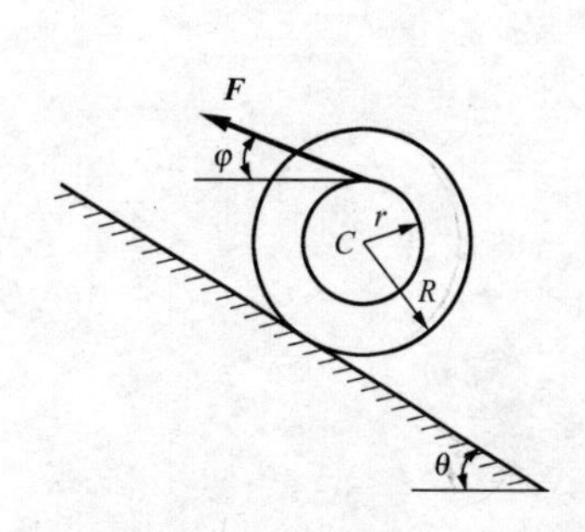

图 13－30　习题 13－16 图

13－17　在图 13－31 所示系统中，曲柄 OA 质量为 m_1，长为 r，以匀角速度 ω 绕水平轴 O 转动，通过滑块 A 带动质量为 m_2 的滑道 BCD 沿铅垂方向运动。不计摩擦和滑块 A 的质量，试求当曲柄与水平方向夹角为 30°时，力偶矩 M 及轴承 O 处的约束力。

13－18　在图 13－32 所示系统中，已知均质杆 O_1A 质量为 m_1，长为 $2R$，在铅垂平面内绕水平轴 O_1 转动，推动质量为 m_2，半径为 R 的均质圆盘在水平面上作纯滚动。初瞬时圆盘中心 O 位于 O_1 的正下方，不计杆与圆盘间的摩擦，试求系统在杆自重作用下，由静止开始运动时，杆 O_1A 的角加速度。

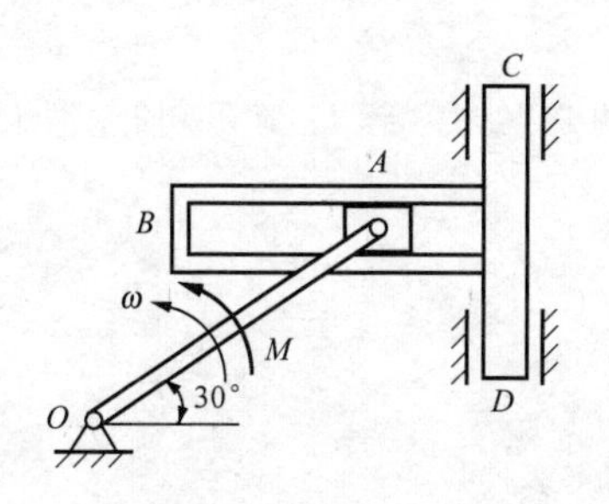

图 13－31　习题 13－17 图

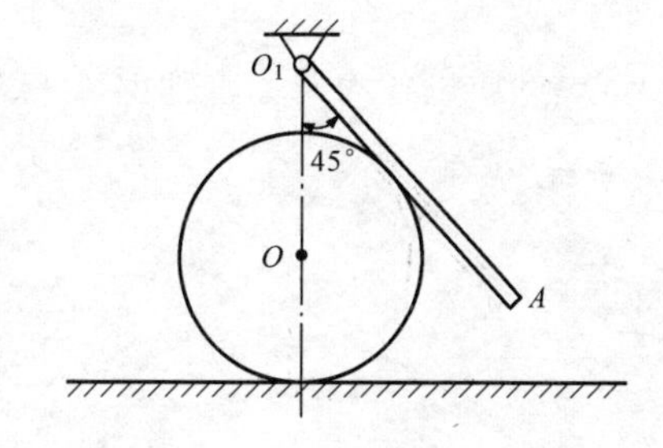

图 13－32　习题 13－18 图

13－19　一重 W_1 的三棱柱放在光滑的水平面上如图 13－33 所示，另有一重 W_2 的均质圆柱沿三棱柱斜面滚下而不滑动。求三棱柱的加速度。

13－20　图 13－34 所示系统中，均质杆 AB 长 l，质量为 m_1；均质圆轮半径为 r，质量为 m_2；物块 D 质量为 m_3。系统原处于静止，杆 AB 处于水平位置。若 A 端的绳子突然断开，求该瞬时物块 D 和杆质心 C 的加速度以及 O 处约束力。设绳与轮无滑动。

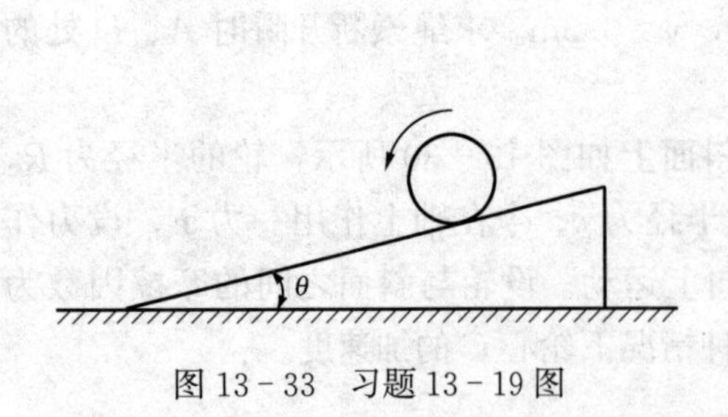

图 13-33 习题 13-19 图

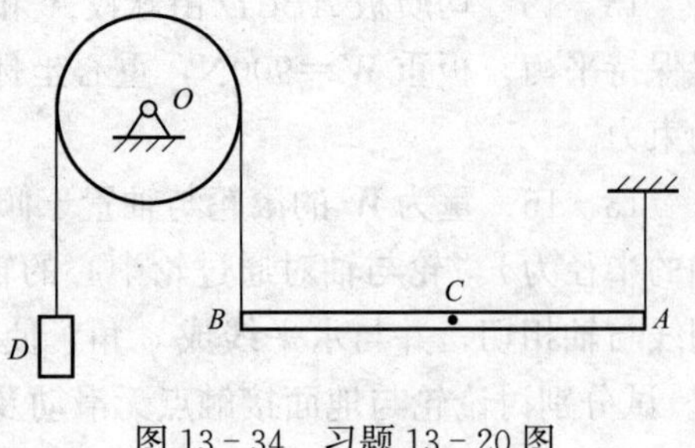

图 13-34 习题 13-20 图

第4篇　分 析 力 学 基 础

矢量力学采用矢量分析的方法研究力学问题，而**分析力学**（analytical mechanics）采用数学分析的方法研究力学问题。在用矢量力学建立受约束系统的动力学方程时，由于“限制物体运动的约束”换成了“约束力”，将增加较多的未知约束力，导致用矢量力学方法会遇到困难。分析力学是在虚位移原理和达朗贝尔原理的基础上建立起来的，它是用标量形式的广义坐标代替矢径，用对能量和功的分析代替对力或力矩的分析，利用微积分学和变分学的数学分析方法，将整个力学问题用统一的原理和公式表述出来，完全不涉及系统的理想约束力。

分析力学包括分析静力学（虚位移原理）和分析动力学（拉格朗日方程、哈密顿原理等）两部分。

第14章　分 析 静 力 学

矢量静力学从平行四边形法则等基本原理出发，通过力系的简化，得出刚体的平衡条件，用于研究刚体和刚体系统的平衡问题。而分析静力学的虚位移原理从位移和功的概念出发，得出任意质点系的平衡条件，用于研究任意质点系的平衡问题。虚位移原理是力学中的一个重要原理，应用很广。它不仅是研究平衡问题的最一般原理，还可与达朗贝尔原理结合，得出动力学普遍方程，用于研究动力学问题。

本章将主要介绍分析力学的基本概念及虚位移原理。

第1节　约束与约束方程

一个质点系，当它的运动受到某些限制时，是非自由的。在第3章第1节中，曾将对非自由体的位移起限制作用的物体称为约束，反映了矢量力学侧重约束以力的形式呈现。这里，将限制质点系运动的条件称为**约束**，反映了分析力学侧重约束限制质点系的运动。表示这种限制条件的数学方程称为**约束方程**（equations of constraint）。

例如，图14-1中的小球B受刚杆AB的约束，被限制在铅直平面内绕固定点A沿圆弧运动，圆弧的半径为l，其约束方程为

$$x^2+y^2=l^2 \tag{a}$$

又如，曲柄连杆机构（图14-2）的曲柄销A只能做圆周运动，连杆AB长度不变，滑块B只能沿滑槽运动。这些限制条件可用约束方程表示为

$$\left.\begin{aligned}&x_1^2+y_1^2=r^2\\&(x_2-x_1)^2+(y_2-y_1)^2=l^2\\&y_2=0\end{aligned}\right\} \tag{b}$$

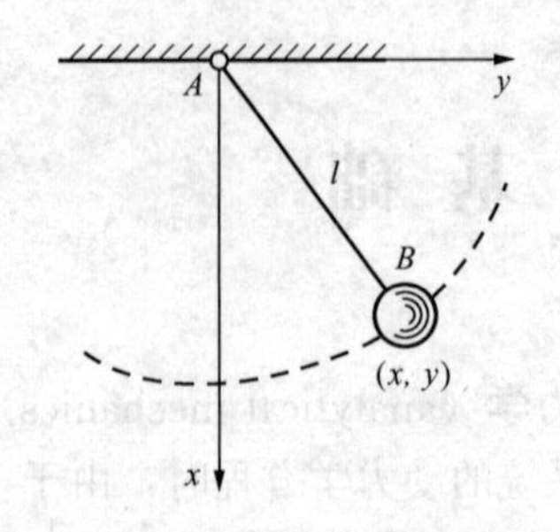

图 14-1　受杆约束的球

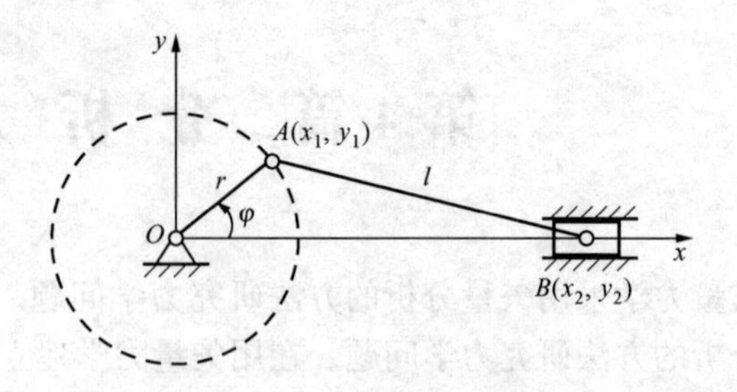

图 14-2　曲柄连杆机构

再如，将绳子的上端穿过小环 O，下端系一小球（图 14-3）。设初瞬时小球与小环 O 的距离为 l_0，今以匀速率 v 拉动绳子，则在任一瞬时 t，小球与小环的距离为 $l=l_0-vt$，约束方程为

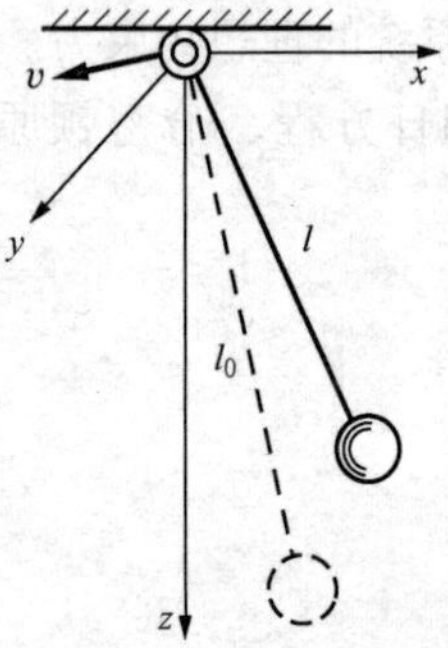

$$x^2+y^2+z^2=(l_0-vt)^2 \tag{c}$$

图 14-3　受绳约束的球

根据约束的不同形式，分类如下：

一、几何约束与运动约束

如约束只限制质点系的几何位置，则称为**几何约束**（geometric constraint），此时约束方程是各质点位置坐标的函数。如约束限制质点系中各质点的速度，则称为**运动约束**（kinetic constraint）。上述三例中的约束均为几何约束。

二、定常约束与非定常约束

如约束不随时间而变，则称为**定常约束**（steady constraint），此时约束方程中不显含时间 t。如约束随时间而变，则称为**非定常约束**（unsteady constraint），此时约束方程中显含时间 t。上述前两例约束为定常约束，后一例约束为非定常约束。

三、双面约束与单面约束

如约束既能限制质点沿某一方向的运动，又能限制沿相反方向的运动，则称为**双面约束**（bilateral constraint），约束方程为等式。如约束只能限制质点某一方向的运动，而不能限制相反方向的运动，则称为**单面约束**（unilateral constraint），约束方程为不等式。图 14-1 中小球 B 所受的刚杆约束是双面约束，若将刚杆改为绳子，因绳子不能限制小球沿着使绳子松弛的方向运动，所以为单面约束，约束方程为

$$x^2+y^2\leqslant l^2 \tag{d}$$

本书只考虑双面约束的情形，如遇到单面约束，只要约束不致消失或松弛，即可当作双面约束对待。

四、完整约束与非完整约束

几何约束和可积分的运动约束称为**完整约束**（holonomic constraint）。不可积分的运动约束称为**非完整约束**（non-holonomic constraint）。

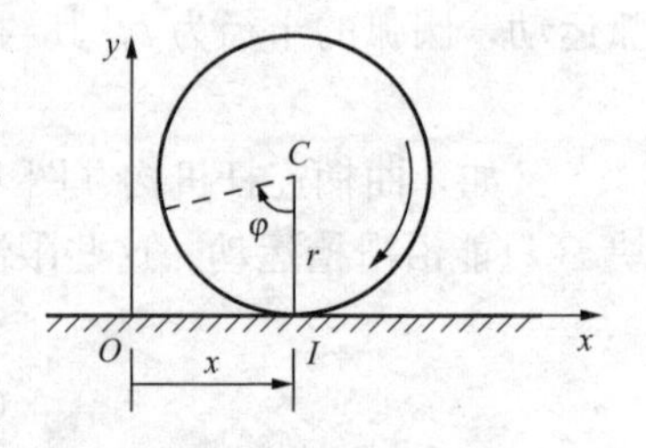

图 14-4　轮纯滚动

例如，轮子在水平面上沿直线滚动而不滑动（图 14-4），轮子除受到几何约束 $y_C=r$ 外，还受到运动约束 $v_I=0$，此运动约束可用方程表示为

$$\dot{x}_C - r\dot{\varphi} = 0 \tag{e}$$

其中 $\dot{x}_C$ 是轮心的速度，$\dot{\varphi}$ 是轮子的角速度，r 是轮子的半径。约束方程（e）可以积分成为（假设积分常数为零）

$$x_C - r\varphi = 0$$

可见地面对轮子的约束仍是完整约束。

本章只讨论完整、定常、双面约束，其约束方程的一般形式为

$$f_j(x_1, y_1, z_1, \cdots, x_n, y_n, z_n) = 0 \quad (j = 1, 2, \cdots, s) \tag{14-1}$$

其中 n 是质点系中质点的数目，x_i、y_i、z_i 是第 i 个质点的坐标，s 是约束方程的数目。

第2节 自由度和广义坐标

一个自由质点在空间的位置，须用三个独立坐标来确定。由 n 个质点组成的质点系，如其中每个质点都是自由的，则确定该质点系全部质点的位置有 $3n$ 个独立坐标，这 $3n$ 个坐标的集合称为该质点系的**位形**（configuration）。位形概念是质点位置概念在质点系中的扩展。

对于非自由质点系，由于受到约束，质点系中各质点的位置坐标因需满足完整约束条件，故不是完全独立的。

例如图 14-2 中，确定曲柄连杆机构位形的四个坐标 x_1、y_1、x_2、y_2 须满足三个约束方程［第1节中的式（b)］，所以只有一个坐标是独立的。

又如图 14-5 中的双锤摆，设只在铅直面内摆动，则确定该系统的位形需四个坐标 x_1、y_1、x_2、y_2，但各坐标应满足约束方程

$$x_1^2 + y_1^2 = a^2$$
$$(x_2 - x_1)^2 + (y_2 - y_1)^2 = b^2$$

因此只有两个坐标是独立的。

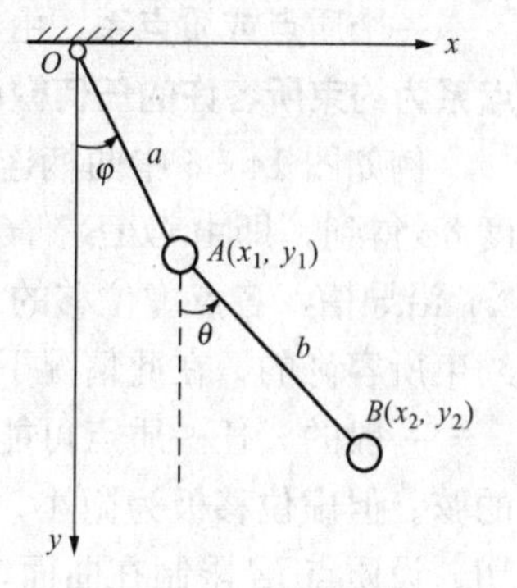

图 14-5　双锤摆

一般情况，由 n 个质点组成的质点系受到 $s(<3n)$ 个完整约束，则确定该质点系位形的 $3n$ 个坐标中，只有 $k=3n-s$ 个是独立的，即给定 k 个坐标，质点系的位形就可完全确定，其余 s 个坐标则可通过约束方程表示为给定坐标的函数。

确定一个受完整约束的质点系的位形所需的独立坐标的数目，称为该质点系自由度的数目，简称为**自由度**[1]（degree of freedom)。由此定义知，曲柄连杆机构有一个自由度，双锤摆有两个自由度。受 s 个完整约束、由 n 个质点组成的质点系，其自由度为 $k=3n-s$。

通常，质点系的质点和约束条件都很多，而自由度的数目很少，即 n 与 s 很大而 k 很小。为了确定质点系的位形，用适当选择的 k 个独立参数，要比用 $3n$ 个直角坐标和 s 个约束方程方便得多。用来确定质点系位形的独立参数，称为**广义坐标**（generalized coordinates)。在完整约束下，广义坐标的数目等于自由度的数目。例如，图 14-2 中的曲柄连杆机构有一个自由度，可用一个广义坐标 φ（曲柄 OA 与 x 轴的角坐标）来确定其位形。

[1] 自由度的这一定义不适用于受非完整约束的质点系。

图 14-5中的双锤摆有两个自由度，可用两个广义坐标 φ 与 θ 来确定其位形。

当质点系的广义坐标选定后，质点系中每一质点的直角坐标都可以表示为广义坐标的函数。如双锤摆的摆锤 A 及 B 的直角坐标可用广义坐标 φ 及 θ 表示为

$$\left.\begin{aligned} &x_1 = a\sin\varphi,\ y_1 = a\cos\varphi \\ &x_2 = a\sin\varphi + b\sin\theta,\ y_2 = a\cos\varphi + b\cos\theta \end{aligned}\right\} \tag{a}$$

一般的，由 n 个质点组成的质点系，具有 k 个自由度，取 q_1，q_2，…，q_k 为其广义坐标，当受到定常约束时，质点系内任一质点 M_i 的直角坐标及矢径可表示为广义坐标的函数

$$\left.\begin{aligned} x_i &= x_i(q_1,\ q_2,\ \cdots,\ q_k) \\ y_i &= y_i(q_1,\ q_2,\ \cdots,\ q_k) \\ z_i &= z_i(q_1,\ q_2,\ \cdots,\ q_k) \end{aligned}\right\} \tag{14-2}$$

$$\boldsymbol{r}_i = \boldsymbol{r}_i(q_1,\ q_2,\ \cdots,\ q_k) \quad (i = 1,\ 2,\ \cdots,\ n) \tag{14-3}$$

第3节 虚位移 理想约束

一、虚位移

一个质点或质点系，由于受到约束，其位移必须是约束所容许的。**在给定瞬时，质点或质点系为约束所容许的任何微小位移**，称为该质点或质点系的**虚位移**（virtual displacement）。

例如图 14-6 中曲柄连杆机构在给定瞬时的虚位移，可由曲柄 OA 绕 O 点转过一微小角度 $\delta\varphi$ 得到，即由 OAB 到 $OA'B'$。曲柄上点 A 的虚位移 $\delta\boldsymbol{r}_A$ 垂直于 OA，滑块 B 的虚位移 $\delta\boldsymbol{r}_B$ 沿导槽，各点虚位移的方向见图 14-6。如曲柄 OA 向相反方向转动一微小角度，也是约束所容许的，在此情况下，整个系统及其中各点将有相反方向的虚位移。

一般的，任一质点可能有的运动轨迹是一曲线，因而质点的虚位移是对应于一极短弧线的弦。但虚位移极为微小，如略去高阶微量，则可认为虚位移与质点可能有的运动轨迹相切。设质点 M 限制在曲面 S 上（图 14-7），则在质点所在处，在曲面的切面 T 内的任何微小位移，如 $\delta\boldsymbol{r}_1$、$\delta\boldsymbol{r}_2$ 或 $\delta\boldsymbol{r}_3$ 都是质点的虚位移。

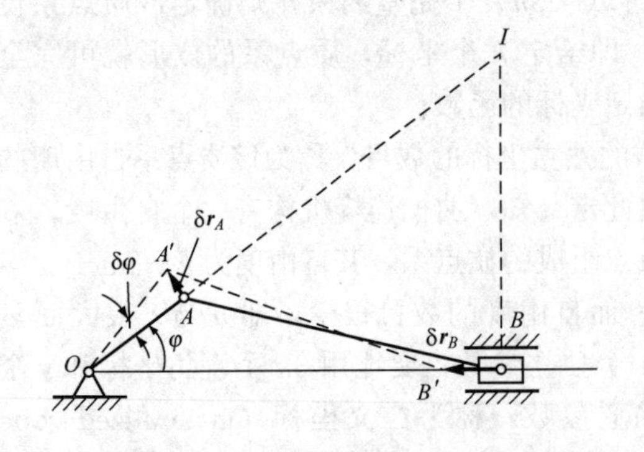

图 14-6 曲柄连杆机构的虚位移

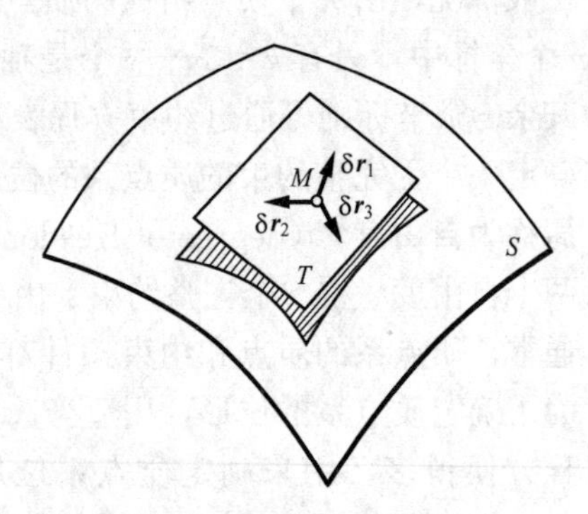

图 14-7 曲面上质点的虚位移

虚位移与真正运动时发生的实位移是有区别的。实位移是在一定力的作用下和给定的初始条件下运动而实际发生的；虚位移则是在约束容许的条件下可能发生的。一个静止的质点或质点系不会发生实位移，但可以使其有虚位移。实位移具有确定的方向，可能是微小值，

也可能是有限值；虚位移则是微小位移，视约束情况可能有几种不同的方向（如图 14-6 中滑块 B 的虚位移 $\delta\boldsymbol{r}_B$ 可以向左，也可以向右）。实位移是在一定的时间内发生的；虚位移只是纯几何的概念，完全与时间无关。为了区别，微小的实位移用微分符号 d 表示，如 $d\varphi$、dx、$d\boldsymbol{r}$ 等；而虚位移用变分符号 δ 表示，如 $\delta\varphi$、δx、$\delta\boldsymbol{r}$ 等。

应当指出，在完整、定常约束下，微小的实位移必然是虚位移之一。因为，只有约束所容许的位移才是实际上可能发生的，而约束所容许的任何微小位移都是虚位移。

在完整、非定常约束下，**某瞬时的虚位移是将时间固定后，约束所容许的任何微小位移**。因实位移不能固定时间，所以微小的实位移不再是虚位移之一。例如，图 14-8 中的质点 M 被限制在转动着的直槽内，在瞬时 t，不考虑直槽的运动，M 的虚位移 $\delta\boldsymbol{r}$ 沿着直槽；而因受槽运动的影响，M 在 Δt 时间内的实位移 $d\boldsymbol{r}$ 应如图中虚线所示，不同于虚位移。

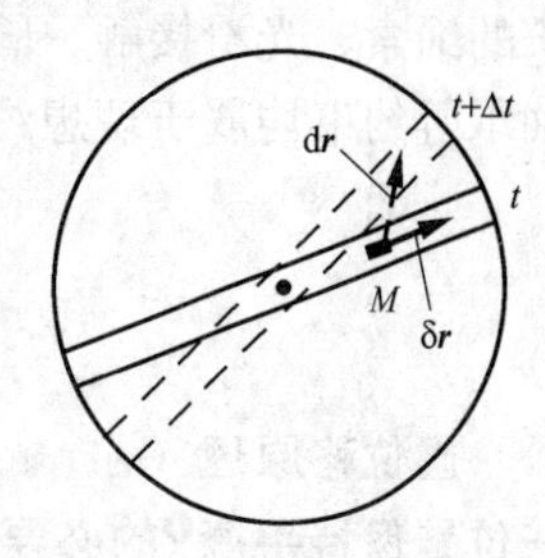

图 14-8 实位移与虚位移

质点系中各质点的虚位移，必须满足约束条件，因而它们之间存在一定的关系。下面介绍求各点虚位移之间关系的方法。

1. 几何法

对于刚体和刚体系统，可用几何学或运动学来求各点虚位移之间的关系。例如，在图 14-6 中，I 点为连杆 AB 的速度瞬心，设连杆 AB 绕 I 点转过微小角度 $\delta\theta$，则

$$\frac{|\delta\boldsymbol{r}_A|}{|\delta\boldsymbol{r}_B|}=\frac{AI\cdot\delta\theta}{BI\cdot\delta\theta}=\frac{AI}{BI}$$

或者利用 $\delta\boldsymbol{r}_A$、$\delta\boldsymbol{r}_B$ 在 AB 上投影相等的条件，也可求出 $|\delta\boldsymbol{r}_A|$ 与 $|\delta\boldsymbol{r}_B|$ 之间的关系。

2. 解析法

设由 n 个质点组成的质点系有 k 个自由度，以 q_1、q_2、…、q_k 为广义坐标。使任一广义坐标 q_j 有一微小改变 δq_j（称为 q_j **的变分**），则系统有一与之对应的虚位移。因广义坐标是彼此独立的，如使 k 个广义坐标分别有变分 δq_1、δq_2、…、δq_k，则可得到系统 k 组独立的虚位移，即独立虚位移的数目等于系统自由度的数目。

如质点系受定常约束，质点系中各质点的直角坐标可按式（14-2）表示为广义坐标的函数，而任一质点 M_i 的虚位移 $\delta\boldsymbol{r}_i$ 及其在 x、y、z 轴上的投影（即坐标 x_i、y_i、z_i 的变分），可用类似求微分的方法求得

$$\delta\boldsymbol{r}_i=\frac{\partial\boldsymbol{r}_i}{\partial q_1}\delta q_1+\frac{\partial\boldsymbol{r}_i}{\partial q_2}\delta q_2+\cdots+\frac{\partial\boldsymbol{r}_i}{\partial q_k}\delta q_k \tag{14-4}$$

$$\left.\begin{aligned}\delta x_i&=\frac{\partial x_i}{\partial q_1}\delta q_1+\frac{\partial x_i}{\partial q_2}\delta q_2+\cdots+\frac{\partial x_i}{\partial q_k}\delta q_k\\ \delta y_i&=\frac{\partial y_i}{\partial q_1}\delta q_1+\frac{\partial y_i}{\partial q_2}\delta q_2+\cdots+\frac{\partial y_i}{\partial q_k}\delta q_k\\ \delta z_i&=\frac{\partial z_i}{\partial q_1}\delta q_1+\frac{\partial z_i}{\partial q_2}\delta q_2+\cdots+\frac{\partial z_i}{\partial q_k}\delta q_k\end{aligned}\right\} \tag{14-5}$$

$$(i=1,2,\cdots,n)$$

例如，图 14-5 中的双锤摆，对直角坐标［第 2 节中的式（a）］求变分，得 A、B 点虚位移在 x、y 轴上的投影：

$$\delta x_1=a\cos\varphi\delta\varphi,\ \delta y_1=-a\sin\varphi\delta\varphi$$
$$\delta x_2=a\cos\varphi\delta\varphi+b\cos\theta\delta\theta,\ \delta y_2=-a\sin\varphi\delta\varphi-b\sin\theta\delta\theta$$

二、理想约束

力在虚位移上所做的功称为**虚功**（virtual work），用 δW 表示。因虚位移是微小的，所以力 $\boldsymbol{F}$ 在虚位移 $\delta\boldsymbol{r}$ 上所做的虚功 $\delta W=\boldsymbol{F}\cdot\delta\boldsymbol{r}$。

若质点系所受的约束力在任何虚位移上所作的虚功之和为零，则称该质点系所受约束为**理想约束**。

在完整、定常约束下，微小的实位移必然是虚位移之一。所以动能定理中列举的不可伸长的绳索、光滑接触、固定铰支座、活动铰支座、连杆、固定端，连接两刚体的光滑铰链、轴承等约束均属于理想约束。

第4节 虚位移原理

虚位移原理（virtual displacement principle）：**受理想、双面、定常约束的质点系在某一位置保持平衡**[1]**的必要与充分条件是：作用于质点系的所有主动力在任何虚位移中的虚功之和等于零。**用数学公式表示为

$$\sum \boldsymbol{F}_i\cdot\delta\boldsymbol{r}_i=0 \tag{14-6}$$

式中 $\boldsymbol{F}_i$——作用于任一质点 M_i 的主动力的合力；

$\delta\boldsymbol{r}_i$——该点的虚位移。

式（14－6）称为虚功方程。

虚位移原理是静力学的基本原理，其正确性无须证明，因为由它所推导出的一系列结论已由实践检验为正确。但为了便于理解与记忆，现证明如下。

先证明必要性，即证明质点系平衡时，式（14－6）成立。

当质点系平衡时，质点系中任一质点 M_i 都保持平衡。因此作用于 M_i 的主动力的合力 $\boldsymbol{F}_i$ 与约束力的合力 $\boldsymbol{F}_{Ni}$ 之和必为零，即 $\boldsymbol{F}_i+\boldsymbol{F}_{Ni}=0$。

设 M_i 有虚位移 $\delta\boldsymbol{r}_i$，则 $\boldsymbol{F}_i$ 与 $\boldsymbol{F}_{Ni}$ 的虚功之和为

$$\boldsymbol{F}_i\cdot\delta\boldsymbol{r}_i+\boldsymbol{F}_{Ni}\cdot\delta\boldsymbol{r}_i=(\boldsymbol{F}_i+\boldsymbol{F}_{Ni})\cdot\delta\boldsymbol{r}_i=0$$

对质点系中每一个质点都能写出这样一个等式，将这些等式相加，得

$$\sum \boldsymbol{F}_i\cdot\delta\boldsymbol{r}_i+\sum \boldsymbol{F}_{Ni}\cdot\delta\boldsymbol{r}_i=0$$

因质点系受理想约束，所以约束力的虚功之和等于零，即 $\sum \boldsymbol{F}_{Ni}\cdot\delta\boldsymbol{r}_i=0$，于是式（14－6）成立。

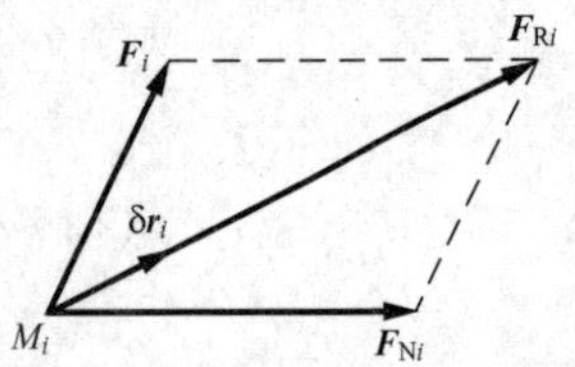

图14－9 不平衡的质点

后证明充分性，即证明式（14－6）成立时，质点系必成平衡。

采用反证法。假设式（14－6）成立，但质点系不平衡，则至少有一个质点 M_i 在力 $\boldsymbol{F}_{Ri}=\boldsymbol{F}_i+\boldsymbol{F}_{Ni}$ 的作用下由静止开始运动（图14－9）。M_i 的微小实位移 $\mathrm{d}\boldsymbol{r}_i$ 必与 $\boldsymbol{F}_{Ri}$ 同向，所以 $\boldsymbol{F}_{Ri}\cdot\mathrm{d}\boldsymbol{r}_i>0$。

在定常约束下，取 $\delta\boldsymbol{r}_i=\mathrm{d}\boldsymbol{r}_i$，则 $\boldsymbol{F}_{Ri}\cdot\delta\boldsymbol{r}_i>0$，即

$$\boldsymbol{F}_i\cdot\delta\boldsymbol{r}_i+\boldsymbol{F}_{Ni}\cdot\delta\boldsymbol{r}_i>0$$

---

[1] 这里的平衡是指静止。

对每一个运动的质点都可以写出这样一个不等式，而对仍保持静止的质点，有等式

$$\boldsymbol{F}_i \cdot \delta \boldsymbol{r}_i + \boldsymbol{F}_{Ni} \cdot \delta \boldsymbol{r}_i = 0$$

将质点系中所有质点的主动力与约束力的虚功加起来，有

$$\sum \boldsymbol{F}_i \cdot \delta \boldsymbol{r}_i + \sum \boldsymbol{F}_{Ni} \cdot \delta \boldsymbol{r}_i > 0$$

因受理想约束，$\sum \boldsymbol{F}_{Ni} \cdot \delta \boldsymbol{r}_i = 0$，所以

$$\sum \boldsymbol{F}_i \cdot \delta \boldsymbol{r}_i > 0$$

这一结果与假设的条件相矛盾。所以质点系中没有任何质点能进入运动，质点系必定成平衡。

虚功方程（14－6）也可写成

$$\sum F_i |\delta \boldsymbol{r}_i| \cos(\boldsymbol{F}_i, \delta \boldsymbol{r}_i) = 0 \tag{14-7}$$

还可表示为解析式

$$\sum (F_{ix}\delta x_i + F_{iy}\delta y_i + F_{iz}\delta z_i) = 0 \tag{14-8}$$

其中 F_{ix}、F_{iy}、F_{iz} 和 δx_i、δy_i、δz_i 分别为主动力 $\boldsymbol{F}_i$ 和虚位移 $\delta \boldsymbol{r}_i$ 在轴 x、y、z 上的投影。实际应用时常用式（14－7）或式（14－8）。

在本章第 3 节中已经说明，具有 k 个自由度的质点系，可以有 k 组独立的虚位移。若该系统成平衡，对应于每一组独立的虚位移，都可用虚位移原理建立一个独立的平衡方程。则对于具有 k 个自由度的平衡系统来说，可建立 k 个独立的平衡方程，即**独立平衡方程的数目与系统的自由度的数目相等**。

虚位移原理是解答平衡问题的最一般的原理，对任何质点系都适用。对于受理想约束的复杂系统的平衡问题，应用虚位移原理求解比用静力学方法求解更为方便。这是因为不必考虑约束力，从而可以避免解联立方程，使计算过程大为简化。

【例 14－1】 图 14－10（a）所示平面机构中，已知各杆与弹簧原长均为 l，重量均可略去不计，弹簧常数为 k，铅直导槽是光滑的。求平衡时 $\boldsymbol{F}_1$ 的大小与角度 θ 之间的关系。

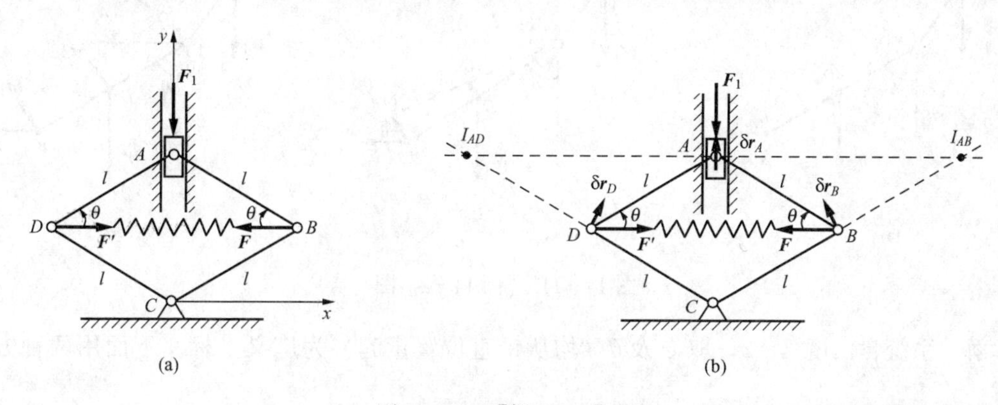

图 14－10 ［例 14－1］图

解 系统自由度 $k=1$，取 θ（从水平位置量起）为广义坐标。

机构中的弹簧为非理想约束，解除弹簧约束，代之以弹性力 $\boldsymbol{F}$ 和 $\boldsymbol{F}'$。在图示位置，弹簧的伸长量 $\Delta = 2l\cos\theta - l = l(2\cos\theta - 1)$，弹性力 $F = F' = k\Delta = kl(2\cos\theta - 1)$。

解法一（解析法）：

以 C 为坐标原点，建立直角坐标系 Cxy［图 14－10（a）］，列虚功方程

$$-F_1\delta y_A - F\delta x_B + F'\delta x_D = 0$$

力的作用点的坐标 $y_A = 2l\sin\theta$，$x_B = l\cos\theta$，$x_D = -l\cos\theta$，其变分为 $\delta y_A = 2l\cos\theta\delta\theta$，$\delta x_B = -l\sin\theta\delta\theta$，$\delta x_D = l\sin\theta\delta\theta$，代入虚功方程，得

$$[-F_1\cdot 2l\cos\theta - kl(2\cos\theta-1)(-l\sin\theta) + kl(2\cos\theta-1)\cdot l\sin\theta]\delta\theta = 0$$

因 $\delta\theta$ 是任意的，所以上式中 $\delta\theta$ 前的系数应为零，即

$$-F_1\cdot 2l\cos\theta - kl(2\cos\theta-1)(-l\sin\theta) + kl(2\cos\theta-1)\cdot l\sin\theta = 0$$

整理得

$$F_1 = kl(2\sin\theta - \tan\theta)$$

解法二（几何法）：

设给滑块 A 一向上的虚位移 $\delta\boldsymbol{r}_A$，则点 B 和 D 的虚位移分别为 $\delta\boldsymbol{r}_B$ 和 $\delta\boldsymbol{r}_D$［图 14-10（b）］，列虚功方程

$$-F_1|\delta\boldsymbol{r}_A| + F|\delta\boldsymbol{r}_B|\cos(90°-\theta) + F'|\delta\boldsymbol{r}_D|\cos(90°-\theta) = 0$$

得
$$F_1 = F\sin\theta\frac{|\delta\boldsymbol{r}_B|}{|\delta\boldsymbol{r}_A|} + F'\sin\theta\frac{|\delta\boldsymbol{r}_D|}{|\delta\boldsymbol{r}_A|}$$

因 $\dfrac{|\delta\boldsymbol{r}_B|}{|\delta\boldsymbol{r}_A|} = \dfrac{BI_{AB}}{AI_{AB}} = \dfrac{l}{2l\cos\theta} = \dfrac{1}{2\cos\theta}$，$\dfrac{|\delta\boldsymbol{r}_D|}{|\delta\boldsymbol{r}_A|} = \dfrac{DI_{AD}}{AI_{AD}} = \dfrac{l}{2l\cos\theta} = \dfrac{1}{2\cos\theta}$，所以有

$$F_1 = kl(2\sin\theta - \tan\theta)$$

【例 14-2】 均质杆 OA 及 AB 在点 A 用铰连接，并在点 O 用铰支承［图 14-11（a）］。两杆各长 $2a$ 及 $2b$，各重 W_1 及 W_2。设在点 B 加水平力 $\boldsymbol{F}$ 以维持平衡，求两杆与铅直线所成的角 φ 及 θ。

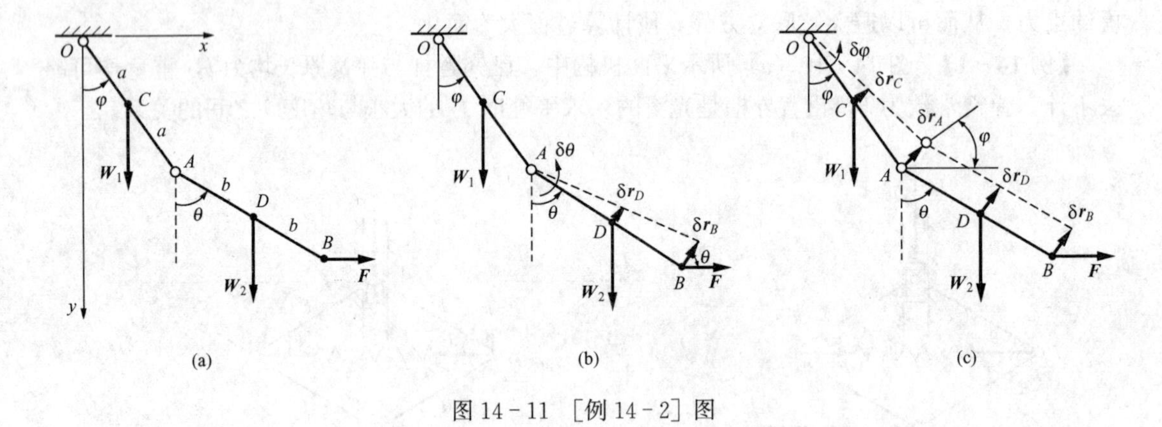

图 14-11 ［例 14-2］图

解 系统自由度 $k=2$，取 φ 及 θ（均从铅直位置量起）为广义坐标。下面用两种方法求解。

解法一（解析法）：以 O 为坐标原点，建立直角坐标系 Oxy，列虚功方程

$$W_1\delta y_C + W_2\delta y_D + F\delta x_B = 0$$

力的作用点的坐标 $y_C = a\cos\varphi$，$y_D = 2a\cos\varphi + b\cos\theta$，$x_B = 2a\sin\varphi + 2b\sin\theta$，其变分为 $\delta y_C = -a\sin\varphi\delta\varphi$，$\delta y_D = -2a\sin\varphi\delta\varphi - b\sin\theta\delta\theta$，$\delta x_B = 2a\cos\varphi\delta\varphi + 2b\cos\theta\delta\theta$，代入虚功方程，得

$$(-W_1\cdot a\sin\varphi - W_2\cdot 2a\sin\varphi + F\cdot 2a\cos\varphi)\delta\varphi + (-W_2 b\sin\theta + F\cdot 2b\cos\theta)\delta\theta = 0$$

因 $\delta\varphi$ 与 $\delta\theta$ 是任意的、彼此独立的，所以要使上式成立，必须 $\delta\varphi$ 与 $\delta\theta$ 前的系数都等于

零，即

$$-W_1 \cdot a\sin\varphi - W_2 \cdot 2a\sin\varphi + F \cdot 2a\cos\varphi = 0$$
$$-W_2 \cdot b\sin\theta + F \cdot 2b\cos\theta = 0$$

解得

$$\tan\varphi = \frac{2F}{W_1 + 2W_2}, \tan\theta = \frac{2F}{W_2}$$

解法二（几何法）：先使 φ 保持不变，而使 θ 获得变分 $\delta\theta$，即令 $\delta\varphi=0$、$\delta\theta\neq 0$，系统的虚位移见图 14－11（b）。列虚功方程

$$-W_2 |\delta \boldsymbol{r}_D| \sin\theta + F |\delta \boldsymbol{r}_B| \cos\theta = 0$$

因 $|\delta \boldsymbol{r}_D| = b\delta\theta$，$|\delta \boldsymbol{r}_B| = 2b\delta\theta$，代入上式，得

$$\tan\theta = \frac{2F}{W_2}$$

再使 θ 保持不变，而使 φ 获得变分 $\delta\varphi$，即令 $\delta\varphi\neq 0$、$\delta\theta=0$，系统的虚位移见图 14－11（c）。列虚功方程

$$-W_1 |\delta \boldsymbol{r}_C| \sin\varphi - W_2 |\delta \boldsymbol{r}_D| \sin\varphi + F |\delta \boldsymbol{r}_B| \cos\varphi = 0$$

因 $|\delta \boldsymbol{r}_C| = a\delta\varphi$，$|\delta \boldsymbol{r}_A| = |\delta \boldsymbol{r}_D| = |\delta \boldsymbol{r}_B| = 2a\delta\varphi$，代入上式，得

$$\tan\varphi = \frac{2F}{W_1 + 2W_2}$$

【例 14－3】 组合梁受力如图 14－12（a）所示，已知 q、F、l，试求 C 处的约束力、固定端 A 处的约束力偶及铅直约束力。

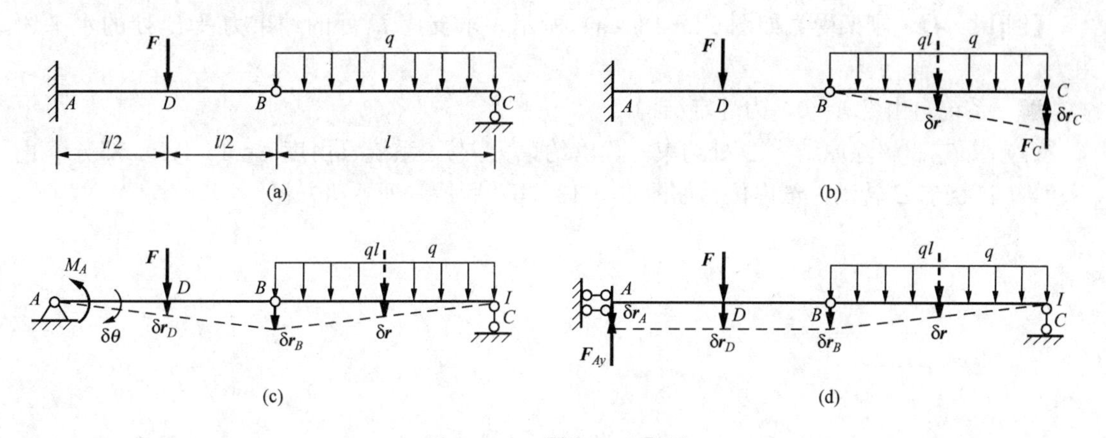

图 14－12 ［例 14－3］图

解 系统自由度 $k=0$，为静定结构，各点的虚位移均为零。为了应用虚位移原理求约束力，必须解除约束，使系统的 $k\neq 0$。**解除约束的原则是**：求某处约束力，就解除某处约束，代以相应的约束力，并将该约束力作为主动力看待。为解题方便，常使解除约束后的系统 $k=1$。

（1）求 $\boldsymbol{F}_C$。解除原结构 C 处的约束，代以约束力 $\boldsymbol{F}_C$。系统 $k=1$，杆 AB 静止不动，杆 BC 绕 B 定轴转动。给虚位移如图 14－12（b）所示。列虚功方程

$$ql |\delta \boldsymbol{r}| - F_C |\delta \boldsymbol{r}_C| = 0$$

因 $|\delta \boldsymbol{r}| = \frac{1}{2} |\delta \boldsymbol{r}_C|$，所以

$$F_C = \frac{1}{2}ql$$

请读者自己证明：均布力在虚位移上所做的虚功等于均布力的合力在其作用点的虚位移上所做的虚功。

(2) 求 M_A。解除原结构 A 处的转动约束，代以约束力偶 M_A。系统 $k=1$，杆 AB 绕 A 定轴转动，杆 BC 平面运动，速度瞬心 I 与点 C 重合。给虚位移如图 14-12（c）所示。列虚功方程

$$-M_A\delta\theta + F|\delta \boldsymbol{r}_D| + ql|\delta \boldsymbol{r}| = 0$$

因 $|\delta \boldsymbol{r}_D| = \frac{l}{2}\delta\theta$，$|\delta \boldsymbol{r}| = \frac{1}{2}|\delta \boldsymbol{r}_B| = \frac{1}{2}l\delta\theta$，所以

$$M_A = \frac{1}{2}(F+ql)l$$

(3) 求 $\boldsymbol{F}_{Ay}$。解除原结构 A 处的铅直方向约束，代以约束力 $\boldsymbol{F}_{Ay}$。系统 $k=1$，杆 AB 铅直方向平移，杆 BC 平面运动，速度瞬心 I 与点 C 重合。给虚位移如图 14-12（d）所示。列虚功方程

$$-F_{Ay}|\delta \boldsymbol{r}_A| + F|\delta \boldsymbol{r}_D| + ql|\delta \boldsymbol{r}| = 0$$

因 $|\delta \boldsymbol{r}_A| = |\delta \boldsymbol{r}_D| = |\delta \boldsymbol{r}_B| = 2|\delta \boldsymbol{r}|$，所以

$$F_{Ay} = F + \frac{1}{2}ql$$

请思考：如何求 A 处的水平约束力？

【例 14-4】 刚架受力如图 14-13（a）所示，求支座 D 处的约束力及 B 处的水平约束力。

解 系统自由度 $k=0$，为静定结构。

(1) 求 $\boldsymbol{F}_D$。解除原结构 D 处约束，代以约束力 $\boldsymbol{F}_D$。系统自由度 $k=1$，ABC 部分静止不动，DE 绕点 E 转动。给虚位移如图 14-13（b）所示。列虚功方程

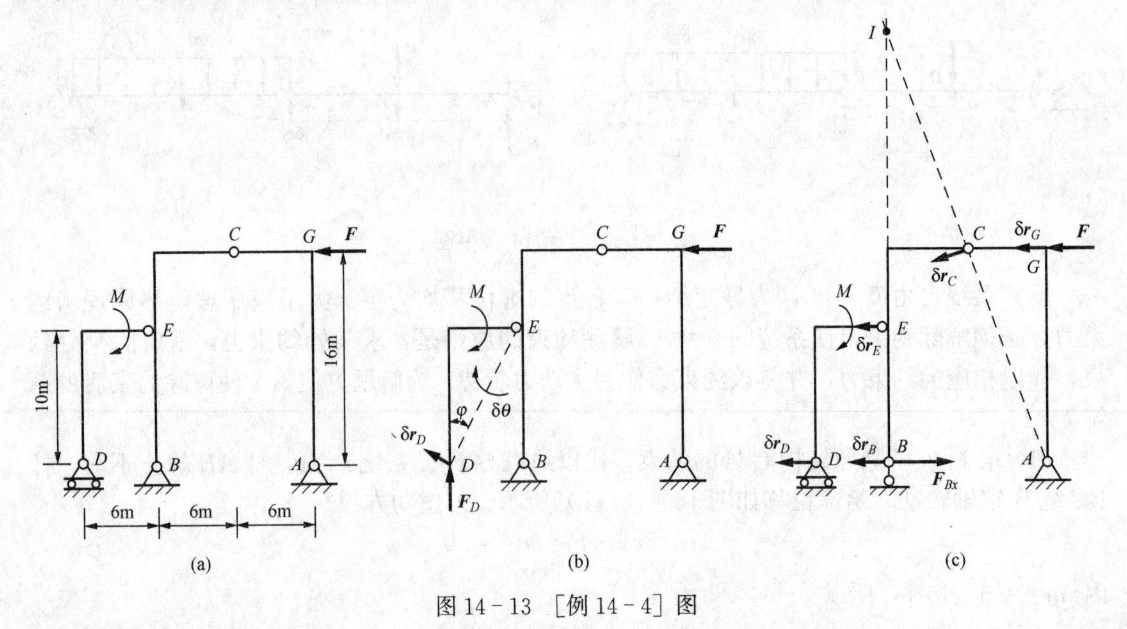

图 14-13 [例 14-4] 图

$$F_D|\delta \boldsymbol{r}_D|\sin\varphi + M\delta\theta = 0$$

因$|\delta \boldsymbol{r}_D|\sin\varphi = DE\delta\theta\sin\varphi = 6\delta\theta$，所以

$$F_D = -\frac{M}{6}$$

负号表示 $\boldsymbol{F}_D$ 的实际方向与图示相反。

(2) 求 $\boldsymbol{F}_{Bx}$。解除原结构 B 处的水平约束，代以约束力 $\boldsymbol{F}_{Bx}$。系统自由度 $k=1$，AC 绕点 A 转动，BC 平面运动，速度瞬心为 I，DE 瞬时平移。给虚位移如图 14-13 (c) 所示。列虚功方程

$$-F_{Bx}|\delta \boldsymbol{r}_B| + F|\delta \boldsymbol{r}_G| = 0$$

因$\dfrac{|\delta \boldsymbol{r}_G|}{|\delta \boldsymbol{r}_B|} = \dfrac{|\delta \boldsymbol{r}_G|}{|\delta \boldsymbol{r}_C|}\cdot\dfrac{|\delta \boldsymbol{r}_C|}{|\delta \boldsymbol{r}_B|} = \dfrac{AG}{AC}\cdot\dfrac{IC}{IB} = \dfrac{16}{\sqrt{6^2+16^2}}\cdot\dfrac{\sqrt{6^2+16^2}}{32} = \dfrac{1}{2}$，所以

$$F_{Bx} = \frac{F}{2}$$

【例 14-5】 试用虚位移原理推导出作用在刚体上的平面力系的平衡方程。

解 在力系所在平面内任选直角坐标系 O_1xy，在刚体上任取一点 O，刚体在 O_1xy 面内的位置可用广义坐标 x_O、y_O 及 φ 来确定（图 14-14），$k=3$。

(1) 令 $\delta x_O \neq 0$、$\delta y_O = 0$、$\delta\varphi = 0$，则刚体上各点的虚位移同点 O 的虚位移，均为 δx_O。列虚功方程

$$\sum F_{ix}\delta x_i = (\sum F_{ix})\delta x_O = 0$$

因 δx_O 是任意的，要使上式成立，必须 δx_O 前的系数等于零，即$\sum F_{ix} = 0$。

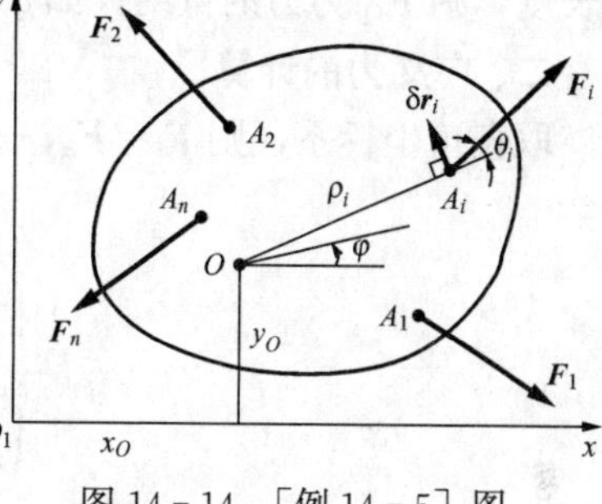

图 14-14 [例 14-5] 图

(2) 令 $\delta x_O = 0$、$\delta y_O \neq 0$、$\delta\varphi = 0$，则刚体上各点的虚位移同点 O 的虚位移，均为 δy_O。列虚功方程

$$\sum F_{iy}\delta y_i = (\sum F_{iy})\delta y_O = 0$$

因 δy_O 是任意的，要使上式成立，必须 δy_O 前的系数等于零，即$\sum F_{iy} = 0$。

(3) 令 $\delta x_O = 0$、$\delta y_O = 0$、$\delta\varphi \neq 0$，则刚体上点 A_i 的虚位移 $\delta \boldsymbol{r}_i$ 如图 14-14 所示，且$\delta r_i = \rho_i\delta\varphi$。列虚功方程

$$\sum \boldsymbol{F}_i \cdot \delta \boldsymbol{r}_i = \sum F_i \cdot \rho_i\delta\varphi\sin\theta_i = [\sum M_O(\boldsymbol{F}_i)]\delta\varphi = 0$$

因 $\delta\varphi$ 是任意的，要使上式成立，必须 $\delta\varphi$ 前的系数等于零，即$\sum M_{Oi} = 0$。

这样就推导出作用在刚体上的平面力系的平衡方程。

*第 5 节 广义力 以广义力表示的质点系平衡条件

一、广义力

设质点系由 n 个质点组成，其中第 i 个质点 M_i 对坐标原点的矢径为 $\boldsymbol{r}_i$，所受的主动力的合力为 $\boldsymbol{F}_i$。设该质点系自由度为 k，取广义坐标 q_1、q_2、…、q_k，并设系统所受的约束为

非定常约束，则 $\boldsymbol{r}_i=\boldsymbol{r}_i(q_1, q_2, \cdots, q_k, t)$。给虚位移，即令 q_j 改变 δq_j，则点 M_i 的虚位移为

$$\delta\boldsymbol{r}_i=\frac{\partial\boldsymbol{r}_i}{\partial q_1}\delta q_1+\frac{\partial\boldsymbol{r}_i}{\partial q_2}\delta q_2+\cdots+\frac{\partial\boldsymbol{r}_i}{\partial q_k}\delta q_k=\sum_{j=1}^{k}\frac{\partial\boldsymbol{r}_i}{\partial q_j}\delta q_j$$

作用于质点系的所有主动力在该虚位移中的元功之和为

$$\delta W=\sum_{i=1}^{n}\boldsymbol{F}_i\cdot\delta\boldsymbol{r}_i=\sum_{i=1}^{n}\boldsymbol{F}_i\cdot\sum_{j=1}^{k}\frac{\partial\boldsymbol{r}_i}{\partial q_j}\delta q_j=\sum_{j=1}^{k}\left(\sum_{i=1}^{n}\boldsymbol{F}_i\cdot\frac{\partial\boldsymbol{r}_i}{\partial q_j}\right)\delta q_j \tag{14-9}$$

令

$$F_{Qj}=\sum_{i=1}^{n}\boldsymbol{F}_i\cdot\frac{\partial\boldsymbol{r}_i}{\partial q_j} \tag{14-10}$$

则

$$\delta W=\sum_{i=1}^{n}\boldsymbol{F}_i\cdot\delta r_i=\sum_{j=1}^{k}F_{Qj}\delta q_j \tag{14-11}$$

由式（14-10）所定义的 F_{Qj} 称为对应于广义坐标 q_j 的**广义力**（generalized forces）。由此知，广义力的数目与广义坐标的数目相等。

由式（14-11）可知，广义力的量纲随广义坐标而变。因 $F_{Qj}\delta q_j$ 具有功的量纲，如 q_j 为长度，则 F_{Qj} 为力的量纲；如 q_j 为角度，则 F_{Qj} 为力矩的量纲。

二、广义力的计算

取直角坐标系，则 $\boldsymbol{F}_i=F_{ix}\boldsymbol{i}+F_{iy}\boldsymbol{j}+F_{iz}\boldsymbol{k}$，点 M_i 的坐标 x_i、y_i、z_i 可表示为广义坐标的函数

$$\begin{cases}x_i=x_i(q_1, q_2, \cdots, q_k, t)\\ y_i=y_i(q_1, q_2, \cdots, q_k, t)\\ z_i=z_i(q_1, q_2, \cdots, q_k, t)\end{cases}$$

因 $\boldsymbol{r}_i=x_i\boldsymbol{i}+y_i\boldsymbol{j}+z_i\boldsymbol{k}$，所以

$$\frac{\partial\boldsymbol{r}_i}{\partial q_j}=\frac{\partial x_i}{\partial q_j}\boldsymbol{i}+\frac{\partial y_i}{\partial q_j}\boldsymbol{j}+\frac{\partial z_i}{\partial q_j}\boldsymbol{k}$$

广义力 F_{Qj} 的表达式（14-10）可写成解析式

$$F_{Qj}=\sum_{i=1}^{n}\left(F_{ix}\frac{\partial x_i}{\partial q_j}+F_{iy}\frac{\partial y_i}{\partial q_j}+F_{iz}\frac{\partial z_i}{\partial q_j}\right) \tag{14-12}$$

如作用于质点系的力是有势力，质点系在任一位置的势能为 V，由式（12-34）得

$$F_{ix}=-\frac{\partial V}{\partial x_i},\ F_{iy}=-\frac{\partial V}{\partial y_i},\ F_{iz}=-\frac{\partial V}{\partial z_i}$$

代入式（14-12），得

$$F_{Qj}=-\sum_{i=1}^{n}\left(\frac{\partial V}{\partial x_i}\frac{\partial x_i}{\partial q_j}+\frac{\partial V}{\partial y_i}\frac{\partial y_i}{\partial q_j}+\frac{\partial V}{\partial z_i}\frac{\partial z_i}{\partial q_j}\right)=-\frac{\partial V}{\partial q_j} \tag{14-13}$$

若将质点系的势能表示为广义坐标的函数，即 $V=V(q_1, q_2, \cdots, q_k)$，**则对应于某一广义坐标的广义力，等于势能对该广义坐标的偏导数冠以负号。**

式（14-10）中，$\frac{\partial\boldsymbol{r}_i}{\partial q_j}$表示 $\boldsymbol{r}_i$ 对于 q_j 的改变率，而式（14-9）中的$\frac{\partial\boldsymbol{r}_i}{\partial q_j}\delta q_j$ 则表示因 q_j

改变 δq_j（其他广义坐标不变）而有的虚位移 $\delta \boldsymbol{r}_i^{(j)}$，$\sum_{i=1}^{n}\boldsymbol{F}_i\cdot\frac{\partial \boldsymbol{r}_i}{\partial q_j}\delta q_j$ 表示主动力在该虚位移中的元功之和。因此，求对应于某一广义坐标 q_j 的广义力 F_{Qj}，可令 q_j 改变 δq_j，而其他广义坐标不变，找出各点相应的虚位移 $\delta \boldsymbol{r}_i^{(j)}$，据此求出各主动力的元功之和 $\delta W^{(j)}$，然后除以 δq_j 即可。也就是

$$F_{Qj}=\frac{\delta W^{(j)}}{\delta q_j} \tag{14-14}$$

实际计算广义力有两种方法：解析法采用式（14－12）或式（14－13），几何法采用式（14－14）。

三、以广义力表示的质点系平衡条件

根据虚位移原理，受理想、双面、定常约束的质点系的平衡条件是 $\delta W=0$，由式（14－11）得

$$\sum_{j=1}^{k}F_{Qj}\delta q_j=0$$

由于各 δq_j 是任意的、彼此独立的，要使上式成立，必须

$$F_{Qj}=0\quad(j=1,\ 2,\ \cdots,\ k) \tag{14-15}$$

受理想、双面、定常约束的质点系平衡的必要与充分条件是所有的广义力都等于零，这就是用广义力表示的质点系平衡条件。

如果作用于质点系的力都是有势力，则由式（14－13）及式（14－15）知，平衡条件成为

$$\frac{\partial V}{\partial q_j}=0\quad(j=1,\ 2,\ \cdots,\ k) \tag{14-16}$$

【例 14－6】 伸缩仪上作用着两个力 $\boldsymbol{F}_1$、$\boldsymbol{F}_2$（图 14－15），求平衡时两力大小之关系。

解 系统自由度 $k=1$，取 x_C 为广义坐标。$x_A=5x_C$，$\frac{\partial x_A}{\partial x_C}=5$。由式（14－12），得广义力

$$F_Q=F_1\frac{\partial x_A}{\partial x_C}-F_2\frac{\partial x_C}{\partial x_C}=5F_1-F_2$$

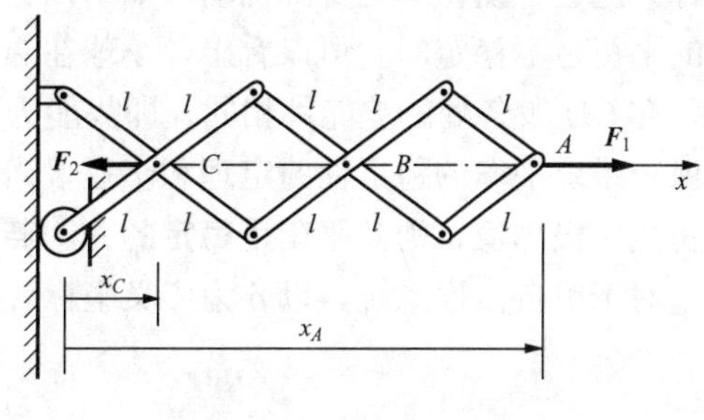

图 14－15 ［例 14－6］图

令 $F_Q=0$，得两力大小之关系为

$$F_2=5F_1$$

【例 14－7】 根据广义力等于零的条件，求解［例 14－2］。

解 同［例 14－2］解，取广义坐标 $q_1=\varphi$、$q_2=\theta$。

(1) 令 $\delta q_1=\delta\varphi\neq0$，$\delta q_2=\delta\theta=0$。此时系统的虚位移见图 14－11（c），$|\delta \boldsymbol{r}_C|=a\delta\varphi$，$|\delta \boldsymbol{r}_A|=|\delta \boldsymbol{r}_D|=|\delta \boldsymbol{r}_B|=2a\delta\varphi$，主动力的虚功为

$$\begin{aligned}\delta W^{(1)}&=-W_1|\delta \boldsymbol{r}_C|\sin\varphi-W_2|\delta \boldsymbol{r}_D|\sin\varphi+F|\delta \boldsymbol{r}_B|\cos\varphi\\&=(2F\cos\varphi-W_1\sin\varphi-2W_2\sin\varphi)a\delta\varphi\end{aligned}$$

广义力

$$F_{Q1}=\frac{\delta W^{(1)}}{\delta q_1}=(2F\cos\varphi-W_1\sin\varphi-2W_2\sin\varphi)a$$

(2) 令 $\delta q_1=\delta\varphi=0$，$\delta q_2=\delta\theta\neq 0$。此时系统的虚位移见图 14-11（b），$|\delta \boldsymbol{r}_D|=b\,\delta\theta$，$|\delta \boldsymbol{r}_B|=2b\,\delta\theta$，主动力的虚功为

$$\delta W^{(2)}=-W_2|\delta \boldsymbol{r}_D|\sin\theta+F|\delta \boldsymbol{r}_B|\cos\theta=(2F\cos\theta-W_2\sin\theta)b\,\delta\theta$$

广义力

$$F_{Q2}=\frac{\delta W^{(2)}}{\delta q_2}=(2F\cos\theta-W_2\sin\theta)b$$

令 $F_{Q1}=0$、$F_{Q2}=0$，得

$$\tan\varphi=\frac{2F}{W_1+2W_2},\ \tan\theta=\frac{2F}{W_2}$$

与［例 14-2］所得结果一致。

*第6节 保守系统平衡的稳定性

一质点系原处于平衡状态，因受轻微扰动而偏离平衡位置。若此后质点系只在其平衡位置附近运动，则其平衡是稳定的；若此后逐渐远离平衡位置，则其平衡是不稳定的。

如图 14-16 所示小球在铅直平面内三个不同的位置处于平衡状态，假设小球所受的主动力仅为重力，且接触面是光滑的。当小球稍稍偏离平衡位置 A 后，重力将使其返回平衡位置，小球在 A 处的平衡是稳定的；当小球稍稍偏离平衡位置 B 后，重力将使其离 B 愈来愈远，小球在 B 处的平衡是不稳定的；当小球位于 CD 段时，在任一位置都能平衡，这种平衡称为随遇平衡，一旦受到扰动（如给以初速度），重力无法使其回到原来的平衡位置，小球的平衡是不稳定的。可以看出，小球在 A 处的势能具有极小值，在 B 处的势能具有极大值，在 CD 段各处的势能都相同，即势能为常量。用这个简单的例子说明拉格朗日提出的关于保守系统平衡的稳定性的定理和李亚普诺夫提出的逆定理，即：①**若保守系统在平衡位置的势能为极小值，则其平衡是稳定的**；②**若势能非极小值，则其平衡是不稳定的**。

对于单自由度系统，以 q 为广义坐标，则势能 $V=V(q)$。在平衡位置有

$$\frac{\mathrm{d}V}{\mathrm{d}q}=0$$

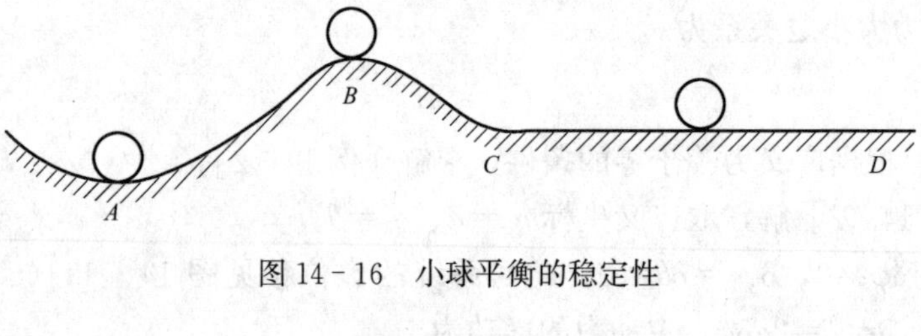

图 14-16 小球平衡的稳定性

若$\dfrac{\mathrm{d}^2V}{\mathrm{d}q^2}>0$，势能将具有极小值，平衡是稳定的。

若$\dfrac{\mathrm{d}^2V}{\mathrm{d}q^2}<0$，则势能具有极大值，平衡是不稳定的。

若$\dfrac{d^2V}{dq^2}=0$，则要根据更高阶的导数来判断是否稳定。如果所有各阶导数均为零，则势能为常量，平衡是随遇的。如果在各阶导数中，第一个非零导数是偶数阶的，且该非零导数的值是正的，则势能为极小，平衡是稳定的；若该非零导数的值是负的，则势能为极大，平衡是不稳定的。

【例 14-8】 图 14-17 所示倒摆系统中，摆锤重W，重心为C，两水平弹簧的刚度系数为k，且杆铅直时弹簧未变形。设杆只能在弹簧所在的铅直面内作微振动，杆质量不计，$OC=l$，$OA=a$。试求使系统在铅直倒立的平衡位置成为稳定平衡所需的k值。

解 系统自由度$k=1$，选摆角φ为广义坐标。以点O为重力势能零位置，以弹簧自然长度末端为弹性势能零位置。系统在任一位置的势能为

$$V=Wl\cos\varphi+\frac{k}{2}(a\sin\varphi)^2+\frac{k}{2}(-a\sin\varphi)^2=Wl\cos\varphi+ka^2\sin^2\varphi$$

$$\frac{dV}{d\varphi}=-Wl\sin\varphi+2ka^2\sin\varphi\cos\varphi$$

显然，$\varphi=0$时，$\left.\dfrac{dV}{d\varphi}\right|_{\varphi=0}=0$，即铅直倒立的位置是平衡位置。

$$\frac{d^2V}{d\varphi^2}=-Wl\cos\varphi+2ka^2(\cos^2\varphi-\sin^2\varphi)$$

若$\varphi=0$是稳定平衡位置，则必须有$\left.\dfrac{d^2V}{d\varphi^2}\right|_{\varphi=0}=2ka^2-Wl>0$，即$k>\dfrac{Wl}{2a^2}$。

【例 14-9】 翻转式运料车的车斗（包括所装材料，下同）重为P，其前后壁焊有水平凸板M以安放在车架的支架上，如图 14-18（a）所示。支架上部轮廓是半径为r的圆弧，车斗的重心C至凸板底面的距离为h。车斗翻转时，凸板沿支承面滚动而不滑动，试讨论车斗位置的稳定性。

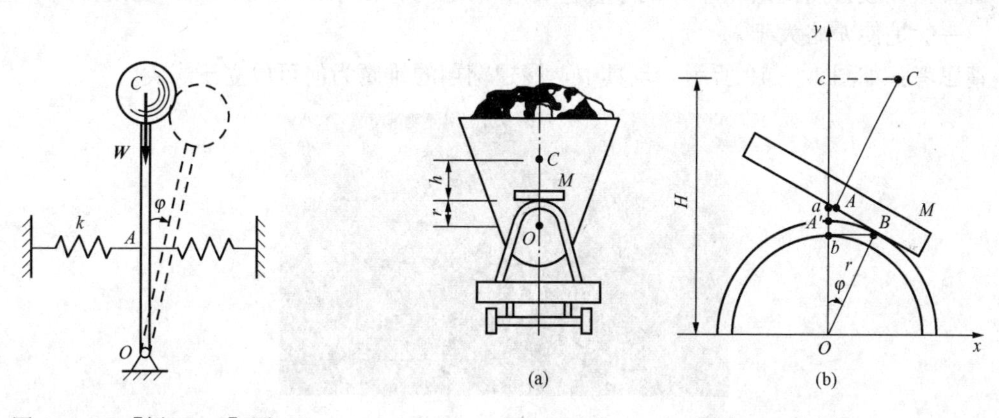

图 14-17 ［例 14-8］图　　图 14-18 ［例 14-9］图

解 设凸板底面上的A点原与支架顶点A'重合［图 14-18（b）］，车斗转过一角度φ后，接触点移至B点。选φ为广义坐标，系统自由度$k=1$。

车斗重心C的高度为$H=Ob+ba+ac=r\cos\varphi+AB\sin\varphi+h\cos\varphi$，因只滚不滑，$AB=\overset{\frown}{A'B}=r\varphi$，所以$H=r\cos\varphi+r\varphi\sin\varphi+h\cos\varphi$。以水平线$Ox$为重力势能零位置，则车斗的势能为

$$V = PH = P[(r+h)\cos\varphi + r\varphi\sin\varphi]$$

$$\frac{\mathrm{d}V}{\mathrm{d}\varphi} = P[-(r+h)\sin\varphi + r\sin\varphi + r\varphi\cos\varphi] = P(r\varphi\cos\varphi - h\sin\varphi) \tag{a}$$

令$\frac{\mathrm{d}V}{\mathrm{d}\varphi}=0$，得

$$r\varphi\cos\varphi - h\sin\varphi = 0$$

显然 $\varphi=0$ 是一个解，这表明重心 C 在 A 点的铅直上方时［图 14-18（a）］车斗处于平衡。下面讨论其平衡的稳定性。

$$\frac{\mathrm{d}^2V}{\mathrm{d}\varphi^2} = P[(r-h)\cos\varphi - r\varphi\sin\varphi] \tag{b}$$

将 $\varphi=0$ 代入上式，有

$$\frac{\mathrm{d}^2V}{\mathrm{d}\varphi^2} = P(r-h)$$

当 $r>h$ 时，$\frac{\mathrm{d}^2V}{\mathrm{d}\varphi^2}>0$，平衡是稳定的；当 $r<h$ 时，$\frac{\mathrm{d}^2V}{\mathrm{d}\varphi^2}<0$，平衡是不稳定的；当 $r=h$ 时，$\frac{\mathrm{d}^2V}{\mathrm{d}\varphi^2}=0$，要考察更高阶的导数。

将 $r=h$ 代入式（b），有$\frac{\mathrm{d}^2V}{\mathrm{d}\varphi^2}=-Pr\varphi\sin\varphi$，继续求导数，并将 $\varphi=0$ 代入，有

$$\left.\frac{\mathrm{d}^3V}{\mathrm{d}\varphi^3}\right|_{\varphi=0} = -Pr(\sin\varphi + \varphi\cos\varphi)\big|_{\varphi=0} = 0,\quad \left.\frac{\mathrm{d}^4V}{\mathrm{d}\varphi^4}\right|_{\varphi=0} = -Pr(2\cos\varphi - \varphi\sin\varphi)\big|_{\varphi=0} = -2Pr < 0$$

非零导数最低阶次是偶数 4，且该导数的值为负，所以平衡是不稳定的。

车斗在装运材料时，用插销固定在车架上；卸车时，将插销拔去。为了使卸车时车斗能自动翻转，在拔去插销后，车斗的平衡应是不稳定的。根据以上讨论知，在设计时，应使 $r\leqslant h$，一般是使 h 略大于 r。

请思考： 如图 14-19 所示，玩具中，展翅翱翔的雄鹰为何可以立于岩尖？

图 14-19　玩具鹰

思 考 题

14-1　确定下列系统的自由度：

（1）如图 14-20（a）所示传动系统。

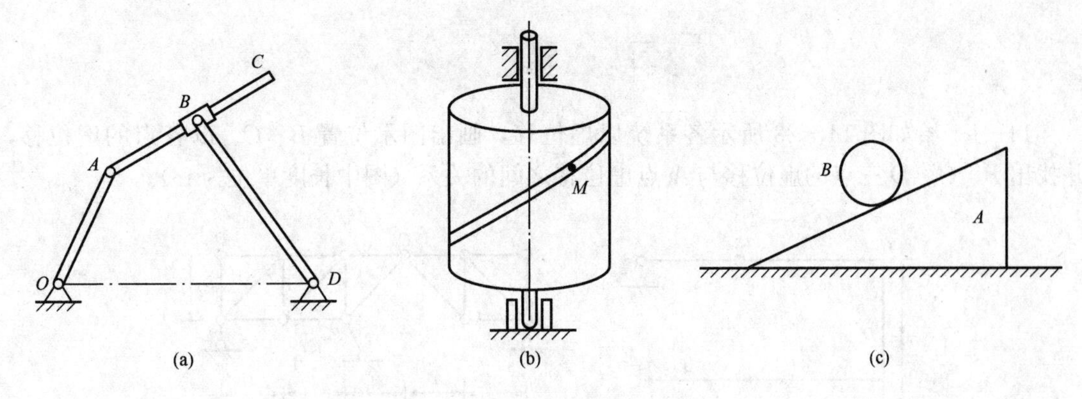

图 14-20 思考题 14-1 图

(2) 圆柱可绕固定铅直轴转动，小物块M在圆柱表面的槽内滑动，如图 14-20 (b) 所示。

(3) 系统由楔块A及轮B组成，如图 14-20 (c) 所示，A可在水平面上滑动，试分别讨论轮B只滚动不滑动和又滚动又滑动两种情况。

14-2 判断图 14-21 所示的虚位移有无错误。

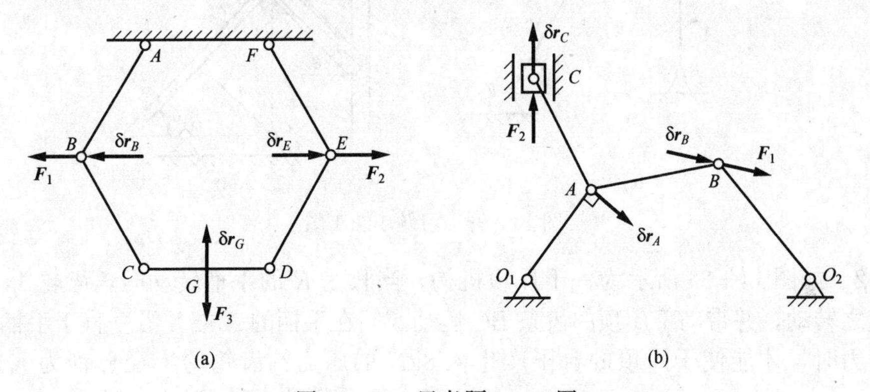

图 14-21 思考题 14-2 图

14-3 物块A在重力、摩擦力和弹性力作用下平衡。设给A一水平向右的虚位移$\delta \boldsymbol{r}$如图 14-22 所示，问：弹性力的虚功是否等于$\dfrac{k}{2}\left[(l_1-l_0)^2-(l_2-l_0)^2\right]$？为什么？摩擦力的虚功是正还是负？

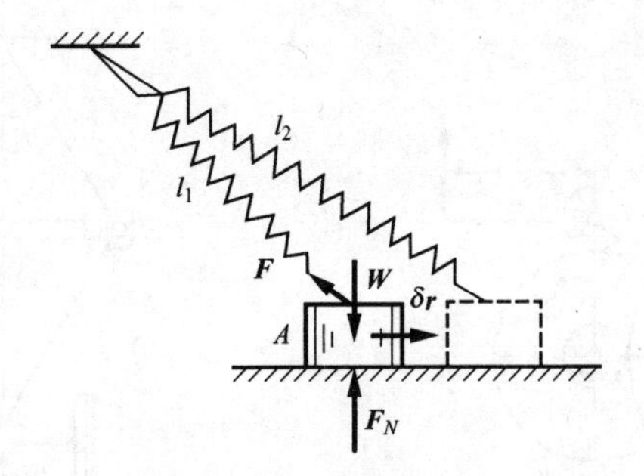

图 14-22 思考题 14-3 图

习题

14－1 给如图14－23所示各系统以虚位移，画出图示位置B、C、D各点的虚位移，并找出B、C、D三点的虚位移与A点虚位移之间的关系（图中长度单位为m）。

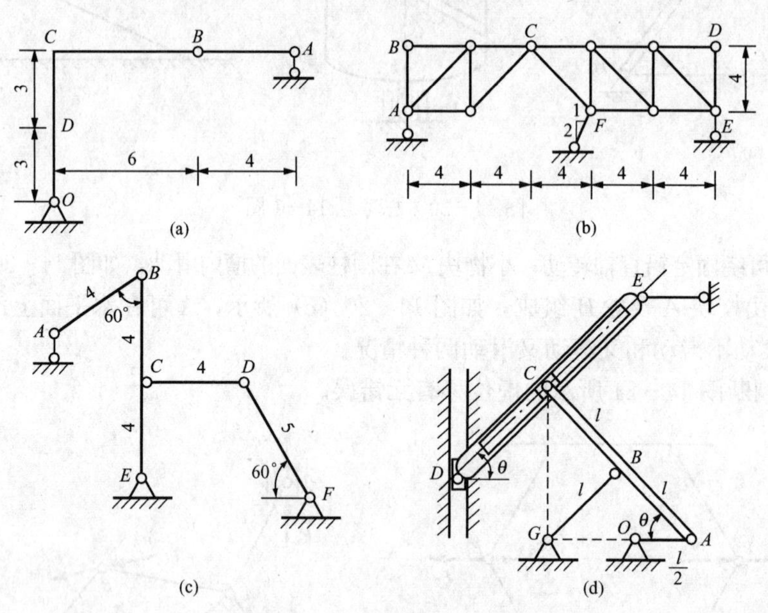

图14－23 习题14－1图

14－2 如图14－24所示为一千斤顶机构，当长为R的手柄转动时，齿轮1，2，3，4与5也随之转动，并带动千斤顶的齿条BC运动。问在手柄的A端并沿垂直于手柄的方向作用多大的力时，才能使千斤顶的台子产生4.8kN的压力？齿轮的半径分别为$r_1=30$mm，$r_2=120$mm，$r_3=40$mm，$r_4=160$mm，$r_5=30$mm，手柄的半径$R=180$mm。

14－3 在螺旋压榨机手轮上作用一矩为M的力偶如图14－25所示，手轮装在螺杆上，螺杆两端刻有螺距为h的相反螺纹，螺杆上套有两螺母，螺母与菱形杆框连接如图所示。求当菱形的顶角为2θ时，压榨机对物体的压力。

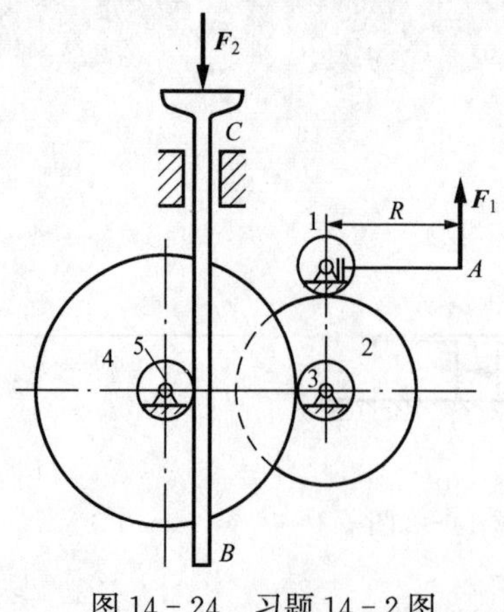

图14－24 习题14－2图

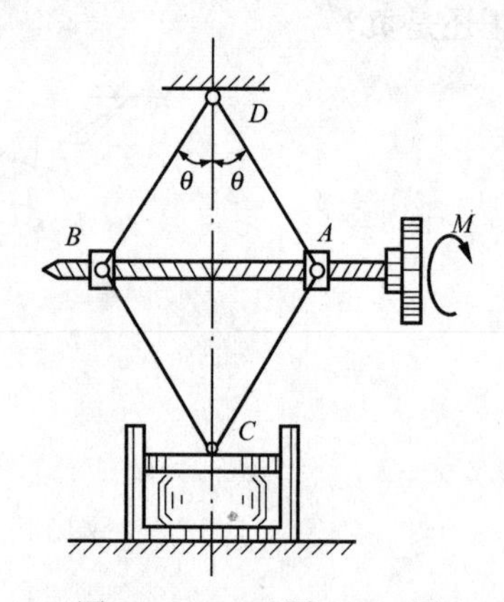

图14－25 习题14－3图

14-4 图 14-26 所示机构中，$AC=BC=DC=DG=EG=EC=l$，弹簧原长为 l，刚度系数为 k。试求机构平衡时，力 $\boldsymbol{F}$ 大小与角 θ 的关系。

14-5 在压榨机构的曲柄 OA 上作用一力偶如图 14-27 所示，其矩 $M=50\text{N}\cdot\text{m}$。若 $OA=r=0.1\text{m}$，$BD=DC=DE=l=0.3\text{m}$，OA 杆水平，$\angle OAB=90°$，$\theta=15°$，各杆自重不计，求压榨力 $\boldsymbol{F}$ 的大小。

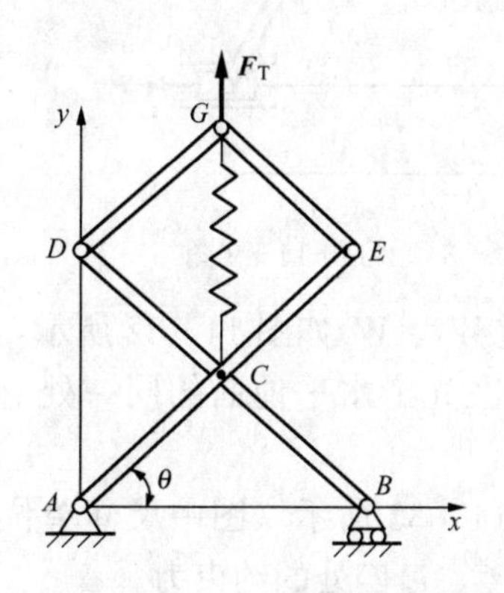

图 14-26 习题 14-4 图

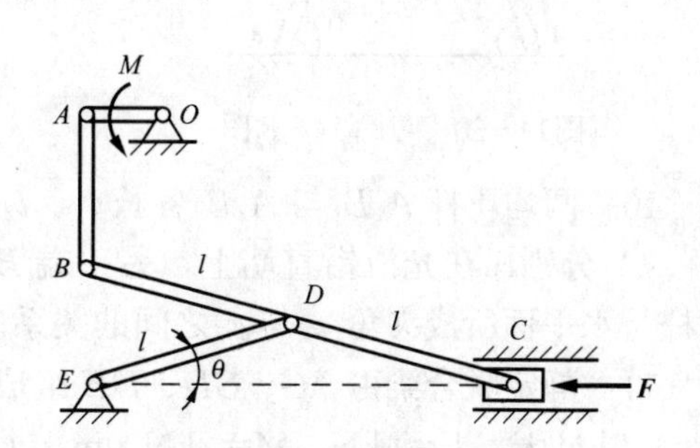

图 14-27 习题 14-5 图

14-6 如图 14-28 所示摇杆机构，图 14-28（a）中 OA 长为 a，图 14-28（b）中 OB 长为 a，两图中 OA 杆水平，O_1B 杆与铅直线 O_1O 夹角为 30°，现各在 OA 杆上施加力偶 M_1，试求系统保持平衡时，需在 O_1B 上施加的力偶 M_2。

14-7 在如图 14-29 所示机构中，当滑道 OC 绕水平轴 O 摆动时，滑块 A 可沿滑道 OC 滑动，并带动杆 AB 运动。问在 C 点沿垂直于滑道 OC 的方向应作用多大的力 $\boldsymbol{F}_1$，才能平衡沿杆 AB 作用并朝上的力 $\boldsymbol{F}$？

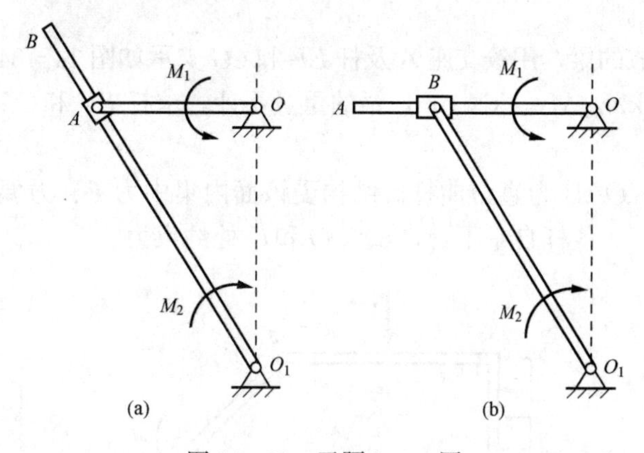

图 14-28 习题 14-6 图

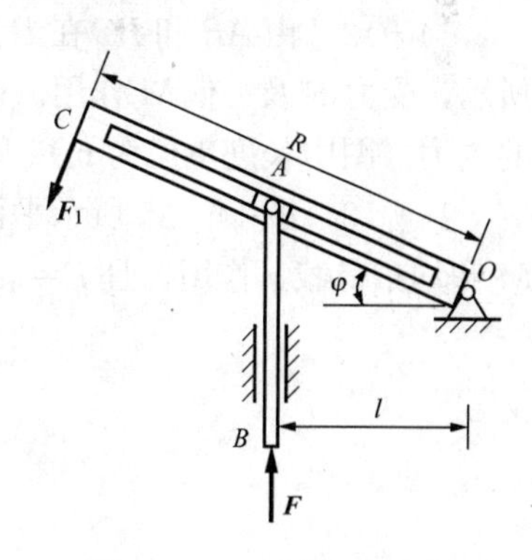

图 14-29 习题 14-7 图

14-8 一折梯放在粗糙水平地面上如图 14-30 所示，设梯子与地面之间的摩擦因数为 f_s，求平衡时梯子与水平面所成的最小的角度 φ（设梯子 AC 与 BC 两部分为均质杆）。

14-9 如图 14-31 所示，连接 D、E 两点的弹簧的刚度系数为 k，$AB=BC=l$，$BD=BE=b$。当 $AC=a$ 时，弹簧拉力为零。设在 C 处作用一水平力 $\boldsymbol{F}$，使系统处于平衡，求 A、C 间的距离 x（杆 AB、BC 的质量不计，摩擦不计）。

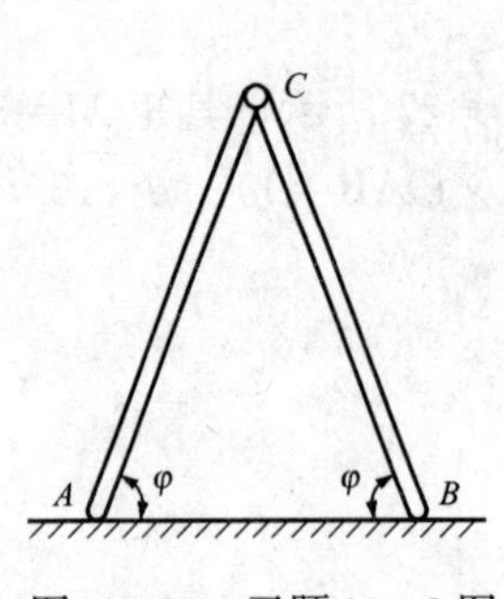

图14-30　习题14-8图

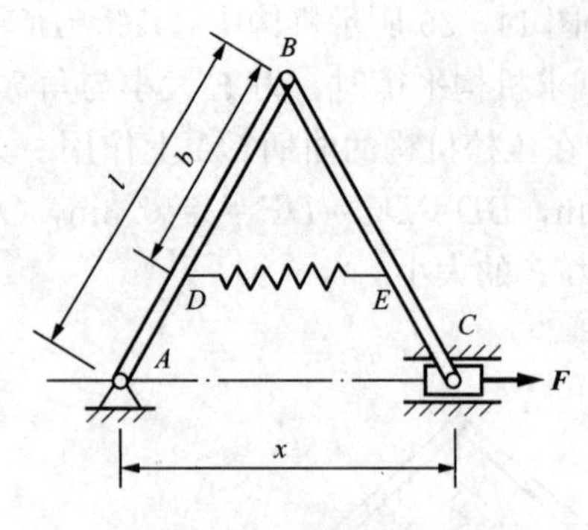

图14-31　习题14-9图

14-10　两均质杆 A_1B_1 与 A_2B_2 各长 l_1、l_2，分别重 W_1、W_2 如图14-32所示，两杆的一端 A_1、A_2 分别靠在光滑铅直墙上，另一端 B_1、B_2 搁在光滑水平地面的同一处。求平衡时，两杆与水平面所成夹角 φ_1 与 φ_2 之间的关系。

14-11　静定联合梁由 AG、GD、DE 组成，如图14-33所示（图中尺寸单位为 m）。已知 $q=1.5\text{kN/m}$，$F=4\text{kN}$，$M=2\text{kN}\cdot\text{m}$，求 A、B、C、E 四处的约束力。

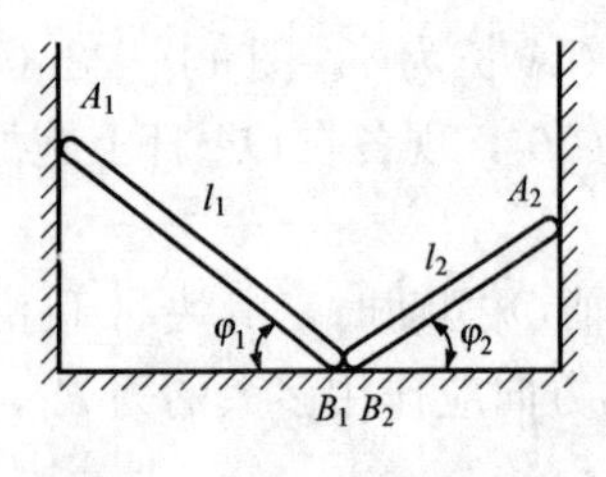

图14-32　习题14-10图

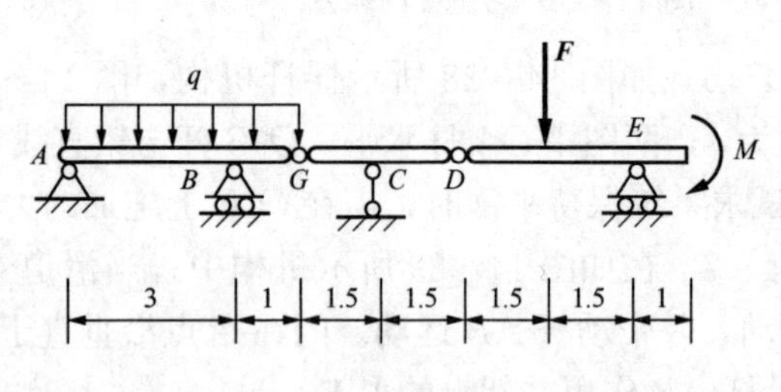

图14-33　习题14-11图

14-12　由 AB 和 BC 在 B 点铰连而成的梁，用铰支座 A 及杆 EF 和 CG 支承如图14-34所示，受力 $\boldsymbol{F}$ 及力偶 M 作用。已知 $F=1\text{kN}$，$M=4\text{kN}\cdot\text{m}$，梁的重量不计，求杆 EF 和 CG 的内力（图中长度单位为 m）。

14-13　图14-35所示平面结构中，OAB 为直角曲杆。结构受该面内集中力 $\boldsymbol{F}$、力偶 M 和均布荷载 q 作用，且 $F=qa$，$M=qa^2$。各杆自重不计，试求 O 和 C 处约束力。

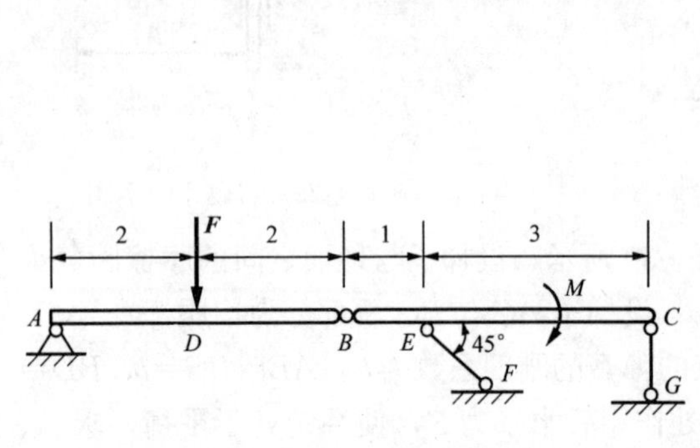

图14-34　习题14-12图

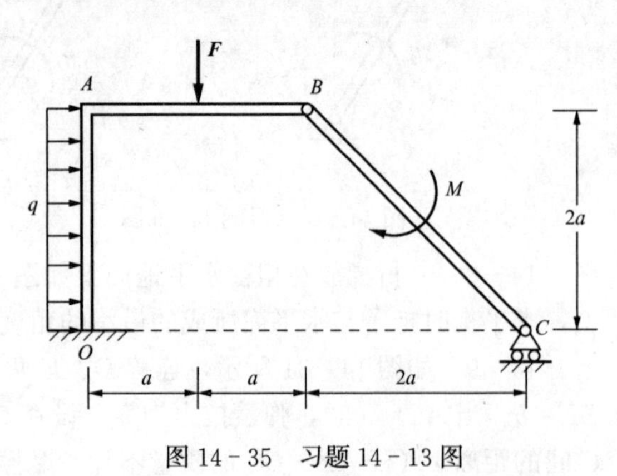

图14-35　习题14-13图

14-14　三铰拱受水平力 $\boldsymbol{F}$ 的作用如图14-36所示，求支座 A、B 两处的约束力。拱的重量不计。

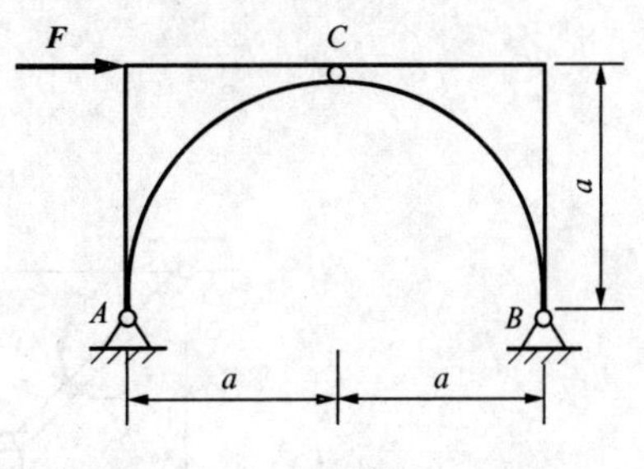

图 14-36 习题 14-14 图

14-15 试用虚位移原理求如图 14-37 所示桁架中 1、2 两杆件的内力。

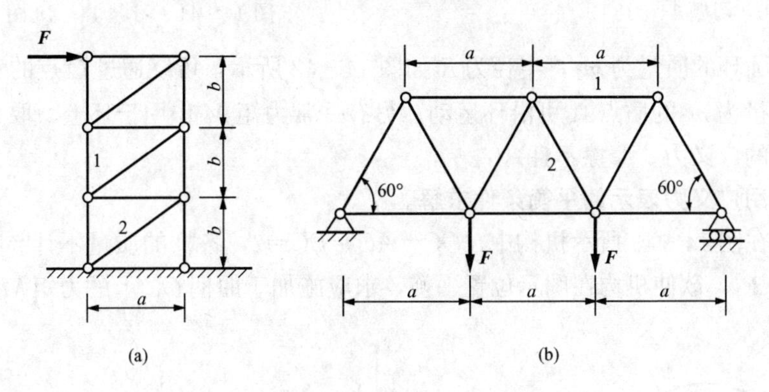

图 14-37 习题 14-15 图

14-16 如图 14-38 所示的一组合结构，已知 $F_1=4\text{kN}$，$F_2=5\text{kN}$，求杆 1 的内力（图中长度单位为 m）。

14-17 图 14-39 所示结构中所受荷载 $F=2\text{kN}$，$M=8\text{kN}\cdot\text{m}$，求支座 B 的约束力（图中长度单位为 m）。

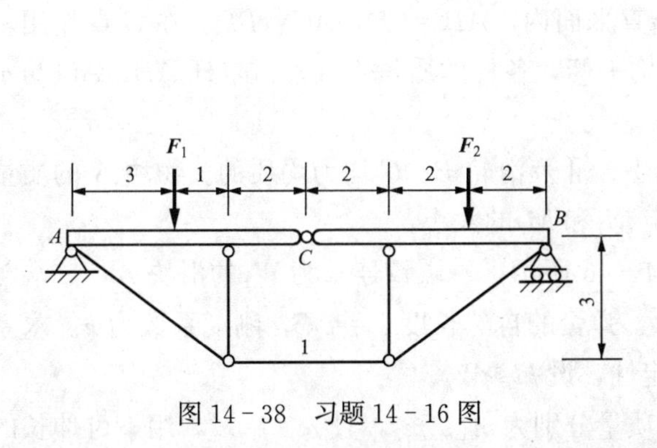

图 14-38 习题 14-16 图

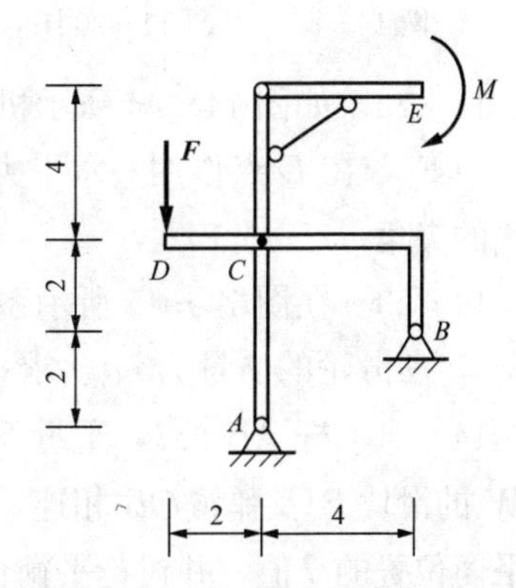

图 14-39 习题 14-17 图

14-18 均质曲柄 OA 重为 W_1，长为 l 如图 14-40 所示，受常力偶 M 作用，T 形杆 BCD 重 W_2，若以 θ 为广义坐标，求当 $\theta=60°$时对应的广义力。

14-19 三根长为 l 的杆件 OA、AB、BC 连接如图 14-41 所示，各杆质量不计。杆

OA 上作用一力矩 M，在 A、B 两点分别作用一向下的力 $\boldsymbol{F}_1$，$\boldsymbol{F}_2$，试求对应于广义坐标 φ_1、φ_2的广义力。

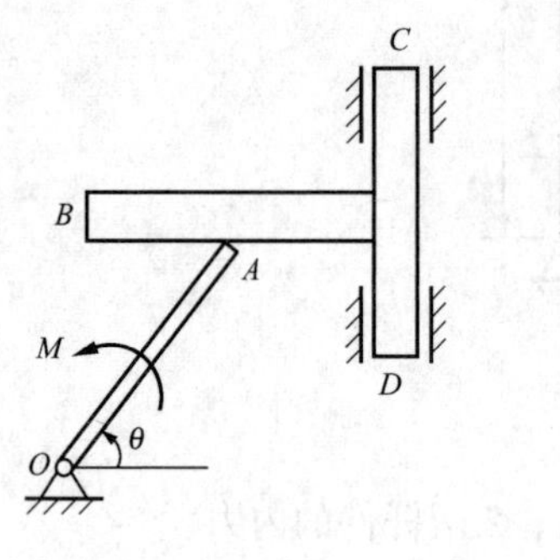

图 14-40 习题 14-18 图

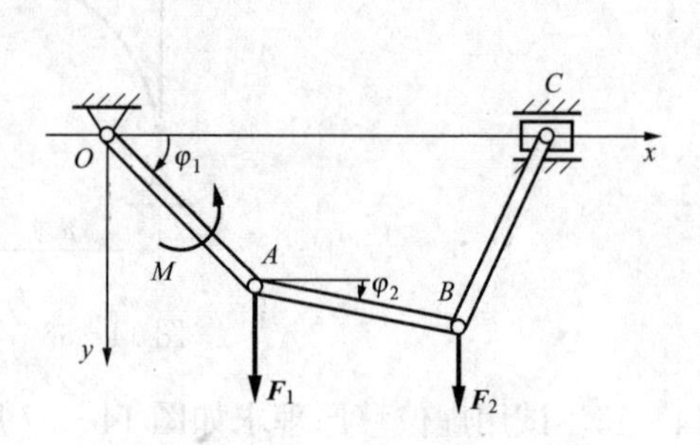

图 14-41 习题 14-19 图

14-20 圆环的质量为 m_1，半径为 R 如图 14-42 所示，可绕通过 O 点的水平轴在铅直面内转动；质量为 m_2的质点 A 可沿环运动；另有一常力矩 M 作用于环上。取 φ 及 θ 为广义坐标，求相应的广义力。摩擦不计。

以下各题用广义力表示的平衡条件求解。

14-21 在图 14-43 所示机构中，$OC=AC=BC=l$，各杆的质量不计。在滑块 A、B 上作用力 $\boldsymbol{F}_1$、$\boldsymbol{F}_2$，欲使机构在图示位置平衡，求应施加于曲柄 OC 上的力矩 M。

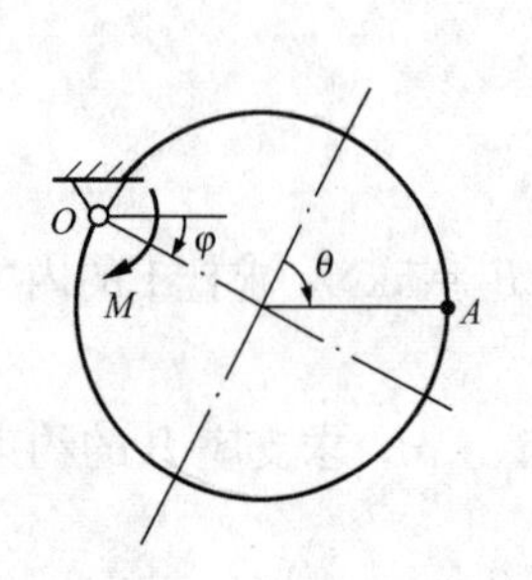

图 14-42 习题 14-20 图

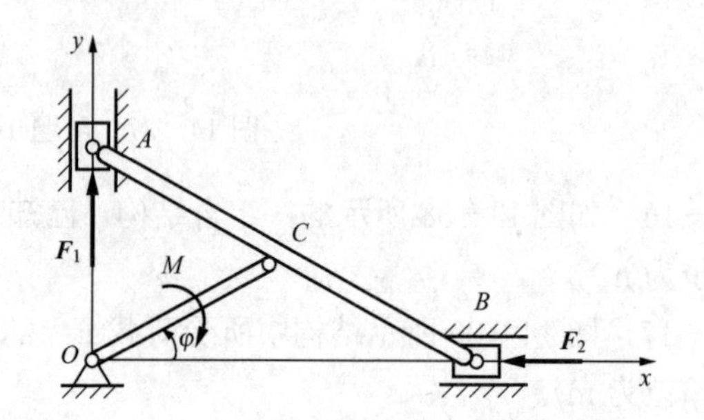

图 14-43 习题 14-21 图

14-22 如图 14-44 所示机构位于铅直平面内，$AB=CD$，$AC=BD$。在 C 点作用一铅直力 $\boldsymbol{F}_1$，在 D 点作用一水平力 $\boldsymbol{F}_2$ 使机构平衡，各杆的质量不计。试求杆 AB、AC 与水平线的夹角 φ_1、φ_2。

14-23 在图 14-45 所示系统中，轮Ⅰ、Ⅱ及滑轮 B、C 均为均质的。物块 A 的质量为 m_1，动滑轮的质量为 m_2。求平衡时力矩 M_1和 M_2的大小。

14-24 杆 AB 长 l，重量不计如图 14-46 所示，一端铰连重为 W_1的滑块 A，一端与重 W 的滑块 B 及弹簧 OB 相连，如图所示，弹簧的自然长度 $l_0=OC$，刚度系数为 k。求系统平衡位置的 θ 值，并讨论平衡位置的稳定性，设 $kl>W_1$。

14-25 图 14-47 所示 A、B 两小球质量分别为 m_1、m_2，且 $m_1>m_2$，用不可伸长的绳索连接。不计摩擦和绳索质量，求平衡位置的 θ，并讨论其平衡的稳定性。

14-26 图 14-48 所示一个质量为 m 的均质重物置于固定圆柱体的顶面上。试证明：如果 $h=2r$，平衡是不稳定的（假定在任意扰动下物块只倾斜而无滑动）。

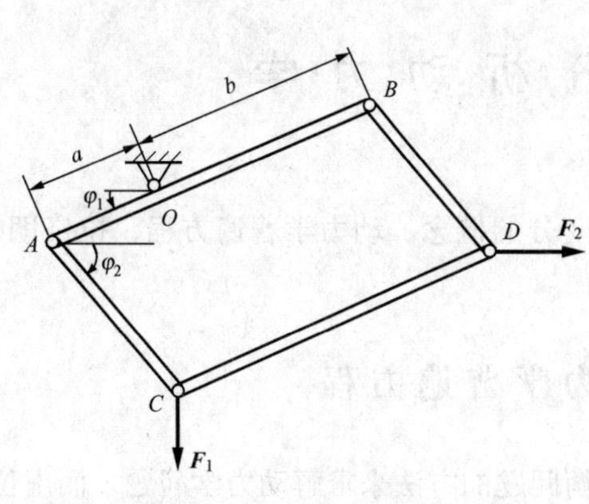

图 14-44　习题 14-22 图

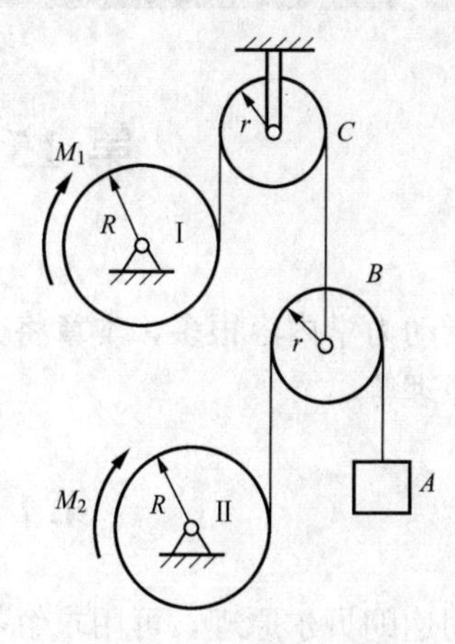

图 14-45　习题 14-23 图

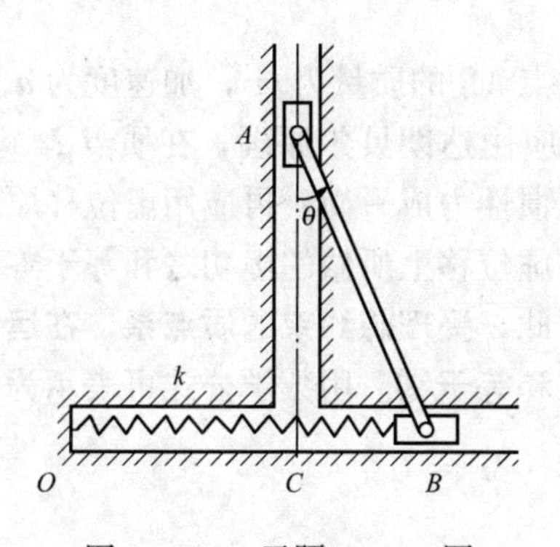

图 14-46　习题 14-24 图

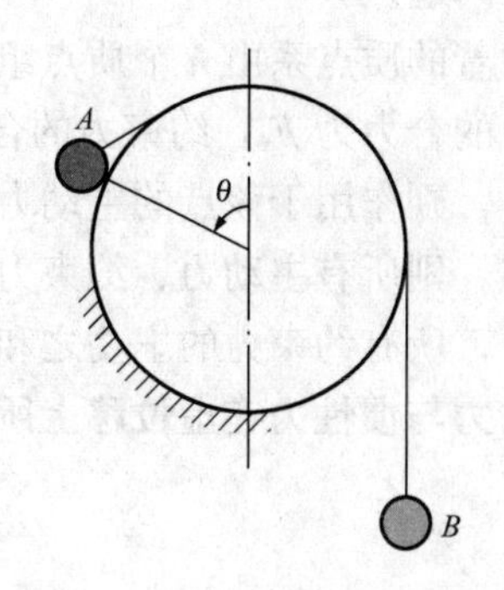

图 14-47　习题 14-25 图

14-27　图 14-49 所示玩具跷板的柱 OA 长 h，在 A 处对称地刚连长 l 的两根细杆，杆端各有一质量为 m 的小球，杆与柱 OA 在同一平面内。夹角为 θ，柱 OA 搁置于 O 点。试就不同的 h 和 l 讨论平衡的稳定性：①不计柱和细杆的质量；②考虑柱和细杆的质量 m_1 及 m_2。你能否用静力学理论解释所得结论？

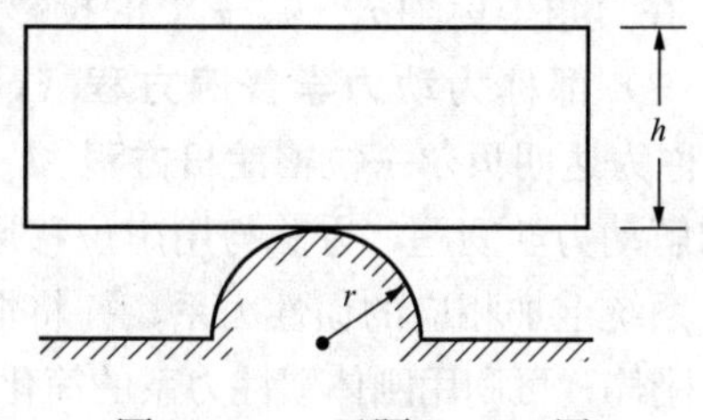

图 14-48　习题 14-26 图

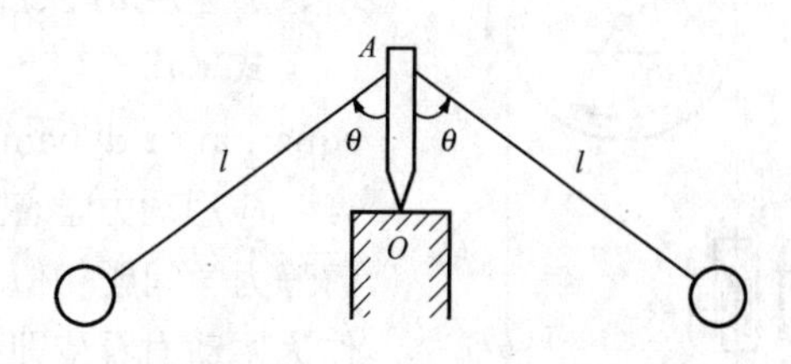

图 14-49　习题 14-27 图

*第 15 章 分 析 动 力 学

分析动力学内容很多，本章将介绍等时变分的概念、动力学普遍方程、拉格朗日方程、哈密顿原理等。

第 1 节 动力学普遍方程

应用达朗贝尔原理，可用求解静力学平衡问题的方法来求解动力学问题，而虚位移原理是求解静力学平衡问题的最一般的原理，因此，可以将虚位移原理与达朗贝尔原理结合起来求解动力学问题。

设运动着的质点系由 n 个质点组成，其中质点 M_i 的质量为 m_i，加速度为 $\boldsymbol{a}_i$，作用于其上的主动力的合力为 $\boldsymbol{F}_i$，约束力的合力为 $\boldsymbol{F}_{Ni}$。应用达朗贝尔原理，在质点 M_i 上加惯性力 $\boldsymbol{F}_{Ii}=-m_i\boldsymbol{a}_i$，则作用于该点的主动力、约束力与惯性力成平衡。再应用虚位移原理，给质点系以虚位移，则所有主动力、约束力与惯性力在虚位移上所做的虚功之和等于零。在理想约束的条件下，所有约束力的虚功之和等于零。因此，**受理想约束的质点系，在运动中的任何瞬时，主动力与惯性力在虚位移上所做的虚功之和等于零。**用数学公式可表示为

$$\sum_{i=1}^{n}(\boldsymbol{F}_i+\boldsymbol{F}_{Ii})\cdot\delta\boldsymbol{r}_i=0 \tag{15-1}$$

或

$$\sum_{i=1}^{n}(\boldsymbol{F}_i-m_i\boldsymbol{a}_i)\cdot\delta\boldsymbol{r}_i=0 \tag{15-2}$$

式中：$\delta\boldsymbol{r}_i$ 是质点 M_i 的虚位移。上式还可表示为解析式

$$\sum_{i=1}^{n}[(F_{ix}-m_i\ddot{x}_i)\delta x_i+(F_{iy}-m_i\ddot{y}_i)\delta y_i+(F_{iz}-m_i\ddot{z}_i)\delta z_i]=0 \tag{15-3}$$

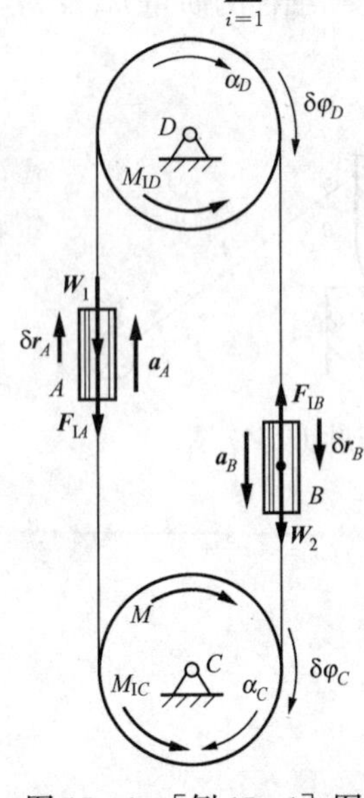

图 15-1 [例 15-1] 图

式中：F_{ix}、F_{iy}、F_{iz}，$\ddot{x}_i$、$\ddot{y}_i$、$\ddot{z}_i$ 及 δx_i、δy_i、δz_i 分别为主动力 $\boldsymbol{F}_i$、加速度 $\boldsymbol{a}_i$ 及虚位移 $\delta\boldsymbol{r}_i$ 在直角坐标轴 x、y、z 上的投影。

式（15-1）～式（15-3）都称为**动力学普遍方程**（general equation of dynamics），也称为**达朗贝尔—拉格朗日方程**。

应用动力学普遍方程求解动力学问题，方法与用虚位移原理求解静力学问题相似，只要在系统上加相应的惯性力系，并将惯性力作为主动力看待即可。对于刚体，可利用刚体惯性力系的简化结果。

分析静力学中，虚位移原理的适用范围被严格限制在受定常、理想约束的质点系。动力学普遍方程以虚位移原理为依据，只是增加了惯性力。但由于非定常约束对质点系运动的影响已在惯性力中得到体现，因此动力学普遍方程也适用于非定常约束的质点系。当约束为定常，且系统内各质点均处于平衡状态时，令动力学普遍方程中的惯性力为零，即得到分析静力学中的虚位移原理。

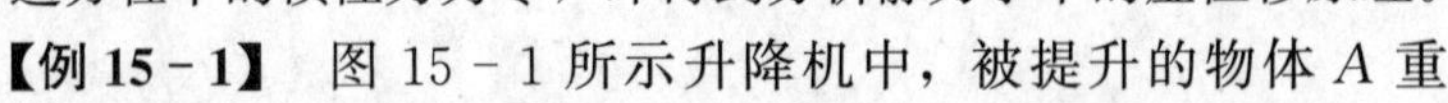

【例 15-1】 图 15-1 所示升降机中，被提升的物体 A 重

W_1，平衡锤 B 重 W_2，带轮 C 及 D 的半径均为 r，均重 W_3，可看作均质圆柱，带的重量忽略不计。设电动机作用于带轮 C 上的转矩为 M，试求 A 的加速度。

解 取整个系统研究，系统自由度 $k=1$。设 A 有向上的加速度 $\boldsymbol{a}_A$，则 B 有向下的加速度 $\boldsymbol{a}_B$，且 $a_B=a_A$；轮 C 及 D 有顺时针转向的角加速度 α_C 及 α_D，且 $\alpha_C=\alpha_D=a_A/r$。在 A、B、C、D 上分别加惯性力（图 15-1），其中

$$F_{IA}=\frac{W_1}{g}a_A,\ F_{IB}=\frac{W_2}{g}a_B,\ M_{IC}=M_{ID}=\frac{W_3r^2}{2g}\cdot\frac{a_A}{r}=\frac{W_3r}{2g}a_A$$

给虚位移，设 A 有向上的虚位移 $\delta\boldsymbol{r}_A$，则 B 有向下的虚位移 $\delta\boldsymbol{r}_B$，且 $|\delta\boldsymbol{r}_B|=|\delta\boldsymbol{r}_A|$；轮 C 及 D 有顺时针转向的虚位移 $\delta\varphi_C=\delta\varphi_D=|\delta\boldsymbol{r}_A|/r$。列虚功方程

$$-(W_1+F_{IA})|\delta\boldsymbol{r}_A|+(W_2-F_{IB})|\delta\boldsymbol{r}_B|+(M-M_{IC})\delta\varphi_C-M_{ID}\delta\varphi_D=0$$

即
$$\left[-W_1-\frac{W_1}{g}a_A+W_2-\frac{W_2}{g}a_A+\left(M-2\times\frac{W_3r}{2g}a_A\right)\frac{1}{r}\right]|\delta\boldsymbol{r}_A|=0$$

因 $|\delta\boldsymbol{r}_A|$ 是任意的，所以有

$$a_A=\frac{M+(W_2-W_1)r}{(W_1+W_2+W_3)r}g$$

第2节 拉格朗日方程[1]

设质点系由 n 个质点组成，受非定常、完整、理想约束，具有 k 个自由度，取广义坐标 q_1、q_2、…、q_k，质点系中各质点的矢径 $\boldsymbol{r}_i$ 可表示为广义坐标与时间的函数

$$\boldsymbol{r}_i=\boldsymbol{r}_i(q_1,q_2,\cdots,q_k,t)\quad(i=1,2,\cdots,n)\tag{a}$$

由动力学普遍方程式（15-1），有

$$\sum_{i=1}^{n}(\boldsymbol{F}_i+\boldsymbol{F}_{Ii})\cdot\delta\boldsymbol{r}_i=\sum_{i=1}^{n}\boldsymbol{F}_i\cdot\delta\boldsymbol{r}_i+\sum_{i=1}^{n}\boldsymbol{F}_{Ii}\cdot\delta\boldsymbol{r}_i=0\tag{b}$$

由式（14-11）可知，主动力在虚位移中的元功之和为

$$\sum_{i=1}^{n}\boldsymbol{F}_i\cdot\delta\boldsymbol{r}_i=\sum_{j=1}^{k}F_{Qj}\delta q_j\tag{c}$$

式中：F_{Qj} 是对应于广义坐标 q_j 的广义力。相似地，惯性力在虚位移中的元功之和可写成

$$\sum_{i=1}^{n}\boldsymbol{F}_{Ii}\cdot\delta\boldsymbol{r}_i=\sum_{j=1}^{k}F_{IQj}\delta q_j\tag{d}$$

其中

$$F_{IQj}=\sum_{i=1}^{n}\boldsymbol{F}_{Ii}\cdot\frac{\partial\boldsymbol{r}_i}{\partial q_j}=\sum_{i=1}^{n}\left(F_{Iix}\frac{\partial x_i}{\partial q_j}+F_{Iiy}\frac{\partial y_i}{\partial q_j}+F_{Iiz}\frac{\partial z_i}{\partial q_j}\right)\tag{15-4}$$

称为对应于广义坐标 q_j 的**广义惯性力**（generalized inertial force）。

将式（c）、式（d）代入式（b），得

$$\sum_{j=1}^{k}(F_{Qj}+F_{IQj})\cdot\delta q_j=0$$

由于 δq_1、δq_2、…、δq_k 是任意的、彼此独立的，要使上式成立，必须

$$F_{Qj}+F_{IQj}=0\quad(j=1,2,\cdots,k)\tag{e}$$

[1] 这里指的是第二类拉格朗日方程。

即受完整、理想约束的质点系运动的任一瞬时，广义力与广义惯性力相平衡。

为了用质点系的动能表示广义惯性力 F_{IQj}，需用到两个恒等式

$$\frac{\partial \boldsymbol{r}_i}{\partial q_j}=\frac{\partial \boldsymbol{v}_i}{\partial \dot{q}_j} \tag{f}$$

$$\frac{\mathrm{d}}{\mathrm{d}t}\frac{\partial \boldsymbol{r}_i}{\partial q_j}=\frac{\partial \boldsymbol{v}_i}{\partial q_j} \tag{g}$$

下面推导这两个恒等式。将式（a）两边对时间 t 求导数，有

$$\boldsymbol{v}_i=\frac{d\boldsymbol{r}_i}{\mathrm{d}t}=\sum_{j=1}^{k}\frac{\partial \boldsymbol{r}_i}{\partial q_j}\dot{q}_j+\frac{\partial \boldsymbol{r}_i}{\partial t} \tag{h}$$

其中 $\dot{q}_j=\frac{\mathrm{d}q_j}{\mathrm{d}t}$ 称为**广义速度**（generalized velocity），$\frac{\partial \boldsymbol{r}_i}{\partial q_j}$、$\frac{\partial \boldsymbol{r}_i}{\partial t}$ 仅仅是广义坐标及时间的函数，与广义速度无关。所以速度 $\boldsymbol{v}_i$ 是广义速度的线性函数。

将式（h）两边对 $\dot{q}_j$ 求偏导数，便得到式（f）。

再将式（h）对任一广义坐标 q_l 求偏导数，有

$$\frac{\partial \boldsymbol{v}_i}{\partial q_l}=\sum_{j=1}^{k}\frac{\partial^2 \boldsymbol{r}_i}{\partial q_j\,\partial q_l}\dot{q}_j+\frac{\partial^2 \boldsymbol{r}_i}{\partial t\,\partial q_l} \tag{i}$$

而将式（a）两边先对 q_l 求偏导数，再对 t 求导数，得

$$\frac{\mathrm{d}}{\mathrm{d}t}\left(\frac{\partial \boldsymbol{r}_i}{\partial q_l}\right)=\sum_{j=1}^{k}\frac{\partial^2 \boldsymbol{r}_i}{\partial q_l\,\partial q_j}\dot{q}_j+\frac{\partial^2 \boldsymbol{r}_i}{\partial q_l\,\partial t} \tag{j}$$

比较式（i）和式（j），得

$$\frac{\mathrm{d}}{\mathrm{d}t}\frac{\partial \boldsymbol{r}_i}{\partial q_l}=\frac{\partial \boldsymbol{v}_i}{\partial q_l}$$

将上式下标 l 换成 j 后，就是式（g）。

据式（15-4），广义惯性力

$$F_{IQj}=\sum_{i=1}^{n}\boldsymbol{F}_{Ii}\cdot\frac{\partial \boldsymbol{r}_i}{\partial q_j}=-\sum_{i=1}^{n}m_i\dot{\boldsymbol{v}}_i\cdot\frac{\partial \boldsymbol{r}_i}{\partial q_j} \tag{k}$$

而
$$m_i\dot{\boldsymbol{v}}_i\cdot\frac{\partial \boldsymbol{r}_i}{\partial q_j}=\frac{\mathrm{d}}{\mathrm{d}t}\left(m_i\boldsymbol{v}_i\cdot\frac{\partial \boldsymbol{r}_i}{\partial q_j}\right)-m_i\boldsymbol{v}_i\cdot\frac{\mathrm{d}}{\mathrm{d}t}\frac{\partial \boldsymbol{r}_i}{\partial q_j}$$

引用式（f）、式（g），上式可写为

$$m_i\dot{\boldsymbol{v}}_i\cdot\frac{\partial \boldsymbol{r}_i}{\partial q_j}=\frac{\mathrm{d}}{\mathrm{d}t}\left(m_i\boldsymbol{v}_i\cdot\frac{\partial \boldsymbol{v}_i}{\partial \dot{q}_j}\right)-m_i\boldsymbol{v}_i\cdot\frac{\partial \boldsymbol{v}_i}{\partial q_j}=\frac{\mathrm{d}}{\mathrm{d}t}\frac{\partial\left(\frac{1}{2}m_iv_i^2\right)}{\partial \dot{q}_j}-\frac{\partial}{\partial q_j}\left(\frac{1}{2}m_iv_i^2\right)$$

将上式代入式（k），并注意质点系的动能 $T=\sum_{i=1}^{n}\frac{1}{2}m_iv_i^2$，得

$$F_{IQj}=-\frac{\mathrm{d}}{\mathrm{d}t}\frac{\partial T}{\partial \dot{q}_j}+\frac{\partial T}{\partial q_j} \tag{15-5}$$

由式（e），得

$$\frac{\mathrm{d}}{\mathrm{d}t}\frac{\partial T}{\partial \dot{q}_j}-\frac{\partial T}{\partial q_j}=F_{Qj}\quad(j=1,2,\cdots,k) \tag{15-6}$$

这组方程就是广义坐标形式的质点系运动微分方程，即**拉格朗日方程**（Lagrangian equation），简称**拉氏方程**。由式（h）知，速度 $\boldsymbol{v}_i$ 是广义速度的线性函数，各广义速度前的系数

只与广义坐标有关，故动能 T 是广义速度的二次函数，T 中各项系数也与广义坐标有关。可见拉格朗日方程左边包含着广义坐标对时间的一阶和二阶导数，所以，拉格朗日方程是一组 k 个二阶常微分方程。

如果作用于质点系的力是有势力，则 $F_{Qj}=-\dfrac{\partial V}{\partial q_j}$，拉氏方程成为

$$\frac{\mathrm{d}}{\mathrm{d}t}\frac{\partial T}{\partial \dot{q}_j}-\frac{\partial T}{\partial q_j}=-\frac{\partial V}{\partial q_j}\quad (j=1,\ 2,\ \cdots,\ k) \tag{15-7}$$

将动能 T 与势能 V 之差用 L 表示，即令

$$L=T-V \tag{15-8}$$

L 称为**拉格朗日函数**（Lagrangian function）。因势能 V 是广义坐标的函数，不包含广义速度，所以 $\dfrac{\partial V}{\partial \dot{q}_j}=0$，式（15-7）可写成

$$\frac{\mathrm{d}}{\mathrm{d}t}\frac{\partial (T-V)}{\partial \dot{q}_j}-\frac{\partial (T-V)}{\partial q_j}=0\quad (j=1,\ 2,\ \cdots,\ k)$$

即

$$\frac{\mathrm{d}}{\mathrm{d}t}\frac{\partial L}{\partial \dot{q}_j}-\frac{\partial L}{\partial q_j}=0\quad (j=1,\ 2,\ \cdots,\ k) \tag{15-9}$$

如果系统所受的力中既有有势力，又有非有势力，令 V 为系统对应于有势力的势能，F'_{Qj} 为与非有势力相应的广义力，则拉氏方程可写成

$$\frac{\mathrm{d}}{\mathrm{d}t}\frac{\partial T}{\partial \dot{q}_j}-\frac{\partial T}{\partial q_j}=-\frac{\partial V}{\partial q_j}+F'_{Qj}\quad (j=1,\ 2,\ \cdots,\ k) \tag{15-10}$$

拉氏方程的数目等于广义坐标的数目，也等于质点系自由度的数目。对于约束多而自由度少的复杂系统的动力学问题，应用拉氏方程求解要比用其他方法方便得多。拉氏方程中不包含约束力（设约束为理想约束），拉氏方程的形式不随坐标的选择而改变，这都是它的优点。

应用拉氏方程解题时，可按以下步骤进行：

（1）判定质点系的自由度 k，选取适当的广义坐标；

（2）计算质点系的动能 T，表示为广义速度和广义坐标的函数；

（3）计算广义力 F_{Qj}（$j=1,\ 2,\ \cdots,\ k$）；

（4）建立拉氏方程，整理得出 k 个二阶常微分方程。

【例 15-2】 图 15-2 所示椭圆摆由物块 A 和摆锤 B 用直杆铰连而成。A 可沿光滑水平面滑动，摆杆可在铅直面内摆动。设 A、B 的质量分别为 m_1、m_2，杆长为 l，质量不计。试建立系统的运动微分方程。

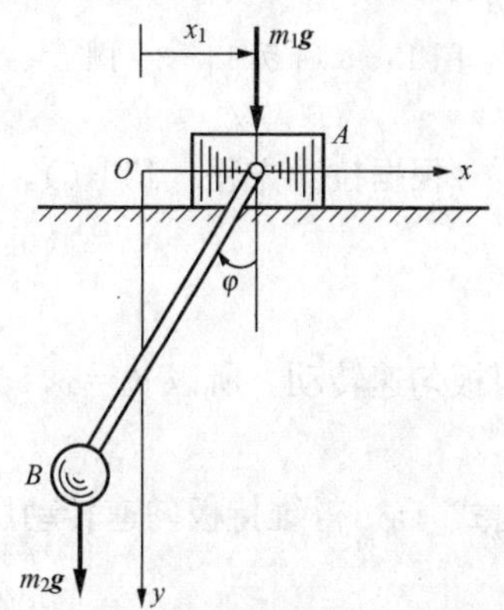

图 15-2 ［例 15-2］图

解 系统自由度 $k=2$，取广义坐标 $q_1=x_1$、$q_2=\varphi$。摆锤的坐标

$$x_2=x_1-l\sin\varphi,\quad y_2=l\cos\varphi \tag{a}$$

其导数为 $\dot{x}_2=\dot{x}_1-l\dot{\varphi}\cos\varphi$，$\dot{y}_2=-l\dot{\varphi}\sin\varphi$。

$$\begin{aligned}T&=\frac{m_1}{2}\dot{x}_1^2+\frac{m_2}{2}(\dot{x}_2^2+\dot{y}_2^2)\\&=\frac{1}{2}(m_1+m_2)\dot{x}_1^2+\frac{1}{2}m_2l^2\dot{\varphi}^2-m_2l\dot{x}_1\dot{\varphi}\cos\varphi\end{aligned}$$

主动力只有重力，以 O 处为重力势能零位置，系统的势

能 $V=-m_2gl\cos\varphi$。

将动能 T、势能 V 代入拉氏方程（15-7），得

$$\frac{\mathrm{d}}{\mathrm{d}t}[(m_1+m_2)\dot{x}_1-m_2l\dot{\varphi}\cos\varphi]-0=0 \tag{b}$$

$$\frac{\mathrm{d}}{\mathrm{d}t}(m_2l^2\dot{\varphi}-m_2l\dot{x}_1\cos\varphi)-m_2l\dot{x}_1\dot{\varphi}\sin\varphi=-m_2gl\sin\varphi \tag{c}$$

即

$$\begin{cases}(m_1+m_2)\ddot{x}_1-m_2l\ddot{\varphi}\cos\varphi+m_2l\dot{\varphi}^2\sin\varphi=0\\ l\ddot{\varphi}-\ddot{x}_1\cos\varphi+g\sin\varphi=0\end{cases}$$

这就是系统的运动微分方程。

式（b）表示系统在 x 方向的动量守恒，将式（b）积分两次，并设 $\dot{x}_{10}=\dot{\varphi}_0=0$，得

$$(m_1+m_2)x_1-m_2l\sin\varphi=m_1x_1+m_2x_2=C \tag{d}$$

这表示系统质心的坐标 x_C 不变。以上结果是必然的，因系统在 x 方向不受力，且初始时静止。设 $x_{C0}=0$，则积分常数 $C=0$。由式（d）得 $x_1=\dfrac{m_2l\sin\varphi}{m_1+m_2}$，代入式（a）得

$$x_2=-\frac{m_1}{m_1+m_2}l\sin\varphi \tag{e}$$

由式（a）、式（e）消去 φ，得 B 的轨迹方程

$$\frac{x_2^2}{[m_1l/(m_1+m_2)]^2}+\frac{y_2^2}{l^2}=1$$

这是椭圆方程，也是椭圆摆名称的由来。

【例 15-3】 如图 15-3 所示，矩形板在铅直面内以匀角速 ω 绕铅直轴 z 转动，质量为 m 的小球 M（作为质点）沿板上的直槽运动，不计摩擦，试建立小球沿直槽运动的微分方程，以及维持板匀速转动所需的转矩 M_z。

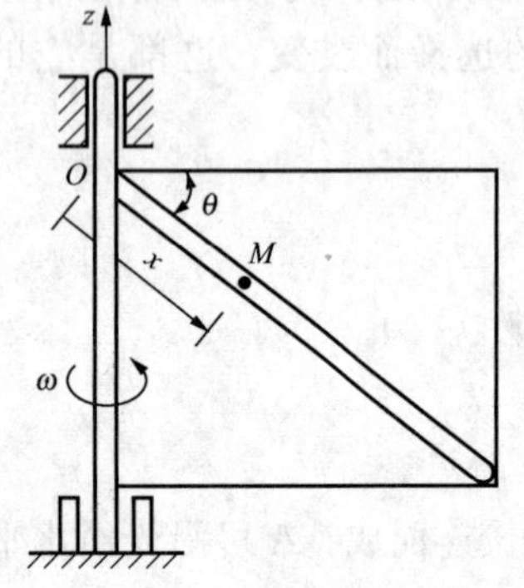

图 15-3 ［例 15-3］图

解 板作定轴转动，若将 ω 作为变量，则板的位置可用转角 φ 确定。小球受直槽约束，在槽内的位置可用坐标 x 确定。系统自由度 $k=2$，选广义坐标 $q_1=\varphi$、$q_2=x$。

设板对轴 z 的转动惯量为 J，则系统的动能

$$T=\frac{1}{2}m(\dot{\varphi}^2x^2\cos^2\theta+\dot{x}^2)+\frac{1}{2}J\dot{\varphi}^2$$

广义力

$$F_{Q1}=\frac{M_z\delta\varphi}{\delta\varphi}=M_z,\ F_{Q2}=\frac{mg\sin\theta\delta x}{\delta x}=mg\sin\theta$$

根据拉氏方程（15-6），整理得系统运动的微分方程

$$(mx^2\cos^2\theta+J)\ddot{\varphi}+2mx\dot{x}\dot{\varphi}\cos^2\theta=M_z \tag{a}$$

$$\ddot{x}-x\dot{\varphi}^2\cos^2\theta=g\sin\theta \tag{b}$$

因板匀速转动，所以 $\dot{\varphi}=\omega$，$\ddot{\varphi}=0$。由式（b）得小球沿直槽运动的微分方程

$$\ddot{x}-x\omega^2\cos^2\theta-g\sin\theta=0$$

由式（a）得维持板匀速转动所需的转矩

$$M_z=2mx\dot{x}\omega\cos^2\theta$$

本例表明，拉格朗日方程将相对运动动力学问题与绝对运动动力学问题的求解统一起来

了。对于相对运动动力学问题，只需取相对坐标为广义坐标，但动能的计算必须用绝对速度。

【例15-4】 试建立如图15-4所示系统的运动微分方程。已知物块A质量为m_1，可沿光滑水平面作直线平移；均质轮C质量为m_2，可沿直线BD滚动而不滑动；力$\boldsymbol{F}$按$F=H\sin\omega t$的规律变化（H和ω都是常量）。

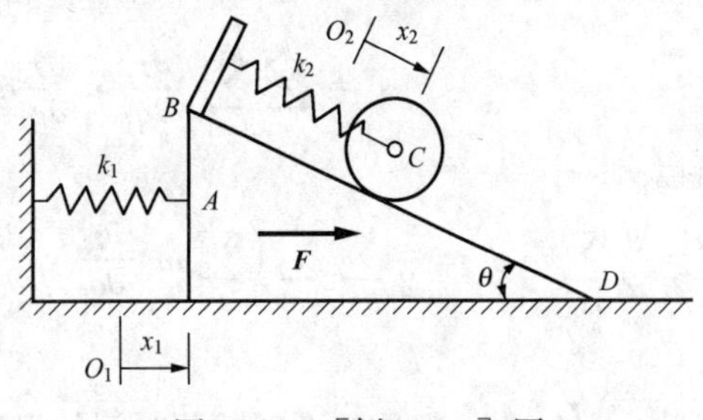

图15-4 ［例15-4］图

解 系统自由度$k=2$，取广义坐标$q_1=x_1$、$q_2=x_2$（均以静平衡位置为原点）。

物块A作平移，其速度为$\dot{x}_1$。轮C作平面运动，设半径为r，则角速度$\omega=\dot{x}_2/r$，质心速度之平方$v_C^2=\dot{x}_1^2+\dot{x}_2^2+2\dot{x}_1\dot{x}_2\cos\theta$。系统动能为

$$T=\frac{1}{2}m_1\dot{x}_1^2+\frac{1}{2}m_2(\dot{x}_1^2+\dot{x}_2^2+2\dot{x}_1\dot{x}_2\cos\theta)+\frac{1}{2}\cdot\frac{1}{2}m_2r^2\left(\frac{\dot{x}_2}{r}\right)^2$$

$$=\frac{1}{2}(m_1+m_2)\dot{x}_1^2+\frac{3}{4}m_2\dot{x}_2^2+m_2\dot{x}_1\dot{x}_2\cos\theta \tag{a}$$

系统所受的力中，重力、弹性力为有势力。以平衡位置为重力势能零位置，以弹簧自然长度末端为弹性势能零位置，则势能为

$$V=-m_2gx_2\sin\theta+\frac{k_1}{2}(x_1+\delta_{10})^2+\frac{k_2}{2}(x_2+\delta_{20})^2 \tag{b}$$

式中：δ_{10}、δ_{20}是平衡时两弹簧的静伸长。因平衡时，有

$$\left.\frac{\partial V}{\partial x_1}\right|_{\substack{x_1=0\\x_2=0}}=k_1(x_1+\delta_{10})\Big|_{\substack{x_1=0\\x_2=0}}=0,\ \left.\frac{\partial V}{\partial x_2}\right|_{\substack{x_1=0\\x_2=0}}=\left[-m_2g\sin\theta+k_2(x_2+\delta_{20})\right]_{\substack{x_1=0\\x_2=0}}=0$$

即$\delta_{10}=0$，$-m_2g\sin\theta+k_2\delta_{20}=0$，所以式（b）成为

$$V=\frac{k_1}{2}x_1^2+\frac{k_2}{2}(x_2^2+\delta_{20}^2) \tag{c}$$

与非有势力$\boldsymbol{F}$相对应的广义力为

$$F'_{Q1}=\frac{F\delta x_1}{\delta x_1}=F=H\sin\omega t,\ F'_{Q2}=\frac{0}{\delta x_2}=0 \tag{d}$$

将式（a）、式（c）、式（d）代入拉氏方程（15-10），整理得

$$\begin{cases}(m_1+m_2)\ddot{x}_1+m_2\ddot{x}_2\cos\theta+k_1x_1=H\sin\omega t\\ m_2\ddot{x}_1\cos\theta+\dfrac{3}{2}m_2\ddot{x}_2+k_2x_2=0\end{cases}$$

这就是系统的运动微分方程。

第3节　拉格朗日方程的首次积分

一般情况下，拉格朗日方程是关于广义坐标的二阶非线性微分方程组，要求它们的积分是很困难的。但在特殊情况下，可方便地找到某些首次积分。

一、能量积分

设质点系受非定常、完整、理想约束，其中任一质点对坐标原点的矢径及速度为

$$\boldsymbol{r}_i = \boldsymbol{r}_i(q_1, q_2, \cdots, q_k, t), \ \boldsymbol{v}_i = \frac{\mathrm{d}\boldsymbol{r}_i}{\mathrm{d}t} = \sum_{j=1}^{k} \frac{\partial \boldsymbol{r}_i}{\partial q_j}\dot{q}_j + \frac{\partial \boldsymbol{r}_i}{\partial t}$$

因
$$v_i^2 = \boldsymbol{v}_i \cdot \boldsymbol{v}_i = \left(\sum_{j=1}^{k} \frac{\partial \boldsymbol{r}_i}{\partial q_j}\dot{q}_j + \frac{\partial \boldsymbol{r}_i}{\partial t}\right) \cdot \left(\sum_{l=1}^{k} \frac{\partial \boldsymbol{r}_i}{\partial q_l}\dot{q}_l + \frac{\partial \boldsymbol{r}_i}{\partial t}\right)$$
$$= \sum_{j=1}^{k}\sum_{l=1}^{k} \frac{\partial \boldsymbol{r}_i}{\partial q_j} \cdot \frac{\partial \boldsymbol{r}_i}{\partial q_l}\dot{q}_j\dot{q}_l + 2\sum_{j=1}^{k} \frac{\partial \boldsymbol{r}_i}{\partial q_j} \cdot \frac{\partial \boldsymbol{r}_i}{\partial t}\dot{q}_j + \frac{\partial \boldsymbol{r}_i}{\partial t} \cdot \frac{\partial \boldsymbol{r}_i}{\partial t}$$

所以

$$T = \frac{1}{2}\sum_{i=1}^{n} m_i v_i^2 = \frac{1}{2}\sum_{j=1}^{k}\sum_{l=1}^{k}\left(\sum_{i=1}^{n} m_i \frac{\partial \boldsymbol{r}_i}{\partial q_j} \cdot \frac{\partial \boldsymbol{r}_i}{\partial q_l}\right)\dot{q}_j\dot{q}_l + \sum_{j=1}^{k}\left(\sum_{i=1}^{n} m_i \frac{\partial \boldsymbol{r}_i}{\partial q_j} \cdot \frac{\partial \boldsymbol{r}_i}{\partial t}\right)\dot{q}_j + \frac{1}{2}\sum_{i=1}^{n} m_i \frac{\partial \boldsymbol{r}_i}{\partial t} \cdot \frac{\partial \boldsymbol{r}_i}{\partial t}$$

显然，$\frac{\partial \boldsymbol{r}_i}{\partial q_j}$、$\frac{\partial \boldsymbol{r}_i}{\partial t}$都是广义坐标及时间的函数。为简化写法，令

$$\left.\begin{aligned} A_{jl}(q_1, q_2, \cdots, q_k, t) &= \sum_{i=1}^{n} m_i \frac{\partial \boldsymbol{r}_i}{\partial q_j} \cdot \frac{\partial \boldsymbol{r}_i}{\partial q_l} \\ B_j(q_1, q_2, \cdots, q_k, t) &= \sum_{i=1}^{n} m_i \frac{\partial \boldsymbol{r}_i}{\partial q_j} \cdot \frac{\partial \boldsymbol{r}_i}{\partial t} \\ C(q_1, q_2, \cdots, q_k, t) &= \frac{1}{2}\sum_{i=1}^{n} m_i \frac{\partial \boldsymbol{r}_i}{\partial t} \cdot \frac{\partial \boldsymbol{r}_i}{\partial t} \end{aligned}\right\} \tag{15-11}$$

则动能成为

$$T = \frac{1}{2}\sum_{j=1}^{k}\sum_{l=1}^{k} A_{jl}\dot{q}_j\dot{q}_l + \sum_{j=1}^{k} B_j\dot{q}_j + C \tag{15-12}$$

或写成
$$T = T_2 + T_1 + T_0 \tag{15-13}$$

其中
$$T_2 = \frac{1}{2}\sum_{j=1}^{k}\sum_{l=1}^{k} A_{jl}\dot{q}_j\dot{q}_l, \ T_1 = \sum_{j=1}^{k} B_j\dot{q}_j, \ T_0 = C \tag{15-14}$$

因 A_{jl}、B_j 及C 只是广义坐标和时间的函数，所以 T_2 是广义速度的齐二次式，T_1 是广义速度的齐一次式，T_0 不含广义速度。

对于保守系统，当拉格朗日函数 L 不显含时间 t，即$\frac{\partial L}{\partial t}=0$ 时，

$$\frac{\mathrm{d}L}{\mathrm{d}t} = \sum_{j=1}^{k}\left(\frac{\partial L}{\partial \dot{q}_j}\ddot{q}_j + \frac{\partial L}{\partial q_j}\dot{q}_j\right) \tag{a}$$

将拉氏方程式（15-9）中的每一个方程分别乘以相应的 $\dot{q}_j$，然后相加得

$$\sum_{j=1}^{k}\left[\dot{q}_j \frac{\mathrm{d}}{\mathrm{d}t}\left(\frac{\partial L}{\partial \dot{q}_j}\right) - \frac{\partial L}{\partial q_j}\dot{q}_j\right] = 0 \tag{b}$$

比较式（a）和式（b）得

$$\frac{\mathrm{d}L}{\mathrm{d}t} = \sum_{j=1}^{k}\left[\frac{\partial L}{\partial \dot{q}_j}\ddot{q}_j + \dot{q}_j \frac{\mathrm{d}}{\mathrm{d}t}\left(\frac{\partial L}{\partial \dot{q}_j}\right)\right] = \sum_{j=1}^{k} \frac{\mathrm{d}}{\mathrm{d}t}\left(\frac{\partial L}{\partial \dot{q}_j}\dot{q}_j\right)$$

交换上式右端求导与求和次序，移项得

$$\frac{\mathrm{d}}{\mathrm{d}t}\left(\sum_{j=1}^{k} \frac{\partial L}{\partial \dot{q}_j}\dot{q}_j - L\right) = 0$$

即
$$\sum_{j=1}^{k} \frac{\partial L}{\partial \dot{q}_j}\dot{q}_j - L = \text{const} \tag{15-15}$$

注意：$L=T-V=T_2+T_1+T_0-V$，而 T_2、T_1 分别是广义速度的齐二次式、齐一次式，T_0 和 V 不含广义速度（或者说是广义速度的齐零次式）。由欧拉齐次函数定理[1]

$$\sum_{j=1}^{k}\frac{\partial T_2}{\partial \dot{q}_j}\dot{q}_j=2T_2,\ \sum_{j=1}^{k}\frac{\partial T_1}{\partial \dot{q}_j}\dot{q}_j=T_1,\ \sum_{j=1}^{k}\frac{\partial T_0}{\partial \dot{q}_j}\dot{q}_j=0,\ \sum_{j=1}^{k}\frac{\partial V}{\partial \dot{q}_j}\dot{q}_j=0$$

即

$$\sum_{j=1}^{k}\frac{\partial L}{\partial \dot{q}_j}\dot{q}_j=2T_2+T_1$$

式（15－15）成为

$$2T_2+T_1-(T_2+T_1+T_0-V)=\text{const}$$

即

$$T_2-T_0+V=\text{const} \tag{15-16}$$

该结果称为**广义能量积分**（interal of generalized energy）。

如果质点系**所受的力是有势力，而约束是定常的**，则式（15－13）中，$T_1=T_0=0$，而 $T=T_2$，即

$$T=\frac{1}{2}\sum_{j=1}^{k}\sum_{l=1}^{k}A_{jl}\dot{q}_j\dot{q}_l,\ A_{jl}=A_{lj} \tag{15-17}$$

此时 A_{jl} 只是广义坐标的函数，式（15－16）成为

$$T+V=\text{const} \tag{15-18}$$

这就是保守系统的**机械能守恒定理**，也称为**能量积分**（energy integral）。

二、循环积分

对于保守系统，当拉格朗日函数 L 不显含某个广义坐标 q_r，即 $\frac{\partial L}{\partial q_r}=0$ 时，拉氏方程式（15－9）成为

$$\frac{\mathrm{d}}{\mathrm{d}t}\frac{\partial L}{\partial \dot{q}_r}=0$$

即

$$\frac{\partial L}{\partial \dot{q}_r}=\text{const} \tag{15-19}$$

上式称为**循环积分**（cyclic integral），广义坐标 q_r 称为**循环坐标**（cyclic coordinate）。因 V 不含 $\dot{q}_r$，所以式（15－19）可写成

$$\frac{\partial L}{\partial \dot{q}_r}=\frac{\partial T}{\partial \dot{q}_r}=p_r=\text{const} \tag{15-20}$$

p_r 称为**广义动量**（generalized mementum）。

有时，广义动量表示的是系统的动量或动量矩，而循环积分则表示动量守恒或动量矩守恒。例如［例15－2］中的 L 不显含 x_1，故 x_1 为循环坐标，并有对应的循环积分。广义动量 $p_{x1}=\frac{\partial T}{\partial \dot{x}_1}=(m_1+m_2)\dot{x}_1-m_2l\dot{\varphi}\cos\varphi$ 是椭圆摆的动量在 x 方向上的投影，而 $p_{x1}=\text{const}$ 则表示在 x 方向动量守恒。但是在一些特殊情况下才具有这种明显的物理意义，而并非总是如此。

一个系统的能量积分只可能有一个；而循环积分可能不止一个，有几个循环坐标，便有几个相应的循环积分。

---

[1] 该定理是：齐次函数对各变量的偏导数乘以对应的变量，相加起来，就等于该函数乘以它的次数。

能量积分和循环积分都是由原来的二阶微分方程积分一次得到的，它们都是一阶微分方程。应用拉氏方程解题时，应注意分析有无能量积分和循环积分存在。若有，可以直接写出，这样可以减少一些求二阶微分方程的积分，使求解过程简化。

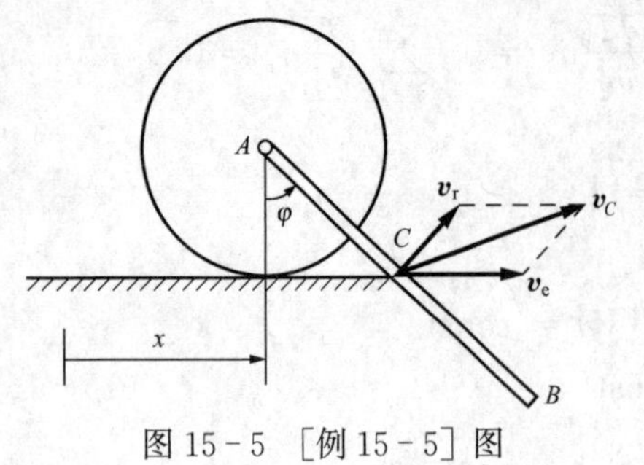

图 15-5 ［例 15-5］图

【例 15-5】 如图 15-5 所示，均质轮质量为 m_1，半径为 r，在水平面上只滚不滑。均质杆质量为 m_2，长为 l，杆端与轮心用光滑铰链连接。求系统的运动微分方程及首次积分。

解 系统自由度 $k=2$，取广义坐标 $q_1=x$、$q_2=\varphi$。轮与杆均作平面运动，若轮心速度为 $\dot{x}$，则轮角速度 $\omega=\dot{x}/r$，杆质心速度之平方为 $v_C^2=\left(\dot{x}+\dot{\varphi}\dfrac{l}{2}\cos\varphi\right)^2+\left(\dot{\varphi}\dfrac{l}{2}\sin\varphi\right)^2=\dot{x}^2+\dfrac{1}{4}\dot{\varphi}^2l^2+\dot{x}\dot{\varphi}l\cos\varphi$。系统动能

$$\begin{aligned}T&=\frac{1}{2}m_1\dot{x}^2+\frac{1}{2}\cdot\frac{1}{2}m_1r^2\omega^2+\frac{1}{2}m_2v_C^2+\frac{1}{2}\cdot\frac{1}{12}m_2l^2\dot{\varphi}^2\\&=\frac{1}{4}(3m_1+2m_2)\dot{x}^2+\frac{1}{6}m_2l^2\dot{\varphi}^2+\frac{1}{2}m_2l\dot{x}\dot{\varphi}\cos\varphi\end{aligned}$$

以 A 为重力势能零位置，则势能 $V=-m_2g\dfrac{l}{2}\cos\varphi$。拉格朗日函数 L 为

$$L=T-V=\frac{1}{4}(3m_1+2m_2)\dot{x}^2+\frac{1}{6}m_2l^2\dot{\varphi}^2+\frac{1}{2}m_2l\dot{x}\dot{\varphi}\cos\varphi+m_2g\frac{l}{2}\cos\varphi$$

代入拉氏方程式（15-9），整理得系统的运动微分方程

$$\begin{cases}(3m_1+2m_2)\ddot{x}+m_2l\ddot{\varphi}\cos\varphi-m_2l\dot{\varphi}^2\sin\varphi=0\\3\ddot{x}\cos\varphi+2l\ddot{\varphi}+3g\sin\varphi=0\end{cases}$$

系统是保守系统，且受定常约束，因此有能量积分，即系统的机械能守恒。

$$T+V=\frac{1}{4}(3m_1+2m_2)\dot{x}^2+\frac{1}{6}m_2l^2\dot{\varphi}^2+\frac{1}{2}m_2l\dot{x}\dot{\varphi}\cos\varphi-m_2g\frac{l}{2}\cos\varphi=\text{const}$$

因拉格朗日函数 L 中不显含 x，所以 x 是循环坐标，对应有循环积分

$$p_1=\frac{\partial L}{\partial\dot{x}}=\frac{\partial T}{\partial\dot{x}}=\left(\frac{3}{2}m_1+m_2\right)\dot{x}+\frac{1}{2}m_2l\dot{\varphi}\cos\varphi=\text{const}$$

注意，本题循环积分并不代表系统水平方向动量守恒。由于水平摩擦力的存在，系统的动量在水平方向的分量 p_x 不是常量。

$$p_x=m_1\dot{x}+m_2\left(\dot{x}+\frac{1}{2}l\dot{\varphi}\cos\varphi\right)=p_1-\frac{1}{2}m_1\dot{x}\neq\text{const}$$

第4节 哈密顿原理

力学中的原理，从数学形式上看，可分为不变分的和变分的两类，每一类又可分为微分的和积分的两种形式。牛顿定律可以说是微分形式的不变分原理，能量守恒原理则是积分形式的不变分原理；虚位移原理与动力学普遍方程是微分形式的变分原理，哈密顿原理则是积分形式的变分原理中最著名的一个。

介绍哈密顿原理之前，先介绍等时变分的概念及其最基本的运算法则。

一、等时变分

设有函数 $x=f(t)$，则 $\mathrm{d}x=f'(t)\mathrm{d}t$，其中 $f'(t)$ 是 $f(t)$ 对于 t 的一阶导数，而 $\mathrm{d}x$ 是由于自变量 t 改变 $\mathrm{d}t$ 而引起的 x 的增量，称为 x 的微分。

现在令函数 $f(t)$ 本身的形式有一个微小的改变，成为 $x_1=f(t)+\varepsilon\eta(t)$，其中 ε 为一无穷小量，$\eta(t)$ 为 t 的任意可微函数。对于 t 的任一确定值，x 由于函数本身的改变而有的增量，称为 x 的**等时变分**，简称**变分**，用 δx 表示，即

$$\delta x = x_1 - x = \varepsilon\eta(t) \tag{a}$$

图 15-6 画出了曲线 $x=f(t)$ 和 $x_1=f(t)+\varepsilon\eta(t)$，并表示了微分 $\mathrm{d}x$ 与变分 δx。从图上可以清楚地看出，微分与变分是根本不同的两种增量。

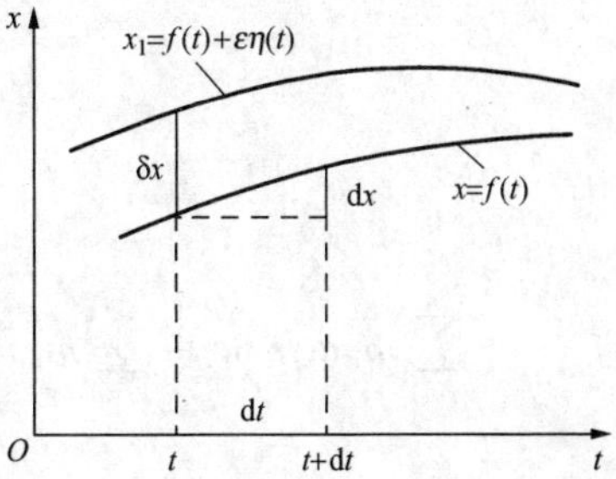

变分与微分的概念上虽然不同，但计算却相似，不同的是计算变分时不考虑时间的变化（或者说时间的变分等于零）。例如，设 $x=x(q_1, q_2, \cdots, q_k, t)$，则

$$\mathrm{d}x = \frac{\partial x}{\partial q_1}\mathrm{d}q_1 + \frac{\partial x}{\partial q_2}\mathrm{d}q_2 + \cdots + \frac{\partial x}{\partial q_k}\mathrm{d}q_k + \frac{\partial x}{\partial t}\mathrm{d}t$$

而
$$\delta x = \frac{\partial x}{\partial q_1}\delta q_1 + \frac{\partial x}{\partial q_2}\delta q_2 + \cdots + \frac{\partial x}{\partial q_k}\delta q_k$$

图 15-6 微分与变分

前面讲虚位移时用到“变分”这个词，将上式与式（14-5）比较，可知虚位移实际上就是坐标的等时变分。

下面证明，等时变分与微分的运算次序是可以互换的，即

$$\delta\dot{x} = \delta\left(\frac{\mathrm{d}x}{\mathrm{d}t}\right) = \frac{\mathrm{d}}{\mathrm{d}t}(\delta x) \tag{b}$$

由变分的定义式（a），有 $\delta x=x_1-x$，将其对时间 t 求导数，有

$$\frac{\mathrm{d}}{\mathrm{d}t}(\delta x) = \frac{\mathrm{d}}{\mathrm{d}t}(x_1 - x) = \dot{x}_1 - \dot{x}$$

而根据变分的定义 $\dot{x}_1-\dot{x}=\delta\dot{x}$，所以得到式（b）。

同样可以证明，变分与积分的运算次序也是可以互换的，即

$$\delta\int_{t_1}^{t_2} x(t)\mathrm{d}t = \int_{t_1}^{t_2}\delta x(t)\mathrm{d}t \tag{c}$$

二、哈密顿原理

哈密顿原理是将受理想约束的质点系在相同时间内通过相同起讫位置的真实运动与可能运动相比较，得到判别真实运动的判据。

对于完整系统，**哈密顿原理**（Hamilton's principle）的数学表达式为

$$\int_{t_1}^{t_2}(\delta T + \delta W)\mathrm{d}t = 0 \tag{15-21}$$

式中：δW 为主动力的元功。

对于主动力为有势力的完整系统，定义**哈密顿作用量**

$$S = \int_{t_1}^{t_2} L\mathrm{d}t \tag{15-22}$$

式中：$L=T-V$ 为拉格朗日函数；t_1、t_2 为起讫时间，则哈密顿原理可表示为

$$\delta S = \delta\int_{t_1}^{t_2} L\mathrm{d}t = 0 \tag{15-23}$$

即对于主动力为有势力的完整系统，在相同时间内通过相同起讫位置的一切可能运动中，对应于真实运动的哈密顿作用量的变分为零。或者说真实运动的哈密顿作用量有驻值。

原理是经实践证实了的公理，可以不加推导或证明。这里为了加深印象，从动力学普遍方程推导哈密顿原理。

设 n 个质点组成的质点系，受理想、固执、完整约束，具有 k 个自由度。对于真实运动，应满足动力学普遍方程 $\sum_{i=1}^{n}(\boldsymbol{F}_i-m_i\boldsymbol{a}_i)\cdot\delta\boldsymbol{r}_i=0$，对时间 t 积分有

$$\int_{t_1}^{t_2}\sum_{i=1}^{n}(\boldsymbol{F}_i-m_i\boldsymbol{a}_i)\cdot\delta\boldsymbol{r}_i\mathrm{d}t=0 \tag{a}$$

其中

$$\sum_{i=1}^{n}\boldsymbol{F}_i\cdot\delta\boldsymbol{r}_i=\delta W \tag{b}$$

$$\sum_{i=1}^{n}m_i\boldsymbol{a}_i\cdot\delta\boldsymbol{r}_i=\sum_{i=1}^{n}m_i\frac{\mathrm{d}\boldsymbol{v}_i}{\mathrm{d}t}\cdot\delta\boldsymbol{r}_i=\sum_{i=1}^{n}m_i\frac{\mathrm{d}}{\mathrm{d}t}(\boldsymbol{v}_i\cdot\delta\boldsymbol{r}_i)-\sum_{i=1}^{n}m_i\boldsymbol{v}_i\cdot\frac{\mathrm{d}}{\mathrm{d}t}(\delta\boldsymbol{r}_i) \tag{c}$$

而 $\sum_{i=1}^{n}m_i\boldsymbol{v}_i\cdot\frac{\mathrm{d}}{\mathrm{d}t}(\delta\boldsymbol{r}_i)=\sum_{i=1}^{n}m_i\boldsymbol{v}_i\cdot\delta\frac{\mathrm{d}\boldsymbol{r}_i}{\mathrm{d}t}=\sum_{i=1}^{n}m_i\boldsymbol{v}_i\cdot\delta\boldsymbol{v}_i=\delta\left(\frac{1}{2}\sum_{i=1}^{n}m_i\boldsymbol{v}_i\cdot\boldsymbol{v}_i\right)=\delta T$，代入式 (c) 得

$$\sum_{i=1}^{n}m_i\boldsymbol{a}_i\cdot\delta\boldsymbol{r}_i=\frac{\mathrm{d}}{\mathrm{d}t}\left(\sum_{i=1}^{n}m_i\boldsymbol{v}_i\cdot\delta\boldsymbol{r}_i\right)-\delta T \tag{d}$$

将式 (b)、式 (d) 代入式 (a)，整理得

$$\int_{t_1}^{t_2}(\delta W+\delta T)\mathrm{d}t=\sum_{i=1}^{n}m_i\boldsymbol{v}_i\cdot\delta\boldsymbol{r}_i\Big|_{t_1}^{t_2} \tag{e}$$

因真实运动与可能运动有相同的起讫位置，所以$\delta\boldsymbol{r}_i|_{t_1}=\delta\boldsymbol{r}_i|_{t_2}=0$，式 (e) 右边为零，这样就得到了式 (15-21)。如主动力为有势力，则

$$\delta W=\sum_{i=1}^{n}F_{Qj}\delta q_j=\sum_{i=1}^{n}\left(-\frac{\partial V}{\partial q_j}\right)\delta q_j=-\delta V$$

将上式代入式 (15-21)，并注意 $L=T-V$，得 $\int_{t_1}^{t_2}\delta L\mathrm{d}t=0$，交换变分与积分的运算次序即得式 (15-23)。

【例 15-6】 试用哈密顿原理建立刚体定轴转动微分方程。

解 自由度 $k=1$，取广义坐标 $q=\varphi$。$\delta W=\sum M_{zi}\delta\varphi$，$T=\frac{1}{2}J_z\dot{\varphi}^2$，动能的变分

$$\delta T=J_z\dot{\varphi}\delta\dot{\varphi}=J_z\dot{\varphi}\frac{\mathrm{d}}{\mathrm{d}t}\delta\varphi=\frac{\mathrm{d}}{\mathrm{d}t}(J_z\dot{\varphi}\delta\varphi)-\frac{\mathrm{d}}{\mathrm{d}t}(J_z\dot{\varphi})\delta\varphi=\frac{\mathrm{d}}{\mathrm{d}t}(J_z\dot{\varphi}\delta\varphi)-J_z\ddot{\varphi}\delta\varphi$$

由式 (15-21)，得

$$\int_{t_1}^{t_2}(\sum M_{zi}-J_z\ddot{\varphi})\delta\varphi\mathrm{d}t+(J_z\dot{\varphi}\delta\varphi)\Big|_{t_1}^{t_2}=0$$

因真实运动与可能运动有相同的起讫位置，$\delta\varphi|_{t_1}=\delta\varphi|_{t_2}=0$，所以上式第二项为零；因积分

区间是任意的，上式第一项被积函数必须为零，而 $\delta\varphi$ 是任意的，所以有

$$J_z\ddot{\varphi}=\sum M_{zi}$$

思考题

15-1 为什么说拉格朗日方程只适用于完整约束系统？在拉格朗日方程推导过程中何处用了该限制条件？

15-2 由拉格朗日方程可知，有广义能量守恒，不一定有机械能守恒。试举例说明这种情况。

15-3 若研究的系统中有摩擦力，如何应用拉格朗日方程？

15-4 用拉格朗日方程推导刚体平面运动的运动微分方程。

15-5 用拉格朗日方程建立极坐标表示的质点运动微分方程。

习题

试用动力学普遍方程求解15-1～15-6各题。

15-1 铰接平行四边形机构 O_1O_2AB 位于铅直平面内如图15-7所示，杆 O_1A、O_2B 各长 l，质量不计；杆 AB 为均质杆，重 W。设在 O_1A 杆上作用一常力矩 M，求 O_1A 转动至任意位置时的角加速度，并求 $\varphi=90°$ 时角加速度的值。

15-2 半径为 r、重为 P 的三个均质圆轮上各作用一转动力矩 M 如图15-8所示，以带动重 W 的平台以加速度 $\boldsymbol{a}$ 向右运动。如轮与平台无相对滑动，且不计轴承处摩擦，求作用于各轮上的转动力矩 M。

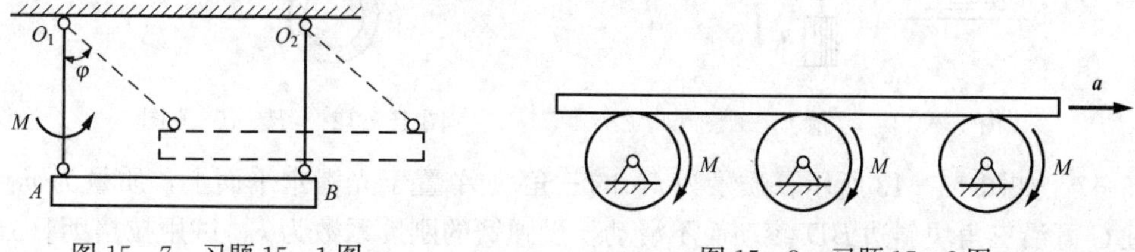

图15-7 习题15-1图　　图15-8 习题15-2图

15-3 图15-9所示机构位于水平面内，AB 及 OC 为均质杆，AB 重 $2W$，OC 重 W；$OC=AC=BC=l$；滑块 A、B 各重 W_1。今在曲柄 OC 上作用一力矩 M，如不计摩擦，试求曲柄的角加速度。

15-4 均质杆 AB 的质量为 m_1，长为 l 如图15-10所示，上端 B 靠在光滑的墙面，下端铰接于均质圆柱的中心 A。圆柱质量为 m_2，半径为 r，可沿水平面滚动而不滑动。设系统在图示位置由静止释放，试求在释放初瞬时圆柱的角加速度。

15-5 绞车鼓轮的半径为 R，转动惯量为 J 如图15-11所示，其上作用一转动力矩 M。在滑轮组上悬挂重物 A、B，其质量分别为 m_1、m_2。设绳与轮之间无滑动，滑轮的质量及摩擦不计，试求绞车鼓轮的角加速度。

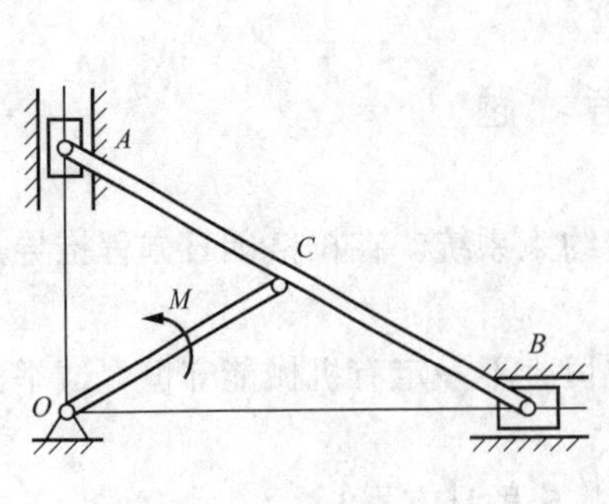

图15-9 习题15-3图

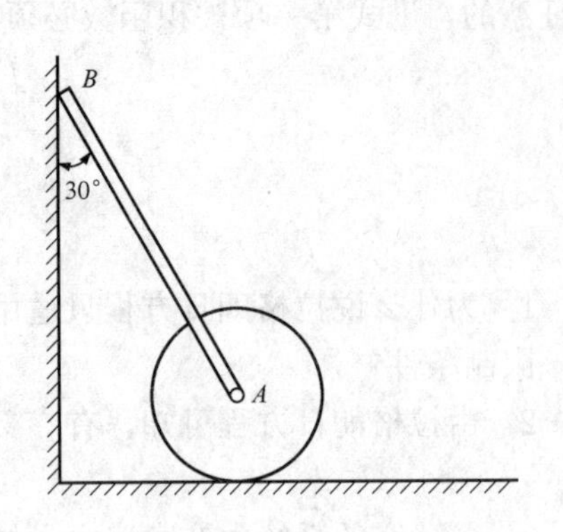

图15-10 习题15-4图

15-6 已知图15-12所示系统中圆柱A半径为R，回转半径为$R/2$；薄壁圆柱B平均半径为$R/2$，其质量是圆柱A质量的一半。不计绳子的质量，设绳子不可伸长，试求两柱体轴心的加速度。

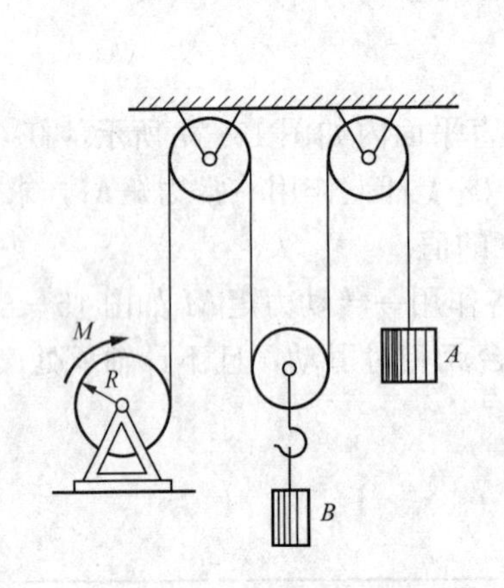

图15-11 习题15-5图

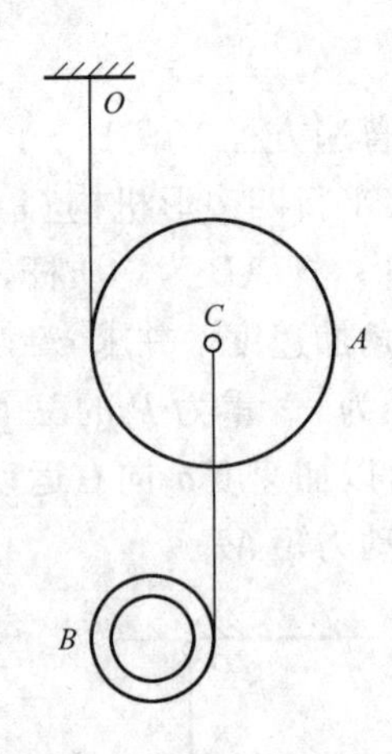

图15-12 习题15-6图

15-7 如图15-13所示，质量为m_1的三角块A置于光滑水平面上，质量为m_2的均质圆柱C可沿三角块斜边BD滚动而不滑动。设弹簧的刚度系数为k，试用拉格朗日方程建立系统的运动微分方程。

15-8 一重W_1的板搁置在3个各重W的滚子上如图15-14所示，今在板上作用一水平力$\boldsymbol{F}$，设滚子只滚不滑，滚动摩擦不计，试用拉格朗日方程求板的加速度。

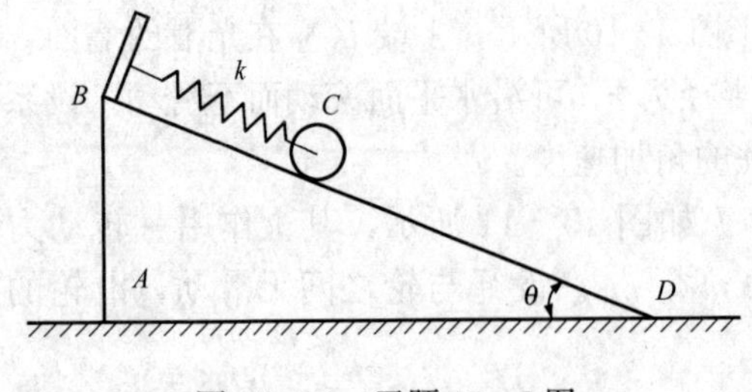

图15-13 习题15-7图

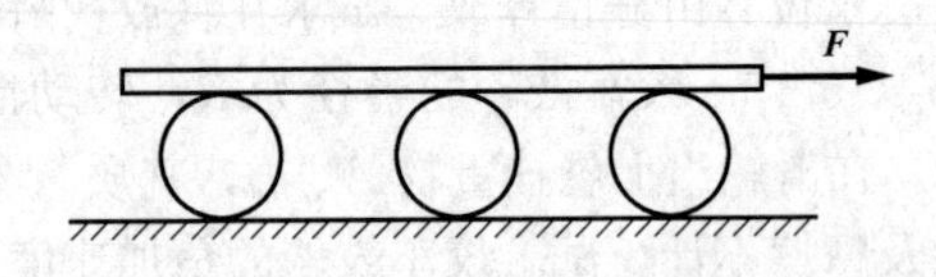

图15-14 习题15-8图

15-9　一质量为m的小球在半径为R的圆管内运动如图15-15所示，此圆管以匀角速ω绕铅直轴AB转动。试用拉格朗日方程建立质点的运动微分方程，以及使圆管的转动角速度保持不变的转矩M。

15-10　质量为m_1，半径为r的均质圆盘可绕水平轴O转动如图15-16所示，盘边铰接一与圆盘处于同一铅垂面内的单摆，摆长为l，质量不计，摆锤质量为m_2。①选定系统广义坐标，写出系统动能和势能表达式；②试用拉格朗日方程列出系统运动微分方程。

15-11　均质杆AB质量为m，长为l如图15-17所示，A端装有质量不计的小轮，小轮可沿光滑斜面下滑。试用拉格朗日方程列出杆的运动微分方程。若杆初瞬时静止于铅垂位置，试求开始运动时斜面受到的压力。

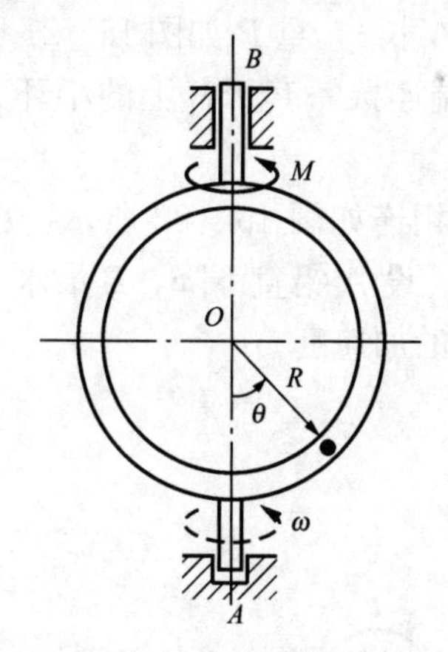

图15-15　习题15-9图

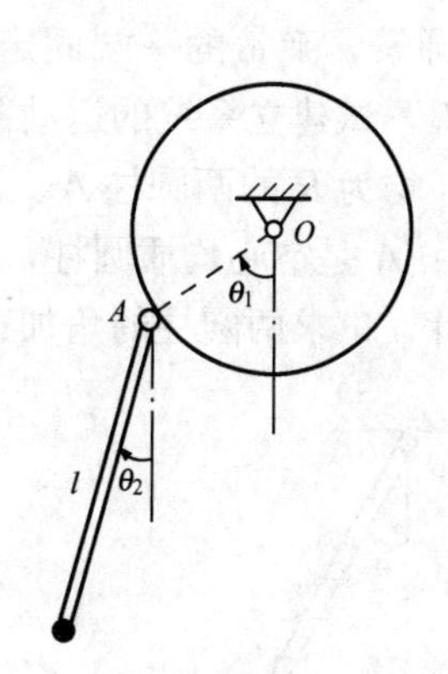

图15-16　习题15-10图

15-12　质量为m_1、半径为R的半圆槽放置在光滑的水平面上如图15-18所示。半径为r、质量为m_2的均质圆柱在半圆槽内滚动而不滑动，且滚动时其中心B与半圆槽中心O的连线偏离铅直线的夹角θ很小。试用拉格朗日方程列出该系统的运动微分方程，并求初积分。

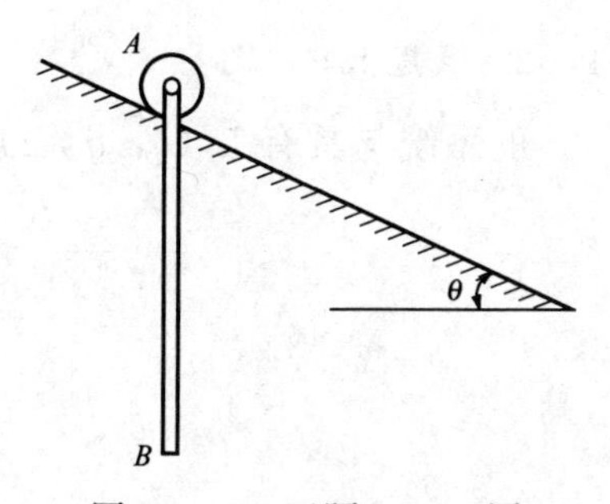

图15-17　习题15-11图

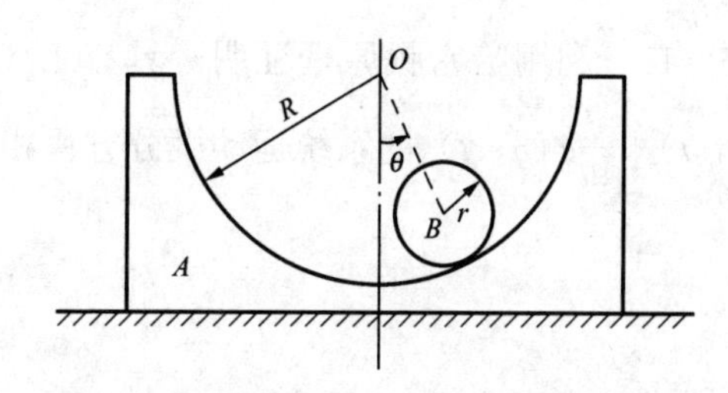

图15-18　习题15-12图

15-13　一均质杆AB长l，两端可沿半径为R的光滑圆弧的表面滑动如图15-19所示。设在运动过程中杆AB始终保持在一铅直平面内，试求杆在其平衡位置附近作微幅摆动的周期。

15-14　质量为m的质点M悬挂在一线上，线的另一端绕在半径为r的固定圆柱体上，构成一摆如图15-20所示。设在平衡位置时线的下垂部分长l，不计线的质量，试建立摆的运动微分方程。

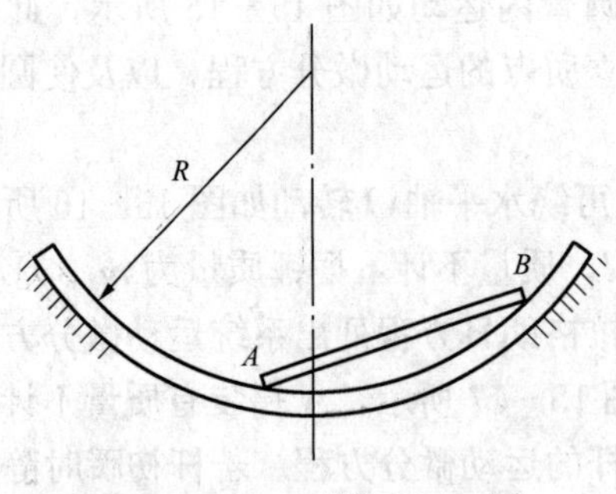

图 15-19　习题 15-13 图

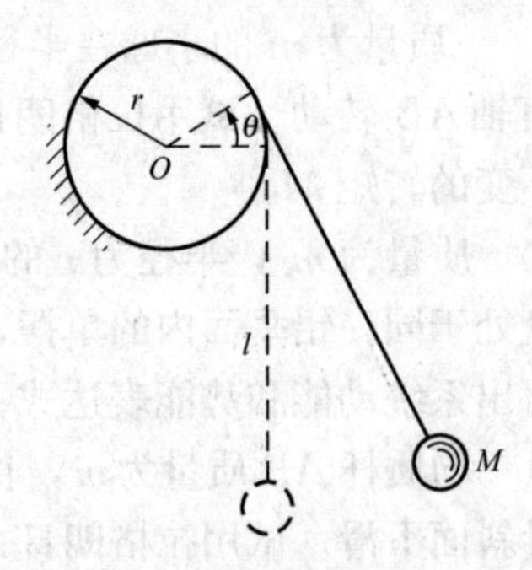

图 15-20　习题 15-14 图

15-15　绕通过 O 点的水平轴转动的均质杆 OA 长 l，重 P 如图 15-21 所示，其上绕一刚度系数为 k 的弹簧，弹簧的一端固定于 O，一端连接一套于杆上的小环 M，小环重 W，弹簧自然长度为 l_0，试建立系统的运动微分方程。

15-16　半径均为 R 的两圆柱 A、B，用一绳相连如图 15-22 所示。B 是实心均质圆柱，其质量为 m_1；A 是空心均质圆柱，质量为 m_2。设 A 铅直下降，B 沿水平面只滚动不滑动，滚动摩擦不计，试求两圆柱的角加速度及圆心的加速度。

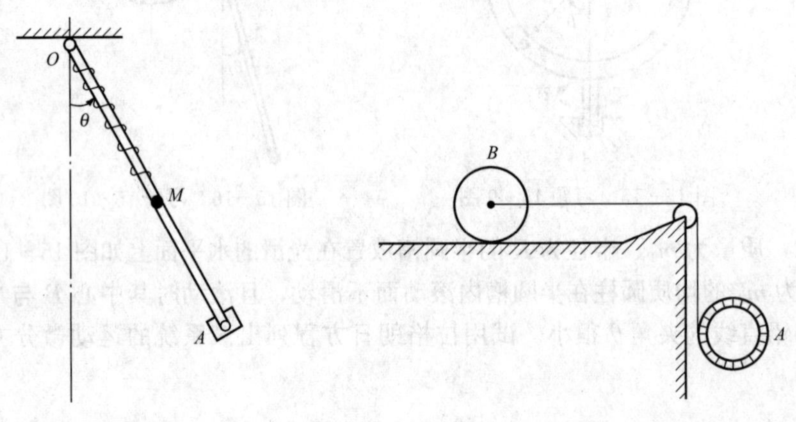

图 15-21　习题 15-15 图　　　　图 15-22　习题 15-16 图

15-17　利用哈密顿原理证明：具有 $L_1(q, \dot{q}, t)$ 的系统与具有 $L_2(q, \dot{q}, t)=L_1(q, \dot{q}, t)+\frac{\mathrm{d}}{\mathrm{d}t}\varphi(q, t)$ 的系统运动微分方程相同。

第5篇 动力学专题

本篇将应用动力学理论研究具体问题，如刚体定点运动的动力学问题、质点系在非惯性参考系中的动力学问题、碰撞、振动等。

*第16章 刚体定点运动的动力学

本章主要介绍刚体定点运动的基本概念、刚体内任一点的速度和加速度的计算、欧拉动力学方程以及陀螺近似理论。

第1节 刚体定点运动的运动方程

刚体运动时，设体内有一点固定不动，则该刚体的运动称为**定点运动**（motion about a fixed point）。玩具陀螺尖端固定于一点时的运动、陀螺仪（图16-1）中转子的运动、机构中行星锥齿轮的运动都是定点运动。

刚体定点运动是三维的空间运动，刚体上每一点到固定点的距离保持不变，因此每一点都在以固定点为中心、以固定点到该点的距离为半径的球面上运动。为了确定作定点运动刚体的位置，以固定点为原点 O，取静坐标系 $Oxyz$，另取固结于刚体的动坐标系 $Ox'y'z'$（图16-2）。显然，只要确定了动坐标系 $Ox'y'z'$的位置，刚体的位置也就确定了。动坐标系的位置可用不同的参量来描述，通常采用三个欧拉角来描述。

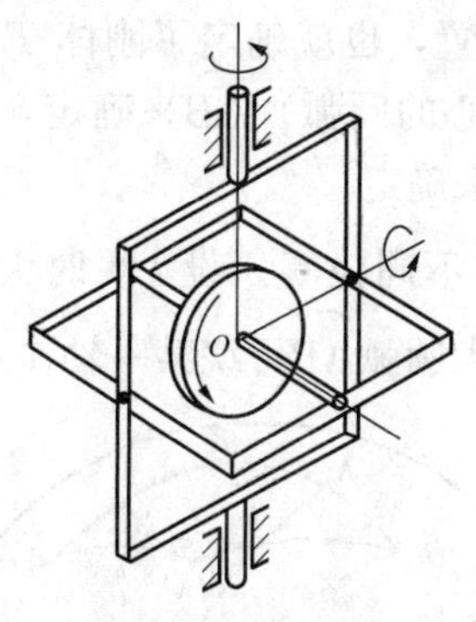

图16-1 陀螺仪

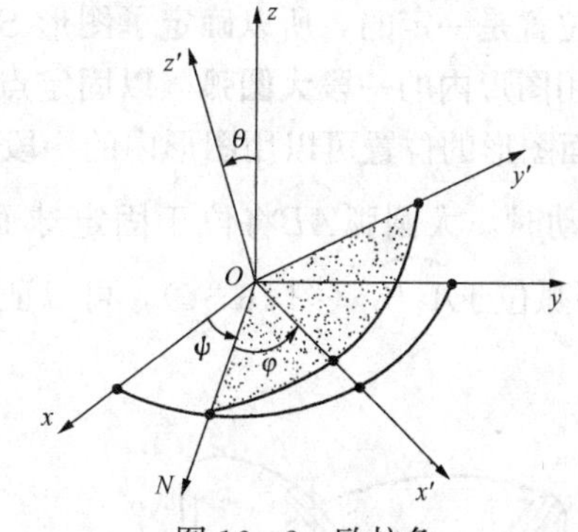

图16-2 欧拉角

设动坐标系在任意位置时，动坐标面 $Ox'y'$与静坐标面 Oxy 的交线为 ON，称为**节线**（nodal line）。显然，ON 垂直于轴 Oz'和 Oz。由 Ox 量到 ON 的角用 ψ 表示，称为**进动角**（precession angle）；由 Oz 量到 Oz'的角用 θ 表示，称为**章动角**（nutation angle）；由 ON 量到 Ox'的角用 φ 表示，称为**自转角**（spin angle）。并规定：由 Oz、ON、Oz'的正向朝负向看去，各角以逆时针向量取为正。这三个角是彼此独立的，统称为**欧拉角**（Eulerian angles）。

三个欧拉角能唯一地确定动坐标系的位置。设初瞬时动坐标系与静坐标系重合，任一瞬时欧拉角 ψ、θ、φ 为已知，则动坐标系通过下列三次转动可到达给定位置（图 16-3）：①绕轴 Oz 转 ψ 角，使 Ox' 与 ON 重合；②绕 ON 转 θ 角，Oz' 到达给定位置；③绕 Oz' 转 φ 角，Ox' 和 Oy' 都到达给定位置。

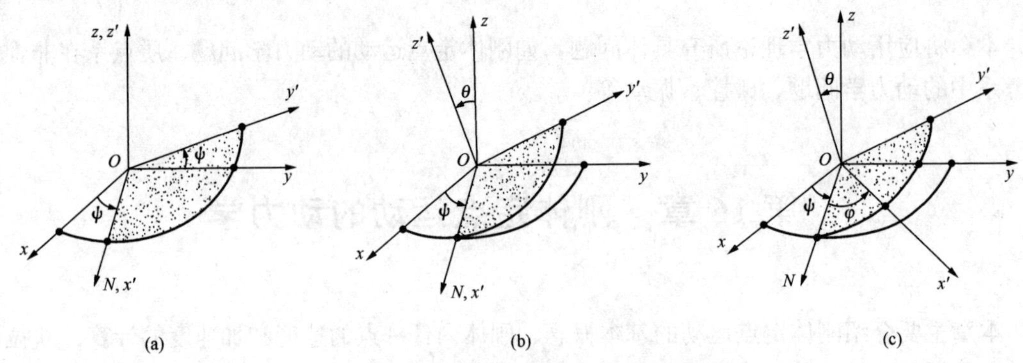

图 16-3　用欧拉角确定动坐标系的位置

刚体运动时，欧拉角 ψ、θ、φ 随时间变化，是时间 t 的单值连续函数，可表示为

$$\psi=f_1(t),\theta=f_2(t),\varphi=f_3(t) \tag{16-1}$$

这就是**刚体定点运动的运动方程**。

根据式（16-1），可用解析法研究刚体的定点运动，但为了获得比较清楚的几何概念，下面用几何法研究。

第2节　位移定理　转动瞬轴　无限小角位移合成定理

一、位移定理

设刚体 T 作定点运动，以固定点 O 为中心作一任意半径的固定球面，与刚体相交成一球面图形 S（图 16-4）。刚体运动时，图形 S 将保持在固定球面上运动。因为刚体上各点相对于图形 S 的位置是一定的，所以确定了图形 S 的位置，也就确定了刚体 T 的位置。而图形 S 的位置可用图形内的一段**大圆弧**（以固定点为中心的圆弧）$\overset{\frown}{AB}$来确定，就像刚体平面运动一样：平面图形的位置可以用图形内的一段直线来确定。

刚体 T 运动时，大圆弧$\overset{\frown}{AB}$将位于固定球面上的不同位置。设 t 瞬时大圆弧位于$\overset{\frown}{AB}$，$t+\Delta t$ 瞬时大圆弧位于$\overset{\frown}{A_1B_1}$（图 16-5），可以证明：大圆弧$\overset{\frown}{AB}$可绕某一轴作一次转动而到

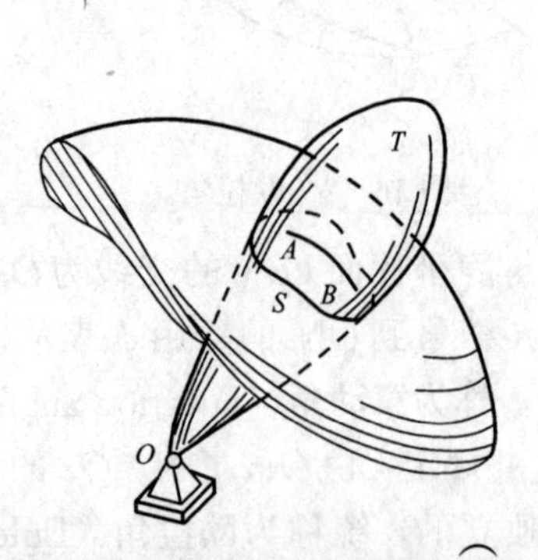

图 16-4　刚体的位置由大圆弧$\overset{\frown}{AB}$确定

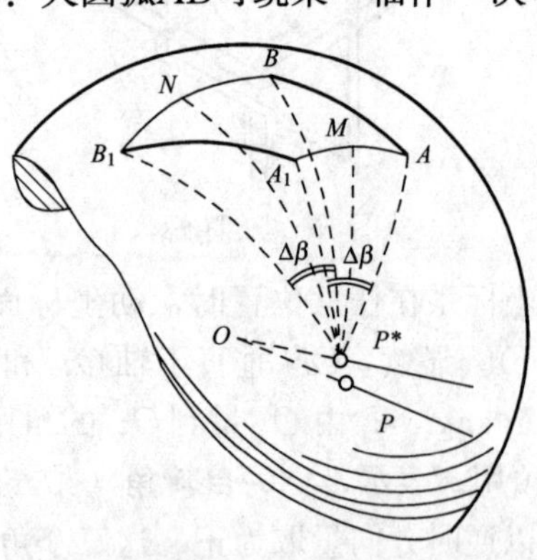

图 16-5　位移定理

达$\overset{\frown}{A_1B_1}$。**即定点运动刚体可绕着通过固定点的某一轴转动一次，从一个位置到达另一位置。**这就是刚体定点运动的**位移定理**，也称为**欧拉定理**（Euler's theorem）。

证明：作大圆弧$\overset{\frown}{AA_1}$、$\overset{\frown}{BB_1}$（图16－5），过两圆弧的中点M、N分别作与该两圆弧垂直的两个大圆弧$\overset{\frown}{MP^*}$、$\overset{\frown}{NP^*}$，相交于P^*点。再作大圆弧$\overset{\frown}{AP^*}$、$\overset{\frown}{BP^*}$、$\overset{\frown}{A_1P^*}$、$\overset{\frown}{B_1P^*}$得两个球面三角形AP^*B和$A_1P^*B_1$。因为大圆弧$\overset{\frown}{MP^*}$、$\overset{\frown}{NP^*}$分别垂直并平分大圆弧$\overset{\frown}{AA_1}$、$\overset{\frown}{BB_1}$，故有$\overset{\frown}{AP^*}=\overset{\frown}{A_1P^*}$、$\overset{\frown}{BP^*}=\overset{\frown}{B_1P^*}$，而$\overset{\frown}{AB}=\overset{\frown}{A_1B_1}$，所以球面三角形$AP^*B$与$A_1P^*B_1$完全相等，从而$\angle AP^*B=\angle A_1P^*B_1$。在此等式两边各加$\angle A_1P^*B$，得$\angle AP^*A_1=\angle BP^*B_1=\Delta\beta$。连接$O$、$P^*$成直线，令三角形$AP^*B$绕$OP^*$转过$\Delta\beta$，则$\overset{\frown}{AP^*}$与$\overset{\frown}{A_1P^*}$重合、$\overset{\frown}{BP^*}$与$\overset{\frown}{B_1P^*}$重合，即$\overset{\frown}{AB}$到达$\overset{\frown}{A_1B_1}$位置，定理得证。

二、转动瞬轴

位移定理只反映了运动的结果，没有反映运动的过程情况。实际上，刚体从大圆弧$\overset{\frown}{AB}$所代表的位置到达$\overset{\frown}{A_1B_1}$所代表的位置，并非真正绕OP^*轴作一次转动。但是，当$\Delta t\to 0$时，绕轴的转动与真实运动并无差别。当$\Delta t\to 0$时，轴OP^*趋近于某一极限位置OP（图16－5），称为刚体在瞬时t的**瞬时转动轴**，简称为**瞬轴**（instantaneous axis）。刚体在任一瞬时的运动可以看作是绕通过固定点的瞬轴的转动；而在一段时间内的运动可以看作是依次绕不同瞬轴的转动。就像刚体平面运动一样：平面图形在任一瞬时的运动可以看作是绕瞬心的转动，在一段时间内的运动可以看作是依次绕不同瞬心的转动。

三、无限小角位移合成定理

设刚体绕Oz轴转过一无限小角度$\Delta\beta$（图16－6），这无限小角位移可用矢量$\Delta\boldsymbol{\beta}$表示：矢量的模等于$\Delta\beta$，方向沿Oz轴，指向按右手螺旋法则确定。矢量$\Delta\boldsymbol{\beta}$可从Oz轴上的任一点画出。

在刚体上任取一点M，从O点作M点的矢径$\boldsymbol{r}$。对应于刚体的无限小角位移$\Delta\boldsymbol{\beta}$，点M有一无限小位移$\Delta\boldsymbol{r}=\overrightarrow{MM'}$。由图16－6可知，$|\Delta\boldsymbol{r}|=|R\Delta\beta|=|r\Delta\beta\sin(\Delta\boldsymbol{\beta},\boldsymbol{r})|$，$\Delta\boldsymbol{r}$垂直于$\Delta\boldsymbol{\beta}$与$\boldsymbol{r}$所构成的平面，指向如图16－6所示，可表示为

$$\Delta\boldsymbol{r}=\Delta\boldsymbol{\beta}\times\boldsymbol{r}\tag{16-2}$$

设刚体作定点运动，先后绕通过固定点O的两相交轴Oz_1、Oz_2转动，第一次绕Oz_1轴转动的无限小角位移为$\Delta\boldsymbol{\beta}_1$，第二次绕$Oz_2$轴转动的无限小角位移为$\Delta\boldsymbol{\beta}_2$（图16－7）。在刚体上任选一点$M$，其矢径为$\boldsymbol{r}$。经过第一次转动，$M$变为$M'$，矢径变为$\boldsymbol{r}'$，由式（16－2）可知位移$\Delta\boldsymbol{r}_1=\Delta\boldsymbol{\beta}_1\times\boldsymbol{r}$；经过第二次转动，$M'$变为$M''$，矢径变为$\boldsymbol{r}''$，位移$\Delta\boldsymbol{r}_2=\Delta\boldsymbol{\beta}_2\times\boldsymbol{r}'=\Delta\boldsymbol{\beta}_2\times(\boldsymbol{r}+\Delta\boldsymbol{r}_1)$。总位移$\Delta\boldsymbol{r}=\Delta\boldsymbol{r}_1+\Delta\boldsymbol{r}_2=(\Delta\boldsymbol{\beta}_1+\Delta\boldsymbol{\beta}_2)\times\boldsymbol{r}+\Delta\boldsymbol{\beta}_2\times(\Delta\boldsymbol{\beta}_1\times\boldsymbol{r})$，略去二阶微量，得

$$\Delta\boldsymbol{r}=(\Delta\boldsymbol{\beta}_1+\Delta\boldsymbol{\beta}_2)\times\boldsymbol{r}\tag{a}$$

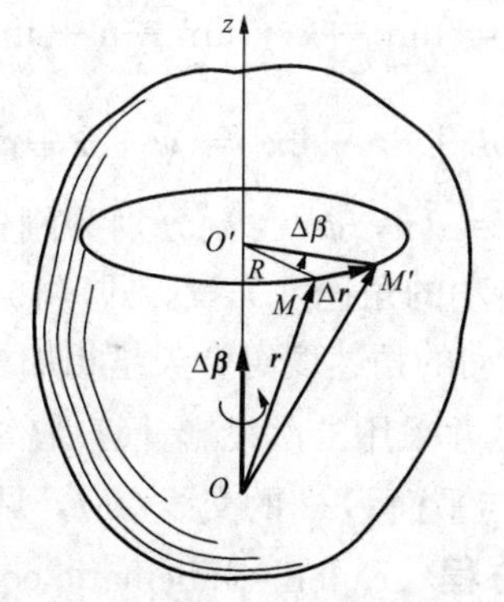

图16－6　无限小角位移矢量表示

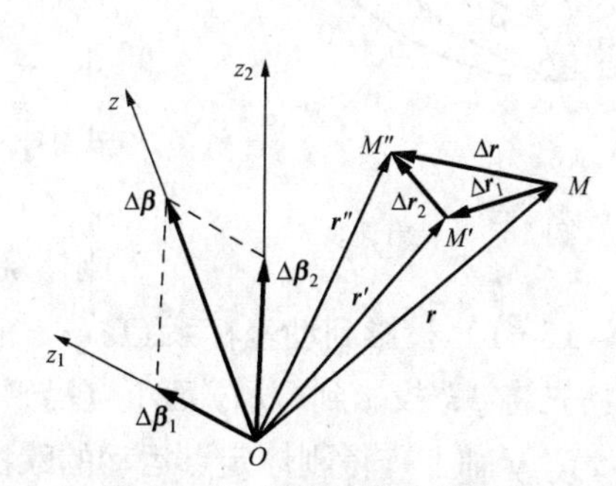

图16－7　无限小角位移合成

根据位移定理，上述定点运动可通过绕 O 点的某一轴 Oz 作一次转动来实现，因为 $\Delta\boldsymbol{\beta}_1$、$\Delta\boldsymbol{\beta}_2$ 是无限小的，所以其角位移一定是无限小的，用 $\Delta\boldsymbol{\beta}$ 表示，且

$$\Delta\boldsymbol{r} = \Delta\boldsymbol{\beta} \times \boldsymbol{r} \tag{b}$$

比较式（a）和式（b），并注意 M 点是任选的，$\boldsymbol{r}$ 为任一矢量，所以有

$$\Delta\boldsymbol{\beta} = \Delta\boldsymbol{\beta}_1 + \Delta\boldsymbol{\beta}_2 \tag{16-3}$$

显然，改变两次无限小转动的次序，不影响式（16-3）。可见，无限小角位移矢量符合矢量加法法则。综上得**无限小角位移合成定理：刚体绕相交轴两个无限小转动可以合成为一个无限小转动，合成转动的角位移矢量等于两个分转动角位移矢量之和，与两个分转动的先后次序无关**。此结论可以推广到两个以上无限小转动的合成。

注意，若刚体绕相交轴作有限转动，则改变转动次序时，位移将不同。所以**有限转动角位移不是矢量**。

第3节 角速度及角加速度

一、角速度

设刚体作定点运动，t 瞬时绕瞬轴 OP 转动，经过 Δt 时间，刚体转过的微小角位移为 $\Delta\boldsymbol{\beta}$，则刚体在瞬时 t 的角速度为

$$\boldsymbol{\omega} = \lim_{\Delta t\to 0}\frac{\Delta\boldsymbol{\beta}}{\Delta t} = \frac{\mathrm{d}\boldsymbol{\beta}}{\mathrm{d}t} \tag{16-4}$$

角速度矢量 $\boldsymbol{\omega}$ 的方向与 $\Delta t\to 0$ 时 $\Delta\boldsymbol{\beta}$ 的极限方向相同，即沿瞬轴 OP，指向按右手螺旋法则确定。

刚体的定点运动可以看成是绕三个相交轴 Oz、ON、Oz' 转动的合成，沿轴 Oz、ON、Oz' 的正向取单位矢量 $\boldsymbol{k}$、$\boldsymbol{n}$、$\boldsymbol{k}'$（图 16-8）。根据无限小角位移合成定理，刚体绕瞬轴转动的无限小角位移 $\Delta\boldsymbol{\beta}$ 等于刚体绕轴 Oz、ON、Oz' 转动的无限小角位移 $\Delta\psi\boldsymbol{k}$、$\Delta\theta\boldsymbol{n}$、$\Delta\varphi\boldsymbol{k}'$ 的合成，即

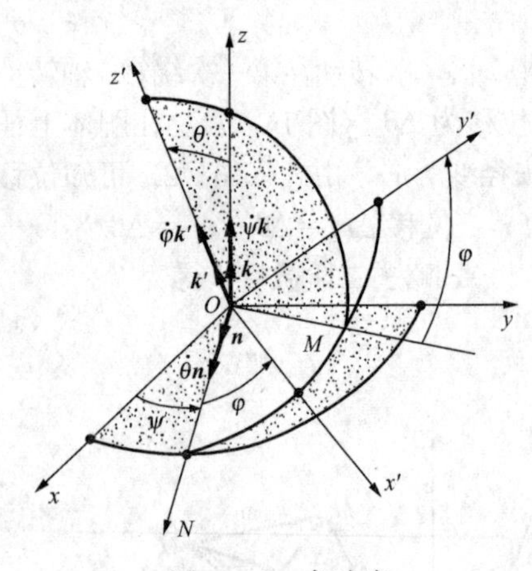

图 16-8 角速度

$$\Delta\boldsymbol{\beta} = \Delta\psi\boldsymbol{k} + \Delta\theta\boldsymbol{n} + \Delta\varphi\boldsymbol{k}'$$

将上式代入式（16-4），得

$$\boldsymbol{\omega} = \lim_{\Delta t\to 0}\frac{\Delta\boldsymbol{\beta}}{\Delta t} = \lim_{\Delta t\to 0}\frac{\Delta\psi}{\Delta t}\boldsymbol{k} + \lim_{\Delta t\to 0}\frac{\Delta\theta}{\Delta t}\boldsymbol{n} + \lim_{\Delta t\to 0}\frac{\Delta\varphi}{\Delta t}\boldsymbol{k}'$$

即

$$\boldsymbol{\omega} = \dot{\psi}\boldsymbol{k} + \dot{\theta}\boldsymbol{n} + \dot{\varphi}\boldsymbol{k}' = \dot{\boldsymbol{\psi}} + \dot{\boldsymbol{\theta}} + \dot{\boldsymbol{\varphi}} \tag{16-5}$$

式中 $\dot{\boldsymbol{\psi}} = \dot{\psi}\boldsymbol{k}$、$\dot{\boldsymbol{\theta}} = \dot{\theta}\boldsymbol{n}$，$\dot{\boldsymbol{\varphi}} = \dot{\varphi}\boldsymbol{k}'$ 分别为刚体绕相交轴 Oz、ON、Oz' 转动的角速度矢量。式（16-5）表明，刚体绕相交轴转动的角速度符合矢量相加法则。

将式（16-5）投影到动坐标系 $Ox'y'z'$ 的各轴上，并采用二次投影计算 $\dot{\psi}\boldsymbol{k}$ 在 x'、y' 轴上的投影：先将 $\dot{\psi}\boldsymbol{k}$ 投影到 $Ox'y'$ 面上（沿平面 $Ox'y'$ 与平面 Ozz' 的交线 OM，见图 16-8），再投影到 x'、y' 轴上，得刚体定点运动的**欧拉运动学方程**（Euler's kinematic equation）

$$\left.\begin{aligned}\omega_{x'} &= \dot{\psi}\sin\theta\sin\varphi + \dot{\theta}\cos\varphi \\ \omega_{y'} &= \dot{\psi}\sin\theta\cos\varphi - \dot{\theta}\sin\varphi \\ \omega_{z'} &= \dot{\psi}\cos\theta + \dot{\varphi}\end{aligned}\right\} \tag{16-6}$$

二、角加速度

由于瞬轴的位置随时间改变，所以角速度矢量 $\boldsymbol{\omega}$ 的大小和方向随时间变化。角速度矢对时间的一阶导数，称为刚体定点运动的角加速度，用 $\boldsymbol{\alpha}$ 表示，即

$$\boldsymbol{\alpha} = \frac{\mathrm{d}\boldsymbol{\omega}}{\mathrm{d}t} \tag{16-7}$$

式（16－7）虽然与刚体定轴转动的形式相同，但应注意，定轴转动的 $\boldsymbol{\omega}$ 与 $\boldsymbol{\alpha}$ 沿同一直线（即转轴），而定点运动的 $\boldsymbol{\omega}$ 与 $\boldsymbol{\alpha}$ 不沿同一直线。

从固定点 O 作矢量 $\overrightarrow{OA} = \boldsymbol{\omega}$（图16－9），当 $\boldsymbol{\omega}$ 变化时，画出 $\boldsymbol{\omega}$ 的矢端线，沿矢端线运动的速度为

$$\boldsymbol{u} = \frac{\mathrm{d}\boldsymbol{\omega}}{\mathrm{d}t} = \boldsymbol{\alpha} \tag{16-8}$$

$\boldsymbol{\alpha}$ 的方向沿 $\boldsymbol{\omega}$ 矢端线的切线，见图16－9。

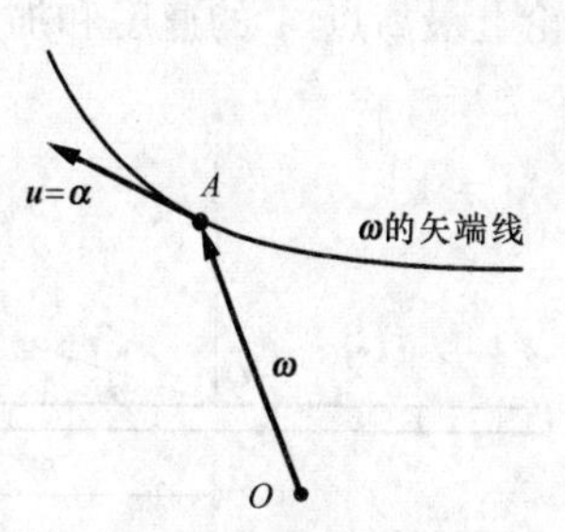

图16－9　角加速度

第4节　定点运动刚体内一点的速度和加速度

设 t 瞬时刚体绕瞬轴 OP 转动，经过 Δt 时间，刚体转过微小角位移 $\Delta\boldsymbol{\beta}$，则刚体上任一点 M 的位移为 $\Delta\boldsymbol{r} = \Delta\boldsymbol{\beta}\times\boldsymbol{r}$，两边同除以 Δt，并取极限，有 $\lim\limits_{\Delta t\to 0}\dfrac{\Delta\boldsymbol{r}}{\Delta t} = \lim\limits_{\Delta t\to 0}\dfrac{\Delta\boldsymbol{\beta}}{\Delta t}\times\boldsymbol{r}$，于是得到与定轴转动刚体形式相同的速度公式

$$\boldsymbol{v} = \boldsymbol{\omega}\times\boldsymbol{r} \tag{16-9}$$

速度 $\boldsymbol{v}$ 的大小为

$$v = \omega r\sin(\boldsymbol{\omega}, \boldsymbol{r}) = \omega\rho \tag{16-10}$$

其中 ρ 是点 M 到瞬轴 OP 的距离，$\boldsymbol{v}$ 垂直于平面 MOP（图16－10），指向与刚体绕瞬轴 OP 转动的转向一致。

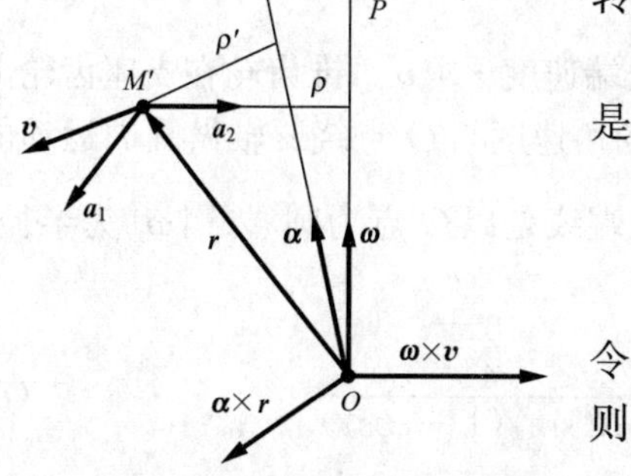

图16－10　速度与加速度

因瞬轴上的点 $\rho=0$，所以 $v=0$。可见，某瞬时的瞬轴是该瞬时速度为零的各点的连线。

将式（16－9）对时间求导，得加速度

$$\boldsymbol{a} = \frac{\mathrm{d}\boldsymbol{v}}{\mathrm{d}t} = \frac{\mathrm{d}\boldsymbol{\omega}}{\mathrm{d}t}\times\boldsymbol{r} + \boldsymbol{\omega}\times\frac{\mathrm{d}\boldsymbol{r}}{\mathrm{d}t} = \boldsymbol{\alpha}\times\boldsymbol{r} + \boldsymbol{\omega}\times\boldsymbol{v}$$

令

$$\boldsymbol{a}_1 = \boldsymbol{\alpha}\times\boldsymbol{r},\ \boldsymbol{a}_2 = \boldsymbol{\omega}\times\boldsymbol{v} \tag{16-11}$$

则

$$\boldsymbol{a} = \boldsymbol{a}_1 + \boldsymbol{a}_2 \tag{16-12}$$

$\boldsymbol{a}_1$ 称为**转动加速度**，其大小为

$$a_1 = \alpha r\sin(\boldsymbol{\alpha}, \boldsymbol{r}) = \alpha\rho' \tag{16-13}$$

其中 ρ' 是点 M 到矢量 $\boldsymbol{\alpha}$ 方位线的距离，$\boldsymbol{a}_1$ 垂直于 $\boldsymbol{\alpha}$ 与 $\boldsymbol{r}$ 所决定的平面，指向按右手法则决定（图16－10）；$\boldsymbol{a}_2$ 称为**向轴加速度**，其大小为

$$a_2 = \omega v \sin 90^\circ = \omega^2 \rho \tag{16-14}$$

$\boldsymbol{a}_2$ 垂直于瞬轴并指向瞬轴（图 16－10）。于是得到**里瓦斯定理：定点运动刚体内任一点的加速度等于转动加速度与向轴加速度的矢量和。**

应注意，虽然式（16－11）与定轴转动的形式相同，但 $\boldsymbol{a}_1$ 不是点 M 的切向加速度，$\boldsymbol{a}_2$ 也不是点 M 的法向加速度。

【例 16－1】 图 16－11（a）所示锥齿轮顶角为 γ，节圆半径为 R，其轴 OO_1 通过平面支座齿轮的中心 O，设锥齿轮在支座齿轮上滚动，AB 面的中心 O_1 以匀速率 v 绕铅直轴 z 做圆周运动，面对 z 轴向下看，O_1 点绕 z 轴顺时针向转。求锥齿轮的角速度 ω 和角加速度 α 以及轮上最高点 A 的速度和加速度。

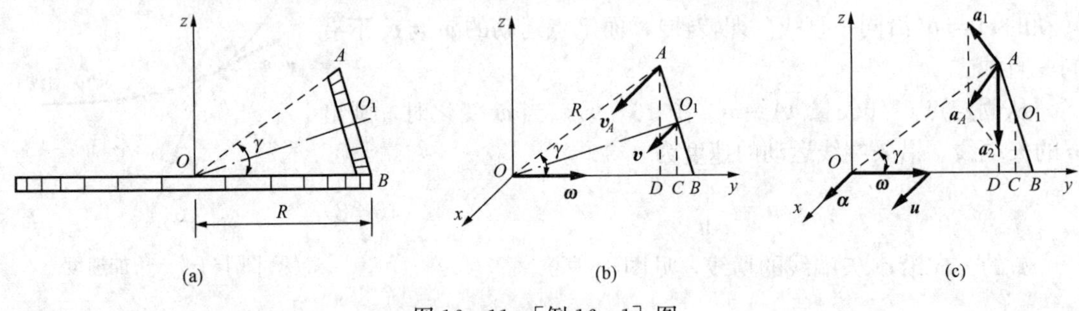

图 16－11 ［例 16－1］图

解 锥齿轮绕点 O 作定点运动。因无滑动，锥齿轮上与支座齿轮相啮合的一点 B 速度为零，所以 OB 是瞬轴。

取直角坐标系 $Oxyz$ 如图 16－11（b）所示，过点 O_1 和 A 分别作 O_1C 和 AD 垂直于 y 轴，显然，$O_1C=\dfrac{1}{2}AD=\dfrac{1}{2}R\sin\gamma$。由式（16－10）知 O_1 点的速度 $v=\omega\cdot O_1C$，所以

$$\omega = \frac{v}{O_1C} = \frac{2v}{R\sin\gamma} \tag{a}$$

$\boldsymbol{\omega}$ 沿瞬轴，指向根据 $\boldsymbol{v}$ 的方向（沿 x 轴正向）确定：沿 y 轴正向［图 16－11（b）］。

A 点的速度大小为

$$v_A = \omega \cdot AD = 2v \tag{b}$$

$\boldsymbol{v}_A$ 垂直于 OBA，沿 x 轴正向。

下面根据式（16－8）求角加速度 $\boldsymbol{\alpha}$，即利用 $\boldsymbol{\omega}$ 的矢端速度 $\boldsymbol{u}$ 求 $\boldsymbol{\alpha}$。锥齿轮在支座齿轮上滚动时，矢量 $\boldsymbol{\omega}$ 在水平面 Oxy 内绕 z 轴转动，其转动的角速度与 O_1 点绕 z 轴做圆周运动的角速度 $\dfrac{v}{OC}$ 相同。由式可（a）知 ω 是常量，所以 $\boldsymbol{\omega}$ 的矢端线是以 O 点为圆心、$|\boldsymbol{\omega}|$ 为半径，且位于 Oxy 面内的圆，$\boldsymbol{u}$（即 $\boldsymbol{\alpha}$）的大小为

$$\alpha = \frac{v}{OC}\cdot|\boldsymbol{\omega}| = \frac{v}{R\cos^2\dfrac{\gamma}{2}}\cdot\frac{2v}{R\sin\gamma} = \frac{4v^2}{R^2\sin\gamma(1+\cos\gamma)} \tag{c}$$

$\boldsymbol{u}$ 垂直于 $\boldsymbol{\omega}$，与 $\boldsymbol{\omega}$ 绕 z 轴转动的转向一致，即 $\boldsymbol{\alpha}$ 沿 x 轴正向［图 16－11（c）］。

A 点的加速度 $\boldsymbol{a}_A=\boldsymbol{a}_1+\boldsymbol{a}_2$，由式（16－13）得

$$a_1 = \alpha \cdot OA = \frac{4v^2}{R\sin\gamma(1+\cos\gamma)} \tag{d}$$

$\boldsymbol{a}_1$ 既垂直于 $\boldsymbol{\alpha}$（即在 Oyz 平面内），又垂直于 OA，指向按右手法则决定，如图 16-11（c）所示。由式（16-14）得

$$a_2 = \omega^2 \cdot AD = \frac{4v^2}{R\sin\gamma} \tag{e}$$

$\boldsymbol{a}_2$ 垂直于瞬轴 OB 并指向 OB [图 16-11（c）]。以 $\boldsymbol{a}_1$、$\boldsymbol{a}_2$ 为邻边作平行四边形，根据余弦定理，有

$$a_A = \sqrt{a_1^2 + a_2^2 - 2a_1a_2\cos\gamma} = \frac{4v^2\sqrt{1+\sin^2\gamma}}{R\sin\gamma(1+\cos\gamma)}$$

第 5 节　刚体定点运动的欧拉动力学方程

设刚体绕固定点 O 转动，角速度为 $\boldsymbol{\omega}$。以 O 点为原点建立固结于刚体的动坐标系 $Ox'y'z'$，沿动坐标轴正向取单位矢量 $\boldsymbol{i}'$、$\boldsymbol{j}'$、$\boldsymbol{k}'$，则 $\boldsymbol{\omega}=\omega_{x'}\boldsymbol{i}'+\omega_{y'}\boldsymbol{j}'+\omega_{z'}\boldsymbol{k}'$。在刚体上任选一点 $M_i(x_i', y_i', z_i')$，设其质量为 m_i，对固定点 O 的矢径为 $\boldsymbol{r}_i$，则 $\boldsymbol{r}_i=x_i'\boldsymbol{i}'+y_i'\boldsymbol{j}'+z_i'\boldsymbol{k}'$。由式（16-9）知 M_i 点的速度 $\boldsymbol{v}_i=\boldsymbol{\omega}\times\boldsymbol{r}_i$，因此刚体对固定点 O 的动量矩为

$$\boldsymbol{L}_O = \sum \boldsymbol{r}_i \times m_i\boldsymbol{v}_i = \sum m_i\boldsymbol{r}_i\times(\boldsymbol{\omega}\times\boldsymbol{r}_i)$$

而 $\boldsymbol{r}_i\times(\boldsymbol{\omega}\times\boldsymbol{r}_i)=(\boldsymbol{r}_i\cdot\boldsymbol{r}_i)\boldsymbol{\omega}-(\boldsymbol{r}_i\cdot\boldsymbol{\omega})\boldsymbol{r}_i$，代入上式得

$$\begin{aligned}\boldsymbol{L}_O = & \sum m_i(x_i'^2+y_i'^2+z_i'^2)(\omega_{x'}\boldsymbol{i}'+\omega_{y'}\boldsymbol{j}'+\omega_{z'}\boldsymbol{k}') \\ & - \sum m_i(x_i'\omega_{x'}+y_i'\omega_{y'}+z_i'\omega_{z'})(x_i'\boldsymbol{i}'+y_i'\boldsymbol{j}'+z_i'\boldsymbol{k}')\end{aligned} \tag{16-15}$$

将上式投影到 $Ox'y'z'$ 的各轴上，得

$$\left.\begin{aligned} L_{x'} &= J_{x'}\omega_{x'} - J_{x'y'}\omega_{y'} - J_{x'z'}\omega_{z'} \\ L_{y'} &= J_{y'}\omega_{y'} - J_{y'z'}\omega_{z'} - J_{y'x'}\omega_{x'} \\ L_{z'} &= J_{z'}\omega_{z'} - J_{z'x'}\omega_{x'} - J_{z'y'}\omega_{y'} \end{aligned}\right\} \tag{16-16}$$

若取的动坐标轴与刚体在 O 点的三个主轴重合，则 $J_{x'y'}=J_{y'z'}=J_{x'z'}=0$，式（16-16）成为

$$L_{x'} = J_{x'}\omega_{x'},\ L_{y'} = J_{y'}\omega_{y'},\ L_{z'} = J_{z'}\omega_{z'} \tag{16-17}$$

或

$$\boldsymbol{L}_O = J_{x'}\omega_{x'}\boldsymbol{i}' + J_{y'}\omega_{y'}\boldsymbol{j}' + J_{z'}\omega_{z'}\boldsymbol{k}' \tag{16-18}$$

一般情况下，刚体对点 O 的三个主转动惯量 $J_{x'}$、$J_{y'}$、$J_{z'}$ 不等或不全等，由式（16-18）可知，刚体对定点 O 的动量矩 $\boldsymbol{L}_O$ 的方向与角速度 $\boldsymbol{\omega}$ 的方向不重合。只有当 $J_{x'}=J_{y'}=J_{z'}$ 时，或角速度 $\boldsymbol{\omega}$ 与某一主轴 z' 重合时（此时 $\omega_{x'}=\omega_{y'}=0$），$\boldsymbol{L}_O$ 与 $\boldsymbol{\omega}$ 才有相同的方向。

将式（16-18）对时间求一阶导数（见附录 A），得

$$\frac{\mathrm{d}\boldsymbol{L}_O}{\mathrm{d}t} = \frac{\tilde{\mathrm{d}}\boldsymbol{L}_O}{\mathrm{d}t} + \boldsymbol{\omega}\times\boldsymbol{L}_O \tag{a}$$

因 $J_{x'}$、$J_{y'}$、$J_{z'}$ 都是常量，所以 $\boldsymbol{L}_O$ 对时间的相对导数

$$\frac{\tilde{\mathrm{d}}\boldsymbol{L}_O}{\mathrm{d}t} = J_{x'}\dot{\omega}_{x'}\boldsymbol{i}' + J_{y'}\dot{\omega}_{y'}\boldsymbol{j}' + J_{z'}\dot{\omega}_{z'}\boldsymbol{k}' \tag{b}$$

而 $$\boldsymbol{\omega}\times\boldsymbol{L}_O=\begin{vmatrix}\boldsymbol{i}' & \boldsymbol{j}' & \boldsymbol{k}'\\ \omega_{x'} & \omega_{y'} & \omega_{z'}\\ J_{x'}\omega_{x'} & J_{y'}\omega_{y'} & J_{z'}\omega_{z'}\end{vmatrix}$$
$$=(J_{z'}-J_{y'})\omega_{y'}\omega_{z'}\boldsymbol{i}'+(J_{x'}-J_{z'})\omega_{z'}\omega_{x'}\boldsymbol{j}'+(J_{y'}-J_{x'})\omega_{x'}\omega_{y'}\boldsymbol{k}' \quad \text{(c)}$$

将式（b)、式（c）代入式（a)，并由对固定点的动量矩定理$\frac{\mathrm{d}\boldsymbol{L}_O}{\mathrm{d}t}=\boldsymbol{M}_O^{(\mathrm{e})}$，得

$$\begin{aligned}J_{x'}\dot{\omega}_{x'}+(J_{z'}-J_{y'})\omega_{y'}\omega_{z'}&=M_{x'}^{(\mathrm{e})}\\ J_{y'}\dot{\omega}_{y'}+(J_{x'}-J_{z'})\omega_{z'}\omega_{x'}&=M_{y'}^{(\mathrm{e})}\\ J_{z'}\dot{\omega}_{z'}+(J_{y'}-J_{x'})\omega_{x'}\omega_{y'}&=M_{z'}^{(\mathrm{e})}\end{aligned} \quad (16-19)$$

式中 $M_{x'}^{(\mathrm{e})}$、$M_{y'}^{(\mathrm{e})}$、$M_{z'}^{(\mathrm{e})}$——作用于定点运动刚体上的外力对 x'、y'、z'轴的矩。

这组方程称为刚体定点运动的**欧拉动力学方程**（Euler's dynamic equations)。

第6节 陀螺近似理论

工程上常将对称轴上一点固定，并以高速绕对称轴转动的回转型均质刚体称为**陀螺**(gyroscope)。

通常陀螺以角速度 ω_1 绕对称轴转动，同时对称轴又以角速度 ω_2 绕一固定轴转动。前一种运动称为**自转**（spin)，后一种运动称为**进动**（precession)；相应的，ω_1 称为**自转角速度**，ω_2 称为**进动角速度**。

陀螺的运动是刚体定点运动的一种特殊情形，应用刚体定点运动动力学理论才能求得准确解。但是如果 $\omega_1\gg\omega_2$，则可用赖柴定理近似求得 ω_1、ω_2 与刚体所受外力之关系。设陀螺支承于对称轴 z'上的 O 点（图 16-12)，以高转速 $\boldsymbol{\omega}_1$ 绕对称轴 z'自转，同时轴 z'以角速度 $\boldsymbol{\omega}_2$ 绕固定轴 z 进动，陀螺所受外力对 O 点的矩为 $\boldsymbol{M}_O$。

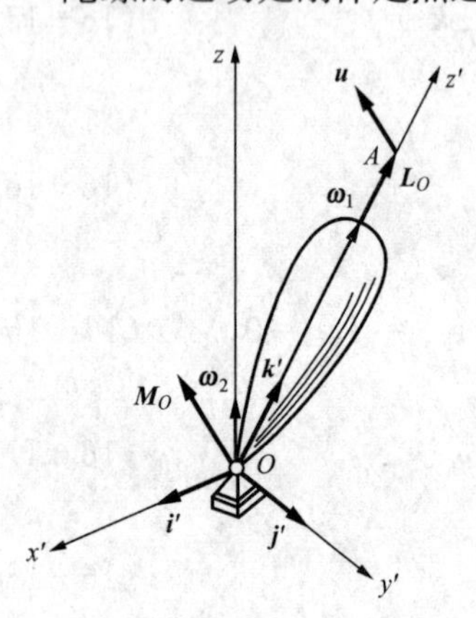

图 16-12 陀螺模型

取动坐标系 $Ox'y'z'$固结于陀螺，随陀螺运动，并取 x'、y'为陀螺在 O 点的惯性主轴（因 z'是对称轴，所以 z'必是主轴)，则由式（16-18）有

$$\boldsymbol{L}_O=J_{x'}\omega_{x'}\boldsymbol{i}'+J_{y'}\omega_{y'}\boldsymbol{j}'+J_{z'}\omega_{z'}\boldsymbol{k}' \quad \text{(a)}$$

其中 $J_{x'}$、$J_{y'}$、$J_{z'}$是陀螺的主转动惯量，$\omega_{x'}$、$\omega_{y'}$、$\omega_{z'}$是陀螺角速度 $\boldsymbol{\omega}$ 的投影。据式（16-5）有 $\boldsymbol{\omega}=\boldsymbol{\omega}_1+\boldsymbol{\omega}_2$，投影得

$$\omega_{x'}=\omega_{2x'},\ \omega_{y'}=\omega_{2y'},\ \omega_{z'}=\omega_1+\omega_{2z'}$$

一般情况下，$\boldsymbol{L}_O$ 与轴 z'不重合。但如果 $\omega_1\gg\omega_2$，则 $\omega_{z'}\approx\omega_1$，且 $\omega_{z'}$ 远大于 $\omega_{x'}$ 及 $\omega_{y'}$。设 $J_{x'}$、$J_{y'}$、$J_{z'}$是同阶的，则 $J_{z'}\omega_{z'}$ 远大于 $J_{x'}\omega_{x'}$ 及 $J_{y'}\omega_{y'}$，式（a）成为

$$\boldsymbol{L}_O\approx J_{z'}\omega_{z'}\boldsymbol{k}'=J_{z'}\boldsymbol{\omega}_1 \quad \text{(b)}$$

即陀螺对 O 点的动量矩近似地沿对称轴 z'。假设陀螺的自转角速度 ω_1 为常量，则 $\boldsymbol{L}_O$ 的大小也是常量，于是 $\boldsymbol{L}_O$ 的端点 A 的速度为

$$\boldsymbol{u}=\boldsymbol{\omega}_2\times\boldsymbol{L}_O=\boldsymbol{\omega}_2\times J_{z'}\boldsymbol{\omega}_1 \quad \text{(c)}$$

根据赖柴定理 $\boldsymbol{u}=\boldsymbol{M}_O$，有

$$J_{z'}(\boldsymbol{\omega}_2\times\boldsymbol{\omega}_1)=\boldsymbol{M}_O \tag{16-20}$$

显然，$\boldsymbol{M}_O$ 垂直于轴 z 与 z' 所确定的平面。

如果陀螺在重力 $\boldsymbol{P}$ 作用下运动（图 16-13），设重心与固定点 O 的距离为 a，轴 z 与 z' 的夹角为 θ，不计支承处的摩擦，则 $\boldsymbol{M}_O=a\boldsymbol{k}'\times(-P\boldsymbol{k})$，而 $\boldsymbol{\omega}_2\times\boldsymbol{\omega}_1=\omega_2\boldsymbol{k}\times\omega_1\boldsymbol{k}'$，由式（16-20）得

$$\omega_2=\frac{Pa}{J_{z'}\omega_1} \tag{16-21}$$

从上式可以看出，陀螺的自转角速度 ω_1 越大，则 ω_2 越小，越符合假设的条件，陀螺的运动愈接近实际情况。

如果陀螺的重心与固定点 O 重合而又无其他主动力，则 $M_O=0$，由式（16-21）可知 $\omega_2=0$，即陀螺不出现进动，陀螺的对称轴 z' 在惯性参考系中的位置将保持不变，这就是**陀螺的定轴性**（conversation of gyro axis）。

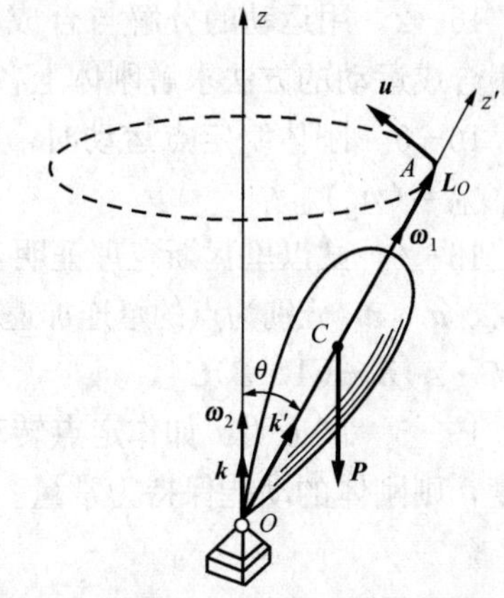

图 16-13　陀螺在重力作用下运动

陀螺理论可用来解释许多常见的现象。例如，玩具陀螺为什么转动得快时不致倒下，转速减慢时就会倒下；自行车静止时不易保持平衡，而车速很快时，即使偶受冲击，也不会倒下等等。陀螺在工程技术上应用也很广。如船舶和飞机常用陀螺作稳定器或定向仪器。

外力矩 $\boldsymbol{M}_O$ 的作用迫使陀螺产生进动，根据反作用定律，陀螺对施力体的反作用力矩 $\boldsymbol{M}_g$ 为

$$\boldsymbol{M}_g=-\boldsymbol{M}_O=J_{z'}\boldsymbol{\omega}_1\times\boldsymbol{\omega}_2 \tag{16-22}$$

它是陀螺表现出来的一种惯性阻抗力矩，称为**陀螺力矩**（gyroscopic moment）。由于陀螺力矩而产生的力学效应称为**陀螺效应**（gyroscopic effect）。对于有高速转动的转子的机器，这种效应很明显，应予足够重视。

【例 16-2】 汽艇内一发动机的转动轴与船的纵轴平行，其转子质量 $m=40\text{kg}$，惯性半径 $r=0.1\text{m}$，以 $n=1600\text{r/m}$ 的转速转动。若汽艇在水面上以速度 $v=20\text{m/s}$ 沿 $R=50\text{m}$ 的圆弧行驶，求作用在艇上的陀螺力矩。

解　设发动机自转角速度 $\boldsymbol{\omega}_1$ 沿汽艇前进方向，因进动角速度 $\boldsymbol{\omega}_2$ 沿铅直方向，所以 $\boldsymbol{\omega}_1\perp\boldsymbol{\omega}_2$。$\omega_1=\dfrac{n\pi}{30}=\dfrac{160\pi}{3}\text{rad/s}$，$\omega_2=\dfrac{v}{R}=0.4\text{rad/s}$，$J_{z'}=m\rho^2=0.4\text{kg}\cdot\text{m}^2$，由式（16-22）得，陀螺力矩 $M_g=J_{z'}\omega_1\omega_2=26.81\text{N}\cdot\text{m}$。

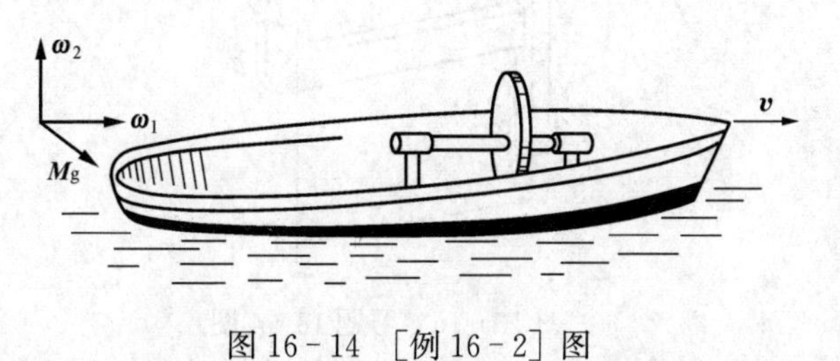

图 16-14　[例 16-2] 图

若汽艇沿圆弧向左行驶，则 $\boldsymbol{\omega}_2$ 向上，$\boldsymbol{M}_g$ 水平向右（图 16-14），$\boldsymbol{M}_g$ 将使汽艇前部提高，尾部降低。若汽艇沿圆弧向右行驶，则 $\boldsymbol{\omega}_2$ 向下，$\boldsymbol{M}_g$ 水平向左，$\boldsymbol{M}_g$ 将使汽艇尾部提高，前部降低。

思考题

16-1　从日常生活和工程实际中举出三个刚体绕定点运动的实例，尝试从中提炼出运动学问题。

16-2　用运动的分解与合成方法分析时，刚体的定点运动可否看成两个转动的合成？试用合成运动的方法求解刚体上各点的速度和加速度。

16-3　刚体绕定点运动时，刚体上任两点 A、B 的速度是否仍满足速度投影定理，即 $(\boldsymbol{v}_A)_{AB}=(\boldsymbol{v}_B)_{AB}$？

16-4　试以里瓦斯定理证明：绕相交两轴转动刚体内一点的加速度 $\boldsymbol{a}=\boldsymbol{a}_e+\boldsymbol{a}_r+\boldsymbol{a}_C$，其中 $\boldsymbol{a}_e$、$\boldsymbol{a}_r$、$\boldsymbol{a}_C$ 分别为点的牵连加速度、相对加速度和科氏加速度［提示：利用公式 $\boldsymbol{A}\times(\boldsymbol{B}\times\boldsymbol{C})=(\boldsymbol{C}\cdot\boldsymbol{A})\boldsymbol{B}-(\boldsymbol{A}\cdot\boldsymbol{B})\boldsymbol{C}$］。

16-5　试证明：如作定点转动刚体的动量矩在任何瞬时都垂直于刚体在该瞬时的角加速度，则刚体的动能保持为常量。

习题

16-1　设一刚体作定点运动，其运动方程为 $\psi=\frac{\pi}{2}t$，$\varphi=\frac{\pi}{3}$，$\theta=\pi t$（其中 ψ、φ、θ 为欧拉角，以弧度计，t 以秒计），试求其角速度和角加速度在静坐标系 $Oxyz$ 轴上的投影。

16-2　某瞬时，作定点运动的刚体上一点在动坐标系中的坐标是 $x'=-a\cos\varphi$，$y'=a\sin\varphi$，$z'=a$，其中 a 是常量。试用 $\dot{\psi}$、$\dot{\theta}$、$\dot{\varphi}$ 及欧拉角表示此时该点的速度在动坐标轴上的投影。

16-3　顶点 O 固定的圆锥在一平面上滚动而不滑动如图 6-15 所示，圆锥高 $OC=$ 18cm，顶角$\angle AOB=90°$。圆锥底面的中心 C 作匀速圆周运动，$\omega=2\pi$。试求直径 AB 上 B 点的速度、圆锥的角加速度及 A、B 两点的加速度。

16-4　如图 16-16 所示，半径为 $R=0.4$m 的圆盘以匀角速度 $\omega_1=20$rad/s 绕 AB 臂上轴 O 转动。AB 臂又以匀角速度 $\omega_2=5$rad/s 绕 z 轴转动，$l=1.2$m。试求在图示位置时，圆盘上最高点 C 的加速度。

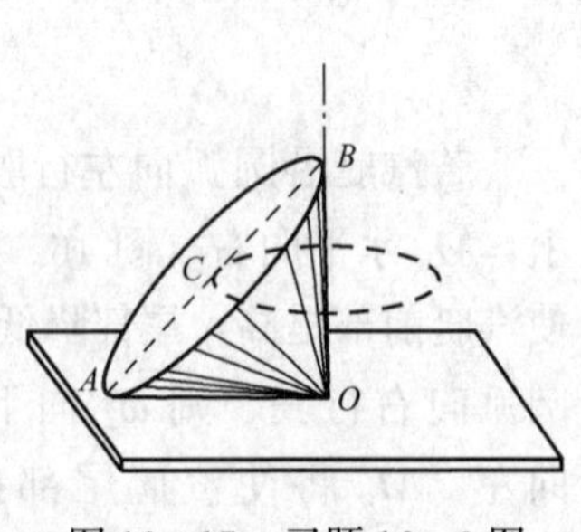

图 16-15　习题 16-3 图

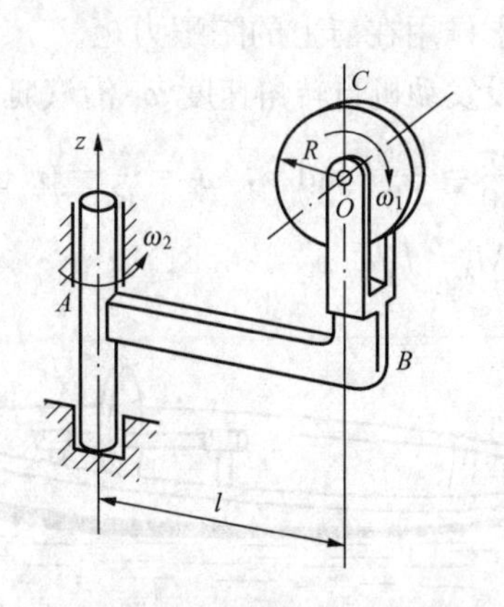

图 16-16　习题 16-4 图

16－5　如图 16－17 所示，半径 $r=40\sqrt{3}$mm 的圆盘 AB，其圆心铰接于顶角为 60°的固定圆锥体的顶点 O，圆盘可绕 O 点运动，且盘面与锥面无相对滑动。已知圆盘上 A 点的加速度大小为 $a_A=480\text{mm/s}^2$（常量），试求圆盘绕其垂直于盘面的对称轴转动的角速度。

16－6　陀螺以匀角速度 ω_1 绕 OA 轴转动如图 16－18 所示，而轴 OA 与固定轴 Oz 的夹角 θ 保持不变，且 OA 以 n 转/分绕 Oz 轴匀速转动。试求陀螺的角速度和角加速度。

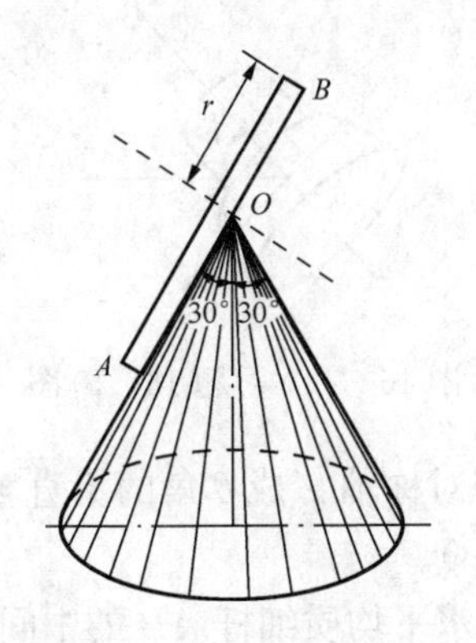

图 16－17　习题 16－5 图

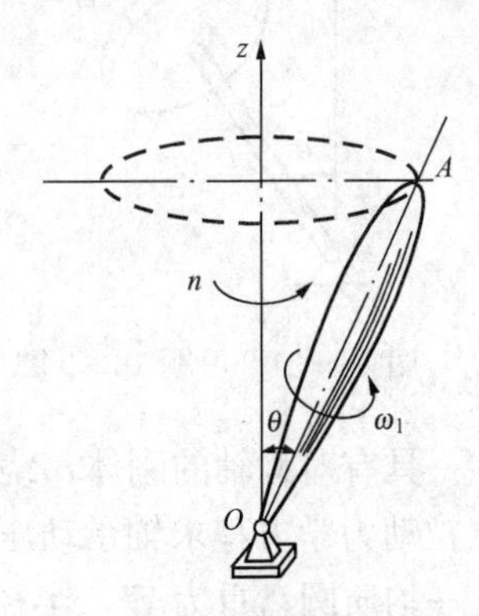

图 16－18　习题 16－6 图

16－7　圆锥 B 无滑动地在固定圆锥 A 的表面上滚动，绕固定的铅垂轴 Oz 转动的角速度为 $\frac{\pi}{6}$rad/s。圆锥 A 和 B 的尺寸如图 16－19 示，求圆锥 B 的角速度和角加速度。

16－8　回转仪圆盘以匀角速度 $\omega_x=60$rad/s 绕圆盘中心轴转动，如图 16－20 所示，外框架以匀角速度 $\omega_z=1$rad/s 绕铅垂轴转动。当 $\theta=90°$、$\dot{\theta}=10$rad/s、$\ddot{\theta}=0$ 时，试求圆盘的绝对角速度和绝对角加速度。

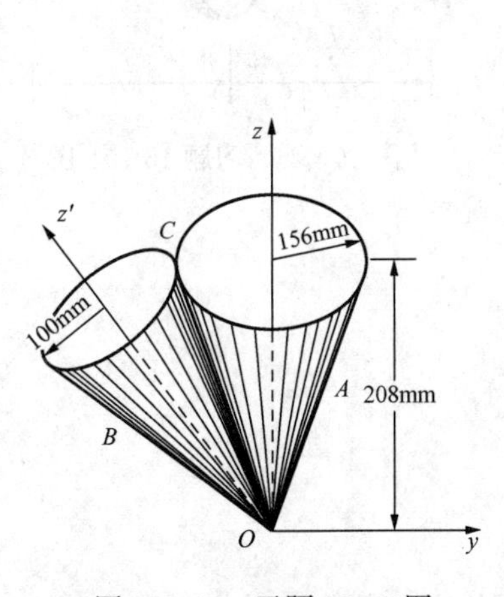

图 16－19　习题 16－7 图

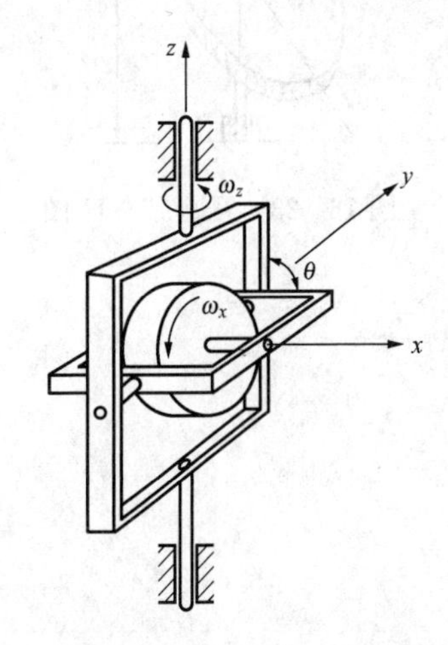

图 16－20　习题 16－8 图

16－9　陀螺由一质量 $m=6$kg、半径 $r=125$mm 的圆盘与长 $l=30$cm 的杆 OA 组成（杆 OA 垂直于盘面且质量不计）如图 16－21 所示。已知陀螺自转角速度 $\omega=300$rad/s，$\theta=40°$，求陀螺的进动角速度。

16－10　卫星质量 $m=1500$kg，对于其对称轴 z' 的回转半径 $\rho_{z'}=1.2$m，对于通过质心

且垂直于对称轴的 x 轴的回转半径 $\rho_x=1.8\text{m}$（图 16－22）。已知卫星绕 z 轴以每小时两转进动。求卫星绕 z'的自转角速度。设 z'轴与 z 轴的夹角 $\theta=20^\circ$。

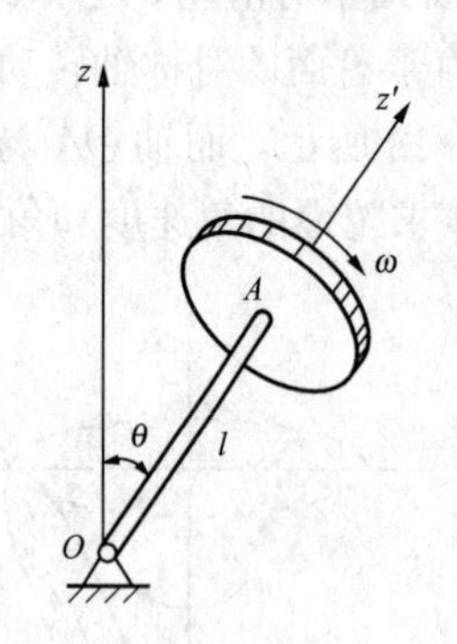

图 16－21　习题 16－9 图

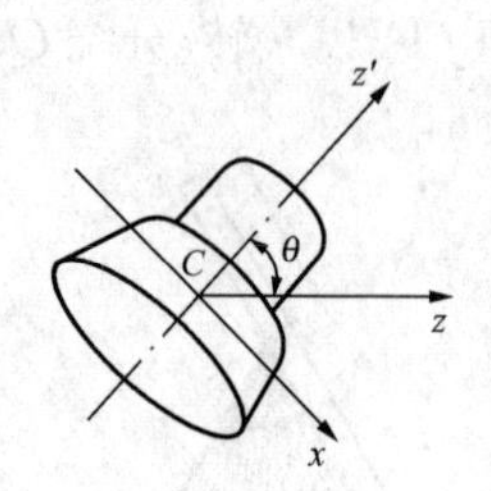

图 16－22　习题 16－10 图

16－11　一具有对称轴的刚体，绕通过质心且与对称轴 z'成 θ 角的铅直轴转动，ω 为一常量，试由欧拉动力学方程求轴承动压力（图 16－23）。

16－12　一均质圆盘重为 W，半径为 r，固连于水平均质细杆 AB 的中间（图 16－24）。杆重 P，长 l，杆轴线通过圆盘中心且垂直于盘面，圆盘以角速度 ω_0 高速转动。若将 B 处支撑突然移去，问 AB 杆将如何运动？不计支撑处摩擦。

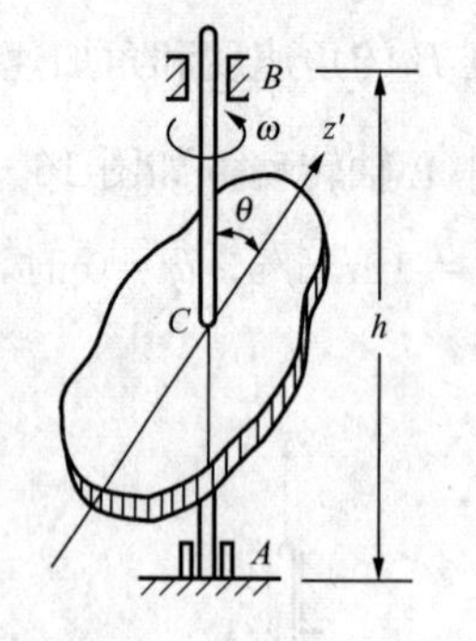

图 16－23　习题 16－11 图

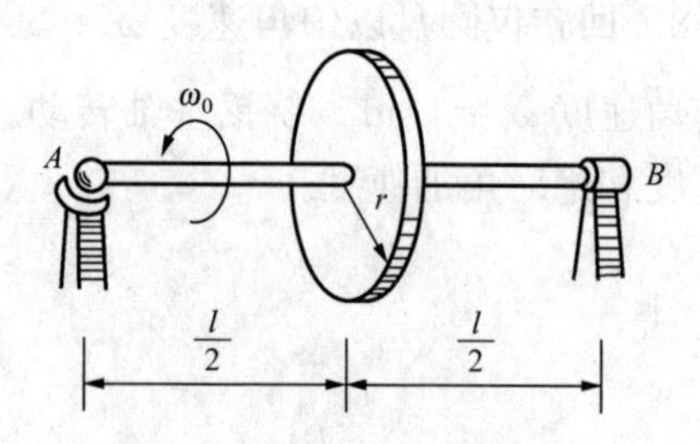

图 16－24　习题 16－12 图

*第 17 章　质点系在非惯性参考系中的动力学

在许多工程问题中，往往将地球看作惯性参考系，利用牛顿定律以及由牛顿定律推导出的普遍定理研究动力学问题。但是，当物体运动速度很大（如导弹的飞行），或运动时间很长（如河流、大气的流动）时，必须考虑地球自转带来的影响，即地球不能作为惯性参考系。此外，加速运动着的飞机或轮船中物体的运动等，也需要在非惯性参考系中研究动力学问题。

在非惯性参考系中，牛顿第二定律不再适用。如何研究非惯性参考系中的动力学问题?一种方法是先在惯性参考系中研究动力学问题，然后转换到非惯性参考系中去；另一种方法是应用合成运动的方法，建立非惯性参考系中的动力学基本方程，用于研究动力学问题。本章采用第二种方法。

第 1 节　非惯性参考系中的质点动力学基本方程

在图 17－1 中，已知非惯性参考系（即动坐标系）$O'x'y'z'$相对于惯性参考系（即静坐标系）$Oxyz$ 的运动，试求质点 M 在力 $\boldsymbol{F}$（主动力与约束力的合力）作用下相对于非惯性参考系的运动（即相对运动）。

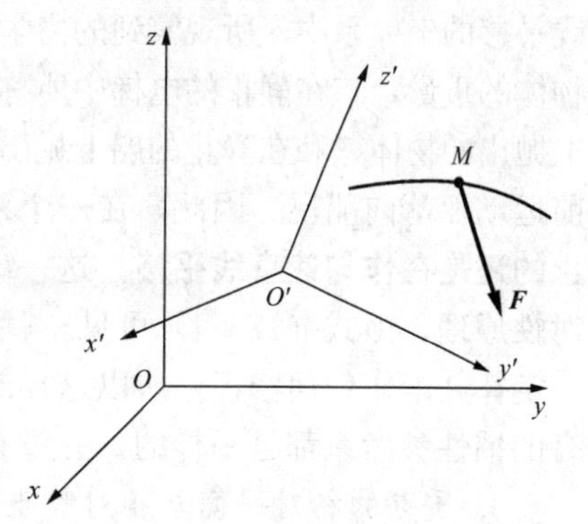

图 17－1　非惯性参考系中质点的动力学

根据牛顿第二定律，质点 M 在绝对运动中的动力学方程为

$$m\boldsymbol{a} = \boldsymbol{F} \tag{a}$$

式中：$\boldsymbol{a}$ 为点 M 的绝对加速度。由一般情况下的加速度合成定理❶，得

$$\boldsymbol{a} = \boldsymbol{a}_r + \boldsymbol{a}_e + \boldsymbol{a}_C \tag{b}$$

式中：$\boldsymbol{a}_r$、$\boldsymbol{a}_e$ 及 $\boldsymbol{a}_C$ 分别为相对加速度、牵连加速度及科氏加速度。

将式（b）代入式（a），得

$$m\boldsymbol{a}_r = \boldsymbol{F} - m\boldsymbol{a}_e - m\boldsymbol{a}_C \tag{c}$$

令

$$\boldsymbol{F}_{Ie} = -m\boldsymbol{a}_e,\ \boldsymbol{F}_{IC} = -m\boldsymbol{a}_C \tag{17-1}$$

则式（c）成为

$$m\boldsymbol{a}_r = \boldsymbol{F} + \boldsymbol{F}_{Ie} + \boldsymbol{F}_{IC} \tag{17-2}$$

式中：$\boldsymbol{F}_{Ie}$及 $\boldsymbol{F}_{IC}$都具有力的量纲，分别称为**牵连惯性力**（convected inertial force）及**科里奥利力**（coriolis force），后者也称为科氏惯性力，简称为**科氏力**。

式（17－2）称为**非惯性参考系中的质点动力学基本方程**，或称为**质点相对运动动力学**

❶ 当牵连运动为一般运动时，$\boldsymbol{a}=\boldsymbol{a}_e+\boldsymbol{a}_r+\boldsymbol{a}_C$ 仍然适用，具体证明参见有关教材。

方程。对比式（17-2）与式（a），可见，只需在质点实际受到的力 $\boldsymbol{F}$ 之外，加上牵连惯性力 $\boldsymbol{F}_{Ie}$及科氏力 $\boldsymbol{F}_{IC}$，则相对运动动力学方程与绝对运动动力学方程具有相同的形式。于是，可以用与解答绝对运动动力学问题相同的方法来解答相对运动的动力学问题。

解决实际问题时，可根据给定条件，选用直角坐标或自然轴系或极坐标，将式（17-2）投影到相应的轴上，再求积分。积分常数由相对运动的初条件决定。

式（17-2）是动坐标系作任意运动时质点的相对运动动力学方程。下面讨论几个特殊情况。

1. 动坐标系作平移时质点的相对运动

设动坐标系 $O'x'y'z'$ 在静坐标系 $Oxyz$ 中作平移，则科氏加速度 $\boldsymbol{a}_C=0$，从而科氏力 $\boldsymbol{F}_{IC}=-m\boldsymbol{a}_C=0$，于是质点的相对运动动力学方程为

$$m\boldsymbol{a}_r=\boldsymbol{F}+\boldsymbol{F}_{Ie} \tag{17-3}$$

当动坐标系作平移时，只需在质点实际受到的力 $\boldsymbol{F}$ 之外，加上牵连惯性力 $\boldsymbol{F}_{Ie}$，则质点的相对运动动力学方程，与质点在绝对运动中的动力学方程具有相同的形式。

2. 动坐标系作匀速直线平移时质点的相对运动

当动坐标系作匀速直线平移时，牵连加速度 $\boldsymbol{a}_e$ 和科氏加速度 $\boldsymbol{a}_C$ 都等于零，因此，牵连惯性力 $\boldsymbol{F}_{Ie}$和科氏力 $\boldsymbol{F}_{IC}$也都为零，质点的相对运动动力学方程为

$$m\boldsymbol{a}_r=\boldsymbol{F} \tag{17-4}$$

这一方程与质点的绝对运动的动力学方程式（a）完全一样。说明：在静坐标系和匀速直线平移的坐标系中，所观察到的力学现象是相同的。例如，在匀速直线上升或下降的电梯中称物体的重量，与在静止的电梯中所称的结果完全相同。又如，在沿直线匀速行驶的轮船上，向上抛出的物体，和在静止的船上抛出的物体一样，仍沿铅直方向在原处落下，并不会因为船向前运动而落向船尾。因此，**在一个系统内部所做的任何力学试验，都不能决定这一系统是静止的还是在作匀速直线平移**。这一结论称为**古典力学的相对性原理**，也称为**伽利略—牛顿相对性原理**。由式（17-4）可见，就相对于静坐标系作匀速直线平移的坐标系来说，牛顿第二定律并未作任何修正，所以这样的坐标系也是惯性参考系。而且从动力学的观点来看，所有的惯性参考系都是一样的，并没有哪一个惯性参考系比其他惯性参考系更优越。

3. 质点的相对平衡与相对静止

若质点在动坐标系中做匀速直线运动，则称该质点处于相对平衡状态。相对加速度 $\boldsymbol{a}_r=0$，式（17-2）成为

$$\boldsymbol{F}+\boldsymbol{F}_{Ie}+\boldsymbol{F}_{IC}=0 \tag{17-5}$$

质点处于相对平衡时，作用于质点的力 $\boldsymbol{F}$ 与牵连惯性力 $\boldsymbol{F}_{Ie}$及科氏力 $\boldsymbol{F}_{IC}$成平衡。

若质点在动坐标系中保持相对静止，不但 $\boldsymbol{a}_r=0$，而且相对速度 $\boldsymbol{v}_r=0$。科氏力 $\boldsymbol{F}_{IC}=-m\boldsymbol{a}_C=-2m\boldsymbol{\omega}\times\boldsymbol{v}_r=0$，式（17-2）成为

$$\boldsymbol{F}+\boldsymbol{F}_{Ie}=0 \tag{17-6}$$

当质点保持相对静止时，作用于质点的力 $\boldsymbol{F}$ 与牵连惯性力 $\boldsymbol{F}_{Ie}$成平衡。

在以上各方程中，引进了牵连惯性力和科氏力这两个概念，它们是非惯性参考系运动的反映。在惯性参考系中的观察者看来，质点只受到其他物体对其作用的主动力和约束力（其合力为 $\boldsymbol{F}$），并没有受到牵连惯性力和科氏力的作用，这两个惯性力都是假想的，不是真实的；加上这两个惯性力，只是为了建立质点的相对加速度与它所受的力之间的正确关系。但

是，在非惯性参考系中的观察者看来，这两个惯性力却又是“真实的”，可以量度的。例如在以加速度 $\boldsymbol{a}$ 沿直线轨道运动着的车厢中［图 17－2（a）］，悬挂小球的绳子将偏离铅直线向后，与铅直线成角 $\theta=\arctan(a/g)$（请读者自己证明）。在地球（惯性参考系）上的观察者看来，小球只受到重力 $\boldsymbol{W}$ 和绳子拉力 $\boldsymbol{F}$ 的作用，正是这两个力的合力，使得小球具有与车厢相同的加速度 $\boldsymbol{a}$。但是，在车厢（非惯性参考系）中的观察者看来，小球除受力 $\boldsymbol{W}$ 及 $\boldsymbol{F}$ 外，还受有牵连惯性力 $\boldsymbol{F}_{\mathrm{Ie}}$，才使得绳子偏向后，在车厢中保持平衡；而且可用测力器测出 $\boldsymbol{F}_{\mathrm{Ie}}$，所以是“真实的”。如果把绳子剪断，小球落到虚线所示车厢的底板上的 I 点。在地球上的观察者看来，小球是以绳子剪断时的速度 $\boldsymbol{v}$ 为初速度向前做抛射运动，轨迹如图 17－2（b）中虚曲线所示，由于车厢加速运动，才落到 I 点；而在车厢中的观察者看来，小球是同时受了 $\boldsymbol{W}$ 和 $\boldsymbol{F}_{\mathrm{Ie}}$的作用，向后运动（初速度为零），轨迹为图中虚斜线（请读者自己导出），所以落到 I 点。可见，在惯性参考系中表现出的惯性（小球在水平方向的运动是惯性运动），在非惯性参考系中就以惯性力的形式反映出来。

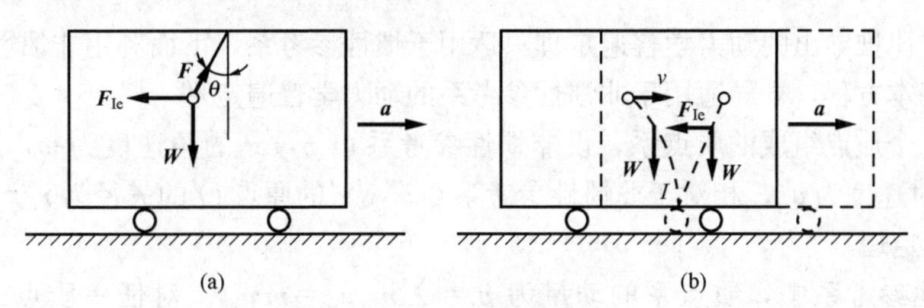

图 17－2　质点的惯性力

在第 7 章第 4 节中曾讲过，当考虑地球自转的影响时，北半球河流水点的科氏加速度指向左岸，可见科氏力指向右岸。水点在科氏力的持续作用下，运动轨迹偏向右岸。所以北半球的河流，右岸所受的冲刷较左岸厉害。反之，在南半球则左岸冲刷较厉害。一般在必须考虑地球自转影响的一些现象中，都会看到科氏力所产生的效应。例如，自由落体有向东的偏移；在北半球，高空大气向低压中心流动时，产生偏移，形成逆时针向的环流，都是科氏力的效应的表现。

【例 17－1】 在以匀加速度 $\boldsymbol{a}_0$ 作直线平移的车厢内悬挂一单摆（数学摆），设摆长为 l，摆锤质量为 m，摆在铅直平面内摆动，试求单摆在车厢内微振动的周期。

解　取固结在车厢上的坐标系 $Ox'y'$为动坐标系。单摆在车厢内保持平衡时，位于 OM_0 位置（图 17－3），摆线向后偏离铅直线，成角 $\theta=\arctan(a_0/g)$。以平衡位置为坐标原点，摆在任意位置 M 时，设弧坐标为 s，OM 与 OM_0 的夹角为 φ，则 $s=l\varphi$。

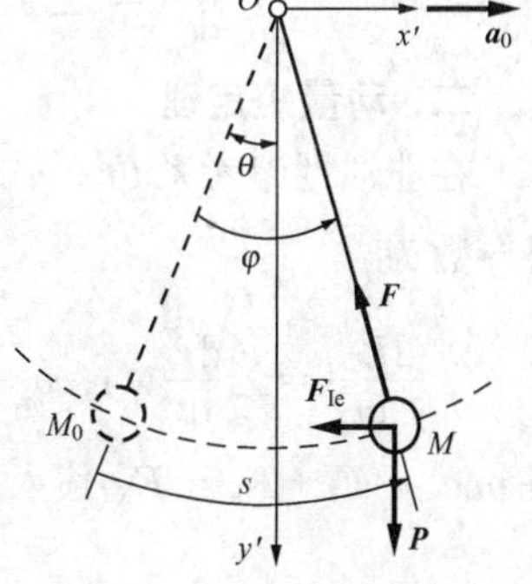

图 17－3 ［例 17－1］图

单摆在任意位置时，受到重力 $\boldsymbol{P}$ 和摆线的拉力 $\boldsymbol{F}$ 作用。因车厢作平移，科氏力 $\boldsymbol{F}_{\mathrm{IC}}=0$，所以只需加牵连惯性力 $\boldsymbol{F}_{\mathrm{Ie}}$，其大小为 $F_{\mathrm{Ie}}=ma_0$，方向与 $\boldsymbol{a}_0$ 相反。建立相对运动动力学基本方程

$$m\boldsymbol{a}_{\mathrm{r}}=\boldsymbol{P}+\boldsymbol{F}+\boldsymbol{F}_{\mathrm{Ie}}$$

将上式投影到相对轨迹的切线方向，有

$$ma_{\mathrm{rt}}=-P\sin(\varphi-\theta)-F_{\mathrm{Ie}}\cos(\varphi-\theta)$$

即 $$ml\ddot{\varphi}=-mg\sin(\varphi-\theta)-ma_0\cos(\varphi-\theta)$$

由 $\tan\theta=a_0/g$ 知，$\sin\theta=a_0/\sqrt{g^2+a_0^2}$，$\cos\theta=g/\sqrt{g^2+a_0^2}$，代入上式得

$$\ddot{\varphi}+\frac{\sqrt{g^2+a_0^2}}{l}\sin\varphi=0$$

因 φ 很小时，所以 $\sin\varphi\approx\varphi$，令 $\omega_0^2=\dfrac{\sqrt{g^2+a_0^2}}{l}$，上式可写成

$$\ddot{\varphi}+\omega_0^2\varphi=0$$

此线性微分方程的解为 $\varphi=A\sin(\omega_0 t+\beta)$，周期为 $T=\dfrac{2\pi}{\omega_0}=2\pi\sqrt{\dfrac{l}{\sqrt{g^2+a_0^2}}}$。

第2节　非惯性参考系中的动力学普遍定理

由牛顿定律推导出的动力学普遍定理只适用于惯性参考系，下面利用非惯性参考系中的质点动力学基本方程，推导适用于非惯性参考系的动力学普遍定理。

考察由 n 个质点组成的质点系，设非惯性参考系 $O'x'y'z'$ 的角速度为 $\boldsymbol{\omega}$，质点 M_i 的质量为 m_i，相对速度为 $\boldsymbol{v}_{ri}$，相对于非惯性参考系 $O'x'y'z'$ 的原点 O' 的矢径为 $\boldsymbol{r}_i'$。

一、动量定理

在非惯性参考系中，质点系的动量为 $\boldsymbol{p}_r=\sum m_i\boldsymbol{v}_{ri}=m\boldsymbol{v}_{rC}$。对任一质点 M_i，根据式（17-2）有

$$m_i\frac{\tilde{\mathrm{d}}\boldsymbol{v}_{ri}}{d\mathrm{t}}=\boldsymbol{F}_i+\boldsymbol{F}_{\mathrm{I}ei}+\boldsymbol{F}_{\mathrm{IC}i}=\boldsymbol{F}_i-m_i\boldsymbol{a}_{ei}-2m_i\boldsymbol{\omega}\times\boldsymbol{v}_{ri}\tag{a}$$

对所有质点写出上式，再求和，得

$$\sum m_i\frac{\tilde{\mathrm{d}}\boldsymbol{v}_{ri}}{\mathrm{d}t}=\sum\boldsymbol{F}_i-\sum m_i\boldsymbol{a}_{ei}-\sum 2m_i\boldsymbol{\omega}\times\boldsymbol{v}_{ri}\tag{b}$$

因为$\sum m_i\dfrac{\tilde{\mathrm{d}}\boldsymbol{v}_{ri}}{\mathrm{d}t}=m\dfrac{\tilde{\mathrm{d}}\boldsymbol{v}_{rC}}{\mathrm{d}t}=\dfrac{\tilde{\mathrm{d}}(m\boldsymbol{v}_{rC})}{\mathrm{d}t}=\dfrac{\tilde{\mathrm{d}}\boldsymbol{p}_r}{\mathrm{d}t}$，是非惯性参考系中质点系的动量对时间的相对导数，即质点系的相对动量对时间的相对导数；$\sum\boldsymbol{F}_i=\sum\boldsymbol{F}_i^{(e)}+\sum\boldsymbol{F}_i^{(i)}=\sum\boldsymbol{F}_i^{(e)}$，是质点系所有外力的主矢量；$\sum 2m_i\boldsymbol{\omega}\times\boldsymbol{v}_{ri}=2\boldsymbol{\omega}\times\sum m_i\boldsymbol{v}_{ri}=2\boldsymbol{\omega}\times m\boldsymbol{v}_{rC}=2\boldsymbol{\omega}\times\boldsymbol{p}_r$。所以式（b）成为

$$\frac{\tilde{\mathrm{d}}\boldsymbol{p}_r}{\mathrm{d}t}=\sum\boldsymbol{F}_i^{(e)}+\sum\boldsymbol{F}_{\mathrm{I}ei}+\sum\boldsymbol{F}_{\mathrm{IC}i}=\sum\boldsymbol{F}_i^{(e)}-\sum m_i\boldsymbol{a}_{ei}-2\boldsymbol{\omega}\times\boldsymbol{p}_r\tag{17-7}$$

二、动量矩定理

在非惯性参考系 $O'x'y'z'$ 中，质点系对 O' 点的动量矩 $\boldsymbol{L}_{O'r}=\sum\boldsymbol{r}_i'\times m_i\boldsymbol{v}_{ri}$，其对时间的相对导数为

$$\frac{\tilde{\mathrm{d}}\boldsymbol{L}_{O'r}}{\mathrm{d}t}=\sum\frac{\tilde{\mathrm{d}}\boldsymbol{r}_i'}{\mathrm{d}t}\times m_i\boldsymbol{v}_{ri}+\sum\boldsymbol{r}_i'\times m_i\frac{\tilde{\mathrm{d}}\boldsymbol{v}_{ri}}{\mathrm{d}t}=\sum\boldsymbol{v}_{ri}\times m_i\boldsymbol{v}_{ri}+\sum\boldsymbol{r}_i'\times m_i\boldsymbol{a}_{ri}=\sum\boldsymbol{r}_i'\times m_i\boldsymbol{a}_{ri}$$

将 $m_i\boldsymbol{a}_{ri}=\boldsymbol{F}_i+\boldsymbol{F}_{\mathrm{I}ei}+\boldsymbol{F}_{\mathrm{IC}i}$代入上式，并注意$\sum\boldsymbol{r}_i'\times\boldsymbol{F}_i^{(i)}=0$，$\sum\boldsymbol{r}_i'\times\boldsymbol{F}_i^{(e)}=\sum\boldsymbol{M}_{O'i}^{(e)}$，有

$$\frac{\tilde{\mathrm{d}}\boldsymbol{L}_{O'r}}{\mathrm{d}t}=\sum\boldsymbol{M}_{O'i}^{(e)}+\sum\boldsymbol{r}_i'\times(\boldsymbol{F}_{\mathrm{I}ei}+\boldsymbol{F}_{\mathrm{IC}i})\tag{17-8}$$

三、动能定理

在非惯性参考系中，质点系的动能为 $T_r=\frac{1}{2}\sum m_i v_{ri}^2$。对任一质点 M_i，将式（17-2）投影到相对轨迹的切线上，注意到科氏力在相对轨迹的切线上的投影 $F_{ICi}^t=0$（因 $\boldsymbol{a}_{Ci}\perp\boldsymbol{v}_{ri}$，所以 $\boldsymbol{F}_{ICi}\perp\boldsymbol{v}_{ri}$），得

$$m_i\frac{\tilde{\mathrm{d}}v_{ri}}{\mathrm{d}t}=F_{ti}+F_{Iei}^t \tag{a}$$

两边分别乘以 $v_{ri}\mathrm{d}t=\tilde{\mathrm{d}}s_i'$（$s_i'$ 是质点 M_i 相对运动弧坐标），得

$$m_i v_{ri}\tilde{\mathrm{d}}v_{ri}=F_{ti}\tilde{\mathrm{d}}s_i'+F_{Iei}^t\tilde{\mathrm{d}}s_i' \tag{b}$$

将式（b）对所有质点求和，得

$$\sum m_i v_{ri}\tilde{\mathrm{d}}v_{ri}=\sum F_{ti}\tilde{\mathrm{d}}s_i'+\sum F_{Iei}^t\tilde{\mathrm{d}}s_i' \tag{c}$$

上式左边 $\sum m_i v_{ri}\tilde{\mathrm{d}}v_{ri}=\sum\tilde{\mathrm{d}}\left(\frac{m_i v_{ri}^2}{2}\right)=\tilde{\mathrm{d}}\left(\sum\frac{m_i v_{ri}^2}{2}\right)=\tilde{\mathrm{d}}T_r$，是非惯性参考系中质点系动能的微分；右边第一项 $\sum F_{ti}\tilde{\mathrm{d}}s_i'=\sum\delta W_i'$，是所有作用于质点系的力在相对运动中的元功之和；右边第二项 $\sum F_{Iei}^t\tilde{\mathrm{d}}s_i'=\sum\delta W_{ei}'$，是所有牵连惯性力在相对运动中的元功之和。于是式（c）成为

$$\tilde{\mathrm{d}}T_r=\sum\delta W_i'+\sum\delta W_{ei}' \tag{17-9}$$

沿相对轨迹积分，得

$$T_{r2}-T_{r1}=\sum W_i'+\sum W_{ei}' \tag{17-10}$$

【例 17-2】 光滑细管 AB 弯成半径为 R 的半圆形，以匀角速 ω 绕铅直轴 z 转动（图 17-4）。质量为 m 的质点 M 自初位置 M_0 开始，沿管向下运动，且 $v_{r0}=0$，求 v_r 随位置变化的规律。

解： 用角 φ 表示质点相对管的位置，初瞬时 $\varphi=\varphi_0$。因求 v_r 与位置 φ 之关系，故用相对运动动能定理求解。

实际作用于质点的力有重力及管壁的约束力。管壁约束力始终与相对路径垂直，不做功，而重力的功为

$$W'=mg(R\cos\varphi_0-R\cos\varphi)$$

牵连惯性力的功为

$$W_e'=\int F_{Ie}\cos\varphi\mathrm{d}s'=\int_{\varphi_0}^{\varphi}m(R\sin\varphi)\omega^2\cos\varphi\cdot R\mathrm{d}\varphi$$

$$=\frac{m}{2}R^2\omega^2(\sin^2\varphi-\sin^2\varphi_0)$$

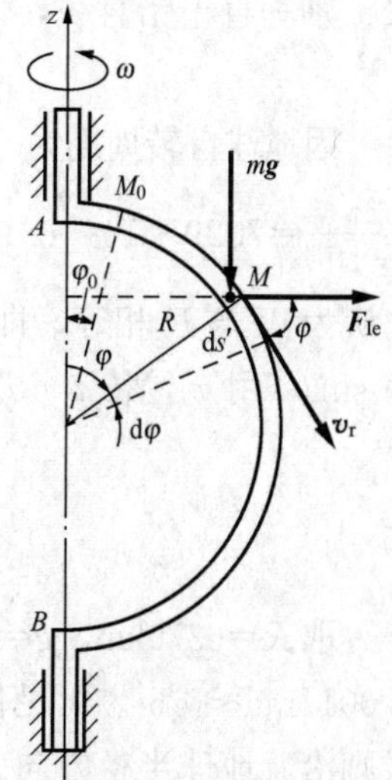

图 17-4 ［例 17-2］图

由式（17-10）有

$$\frac{1}{2}mv_r^2=mgR(\cos\varphi_0-\cos\varphi)+\frac{m}{2}R^2\omega^2(\sin^2\varphi-\sin^2\varphi_0)$$

解得　$v_r=\sqrt{2gR(\cos\varphi_0-\cos\varphi)+R^2\omega^2(\sin^2\varphi-\sin^2\varphi_0)}$

第3节 地球自转对地面上物体运动的影响

当考虑地球自转时，地球是非惯性参考系。下面介绍牵连惯性力、科氏惯性力对物体相对地球运动的影响。

一、铅直线的偏差

由于地球自转的影响，地面上各处（除两极及赤道附近外）的铅直线并不沿着地球半径，而是下端偏向赤道。下面求偏角 θ 与纬度 φ 的关系。

假设地球为一圆球，半径为 R。今在纬度为 φ 的地面上用绳索悬挂一铅球 M（图 17－5），使其保持静止。因铅球很小，可作为质点看待。考虑到地球的自转，铅球 M 的静止只是相对静止。作用于铅球 M 上的实际的力有沿地球半径指向地心的地球引力 $\boldsymbol{F}$ 及绳索拉力 $\boldsymbol{F}_1$。这两个力应与铅球 M 的牵连惯性力 $\boldsymbol{F}_{\mathrm{Ie}}$ 成平衡，即

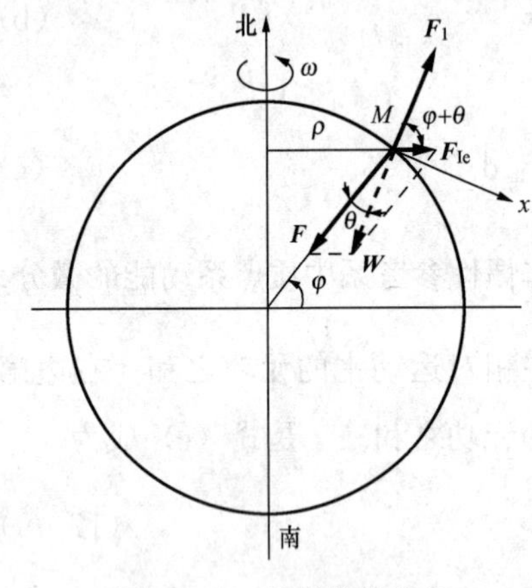

图 17－5 铅直线的偏差

$$\boldsymbol{F}+\boldsymbol{F}_1+\boldsymbol{F}_{\mathrm{Ie}}=0 \tag{a}$$

因地球自转是匀角速的，所以 $\boldsymbol{F}_{\mathrm{Ie}}$ 的大小为

$$F_{\mathrm{Ie}}=m\rho\omega^2=m\omega^2R\cos\varphi \tag{b}$$

其中 m 是铅球的质量，ρ 是铅球至地轴的距离，ω 是地球自转的角速度。$\boldsymbol{F}_{\mathrm{Ie}}$ 的方向垂直并背离地轴。

因绳索拉力 $\boldsymbol{F}_1$ 与实际量得的重力 $\boldsymbol{W}$ 大小相等，而方向相反，即 $\boldsymbol{F}_1=-\boldsymbol{W}$，代入式（a），得 $\boldsymbol{W}=\boldsymbol{F}+\boldsymbol{F}_{\mathrm{Ie}}$。可见，在地面上量得的重力等于地球引力与牵连惯性力的矢量和。

重力 $\boldsymbol{W}$ 的方向就是铅直线的方向。现在来计算铅直线的偏角 θ（即 $\boldsymbol{W}$ 与 $\boldsymbol{F}$ 所成的角）。取 x 轴垂直于铅直线，由 $\sum F_{ix}=0$，得

$$F\sin\theta=F_{\mathrm{Ie}}\sin(\varphi+\theta) \tag{c}$$

因地球自转周期为一个恒星日（23 小时 56 分 4 秒，即 86 164 秒），自转的角速度为 $\omega=\frac{2\pi}{86\ 164}=7.29\times10^{-5}\mathrm{rad/s}$，可见 $F_{\mathrm{Ie}}=m\omega^2R\cos\varphi$ 必远较地球引力 F 为小，所以可相当准确地认为 W 与 F 相等，即 $F=W=mg$，其中 g 是重力加速度。又因偏角 θ 极小，故可用 θ 代替 $\sin\theta$，用 φ 代替 $\varphi+\theta$。由式（b）及式（c）得

$$mg\theta=m\omega^2R\cos\varphi\sin\varphi$$

即

$$\theta=\frac{R\omega^2}{2g}\sin2\varphi$$

取 $R=6370\mathrm{km}$，$g=9.80\mathrm{m/s^2}$，则 $\theta=0.0017\sin2\varphi$。在纬度 45°处，偏角 θ 有最大值 $\theta_{\max}=0.0017\mathrm{rad}\approx0°6'$。可见偏差极小，所以一般都略去不计，而认为重力是指向地心的，铅直线则沿着地球半径方向。

二、落体偏东

精确的试验表明，物体在地面附近自由降落时，并非准确地沿铅直线，而是有向东的微小偏移。下面导出求偏移的公式。

自由落体偏离铅直线是地球自转影响的结果。取固结在地球上的坐标系 $Oxyz$ 为动坐标系。而以地心坐标系为静坐标系（未画出）。

设质点在北纬 φ 的地方，从地面上高 H 处自由降落。以经过质点初位置 M_0 的铅直线与地面的交点为动坐标系的原点 O，x 轴沿经线的切线而指向南方，y 轴沿纬线的切线而指向东方，z 轴沿铅直线向上（图 17-6）。

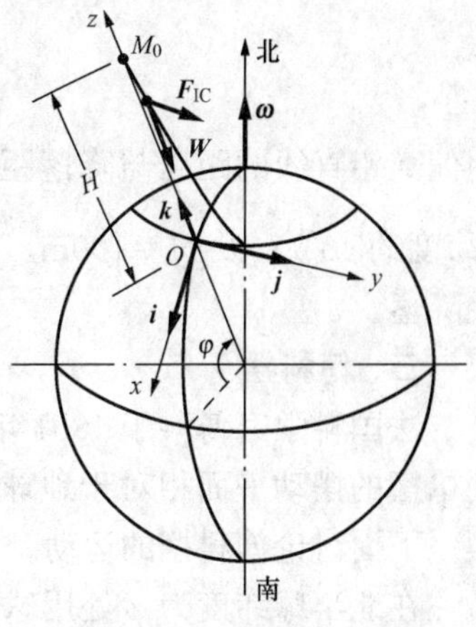

图 17-6　落体偏东

在"铅直线的偏差"中讲过，将地球引力与牵连惯性力合成得重力 $\boldsymbol{W}$，沿 z 轴负向，$W=mg$ 可看作常量（当 H 远小于地球半径时，将重力作为常量是足够精确的）。设地球自转的角速度为 $\boldsymbol{\omega}$，质点降落的速度为 $\boldsymbol{v}$，则科氏加速度 $\boldsymbol{a}_C=2\boldsymbol{\omega}\times\boldsymbol{v}$，科氏力

$$\boldsymbol{F}_{IC}=-2m\boldsymbol{\omega}\times\boldsymbol{v}=-2m[(\omega_y\dot{z}-\omega_z\dot{y})\boldsymbol{i}+(\omega_z\dot{x}-\omega_x\dot{z})\boldsymbol{j}+(\omega_x\dot{y}-\omega_y\dot{x})\boldsymbol{k}] \tag{a}$$

式中　$\boldsymbol{i}$、$\boldsymbol{j}$、$\boldsymbol{k}$——沿坐标轴的单位矢量；

ω_x、ω_y、ω_z 及 $\dot{x}$、$\dot{y}$、$\dot{z}$——分别为 $\boldsymbol{\omega}$ 及 $\boldsymbol{v}$ 在坐标轴上的投影。而

$$\omega_x=-\omega\cos\varphi,\ \omega_y=0,\ \omega_z=\omega\sin\varphi \tag{b}$$

由直角坐标形式的质点相对运动微分方程得

$$\left.\begin{aligned}\ddot{x}&=2\omega\dot{y}\sin\varphi\\ \ddot{y}&=-2\omega\dot{x}\sin\varphi-2\omega\dot{z}\cos\varphi\\ \ddot{z}&=-g+2\omega\dot{y}\cos\varphi\end{aligned}\right\} \tag{c}$$

这是一组联立的微分方程，极难求其精确解。考虑到偏移的数值很小，可用逐步逼近法求近似解。因 $\dot{x}_0=\dot{y}_0=\dot{z}_0=0$，作为零次近似，取

$$\dot{x}=0,\ \dot{y}=0,\ \dot{z}=-gt \tag{d}$$

将这些值代入式（c），积分两次，并将初条件 $\dot{x}_0=\dot{y}_0=\dot{z}_0=0$，$x_0=y_0=0$，$z_0=H$ 代入，得第一次近似值

$$\dot{x}=0,\ \dot{y}=\omega gt^2\cos\varphi,\ \dot{z}=-gt \tag{e}$$

$$x=0,\ y=\frac{1}{3}\omega gt^3\cos\varphi,\ z=H-\frac{1}{2}gt^2 \tag{f}$$

将式（e）代入式（c），再积分，可得第二次近似值，但实际没必要这样做，因为与第一次近似值相比较，修正项系 ω^2 项，很小。

从式（f）可见，作为足够精确的近似解，质点在铅直方向下落的规律与不考虑地球自转时相同，但实有向东（y 轴正向）的偏移。如果求出第二次近似值，还将有向南（x 轴正向）的偏移，但已是高一阶的微量了。

从式（f）中消去 t，得质点的轨迹方程

$$y=\frac{g\omega}{3}\sqrt{\frac{8(H-z)^3}{g^3}}\cos\varphi=\frac{\omega}{3}\sqrt{\frac{8(H-z)^3}{g}}\cos\varphi \tag{g}$$

这是一条半立方抛物线。

在式（g）中，令 $z=0$，可得质点降落到地面时向东偏离铅直线的距离

$$\delta=\frac{2\omega}{3}\sqrt{\frac{2}{g}}H^{\frac{3}{2}}\cos\varphi$$

即偏离铅直线的距离与降落距离的$\frac{3}{2}$次方成正比。实际上偏离的数值很小，例如，在北京（纬度约40°），设$H=100\text{m}$，则$\delta=16.8\text{mm}$，在实用上可以忽略不计，而认为质点沿铅直线降落。

三、傅科摆

法国科学家傅科于1851年在巴黎利用一单摆（摆长67m，摆锤重28kg）做实验，观察到单摆的摆动平面相对于地球有偏转现象，从而证实了地球的自转。这样的单摆称为傅科摆。下面讨论傅科摆的运动。

在北半球纬度为φ处用球铰悬挂摆长为l的单摆（图17-7），以过悬挂点向上的铅直线为z轴（不计由于地球自转引起的偏离，认为沿着地球半径），悬挂点下方l处为坐标原点O，水平面为xy平面，x轴向南，y轴向东。

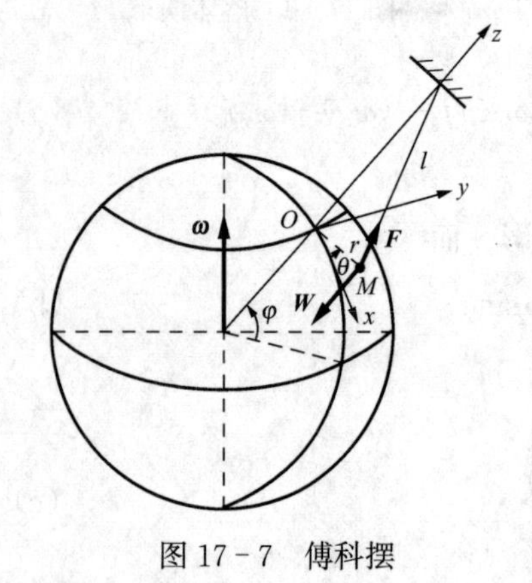

图17-7 傅科摆

设摆锤M的坐标为x、y、z，作用于摆锤的力有重力$\boldsymbol{W}$（地球引力与牵连惯性力的合力）、摆线的拉力$\boldsymbol{F}$。科氏力的表达式、地球自转角速度的投影分别与“落体偏东”中的式（a）、式（b）相同。M的相对运动微分方程为

$$\left.\begin{aligned}m\ddot{x}&=-F(x/l)+2m\omega\dot{y}\sin\varphi\\m\ddot{y}&=-F(y/l)-2m\omega\dot{x}\sin\varphi-2m\omega\dot{z}\cos\varphi\\m\ddot{z}&=F[(l-z)/l]-mg+2m\omega\dot{y}\cos\varphi\end{aligned}\right\}\tag{a}$$

由于l很长而摆动幅度很小，所以可近似认为$z=\dot{z}=\ddot{z}=0$。又因为ω数值很小，式（a）中第三式右边第三项与前两项相比，是微量，可略去不计，所以$F\approx mg$。于是式（a）简化为

$$\ddot{x}-2\omega\dot{y}\sin\varphi+(g/l)x=0\tag{b}$$

$$\ddot{y}+2\omega\dot{x}\sin\varphi+(g/l)y=0\tag{c}$$

将式（b）乘以y，式（c）乘以$(-x)$，相加，得$\ddot{x}y-\ddot{y}x=2\omega\sin\varphi(x\dot{x}+y\dot{y})$，即

$$\frac{\mathrm{d}}{\mathrm{d}t}(y\dot{x}-x\dot{y})=2\omega\sin\varphi\frac{\mathrm{d}}{\mathrm{d}t}\left(\frac{x^2+y^2}{2}\right)\tag{d}$$

在xy平面内取极坐标(r,θ)。将$x=r\cos\theta$、$y=r\sin\theta$、$x^2+y^2=r^2$代入式（d），得

$$\frac{\mathrm{d}}{\mathrm{d}t}(r^2\dot{\theta})=-\omega\sin\varphi\frac{\mathrm{d}}{\mathrm{d}t}(r^2)$$

两边积分，得

$$r^2\dot{\theta}=-r^2\omega\sin\varphi+C$$

假设摆从平衡位置开始摆动，则$t=0$时，$r=0$，所以积分常数$C=0$，上式成为

$$\dot{\theta}=-\omega\sin\varphi\tag{e}$$

上式表明，摆的摆动平面以匀角速$\dot{\theta}$绕z轴作顺时针方向（从上向下看）旋转，旋转周期为

$$T=\frac{2\pi}{\omega\sin\varphi}\tag{f}$$

从惯性参考系中观察，单摆的摆动平面不会旋转，之所以能观测出摆动平面的旋转，显然是地球自转的结果，这就证实了地球的自转。

单摆在摆动平面内的运动，可利用径向加速度与 $\ddot{x}$、$\ddot{y}$ 的关系式

$$\ddot{r}-r\dot{\theta}^2=\ddot{x}\cos\theta+\ddot{y}\sin\theta$$

将式（b）和式（c）中的 $\ddot{x}$、$\ddot{y}$ 代入上式，并将 x、$\dot{x}$、y、$\dot{y}$ 表示为 r、$\dot{r}$、θ、$\dot{\theta}$ 的函数，再将式（e）中的 $\dot{\theta}$ 代入，略去含有 ω^2 的项（因 ω 数值很小），得

$$\ddot{r}+\frac{g}{l}r=0$$

可见摆锤在摆动平面内的运动与普通单摆相同，其周期为 $T=2\pi/\sqrt{g/l}$。

思　考　题

17-1　考虑地球自转，证明当质量为 m 的物体以速度 $\boldsymbol{v}$ 在水平面上运动时，科氏惯性力在水平面上的投影为 $2mv\sin\varphi$。φ 为当地纬度，ω 为地球自转角速度。

17-2　在封闭的船舱内，能否判断船是否静止，是否做匀速直线运动、加速直线运动、减速直线运动或是转弯？若能，如何判断？

17-3　在北半球纬度 φ 处将一小球以初速度 $\boldsymbol{v}_0$ 铅直上抛，试问小球回落至地面时在初始位置的哪一边？

17-4　车厢内放一盛水的容器，当车以匀加速度 $\boldsymbol{a}$ 前进时，水面成何形状？为什么？

习　题

17-1　一质量为10kg的物体，置于汽车底板上。汽车以 2m/s^2 的匀加速度沿平直马路行驶。已知物体与车板间动摩擦因数为0.2，求汽车行驶5s后物体在车板上滑动的距离。

17-2　一楔块自静止开始以匀加速度 $\boldsymbol{a}$ 水平向左运动如图17-8所示，楔块上放一重 W 的物块 A。设①A 与楔块之间无摩擦；②A 与楔块的摩擦因数为 f_s，且 $\tan\theta>f_s$。试分别求以上两种情况下，为使 A 在楔块上保持静止的 a 值。

17-3　在习题17-2①的情况下，若 $a<g\tan\theta$，试求物块 A 的相对加速度、绝对加速度及对斜面的压力。

17-4　如图17-9所示，质量为 m 的物块置于光滑小车上，小车以匀加速度 $\boldsymbol{a}$ 作直线平移。弹簧刚度系数为 k，小车与物块均由静止开始运动，不计摩擦，试求物块的相对运动方程。

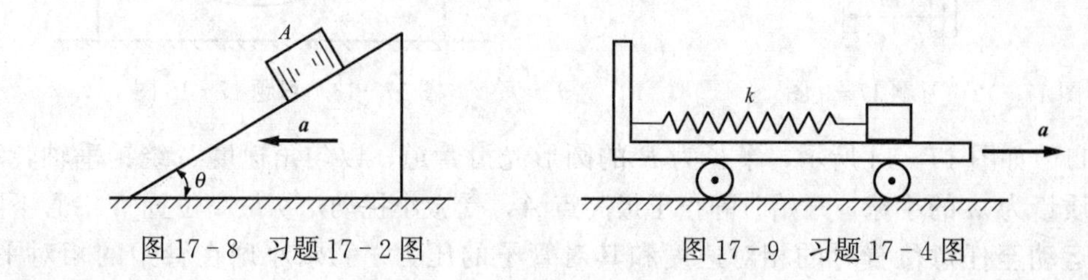

图17-8　习题17-2图　　图17-9　习题17-4图

17-5　在北纬60°处，质点从500m的高空自由落到地面。考虑地球自转，不计空气阻力，问质点下落时向东偏了多少？

17－6 铁轨沿经线铺设，质量为2×10^6kg的列车，以15m/s的速率自南向北行驶，某瞬时经过北纬60°，求该瞬时列车对铁轨之侧压力。

17－7 图17－10所示光滑直管AB长l，绕着通过A端的铅直轴在水平面内以匀角速度ω转动。管中小球初瞬时在B端，相对速度大小为v_{r0}，指向A。问v_{r0}应为多少，小球才恰能到达A端?

17－8 桥式吊车下挂着重物W，吊索长l，初瞬时系统处于静止状态。如图17－11所示，若吊车以匀加速度$\boldsymbol{a}$作直线平移，求重物的相对速度与其摆角θ的关系。

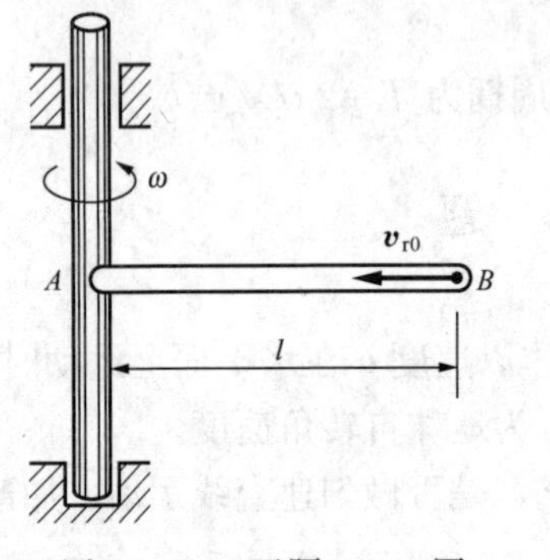

图17－10 习题17－7图

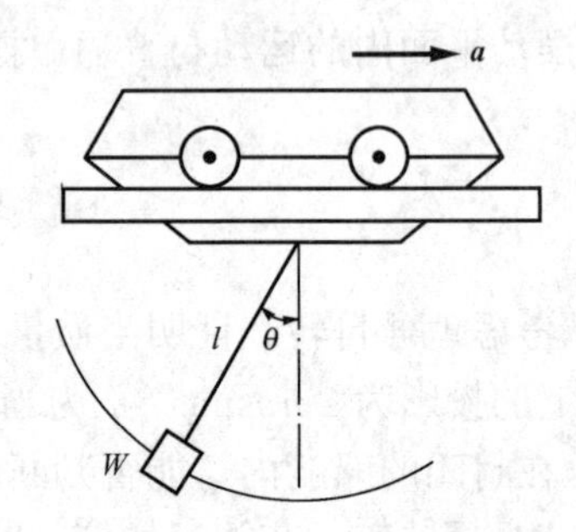

图17－11 习题17－8图

17－9 离心式分离机如图17－12所示，鼓室半径为R，高为H，以匀角速ω绕y轴转动。试求：①鼓室旋转时，在Oxy平面内液面所形成的曲线形状；②当鼓室无盖时，为使被分离的流体不致溢出，注入液体的最大高度h。

17－10 圆弧形槽块质量为2kg，槽底有一小球A，质量为0.1kg，如图17－13所示。现在槽上作用水平力$\boldsymbol{F}$，使其沿水平面加速运动。不计各处摩擦，为不使小球从B处滑出，问F应为多少?

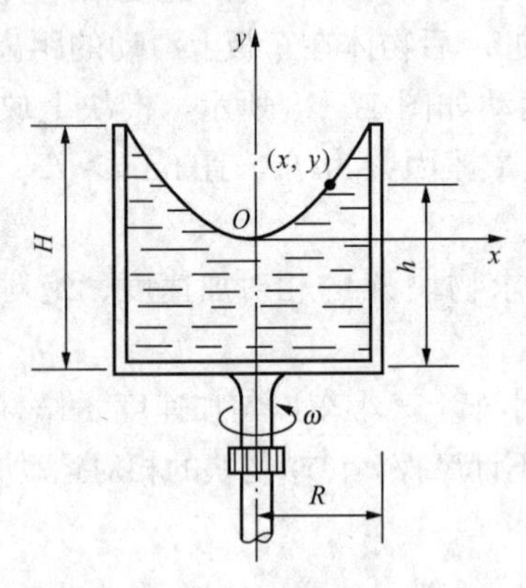

图17－12 习题17－9图

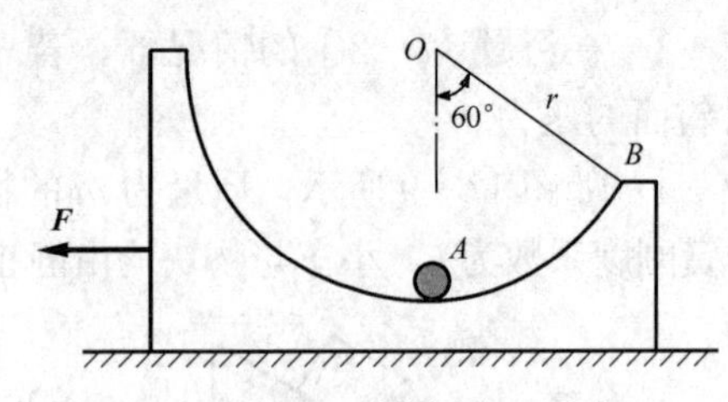

图17－13 习题17－10图

17－11 如图17－14所示，半径为R的圆形光滑管道，以匀角速度ω绕铅垂轴转动。管中有一质量为m的小球，开始时静止于最高点A，受微小扰动，从最高位置A沿管下降。①求小球运动至任意位置时的相对速度和其对管子的压力；②求小球在管中的相对平衡位置。

17－12 一质量为m的小球M套在半径为R的光滑大圆环上，并可沿大圆环滑动，如

图 17－15 所示。如大圆环在水平面内以匀角速 ω 绕通过 O 的铅直轴转动，求小球 M 相对于大圆环运动的运动微分方程。

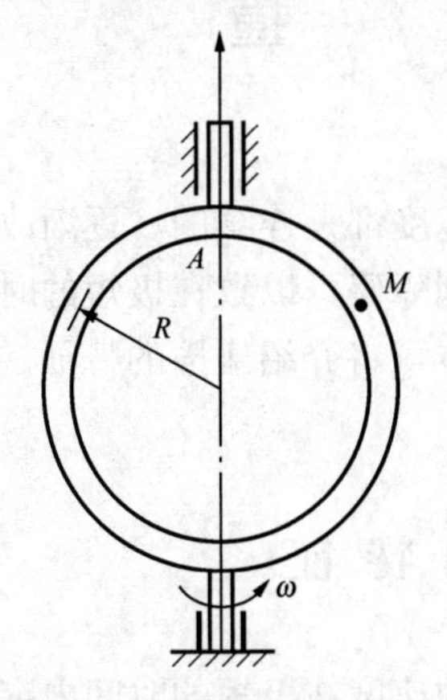

图 17－14　习题 17－11 图

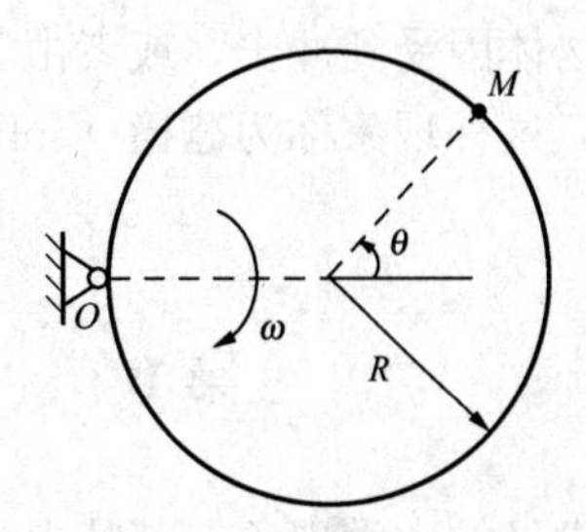

图 17－15　习题 17－12 图

17－13　如图 17－16 所示，沿直线轨道匀速运行的平台 A 上放置一宽为 b，高为 h，质量为 m 的均质物块 B。设平台与物块间有足够的摩擦防止滑动，若平台紧急制动时的加速度大小为 a，方向如图示，试求该瞬时物块 B 所受的约束力。

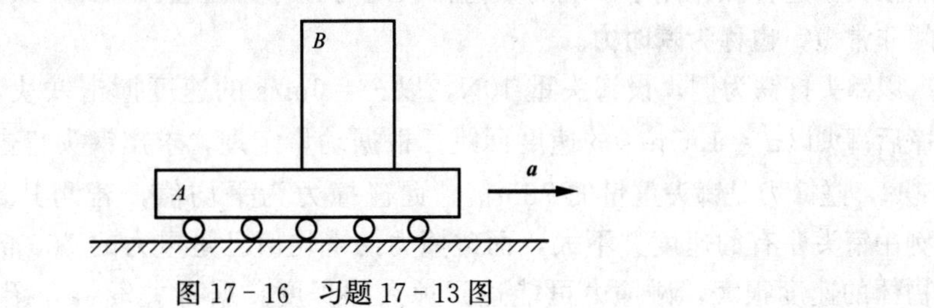

图 17－16　习题 17－13 图

*第 18 章　碰　　撞

前面研究的问题中，物体在力的作用下，运动速度都是连续的、逐渐改变的。本章将研究另一种情形：物体因受到冲击，或者由于运动受到障碍，以致在极短的时间内，速度突然发生有限的改变，这种现象称为**碰撞**（collision）。本章将介绍碰撞的特征、简化条件，研究有关碰撞问题。

第 1 节　碰 撞 的 特 征

碰撞是一种常见的力学现象，其特点是：物体的速度在极短的时间内突然发生改变。例如，球的弹射与回跳、打桩、飞机着陆等。

碰撞的时间非常短促，通常用千分之一秒甚至万分之一秒来量度。在这样短促的时间内，物体速度的改变达到有限值，可见物体的加速度非常大，因此作用于物体的力的数值也必然很大。这种在碰撞中出现的数值很大的力，称为**碰撞力**（force of collision），因其作用时间非常短，也称为**瞬时力**。

以锄头打铁为例，设锄头重 10N，以v_1＝6m/s 的速度撞击铁块，碰撞时间为 0.001s，碰撞后锄头以v_2＝1.5m/s 的速度回跳。根据动量定理，求出锄头打击铁块的平均打击力为 7650N，碰撞力是锄头重量的 765 倍。此碰撞力为平均值，若测其最大峰值，则会更大。本例中锄头原有的速度并不大，而碰撞力的平均值已是重力的 765 倍。不难想到，如果碰撞物体的速度很大，碰撞力可能达到惊人的程度。据有关资料介绍，一只重 17.8N 的飞鸟与以中等速度（800km/h）飞行的飞机相撞，碰撞力可高达 3.56×10^5N，为鸟重的 2 万倍！这是航空上所谓“鸟祸”的原因之一。

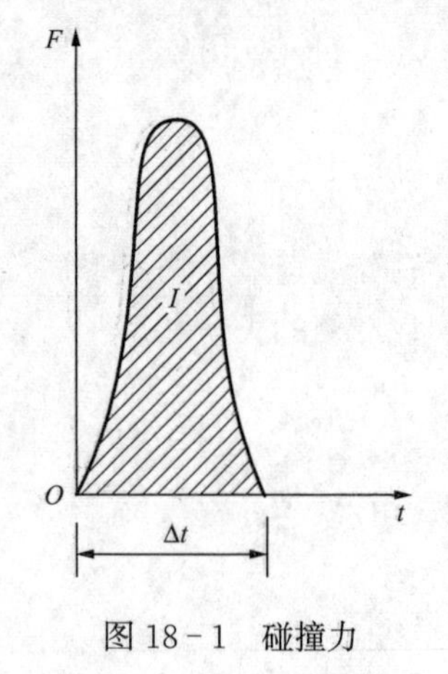

图 18－1　碰撞力

碰撞力的数值不仅很大，而且随时间变化——两物体开始接触时是零，随即迅速增大到最大值，然后又很快减小，到碰撞结束时又成为零，通常，变化情况大致如图 18－1 所示。碰撞力在碰撞期间的冲量称为**碰撞冲量**（impulse of collision）。显然，图 18－1 中阴影面积就等于碰撞冲量之值。由于碰撞力变化规律复杂，很难精确测定，而且在碰撞过程中，物体的动量改变只取决于碰撞冲量。因此，在研究碰撞问题时，一般不考虑碰撞力本身，而只考虑它的冲量及其产生的效果。

第 2 节　基本假设与基本理论

根据碰撞的特点——碰撞力很大而碰撞时间很短，在研究碰撞问题时，总是认为：

(1) 由于碰撞力比平常力（包括所有的非碰撞力，如重力等）大得多，碰撞力的冲量也比平常力的冲量大得多。所以在碰撞过程中，平常力的冲量可以忽略不计。

(2) 由于碰撞时间非常短促，而速度是有限量，所以两者的乘积（即物体在碰撞时间内的位移）非常小，可以忽略不计，认为物体在碰撞开始时与结束时处于同一位置。

利用上述两个基本假设，可使碰撞问题的研究得以简化。碰撞问题实际上是相当复杂的。两个物体碰撞，一般将发生变形，并伴随有运动形式的转化，如发热以至发光等。但在理论力学里，我们主要研究：由于受到碰撞冲量的作用，物体在运动前后速度的改变（包括大小和方向的改变）。所以，动量定理和动量矩定理成为研究碰撞问题的基本理论。

请考虑：为什么不用运动微分方程及动能定理?

动量定理采用积分形式（即冲量定理），只计碰撞冲量，不考虑平常力的冲量。对于质点，有

$$m\boldsymbol{v}' - m\boldsymbol{v} = \boldsymbol{I} \tag{18-1}$$

其中 $\boldsymbol{v}$ 及 $\boldsymbol{v}'$ 是碰撞开始及碰撞结束时（以后简称为碰撞前后）质点的速度，$\boldsymbol{I}$ 是碰撞冲量。

对于质点系，有

$$\boldsymbol{p}_2 - \boldsymbol{p}_1 = \sum m_i \boldsymbol{v}_i' - \sum m_i \boldsymbol{v}_i = m\boldsymbol{v}_C' - m\boldsymbol{v}_C = \sum \boldsymbol{I}_i^{(e)} \tag{18-2}$$

这里只计外碰撞冲量 $\boldsymbol{I}_i^{(e)}$，因为质点系内各质点相互碰撞（内碰撞）时，内碰撞力成对出现，所以它们的冲量之和等于零。

动量矩定理的形式与前面讲的有所不同。对于质点，考虑到第二个假设，令碰撞前后质点对某固定点 O 的矢径为 $\boldsymbol{r}$，由式（18-1）有

$$\boldsymbol{r} \times m\boldsymbol{v}' - \boldsymbol{r} \times m\boldsymbol{v} = \boldsymbol{r} \times \boldsymbol{I} \tag{a}$$

而 $\boldsymbol{r} \times m\boldsymbol{v} = \boldsymbol{l}_O$ 及 $\boldsymbol{r} \times m\boldsymbol{v}' = \boldsymbol{l}_O'$ 分别是碰撞前后质点对 O 点的动量矩，$\boldsymbol{r} \times \boldsymbol{I} = \boldsymbol{M}_O(\boldsymbol{I})$ 是碰撞冲量对 O 点的矩，于是式（a）成为

$$\boldsymbol{l}_O' - \boldsymbol{l}_O = \boldsymbol{M}_O(\boldsymbol{I}) \tag{18-3}$$

即在碰撞前后，质点对任一固定点的动量矩的改变，等于作用于该质点的碰撞冲量对同一点的矩。

类似地，对于质点系，有

$$\boldsymbol{L}_O' - \boldsymbol{L}_O = \sum \boldsymbol{M}_O(\boldsymbol{I}_i^{(e)}) \tag{18-4}$$

这里也不考虑内碰撞冲量的矩，因为它们的和等于零。上式表明，**在碰撞前后，质点系对任一固定点的动量矩的改变，等于作用于质点系的外碰撞冲量对同一点的矩的矢量和。**

将式（18-4）投影到通过 O 点的任一轴 z 上，得到

$$L_z' - L_z = \sum M_z(\boldsymbol{I}_i^{(e)}) \tag{18-5}$$

即在碰撞前后，质点系对任一固定轴的动量矩的改变，等于作用于质点系的外碰撞冲量对同一轴的矩的代数和。

对于质心 C，式（18-4）、式（18-5）也成立。

第3节 两物体的对心碰撞

两物体碰撞时，过接触点作两物体表面的公法线，如果两质心都位于该直线上，则称为**对心碰撞**（central collision），否则称为**偏心碰撞**（eccentric impact），如果碰撞前两质心的速度都

沿着该直线，则称为**正碰撞**（direct central impact），否则称为**斜碰撞**（oblique impact）。

一、对心斜碰撞

设 A、B 两物体发生碰撞。以通过接触点的表面法线为 x 轴（图 18－2）。图（a）表示碰撞开始，图（b）表示碰撞过程中，图（c）表示碰撞结束。这三张图应位于同一位置，但为了清楚起见，将它们分开画。假设沿切线方向（即 y 方向）无摩擦作用。整个碰撞过程可分为两个阶段：第一阶段是**变形阶段**。两物体从开始接触起，沿 x 轴相互挤压，产生局部变形，它们之间相互作用的碰撞冲量，使得沿着 x 轴方向，物体 B 的速度增大，物体 A 的速度减小，到两物体沿 x 轴的速度相等时，第一阶段结束，第二阶段开始。第二阶段是**恢复阶段**。由于弹性作用，两物体逐渐恢复其形状（并不一定能完全恢复），沿 x 轴方向，物体 B 的速度继续增大，物体 A 的速度继续减小，直到彼此分离，碰撞结束。

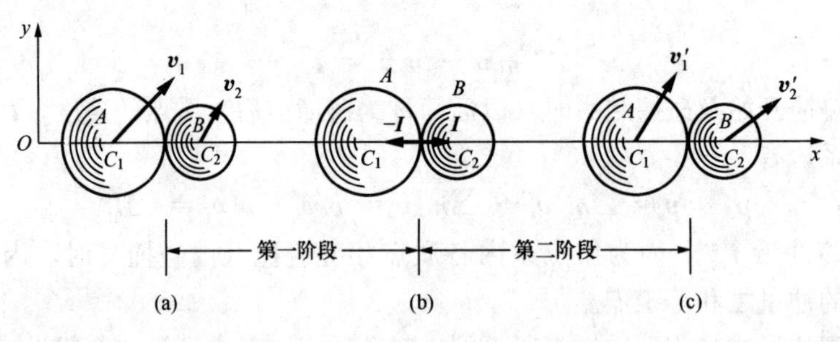

图 18－2　两物体对心斜碰撞

1. 碰撞后的质心速度　恢复因数

设物体 A、B 的质量分别为 m_1 及 m_2，碰撞前的质心速度分别为 $\boldsymbol{v}_1$ 及 $\boldsymbol{v}_2$（假设都在 xy 平面内），碰撞后的质心速度分别为 $\boldsymbol{v}_1'$ 及 $\boldsymbol{v}_2'$。

考察 A、B 组成的质点系。因无外碰撞冲量，所以质点系动量守恒。即

$$m_1\boldsymbol{v}_1' + m_2\boldsymbol{v}_2' = m_1\boldsymbol{v}_1 + m_2\boldsymbol{v}_2 \tag{a}$$

将上式在 x 轴上投影，得

$$m_1 v_{1x}' + m_2 v_{2x}' = m_1 v_{1x} + m_2 v_{2x} \tag{b}$$

分别考察 A、B。因碰撞冲量 $\boldsymbol{I}$ 及—$\boldsymbol{I}$ 沿 x 轴作用，A、B 两物体在 y 方向都不受碰撞力，它们各自的动量在 y 方向的投影应分别守恒，所以有

$$v_{1y}' = v_{1y},\ v_{2y}' = v_{2y} \tag{18-6}$$

式（b）中有两个未知量 v_{1x}'、v_{2x}'，不能求解，但根据实验可补充如下关系式

$$e = \frac{v_{2x}' - v_{1x}'}{v_{1x} - v_{2x}} \text{❶} \tag{18-7}$$

e 为相对分离速度与相对接近速度之比，是一个与碰撞物体的材料、形状等有关的因数，称为**恢复因数**（factor of restitution）。恢复因数介于 0 与 1 之间，由试验测定。几种材料的恢复因数见表 18－1。

---

❶ 有时也将 e 定义为碰撞第二阶段的冲量 I_2 与第一阶段的冲量 I_1 之比，即 $I_2=eI_1$。对 A、B 两物体各自分别写出在两个阶段的动量变化与冲量的关系，并令 $I_2=eI_1$，也可推出式（18－7）。

表 18-1　几种材料的恢复因数

碰撞物体的材料	铅球对铅球	钢球对钢球	玻璃球对玻璃球
恢复因数	0.20	0.56	0.94

当 $0<e<1$ 时，两物体的碰撞称为**弹性碰撞**（elastic collision）；如 $e=1$，则称为**完全弹性碰撞**（perfectly elastic collision）；如 $e=0$，则称为**塑性碰撞**（plastic impact）或**非弹性碰撞**。对于弹性碰撞，将式（18-7）与式（b）联立求解，得

$$\left.\begin{aligned} v'_{1x}&=\frac{m_1v_{1x}+m_2v_{2x}-em_2(v_{1x}-v_{2x})}{m_1+m_2}\\ v'_{2x}&=\frac{m_1v_{1x}+m_2v_{2x}+em_1(v_{1x}-v_{2x})}{m_1+m_2}\end{aligned}\right\}\tag{18-8}$$

由式（18-6）、式（18-8）求出 v'_{1x}、v'_{1y}、v'_{2x}、v'_{2y}，可得碰撞后两物体的质心速度

$$\boldsymbol{v}'_1=v'_{1x}\boldsymbol{i}+v'_{1y}\boldsymbol{j}\text{ , }\boldsymbol{v}'_2=v'_{2x}\boldsymbol{i}+v'_{2y}\boldsymbol{j}$$

2. 碰撞前后动能的变化

设 T_0 及 T 为碰撞前后 A、B 两物体的总动能，则

$$T_0=\frac{1}{2}m_1v_1^2+\frac{1}{2}m_2v_2^2=\frac{1}{2}m_1(v_{1x}^2+v_{1y}^2)+\frac{1}{2}m_2(v_{2x}^2+v_{2y}^2)$$

$$T=\frac{1}{2}m_1v_1'^2+\frac{1}{2}m_2v_2'^2=\frac{1}{2}m_1(v_{1x}'^2+v_{1y}'^2)+\frac{1}{2}m_2(v_{2x}'^2+v_{2y}'^2)$$

考虑式（18-6），有

$$T_0-T=\frac{1}{2}m_1(v_{1x}^2-v_{1x}'^2)+\frac{1}{2}m_2(v_{2x}^2-v_{2x}'^2)$$

将式（18-8）代入，整理得

$$T_0-T=(1-e^2)\frac{m_1m_2}{2(m_1+m_2)}(v_{1x}-v_{2x})^2\tag{18-9}$$

差值 T_0-T 永远是正值，说明碰撞时动能有损失。这印证了前面所说的“碰撞时伴随有运动形式的转化”这一论断。

3. 讨论

在式（18-8）及式（18-9）中令 $e=1$ 或 $e=0$，就得到适用于完全弹性碰撞或塑性碰撞的公式。

对于完全弹性碰撞（$e=1$），有

$$v'_{1x}=\frac{(m_1-m_2)v_{1x}+2m_2v_{2x}}{m_1+m_2},\ v'_{2x}=\frac{2m_1v_{1x}-(m_1-m_2)v_{2x}}{m_1+m_2}\tag{18-10}$$

$$T_0=T$$

这表明：在变形阶段，虽然一部分动能转变成变形能，但在恢复阶段，变形能又全部转变成动能，所以碰撞后动能无损失。因此，对于完全弹性碰撞问题，可利用动量守恒、机械能守恒两个定理求碰撞后的速度公式（18-10），请读者自行推导。

对于塑性碰撞（$e=0$），有

$$v'_{1x}=v'_{2x}=\frac{m_1v_{1x}+m_2v_{2x}}{m_1+m_2}\tag{18-11}$$

$$T_0-T=\frac{m_1m_2}{2(m_1+m_2)}(v_{1x}-v_{2x})^2\tag{18-12}$$

这表明：塑性碰撞只有变形阶段，没有恢复阶段，到质心沿 x 方向的速度成为相同时，碰撞即告结束，一部分动能转变成变形能后，再也不能恢复。

二、对心正碰撞

若仍取通过接触点的表面法线为 x 轴，则 $v_{1y}=v_{2y}=v'_{1y}=v'_{2y}=0$，式（18-7）～式(18-12）都适用。例如塑性碰撞时，如果两个碰撞的物体中有一个物体初始不动，即 $v_2=0$，则根据式（18-12），有

$$T_0-T=\frac{m_1m_2}{2(m_1+m_2)}v_1^2=\frac{m_2}{m_1+m_2}T_0=\frac{1}{1+\frac{m_1}{m_2}}T_0 \tag{18-13}$$

在机械中的锻造、工程中的打桩问题中，可用式（18-13）来提高效率。锻造和打桩都可近似看作塑性碰撞，即碰撞后两个物体不分开，而作为一个整体一起运动。锻造中，锻锤是一个物体，锻件、铁砧和基础的组合体是另一个物体（图 18-3），锻造使得基础振动，为了提高效率，要尽量减小基础振动，使较多的能量消耗在锻件的变形之中，即动能损失越多越好，根据式（18-13），这就要求 $m_1 \ll m_2$，即小锤打大砧。打桩中，锤是一个物体，桩为另一个物体（图 18-4），打桩使得桩深入土中，为了提高效率，要尽量使碰撞后的系统具有较多的动能，以克服土的阻力，使桩能较多地深入土中，而消耗在桩的变形中的能量要尽量减小，即动能损失越少越好，根据式（18-13），这就要求 $m_1 \gg m_2$，即大锤打小桩。

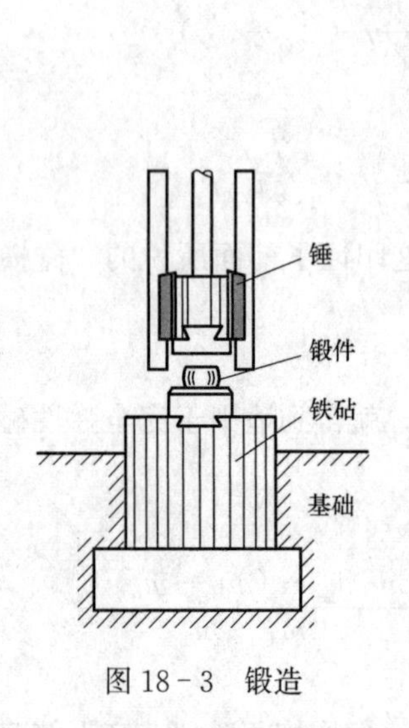

图 18-3 锻造

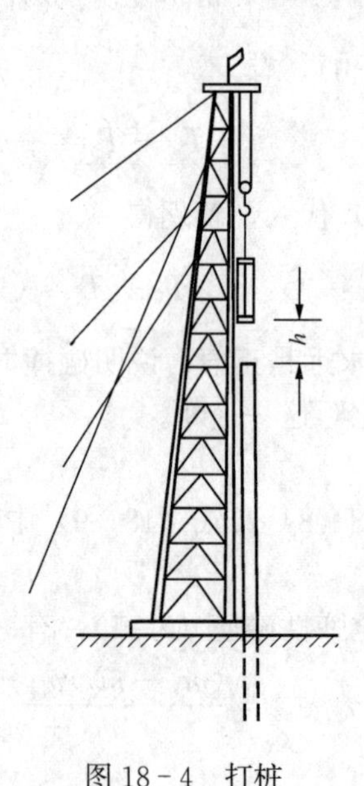

图 18-4 打桩

【例 18-1】 试由小球对固定面的碰撞测定恢复因数。假设：①对心正碰撞；②对心斜碰撞。

解 （1）对心正碰撞。设小球从高 h 处自由降落与固定面碰撞，碰撞后回跳高度为 h_1［图 18-5（a)］，设小球碰撞前后的速度为 $\boldsymbol{v}$ 及 $\boldsymbol{v}'$，以过接触点的表面法线为 x 轴。

小球运动分三个阶段：碰撞前阶段、碰撞阶段、碰撞后阶段。碰撞前阶段，小球匀加速直线运动，$v=\sqrt{2gh}$；碰撞后阶段，小球匀减速直线运动，$v'=\sqrt{2gh_1}$。

在式（18-7）中，令 $v_{1x}=-v=-\sqrt{2gh}$，$v'_{1x}=v'=\sqrt{2gh_1}$，$v_{2x}=v'_{2x}=0$，得

$$e=\frac{v'}{v}=\sqrt{\frac{h_1}{h}}$$

(2) 对心斜碰撞。设小球以速度 $\boldsymbol{v}$ 与光滑固定平面碰撞，入射角为 φ，碰撞结束时小球速度为 $\boldsymbol{v}'$，反射角为 θ [图 18-5 (b)]。

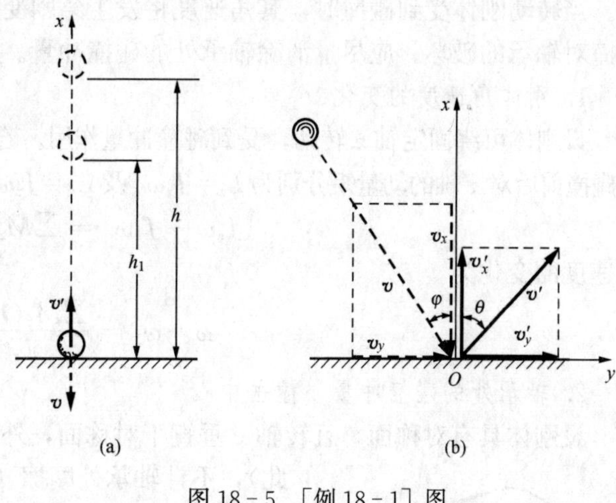

图 18-5 [例 18-1] 图

取坐标系如图。因固定面是光滑的，碰撞冲量沿 x 轴作用，小球的动量在 y 方向的投影应守恒，所以有

$$v_y'=v_y，即 v'\sin\theta=v\sin\varphi \qquad (a)$$

在式 (18-7) 中，令 $v_{1x}=-v\cos\varphi$，$v_{1x}'=v'\cos\theta$，$v_{2x}=v_{2x}'=0$，并利用 (a) 式，得

$$e=\tan\varphi/\tan\theta$$

【例 18-2】 质量为 m_2 的木桩下部已打入泥土。质量为 m_1 的铁锤，从桩顶铅直上方高 h 处自由落下打桩（图 18-4)。已知锤在某次下落打桩时，使桩下沉 δ。试求泥土对木桩的平均阻力的大小 F。假设锤与桩的碰撞是塑性的。

解 锤与桩的运动分三个阶段：碰撞前阶段、碰撞阶段、碰撞后阶段。

碰撞前阶段，锤自由落体，$v_1=\sqrt{2gh}$；桩静止，$v_2=0$。

碰撞阶段，泥土对桩的作用类似弹簧，桩没有位移，则泥土对桩不产生碰撞力，即无外碰撞冲量。由式 (18-11) 得碰撞后锤与桩的共同速度

$$v_1'=v_2'=v'=\frac{m_1}{m_1+m_2}\sqrt{2gh}$$

碰撞后阶段，锤与桩一起下降，直至停止。此运动过程中，只有重力和阻力作功。根据动能定理，有

$$0-\frac{m_1+m_2}{2}v'^2=(m_1g+m_2g-F)\delta$$

即

$$F=m_1g+m_2g+\frac{m_1^2gh}{(m_1+m_2)\delta}=P_1+P_2+\frac{P_1^2h}{(P_1+P_2)\delta}$$

通常式中第一、二两项（即锤的重量 $P_1=m_1g$、桩的重量 $P_2=m_2g$）远小于第三项，可略去不计。于是得到简化公式

$$F=\frac{P_1^2h}{(P_1+P_2)\delta}$$

设 $P_1=2\text{kN}$，$P_2=1\text{kN}$，$h=2\text{m}$，$\delta=15\text{mm}$，则 $F=\frac{2^2\times2}{(2+1)\times0.015}=177.8\text{kN}$。若计及锤与桩的重量，则 $F=180.8\text{kN}$。可见，略去锤与桩的重量，阻力的误差尚不及 2%。

第 4 节 碰撞对定轴转动刚体及平面运动刚体的作用

一、碰撞对定轴转动刚体的作用

实践中有不少转动刚体的碰撞问题，如用撞击机作材料试验，用冲击摆测定枪弹速度

等。当转动刚体受到碰撞时，其角速度将发生急剧变化，在轴承处会产生碰撞力。为了防止碰撞对轴承的破坏，应尽量消除轴承处的碰撞冲量。

1. 刚体角速度的变化

设刚体可绕固定轴 z 转动，受到碰撞冲量作用。若刚体在碰撞前后的角速度分别为 ω_0 及 ω，则碰撞前后对 z 轴的动量矩分别为 $L_z=J_z\omega_0$ 及 $L'_z=J_z\omega$。根据动量矩定理，由式（18－5）得

$$J_z\omega - J_z\omega_0 = \sum M_z(\boldsymbol{I}_i^{(e)})$$

角速度的变化为

$$\omega - \omega_0 = \frac{\sum M_z(\boldsymbol{I}_i^{(e)})}{J_z} \tag{18-14}$$

2. 轴承处的碰撞冲量　撞击中心

设刚体具有对称面，且转轴 z 垂直于对称面，外碰撞冲量 $\boldsymbol{I}$ 在对称面内（实际上大多如此），不计轴承处摩擦（图 18－6）。

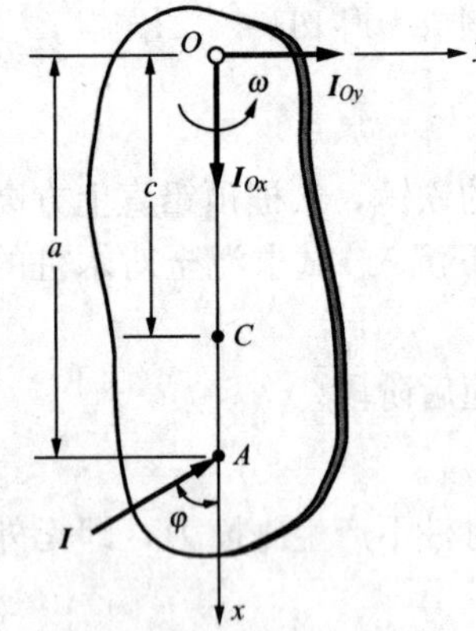

图 18－6　转动刚体轴承处的碰撞冲量

在对称面内取坐标系 Oxy 如图 18－6 所示。设轴承处的碰撞冲量为 $\boldsymbol{I}_{Ox}$、$\boldsymbol{I}_{Oy}$，刚体质量为 m，其质心 C 至转轴的距离 $OC=c$，碰撞冲量 $\boldsymbol{I}$ 的作用点 A 与转轴的距离 $OA=a$，则

$$\sum M_z(\boldsymbol{I}_i^{(e)}) = I\sin\varphi \cdot a$$

由式（18－14）求得碰撞后的角速度

$$\omega = \omega_0 + \frac{Ia\sin\varphi}{J_z}$$

碰撞前后质心的速度在 x、y 轴上的投影为

$$\left.\begin{aligned} &v_{Cx}=0,\ v_{Cy}=c\omega_0 \\ &v'_{Cx}=0,\ v'_{Cy}=c\left(\omega_0+\frac{Ia\sin\varphi}{J_z}\right) \end{aligned}\right\} \tag{a}$$

根据动量定理，由式（18－2）有

$$\left.\begin{aligned} m(v'_{Cx}-v_{Cx}) &= I_{Ox}-I\cos\varphi \\ m(v'_{Cy}-v_{Cy}) &= I_{Oy}+I\sin\varphi \end{aligned}\right\} \tag{b}$$

由式（a）、式（b），得

$$I_{Ox} = I\cos\varphi,\ I_{Oy} = I\left(\frac{mac}{J_z}-1\right)\sin\varphi \tag{18-15}$$

可见，欲使轴承处不致因碰撞而引起碰撞力，即欲使 $I_{Ox}=0$，$I_{Oy}=0$，必须

$$\cos\varphi = 0,\ 即\ \varphi = \pi/2 \tag{18-16}$$

$$mac = J_z,\ 即\ a = J_z/mc \tag{18-17}$$

由式（18－17）决定的一点称为**撞击中心**（center of collision）。以上两式表明，欲使轴承处的碰撞力等于零，必须使外碰撞冲量 $\boldsymbol{I}$ 垂直于 O 与质心 C 的连线（即 x 轴），并作用于撞击中心。

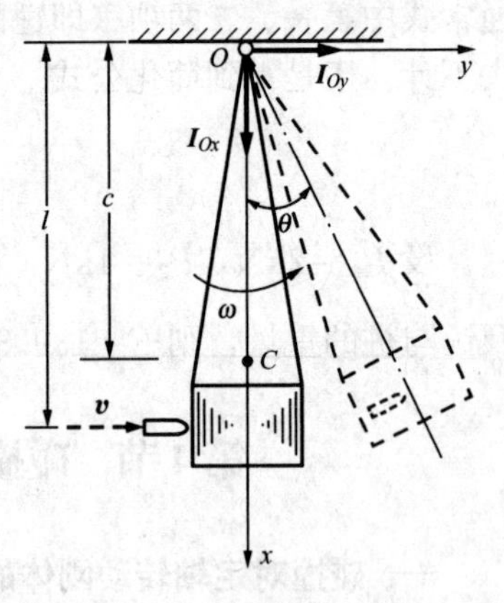

图 18－7 ［例 18－3］图

【例 18－3】 冲击摆质量为 m_2，质心 C 与转轴距离为 c，对转轴的转动惯量为 J_z，质量为 m_1 的枪弹射入冲击摆后，摆偏离铅直线的最大角度为 θ（图 18－7）。设枪弹射入冲击

摆时与转轴的距离为 l，不计摩擦，求枪弹速度 v。

解 冲击摆的运动分两个阶段：碰撞阶段（枪弹射入冲击摆）、碰撞后阶段（冲击摆在平常力作用下运动）。

碰撞阶段，考察冲击摆、枪弹组成的质点系，设碰撞后冲击摆的角速度为 ω，则碰撞前后质点系对转轴的动量矩分别为 $L_z=m_1vl$ 及 $L_z'=J_z\omega+m_1\omega l^2$，因不计摩擦，外碰撞冲量对 z 轴的矩等于零，所以有

$$J_z\omega+m_1\omega l^2=m_1vl$$

求得

$$\omega=\frac{m_1vl}{J_z+m_1l^2}$$

碰撞后阶段，已知摆和枪弹在两个位置的速度，用动能定理求解。

$$T_1=\frac{1}{2}J_z\omega^2+\frac{1}{2}m_1(\omega l)^2=\frac{m_1^2l^2v^2}{2(J_z+m_1l^2)},T_2=0$$

$$\sum W_i=-m_1gl(1-\cos\theta)-m_2gc(1-\cos\theta)$$

由动能定理，得

$$v=\frac{\sqrt{2(J_z+m_1l^2)(m_1l+m_2c)(1-\cos\theta)g}}{m_1l}$$

一般 $m_1\ll m_2$，上式分子中的 m_1l^2 及 m_1l 可以略去，这样就得到近似公式

$$v=\frac{\sqrt{2J_zm_2c(1-\cos\theta)g}}{m_1l}$$

【例 18-4】 均质杆 OA 质量为 m_1，长为 l，其上端由铰支座固定［图 18-8（a）］。杆从水平位置无初速地落下，到铅直位置与质量为 m_2 的物块 B 碰撞。设杆与物块间的恢复因数为 e，求碰撞后杆的角速度、物块的速度及轴承处的碰撞冲量。

解 杆的运动分两个阶段：碰撞前阶段、碰撞阶段。设碰撞前后杆的角速度分别为 ω_0 及 ω，碰撞后物块 B 的速度为 $\boldsymbol{v}_B$。

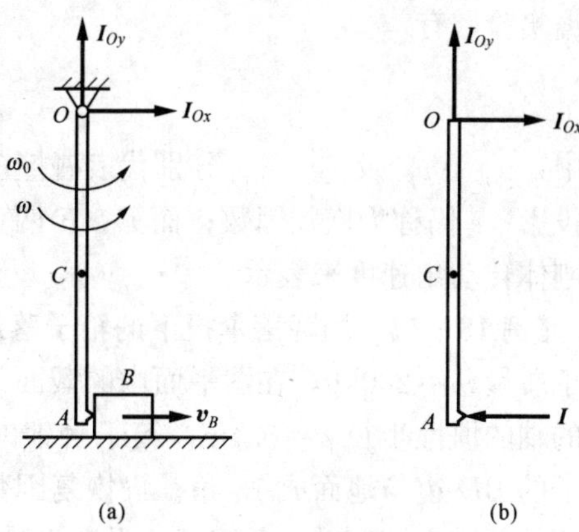

图 18-8 ［例 18-4］图

碰撞前阶段，杆在平常力作用下从水平位置无初速地落到铅直位置，根据动能定理，有

$$\frac{1}{2}\cdot\frac{1}{3}m_1l^2\cdot\omega_0^2-0=m_1g\frac{l}{2}，即\ \omega_0=\sqrt{\frac{3g}{l}}$$

碰撞阶段，考察整个系统［图 18-8（a）］，因外碰撞冲量对 O 点的矩等于零，所以有

$$\frac{1}{3}m_1l^2\omega+m_2v_Bl=\frac{1}{3}m_1l^2\omega_0 \tag{a}$$

而根据式（18-7），有

$$e=\frac{v_B-l\omega}{l\omega_0-0} \tag{b}$$

联立式（a），式（b），得 $\omega=\dfrac{m_1-3em_2}{m_1+3m_2}\sqrt{\dfrac{3g}{l}}$，$v_B=\dfrac{(1+e)m_1}{m_1+3m_2}\sqrt{3gl}$。

考察杆［图 18-8（b）］，由动量矩定理，得

$$\frac{1}{3}m_1 l^2(\omega-\omega_0)=-Il \tag{c}$$

由动量定理，得

$$m_1\left(\omega\frac{l}{2}-\omega_0\ \frac{l}{2}\right)=I_{Ox}-I \tag{d}$$

$$0=I_{Oy} \tag{e}$$

联立求解式（c）～式（e），得 $I_{Ox}=-\dfrac{(1+e)m_1m_2}{2(m_1+3m_2)}\sqrt{3gl}$，$I_{Oy}=0$。

二、碰撞对平面运动刚体的作用

设作平面运动的刚体受到外碰撞冲量作用，在碰撞后仍保持平面运动。在质心运动平面内取直角坐标系 xy。设刚体的质量为 m，质心在碰撞前后的速度分别为$\boldsymbol{v}_C$ 及$\boldsymbol{v}_C'$，根据动量定理，由式（18－2）得投影方程

$$\left.\begin{aligned}mv_{Cx}'-mv_{Cx}&=\sum I_{ix}^{(e)}\\mv_{Cy}'-mv_{Cy}&=\sum I_{iy}^{(e)}\end{aligned}\right\} \tag{18-18}$$

设刚体对于通过质心且垂直于运动平面的轴 z' 的转动惯量为 $J_{z'}$，刚体在碰撞前后的角速度分别为 ω_0 及 ω，根据对质心的动量矩定理，由式（18－5）得

$$J_{z'}(\omega-\omega_0)=\sum M_{z'}(\boldsymbol{I}_i^{(e)}) \tag{18-19}$$

除式（18－18）、式（18－19）外，还要补充一个关系式。设物体 A 与物体 B 相碰撞（图 18－9），物体 A 的 D 点与物体 B 的 E 点接触，仍以过接触点的表面公法线为 x 轴，则根据实验，有

$$e=\frac{v_{Ex}'-v_{Dx}'}{v_{Dx}-v_{Ex}} \tag{18-20}$$

式中：v_{Dx}、v_{Ex} 及v_{Dx}'、v_{Ex}' 分别代表碰撞前后 D、E 两点的速度$\boldsymbol{v}_D$、$\boldsymbol{v}_E$ 及$\boldsymbol{v}_D'$、$\boldsymbol{v}_E'$在 x 轴上的投影；e 仍称为恢复因数；而 D、E 两点的速度，可据刚体平面运动的理论，用质心速度及刚体转动角速度来表示。

【例 18－5】 用降落伞投下的箱子落地时，一边首先触及地面［图 18－10（a）］。已知箱子质量 $m=200$kg，在图平面内的截面是 1m×1m 的正方形，对于通过质心而垂直于图平面的轴的惯性半径 $\rho=0.4$m；箱子触地时的运动是瞬时平移，速度$v_C=5$m/s，铅直向下；箱子的 BD 边与地面成 15°角。设恢复因数 $e=0.2$，水平方向无碰撞冲量作用，求碰撞结束时箱子的质心速度v_C'、角速度 ω 及碰撞冲量。

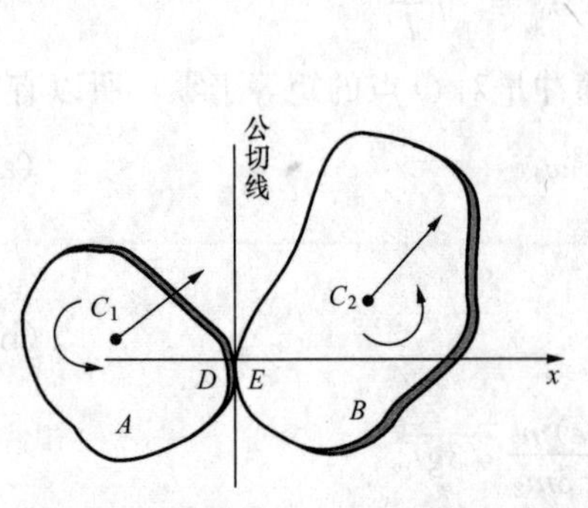

图 18－9 碰撞对平面运动刚体的作用

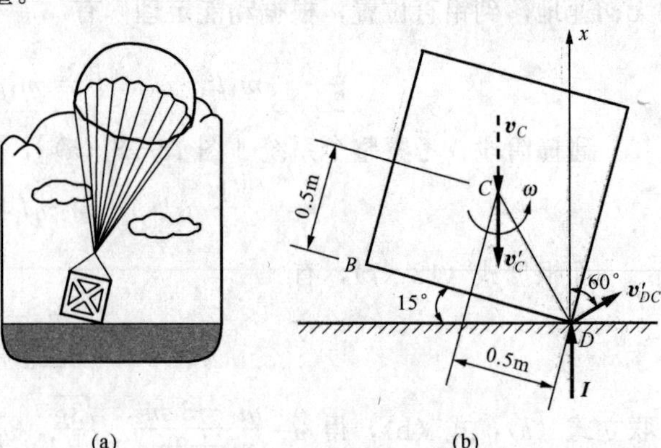

图 18－10 ［例 18－5］图

解　箱子只在D点受铅直的碰撞冲量$\boldsymbol{I}$作用［图18-10（b）］，由动量定理知质心速度将保持铅直方向。取x轴向上，箱子触地时作瞬时平移，因此碰撞前D点的速度$\boldsymbol{v}_D=\boldsymbol{v}_C$，而$v_{Dx}=-v_C$。设碰撞后质心速度为$\boldsymbol{v}'_C$、箱子转动的速度为$\omega$，由基点法知$D$点速度为$\boldsymbol{v}'_D=\boldsymbol{v}'_C+\boldsymbol{v}'_{DC}$，其中$v'_{DC}=\omega\cdot CD$，而$\boldsymbol{v}'_{DC}\perp$CD。$\boldsymbol{v}'_D$在$x$轴上的投影为

$$v'_{Dx}=v'_{Cx}+v'_{DCx}=-v'_C+v'_{DC}\cos60^\circ=\frac{\sqrt{2}}{4}\omega-v'_C$$

在式（18-20）中，令$v_{Ex}=v'_{Ex}=0$，得

$$e=\frac{0-\left(\dfrac{\sqrt{2}}{4}\omega-v'_C\right)}{-v_C-0} \tag{a}$$

据式（18-18），有

$$m(-v'_C)-m(-v_C)=I \tag{b}$$

据式（18-19），有

$$m\rho^2(\omega-0)=I\cdot CD\sin30^\circ \tag{c}$$

联立求解式（a）～式（c），得$v'_C=1.63\text{m/s}$，$\omega=7.44\text{rad/s}$，$I=673.7\text{N}\cdot\text{s}$。

如果碰撞时间是0.002s，则平均碰撞力将达到336.9kN，是箱子重量（$P=mg=1.96\text{kN}$）的172倍！为了安全，应使箱子触地时的速度v_C尽可能地小，并选择土质较软的地方着陆，以减小碰撞的恢复因数，延长碰撞时间。

【例18-6】　为了使轮子滚上高度为h的障碍物（图18-11），试求轮子与障碍物碰撞前应具有的速度。已知轮子的质量为m，半径为R，轮子对称于图平面，质心就是几何中心，对通过质心C且垂直于图平面的轴的惯性半径为ρ。碰撞前，轮子只滚不滑。假设接触点处障碍物表面很粗糙，从碰撞开始直到轮子滚上障碍物，接触点的速度都保持为零。

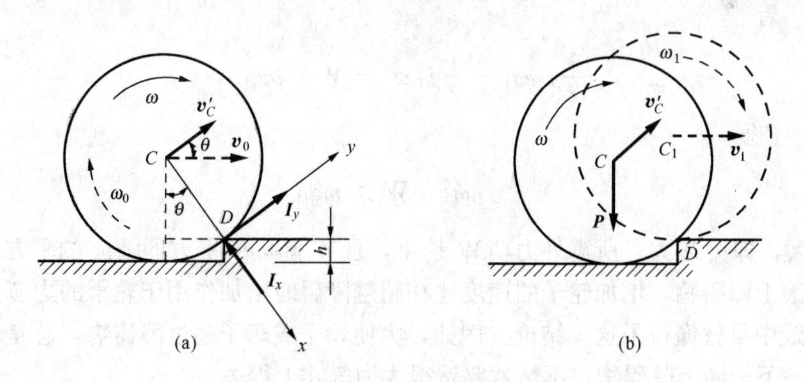

图18-11　［例18-6］图

解　轮子的运动分两个阶段：碰撞阶段（轮子质心的速度和转动角速度发生改变，但轮子位置不变）、碰撞后阶段（轮子在平常力作用下运动，质心速度、转动角速度和位置都发生改变）。

碰撞阶段，将碰撞后的质心速度、角速度用碰撞前的质心速度表示。过D点取直角坐标系xy，使x轴沿接触点表面法线（即沿轮子半径）。设碰撞前后轮子质心速度分别为$\boldsymbol{v}_0$及$\boldsymbol{v}'_C$，角速度分别为ω_0及ω。因碰撞前轮子只滚不滑，所以$v_0=R\omega_0$。由于接触面很粗糙，所以障碍物对轮子的碰撞冲量为$\boldsymbol{I}_x$、$\boldsymbol{I}_y$［图18-11（a）］。

碰撞后接触点D的速度为零，即点D是轮子的速度瞬心，所以

$$v'_C = R\omega \tag{a}$$

据式（18-18），有

$$mv'_C - mv_0\frac{R-h}{R} = I_y \tag{b}$$

据式（18-19），有

$$m\rho^2(\omega-\omega_0) = -I_yR \tag{c}$$

联立求解式（a）～式（c），得

$$\omega=\left(1-\frac{Rh}{R^2+\rho^2}\right)\frac{v_0}{R},\ v'_C=\left(1-\frac{Rh}{R^2+\rho^2}\right)v_0 \tag{d}$$

碰撞后阶段，考虑碰撞后的角速度应为多大，轮子才能滚上障碍物，从而求出v_0。从碰撞结束到轮子滚上障碍物，D点始终不动，相当于轮子作定轴转动［图18-11（b）］，据动能定理，有

$$\frac{1}{2}J_D\omega_1^2-\frac{1}{2}J_D\omega^2=-mgh$$

式中：$J_D=J_C+mR^2=m(\rho^2+R^2)$为轮子对于通过$D$点而垂直于图平面的轴的转动惯量；$\omega_1$为轮子滚上障碍物时的角速度。由此得

$$\omega_1=\sqrt{\omega^2-\frac{2gh}{R^2+\rho^2}}$$

为使轮子滚上障碍物，必须$\omega_1>0$，即$\omega>\sqrt{\dfrac{2gh}{R^2+\rho^2}}$，将式（d）代入，得

$$v_0>\frac{R\sqrt{2gh(R^2+\rho^2)}}{R^2+\rho^2-Rh}$$

如果v_0小于上述的值，就必须有外力作功才能使轮子滚上障碍物。设外力的功为W，据动能定理，有

$$\frac{1}{2}J_D\omega_1^2-\frac{1}{2}J_D\omega^2=W-mgh$$

欲使$\omega_1>0$，必须

$$\frac{1}{2}J_D\omega^2+W>mgh$$

可见，ω越大，即v_0越大，所需外力功W越小，且W随ω的平方即随v_0的平方而减小。所以为使轮子滚上障碍物，增加轮子的速度比在超越障碍时增加作用于轮子的力有效得多。人们在生产实践中早就懂得了这一结论。例如，为使轮子或车子超过障碍物，总是尽可能增大其速度v_0，一下子冲上障碍物，不然就要费很大力气才上得去。

思考题

18-1　在碰撞问题中，为了简化做了哪些假设？为什么能这样假设？

18-2　碰撞问题为什么不宜从力的角度来研究？

18-3　请列举工程实际和生活实际中的碰撞现象。

18-4　质量为m_1、m_2的两小球各以速度$\boldsymbol{v}_1$、$\boldsymbol{v}_2$（$v_1>v_2$）在光滑平面上同向运动，设相碰后以共同速度$\boldsymbol{v}'$一同前进，根据动量守恒定理得

$$m_1v_1 + m_2v_2 = (m_1 + m_2)v'，即 v' = \frac{m_1v_1 + m_2v_2}{m_1 + m_2}；$$

又有人根据机械能守恒定理得

$$\frac{1}{2}m_1v_1^2 + \frac{1}{2}m_2v_2^2 = \frac{1}{2}(m_1 + m_2)v'^2，即 v' = \sqrt{\frac{m_1v_1^2 + m_2v_2^2}{m_1 + m_2}}；$$

以上两个v'的值不相同，问题出在何处？

18-5　复摆的悬挂轴通过其质心，试问还有没有撞击中心？

习　题

18-1　质量$m=2$kg的小球，从高$h=19.6$m处下落至地面后，又以速度$v'=10$m/s铅直回跳，求：①恢复因数；②地面对小球的冲量；③地面作用于小球的力的平均值，如球与地面接触时间为0.001s。

18-2　球A原在$\varphi=45°$位置，自静止开始向右摆动；至铅直位置，撞及静止的球B。使球B摆动至$\theta=30°$的位置如图18-12所示。设两球的重量相等，试求恢复因数。

18-3　质量$m=1$kg的物块A沿圆弧槽从$\theta=90°$处下滑，撞击质量也为1kg的球B如图18-13所示。已知恢复因数$e=0.7$，求①碰撞后球B的速度；②绳的最大张力；③球B上升的最大高度。物块和小球的大小都忽略不计。

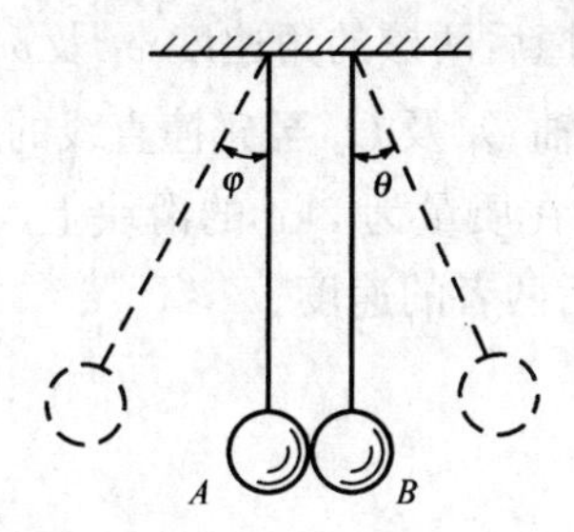

图18-12　习题18-2图

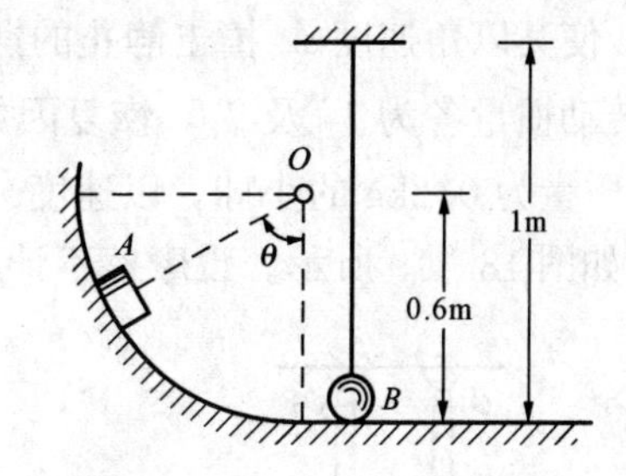

图18-13　习题18-3图

18-4　物块A自高h处落下，打在用弹簧支承的板B上如图18-14所示。弹簧的刚度系数为k，A重P，B重W。如碰撞后，物块A和板B一起运动，试求弹簧的最大压缩。

18-5　一钢球从高2m处下落到一光滑的钢板上，如图18-15所示。钢板的倾角为30°，碰撞的恢复因数为0.7，求小球回跳的最大高度h_{max}。

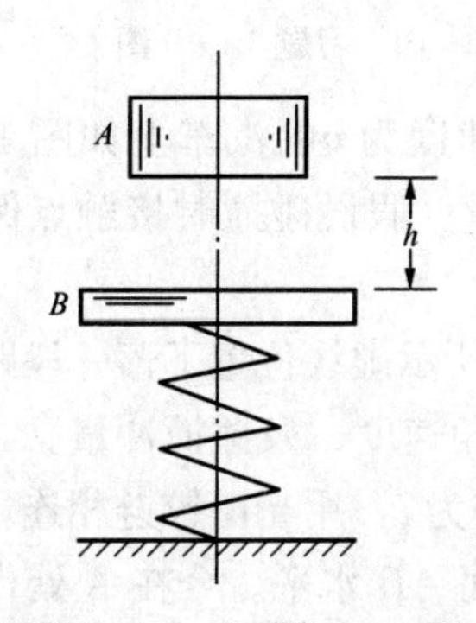

图18-14　习题18-4图

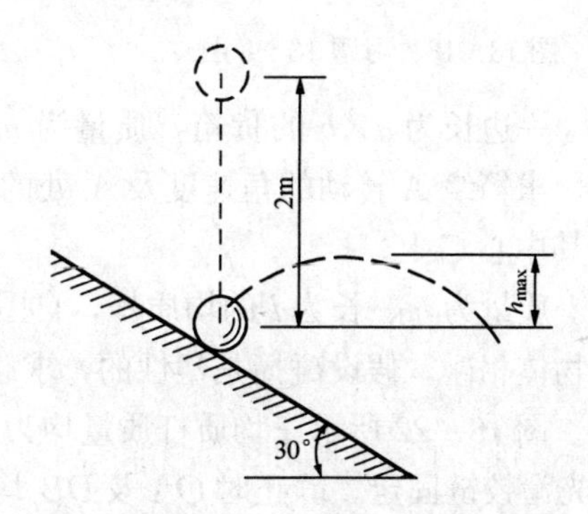

图18-15　习题18-5图

18－6　小球与台边缘 AB 上的 D 处碰前的速度为 $v=2\text{m/s}$；$BD=600\text{mm}$，碰撞的恢复因数为0.6如图18－16所示。设摩擦不计，求第二次碰撞后的速度及其碰撞的位置 E。

18－7　一均质杆质量为 m_1，长为 l，其上端用铰链固定如图18－17所示。设杆从水平位置无初速地落下，到铅直位置时撞击一质量为 m_2 的物体，使其沿水平面滑动。已知恢复因数为 e，动摩擦因数为 f，试求物体停止运动前滑行的距离。

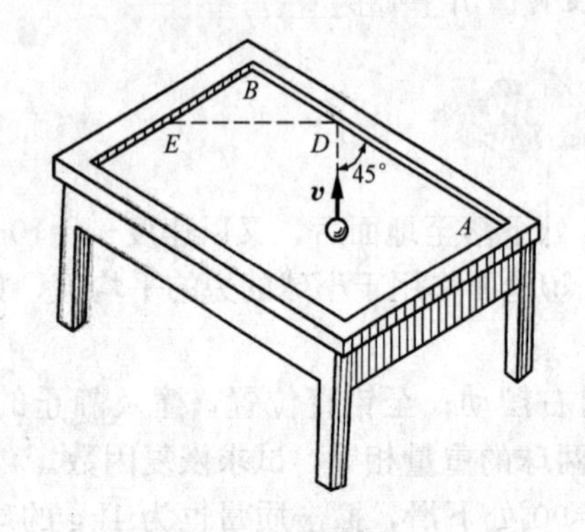

图18－16　习题18－6图

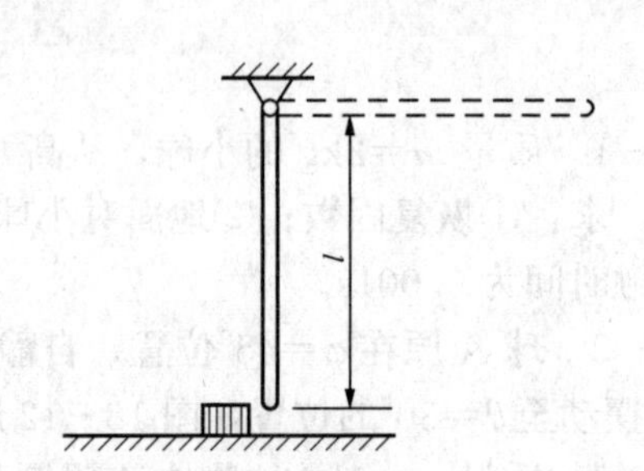

图18－17　习题18－7图

18－8　两复摆可分别绕水平轴 O_1 及 O_2 转动，如图18－18所示。设将摆 A 拉至某一位置然后释放，使其以角速度 ω_0 撞击静止的摆 B，求碰撞后两摆的角速度 ω_1 及 ω_2。已知两摆对于转轴的转动惯量各为 J_1 及 J_2，恢复因数为 e。转轴 O_1 及 O_2 至碰撞直线的距离相等。

18－9　质量为0.2kg的小球，以速度 $v=8\text{m/s}$ 撞在质量为2kg的滑块上，碰撞的恢复因数为0.75如图18－19所示。设摩擦不计，求碰撞后两者的速度。

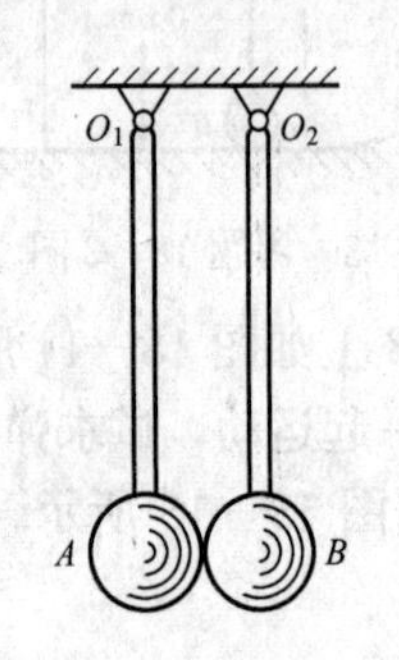

图18－18　习题18－8图

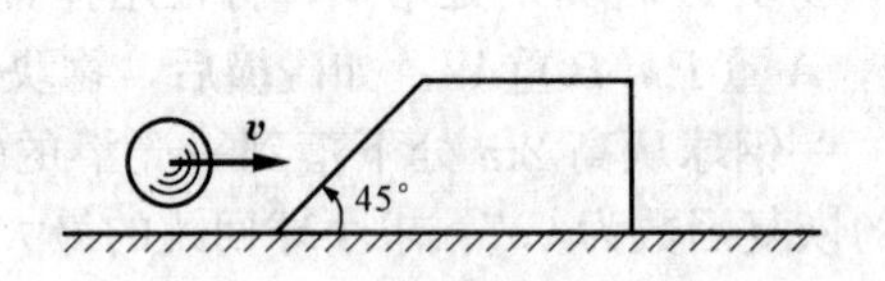

图18－19　习题18－9图

18－10　一边长为 $a\times b$ 的货箱，质量为 m，装在速度为 $\boldsymbol{v}$ 的汽车上如图18－20所示。今骤然刹车，求箱绕 A 转动的角速度及 A 处的碰撞冲量。假设碰撞时接触点保持不动；货箱的重心在其中心 C 上。

18－11　质量为 m、长为 l 的均质杆，自图18－21所示虚线位置下落一段距离 h 后，其 B 端与固定物体相碰。假设碰撞是塑性的，求碰撞后的角速度 ω 及碰撞冲量。

18－12　图18－22所示三均质杆质量均为 m、长均为 l，用光滑铰链相连，在 O、D 处用相距 l 的光滑铰链固定。静止时 OA 及 DB 均铅直，而 AB 水平。今在 A 处作用一水平向右的碰撞冲量 $\boldsymbol{I}$，试求杆 OA 的最大偏角。

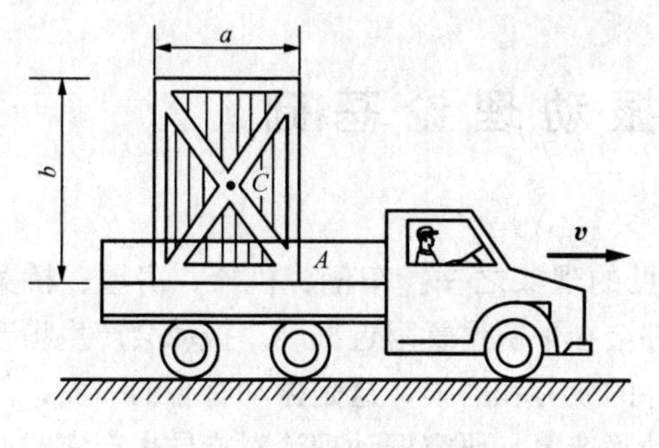

图 18－20 习题 18－10 图

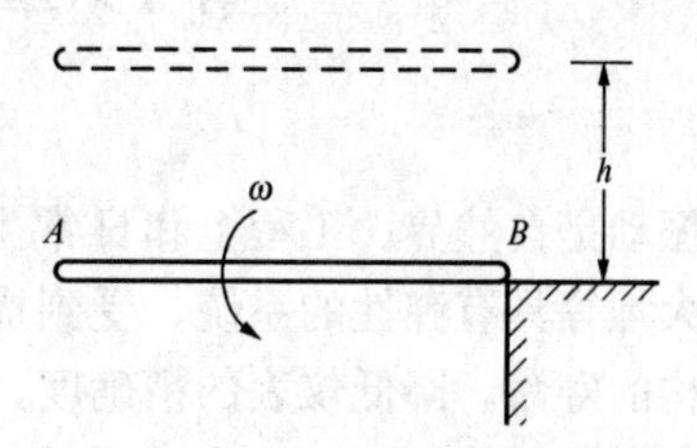

图 18－21 习题 18－11 图

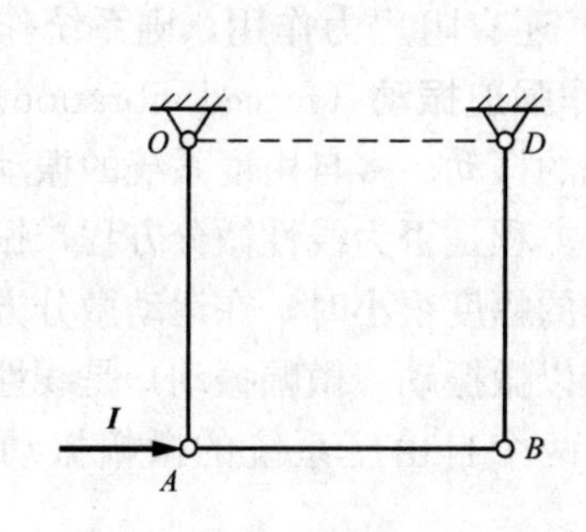

图 18－22 习题 18－12 图

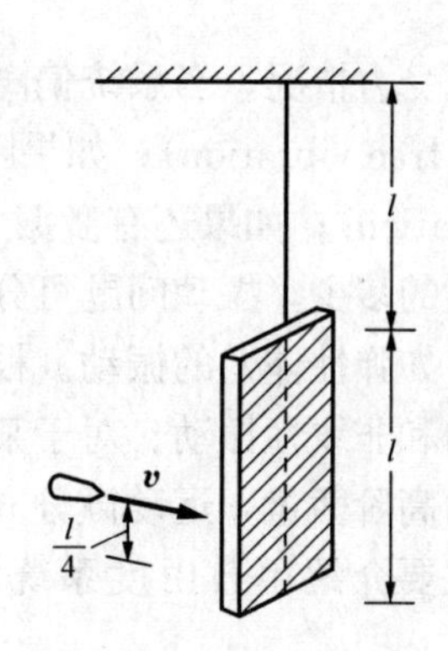

图 18－23 习题 18－13 图

18－13 长 $l=0.6\text{m}$、重 $W=65\text{N}$ 的板悬挂在长 $l=0.6\text{m}$ 的绳索上（绳索质量不计）如图 18－23 所示。一子弹重 $P=0.4\text{N}$，以水平速度 $v=450\text{m/s}$ 射入板中。求子弹打进板内时，板质心的速度及板的角速度。

18－14 均质圆柱质量 $m=200\text{kg}$，半径 $R=250\text{mm}$，如图 18－24 所示，沿水平面以速度 $v_0=10\text{m/s}$ 滚动而不滑动，撞击高 $h=50\text{mm}$ 的台阶，台阶边缘稍圆，在沿接触点的公切线方向，圆柱可以自由滑动。设①碰撞是塑性的；②$e=0.75$；求碰撞后圆柱中心 C 的速度及圆柱的角速度。

18－15 一质量为 m、半径为 r 的均质圆球如图 18－25 所示，以速度 $\boldsymbol{v}$ 向右滚动，撞击倾角为 θ 的斜面后继续沿斜面向上滚动。设圆球只滚不滑，碰撞是塑性的，求圆球滚上斜面的最大距离 s。

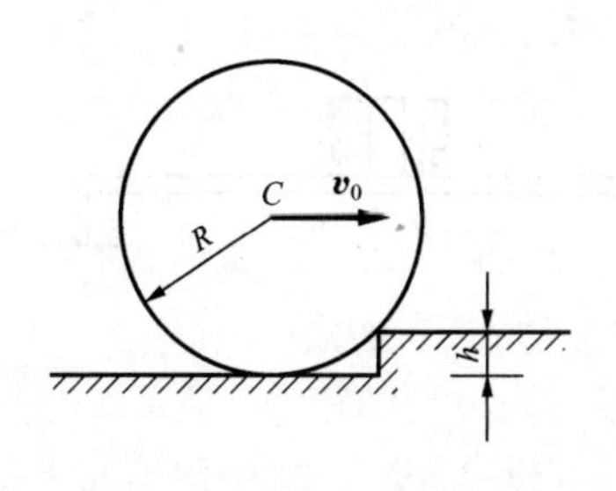

图 18－24 习题 18－14 图

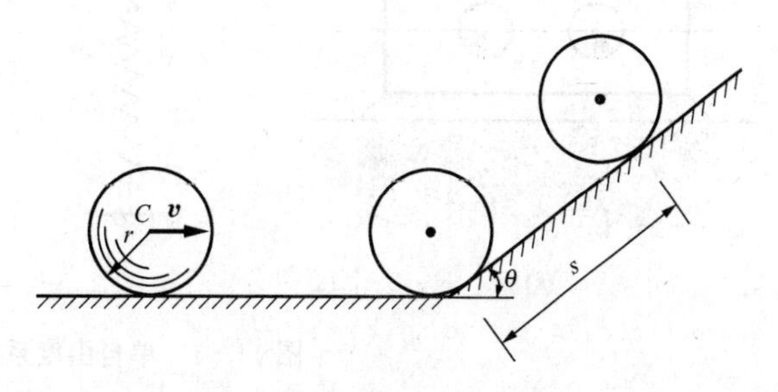

图 18－25 习题 18－15 图

*第19章 微振动理论基础

振动是自然界、工程上和日常生活中常见的现象之一。车辆、机器、房屋、桥梁、水闸、大坝等具有弹性的系统，受到扰动后，都会在平衡位置附近振动。振动会产生噪音，缩短结构的寿命，降低仪表的精确度，加剧构件的疲劳和磨损，这是振动有害的一面；但振动也有有利的一面，如工程中的振动打桩、振动筛选等。研究振动理论对指导生产实践有着重要的意义。

根据系统受力情况，当系统偏离稳定的平衡位置时，如果只受线性恢复力作用，则系统作**自由振动**（free vibration）；如果除线性恢复力外，还有阻尼力作用，则系统作**衰减振动**（damped vibration）；如果还有激振力作用，则系统作**强迫振动**（forced vibration）。根据振动系统自由度的多少，振动问题可分为单自由度系统的振动、多自由度系统的振动和无限多自由度系统（如弹性体）的振动。根据系统运动微分方程是否为线性微分方程，振动问题可分为线性振动和非线性振动。对于某些系统，当振动的幅度很小时，在运动微分方程中可略去二阶以上的高阶微量，运动微分方程将线性化，所以微振动（微幅振动）是线性振动。

本章将主要介绍单自由度系统的微幅振动，对两个自由度系统的微幅振动将作简要介绍。

第1节 单自由度系统的自由振动

许多实际问题都可近似地简化为单自由度系统的问题来研究。如混凝土振捣器［图 19-1 (a)］，由于偏心块的运动，振捣器将产生铅直方向的振动。振捣器可简化成质点 M，未凝固的混凝土与土壤具有一定的弹性，可简化成弹簧。由于振动中横向摆动很小，可忽略不计，所以该系统可简化为质量弹簧系统［图 19-1 (b)］。质点 M 的位置只需用一个铅直坐标来确定，所以这是一个单自由度的振动系统。再如重物置于梁上［图 19-1 (c)］，梁的作用相当于一个弹簧，若梁的质量比重物的质量小很多，则该系统也可简化为质量弹簧系统。

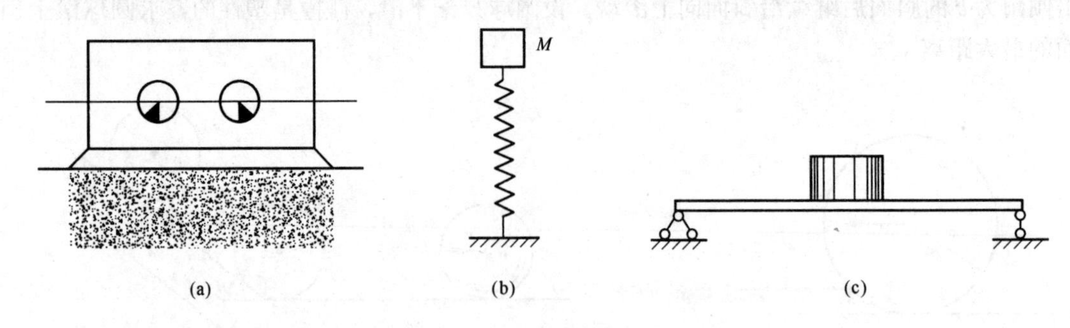

图 19-1　单自由度系统振动实例

一、振动微分方程

图 19-2 所示质量弹簧系统中，设物块的质量为 m，弹簧的刚度系数为 k，弹簧原长为

l_0，静伸长为 δ_{st}。

在平衡位置，弹簧的弹性力与物块的重力成平衡，即

$$k\delta_{st} = mg$$

以平衡位置为坐标原点 O，x 轴向下为正。当物块在任一位置 x 时，弹性力 $F=k(\delta_{st}+x)$，物块运动微分方程为

$$m\ddot{x} = mg - k(\delta_{st} + x)$$

由 $k\delta_{st}=mg$，得

$$m\ddot{x} = -kx$$

令

$$\omega_0^2 = \frac{k}{m} \tag{19-1}$$

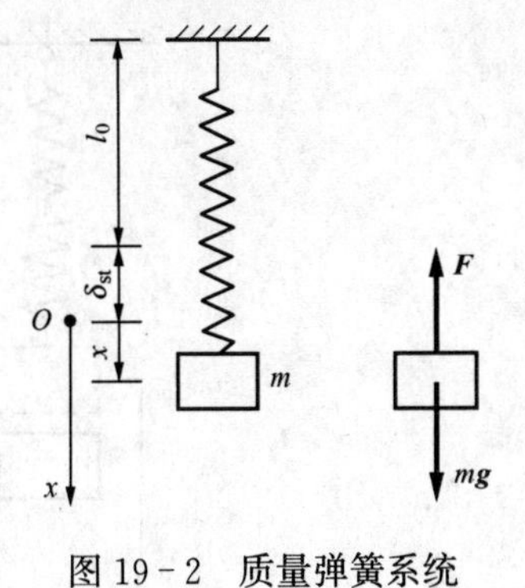

图 19-2 质量弹簧系统

得**自由振动微分方程的标准形式**

$$\ddot{x} + \omega_0^2 x = 0 \tag{19-2}$$

这是一个二阶常系数齐次线性微分方程，它的解是

$$x = A\sin(\omega_0 t + \theta) \tag{19-3}$$

式中：A 和 θ 为两个积分常数。上式表明，自由振动是**简谐运动**（simple harmonic motion）。常数 A 称为**振幅**（amplitude），$(\omega_0 t+\theta)$ 称为**相位**（phase）或**相角**，θ 称为**初相角**（initial phase angel）。

二、自由振动的特性

振幅 A 和初相位 θ 由运动初条件确定。设 $t=0$ 时，$x=x_0$，$\dot{x}=\dot{x}_0$，则

$$x_0 = A\sin\theta,\ \dot{x}_0 = A\omega_0\cos\theta$$

得

$$A = \sqrt{x_0^2 + \frac{\dot{x}_0^2}{\omega_0^2}},\ \theta = \arctan\frac{\omega_0 x_0}{\dot{x}_0} \tag{19-4}$$

由式（19-4）可知，**振幅 A 和初相位 θ 不仅与系统的物理参数**（m、k）**有关，还与运动初条件**（x_0、$\dot{x}_0$）有关。

物体的自由振动是周期性运动，每隔一段时间

$$T = \frac{2\pi}{\omega_0} \tag{19-5}$$

所有运动学量（x_0、$\dot{x}_0$、$\ddot{x}_0$）都重复一次，T 称为振动**周期**（period）。周期的倒数表示单位时间内振动的次数，称为**频率**（frequency），记为 f，则

$$f = \frac{1}{T} = \frac{\omega_0}{2\pi} \tag{19-6}$$

频率的单位是 Hz（赫兹），1Hz 表示每秒振动 1 次。由上式可知 $\omega_0=2\pi f$，即 ω_0 表示 2π 时间内振动的次数，ω_0 称为**圆频率**（circular frequency）。因 ω_0 只与系统的物理参数有关，故亦称为**固有频率**（natural frequency）。

由上可知，**周期和频率与运动初条件无关，只决定于系统的物理参数**。

【例 19-1】 用两个串联着的弹簧悬挂一重物［图 19-3（a）］，试求系统振动的圆频率。弹簧的刚度系数为 k_1 及 k_2，重物的质量为 m，弹簧的质量不计。

解 以平衡位置为坐标原点 O，取坐标轴 x 如图。分析重物和弹簧的受力情况［图 19-3（b）、（c）、（d）］。因不计弹簧质量，故 $F_1=F_2$。

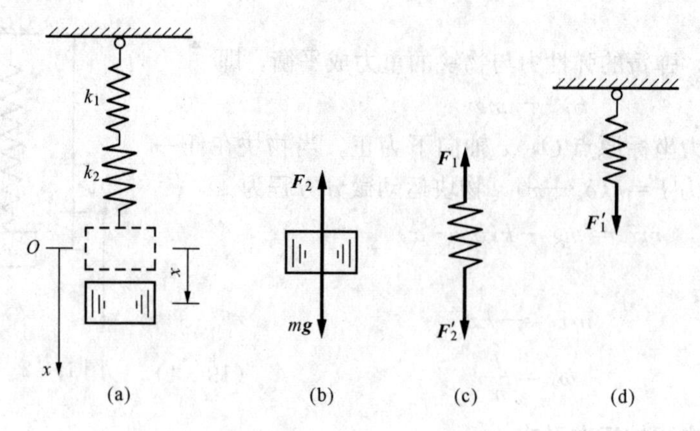

图 19-3 ［例 19-1］图

设弹簧 1、2 的静伸长分别为 δ_{st1}、δ_{st2}，在平衡位置，有

$$k_1\delta_{st1} = k_2\delta_{st2} = mg \tag{a}$$

重物在任一位置时，设弹簧 1、2 分别再伸长 x_1、x_2，则

$$x = x_1 + x_2 \tag{b}$$

由 $F_1=F_2$，得 $k_1(\delta_{st1}+x_1)=k_2(\delta_{st2}+x_2)$，即

$$k_1x_1 = k_2x_2 \tag{c}$$

由式（b）及式（c），得

$$x_2 = \frac{k_1}{k_1+k_2}x \tag{d}$$

根据质点运动微分方程，有

$$m\ddot{x} = mg - k_2(\delta_{st2} + x_2)$$

将式（a）及式（d）代入上式，整理得

$$\ddot{x} + \frac{k_1k_2}{m(k_1+k_2)}x = 0$$

系统振动的圆频率为

$$\omega_0 = \sqrt{\frac{k_1k_2}{m(k_1+k_2)}} \tag{e}$$

串联弹簧组的频率比单独用两个弹簧中的任一个悬挂重物时的频率低，这给我们提供了一种降低系统固有频率的途径。

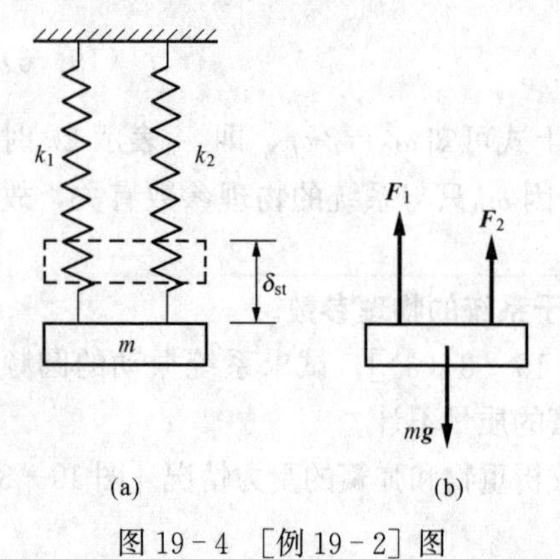

图 19-4 ［例 19-2］图

如将串联弹簧组用一个等效弹簧来代替，比较式（e）和式（19-1），得等效弹簧的刚度系数 k 为

$$k = \frac{k_1k_2}{k_1+k_2}，即\frac{1}{k} = \frac{1}{k_1} + \frac{1}{k_2}$$

可见，当两个弹簧串联时，其等效弹簧刚度系数的倒数等于两个弹簧刚度系数的倒数之和。

【例 19-2】 用两个并联着的弹簧悬挂一重物［图 19-4（a）］，试求系统振动的固有频率。弹簧的刚度系数为 k_1 及 k_2，重物的质量为 m，弹簧的质量不计。

解　设重物作平移，弹簧的静伸长均为 δ_{st}。在平衡位置，重物受力如图 19-4（b）所示，$F_1=k_1\delta_{st}$，$F_2=k_2\delta_{st}$，且

$$mg=k_1\delta_{st}+k_2\delta_{st}=(k_1+k_2)\delta_{st}$$

所以等效弹簧的刚度系数 k 为

$$k=k_1+k_2$$

可见，当两个弹簧并联时，其等效弹簧刚度系数等于两个弹簧刚度系数之和。系统振动的固有频率为

$$\omega_0=\sqrt{\frac{k}{m}}=\sqrt{\frac{k_1+k_2}{m}}$$

【例 19-3】　图 19-5（a）为一种振动仪的简图。已知振子 M 重 W；曲杆杆 AOB 重 P（设 $\boldsymbol{P}$ 的作用点非常接近 AO 的中心线），对 O 的转动惯量为 J；弹簧 1 及 2 的刚度系数分别为 k_1 及 k_2。系统平衡时 OA 处于水平位置。试写出系统微振动微分方程，并求其固有频率。弹簧的质量不计。

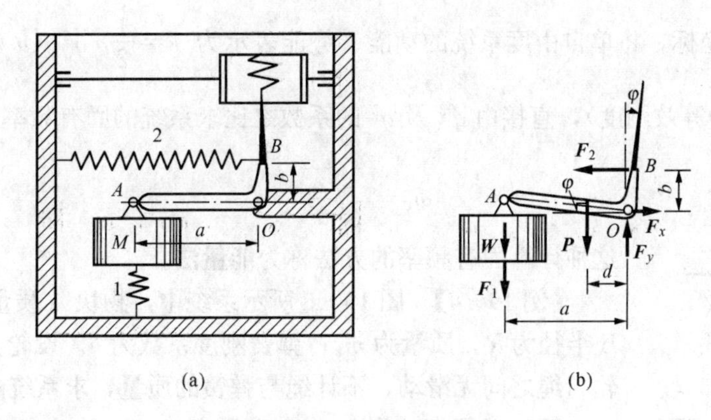

图 19-5 ［例 19-3］图

解　设系统平衡时弹簧 1、2 有静压缩，分别为 δ_{st1}、δ_{st2}。

以振子和曲杆杆为研究对象，示力图见图 19-5（b）。以任一瞬时 OA 与水平线的夹角 φ 为广义坐标，因是微振动，各力作用线到 O 点的距离的改变是高阶微量，可以不计。所以 $F_1=k_1(a\varphi-\delta_{st1})$，$F_2=k_2(b\varphi-\delta_{st2})$。

根据受力情况、运动情况分析，本题以动量矩定理建立运动微分方程较为方便。系统对 O 的动量矩、力矩分别为

$$L_O=\frac{W}{g}a^2\dot{\varphi}+J\dot{\varphi}$$

$$\sum M_{Oi}^{(e)}=-Wa-Pd-k_1(a\varphi-\delta_{st1})a-k_2(b\varphi-\delta_{st2})b$$

在平衡位置，据 $\sum M_{Oi}=0$，有 $-Wa-Pd+k_1\delta_{st1}a+k_2\delta_{st2}b=0$，代入上式得

$$\sum M_{Oi}^{(e)}=-(k_1a^2+k_2b^2)\varphi$$

由动量矩定理，得

$$\left(\frac{W}{g}a^2+J\right)\ddot{\varphi}=-(k_1a^2+k_2b^2)\varphi,\ \text{即}\ \ddot{\varphi}+\frac{k_1a^2+k_2b^2}{Wa^2/g+J}\varphi=0$$

令 $\omega_0^2=\dfrac{k_1a^2+k_2b^2}{Wa^2/g+J}$，得系统微振动的微分方程 $\ddot{\varphi}+\omega_0^2\varphi=0$，系统固有频率为

$$\omega_0=\sqrt{\frac{k_1a^2+k_2b^2}{Wa^2/g+J}}$$

三、计算固有频率的能量法

对于图 19-2 所示单自由系统，其微幅自由振动的运动方程为 $x=A\sin(\omega_0t+\theta)$，任一瞬时系统的动能为

$$T=\frac{1}{2}m\dot{x}^2=\frac{1}{2}m\omega_0^2A^2\cos^2(\omega_0t+\theta)$$

若以平衡位置为势能零位置，则势能为

$$V=\frac{1}{2}k[(\delta_{st}+x)^2-\delta_{st}^2]-mgx=\frac{1}{2}kx^2=\frac{1}{2}kA^2\sin^2(\omega_0t+\theta)$$

$T_{max}=\dfrac{1}{2}m\omega_0^2A^2$，$V_{max}=\dfrac{1}{2}kA^2$，由机械能守恒定理 $T_{max}=V_{max}$，得固有频率 $\omega_0=\sqrt{\dfrac{k}{m}}$。

以 q 为广义坐标，将单自由度系统的动能、势能表示为 $T=\dfrac{1}{2}a\dot{q}^2$（a 称为等效质量）、$V=\dfrac{1}{2}cq^2$（c 称为等效刚度），直接由 $\dot{q}^2$ 及 q^2 的系数之比求系统的固有频率，即

$$\omega_0=\sqrt{\frac{c}{a}} \tag{19-7}$$

这种计算固有频率的方法称为**能量法**。

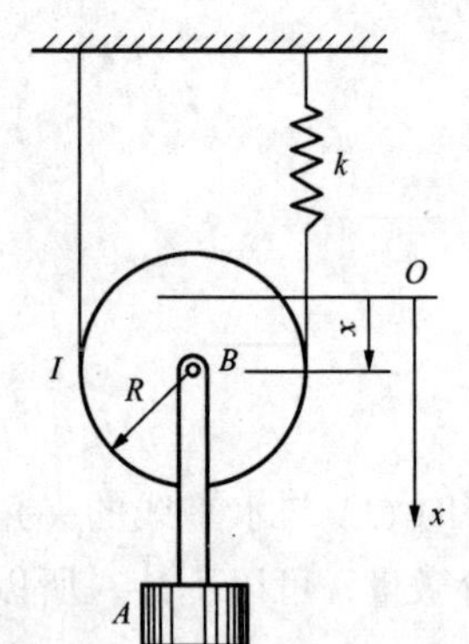

图 19-6 ［例 19-4］图

【例 19-4】 图 19-6 所示系统中，物块 A 质量为 m_1；均质轮 B 半径为 R，质量为 m_2；弹簧刚度系数为 k。设轮无侧向摆动，且轮与绳之间无滑动，不计绳与弹簧的质量，求系统的固有频率。

解 以平衡位置 O 为坐标原点，以 x 为广义坐标。物块 A 作平移，轮 B 作平面运动，速度瞬心为 I。系统的动能为

$$T=\frac{1}{2}m_1\dot{x}^2+\frac{1}{2}m_2\dot{x}^2+\frac{1}{2}\frac{m_2R^2}{2}\left(\frac{\dot{x}}{R}\right)^2=\frac{1}{2}\left(m_1+\frac{3}{2}m_2\right)\dot{x}^2 \tag{a}$$

以平衡位置为势能零位置，并注意轮心下移 x 时，弹簧伸长 $2x$。系统的势能为

$$V=\frac{1}{2}k[(\delta_{st}+2x)^2-\delta_{st}^2]-m_1gx-m_2gx=2kx^2+2k\delta_{st}x-(m_1g+m_2g)x$$

在平衡位置，据 $\sum M_{Ii}=0$，有 $k\delta_{st}2R-(m_1g+m_2g)R=0$，即 $2k\delta_{st}=m_1g+m_2g$，代入上式，得

$$V=\frac{1}{2}4kx^2 \tag{b}$$

由式（a）及式（b），得系统的固有频率

$$\omega_0=\sqrt{\frac{c}{a}}=\sqrt{\frac{4k}{m_1+\frac{3}{2}m_2}}=\sqrt{\frac{8k}{2m_1+3m_2}}$$

第2节　单自由度系统的衰减振动

单自由度系统的自由振动是简谐运动，其振幅不随时间而变，振动可无限地持续下去。但实际观察到的振动的振幅几乎都是随时间逐渐减小，而趋于停止。这是因为振动系统实际上受有阻尼的作用，使其机械能逐渐转化为其他能量，因而振动不断衰减，以至停止。阻尼有各种不同的类型，常见的有流体（如空气、水、油等）介质、干摩阻、湿摩阻、非完全弹性材料的内阻等。阻尼力与速度的一次方成正比的阻尼常称为**黏滞阻尼**（viscous damping）或**线性阻尼**，我们只讨论这种情况。

一、振动微分方程

设质量弹簧系统受到黏滞阻尼作用，图19-7（a）中的c为黏滞阻尼器的简化模型。

因阻尼力与物体的速度方向相反，所以阻尼器作用于物体的阻力$\boldsymbol{F}_d$为

$$\boldsymbol{F}_d = -c\,\boldsymbol{v}$$

其中比例常数c称为**黏滞阻尼系数**（coefficient of viscous damping），它的量纲为M/T，它的值与介质的密度、黏性以及运动物体的形状有关，需由实验确定。

以平衡位置O为坐标原点，选x轴铅直向下。物体的受力情况见图19-7（b），其运动微分方程为

$$m\ddot{x} = P - F - F_d = mg - k(\delta_{st} + x) - c\dot{x} = -kx - c\dot{x} \quad \text{(a)}$$

令

$$\omega_0^2 = \frac{k}{m},\ \delta = \frac{c}{2m} \quad (19-8)$$

式中　ω_0——固有频率；

δ——**阻尼系数**（coefficient of damping）。整理式（a）得

$$\ddot{x} + 2\delta\dot{x} + \omega_0^2 x = 0 \quad (19-9)$$

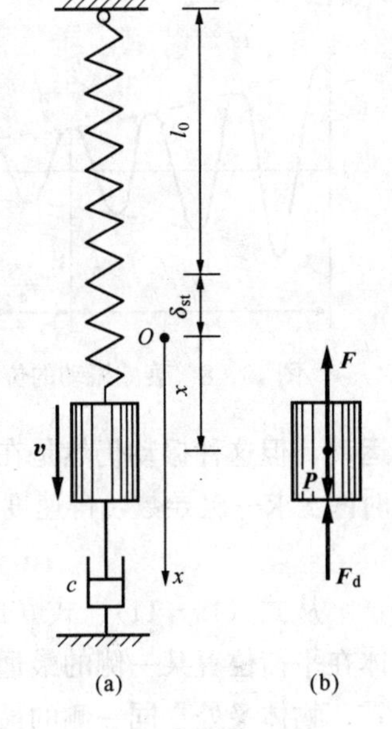

图19-7　有阻尼的质量弹簧系统

这是**有阻尼自由振动微分方程的标准形式**。

二、衰减振动的特性

有阻尼自由振动的微分方程是一个二阶常系数齐次线性微分方程，它的解可取为e^{rt}，代入式（19-9），得特征方程

$$r^2 + 2\delta r + \omega_0^2 = 0 \quad \text{(b)}$$

该方程的两个根是

$$r_1 = -\delta + \sqrt{\delta^2 - \omega_0^2},\ r_2 = -\delta - \sqrt{\delta^2 - \omega_0^2} \quad \text{(c)}$$

随着δ与ω_0的相对值不同，式（19-9）有不同的解，下面分别讨论。

1. 小阻尼（$\delta < \omega_0$）情况

当$\delta < \omega_0$时，$c < 2\sqrt{km}$。特征方程（b）的两个根是一对共轭复根，即

$$r_1 = -\delta + i\sqrt{\omega_0^2 - \delta^2},\ r_2 = -\delta - i\sqrt{\omega_0^2 - \delta^2}$$

式（19-9）的解为

$$x = e^{-\delta t}(C_1 \cos\omega_d t + C_2 \sin\omega_d t)$$

式中：$\omega_{d}=\sqrt{\omega_{0}^{2}-\delta^{2}}$；$C_1$、$C_2$ 是积分常数，由运动初条件确定。

设 $t=0$ 时，$x=x_0$，$\dot{x}=\dot{x}_0$，则 $C_1=x_0$，$C_2=\dfrac{\dot{x}_0+\delta x_0}{\omega_d}$，所以有

$$x=e^{-\delta t}\left(x_0\cos\omega_d t+\frac{\dot{x}+\delta x_0}{\omega_d}\sin\omega_d t\right) \tag{19-10}$$

经三角变换，上式也可写成

$$x=Ae^{-\delta t}\sin(\omega_d t+\theta) \tag{19-11}$$

其中

$$A=\sqrt{x_0^2+\frac{(\dot{x}_0+\delta x_0)^2}{\omega_d^2}},\ \theta=\arctan\frac{\omega_d x_0}{\dot{x}_0+\delta x_0} \tag{19-12}$$

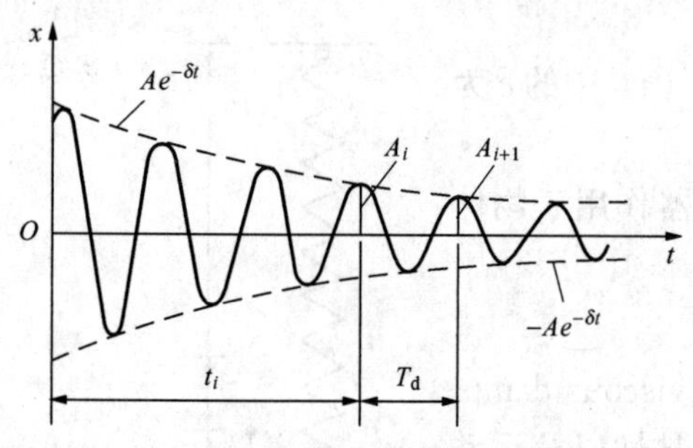

图 19-8　衰减振动的位移-时间曲线

式（19-11）表明，物体在其平衡位置附近作往复运动，但因 $e^{-\delta t}$ 的值随时间增加而迅速减小，所以物体偏离其平衡位置的距离也迅速减小。有阻尼自由振动是**衰减振动**，其位移-时间曲线如图 19-8 所示。由图可见，物体偏离其平衡位置的距离被限制在 $x=Ae^{-\delta t}$ 及 $x=-Ae^{-\delta t}$ 两曲线之间。

(1) 阻尼对周期的影响。

由式（19-11）可知，衰减振动不是周期性运动，但这种振动仍然是在平衡位置附近往复运动，仍具有振动的特点。将式（19-11）对时间 t 求一次导数，得速度方程

$$\dot{x}=Ae^{-\delta t}[\omega_d\cos(\omega_d t+\theta)-\delta\sin(\omega_d t+\theta)] \tag{19-13}$$

从式（19-11）、式（19-13）及图 19-8 可见，设在某一瞬时 t_i，物体的速度 $v=0$，物体在平衡位置某一侧的最远处。经过时间 $T_d=2\pi/\omega_d$，即在 t_i+T_d 瞬时，物体的速度又等于零，物体又处在同一侧的最远处。这一段时间 T_d 称为衰减振动的周期，即

$$T_d=\frac{2\pi}{\omega_d}=\frac{2\pi}{\sqrt{\omega_0^2-\delta^2}} \tag{19-14}$$

与无阻尼自由振动的周期 $T=2\pi/\omega_0$ 相比，当 ω_0 相同时，衰减振动的周期 T_d 比 T 略长。但当阻尼很小时，周期的增长不显著。例如，当 $\delta=0.05\omega_0$ 时，$T_d=1.0012\,5T$，即 T_d 只比 T 大 0.125%。因此，在阻尼很小的情况下，衰减振动的周期可以近似地认为与无阻尼自由振动的周期相等。

(2) 阻尼对振幅的影响。

由式（19-11）可知，$Ae^{-\delta t}$ 相当于衰减振动的振幅，即在每次振动中偏离平衡位置的最远距离，它是随时间而变的。设在某一瞬时 t_i，物体在平衡位置某一侧的最远处，振幅为

$$A_i=|Ae^{-\delta t_i}\sin(\omega_d t_i+\theta)|$$

经过一周期 T_d，即在 t_i+T_d 瞬时，物体的振幅为

$$A_{i+1}=|Ae^{-\delta(t_i+T_d)}\sin(\omega_d t_i+2\pi+\theta)|=e^{-\delta T_d}A_i$$

相邻两振幅之比为

$$\frac{A_{i+1}}{A_i}=e^{-\delta T_d} \tag{19-15}$$

对于一定的系统来说，δ、T_d 都有确定的值，$e^{-\delta T_d}$ 为一常量。可见，在衰减振动中，振幅按几何级数递减，其公比为 $e^{-\delta T_d}$。比值 $e^{-\delta T_d}$ 称为**减缩因数**（decrement factor），用 η 表示，即 $\eta = e^{-\delta T_d}$，其自然对数的绝对值 $\Lambda = |\ln\eta| = \delta T_d$ 称为**对数减缩**（logarithmic decrement）。设 $\delta = 0.05\omega_0$，则 $\eta = 0.73$。即每经过一个周期，振幅减小 27%，在经过 10 个周期后，振幅只有原振幅的 4.3%。可见，即使阻尼力很小，振幅的衰减也很迅速。

2. 大阻尼（$\delta > \omega_0$）情况

当 $\delta > \omega_0$ 时，$c > 2\sqrt{km}$。特征方程的两个根是两个不相等的实数，式（19－9）的通解为

$$x = Ae^{-\delta t}\sinh(\sqrt{\delta^2 - \omega_0^2}\,t + \theta) \tag{19-16}$$

随着时间 t 的增大，虽然双曲正弦之值也增大，但 $e^{-\delta t}$ 减小得更为迅速，所以，随着时间的增大，x 逐渐趋近于零，即系统逐渐趋近于平衡位置，不具有振动特性。图 19－9 是在相同的 x_0 和几个不同的 $\dot{x}_0$ 情况下的位移-时间曲线。

3. 临界阻尼（$\delta = \omega_0$）情况

当 $\delta = \omega_0$ 时，$c = 2\sqrt{km}$。特征方程有相等的实根 $r_1 = r_2 = -\delta$，式（19－9）的通解为

$$x = e^{-\delta t}(C_1 + C_2 t)$$

其中 C_1 及 C_2 是积分常数，可由运动初条件决定

$$C_1 = x_0,\ C_2 = \dot{x}_0 + \delta x_0$$

所以通解为

$$x = e^{-\delta t}[x_0 + (\dot{x}_0 + \delta x_0)t] \tag{19-17}$$

位移-时间曲线与图 19－9 相似。可见，当 $\delta = \omega_0$ 时，系统的运动即开始失去振动特性，此时的黏滞阻尼系数 $c = 2\sqrt{km}$ 称为**临界阻尼系数**。

综上可知：**物体受有黏滞阻尼力的作用时，只有在 $\delta < \omega_0$ 的情况下才发生振动，振动的周期较无阻尼的自由振动周期略长，而振幅按几何级数递减。**

【例 19－5】 库伦曾用下述方法来测定液体的黏滞系数 η：在弹簧上悬挂一薄板 A [图 19－10（a）]，先测出薄板在空气中的振动周期 T_1，然后测出薄板在黏滞系数待测的液体中的振动周期 T_2。设液体对薄板的阻力等于 $F_d = 2S\eta v$，其中 $2S$ 为薄板的表面面积，v 为薄板的速度。如薄板重 P，试由测得的数据 T_1 及 T_2 求出黏滞系数 η。空气对薄板的阻力不计。

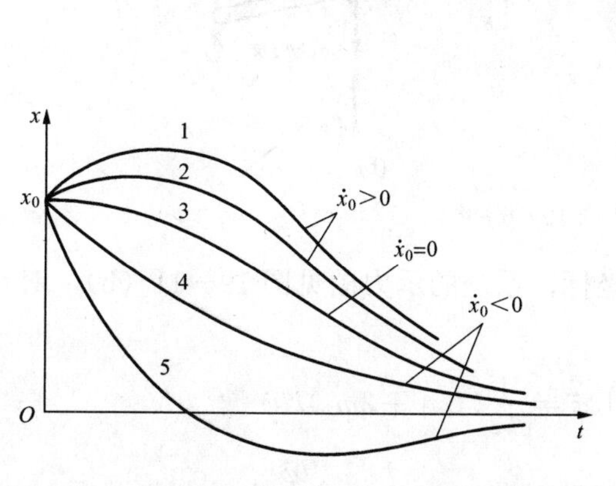

图 19－9 初条件对大阻尼位移-时间曲线的影响

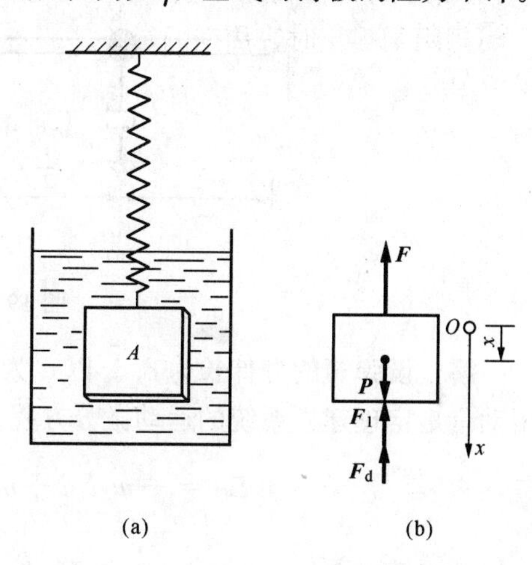

图 19－10 [例 19－5] 图

解 (1) 板在空气中振动：设弹簧的刚度系数为 k，则板自由振动的周期

$$T_1=\frac{2\pi}{\omega_0}=2\pi\sqrt{\frac{P}{kg}} \tag{a}$$

(2) 板在液体中振动：以平衡位置 O 为坐标原点，x 轴铅直向下。板在任一位置受到重力 $\boldsymbol{P}$、弹性力 $\boldsymbol{F}$、液体浮力 $\boldsymbol{F}_1$ 和液体阻力 $\boldsymbol{F}_d$ 作用，见图 19－10（b）。

设弹簧的静伸长为 δ_{st}，在平衡位置，由 $\sum F_{ix}=0$，得

$$P-k\delta_{st}-F_1=0 \tag{b}$$

在任一位置，设板在振动过程中始终不出液面，则液体浮力保持不变。由质心运动定理，有

$$\frac{P}{g}\ddot{x}=P-k(\delta_{st}+x)-F_1-2S\eta\dot{x}$$

由式（b），整理得

$$\frac{P}{g}\ddot{x}=-kx-2S\eta\dot{x}$$

令

$$\omega_0^2=\frac{kg}{P},\delta=\frac{S\eta g}{P} \tag{c}$$

得

$$\ddot{x}+2\delta\dot{x}+\omega_0^2x=0$$

可见薄板作衰减振动。由式（19－14）得板衰减振动的周期为

$$T_2=\frac{2\pi}{\sqrt{\omega_0^2-\delta^2}} \tag{d}$$

由式（a）、式（c）和式（d），解得

$$\eta=\frac{2\pi P}{SgT_1T_2}\sqrt{T_2^2-T_1^2}$$

【例 19－6】 试分析图 19－11（a）所示系统受到轻微扰动时的运动。已知均质刚杆 OA 质量为 m_1，质点 M 的质量为 m_2，弹簧的刚度系数为 k，阻尼器的黏滞阻尼系数为 c。设系统平衡时 OA 杆位于水平位置。

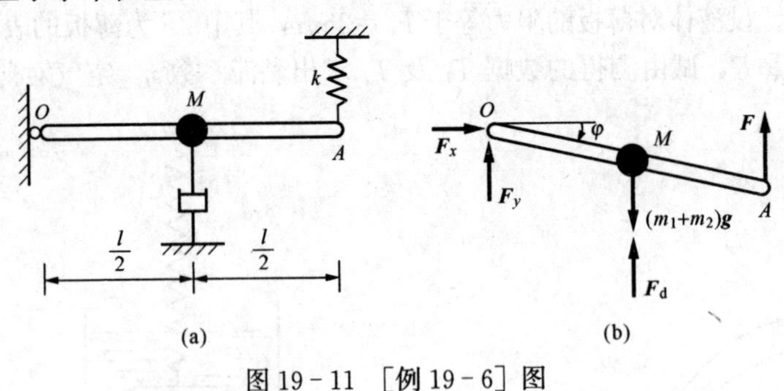

图 19－11 ［例 19－6］图

解 设弹簧的静伸长为 δ_{st}。以 φ 为广义坐标，系统的示力图见图 19－11（b）。对点 O 用动量矩定理建立系统的运动微分方程。

$$L_O=\frac{1}{3}m_1l^2\dot{\varphi}+m_2\left(\frac{l}{2}\right)^2\dot{\varphi}=\frac{1}{12}(4m_1+3m_2)l^2\dot{\varphi}$$

$$\sum M_{Oi}^{(e)}=(m_1+m_2)g\frac{l}{2}-F_d\frac{l}{2}-Fl=(m_1+m_2)g\frac{l}{2}-c\frac{l\dot{\varphi}}{2}\frac{l}{2}-k(\delta_{st}+l\varphi)l$$

在平衡位置，有$\sum M_{Oi}=(m_1+m_2)g\dfrac{l}{2}-k\delta_{st}l=0$，代入上式得

$$\sum M_{Oi}^{(e)}=-\frac{1}{4}cl^2\dot{\varphi}-kl^2\varphi$$

由动量矩定理得

$$\frac{1}{12}(4m_1+3m_2)l^2\ddot{\varphi}=-\frac{1}{4}cl^2\dot{\varphi}-kl^2\varphi$$

令$\omega_0^2=\dfrac{12k}{4m_1+3m_2}$，$\delta=\dfrac{3c}{2(4m_1+3m_2)}$，得

$$\ddot{\varphi}+2\delta\dot{\varphi}+\omega_0^2\varphi=0$$

当$\delta<\omega_0$，即$3c<4\sqrt{3k(4m_1+3m_2)}$时，系统作衰减振动。

第3节　单自由度系统的强迫振动

由于阻尼的存在，自由振动会逐渐衰减，直至停止。但如果有**激振力**（exciting force）作用，不断从外界给系统补充能量，则振动会持续进行。这种在外界激振力作用下的振动就是强迫振动。激振力一般都是随时间变化的，且有各种不同的变化规律。简谐激振力是一种典型的周期性变化的激振力，可表示为

$$F_H=H\sin(\omega t+\gamma) \tag{19-18}$$

其中H为激振力的**力幅**，ω为激振力的圆频率，γ为激振力的初相角。

本节只讨论简谐激振力引起的强迫振动。

一、有阻尼情形

在图19-12（a）所示系统中，物体受到重力、弹性力$\boldsymbol{F}$、黏滞阻尼力$\boldsymbol{F}_d$和简谐激振力$\boldsymbol{F}_H$作用，见图19-12（b）。物体的运动微分方程为

$$m\ddot{x}=mg-k(\delta_{st}+x)-c\dot{x}+H(\sin\omega t+\gamma)$$
$$=-kx-c\dot{x}+H\sin(\omega t+\gamma)$$

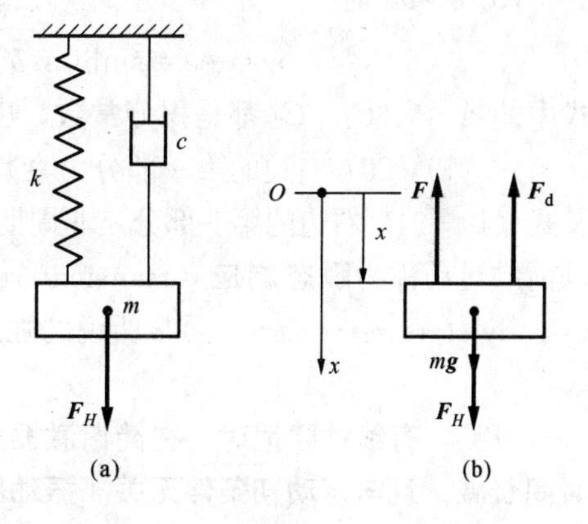

图19-12　受激励的质量弹簧系统

令$\omega_0^2=\dfrac{k}{m}$，$\delta=\dfrac{c}{2m}$，$h=\dfrac{H}{m}$，得强迫振动微分方程的标准形式

$$\ddot{x}+2\delta\dot{x}+\omega_0^2x=h\sin(\omega t+\gamma) \tag{19-19}$$

这是一个二阶常系数非齐次线性微分方程。它的解由两部分叠加而成：一部分是式（19-19）中的齐次方程

$$\ddot{x}+2\delta\dot{x}+\omega_0^2x=0 \tag{a}$$

的解$x_1(t)$，另一部分是式（19-19）的特解$x_2(t)$。

由第2节可知，齐次方程（a）的解为：$\delta<\omega_0$时，$x_1=Ae^{-\delta t}\sin(\sqrt{\omega_0^2-\delta^2}t+\theta)$；$\delta=\omega_0$时，$x_1=e^{-\delta t}(C_1+C_2t)$；$\delta>\omega_0$时，$x_1=Ae^{-\delta t}\sinh(\sqrt{\delta^2-\omega_0^2}t+\theta)$。

设特解为

$$x_2=B\sin(\omega t+\gamma-\varphi)$$

其中 φ 表示强迫振动的相位角落后于激振力的相位角。将上式代入式（19-19），得

$$-B\omega^2\sin(\omega t+\gamma-\varphi)+2\delta B\omega\cos(\omega t+\gamma-\varphi)+\omega_0^2 B\sin(\omega t+\gamma-\varphi)=h\sin(\omega t+\gamma)$$

因 $\sin(\omega t+\gamma)=\sin(\omega t+\gamma-\varphi+\varphi)=\cos\varphi\sin(\omega t+\gamma-\varphi)+\sin\varphi\cos(\omega t+\gamma-\varphi)$，代入上式，得

$$B(\omega_0^2-\omega^2)\sin(\omega t+\gamma-\varphi)+2\delta B\omega\cos(\omega t+\gamma-\varphi)$$
$$=h\cos\varphi\sin(\omega t+\gamma-\varphi)+h\sin\varphi\cos(\omega t+\gamma-\varphi)$$

这是一个恒等式，在任何瞬时都成立，因此，等号两边对应项必须相等，故

$$B(\omega_0^2-\omega^2)=h\cos\varphi,\ 2\delta B\omega=h\sin\varphi$$

由此求得

$$B=\frac{h}{\sqrt{(\omega_0^2-\omega^2)^2+4\delta^2\omega^2}} \tag{19-20}$$

$$\tan\varphi=\frac{2\delta\omega}{\omega_0^2-\omega^2} \tag{19-21}$$

式（19-19）的通解为：

（1）$\delta<\omega_0$ 时

$$x=Ae^{-\delta t}\sin(\sqrt{\omega_0^2-\delta^2}t+\theta)+B\sin(\omega t+\gamma-\varphi) \tag{19-22}$$

（2）$\delta=\omega_0$ 时

$$x=e^{-\delta t}(C_1+C_2 t)+B\sin(\omega t+\gamma-\varphi) \tag{19-23}$$

（3）$\delta>\omega_0$ 时

$$x=Ae^{-\delta t}\sinh(\sqrt{\delta^2-\omega_0^2}t+\theta)+B\sin(\omega t+\gamma-\varphi) \tag{19-24}$$

式中的 A、θ、C_1、C_2 都是积分常数，由运动初条件决定。

式（19-22）右边的第一部分为衰减运动，它随时间增加迅速衰减、消失；式（19-23）及式（19-24）右边的第一部分是非周期运动，它们都随时间增加而迅速消失。第一部分消失以前的运动称为**瞬态响应**（transient response），第一部分消失以后的运动称为**稳态响应**（steady-state response）。通常所说的强迫振动是指稳态响应

$$x_2=B\sin(\omega t+\gamma-\varphi) \tag{19-25}$$

可见，有线性阻尼时，在简谐激振力作用下的强迫振动是简谐振动，不因有阻尼力而随时间衰减，且与运动初条件无关。振动频率与激振力的频率相同，不受阻尼力的影响。

二、无阻尼情形

如果系统不受阻尼，即 $\delta=0$，则运动微分方程为

$$\ddot{x}+\omega_0^2 x=h\sin(\omega t+\gamma) \tag{19-26}$$

它的解仍然是由齐次方程的解 x_1 与特解 x_2 迭加而成。

$$x_1=A\sin(\omega_0 t+\theta)$$

在式（19-20）、式（19-21）中令 $\delta=0$，得

$$B=\frac{h}{\omega_0^2-\omega^2},\ \varphi=0 \tag{19-27}$$

所以特解 x_2 为

$$x_2=B\sin(\omega t+\gamma) \tag{19-28}$$

可见，无阻尼时，强迫振动是简谐振动，且与激振力同相位。

式（19-26）的通解为

$$x = A\sin(\omega_0 t + \theta) + B\sin(\omega t + \gamma) \tag{19-29}$$

三、幅频曲线与相频曲线　共振现象

由式（19-20）、式（19-21）及式（19-27）可知，δ、ω_0、ω 变化时，强迫振动的振幅 B 及其与激振力的相位差 φ 也随之改变。

1. 振幅 B 随 δ、ω_0、ω 变化的规律

将式（19-20）改写成

$$B = \frac{h}{\omega_0^2} \cdot \frac{1}{\sqrt{\left[1-\left(\frac{\omega}{\omega_0}\right)^2\right]^2 + 4\left(\frac{\delta}{\omega_0}\right)^2\left(\frac{\omega}{\omega_0}\right)^2}} \tag{a}$$

令

$$\lambda = \frac{\omega}{\omega_0},\ \zeta = \frac{\delta}{\omega_0},\ B_0 = \frac{h}{\omega_0^2} = \frac{H}{k} \tag{19-30}$$

其中 λ 称为**频率比**（frequency ratio），ζ 称为**阻尼比**（damping ratio），B_0 是在激振力的最大值 H 的静力作用下物体偏离平衡位置的距离，称为物体的静力偏移。由式（a）可得

$$\beta = \frac{B}{B_0} = \frac{1}{\sqrt{(1-\lambda^2)^2 + 4\zeta^2\lambda^2}} \tag{19-31}$$

β 表示强迫振动的振幅 B 与物体静力偏移 B_0 之比，称为**放大因数**（magnification factor）。在上式中令 $\delta=0$，可得到无阻尼情况下的放大因数。

对于不同的阻尼比 ζ，由式（19-31）可绘出放大因数 β 随频率比 λ 变化的曲线（图 19-13），这种曲线称为**振幅频率特性曲线**，简称为**幅频曲线**，它是反映强迫振动特征的非常重要的曲线。从幅频曲线中可以看出：

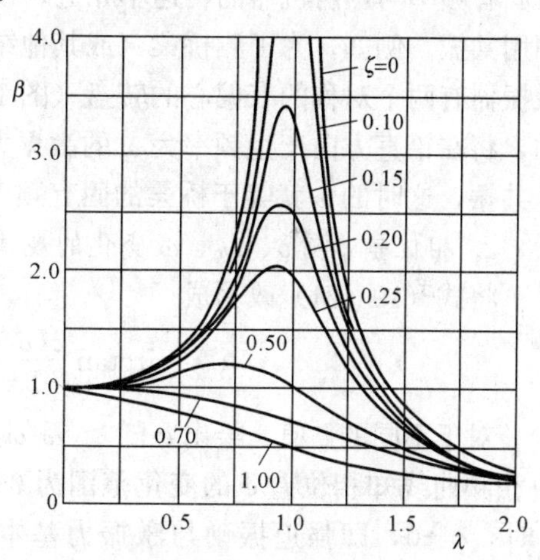

图 19-13　幅频曲线

（1）当激振力的频率很低，即 $\lambda=\omega/\omega_0\to 0$ 时，不论 ζ 为何值，即不论阻尼的大小，$\beta\approx 1$，强迫振动的振幅 B 与静力偏移 B_0 很接近。

（2）当激振力的频率远大于系统的固有频率，即 $\lambda=\omega/\omega_0\gg 1$ 时，不论 ζ 为何值，即不论阻尼的大小，都有 $\beta\to 0$，从而 $B\to 0$。这说明，当激振力频率很高时，物体将保持静止不动。

（3）当 $\zeta\ll 0.707$，而激振力的频率 ω 与系统的固有频率 ω_0 很接近时，β 的值急剧增长。在 $\lambda=1$ 的附近，β 有一极大值，这时，振幅 B 具有很大的峰值。这一现象称为**共振**（resonance），而 $\lambda=1$ 附近称为共振区。

在有阻尼情况下，利用式（19-31）可以证明，当

$$\omega = \sqrt{\omega_0^2 - 2\delta^2} \tag{b}$$

时，β 的值为最大，亦即 B 到达极大值。该极大值为

$$B_{\max} = \frac{B_0}{2\zeta\sqrt{1-\zeta^2}} \tag{c}$$

在许多实际问题中，阻尼比很小，即 $\zeta\ll 1$，由式（b）知 $\omega\approx\omega_0$。例如，当 $\zeta=0.05$ 时，$\omega=0.997\omega_0$。因此，可以认为在 $\omega=\omega_0$ 时振幅为极大，其极大值为

$$B_{\max} \approx \frac{B_0}{2\zeta} = \frac{\omega_0 B_0}{2\delta} \tag{d}$$

上式表明，$B_{\max}$ 与 δ 成反比，增大阻尼，可以减小共振时的振幅。例如，当 $\zeta=0.01$ 时，$B_{\max}=50B_0$；而当 $\zeta=0.1$ 时，$B_{\max}=5B_0$，仅为前者的十分之一。

由图 19-13 还可以看出，当 $\zeta>0.707$ 时，β 将随 λ 增大而单调下降，振幅 B 不再有峰值，也就不会发生共振。

如果 $\delta=0$，由式（b）及式（c）可知，共振时 $\omega=\omega_0$，而 $B_{\max}=\infty$。但应当注意，并非一开始就有 $B=\infty$，而是随着时间逐渐增大的。因为，当 $\omega=\omega_0$ 时，微分方程式（19-26）的特解不再是式（19-28），而具有如下的形式

$$x_2 = Bt\cos(\omega_0 t+\gamma) \tag{e}$$

代入式（19-26），得 $B=-h/2\omega_0$，于是

$$x_2 = -\frac{h}{2\omega_0}t\cos(\omega_0 t+\gamma) = \frac{h}{2\omega_0}t\sin\left(\omega_0 t+\gamma-\frac{\pi}{2}\right) \tag{19-32}$$

可见此时强迫振动相位较激振力相位滞后 $\pi/2$，而振幅则随时间 t 的增大而无限增大。但实际上，当振幅增大之后，振动已不是微幅的，不能使微分方程线性化，系统的振动成为非线性的，上述按线性振动理论得出的结论已不适用。

共振是振动中一个必须特别重视的现象。有时我们需要避免共振，如设计厂房时，应使其固有频率与厂房机器的转速不相近，以免厂房建筑因共振而发生强烈振动。有时我们又要利用共振。例如，为了测桥梁（或其他结构物）的固有频率，可以在桥梁上安置一激振器。激振器有两个对称的有偏心的转盘（图 19-14），使两转盘按相反方向以相同的角速度 ω 转动，将在铅直方向产生频率为 ω 的激振力。改变转速 ω，到桥梁发生剧烈振动时，表明发生了共振，这时的 ω 就等于桥梁的固有频率 ω_0。

2. 相位差 φ 随 δ、ω_0、ω 变化的规律

将式（19-21）改写成

$$\varphi = \arctan\frac{2(\delta/\omega_0)(\omega/\omega_0)}{1-(\omega/\omega_0)^2} = \arctan\frac{2\zeta\lambda}{1-\lambda^2}$$

对于不同的 ζ 值，绘出 φ 随 $\lambda=\omega/\omega_0$ 变化的曲线（图 19-15），这种曲线称为**相频曲线**。由相频曲线知相位差 φ 的变化范围为 0 到 π。当 $\lambda\to 0$ 时，$\varphi\to 0$，即强迫振动与激振力基本上是同相位的。随着 λ 的增大，φ 也增大。在 $\lambda\approx 1$ 附近，φ 的变化非常剧烈。当 $\lambda=1$ 时，不论 ζ 之值如何，$\varphi=\pi/2$，表明激振力的相位比强迫振动的相位超前 $\pi/2$。λ 继续增大时，$\varphi\to\pi$，即强迫振动与激振力趋于反相。

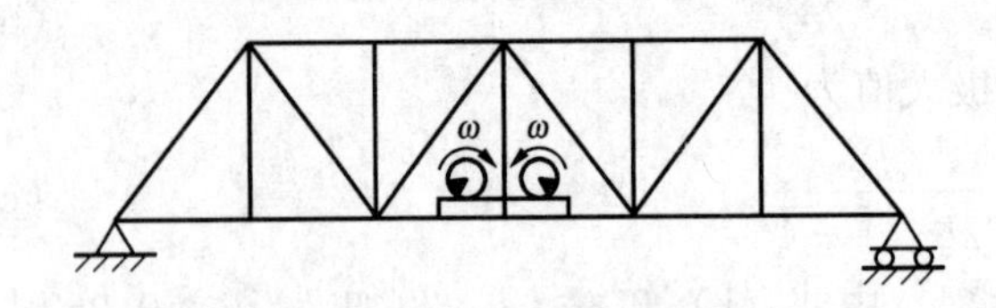

图 19-14　桥梁上的激振器

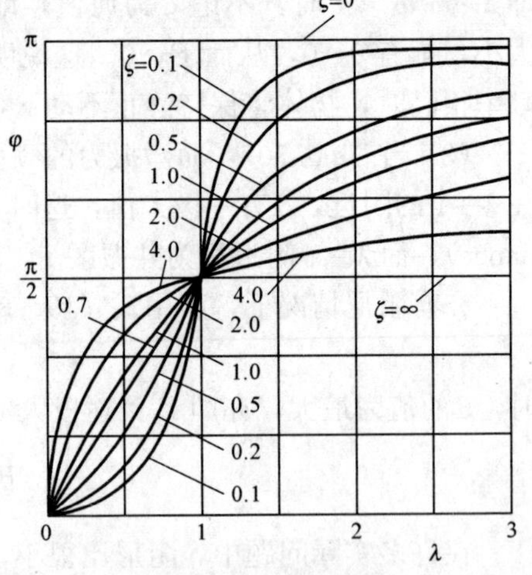

图 19-15　相频曲线

以上讨论中，假设振动系统只受到一个简谐激振力。如系统同时受到几个激振力，根据微分方程理论，可分别求出对应于每个激振力的解，再迭加求全解。假设激振力虽不是简谐的，但却是周期性的，并满足狄利克雷条件，则可将其展开为傅里叶级数后求解。

【例 19-7】 质量为 m 的物体挂在刚度系数为 k 的弹簧的一端，弹簧的另一端 A 沿铅直线按规律 $\xi=d\sin\omega t$ 作简谐运动，如图 19-16 所示。设物体还受到黏滞阻尼力作用，不计弹簧质量，试求物体的运动规律。

解 取 $\xi=0$ 时物体的平衡位置 O 为坐标原点，x 轴铅直向下。在任一位置，物体受到重力 $\boldsymbol{P}$、弹性力 $\boldsymbol{F}$ 和阻尼力 $\boldsymbol{F}_{\mathrm{d}}$ 作用，其中 $P=mg$，$F=k(\delta_{\mathrm{st}}+x-\xi)$，$F_{\mathrm{d}}=c\dot{x}$。

物体的运动微分方程为

$$m\ddot{x}=mg-k(\delta_{\mathrm{st}}+x-\xi)-c\dot{x}=-kx+k\xi-c\dot{x}$$

令 $\omega_0^2=\dfrac{k}{m}$，$\delta=\dfrac{c}{2m}$，$h=\dfrac{kd}{m}$，得

$$\ddot{x}+2\delta\dot{x}+\omega_0^2x=h\sin\omega t \tag{a}$$

可见，弹簧悬挂点有位移 $\xi=d\sin\omega t$ 时，相当于在物体上施加一激振力 $kd\sin\omega t$。

物体强迫振动的规律为 $x=B\sin(\omega t-\varphi)$，其中

$$B=\frac{h}{\sqrt{(\omega_0^2-\omega^2)^2+4\delta^2\omega^2}}=\frac{d}{\sqrt{\left[1-\left(\dfrac{\omega}{\omega_0}\right)^2\right]^2+4\left(\dfrac{\delta}{\omega_0}\right)^2\left(\dfrac{\omega}{\omega_0}\right)^2}},\ \varphi=\arctan\frac{2\delta\omega}{\omega_0^2-\omega^2}$$

当物体较重，且弹簧刚度系数 k 很小，而弹簧悬挂点 A 振动的频率 ω 很高，以致 $\omega\gg\omega_0$，则物体的振幅 $B\to0$，即物体趋于静止。

在精密仪器与其支座之间装以刚度系数很低的柔软弹簧，当支座发生强烈振动时，弹簧的一端将随同支座一起振动，与图 19-16 所示情况相同。若仪器弹簧系统的固有频率比支座振动的频率低得多，即 $\omega_0\ll\omega$，仪器将近乎静止而不致损坏。在装运仪表或易碎物品时，在箱的四周垫以稻草或其他柔性材料，也是这个道理。

地震记录仪的构造也是根据同样的道理。在图 19-17 中，使振子 M 较重而弹簧刚度系数 k 很小，因而 ω_0 很小。当发生铅直地震时，由于地震频率 ω 比较高，于是 $\omega\gg\omega_0$。这时，弹簧的悬挂点 A 及转筒 B 随同支架与地面一起振动，而振子 M 却近乎静止，因而附在振子

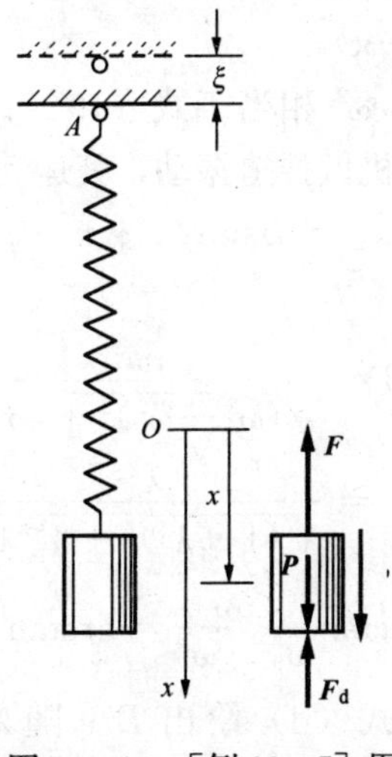

图 19-16 ［例 19-7］图

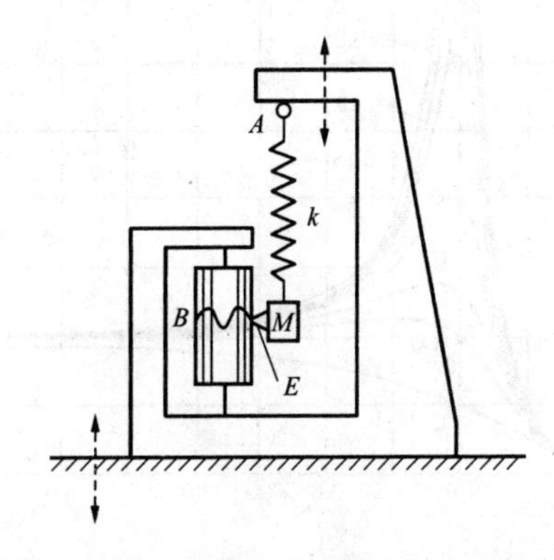

图 19-17 地震仪简图

上的笔尖 E 在记录纸上画出的曲线非常接近于地震的实际情况。

【例 19-8】 重 W 的电动机安装在简支梁的中央［图 19-18（a）］。由于转子不均衡，相当于在距转动轴 r 处有一重 P 的偏心物块 A。设转子以匀角速度 ω 转动，试求电动机的运动。梁的作用相当于弹簧，其刚度系数 k 可由在 W 作用下的静挠度 δ_{st}，求得为 $k=W/\delta_{st}$。设阻尼力 $\boldsymbol{F}_d$ 与速度一次方成正比，梁本身重量略而不计。

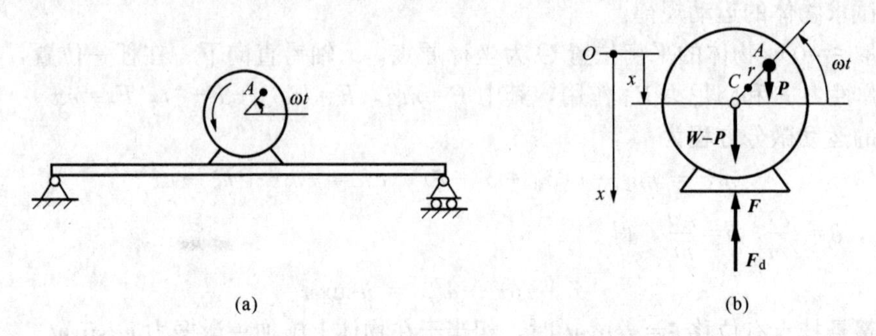

图 19-18 ［例 19-8］图

解 取电动机为考察对象，以电动机在平衡位置时的中心轴为坐标原点 O，x 轴铅直向下，示力图见图 19-18（b）。

在任一瞬时，设电动机中心轴的位置坐标为 x，则电动机质心 C 的坐标为

$$x_C=\frac{(W-P)x+P(x-r\sin\omega t)}{W} \tag{a}$$

根据质心运动定理，有

$$\frac{W}{g}\ddot{x}_C=W-k(\delta_{st}+x)-c\dot{x}=-kx-c\dot{x}$$

将式（a）求二阶导数，代入上式，整理得

$$\ddot{x}+\frac{cg}{W}\dot{x}+\frac{g}{\delta_{st}}x=-\frac{P}{W}\omega^2 r\sin\omega t \tag{b}$$

令 $\omega_0^2=\dfrac{g}{\delta_{st}}$，$\delta=\dfrac{cg}{2W}$，$e=\dfrac{P}{W}r$（电动机质心 C 到中心轴的距离），得

$$\ddot{x}+2\delta\dot{x}+\omega_0^2x=e\omega^2\sin(\omega t+\pi) \tag{c}$$

上式中的 $e\omega^2$ 相当于式（19-19）中的 h。可见电动机做强迫振动，其运动方程为

$$x_2=B\sin(\omega t+\pi-\varphi)$$

其中

$$B=\frac{e\omega^2}{\sqrt{(\omega_0^2-\omega^2)^2+4\delta^2\omega^2}}=\frac{e\lambda^2}{\sqrt{(1-\lambda^2)^2+4\zeta^2\lambda^2}} \tag{d}$$

$$\varphi=\arctan\frac{2\delta\omega}{\omega_0^2-\omega^2}=\arctan\frac{2\zeta\lambda}{1-\lambda^2} \tag{e}$$

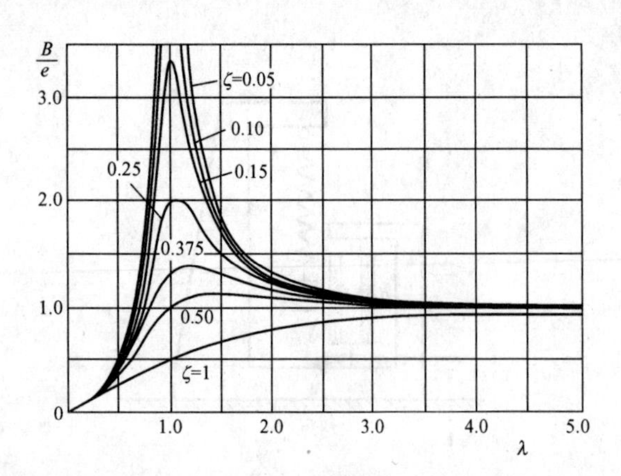

图 19-19 幅频曲线

根据式（d）绘出 B/e 随 λ 变化的曲线，即幅频曲线（图 19-19）。由图可见，

当阻尼比 ζ 较小时，在 $\lambda=1$ 附近，B/e 的值急剧增大，振幅出现很大的峰值，即发生共振，这一点与图 19－13 所示情况相同。但本题中，由于激振力的最大值 $\frac{P}{g}r\omega^2$ 与 ω^2 成正比，随 ω 而变，不再是常量，因此与图 19－13 又有不同之处。如当 $\lambda\to0$ 时，$B/e\approx0$，振幅 $B\to0$；当 $\lambda\gg1$ 时，$B/e\to1$，振幅 $B\to e$。

凡有转子的系统，发生共振时的转速称为**临界转速**（critical speed of rotation）。对于 ω 一定的转子，设计时应注意选择安装参数，使 ω 远离系统的临界转速。

第 4 节　减振与隔振

对于工程中不可避免的振动现象，可采用减振或隔振的方法，减少振动带来的不利影响。使振动物体振动减弱的措施称为**减振**（vibration reduction）。将振源与需要防振的物体之间用弹性元件（k）和阻尼元件（c）进行隔离，这种措施称为**隔振**（vibration isolation）。

一、减振

设法减小激振力或强迫振动的振幅，具体方法有以下几种：

(1) 找出产生振动的振源，并设法使其消除或减弱。如机器中转动部件（电动机、发电机、水轮机等的转子）的不均衡，往往是引起振动的主要因素，可通过动平衡试验来消除或减弱。

(2) 远离振源。如建造房屋时，尽可能远离运输繁忙的铁路、公路或有大型振动设备（大型冲压机、空气压缩机）的工厂。

(3) 避免共振。如设计房屋或机器零件时，应使其固有频率与振源的频率相差较大，不致发生共振。

(4) 采用动力消振器（见本章第 6 节）。

二、隔振

隔振分为两种。一种是将振源隔离起来，不使其产生的振动向周围传播，这种隔振称为**主动隔振**（active vibration isolation）。如在大型锻压机床的基础与地基之间垫以隔振材料（图 19－20），以减小通过地基传到其他地方的振动。另一种是将须要防振的物体用隔振材料保护起来，使其不受外界振动的影响，这种隔振称为**被动隔振**（passive vibration isolation）。如将精密仪器用较软的弹簧挂起来［图 19－21（a）］，在精密车床下加弹性支座［图 19－21（b）］。

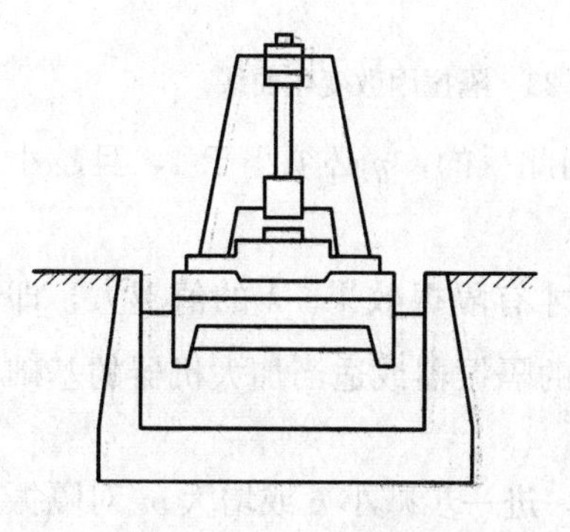

图 19－20　主动隔振

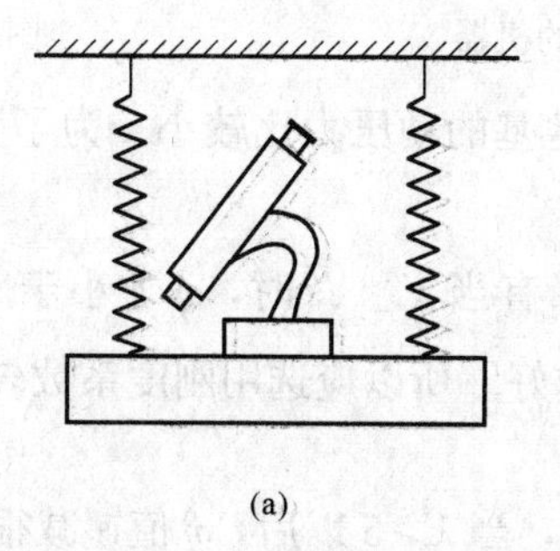

(a)

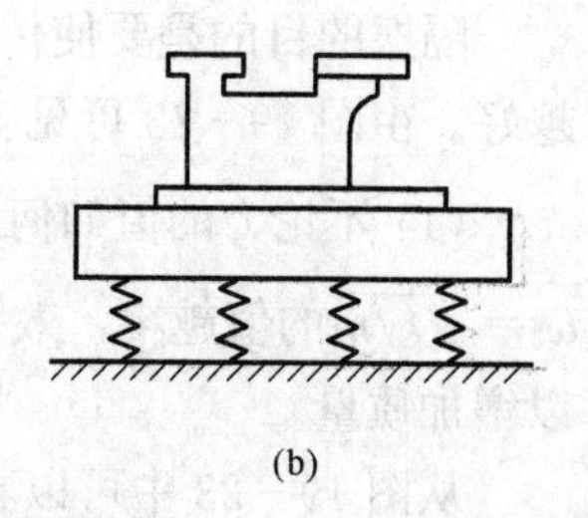

(b)

图 19－21　被动隔振

下面简要介绍主动隔振的基本理论及相关结论。

机器固定在基础上（图 19－22），它们与地基之间装有隔振器（由金属弹簧或橡皮或软木做成）。设机器连同基础的质量为 m，由于不均衡所产生的铅直激振力为 $F_H=H\sin\omega t$，隔振器的弹簧常数为 k，阻尼系数为 c。

此系统可简化为图 19－12 所示情况。其强迫振动方程为 $x=B\sin(\omega t-\varphi)$，振幅

$$B=\frac{h}{\sqrt{(\omega_0^2-\omega^2)^2+4\delta^2\omega^2}}=\frac{B_0}{\sqrt{(1-\lambda^2)^2+4\zeta^2\lambda^2}}$$

机器通过隔振器作用于地基上的动压力为

$$F_{\mathrm{N}}=F+F_{\mathrm{d}}-mg=kx+c\dot{x}=kB\sin(\omega t-\varphi)+cB\omega\cos(\omega t-\varphi)=A\sin(\omega t-\varphi+\theta)$$

其中

$$A=\sqrt{(kB)^2+(cB\omega)^2},\ \theta=\arctan\frac{c\omega}{k}$$

动压力的最大值为

$$F_{\mathrm{Nmax}}=\sqrt{(kB)^2+(cB\omega)^2}=B\sqrt{k^2+(c\omega)^2}$$

如果没有隔振器，机器直接安装在地基上，则动压力的最大值等于激振力 F_H 的最大值 H。F_{Nmax}与 H 之比称为**隔振因数**（vibration isolation factor），用 η 表示，则

$$\eta=\frac{F_{\mathrm{Nmax}}}{H}=\frac{\sqrt{1+4\zeta^2\lambda^2}}{\sqrt{(1-\lambda^2)^2+4\zeta^2\lambda^2}}$$

对于不同的 ζ 值，η 随 λ 变化的曲线见图 19－23。

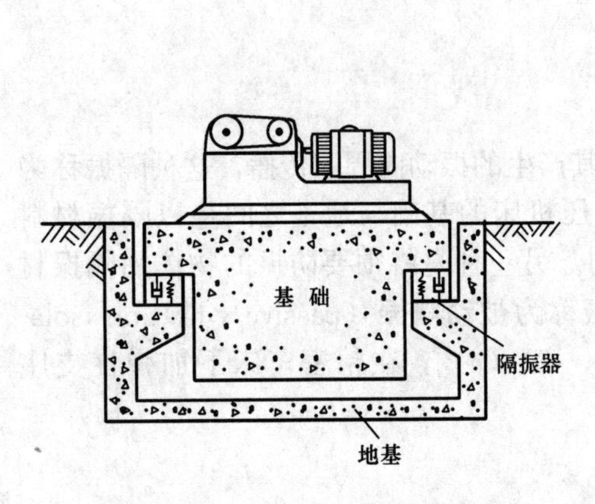

图 19－22 采取主动隔振的机器

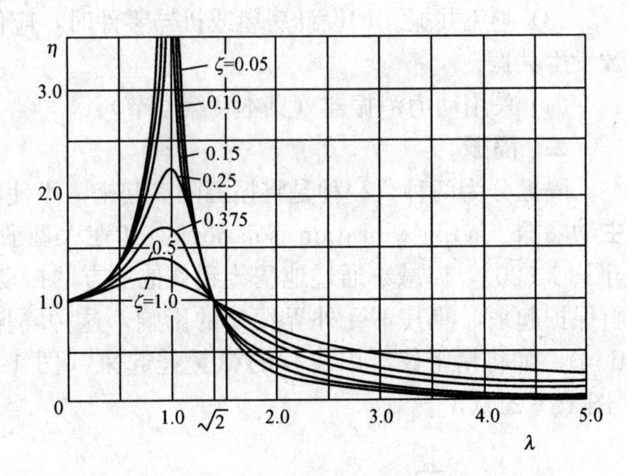

图 19－23 隔振因数变化曲线

隔振的目的是要使传到地基的动压力比较小。为了达到此目的，η 必须小于 1，且越小越好。由图 19－23 可见：

(1) 不论 ζ 的值如何，只有当 $\lambda>\sqrt{2}$时，η 才小于 1，才有隔振效果。λ 的值越大，即 $\omega_0=\sqrt{k/m}$的值越小，效果越好。所以应选用刚度系数较低的隔振器或适当加大机器的基础以增加质量。

从图 19－23 中可以看出，当 $\lambda>5$ 以后，η 值递减很慢，进一步减小 k 或增大 m 对隔振效果的改善不大。因此，实用上常采用 $\lambda=2.5\sim5$。

(2) 当$\lambda>\sqrt{2}$时，对同一λ值，η随ζ的减小而减小。这表明，减小阻尼对隔振是有利的。因此，在进行隔振设计时，不要盲目增大阻尼。

(3) 当$\lambda<\sqrt{2}$时，$\eta>1$，即隔振器反而使传到地基的动压力增大。特别是$\lambda\approx1$而ζ较小时，η达到很大的峰值，隔振器起了完全相反的作用。这在设计时必须特别注意。

第5节 两个自由度系统的自由振动

工程中有许多系统的振动问题可简化为两个自由度系统的问题来研究。如图19-24 (a)中具有两个集中质量的梁，可简化为图19-24 (b) 所示的两个自由度的系统；图19-25 (a)中的双层刚架，如横梁刚度很大，也可简化为图19-25 (b) 所示的两个自由度的系统。

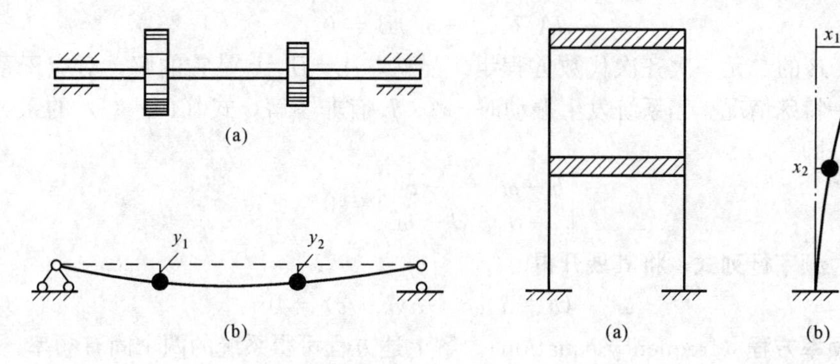

图19-24 具有集中质量的梁的振动　　图19-25 双层刚架的振动

一、振动微分方程

研究图19-26 (a) 所示的简化系统，先建立该系统的运动微分方程。设物体M_1、M_2质量分别为m_1、m_2，弹簧的刚度系数分别为k_1、k_2。选x轴铅直向下，分别以两物体的平衡位置O_1、O_2为原点，两物体在任意瞬时的位置可由坐标x_1、x_2来确定［图19-26 (b)］。

设弹簧的静伸长分别为δ_{st1}、δ_{st2}，在平衡位置有

$$k_1\delta_{st1}=m_1g+k_2\delta_{st2}$$

$$k_2\delta_{st2}=m_2g$$

在任一位置，弹性力为$F_1=k_1(\delta_{st1}+x_1)$，$F_2=F'_2=k_2(\delta_{st2}+x_2-x_1)$，两物体的运动微分方程为

$$m_1\ddot{x}_1=m_1g+F_2-F_1$$

$$=m_1g+k_2(\delta_{st2}+x_2-x_1)-k_1(\delta_{st1}+x_1)$$

$$m_2\ddot{x}_2=m_2g-F'_2=m_2g-k_2(\delta_{st2}+x_2-x_1)$$

利用平衡条件，整理得

$$\left.\begin{aligned}m_1\ddot{x}_1+(k_1+k_2)x_1-k_2x_2=0\\m_2\ddot{x}_2-k_2x_1+k_2x_2=0\end{aligned}\right\}\quad(19-33)$$

这就是图19-26所示系统的自由振动的微分方程，是一个二阶常系数齐次线性微分方程组。

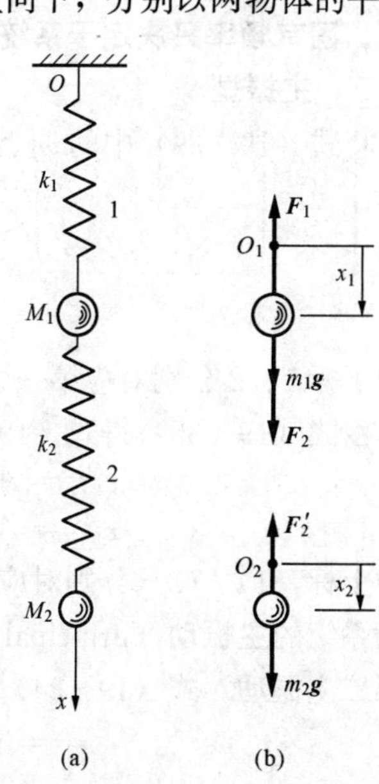

图19-26 两个自由度系统的自由振动

令 $b=\dfrac{k_1+k_2}{m_1}$，$c=\dfrac{k_2}{m_1}$，$d=\dfrac{k_2}{m_2}$，则式（19-33）可简化为

$$\left.\begin{aligned}\ddot{x}_1+bx_1-cx_2=0\\\ddot{x}_2-dx_1+dx_2=0\end{aligned}\right\}\tag{19-34}$$

二、固有频率

根据微分方程理论，式（19-34）的特解可设为

$$\left.\begin{aligned}x_1=A\sin(\omega t+\theta)\\x_2=B\sin(\omega t+\theta)\end{aligned}\right\}\tag{19-35}$$

式中：A、B 为振幅；ω 为固有频率；θ 为初相角，都是待定常数。将上式代入式（19-34），整理得 A、B 与 ω 所应满足的方程

$$\left.\begin{aligned}(b-\omega^2)A-cB=0\\-dA+(d-\omega^2)B=0\end{aligned}\right\}\tag{19-36}$$

这是关于 A、B 的二元一次齐次代数方程组。显然，$A=B=0$ 是它的解，对应于系统处于平衡状态这一特殊情况。当系统发生振动时，A、B 有非零解，式（19-36）的系数行列式必须等于零，即

$$\begin{vmatrix}b-\omega^2 & -c\\-d & d-\omega^2\end{vmatrix}=0\tag{19-37}$$

此行列式称为**频率行列式**，将其展开得

$$\omega^4-(b+d)\omega^2+d(b-c)=0\tag{19-38}$$

此方程称为**频率方程**（frequency equation）。解上述方程可得系统的两个固有频率

$$\omega_{1,2}^2=\frac{b+d}{2}\mp\sqrt{\left(\frac{b-d}{2}\right)^2+cd}\tag{19-39}$$

由上式知，ω^2 的两个根都是正实数。其中第一个根 ω_1^2 较小，称为第一阶固有频率；第二个根 ω_2^2 较大，称为第二阶固有频率。由此得出：**两个自由度系统作自由振动时，有两个固有频率，固有频率只决定于系统的物理特性，与运动初条件无关。**

三、主振型

将式（19-39）中的 ω_1^2、ω_2^2 分别代入式（19-36），可得

$$\frac{A_1}{B_1}=\frac{c}{b-\omega_1^2}=\frac{d-\omega_1^2}{d}=\frac{1}{\gamma_1}\tag{19-40}$$

$$\frac{A_2}{B_2}=\frac{c}{b-\omega_2^2}=\frac{d-\omega_2^2}{d}=\frac{1}{\gamma_2}\tag{19-41}$$

其中下标 1、2 分别对应第一、第二阶固有频率的值。

由式（19-35）得式（19-34）的两组特解

$$x_1^{(1)}=A_1\sin(\omega_1t+\theta_1),\ x_2^{(1)}=\gamma_1A_1\sin(\omega_1t+\theta_1)\tag{19-42}$$

$$x_1^{(2)}=A_2\sin(\omega_2t+\theta_2),\ x_2^{(2)}=\gamma_2A_2\sin(\omega_2t+\theta_2)\tag{19-43}$$

其中上标（1）、（2）分别对应第一、第二阶固有频率的值。每一组特解代表一个简谐振动，称为系统的**主振动**（principal vibration），式（19-42）对应第一主振动，式（19-43）对应第二主振动。式（19-34）的通解（即系统的运动方程）是两个特解之和，即

$$\left.\begin{aligned}x_1=A_1\sin(\omega_1t+\theta_1)+A_2\sin(\omega_2t+\theta_2)\\x_2=\gamma_1A_1\sin(\omega_1t+\theta_1)+\gamma_2A_2\sin(\omega_2t+\theta_2)\end{aligned}\right\}\tag{19-44}$$

其中 A_1、A_2、θ_1、θ_2 是积分常数，由运动初条件（x_{10}、x_{20}、$\dot{x}_{10}$、$\dot{x}_{20}$）确定。

式（19-44）所表示的运动，一般是非周期性的。只有当 ω_1 与 ω_2 之比等于有理数（即两个不可通约的整数）时，才具有周期性，但仍非简谐运动。

式（19-40）、式（19-41）中的 γ_1 及 γ_2 是分别对应于每一主振动的振幅比。对于一定的系统，**振幅比是常数，与运动初条件无关。**由式（19-42）、式（19-43）有 $x_2^{(1)}/x_1^{(1)}=\gamma_1$、$x_2^{(2)}/x_1^{(2)}=\gamma_2$。可见求得振幅比，即可确定两个坐标在任一瞬时的比值，也就确定了系统进行某一主振动时的形态。该形态称为系统的**主振型**（principal modes of vibration），对应第一主振动的形态称为第一主振型，对应第二主振动的形态称为第二主振型。

综上，**对于两个自由度系统中的每一固有频率，系统进行一种主振动；主振动是简谐振动；系统的一般运动是两个主振动迭加的结果；在主振动中，两个坐标的变化是同步的，即有相同的频率和相角。**

将式（19-39）代入式（19-40）、式（19-41），得

$$\gamma_1=\frac{B_1}{A_1}=\frac{b-\omega_1^2}{c}=\frac{1}{c}\left[\frac{b-d}{2}+\sqrt{\left(\frac{b-d}{2}\right)^2+cd}\right]>0$$

$$\gamma_2=\frac{B_2}{A_2}=\frac{b-\omega_2^2}{c}=\frac{1}{c}\left[\frac{b-d}{2}-\sqrt{\left(\frac{b-d}{2}\right)^2+cd}\right]<0$$

可见，当系统作第一主振动时，振幅比 γ_1 为正，物体 M_1、M_2 的运动总是同相位，即两物体作同方向的振动，第一主振型见图 19-27（b）；当系统作第二主振动时，振幅比 γ_2 为负，物体 M_1、M_2 的运动总是反相位，即两物体作反方向的振动，第二主振型见图 19-27（c）。

在第二主振型中，有一点 N 的位置为零，该点称为**节点**，表示弹簧上的对应点在第二主振动中保持不动。第一主振型没有节点。用试验方法测定振型时，根据是否有节点，可判定测得的是哪一阶振型。

【例 19-9】　两个相同的摆用弹簧连接［图 19-28（a）］，可在同一平面内摆动。今使其中左边一个摆离开图中虚线表示的平衡位置，而有一微小偏角 φ_0，两个摆的初角速度均为零。求这两个摆的微振动规律。已知每一个摆的长度为 l，摆锤的质量为 m，弹簧在平衡位置无伸缩，弹簧刚度系数为 k，摆柄与弹簧的质量均不计。

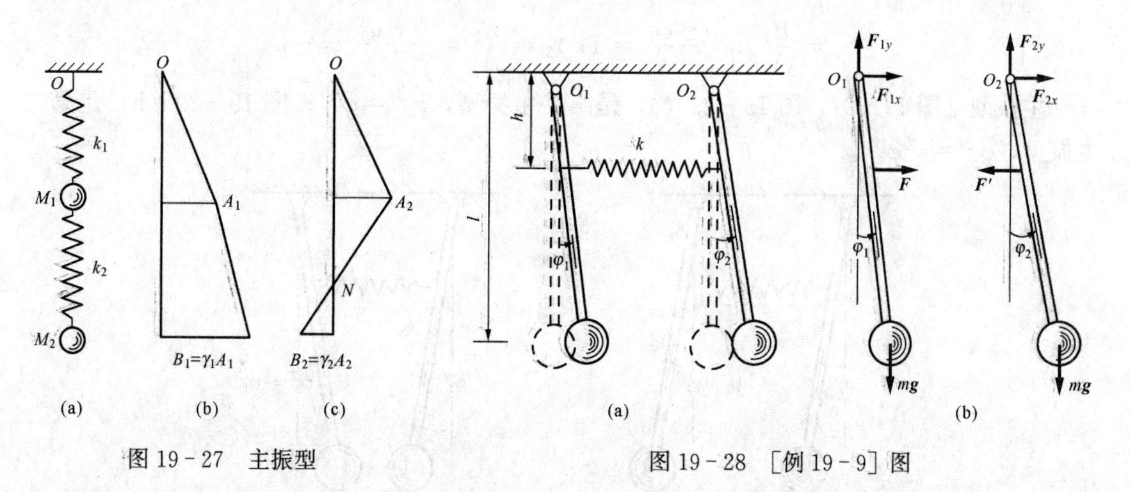

图 19-27　主振型　　　　图 19-28　［例 19-9］图

解　整个系统的位置可由两个摆柄的中心线与铅直线的夹角 φ_1 及 φ_2 来确定，所以这是两个自由度系统。两个摆的示力图见图 19-28（b）。由刚体定轴转动微分方程得

$$\left.\begin{aligned}ml^2\ddot{\varphi}_1 &= Fh\cos\varphi_1 - mgl\sin\varphi_1\\ ml^2\ddot{\varphi}_2 &= -F'h\cos\varphi_2 - mgl\sin\varphi_2\end{aligned}\right\}\tag{a}$$

因为是微振动，φ_1、φ_2 都很微小，所以 $\cos\varphi_1\approx1$，$\cos\varphi_2\approx1$，$\sin\varphi_1\approx\varphi_1$，$\sin\varphi_2\approx\varphi_2$，而$F=F'=k(h\sin\varphi_2-h\sin\varphi_1)\approx kh(\varphi_2-\varphi_1)$，整理式（a）得系统运动微分方程

$$\left.\begin{aligned}ml^2\ddot{\varphi}_1+(mgl+kh^2)\varphi_1-kh^2\varphi_2=0\\ ml^2\ddot{\varphi}_2-kh^2\varphi_1+(mgl+kh^2)\varphi_2=0\end{aligned}\right\}\tag{b}$$

令 $b=\dfrac{g}{l}+\dfrac{kh^2}{ml^2}$，$c=\dfrac{kh^2}{ml^2}$，上式可写成

$$\left.\begin{aligned}\ddot{\varphi}_1+b\varphi_1-c\varphi_2=0\\ \ddot{\varphi}_2-c\varphi_1+b\varphi_2=0\end{aligned}\right\}\tag{c}$$

设特解为

$$\left.\begin{aligned}\varphi_1=A\sin(\omega t+\theta)\\ \varphi_2=B\sin(\omega t+\theta)\end{aligned}\right\}$$

代入式（c）得

$$\left.\begin{aligned}(b-\omega^2)A-cB=0\\ -cA+(b-\omega^2)B=0\end{aligned}\right\}\tag{d}$$

使式（d）的系数行列式等于零，即

$$\begin{vmatrix}b-\omega^2 & -c\\ -c & b-\omega^2\end{vmatrix}=0$$

得频率方程

$$(b-\omega^2)^2-c^2=0$$

求出两个固有频率

$$\omega_1^2=b-c,\ \omega_2^2=b+c\tag{e}$$

即
$$\omega_1=\sqrt{\frac{g}{l}},\ \omega_2=\sqrt{\frac{g}{l}+\frac{2kh^2}{ml^2}}\tag{f}$$

由式（d）及式（e）求振幅比

$$\gamma_1=\frac{B_1}{A_1}=\frac{b-\omega_1^2}{c}=1,\ \gamma_2=\frac{B_2}{A_2}=\frac{b-\omega_2^2}{c}=-1$$

主振型见图 19-29，图 19-29（a）是第一主振型，$\varphi_1^{(1)}=\varphi_2^{(1)}$；图 19-29（b）是第二主振型，$\varphi_1^{(2)}=-\varphi_2^{(2)}$。

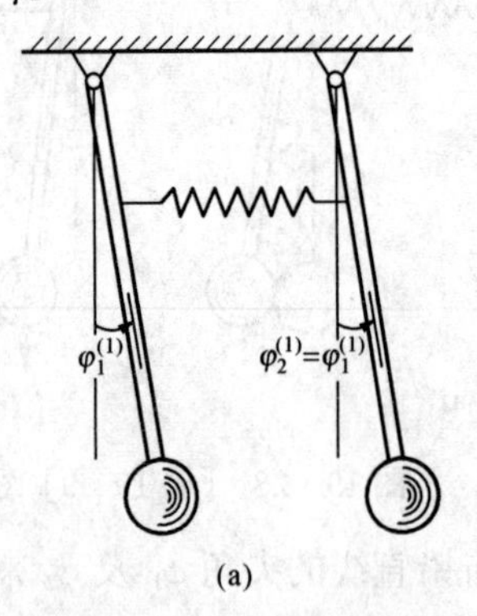

(a)

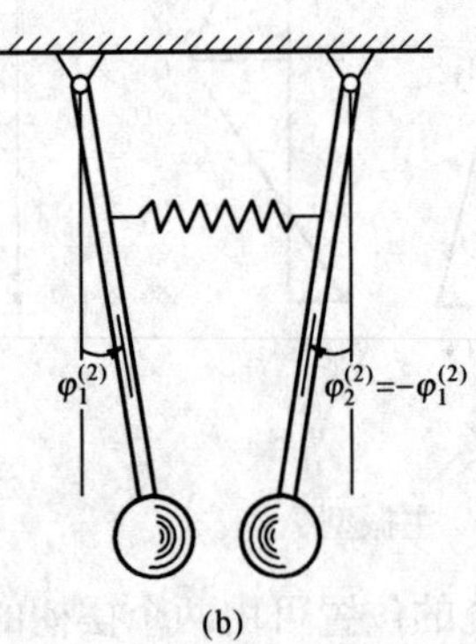

(b)

图 19-29 主振型

微分方程组式（b）的通解（即系统自由振动规律）为

$$\left.\begin{aligned}\varphi_1 &= A_1\sin(\omega_1 t+\theta_1)+A_2\sin(\omega_2 t+\theta_2)\\ \varphi_2 &= A_1\sin(\omega_1 t+\theta_1)-A_2\sin(\omega_2 t+\theta_2)\end{aligned}\right\}$$

由初条件：$t=0$ 时，$\varphi_1=\varphi_0$，$\varphi_2=0$，$\dot{\varphi}_1=\dot{\varphi}_2=0$，求得

$$\theta_1=\theta_2=\pi/2,\ A_1=A_2=\varphi_0/2$$

系统的运动方程是

$$\varphi_1=\frac{\varphi_0}{2}(\cos\omega_1 t+\cos\omega_2 t),\ \varphi_2=\frac{\varphi_0}{2}(\cos\omega_1 t-\cos\omega_2 t)$$

【例 19-10】 均质细杆质量为 m，长为 l，用两根刚度系数均为 k、相距为 d 的弹簧对称支承，如图 19-30（a）所示。不计弹簧质量，求系统的固有频率和主振型。

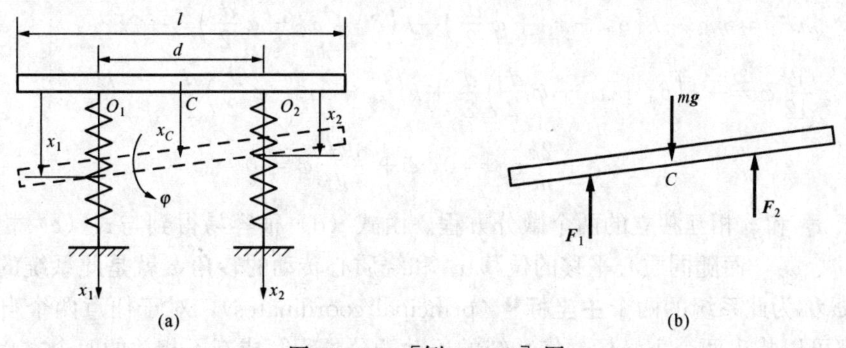

图 19-30 ［例 19-10］图

解 以平衡位置为坐标原点，只考虑铅垂方向的位移，分别以弹簧的两个上支点的铅垂位移 x_1、x_2 为系统的两个坐标，见图 19-30（a）。设弹簧的静伸长（实际上是压缩）为 δ_{st1}、δ_{st2}，显然 $\delta_{st1}=\delta_{st2}=\delta_{st}$。

在平衡位置，有平衡条件 $mg=2k\delta_{st}$。在任一位置，杆的示力图见图 19-30（b）。$F_1=k(\delta_{st}+x_1)$，$F_2=k(\delta_{st}+x_2)$，杆质心坐标、杆绕质心转动的微小转角分别为

$$x_C=\frac{x_1+x_2}{2},\ \varphi=\frac{x_1-x_2}{d}$$

杆平面运动微分方程为

$$\left.\begin{aligned}m\ddot{x}_C &= mg-F_1-F_2=-k(x_1+x_2)\\ \frac{ml^2}{12}\ddot{\varphi} &= -F_1\frac{d}{2}+F_2\frac{d}{2}=\frac{kd}{2}(x_2-x_1)\end{aligned}\right\}$$

令 $b=\dfrac{2k}{m}$，$c=\dfrac{6kd^2}{ml^2}$，整理上式得

$$\left.\begin{aligned}\ddot{x}_1+\ddot{x}_2+bx_1+bx_2=0\\ \ddot{x}_1-\ddot{x}_2+cx_1-cx_2=0\end{aligned}\right\}\qquad\text{(a)}$$

设特解为

$$\left.\begin{aligned}x_1 &= A\sin(\omega t+\theta)\\ x_2 &= B\sin(\omega t+\theta)\end{aligned}\right\}$$

代入式（a）得

$$\left.\begin{aligned}(b-\omega^2)(A+B)=0\\ (c-\omega^2)(A-B)=0\end{aligned}\right\}\qquad\text{(b)}$$

要使上式中的 A、B 有非零解，必须

$$\begin{vmatrix} b-\omega^2 & b-\omega^2 \\ c-\omega^2 & -(c-\omega^2) \end{vmatrix}=0$$

得频率方程 $(b-\omega^2)(c-\omega^2)=0$，求出两个固有频率

$$\omega_1^2=b=\frac{2k}{m},\ \omega_2^2=c=\frac{6kd^2}{ml^2} \tag{c}$$

当 $\omega_1^2=b$ 时，为使式（b）中的两个方程都满足，应有 $A_1=B_1$，对应杆上下平移的第一主振型；当 $\omega_2^2=c$ 时，为使式（b）中的两个方程都满足，应有 $A_2=-B_2$，对应杆绕不动的质心转动的第二主振型。

讨论： 如果直接取杆质心位移 x_C 和绕质心的转角 φ 为系统的两个独立坐标，则杆平面运动微分方程为

$$\left.\begin{aligned} m\ddot{x}_C&=mg-k\left(\delta_{\rm st}+x_C+\varphi\frac{d}{2}\right)-k\left(\delta_{\rm st}+x_C-\varphi\frac{d}{2}\right)=-2kx_C \\ \frac{ml^2}{12}\ddot{\varphi}&=-k\left(\delta_{\rm st}+x_C+\varphi\frac{d}{2}\right)\frac{d}{2}+k\left(\delta_{\rm st}+x_C-\varphi\frac{d}{2}\right)\frac{d}{2}=-\frac{kd^2}{2}\varphi \end{aligned}\right\}$$

即

$$\ddot{x}_C+\frac{2k}{m}x_C=0,\ \ddot{\varphi}+\frac{6kd^2}{ml^2}\varphi=0 \tag{d}$$

上式是关于 x_C 和 φ 相互独立的两个微分方程。由式（d）很容易得到与式（c）相同的两个固有频率 ω_1、ω_2，而随同质心平移的位移 x_C 和绕质心转动的转角 φ 就是此系统的两个主振型。x_C 和 φ 称为此系统的两个**主坐标**[1]（principal coordinates），对于任意两个自由度的振动系统，都可以找出两个主坐标，使系统的运动微分方程写成互不相关的两个方程。但一般情况下，系统的主坐标并不是显而易见的。

第6节　两个自由度系统的强迫振动

设图 19-26 中的物体 M_1 受简谐激振力 $F_H=H\sin(\omega t+\gamma)$ 作用，见图 19-31。则系统的运动微分方程为

$$\left.\begin{aligned} m_1\ddot{x}_1&=k_2(x_2-x_1)-k_1x_1+H\sin(\omega t+\gamma) \\ m_2\ddot{x}_2&=-k_2(x_2-x_1) \end{aligned}\right\}$$

令 $b=\dfrac{k_1+k_2}{m_1}$，$c=\dfrac{k_2}{m_1}$，$d=\dfrac{k_2}{m_2}$，$h=\dfrac{H}{m_1}$，则上式可简化为

$$\left.\begin{aligned} \ddot{x}_1+bx_1-cx_2&=h\sin(\omega t+\gamma) \\ \ddot{x}_2-dx_1+dx_2&=0 \end{aligned}\right\} \tag{19-45}$$

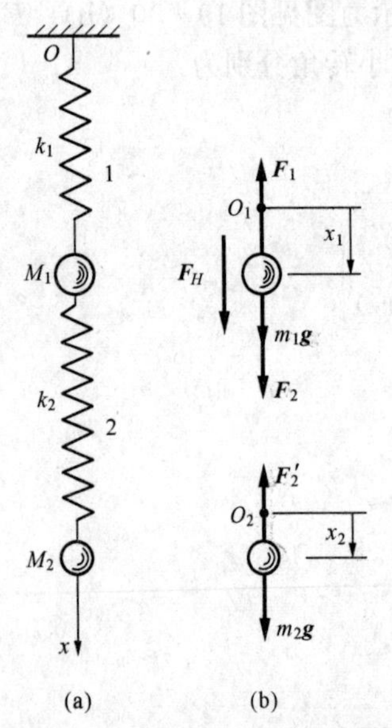

图 19-31　两个自由度系统的强迫振动

与单自由度系统的强迫振动相似，上述方程的解由对应齐次方程的解与特解迭加而得到。齐次方程的解代表自由振动，上一节已研究，且在阻尼的作用下将很快衰减掉；特解代表强迫振动，是由激振力引起的简谐运动。设式（19-45）的特解为

$$\left.\begin{aligned} x_1&=A\sin(\omega t+\gamma) \\ x_2&=B\sin(\omega t+\gamma) \end{aligned}\right\} \tag{19-46}$$

[1] 在所取坐标下，得到的系统的运动微分方程是无耦合的独立方程，这样的坐标称为主坐标。

式中：A、B 为物体 M_1、M_2 的振幅，为待定常数。将上式代入式（19－45），得

$$\left.\begin{aligned}(b-\omega^2)A-cB&=h\\-dA+(d-\omega^2)B&=0\end{aligned}\right\}\tag{19-47}$$

解得

$$\left.\begin{aligned}A&=\frac{(d-\omega^2)h}{(b-\omega^2)(d-\omega^2)-cd}\\B&=\frac{dh}{(b-\omega^2)(d-\omega^2)-cd}\end{aligned}\right\}\tag{19-48}$$

由式（19－46）及式（19－48）知，此系统中**两个物体的强迫振动的频率都等于激振力的频率；强迫振动的振幅与激振力的大小、激振力的频率以及系统的物理参数有关。**

下面介绍两个自由度系统强迫振动的特征：

（1）系统自由振动的频率方程为

$$\begin{vmatrix}b-\omega^2 & -c\\-d & d-\omega^2\end{vmatrix}=(b-\omega^2)(d-\omega^2)-cd=0\tag{19-49}$$

可解得系统的固有频率 ω_1、ω_2。因式（19－48）的分母与上式左端形式相同，所以当激振力的频率 $\omega=\omega_1$ 或 $\omega=\omega_2$ 时，振幅 A 或 B 成为无穷大，系统发生共振。当 $\omega=\omega_1$ 时，称为第一阶共振；当 $\omega=\omega_2$ 时，称为第二阶共振。可见**两个自由度系统有两个共振频率。**由于实际上有阻尼存在，振幅不会无穷大，而只是有一较大值。

（2）由式（19－48）得强迫振动的振幅比 $\dfrac{A}{B}=\dfrac{d-\omega^2}{d}$。当系统发生共振时，$\omega=\omega_1$ 时，$\dfrac{A}{B}=\dfrac{d-\omega_1^2}{d}$，由式（19－40）知，第一阶共振时，强迫振动的振型与第一阶主振型相同；$\omega=\omega_2$ 时，$\dfrac{A}{B}=\dfrac{d-\omega_2^2}{d}$，由式（19－41）知，第二阶共振时，强迫振动的振型与第二阶主振型相同。可见，通过共振的方法，能够观察到主振型。

（3）为了简便，在图 19－31 所示系统中，设 $m_1=2m$，$m_2=m$，$k_1=k_2=k$，则 $b=d=2\omega_{01}^2$，$c=\omega_{01}^2$。其中 $\omega_{01}=\sqrt{\dfrac{k_1}{m_1}}=\sqrt{\dfrac{k}{2m}}$，是物体 M_1 与弹簧 1 组成的系统的固有频率。由式（19－49）求系统的两个固有频率

$$\omega_1^2=0.586\omega_{01}^2,\ \omega_2^2=3.414\omega_{01}^2$$

令 $B_0=\dfrac{h}{\omega_{01}^2}=\dfrac{H/m_1}{k_1/m_1}=\dfrac{H}{k}$（为弹簧 1 在激振力的最大值 H 作用下的静伸长），由式（19－48），得两物体的振幅比

$$\alpha=\frac{A}{B_0}=\frac{1-\frac{1}{2}\left(\frac{\omega}{\omega_{01}}\right)^2}{2\left[1-\frac{1}{2}\left(\frac{\omega}{\omega_{01}}\right)^2\right]^2-1},$$

$$\beta=\frac{B}{B_0}=\frac{1}{2\left[1-\frac{1}{2}\left(\frac{\omega}{\omega_{01}}\right)^2\right]^2-1}$$

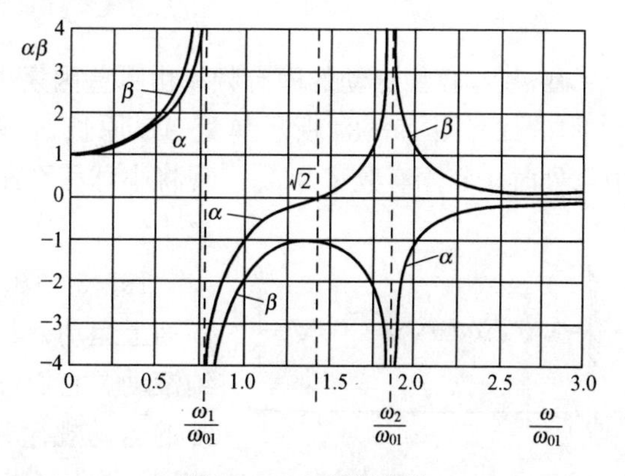

图 19－32　幅频曲线

图 19－32 所示 α 及 β 随 ω/ω_{01} 变化的曲

线，即幅频曲线。由图可知，当$\omega/\omega_{01}\to 0$时，$\alpha=\beta\to 1$，即激振力频率很低时，振幅A与B相等，都趋近于B_0。当ω/ω_{01}很大时，$\alpha=\beta\to 0$，即激振力频率很高时，A、B两物体趋于静止。当$\omega\to\omega_1$或$\omega\to\omega_2$时，α及β（即A及B）都趋近于无穷大，即发生共振。

特别是，当$\omega/\omega_{01}=\sqrt{2}$，即$\omega=\sqrt{2}\omega_{01}=\sqrt{k/m}$时，$\alpha=0$。这表明，当激振力的频率等于物体$M_2$与弹簧2组成的系统的固有频率时，物体$M_1$保持不动。此时，$\beta=-1$，弹簧2中的力

$$F_2=k_2x_2=k_2B\sin(\omega t+\gamma)=k\beta B_0\sin(\omega t+\gamma)=-H\sin(\omega t+\gamma)$$

与激振力$H\sin(\omega t+\gamma)$正好抵消。这一特性是无阻尼动力消振器的理论基础。

如用梁支承一机器［图19-33（a）］。设机器的质量为m_1，梁的质量不计，梁相当于刚度系数为k_1的弹簧。由于机器中的转动部件不均衡，将产生频率为ω的铅直激振力，从而发生强迫振动。为消除强迫振动所引起的不利影响，可在机器上用刚度系数为k_2的弹簧悬挂一质量为m_2的物块［图19-33（b）］。这样原来的单自由系统变成了具有两个自由度的系统。若适当选择k_2和m_2，使$\sqrt{k_2/m_2}=\omega$，则由上一段的理论可知，机器强迫振动的振幅为零，即振动消失。由物块m_2与弹簧k_2组成的附加系统就是一个无阻尼的**动力减振器**（dynamic vibration absorber）。注意，这种减振器本身的固有频率只有一个固定的值$\sqrt{k_2/m_2}$，因此只能消除频率与它相等的激振力所产生的振动。当机器的转速ω改变时，相应的激振力频率也发生了变化，这种减振器将不能再消振了。对于频率可变的激振力所产生的强迫振动，可采用其他形式的（如有阻尼的）减振器来消振。

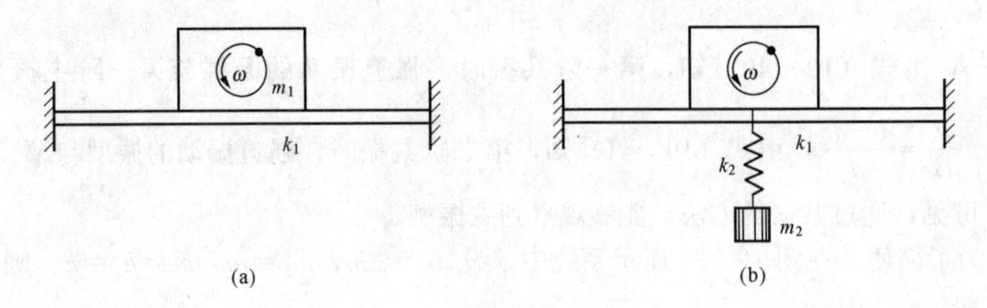

图19-33 动力减振器

思 考 题

19-1 自由振动的固有频率由哪些因素决定？可采用哪些办法提高或降低固有频率？

19-2 图19-34所示弹簧AB原长l，两端固定在光滑水平面上。当小球固连在AB中点处时，其固有频率为ω_0。现将小球移至距B端$l/3$处固定，问系统的固有频率改变了多少？

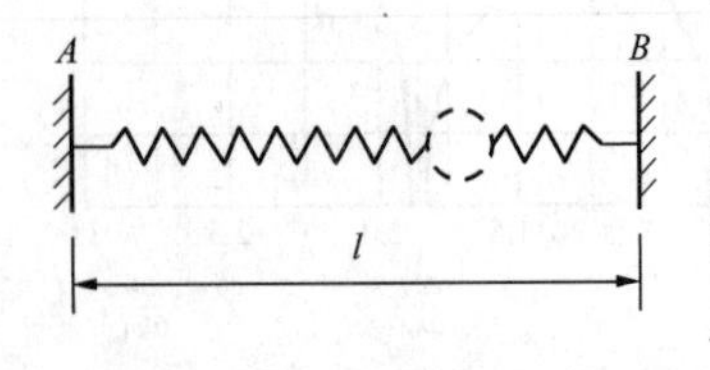

图19-34 思考题19-2图

19-3 图19-35所示两系统中，滑块质量为m，在光滑斜面上运动；具有相同质量的滚轮半径为r，在粗糙斜面上作纯滚动。它们分别与刚度系数为k的两弹簧连接，弹簧端点A的运动规律为$x_A=a\sin\omega t$。问：①两系统的固有频率是否相同，为什么？②两系统强迫振动的频率是否相同，为什么？

19－4　如图19－36所示，弹簧端点A沿铅垂方向运动，运动方程$y_A = a\sin(\omega t + \beta)$。达到稳态运动时，判断下列结论是否正确：

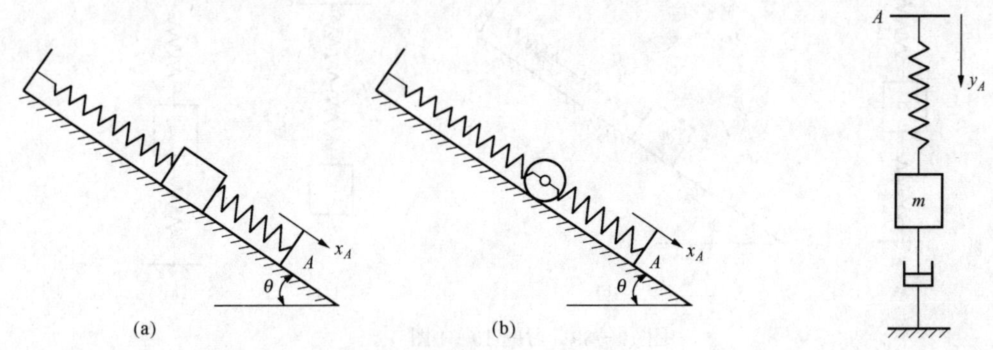

图19－35　思考题19－3图　　图19－36　思考题19－4图

①增大物体质量，物体振动频率降低；②增大物体质量，物体振幅一定减小；③加大阻尼，物体振动频率降低；④加大阻尼，物体振幅一定减小。

19－1　试确定下列两问题中物体的平衡位置、运动初始条件、周期和振幅。

(1) 弹簧下端悬一重为100N的物体，弹簧刚度系数为50N/cm，开始时弹簧总伸长为4cm，并有一向上的速度20cm/s。

(2) 弹簧下端悬一重为10 N的物体，弹簧刚度系数为20N/cm，原来弹簧与物体一起以匀速v＝40cm/s下降，后来弹簧上端突然静止。

19－2　重为W的物体在光滑斜面上自高度h处滑下，与弹簧刚度系数为k的缓冲器相碰如图19－37所示。设斜面倾角为θ，试求物体碰到缓冲器后作自由振动的周期与振幅。

19－3　质量为m的物块悬挂如图19－38所示。如AB杆重量不计，两个弹簧的刚度系数分别为k_1和k_2，试求物块自由振动的频率。

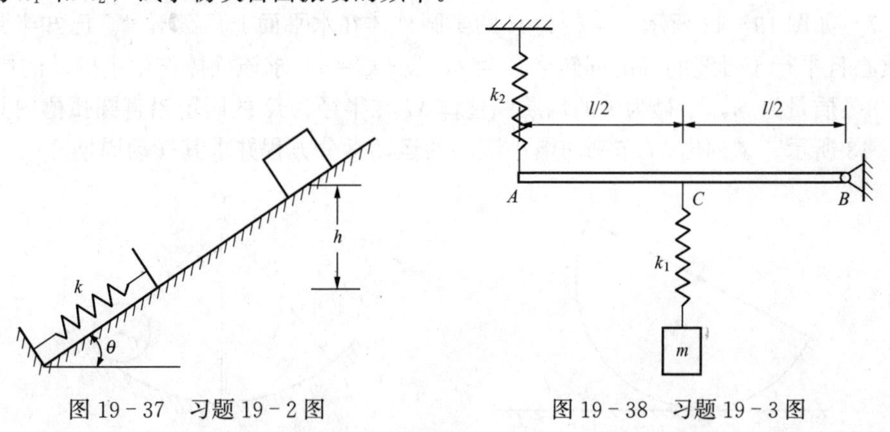

图19－37　习题19－2图　　图19－38　习题19－3图

19－4　试求图19－39所示各振动系统的固有频率（弹簧刚度系数均为k）。

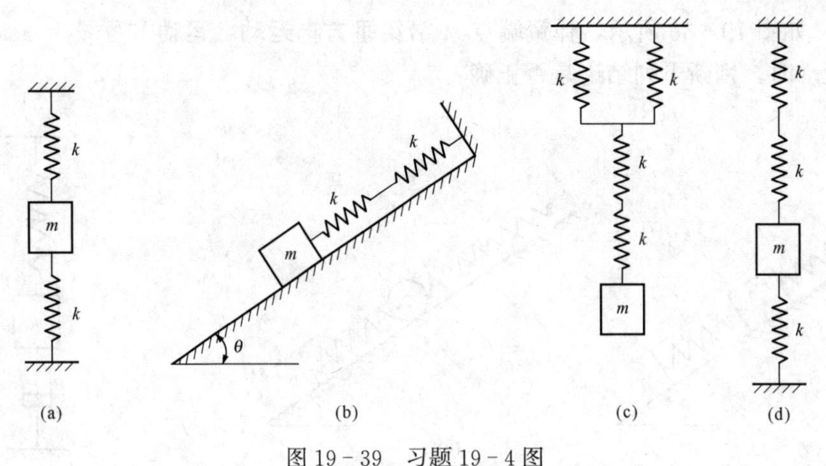

图 19-39 习题 19-4 图

19-5 图 19-40 所示振动系统中，A 物体重为 1N，已知在 0.02N 的静力作用下弹簧伸长 1mm。取系统平衡位置为坐标原点，铅直向下的轴为坐标正向。现在物体下端挂一重为 0.5N 的物块 B，在系统平衡时将绳剪断，试建立系统的自由振动方程，并求振幅和周期。

19-6 图 19-41 所示质量为 m 的小球M，系在完全弹性的钢丝 AB 的中点，钢丝的长度为 $2l$。设钢丝拉得很紧，张力 $\boldsymbol{F}_1$、$\boldsymbol{F}_2$ 的大小均为 F，当小球作水平微幅振动时，钢丝张力不变。忽略重力，试证明小球的水平运动为谐振动，并求其振动频率。

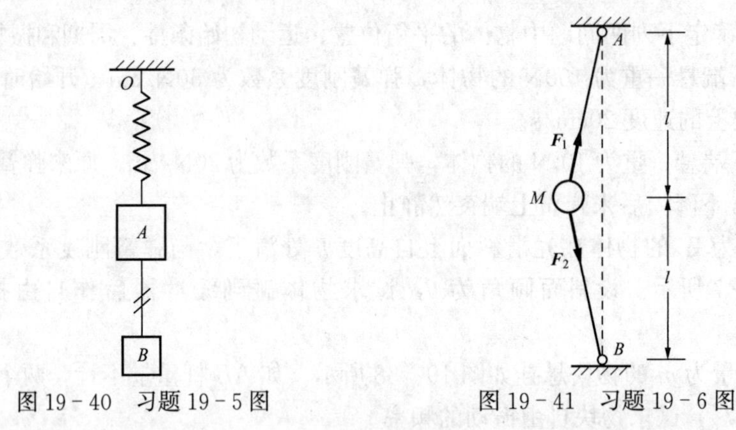

图 19-40 习题 19-5 图　　图 19-41 习题 19-6 图

19-7 如图 19-42 所示，半径为 R 的半圆柱体在水平面上只滚不滑。已知半圆柱体对通过其质心且平行于母线的轴的回转半径为 ρ，设 $OC=a$，求该柱体作微小摆动的周期。

19-8 质量为 m，半径为 r 的均质圆柱体 M 在半径为 R 的固定铅直圆弧槽内只滚不滑如图 19-43 所示。试列出 M 作来回微小滚动的运动微分方程并求其摆动周期。

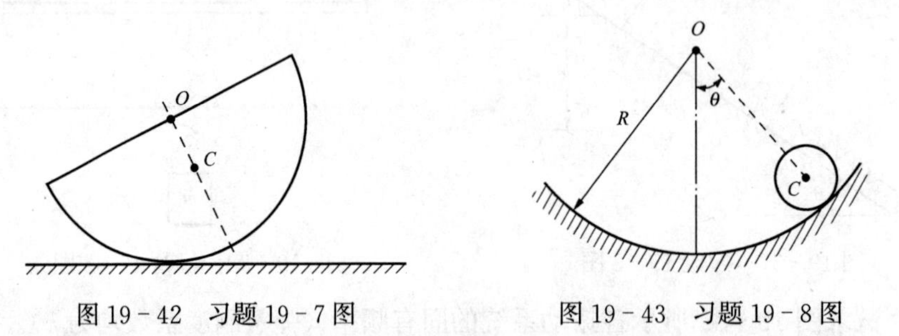

图 19-42 习题 19-7 图　　图 19-43 习题 19-8 图

19-9　在图19-44所示系统中，均质圆轮重为W_1，半径为R，其上绕一不可伸长的绳子，绳一端挂一重为W_2的物体A。弹簧一端连于轮上E点，一端固定于墙上，处于水平位置。已知$OE=e$，弹簧刚度系数为k，图示为系统的平衡位置，试求系统微幅振动的周期。

19-10　图19-45所示系统中，均质轮A质量为m_1，半径为r，放置于水平面上，轮心C用一刚度系数为k的弹簧与墙相连。轮A上绕一不可伸长的绳子，绳另一端跨过定滑轮O并悬挂质量为m_2的物体B。设轮A只滚不滑，不计轴承处摩擦和定滑轮的质量，试求系统的固有频率。

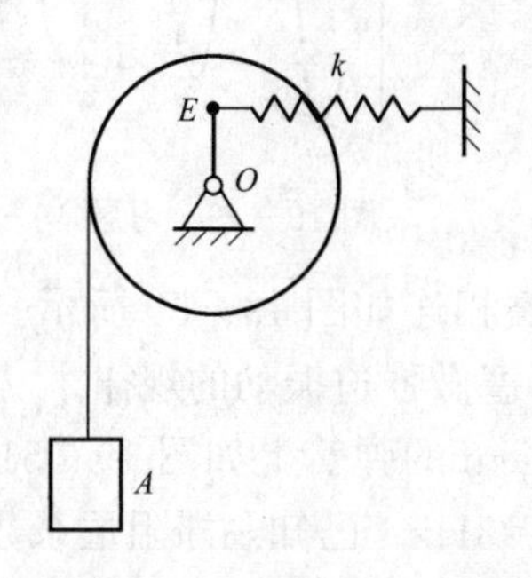

图19-44　习题19-9图

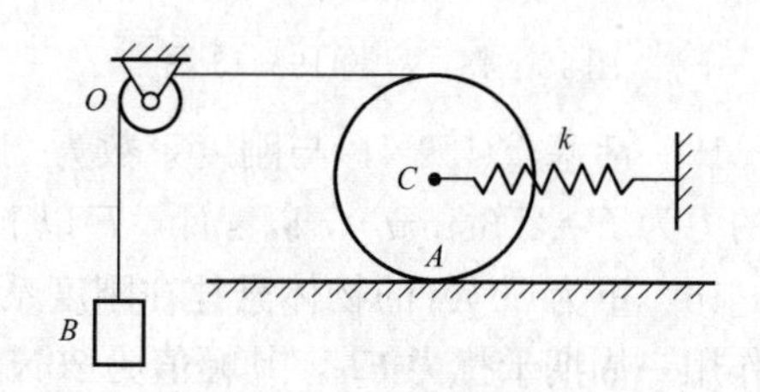

图19-45　习题19-10图

19-11　图19-46所示一有阻尼的振动系统，已知物体重800N，弹簧刚度系数为50N/cm，阻尼力与速度成正比，在$v=1\text{m/s}$时，阻尼力为400 N。试求：①衰减振动的周期；②对数减缩。

19-12　如图19-47所示一圆柱体质量为m，半径为r，高为h。当圆柱在其平衡位置时，其浸在水中的部分是其高度的一半。运动开始时，圆柱的高度有2/3被浸于水中，此后即沿铅垂线作上下振动，初速度为零。已知弹簧刚度系数为k，水的阻力大小为cv，水的密度为ρ，试求圆柱的振动规律。

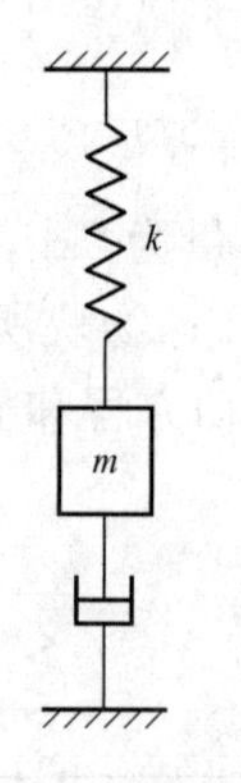

图19-46　习题19-11图

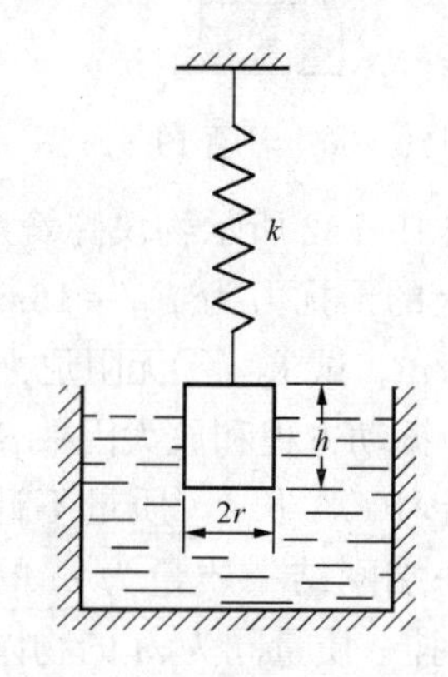

图19-47　习题19-12图

19-13　如图19-48所示为一简化后的振动系统，O为铰接，不计自重的梁上固结一质量为m的质点M。设阻尼力与速度成正比，黏滞阻尼系数为c，弹簧刚度系数为k。试求：①M的振动微分方程；②系统的周期。

19-14　如图19-49所示为实验测得的汽轮机叶片的衰减振动曲线。若每振动100次，振幅减为原来的1/7，问：①对应于叶片材料内阻的对数减缩为多少？②叶片在共振情况下的振幅较其静止变形将增大多少倍？

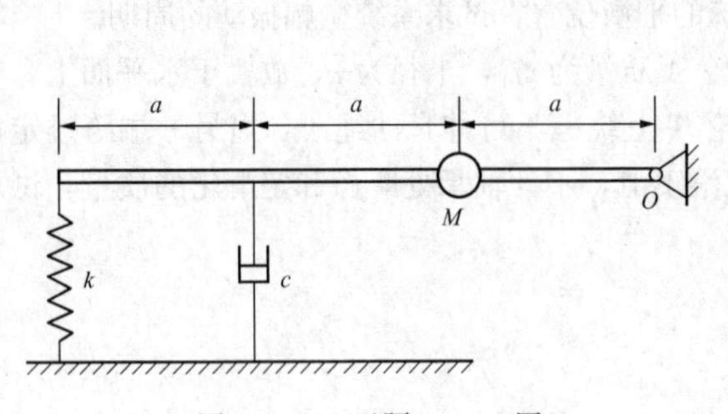

图19-48　习题19-13图

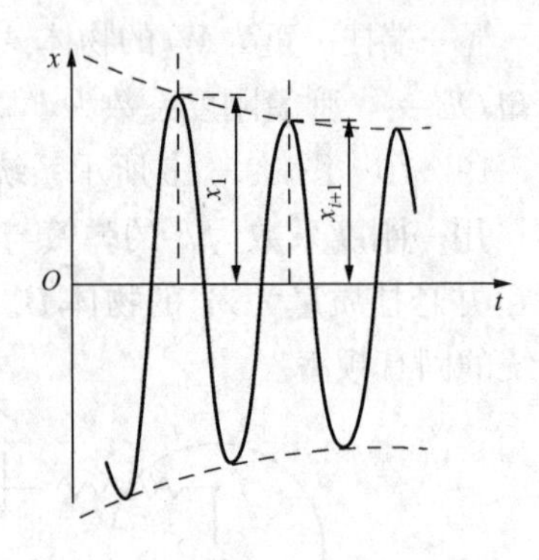

图19-49　习题19-14图

19-15　活塞重4.9N，与刚度系数为2N/cm的弹簧相连如图19-50所示。设作用于活塞上的力为$F=2.3\sin\pi t$（t以s计，F以N计），求活塞做强迫振动的规律。

19-16　重为800N的物体悬挂在刚度系数为200N/cm的弹簧上如图19-51所示，在物体上作用一周期干扰力$\boldsymbol{F}_H$，其幅值为20N，频率为$f=3\text{Hz}$。已知黏滞阻尼系数为10N·s/cm，试求稳态强迫振动的振幅。

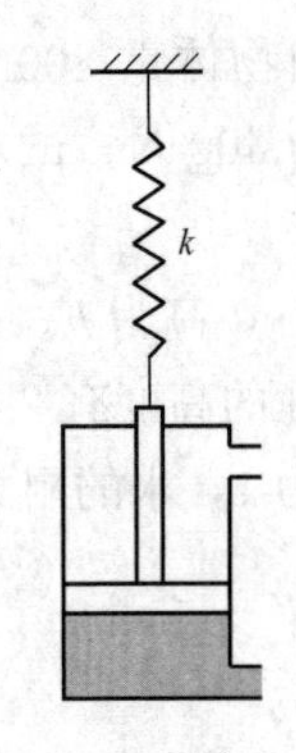

图19-50　习题19-15图

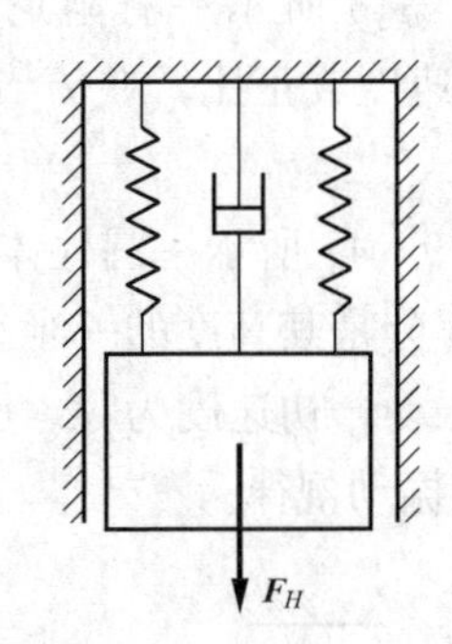

图19-51　习题19-16图

19-17　在图19-52所示物块弹簧系统中，已知物块质量为2kg，弹簧刚度系数为2N/cm，作用于物块上的干扰力为$F_H=16\sin 60t$，式中t以秒计；物块所受阻尼力为$F_d=cv$，式中$c=25.6\text{N}\cdot\text{s/m}$。试求：①无阻尼力时，物块的强迫振动方程和放大因数β；②有阻尼力时，物块的强迫振动方程和放大因数β。

19-18　刚性杆OA长l，质量不计，一端铰接于墙，另一端刚结一质量为m的物体A，其下用弹簧悬挂一质量同为m的物体B如图19-53所示。设两弹簧的刚度系数均为k，杆平衡于水平位置，试求系统振动的主频率。

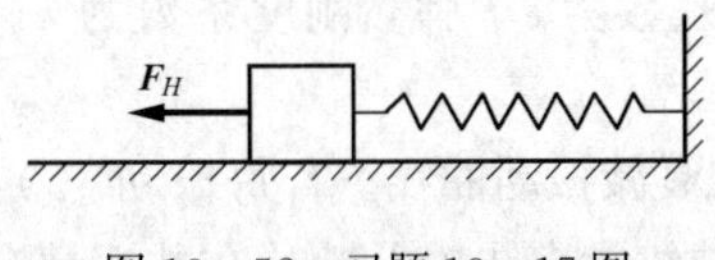

图19-52　习题19-17图

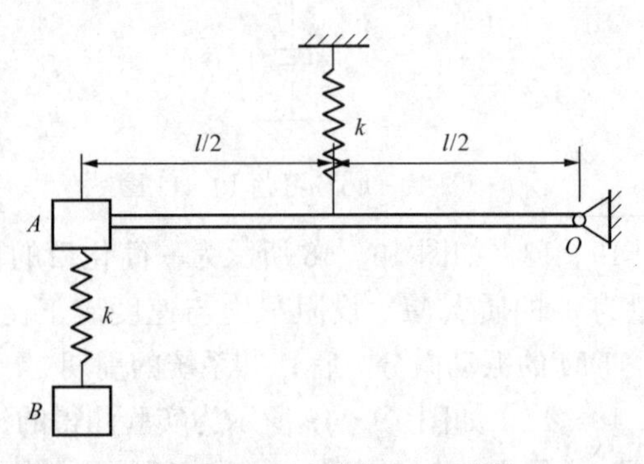

图19-53　习题19-18图

19－19　图19－54所示系统中，物体A的质量为4kg，可在水平面上滑动，小球B的质量为1kg，细杆长l=0.4m，质量不计，弹簧的刚度系数为1N/cm。不计摩擦，求系统微振动的频率。

19－20　图19－55所示为一双摆，两杆长均为l，两球质量均为m。不计杆重，试求该系统的主频率和主振型。

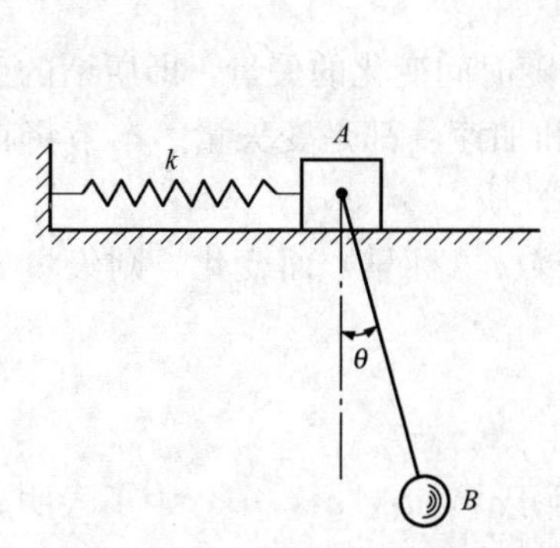

图19－54　习题19－19图

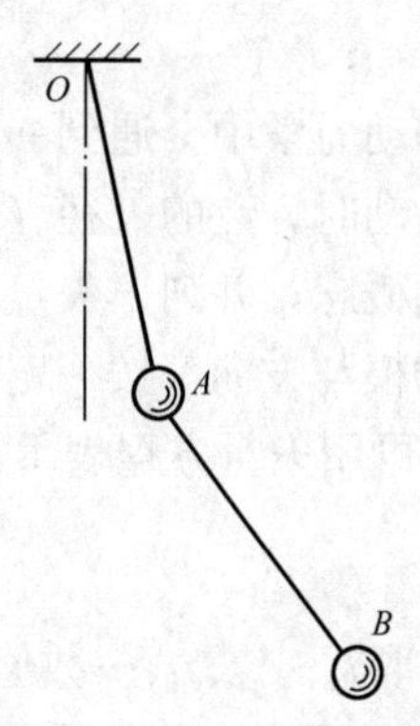

图19－55　习题19－20图

19－21　如图19－56所示张紧的弦中张力为$\boldsymbol{F}$（大小设为常量），上面挂两质量均为m的质点，受干扰力$F_H = H\sin\omega t$，且$\omega^2=\dfrac{3F}{2ma}$。求系统的强迫振动。

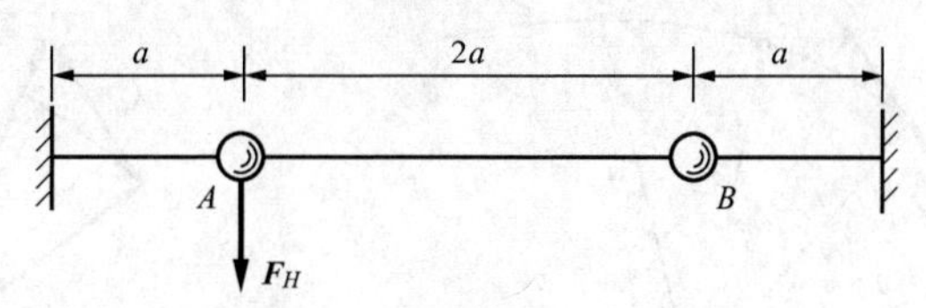

图19－56　习题19－21图

附录A 矢 量 导 数

第1节 变矢量与矢量导数

在运动学和动力学中会遇到一些大小与方向都随时间变化的矢量，即所谓的**变矢量**。例如，点做曲线运动时，点的矢径（位置矢）、速度和加速度都是变矢量。本节将扼要说明变矢量及其导数的概念，并列出矢量导数的一些基本性质。

设矢量 $\boldsymbol{a}$ 的模与方向都按一定的规律随某一变数 t（标量）而变化，则矢量 $\boldsymbol{a}$ 称为自变数 t 的**矢函数**，可用矢量方程表示为

$$\boldsymbol{a}=\boldsymbol{a}(t) \tag{A-1}$$

当自变数 t 取 t_1、t_2、t_3…数值时，变矢量 $\boldsymbol{a}$ 等于 $\boldsymbol{a}_1$，$\boldsymbol{a}_2$，$\boldsymbol{a}_3$，…，为了表明 $\boldsymbol{a}$ 的变化情况，从某一定点 O 画出这些矢量［见图 A-1（a）］。这些矢量的端点 A_1、A_2、A_3…可连成一条曲线，称为变矢量 $\boldsymbol{a}$ 的**矢端线**。容易看出，当变矢量 $\boldsymbol{a}$ 的方向保持不变时，它的矢端线为一直线；若变矢量 $\boldsymbol{a}$ 的大小不变，则它的矢端线是一条球面曲线。

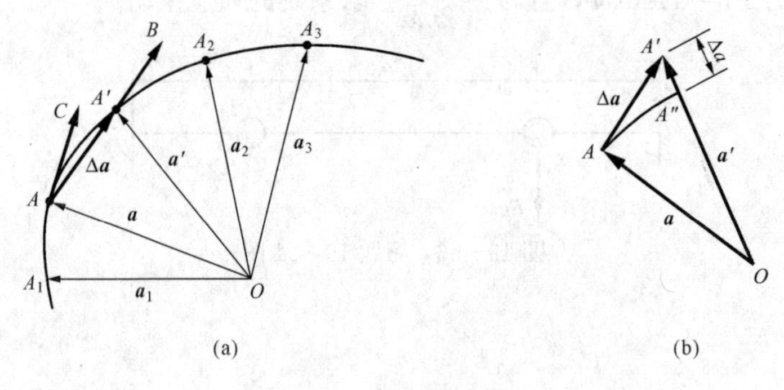

图 A-1 变矢量

当自变数 t 有增量 Δt 而成为 $t+\Delta t$ 时，变矢量由 $\boldsymbol{a}=\overrightarrow{OA}$ 变为 $\boldsymbol{a}'=\overrightarrow{OA'}$。由三角形 OAA' 可得 $\boldsymbol{a}$ 的相应的增量为 $\Delta\boldsymbol{a}=\overrightarrow{AA'}=\boldsymbol{a}'-\boldsymbol{a}$。

由矢量代数知，比值 $\dfrac{\Delta\boldsymbol{a}}{\Delta t}$ 是一个矢量，设以 $\overrightarrow{AB}$ 表示，即

$$\overrightarrow{AB}=\frac{\Delta\boldsymbol{a}}{\Delta t}$$

它的方向与矢量 $\Delta\boldsymbol{a}$（即 $\overrightarrow{AA'}$）的方向相同，而它的模等于弦长 AA' 乘以 $\dfrac{1}{\Delta t}$。当 $\Delta t\to 0$ 时，若比值 $\dfrac{\Delta\boldsymbol{a}}{\Delta t}$ 趋于一极限，则这极限称为变矢量 $\boldsymbol{a}$ 对于自变数 t 的导数，用 $\dfrac{\mathrm{d}\boldsymbol{a}}{\mathrm{d}t}$ 代表，于是

$$\frac{\mathrm{d}\boldsymbol{a}}{\mathrm{d}t}=\lim_{\Delta t\to 0}\frac{\Delta\boldsymbol{a}}{\Delta t} \tag{A-2}$$

极限值 $\dfrac{\mathrm{d}\boldsymbol{a}}{\mathrm{d}t}$ 也是一个矢量，设以 $\overrightarrow{AC}$ 表示。它的方向是 $\Delta t\to 0$ 时 $\Delta\boldsymbol{a}$（即 $\overrightarrow{AA'}$）的极限方向。当 $\Delta t\to 0$ 时，A' 点无限趋近于 A 点，$\overrightarrow{AA'}$ 的极限方向即 $\overrightarrow{AC}$ 的方向，将沿 $\boldsymbol{a}$ 的矢端线

在 A 点的切线。由此可见，**变矢量 $\boldsymbol{a}(t)$ 的导数是一个矢量，它的方向沿该矢量矢端线的切线。**

导数$\frac{\mathrm{d}\boldsymbol{a}}{\mathrm{d}t}$的模（大小）用$\left|\frac{\mathrm{d}\boldsymbol{a}}{\mathrm{d}t}\right|$表示。由图 A-1（b）可见，$\Delta\boldsymbol{a}=\overrightarrow{AA'}$包括了 $\boldsymbol{a}$ 的大小和方向两者的改变量，而 $\Delta a=A'A''=a'-a$ 仅仅是 $\boldsymbol{a}$ 的大小的改变量，因此在一般情况下 $|\Delta\boldsymbol{a}|\neq\Delta a$。相应的

$$\left|\frac{\mathrm{d}\boldsymbol{a}}{\mathrm{d}t}\right|\neq\frac{\mathrm{d}a}{\mathrm{d}t}$$

即矢量导数的大小不等于矢量大小的导数，对此应予以注意。

矢量导数的定义和标量导数的定义是完全相似的。根据矢量导数的定义和矢量运算法则，应用和标量导数中完全相似的方法，可以导出矢量导数的下列性质：

（1）对于大小和方向都保持不变的常矢量 $\boldsymbol{a}$，有$\frac{\mathrm{d}\boldsymbol{a}}{\mathrm{d}t}=0$，即**常矢量的导数等于零。**

（2）设矢量 $\boldsymbol{a}$、$\boldsymbol{b}$ 都是同一自变数 t 的矢函数，则有

$$\frac{\mathrm{d}}{\mathrm{d}t}(\boldsymbol{a}\pm\boldsymbol{b})=\frac{\mathrm{d}\boldsymbol{a}}{\mathrm{d}t}\pm\frac{\mathrm{d}\boldsymbol{b}}{\mathrm{d}t}$$

由此推广，还可得

$$\frac{\mathrm{d}}{\mathrm{d}t}\sum\boldsymbol{a}_i=\sum\frac{\mathrm{d}\boldsymbol{a}_i}{\mathrm{d}t}\qquad(A-3)$$

这表明：**矢量和的导数等于各矢量的导数的和。**

（3）设标量 m 和矢量 $\boldsymbol{a}$ 分别为自变量 t 的标量函数和矢函数，则有

$$\frac{\mathrm{d}}{\mathrm{d}t}(m\boldsymbol{a})=\frac{\mathrm{d}m}{\mathrm{d}t}\boldsymbol{a}+m\frac{\mathrm{d}\boldsymbol{a}}{\mathrm{d}t}\qquad(A-4)$$

（4）设矢量 $\boldsymbol{a}$、$\boldsymbol{b}$ 都是同一自变数 t 的矢函数，则

$$\frac{\mathrm{d}}{\mathrm{d}t}(\boldsymbol{a}\times\boldsymbol{b})=\frac{\mathrm{d}\boldsymbol{a}}{\mathrm{d}t}\times\boldsymbol{b}+\boldsymbol{a}\times\frac{\mathrm{d}\boldsymbol{b}}{\mathrm{d}t}\qquad(A-5)$$

$$\frac{\mathrm{d}}{\mathrm{d}t}(\boldsymbol{a}\cdot\boldsymbol{b})=\frac{\mathrm{d}\boldsymbol{a}}{\mathrm{d}t}\cdot\boldsymbol{b}+\boldsymbol{a}\cdot\frac{\mathrm{d}\boldsymbol{b}}{\mathrm{d}t}\qquad(A-6)$$

（5）将变矢量 $\boldsymbol{a}(t)$ 沿直角坐标轴分解，得

$$\boldsymbol{a}=a_x\boldsymbol{i}+a_y\boldsymbol{j}+a_z\boldsymbol{k}$$

其中 a_x、a_y、a_z 是矢量 $\boldsymbol{a}$ 在坐标轴上的投影，也都是自变量 t 的函数，而 $\boldsymbol{i}$、$\boldsymbol{j}$、$\boldsymbol{k}$ 是沿坐标轴方向的单位矢量，它们的大小和方向不变。利用式（A-3）和式（A-4）及矢量导数的性质（1），可得

$$\frac{\mathrm{d}\boldsymbol{a}}{\mathrm{d}t}=\frac{\mathrm{d}a_x}{\mathrm{d}t}\boldsymbol{i}+\frac{\mathrm{d}a_y}{\mathrm{d}t}\boldsymbol{j}+\frac{\mathrm{d}a_z}{\mathrm{d}t}\boldsymbol{k}$$

可见矢量导数在直角坐标轴上的投影是

$$\left(\frac{\mathrm{d}\boldsymbol{a}}{\mathrm{d}t}\right)_x=\frac{\mathrm{d}a_x}{\mathrm{d}t},\left(\frac{\mathrm{d}\boldsymbol{a}}{\mathrm{d}t}\right)_y=\frac{\mathrm{d}a_y}{\mathrm{d}t},\left(\frac{\mathrm{d}\boldsymbol{a}}{\mathrm{d}t}\right)_z=\frac{\mathrm{d}a_z}{\mathrm{d}t}\qquad(A-7)$$

式（A-7）表明：**变矢量的导数在坐标轴上的投影等于该矢量在对应轴上投影的导数。**

第2节　变矢量的绝对导数和相对导数

设矢量 $\boldsymbol{a}$ 在静坐标系 $Oxyz$ 和在动坐标系 $O'x'y'z'$ 中的大小和方向都随时间 t 而变化。变矢量 $\boldsymbol{a}$ 在静坐标系中对时间 t 的改变率，即在静坐标系中的观察者所观测到的 $\boldsymbol{a}$ 的改变率，称为矢量 $\boldsymbol{a}$ 对时间 t 的**绝对导数**，以 $\frac{\mathrm{d}\boldsymbol{a}}{\mathrm{d}t}$ 表示；$\boldsymbol{a}$ 在动坐标系中对时间 t 的改变率，即在动坐标系中的观察者所观测到的 $\boldsymbol{a}$ 的改变率，称为矢量 $\boldsymbol{a}$ 对时间 t 的**相对导数**，以 $\frac{\tilde{\mathrm{d}}\boldsymbol{a}}{\mathrm{d}t}$ 表示。

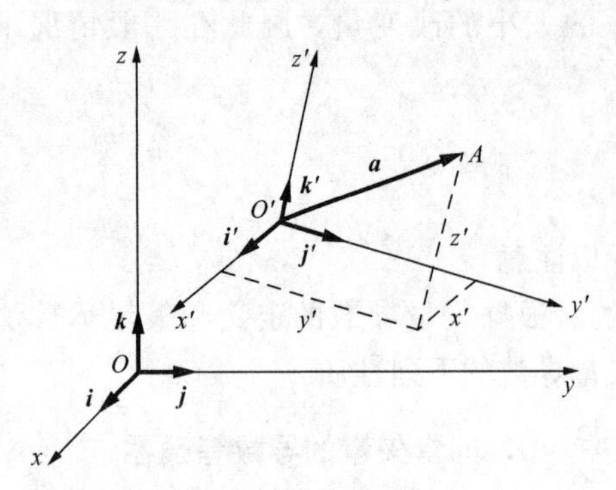

图 A-2　矢量导数

以动坐标系的原点 O' 为起点，作矢量 $\overrightarrow{O'A}=\boldsymbol{a}$（图 A-2），采用直角坐标分解公式可表示为

$$\boldsymbol{a}=x'\boldsymbol{i}'+y'\boldsymbol{j}'+z'\boldsymbol{k}' \tag{a}$$

其中 x'、y'、z' 为 $\boldsymbol{a}$ 的终点 A 在动坐标系中的坐标，也就是 $\boldsymbol{a}$ 在 x'、y'、z' 轴上的投影；$\boldsymbol{i}'$、$\boldsymbol{j}'$、$\boldsymbol{k}'$ 为沿 x'、y'、z' 轴正向的单位矢量。当不考虑动坐标系相对于静坐标系运动时（或者说，在动坐标系中的观察者看来），$\boldsymbol{i}'$、$\boldsymbol{j}'$、$\boldsymbol{k}'$ 是常矢量。当考虑动坐标系相对于静坐标系运动时（或者说，在静坐标系中的观察者看来），$\boldsymbol{i}'$、$\boldsymbol{j}'$、$\boldsymbol{k}'$ 的方向是在改变的，$\boldsymbol{i}'$、$\boldsymbol{j}'$、$\boldsymbol{k}'$ 是变矢量而不是常矢量。于是 $\boldsymbol{a}$ 的相对导数为

$$\frac{\tilde{\mathrm{d}}\boldsymbol{a}}{\mathrm{d}t}=\frac{\mathrm{d}x'}{\mathrm{d}t}\boldsymbol{i}'+\frac{\mathrm{d}y'}{\mathrm{d}t}\boldsymbol{j}'+\frac{\mathrm{d}z'}{\mathrm{d}t}\boldsymbol{k}' \tag{b}$$

而 $\boldsymbol{a}$ 的绝对导数为

$$\begin{aligned}\frac{\mathrm{d}\boldsymbol{a}}{\mathrm{d}t}&=\frac{\mathrm{d}x'}{\mathrm{d}t}\boldsymbol{i}'+\frac{\mathrm{d}y'}{\mathrm{d}t}\boldsymbol{j}'+\frac{\mathrm{d}z'}{\mathrm{d}t}\boldsymbol{k}'+x'\frac{\mathrm{d}\boldsymbol{i}'}{\mathrm{d}t}+y'\frac{\mathrm{d}\boldsymbol{j}'}{\mathrm{d}t}+z'\frac{\mathrm{d}\boldsymbol{k}'}{\mathrm{d}t}\\&=\frac{\tilde{\mathrm{d}}\boldsymbol{a}}{\mathrm{d}t}+x'\frac{\mathrm{d}\boldsymbol{i}'}{\mathrm{d}t}+y'\frac{\mathrm{d}\boldsymbol{j}'}{\mathrm{d}t}+z'\frac{\mathrm{d}\boldsymbol{k}'}{\mathrm{d}t}\end{aligned} \tag{c}$$

若动坐标系相对于静坐标系作平移，单位矢量 $\boldsymbol{i}'$、$\boldsymbol{j}'$、$\boldsymbol{k}'$ 方向不变，$\frac{\mathrm{d}\boldsymbol{i}'}{\mathrm{d}t}=\frac{\mathrm{d}\boldsymbol{j}'}{\mathrm{d}t}=\frac{\mathrm{d}\boldsymbol{k}'}{\mathrm{d}t}=0$，所以有

$$\frac{\mathrm{d}\boldsymbol{a}}{\mathrm{d}t}=\frac{\tilde{\mathrm{d}}\boldsymbol{a}}{\mathrm{d}t} \tag{A-8}$$

这表明：**动坐标系作平移时，变矢量 $\boldsymbol{a}$ 的绝对导数与相对导数相等。**

若动坐标系绕静坐标系中的某一轴作定轴转动，其角速度矢为 $\boldsymbol{\omega}$，则根据第 6 章第 4 节的泊桑公式：$\frac{\mathrm{d}\boldsymbol{i}'}{\mathrm{d}t}=\boldsymbol{\omega}\times\boldsymbol{i}'$，$\frac{\mathrm{d}\boldsymbol{j}'}{\mathrm{d}t}=\boldsymbol{\omega}\times\boldsymbol{j}'$，$\frac{\mathrm{d}\boldsymbol{k}'}{\mathrm{d}t}=\boldsymbol{\omega}\times\boldsymbol{k}'$，得

$$\frac{\mathrm{d}\boldsymbol{a}}{\mathrm{d}t}=\frac{\tilde{\mathrm{d}}\boldsymbol{a}}{\mathrm{d}t}+x'(\boldsymbol{\omega}\times\boldsymbol{i}')+y'(\boldsymbol{\omega}\times\boldsymbol{j}')+z'(\boldsymbol{\omega}\times\boldsymbol{k}')$$

$$= \frac{\tilde{\mathrm{d}}\boldsymbol{a}}{\mathrm{d}t} + \boldsymbol{\omega} \times (x'\boldsymbol{i}' + y'\boldsymbol{j}' + z'\boldsymbol{k}')$$

$$= \frac{\tilde{\mathrm{d}}\boldsymbol{a}}{\mathrm{d}t} + \boldsymbol{\omega} \times \boldsymbol{a} \tag{A-9}$$

这表明：**动坐标系作定轴转动时，变矢量 $\boldsymbol{a}$ 的绝对导数等于其相对导数加上转动角速度 $\boldsymbol{\omega}$ 与 $\boldsymbol{a}$ 的矢积**。事实上，式（A-9）对动坐标系作任何运动都适用。

附录B　转　动　惯　量

物体运动状态的变化不仅与外力、运动初条件有关，还与物体质量的几何分布有关，转动惯量是表征物体质量分布情况的概念之一。

第1节　转动惯量的一般公式

设有一刚体及任一轴 u（图 B-1），刚体上的任一点 M_i，质量为 m_i，与轴 u 的距离为 ρ_i。则**刚体对 u 轴的转动惯量**（也称**惯性矩或惯矩**）J_u 定义为

$$J_u=\sum m_i\rho_i^2 \tag{B-1}$$

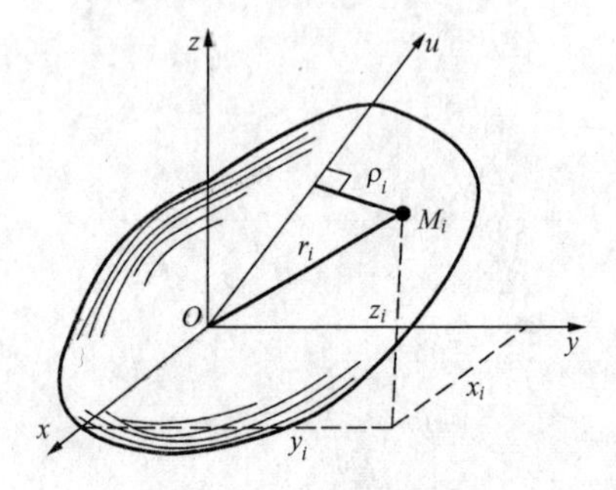

图 B-1　刚体对轴及点的转动惯量

可见，刚体的转动惯量取决于刚体质量的分布情况。因 $m_i\rho_i^2$ 是正值，所以转动惯量总是正标量。转动惯量的量纲是 ML^2，单位是 kg·m²。

有时也将刚体对 u 轴的转动惯量写成

$$J_u=m\rho_u^2 \tag{B-2}$$

其中 m 是整个刚体的质量，而 ρ_u 则称为刚体对 u 轴的**回转半径或惯性半径**。显然，ρ_u 具有长度的量纲。如已知 J_u 及 m，则

$$\rho_u=\sqrt{\frac{J_u}{m}} \tag{B-3}$$

与刚体对于一轴的转动惯量相关联的，还有刚体对于一点的转动惯量。刚体上任一点 M_i 的质量 m_i，到 O 点的距离为 r_i，则刚体对 O 点的转动惯量 J_O 定义为

$$J_O=\sum m_ir_i^2 \tag{B-4}$$

取直角坐标系 $Oxyz$。设刚体的任一质点 M_i 的坐标为（x_i，y_i，z_i），M_i 与原点 O 的距离为 r_i，$r_i^2=x_i^2+y_i^2+z_i^2$（图 B-1）。则该刚体对于各坐标轴的转动惯量分别为

$$\left.\begin{aligned}J_x&=\sum m_i(y_i^2+z_i^2)\\J_y&=\sum m_i(z_i^2+x_i^2)\\J_z&=\sum m_i(x_i^2+y_i^2)\end{aligned}\right\} \tag{B-5}$$

而该刚体对于坐标原点 O 的转动惯量是

$$J_O=\sum m_ir_i^2=\sum m_i(x_i^2+y_i^2+z_i^2) \tag{B-6}$$

比较上两式，得

$$J_O=\frac{1}{2}(J_x+J_y+J_z) \tag{B-7}$$

即物体对一点的转动惯量，等于对通过该点的三个相互垂直的轴的转动惯量之和的一半。

设所考察的刚体为平面薄板，其厚度可以不计。取薄板平面为 xy 面（图 B-2），则在以上各式中 $z_i=0$，所以

$$\left.\begin{aligned} J_x &= \sum m_i y_i^2 \\ J_y &= \sum m_i x_i^2 \\ J_z &= \sum m_i (x_i^2 + y_i^2) = J_x + J_y \end{aligned}\right\} \quad (B-8)$$

对于简单形状的均质刚体，可将以上各公式中的 m_i 改为 dm，而将求和改为求积分，利用积分公式求转动惯量。有些简单形状的刚体的转动惯量及回转半径可在手册中查到，表B－1给出了若干均质刚体的转动惯量及回转半径。

表B－1　　若干均质刚体的转动惯量及回转半径

刚体形状	简图	转动惯量	回转半径
细杆	y, x, z, $\frac{l}{2}$, $\frac{l}{2}$	$J_y = J_z = \frac{1}{12}ml^2$ $J_x = 0$	$\frac{1}{\sqrt{12}}l$ 0
矩形薄板	y, x, z, O, $\frac{a}{2}$, $\frac{a}{2}$, $\frac{b}{2}$, $\frac{b}{2}$	$J_x = \frac{1}{12}mb^2$ $J_y = \frac{1}{12}ma^2$ $J_z = \frac{1}{12}m(a^2+b^2)$	$\frac{1}{\sqrt{12}}b$ $\frac{1}{\sqrt{12}}a$ $\sqrt{\frac{a^2+b^2}{12}}$
细圆环	y, x, z, O, r	$J_x = J_y = \frac{1}{2}mr^2$ $J_z = mr^2$	$\frac{1}{\sqrt{2}}r$ r
薄圆板	y, x, z, O, r	$J_x = J_y = \frac{1}{4}mr^2$ $J_z = \frac{1}{2}mr^2$	$\frac{1}{2}r$ $\frac{1}{\sqrt{2}}r$
圆柱	z, y, x, O, r, $\frac{l}{2}$, $\frac{l}{2}$	$J_x = J_y = m\left(\frac{r^2}{4}+\frac{l^2}{12}\right)$ $J_z = \frac{1}{2}mr^2$	$\sqrt{\frac{3r^2+l^2}{12}}$ $\frac{1}{\sqrt{2}}r$
厚度很小的球形薄壳	z, y, x, O, r	$J_x = J_y = J_z = \frac{2}{3}mr^2$	$\sqrt{\frac{2}{3}}r$

续表

刚体形状	简图	转动惯量	回转半径
球体		$J_x=J_y=J_z=\frac{2}{5}mr^2$	$\sqrt{\frac{2}{5}}r$
平行六面体		$J_x=\frac{1}{12}m(b^2+c^2)$ $J_y=\frac{1}{12}m(a^2+c^2)$ $J_z=\frac{1}{12}m(a^2+b^2)$	$\sqrt{\frac{b^2+c^2}{12}}$ $\sqrt{\frac{a^2+c^2}{12}}$ $\sqrt{\frac{a^2+b^2}{12}}$
正圆锥体		$J_z=\frac{3}{10}mr^2$ $J_x=J_y$ $=\frac{3}{80}m(4r^2+h^2)$	$\sqrt{\frac{3}{10}}r$ $\sqrt{\frac{3(4r^2+h^2)}{80}}$

如果一个刚体可分成几部分简单形体，则可先求出各简单形体对指定轴或点的转动惯量，再相加，即得整个刚体对指定轴或点的转动惯量。

对于形状复杂或非均质的刚体，可用实验方法求转动惯量。

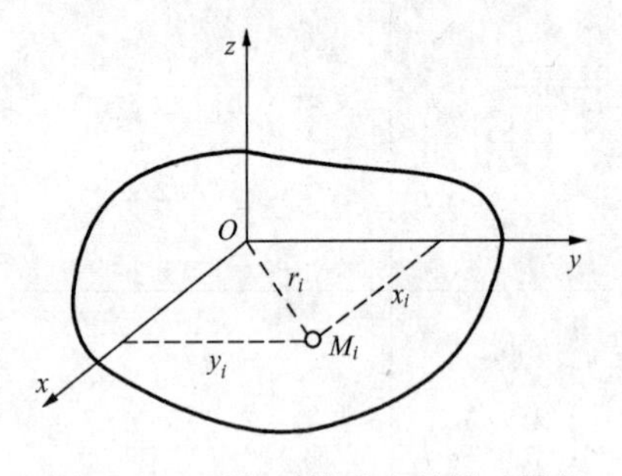

图 B-2　平板对轴及点的转动惯量

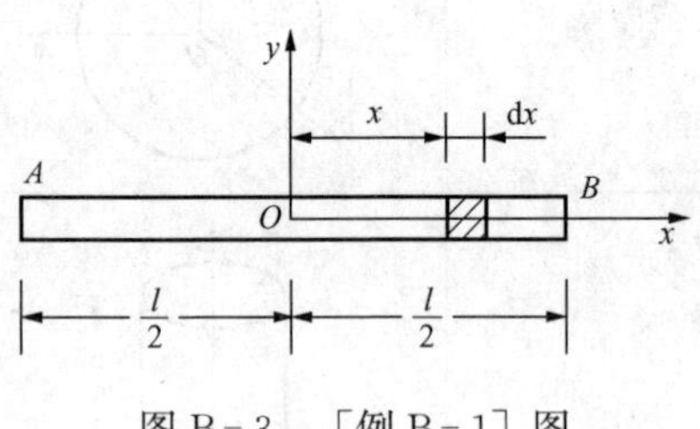

图 B-3　［例 B-1］图

【例 B-1】　设有等截面的均质细杆（图 B-3），长 $AB=l$，质量为 m，试求其对于通过中点而与杆垂直的轴 y 的转动惯量。

解　取 x 轴沿着杆轴线。任取一微段 $\mathrm{d}x$，其质量为 $\mathrm{d}m=\frac{m}{l}\mathrm{d}x$，对轴 y 的转动惯量为 $\mathrm{d}J_y=x^2\frac{m}{l}\mathrm{d}x$，则均质细杆对轴 y 的转动惯量为

$$J_y=\int_{-\frac{l}{2}}^{\frac{l}{2}}x^2\frac{m}{l}\mathrm{d}x=\frac{1}{12}ml^2$$

第2节　惯性积与惯性主轴

刚体对通过 O 点（图 B-1 中的坐标原点）的两个互相垂直的轴的惯性积定义为

$$\left.\begin{aligned} J_{xy} &= J_{yx} = \sum m_i x_i y_i \\ J_{xz} &= J_{zx} = \sum m_i x_i z_i \\ J_{yz} &= J_{zy} = \sum m_i y_i z_i \end{aligned}\right\} \tag{B-9}$$

式中：$J_{xy}=J_{yx}$、$J_{xz}=J_{zx}$、$J_{yz}=J_{zy}$ 分别称为刚体对 x、y 轴的，对 x、z 轴的及对 y、z 轴的**惯性积**。

如果刚体是简单形体，则可将式（B-9）中的 m_i 改为 $\mathrm{d}m$，而将该式由求和改成为求积分。如果刚体由几个简单形体组成，可分别求出各简单形体的惯性积，再相加得整个刚体的惯性积。

惯性积的量纲与转动惯量的量纲相同。但式（B-9）中，刚体各点的坐标 x_i、y_i、z_i 可能为正，也可能为负，因而由它们的乘积之和求得的惯性积可以是正值或负值，也可以是零。

如果 $J_{xy}=J_{xz}=0$，则 x 轴称为刚体在 O 点**的惯性主轴**简称**主轴**，而这时的 J_x 是刚体对主轴的转动惯量，称为**主转动惯量**。

应注意，主轴是对某一点而言的，对于不同的点，一般说来，主轴的方向也不相同。但是，不论在哪一点，总能找到三个互相垂直的主轴。通过刚体质心的主轴称为**中心惯性主轴**。

一般情况下，求惯性主轴需经过较繁的计算。但是，如果刚体具有对称面或对称轴，则垂直于对称面的轴即为该轴与对称面交点的主轴之一；对称轴必是轴上任意一点的主轴之一。

【例 B-2】 在两直角坐标系 $Oxyz$、$Ox'y'z'$ 中，轴 z 与轴 z' 重合，且垂直于图平面，轴 x、y 与轴 x'、y' 相交，夹角为 φ（图 B-4）。已知刚体对 x、y 轴的惯性矩 J_x、J_y 和惯性积 J_{xy}，求刚体对 x'、y' 轴的惯性积 $J_{x'y'}$。

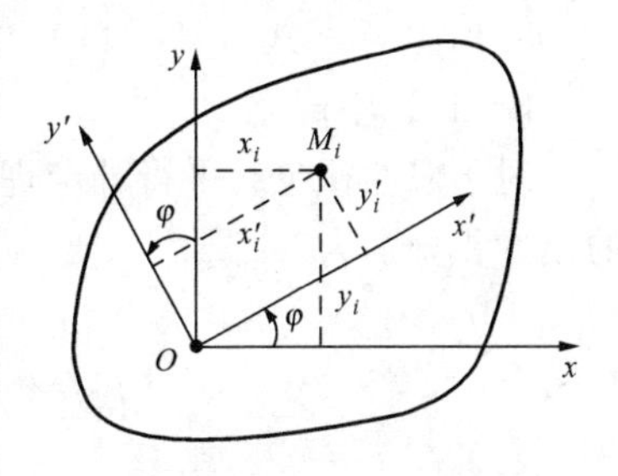

图 B-4 ［例 B-2］图

解　在刚体上任选一点 M_i，其质量为 m_i，在坐标系 $Oxyz$ 中的坐标为 $M_i(x_i, y_i, z_i)$，显然其在 $Ox'y'z'$ 坐标系中的坐标为 $x_i'=x_i\cos\varphi+y_i\sin\varphi$、$y_i'=y_i\cos\varphi-x_i\sin\varphi$、$z_i'=z_i$。由定义，刚体对于轴 x'、y' 的惯性积为

$$\begin{aligned} J_{x'y'} &= \sum m_i x_i' y_i' = \sum m_i (x_i\cos\varphi + y_i\sin\varphi)(y_i\cos\varphi - x_i\sin\varphi) \\ &= \sum m_i y_i^2 \sin\varphi\cos\varphi - \sum m_i x_i^2 \sin\varphi\cos\varphi + \sum m_i x_i y_i (\cos^2\varphi - \sin^2\varphi) \\ &= \left[\sum m_i (y_i^2 + z_i^2) - \sum m_i (x_i^2 + z_i^2)\right]\sin\varphi\cos\varphi \\ &\quad + \sum m_i x_i y_i (\cos^2\varphi - \sin^2\varphi) \end{aligned}$$

上式中 $\sum m_i(y_i^2+z_i^2)=J_x$，$\sum m_i(x_i^2+z_i^2)=J_y$，$\sum m_i x_i y_i=J_{xy}$，所以有

$$J_{x'y'} = \frac{1}{2}(J_x - J_y)\sin2\varphi + J_{xy}\cos2\varphi \tag{B-10}$$

此式为相交轴系的惯性积之间的关系。

第3节　平行轴定理

从转动惯量的计算公式可见，同一个刚体对不同的轴的转动惯量一般是不同的。下面讨论刚体对两个平行轴的转动惯量之间的关系。

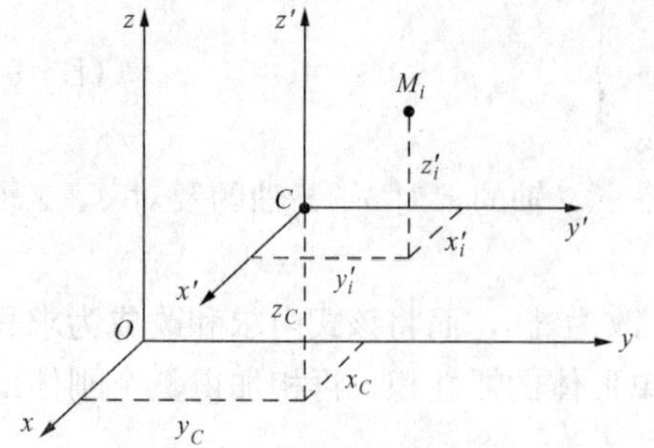

图B-5　平行轴定理

任取坐标系$Oxyz$，设刚体（未画出）质心的坐标为$C(x_C,\ y_C,\ z_C)$，过C取坐标系$Cx'y'z'$，使得$x'/\!/x$，$y'/\!/y$，$z'/\!/z$（图B-5）。在刚体上任选一点M_i，其质量为m_i，在坐标系$Cx'y'z'$中的坐标为$M_i(x_i',\ y_i',\ z_i')$，显然其在$Oxyz$坐标系中的坐标为$x_i=x_C+x_i'$、$y_i=y_C+y_i'$、$z_i=z_C+z_i'$。

由定义，刚体对于轴z'及z的转动惯量分别为

$$J_{z'}=\sum m_i(x_i'^2+y_i'^2) \tag{a}$$

$$\begin{aligned}J_z&=\sum m_i(x_i^2+y_i^2)=\sum m_i[(x_C+x_i')^2+(y_C+y_i')^2]\\&=\sum m_i(x_C^2+y_C^2)+\sum m_i(x_i'^2+y_i'^2)+2\sum m_ix_i'x_C+2\sum m_iy_i'y_C\end{aligned} \tag{b}$$

上式中第一项$\sum m_i(x_C^2+y_C^2)=m(x_C^2+y_C^2)=mh^2$，其中$\sum m_i=m$是整个刚体的质量，$\sqrt{x_C^2+y_C^2}=h$是平行轴$z'$与$z$之间的距离；第二项$\sum m_i(x_i'^2+y_i'^2)=J_{z'}$；第三项$2\sum m_ix_i'x_C=2mx_C'x_C=0$（因为$x_C'=0$）；第四项$2\sum m_iy_i'y_C=2my_C'y_C=0$（因为$y_C'=0$）。于是式（b）成为

$$J_z=J_{z'}+mh^2 \tag{B-11}$$

即刚体对某一轴的转动惯量，等于刚体对通过其质心并与该轴平行的轴的转动惯量加上刚体的质量与两轴间距离的平方之乘积。这就是转动惯量的**平行轴定理**。从这一定理可见，对一组平行轴而言，刚体对通过其质心的轴的转动惯量具有最小值。

应当注意，式（B-11）中的z'轴必须是**通过质心**的轴。对于任意两个平行轴，式（B-11）不成立。

对于惯性积也有平行轴定理。在图B-5中，根据定义，刚体对x'、y'轴及对x、y轴的惯性积分别为

$$J_{x'y'}=\sum m_ix_i'y_i' \tag{a}$$

$$\begin{aligned}J_{xy}&=\sum m_ix_iy_i=\sum m_i(x_i'+x_C)(y_i'+y_C)\\&=\sum m_ix_i'y_i'+\sum m_ix_Cy_C+\sum m_ix_i'y_C+\sum m_iy_i'x_C\end{aligned} \tag{b}$$

上式中$\sum m_ix_i'y_i'=J_{x'y'}$，$\sum m_ix_Cy_C=mx_Cy_C$，$\sum m_ix_i'y_C=mx_C'y_C=0$，$\sum m_iy_i'x_C=my_C'x_C=0$，于是式（b）成为

$$J_{xy}=J_{x'y'}+mx_Cy_C \tag{B-12}$$

【例B-3】　求均质细杆对于通过其一端并与杆垂直的轴y'的转动惯量（图B-6）。

解　已知细杆对于通过质心而与y'平行的轴y的转动惯量为$J_y=\frac{1}{12}ml^2$，而轴y'与y之间的距离为$\frac{l}{2}$，据式（B-11），有

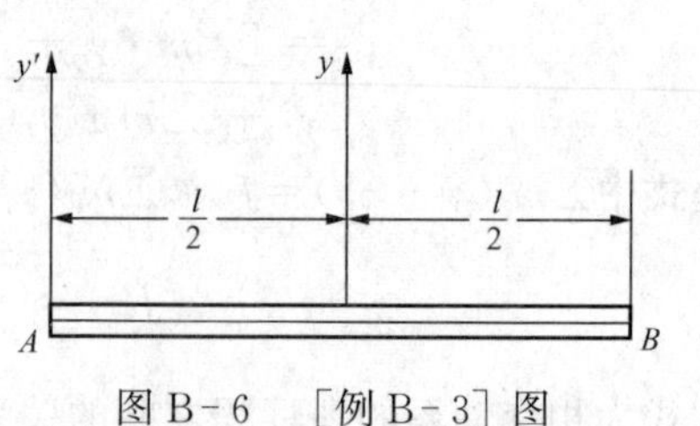

图B-6　［例B-3］图

$$J_y' = J_y + m\left(\frac{l}{2}\right)^2 = \frac{1}{3}ml^2$$

第4节 转 轴 公 式

任取一直角坐标系 $Oxyz$，设刚体对三个坐标轴的转动惯量是 J_x、J_y、J_z，而惯性积是 J_{xy}、J_{yz}、J_{zx}。过原点 O 另取一轴 z'，它与 x、y、z 轴的夹角分别为 θ_1、θ_2、θ_3（图 B-7）。试求刚体对于 z'轴的转动惯量。

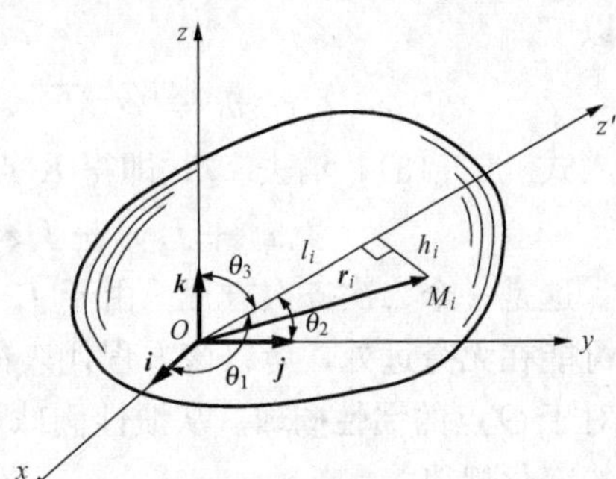

图 B-7 转轴公式

根据定义，刚体对 z'轴的转动惯量为

$$J_{z'} = \sum m_i h_i^2 \tag{a}$$

式中：m_i 为刚体内任意一点 M_i 的质量；h_i 为 M_i 到 z'轴的垂直距离。命 M_i 的坐标为 x_i、y_i、z_i，M_i 对原点 O 的矢径为 $\boldsymbol{r}_i$，$\boldsymbol{r}_i$ 在轴 z'上的投影为 l_i，则由图 B-7知

$$h_i^2 = r_i^2 - l_i^2$$

式中 $r_i^2 = x_i^2 + y_i^2 + z_i^2$。而$\boldsymbol{r}_i = x_i\boldsymbol{i} + y_i\boldsymbol{j} + z_i\boldsymbol{k}$，$\boldsymbol{r}_i$在轴 z'上的投影就等于分矢量 $x_i\boldsymbol{i}$、$y_i\boldsymbol{j}$ 及 $z_i\boldsymbol{k}$ 在轴 z'上的投影之和，即

$$l_i = x_i\cos\theta_1 + y_i\cos\theta_2 + z_i\cos\theta_3$$

所以

$$h_i^2 = (x_i^2 + y_i^2 + z_i^2) - (x_i\cos\theta_1 + y_i\cos\theta_2 + z_i\cos\theta_3)^2$$

展开，并注意$\cos^2\theta_1 + \cos^2\theta_2 + \cos^2\theta_3 = 1$，得

$$\begin{aligned} h_i^2 = &(y_i^2 + z_i^2)\cos^2\theta_1 + (z_i^2 + x_i^2)\cos^2\theta_2 + (x_i^2 + y_i^2)\cos^2\theta_3 \\ &- 2x_iy_i\cos\theta_1\cos\theta_2 - 2y_iz_i\cos\theta_2\cos\theta_3 - 2z_ix_i\cos\theta_3\cos\theta_1 \end{aligned}$$

代入式（a），得

$$\begin{aligned} J_{z'} = &\cos^2\theta_1\sum m_i(y_i^2 + z_i^2) + \cos^2\theta_2\sum m_i(z_i^2 + x_i^2) + \cos^2\theta_3\sum m_i(x_i^2 + y_i^2) \\ &- 2\cos\theta_1\cos\theta_2\sum m_ix_iy_i - 2\cos\theta_2\cos\theta_3\sum m_iy_iz_i - 2\cos\theta_3\cos\theta_1\sum m_iz_ix_i \end{aligned} \tag{b}$$

由式（B-5）和式（B-9）知，上式可写成

$$\begin{aligned} J_{z'} = &J_x\cos^2\theta_1 + J_y\cos^2\theta_2 + J_z\cos^2\theta_3 \\ &- 2J_{xy}\cos\theta_1\cos\theta_2 - 2J_{yz}\cos\theta_2\cos\theta_3 \\ &- 2J_{zx}\cos\theta_3\cos\theta_1 \end{aligned} \tag{B-13}$$

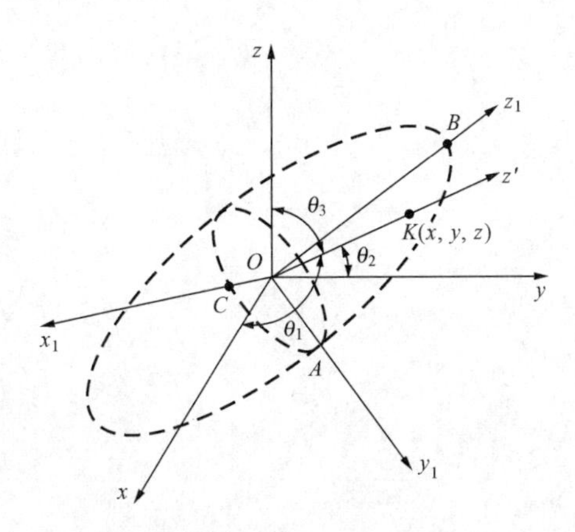

图 B-8 惯性椭球

该式称为**转轴公式**，它表示刚体对轴 z'的转动惯量随轴 z'的方向而变化的规律。这种变化可以用作图的方法形象地表示出来：

在轴 z'上取一点 K，令 $OK = \dfrac{1}{\sqrt{J_{z'}}}$（图 B-8）。当轴 z'的方向改变时，$J_{z'}$随之改变，K 点也就占据不同的位置。不断改变轴 z'的方向，则 K 点的轨迹形成一空间曲面，该面上的任一点 K 到 O 点的距离之平方的倒数就表示刚体对于与 OK 相重合的轴的转动惯量$\left(J_{z'}=\frac{1}{OK^2}\right)$。

现在求点 K 的轨迹。设 K 点的坐标为 x、y、z，因为

$$x = OK\cos\theta_1 = \frac{1}{\sqrt{J_{z'}}}\cos\theta_1\,,\ y = OK\cos\theta_2 = \frac{1}{\sqrt{J_{z'}}}\cos\theta_2\,,\ z = OK\cos\theta_3 = \frac{1}{\sqrt{J_{z'}}}\cos\theta_3$$

所以

$$\cos\theta_1 = x\sqrt{J_{z'}}\,,\ \cos\theta_2 = y\sqrt{J_{z'}}\,,\ \cos\theta_3 = z\sqrt{J_{z'}}$$

代入式（B-13），消去 $J_{z'}$，即得 K 点的轨迹方程

$$J_x x^2 + J_y y^2 + J_z z^2 - 2J_{xy}xy - 2J_{yz}yz - 2J_{zx}zx = 1 \tag{B-14}$$

这是一个二次齐次方程。由于 $J_{z'}$ 是恒大于零的有限值，K 点不可能与原点 O 重合，也不可能在无穷远处，所以该方程代表的必是一个以 O 点为中心的椭球面。该椭球面称为刚体对于 O 点的**惯性椭球**。从惯性椭球可以清楚地看出刚体对通过 O 点任意轴的转动惯量大小的变化规律。

若以与惯性椭球的三个半轴重合的轴 x_1、y_1、z_1 为坐标轴，则椭球的方程成为标准形式

$$J_{x_1}x_1^2 + J_{y_1}y_1^2 + J_{z_1}z_1^2 = 1 \tag{B-15}$$

比较方程（B-15）与式（B-14），可见以 x_1、y_1、z_1 为坐标轴时，$J_{x_1y_1}=J_{y_1z_1}=J_{z_1x_1}=0$，所以 x_1、y_1、z_1 是刚体在 O 点的惯性主轴。这表明，不论在哪点，总可找到三个互相垂直的主轴。当然，如以 z_1 和位于 x_1y_1 平面内的任意两轴如 x'、y' 为坐标轴，则 z_1 是主轴，而 x'、y' 一般却不是。但如惯性椭球是以 z_1 为回转轴的回转椭球，则通过 O 点而与 z_1 轴垂直的椭球截面为圆形，该截面称为**赤道平面**，而位于赤道平面内的任何一轴都是主轴。

设 z_1 是惯性椭球的最长轴，x_1 是最短轴，则对所有通过 O 点的轴来说，刚体对 x_1 轴的转动惯量最大，对 z_1 轴的转动惯量最小。

习题参考答案

第1章

1-1 $|\boldsymbol{F}_x|=8.66\text{kN}$，$|\boldsymbol{F}_y|=5\text{kN}$，$|\boldsymbol{F}'_x|=10\text{kN}$，$|\boldsymbol{F}'_y|=5.17\text{kN}$；
$F_x=8.66\text{kN}$，$F_y=5\text{kN}$，$F_{x'}=8.66\text{kN}$，$F_{y'}=-2.59\text{kN}$

1-2 $F=(1/\sin\theta)\times\sqrt{F_1^2+F_2^2-2F_1F_2\cos\theta}$
$\boldsymbol{F}=(1/\sin^2\theta)\times[(F_1-F_2\cos\theta)\boldsymbol{e}_1-(F_1\cos\theta-F_2)\boldsymbol{e}_2]$

1-3 $F_{1x}=-1.2\text{kN}$，$F_{1y}=1.6\text{kN}$，$F_{1z}=0$，$F_{2x}=0.424\text{kN}$，$F_{2y}=0.566\text{kN}$，$F_{2z}=0.707\text{kN}$，$F_{3x}=F_{3y}=0$，$F_{3z}=3\text{kN}$

1-4 $F_x=6.51\text{kN}$，$F_y=3.91\text{kN}$，$F_z=-6.51\text{kN}$

1-5 $F_{ON}=83.8\text{N}$

1-6 略

1-7 略

1-8 $M_A=15\text{N}\cdot\text{m}$

1-9 $M_A=5\text{kN}\cdot\text{m}$，$M_B=-12.3\text{kN}\cdot\text{m}$

1-10 $\boldsymbol{M}_O=\dfrac{cF}{\sqrt{a^2+b^2+c^2}}(b\boldsymbol{i}-a\boldsymbol{j})$

1-11 $\boldsymbol{F}=0.366\boldsymbol{i}+0.686\boldsymbol{j}-0.914\boldsymbol{k}$ (kN)，$\boldsymbol{M}_O=-1.37\boldsymbol{i}+2.19\boldsymbol{j}+1.098\boldsymbol{k}$ (kN·m)

1-12 $\boldsymbol{M}_O=-9.43\boldsymbol{i}+9.43\boldsymbol{j}-4.71\boldsymbol{k}$ (kN·m)

1-13 $\boldsymbol{M}_B=10\boldsymbol{i}+4\boldsymbol{j}-8\boldsymbol{k}$ (N·m)

1-14 $M_{AB}(\boldsymbol{F})=Fa\sin\varphi$

1-15 $F=150\text{N}$

第2章

2-1 $F_R=1\text{kN}$，沿 $\boldsymbol{F}_3$ 方向

2-2 $F_3=1280\text{N}$，$\theta=38°54'$

2-3 $F_R=6.93\text{N}$，$\angle(\boldsymbol{F}_R, x)=\angle(\boldsymbol{F}_R, y)=\angle(\boldsymbol{F}_R, z)=54°44'$

2-4 $m=1.66M$

2-5 $M=9.88\text{N}\cdot\text{m}$

2-6 $M=4.38\text{N}\cdot\text{m}$

2-7 $M=1.086\text{N}\cdot\text{m}$

2-8 $F_R=50\text{N}$，$y=132\text{mm}$，$z=70\text{mm}$

2-9 $M=11.1\text{kN}\cdot\text{m}$

2-10 $x=6\text{m}$，$y=4\text{m}$

2-11 ① $F_R=100$ (N)，$\boldsymbol{M}_O=-800\boldsymbol{i}+1050\boldsymbol{j}$ (N·m)
② $\boldsymbol{F}'_R=\boldsymbol{F}_R$，作用线与 xy 平面交点的坐标 (−10.5，−8.0)m

2-12 $F_R=638N$，$M_A=163kN\cdot m$

2-13 $x_A=119mm$，$y_A=146mm$，$M_A=4.808N\cdot m$

2-14 力螺旋，$\boldsymbol{F}_R=F\boldsymbol{k}$，$\boldsymbol{M}'_O=-Fa\boldsymbol{k}$，中心轴上一点坐标$(a, 0, 0)$

2-15 $a=b-c$

2-16 ①$F_R=0$，$M_O=3Fl$(↻)；②$F_R=0$，$M_D=3Fl$(↻)

2-17 $F_x=12.16kN$，$F_y=1.25kN$，$M=16.28kN\cdot m$

2-18 $F_R=609kN$，$\angle(\boldsymbol{F}_R, x)=96°30'$，$x=-0.488m$（在$O$点左边）

2-19 $M=929N\cdot m$

2-20 $F=40N$

2-21 $F=10N$，$AC=2.31m$

2-22 $OB=a/\cos\theta$

2-23 $F_R=1.5N$，$x=-6m$

2-24 (a) $x_C=110mm$，(b) $x_C=109.83mm$，(c) $x_C=0.7m$，$y_C=0.88m$，(d) $y_C=0.919m$(除有对称轴者外，其余均以取过图形最下边一点的水平线为x轴，过最左边一点的铅直线为y轴)

2-25 该孔中心和O点连接与x轴的夹角为63.2°，与y轴的夹角为26.8°，半径为$1.33r$

2-26 (a) $x_C=2.05m$，$y_C=1.15m$，$z_C=0.95m$； (b) $x_C=0.512m$，$y_C=1.41m$，$z_C=0.717m$

2-27 $F_R=6109kN$，作用线至A点距离$d=7.07m$

2-28 (a) $F=q\cdot\frac{\pi r}{2}$，作用线过圆弧对称轴离O点$\frac{2\sqrt{2}r}{\pi}$；(b) $F=q_0\cdot\frac{\pi r}{2}$，$x_C=\frac{2r}{\pi}$，$y_C=-\frac{4r}{\pi^2}$

第3章

3-1 略

3-2 $F_1=3kN$，$F_2=9.1kN$

3-3 $F_A=0.35F$，$F_B=0.79F$

3-4 $F=191.0N$

3-5 $F=79.5kN$

3-6 $\varphi=2\sin^{-1}(W_2/2W_1)$，$F_N=W_1$

3-7 $F=15kN$，$F_{min}=12kN$，$\theta=36.87°$

3-8 $\varphi=30°$，$W_B=100N$

3-9 $F_A=\frac{\sqrt{5}}{2}F$，$F_C=F_E=2F$

3-10 $F_{AB}=4.62kN$，$F_{AC}=3.46kN$，$F_{AD}=11.6kN$

3-11 $F_{AC}=F_{AD}=84.16kN$，$F_B=185.47kN$

3-12 $F=17.3kN$，$F_{AB}=23.1kN$，$F_{AC}=F_{AD}=8.16kN$

3-13 $F_A=F_C=2694N$

3－14 $M_2=400\text{N}\cdot\text{m}$，$F_O=F_{O1}=1155\text{N}$

3－15 $F_A=F_B=M/a$

3－16 $M_B=60\text{N}\cdot\text{m}$

3－17 $M_{Ax}=88\text{N}\cdot\text{m}$，$M_{Ay}=-160\text{N}\cdot\text{m}$，$M_{Az}=0\text{N}\cdot\text{m}$

3－18 $F_x=-5\text{kN}$，$F_y=-4\text{kN}$，$F_z=8\text{kN}$，$M_x=32\text{kN}\cdot\text{m}$，$M_y=-30\text{kN}\cdot\text{m}$，$M_z=20\text{kN}\cdot\text{m}$

3－19 $F_C=200\text{N}$，$F_{Ax}=86.6\text{N}$，$F_{Ay}=150\text{N}$，$F_{Az}=100\text{N}$，$F_{Bx}=F_{Bz}=0$

3－20 ①$M=22.5\text{kN}\cdot\text{mm}$，②、③$F_{Az}=50\text{N}$，$F_{Bx}=F_{Ax}=-75\text{N}$，$F_{By}=F_{Ay}=0$

3－21 $F_1=-F_3=-F_6=F$，$F_2=-F_4=-F_5=-1.41F$

3－22 $F_G=F_H=28.3\text{kN}$，$F_{Ax}=0$，$F_{Ay}=20\text{kN}$，$F_{Az}=69\text{kN}$

3－23 $F_{Ax}=-F_1$，$F_{Ay}=\dfrac{F_1b}{a}$，$F_{Az}=\dfrac{W}{2}+\dfrac{F_1c}{a}$；$F_{By}=-F_2-\dfrac{F_1b}{a}$，$F_{Bz}=0$，$F_C=\dfrac{W}{2}-\dfrac{F_1c}{a}$

3－24 $F_{CI}=200\text{N}$（拉），$F_{DE}=0$，$F_{GH}=990\text{N}$（拉），$F_{Ax}=120\text{N}$，$F_{Ay}=-560\text{N}$，$F_{Az}=1500\text{N}$

3－25 ①$F_{Ax}=3\text{kN}$，$F_{Ay}=5\text{kN}$，$F_B=-1\text{kN}$；②$F_{Ax}=-3\text{kN}$，$F_{Ay}=-0.25\text{kN}$，$F_B=4.25\text{kN}$

3－26 $F=30.12\text{kN}$

3－27 $F_{Ax}=4\text{kN}$，$F_{Ay}=17\text{kN}$，$M_A=43\text{kN}\cdot\text{m}$

3－28 ①$F_A=22.5\text{kN}$，$F_B=27.5\text{kN}$；②$x=4.5\text{m}$

3－29 $F_A=55.6\text{kN}$，$F_B=24.4\text{kN}$，$W_{1\max}=46.7\text{kN}$

3－30 $q_A=33.3\text{kN/m}$，$q_B=167\text{kN/m}$

3－31 $F_A=8.4\text{kN}$，$F_B=78.3\text{kN}$，$F_C=43.3\text{kN}$

3－32 $F_O=1.2\text{kN}$，$F_{O1}=F_{O2}=0.8\text{kN}$

3－33 略

3－34 $M=\dfrac{FR}{4}$

3－35 $F_{Cx}=384\text{N}$，$F_{Cy}=0\text{N}$，$F_{Cx}=384\text{N}$，$F_{HG}=210\text{N}$

3－36 $F_{Dx}=16.8\text{N}$，$F_{Dy}=56\text{N}$

3－37 10.3kN

3－38 $F_{Ax}=0$，$F_{Ay}=-51.3\text{kN}$，$F_B=105\text{kN}$，$F_D=6.25\text{kN}$

3－39 $F_A=2.5\text{kN}$，$F_B=1.5\text{kN}$，$M_A=10\text{kN}\cdot\text{m}$

3－40 $F_{Ax}=0.3\text{kN}$，$F_{Ay}=-0.538\text{kN}$，$F_B=3.54\text{kN}$

3－41 $F_{Cx}=33.8\text{kN}$，$F_{Cy}=0$，$F_{AB}=33.8\text{kN}$

3－42 $F_{AD}=F_{BD}=3.35\text{kN}$，$F_{CD}=-3\text{kN}$

3－43 $F_1=14.6\text{kN}$，$F_2=-8.75\text{kN}$，$F_3=11.7\text{kN}$

3－44 ① $F_{Ax}=\dfrac{m}{l}+2ql(\rightarrow)$，$F_{Ay}=F+4ql(\uparrow)$，$M_A=4ql^2+2Fl-m(\circlearrowright)$，$F_1=-\dfrac{m}{l}-2ql$，$F_2=\dfrac{m}{l}+2ql$，$F_3=-\sqrt{2}\left(\dfrac{m}{l}+2ql\right)$；

② $F_{Ax}=\dfrac{m}{2l}+ql(\rightarrow)$，$F_{Ay}=F+4ql(\uparrow)$，$M_A=6ql^2+2Fl(\circlearrowright)$，$F_1=-\dfrac{m}{2l}-ql$，

$F_2=\frac{m}{l}+2ql$，$F_3=-\sqrt{5}\left(\frac{m}{2l}+ql\right)$

3-45 略

3-46 $F_{Ax}=-7.2\text{kN}$，$F_{Ay}=11.2\text{kN}$，$F_{Bx}=-2.8\text{kN}$，$F_{By}=-1.16\text{kN}$，$F_C=18\text{kN}$

第4章

4-1 略

4-2 (a) $F_{Na}=185\text{kN}$，$F_{Nb}=100\text{kN}$，$F_{Nc}=-100\text{kN}$；(b) $F_{Na}=-100\text{kN}$，其余三根为零杆

4-3 (a) $F_{N1}=200\text{N}$，$F_{N2}=-282.8\text{N}$；(b) $F_{N1}=\frac{5}{6}F$，$F_{N2}=\frac{7}{6}F$

4-4 (a) $F_{N1}=-\sqrt{3}F/2$；(b) $F_{N1}=-0.293F$，$F_{N2}=-F$，$F_{N3}=-1.21F$

4-5 $F_{NAC}=-50\text{kN}$，$F_{NA'C}=F_{NAB'}=83.3\text{kN}$，$F_{NCC'}=F_{NAA'}=-66.7\text{kN}$，其余零杆

4-6 $\varphi_{mA}=\varphi_{mB}=15°$

4-7 $M=rW\frac{f_s+f_s^2}{1+f_s^2}$

4-8 $F=620\text{kN}$

4-9 $F_{水平}=4019\text{kN}$

4-10 $b\leqslant d\left(1-\sqrt{\frac{1}{1+f^2}}\right)+a$

4-11 $\varphi\geqslant 74°11'$

4-12 $0.246l\leqslant x\leqslant 0.977l$

4-13 $l_{\min}=100\text{mm}$

4-14 $f_s=0.577$，$F_{BC}=0.577\frac{M}{l}$

4-15 $f_s\geqslant 0.12$

4-16 $\frac{M}{l}\cdot\frac{\tan\theta-f_s}{\cos\varphi+f_s\sin\varphi}\leqslant F\leqslant\frac{M}{l}\cdot\frac{\tan\theta+f_s}{\cos\varphi-f_s\sin\varphi}$时

4-17 $M=\frac{2Ff_s(r_1^2+r_1r_2+r_2^2)}{3(r_1+r_2)}$

4-18 $M=192\text{N}\cdot\text{m}$

4-19 $F_{\min}=222\text{N}$

4-20 不能保持平衡

4-21 不能保持平衡

4-22 略

4-23 $F=57.7\text{N}$

4-24 滚动时，$F=100\text{N}$，滑动时，$F=400\text{N}$

4-25 当 $f_s>\frac{\delta}{R}$时，$\left(\sin\varphi-\frac{\delta}{R}\cos\varphi\right)W_1\leqslant W_2\leqslant\left(\sin\varphi+\frac{\delta}{R}\cos\varphi\right)W_1$

当 $f_s<\frac{\delta}{R}$时，$(\sin\varphi-f_s\cos\varphi)W_1\leqslant W_2\leqslant(\sin\varphi+f_s\cos\varphi)W_1$

第5章

5-1 (1) $-9\mathrm{m}$；(2) 2s，$-14\mathrm{m}$；(3) 23m；(4) 15/s，$18\mathrm{m/s^2}$；(5) 0～2s，减速，$t>2\mathrm{s}$，加速

5-2 $y=\sqrt{64+t^2}-8$，$v=\dfrac{t}{\sqrt{64+t^2}}$，$t=15\mathrm{s}$

5-3 $y=\sqrt{64-t^2}+l$，$v=\dfrac{-t}{\sqrt{64-t^2}}$

5-4 $\dot{x}_M=27.9\mathrm{cm/s}$，$\ddot{x}_M=16.9\mathrm{cm/s^2}$

5-5 ①$y_A=2x_A^2$，$y_B=2x_B^2$；②1s；③4.12mm/s，8.25mm/s；④4mm/s，$24.1\mathrm{mm/s^2}$

5-6 $v=u\sqrt{1+\omega^2t^2}$，$a=u\omega\sqrt{4+\omega^2t^2}$

5-7 $x^2+9y^2=l^2$，$\boldsymbol{v}=-25\pi\boldsymbol{i}+\dfrac{25\sqrt{3}\pi}{3}\boldsymbol{j}$ (mm/s)，$\boldsymbol{a}=-\dfrac{25\sqrt{3}\pi^2}{12}\boldsymbol{i}-\dfrac{25\pi^2}{36}\boldsymbol{j}$ ($\mathrm{mm/s^2}$)

5-8 $\begin{cases}x=l\cos^2\omega t\\ y=\dfrac{l}{2}\sin2\omega t\end{cases}$；$\begin{cases}v_x=-l\omega\sin2\omega t\\ v_y=l\omega\cos2\omega t\end{cases}$；相对于$OA$的速度：$v_r=-l\omega\sin\omega t$

5-9 略

5-10 $h=6.80\mathrm{m}$，$s=28.3\mathrm{m}$

5-11 $(x-a)^2+y^2=a^2(0\leqslant x\leqslant 2a，-a\leqslant y\leqslant a)$，$s=2akt$

5-12 $\begin{cases}x=R(1+\cos2\omega t)\\ y=R\sin2\omega t\end{cases}$；$s=2R\omega t$；$v=2R\omega$；$a=4R\omega^2$

5-13 略

5-14 $\rho=69.44\mathrm{mm}$

5-15 $v=16\mathrm{m/s}$，$a=58.3\mathrm{m/s^2}$

5-16 $\theta=\dfrac{wt}{2}$；$r=b+2l\cos\theta$；$v=\dfrac{\omega}{2}\sqrt{4l^2+b^2+4lb\cos\theta}$；$a=\dfrac{\omega^2}{4}\sqrt{16l^2+b^2+8lb\cos\theta}$

5-17 $a=R\omega^2(k^2+1)$

第6章

6-1 $v_0=2\mathrm{m/s}$，$a_0=8\mathrm{m/s^2}$；$v_1=-2.5\mathrm{m/s}$，$a_1=15.4\mathrm{m/s^2}$；$t=0.667\mathrm{s}$

6-2 $\omega=3.16\mathrm{rad/s}$，$\alpha=17.3\mathrm{rad/s^2}$，$a=10\mathrm{m/s^2}$

6-3 $v=100\mathrm{cm/s}$，$a=500\mathrm{cm/s^2}$

6-4 $\theta=\arctan\dfrac{r\sin\omega_0 t}{h-r\cos\omega_0 t}$

6-5 $\omega=\dfrac{av_C}{a^2+v_C^2t^2}$，$\alpha=-\dfrac{2av_C^2t}{(a^2+v_C^2t^2)^2}$

6-6 $v=20\mathrm{cm/s}$，$a=5\mathrm{cm/s^2}$，$v_C=20\mathrm{cm/s}$，$a_C=27.1\mathrm{cm/s^2}$

6-7 $v=1680\mathrm{mm/s}$，$a_{AB}=a_{CD}=0$，$a_{AD}=32.9\mathrm{m/s^2}$，$a_{BC}=13.2\mathrm{mm/s^2}$

6-8 ①$\alpha_2=\dfrac{5000\pi}{d^2}\mathrm{rad/s^2}$；②$a=300\pi\sqrt{40\,000\pi^2+1}\mathrm{mm/s^2}$

6-9　①$\omega=1\text{rad/s}$，$a=1.73\text{rad/s}^2$；②$a_B=130\text{cm/s}^2$

6-10　$\omega_A=2.91\text{rad/s}$，$\alpha_A=0.0135\text{rad/s}^2$

6-11　$\omega_E=53.3\text{rad/s}$，$\alpha_E=32\text{rad/s}^2$

6-12　$\boldsymbol{v}=(-1.15,\ 0.6,\ 0.468)\text{m/s}$，$\boldsymbol{a}=(-0.65,\ -2.31,\ 1.36)\text{m/s}^2$

6-13　$\boldsymbol{v}=368\boldsymbol{i}-368\boldsymbol{j}$（mm/s）；$\boldsymbol{a}=3455\boldsymbol{i}+3086\boldsymbol{j}-4625\boldsymbol{k}$（$\text{mm/s}^2$）

第7章

7-1　$\boldsymbol{v}=31.2\boldsymbol{i}-0.068\boldsymbol{j}$（km/h）

7-2　$v=2.65\text{m/s}$，$d=0.22\text{m}$

7-3　$v_r=3.98\text{m/s}$，$v_B=1.04\text{m/s}$

7-4　$v_B=v\tan\theta$

7-5　$\omega=5.33\text{rad/s}$

7-6　$\begin{cases} v_x=3+(4+10t-8t^2)\cos 2t+(2-16t-6t^2)\sin 2t \\ v_y=(4-10t)+(4+10t-8t^2)\sin 2t-(2-16t-6t^2)\cos 2t \end{cases}$

7-7　$v=1.155\omega_0 l$

7-8　$v=1040\text{mm/s}$，$a=8214\text{mm/s}^2$

7-9　$v=100\text{mm/s}$，$a=346\text{mm/s}^2$

7-10　$v_{CD}=1.26\text{m/s}^2$，$a_{CD}=27.4\text{m/s}^2$

7-11　$v_M=10\sqrt{3}\text{cm/s}$，$a_M=197\sqrt{3}/3\text{cm/s}^2$

7-12　$\omega_{OA}=2.73\dfrac{v_0}{r}$，$\alpha_{OA}=16.07\dfrac{v_0^2}{r^2}$

7-13　$v=\omega e\sin\theta$，$a=\alpha e\sin\theta-\omega^2 e\cos\theta$

7-14　$v_M=100\text{mm/s}$，$a_M=22.36\text{mm/s}^2$

7-15　$a_C=2r\omega^2$，$a_r=r\sqrt{\alpha^2+\omega^4}$

7-16　①$\omega_{O2B}=\dfrac{3}{2}\omega\cos\theta$；②$v_r=\dfrac{3}{2}l\omega\sin\theta$，$a_C=4.5l\omega^2\sin\theta\cos\theta$

7-17　$v_M=600\text{mm/s}$，$a_M=3635\text{mm/s}^2$；$v_N=825\text{mm/s}$，$a_N=3448\text{mm/s}^2$

7-18　$\omega_{CD}=\omega$(↻)；$\alpha_{CD}=\omega^2$(↻)

7-19　$\omega_{OC}=\omega/4$(↺)；$\alpha_{OC}=\sqrt{3}\omega^2/8$(↻)

7-20　$\omega_1=\omega/2$；(↺)$\alpha_1=0.1443\omega^2$(↻)

7-21　$v_r=100\text{mm/s}$，$a_r=938\text{mm/s}^2$

7-22　$v_M=101.2\text{mm/s}$，$a_M=146.6\text{mm/s}^2$

7-23　$v=916\text{mm/s}$，$a=2950\text{mm/s}^2$

7-24　$v=722.6\text{mm/s}$，$a=4805.8\text{mm/s}^2$

第8章

8-1　$x_C=r\cos\omega_0 t$，$y_C=r\sin\omega_0 t$，$\varphi=-\omega_0 t$。

8-2　$x_A=(R+r)\cos\dfrac{\alpha t^2}{2}$，$y_A=(R+r)\sin\dfrac{\alpha t^2}{2}$，$\varphi_A=\dfrac{1}{2r}(R+r)\alpha t^2$

8-3 略

8-4 $v_C=200\text{mm/s}$

8-5 $v_C=178\text{mm/s}$

8-6 ①6m/s；②0.6m/s

8-7 $v_D=216\text{mm/s}$

8-8 $\omega_{OB}=3.75\text{rad/s}$，$\omega_{\text{I}}=6\text{rad/s}$

8-9 $v_B=90.2\text{cm/s}$

8-10 $x_I=-2.67\text{m}$，$y_I=4\text{m}$

8-11 $\frac{3}{8}\delta r_D$

8-12 $\Delta s_D/\Delta s_{O2}=1/3$

8-13 ①$\omega=0$，$\alpha=1\text{rad/s}^2$；②$\omega=\sqrt{3}\text{rad/s}$，$\alpha=0$

8-14 $\omega=2.24\text{rad/s}$，$\alpha=8.66\text{rad/s}^2$

8-15 $v_0=\frac{R}{R-r}u$，$a_0=\frac{R}{R-r}a$

8-16 $v_{MN}=12.6\text{m/s}$，$a_{MN}=65.8\text{m/s}^2$

8-17 $v_C=\frac{3}{2}r\omega_0$，$a_C=\frac{\sqrt{3}}{12}r\omega_0^2$

8-18 ①$\omega_{AB}=2\text{rad/s}$，$\omega_{O_1B}=4\text{rad/s}$；②$\alpha_{AB}=8\text{rad/s}^2$，$\alpha_{O_1B}=16\text{rad/s}^2$

8-19 $\omega_{AB}=4\text{rad/s}$，$\alpha_{AB}=60\text{rad/s}^2$；$\omega_{BD}=6\text{rad/s}$，$\alpha_{BD}=4\text{rad/s}^2$

8-20 $\omega_B=0$，$\alpha_B=1409\text{rad/s}^2$

8-21 有两个解：$a_C=2.88\text{m/s}^2$，$a_C=4\text{m/s}^2$，$v_C=1058\text{mm/s}$

8-22 $v_C=2.05\text{m/s}$

8-23 $\omega=0.2\text{rad/s}$，$\alpha=0.046\text{rad/s}^2$

8-24 $a_{\text{t}}=162\text{mm/s}^2$，$a_{\text{n}}=156\text{mm/s}^2$

8-25 $\omega=\frac{\omega_0}{2}$，$\alpha=\omega_0^2\left(\frac{r}{4l}-\sqrt{3}\right)$

第9章

9-1 $F_{AC}=\frac{ml}{2a}(\omega^2 a+g)$，$F_{AB}=\frac{ml}{2a}(\omega^2 a-g)$

9-2 $F_{\max}=3.14\text{kN}$，$F_{\min}=2.74\text{kN}$

9-3 $t=0.686\text{s}$，$d=3.43\text{m}$

9-4 $F_{\text{N}}=0.284\text{N}$

9-5 $\varphi=48.2°$

9-6 $F=17.24\text{kN}$

9-7 $\frac{x^2}{a^2}+\frac{k}{m}\frac{y^2}{v_0^2}=1$ 椭圆

9-8 $v_{\text{L}}=9.8\text{mm/s}$

9-9 $t=\frac{1}{k}\ln\frac{v_0}{v_0-kh}$，与 A 的距离为：$x=\frac{g}{k}\left(\ln\frac{v_0}{v_0-kh}-\frac{h}{v_0}\right)$，条件是$v_0>kh$

9-10 $a_A=\dfrac{\sqrt{m_2^2+2m_1m_2\sin^2\theta+m_1^2\sin^2\theta}}{m_2+m_1\sin^2\theta}g\sin\theta$，$a_B=\dfrac{m_1g\sin\theta\cos\theta}{m_2+m_1\sin^2\theta}$

9-11 $f=\dfrac{m_1\sin\theta\cos\theta}{m_1\cos^2\theta+m_2}$

9-12 $F=\dfrac{\sqrt{3}}{2}mg$

第10章

10-1 ①$\Delta x=0$；②$\Delta x=\dfrac{1}{6}l$；③$\Delta x=\dfrac{3}{10}l$（Δx 为 C 点移动的距离）

10-2 $\Delta x=3.43\text{m}$

10-3 $x_C=\dfrac{W_1+2W_2+2W_3}{2(W_1+W_2+W_3)}l\cos\omega t+\dfrac{W_3l}{2(W_1+W_2+W_3)}$，$y_C=\dfrac{W_1+2W_2}{2(W_1+W_2+W_3)}l\sin\omega t$

10-4 简谐振动，振幅$\dfrac{l(W_2+2W_3)}{W_1+W_2+W_3}$，周期$\dfrac{2\pi}{\omega}$

10-5 $(x_A-l\cos\theta_0)^2+\left(\dfrac{y_A}{2}\right)^2=l^2$

10-6 $x=l/3$

10-7 $F_x=-\dfrac{W_1+W_2}{g}\omega^2e\cos\omega t$，$F_y=-\dfrac{W_2}{g}\omega^2e\sin\omega t$

10-8 $F_{Ox}=Wl\pi\left(\dfrac{\sqrt{3}}{3}\pi+1\right)\Big/6g$（←），$F_{Oy}=W+Wl\pi\left(\dfrac{\pi}{3}-\sqrt{3}\right)\Big/6g$（↑）

10-9 $F=1.5\text{N}$

10-10 $p=\dfrac{\omega l(5m_1+4m_2)}{2}$，$\boldsymbol{p}\perp OC$

10-11 (a) $\boldsymbol{p}=2m\boldsymbol{v}$，$v_C=v$；(b) $\boldsymbol{p}=m\boldsymbol{v}$，$v_C=v/2$

10-12 ①$m_A=1.92\text{kg}$；②$v_B=112.6\text{m/s}$

10-13 $v=0.571\text{m/s}$；$F_x=200\text{N}$

10-14 $v=3.2\text{m/s}$，$v'=3.84\text{m/s}$

10-15 $F_x=30\text{N}$

10-16 $F=27.6\text{kN}$

10-17 $F_x=138\text{N}$

10-18 $F_{Ox}=-\dfrac{1}{2}m_2g\sin2\varphi+m_2a\cos\varphi$；$F_{Oy}=m_0g+m_1(g+a)+m_2g\sin^2\varphi-m_2a\sin\varphi$

10-19 $F_N=2P+W+\dfrac{2P\omega^2e}{g}\cos\omega t$

10-20 $F_N=\dfrac{Wv^2r}{gR^2}$

10-21 $a_A=\dfrac{g\sin^2\theta}{1+\cos^2\theta}$，$a_B=\dfrac{g\sin\theta\cos\theta}{1+\cos^2\theta}$，$F_N=2mg\cdot\dfrac{1+2\cos^2\theta}{1+\cos^2\theta}$

第11章

11-1 $L_x=-mxz\omega$，$L_y=-myz\omega$，$L_z=m(x^2+y^2)\omega$

11-2 $L_O=[(4W+P)r^2+(P+2P_1+2P_2)R^2]\dfrac{\omega}{2g}$

11-3 $L_Z=\left(\dfrac{m_1}{3}+m_2\right)l_1^2\omega$

11-4 $L_O=\dfrac{1}{2}mr^2(\omega+\omega_r)+m\omega l^2$

11-5 $t=\dfrac{J}{k\omega_0}$，$n=\dfrac{J\ln2}{2\pi k}$转

11-6 $\varphi=\dfrac{\delta_0}{l}\sin\left[\sqrt{\dfrac{gk}{3(W_1+3W_2)}}t+\dfrac{\pi}{2}\right]$

11-7 $\rho=0.383\text{m}$

11-8 $J_2=\left(\dfrac{T_2^2}{T_1^2}-1\right)J_1$

11-9 $\omega=2\text{rad/s}$；$\omega=1\text{rad/s}$

11-10 $\omega=\dfrac{(2W_1+W_2)\omega_0}{2W_1+W_2+4W_2u^2t^2/r^2}$

11-11 $\omega_1=\dfrac{W_1R_1\omega_{01}+W_2R_2\omega_{02}}{(W_1+W_2)R_1}$；$\omega_2=\dfrac{W_1R_1\omega_{01}+W_2R_2\omega_{02}}{(W_1+W_2)R_2}$

11-12 $\alpha=\dfrac{(W_Ar_1-W_Br_2)g}{W\rho^2+W_Ar_1^2+W_Br_2^2}$；$F_{TA}=W_A-\dfrac{W_A}{g}r_1\alpha$，$F_{TB}=W_B+\dfrac{W_B}{g}r_2\alpha$

11-13 $a=\dfrac{(M-Wr)R^2rg}{(J_1r^2+J_2R^2)g+WR^2r^2}$

11-14 $\alpha_1=\dfrac{2MR^2}{m_1r^4+m_2r^2R^2}$，$\alpha_2=\dfrac{2MRr}{m_1r^4+m_2r^2R^2}$；$\alpha_1=\dfrac{2(MR-M'r)}{(m_1+m_2)r^2R}$

11-15 $J=1080\text{kg}\cdot\text{m}^2$；$M_f=6\text{N}\cdot\text{m}$

11-16 $\alpha=4.6\text{rad/s}^2$

11-17 $\alpha=5.13\text{rad/s}^2$

11-18 $a_C=\dfrac{4M-2g(m_3R+m_2R)}{(4m_1+3m_2+2m_3)R}$

11-19 $m_B=164.2\text{kg}$

11-20 $a_C=0.96\text{m/s}^2$，$\alpha=34.2\text{rad/s}^2$

11-21 ①$x_C=0$，$y_C=0.4\pi t-\dfrac{1}{2}gt^2$，$\omega=\pi\text{rad/s}$；②$h_1=h_2=17.1\text{m}$；③$F=3.95\text{N}$

11-22 $\rho=9\text{cm}$

11-23 $a_C=1.29\text{m/s}^2$

11-24 $\varphi=\varphi_0\sin\left[\sqrt{\dfrac{2g}{3(R-r)}}t+\dfrac{\pi}{2}\right]$

11-25 略

11-26 $F_N=\dfrac{2mg}{5}$

11-27 $\alpha=\dfrac{3g\cos\varphi}{2l}$，$\omega=\sqrt{\dfrac{3g}{l}(\sin\varphi_0-\sin\varphi)}$，$\varphi_1=\arcsin\left(\dfrac{2}{3}\sin\varphi_0\right)$

11-28 $F_N=W(7\cos\theta-4\cos\theta_0)/3$

11-29 $a=\frac{4g}{5}$

11-30 $M>2mgr$

11-31 $F_N=170.4N$

11-32 $a=6.472m/s^2$

第12章

12-1 $W=66N\cdot m$

12-2 $W=l\pi F$

12-3 $P=5.75kW$

12-4 $T=\frac{Wl^2}{6g}\omega^2\sin^2\theta$

12-5 $T=\left[W_1+4W_2+4W_3\left(\frac{\rho^2}{R^2}+1\right)\right]\frac{v^2}{2g}$

12-6 $k=0.49N/mm$

12-7 $v=2.62m/s$

12-8 $\theta=28°4'$

12-9 $v_C=\cos\varphi\sqrt{3gl(1-\sin\varphi)/(3\cos^2\varphi+1)}$

12-10 $\alpha=\frac{2g(M-P_2R\sin\theta)}{2P_1\rho^2+3P_2R^2}$

12-11 $\omega=\sqrt{\frac{2Mg\varphi}{(3P+4P_1)l^2}}$，$\alpha=\frac{Mg}{(3P+4P_1)l^2}$

12-12 $v_0=h\sqrt{2kg/15W}$

12-13 $v_B=2.1\sqrt{\frac{m_1gl}{7m_1+9m_2}}$

12-14 $\omega=1.142\sqrt{\frac{g}{R}}$

12-15 $\omega=1.56rad/s$

12-16 ① $p=\left(\frac{m_1}{2}+m_2\right)\omega l$，$\boldsymbol{p}\perp OC$，$T=\frac{1}{12}\left(2m_1+3m_2\frac{R^2}{l^2}+6m_2\right)l^2\omega^2$，$L_O=\frac{1}{6}\left(2m_1+3m_2\frac{R^2}{l^2}+6m_2\right)l^2\omega$；

② $p=\left(\frac{m_1}{2}+m_2\right)\omega l$，$\boldsymbol{p}\perp OC$，$T=\frac{1}{2}\left(\frac{m_1}{3}+m_2\right)\omega^2l^2$，$L_O=\left(\frac{m_1}{3}+m_2\right)l^2\omega$

12-17 $\omega=\sqrt{3g/2l}$，$x_C^2+3ly_C+3l^2=0$

12-18 $v=\sqrt{\frac{4gh}{3}}$，$F=\frac{mg}{3}$

12-19 $F_N=\frac{7}{3}mg\cos\theta$，$F=\frac{1}{3}mg\sin\theta$

12-20 $a=\dfrac{P(R+r)^2g}{W(\rho^2+R^2)+P(R+r)^2}$

12-21 $a=\dfrac{m_2r^2-Rrf(m_2+m_1)}{m_2r(r-fR)+m_1\rho^2}g$；$F_{NB}=\dfrac{m_2(r^2+\rho^2)+m_1\rho^2}{m_2r(r-fR)+m_1\rho^2}m_1g$，$F=F_{NB}\cdot f=F_{ND}$

12-22 $F_x=\dfrac{m_1\cos\theta(m_1\sin\theta-m_2)g}{m_1+m_2}$

12-23 ①$l=\dfrac{2P\sin\theta}{k}$；②$a=\dfrac{1}{2}g\sin\theta$；③$F_T=\dfrac{7}{4}P\sin\theta$

12-24 ①$\omega=\sqrt{\dfrac{(12Pl+3M\pi)g}{Pl^2}}$，$a=\dfrac{3gM}{Pl^2}$；②$F_C=\dfrac{M}{l}$，$F_x=\dfrac{M}{l}$，$F_y=25P+\dfrac{6M}{l}\pi$

12-25 $F=45N$；$t=20s$；$s=100m$

12-26 $v_A=(l-l_0)\sqrt{\dfrac{kgW_2}{W_1(W_1+W_2)}}$；$v_B=(l-l_0)\sqrt{\dfrac{kgW_1}{W_2(W_1+W_2)}}$

12-27 在B处：$\omega=\dfrac{J\omega_0}{J+mR^2}$，$v_r=\sqrt{2gR+\dfrac{JR^2\omega_0^2}{J+mR^2}}$；在$C$处：$\omega=\omega_0$，$v_r=2\sqrt{gR}$

12-28 $\alpha_1=\dfrac{6F}{7ml}$；$\alpha_2=\dfrac{30F}{7ml}$

12-29 只滚不滑：$a_r=\dfrac{10g}{7}$；又滚又滑：$a_r=(2-f)g$；$f_{min}=0.571$

12-30 ①$f\geqslant\dfrac{3P_1\sin\theta-P_2}{(9P_1+2P_2)\cos\theta}$；②$P_1\sin\theta>\dfrac{P_2}{3}$

第13章

13-1 略

13-2 略

13-3 略

13-4 $a_{AB}=15m/s^2$，$\theta=33.16°$

13-5 $\omega_{max}=11.83rad/s$

13-6 $F_{RD}=F_{RE}=219N$；$D=1.19d$

13-7 $F_x=\dfrac{3}{4}mg\sin2\theta\leftarrow$，$F_y=2mg-\dfrac{3}{2}mg\cos^2\theta\uparrow$；$\varphi=\sqrt{\dfrac{g}{r\sqrt{2}}}t$，$x_C=-\dfrac{\sqrt{2}}{2}r+\dfrac{\sqrt{2}}{2}\sqrt{\dfrac{gr}{\sqrt{2}}}t$，

$y_C=\dfrac{\sqrt{2}}{2}r+\dfrac{\sqrt{2}}{2}\sqrt{\dfrac{gr}{\sqrt{2}}}t+\dfrac{1}{2}gt^2$（坐标原点在铰$O$处，$x$轴向左，$y$轴向下。）

13-8 $a=4.9m/s^2$，$F_A=97.7N$，$F_B=751N$

13-9 $F_{Ay}=(m+m_1+m_2)g+\dfrac{(M+m_1gr-m_2gR)(m_2R-m_1r)}{m\rho^2+m_1r^2+m_2R^2}$

$$M_A=mgl+m_1g(l-r)+m_2g(l+R)-M+\dfrac{[m\rho^2+m_2R(l+R)-m_1r(l-r)](M+m_1gr-m_2gR)}{m\rho^2+m_1r^2+m_2R^2}$$

13-10 $a_{Cx}=\dfrac{g}{5}$，$a_{Cy}=\dfrac{4g}{5}$，$F_T=\dfrac{\sqrt{2}mg}{5}$

13-11 $a=\dfrac{F_T R(R\cos\theta-r)g}{W(R^2+\rho^2)}$

13-12 $F\leqslant 2fmg$

13-13 $F_{左}=783N\uparrow$，$F_{右}=278N\downarrow$

13-14 $F_{Ax}=F_{Bx}=\dfrac{ml\omega^2}{2}$，$F_{Ay}=\dfrac{ml\omega^2\sin\varphi(b-l\cos\varphi)}{2b}$，$F_{By}=\dfrac{ml\omega^2\sin\varphi(b+l\cos\varphi)}{2b}$

13-15 $F_A=F_D=\dfrac{W}{8}$

13-16 无滑动时：$a_C=\dfrac{\dfrac{Fg}{W}\left[\cos(\theta-\varphi)+\dfrac{r}{R}\right]-g\sin\theta}{1+\rho^2/R^2}$；

有滑动时：$a_C=\dfrac{Fg}{W}[\cos(\theta-\varphi)-f\sin(\theta-\varphi)]-(\sin\theta+f\cos\theta)g$

13-17 $M=\dfrac{\sqrt{3}}{4}(m_1+2m_2)gr-\dfrac{\sqrt{3}}{4}m_2r^2\omega^2$；

$F_{Ox}=-\dfrac{\sqrt{3}}{4}m_1r\omega^2$，$F_{Oy}=(m_1+m_2)g-(m_1+2m_2)\dfrac{r\omega^2}{4}$

13-18 $\alpha_1=\dfrac{3\sqrt{2}m_1g}{(8m_1+18m_2)R}$

13-19 $a=\dfrac{-gW_2\sin 2\theta}{3(W_1+W_2)-2W_2\cos^2\theta}$

13-20 $a_D=\dfrac{(m_1-4m_3)g}{m_1+2m_2+4m_3}$；

$a_C=\dfrac{(2m_1+3m_2+4m_3)g}{2(m_1+2m_2+4m_3)}$；

$F_{Ox}=0$；

$F_{Oy}=\dfrac{4m_2^2+3m_1m_2+12m_2m_3+8m_1m_3}{2(m_1+2m_2+4m_3)}g$

第14章

14-1 略

14-2 $F_1=50N$

14-3 $F_N=\dfrac{\pi M\cot\theta}{h}$

14-4 $F_T=\dfrac{2kl}{3}(2\sin\theta-1)$

14-5 $F=1.865kN$

14-6 (a) $M_2=4M_1$，(b) $M_2=M_1$

14-7 $F_1=\dfrac{Fl}{R\cos^2\varphi}$

14-8 $\varphi_{min}=\arctan\dfrac{1}{2f_s}$

14-9　$x=\frac{Fl^2}{kb^2}+a$

14-10　$\frac{\tan\varphi_1}{\tan\varphi_2}=\frac{W_1}{W_2}$

14-11　$F_{Ay}=2.44\text{kN}\uparrow$，$F_B=2.22\text{kN}\uparrow$，$F_C=2.67\text{kN}\uparrow$，$F_E=2.67\text{kN}\uparrow$

14-12　$F_{EF}=0.943\text{kN}$（拉），$F_{CG}=1.167\text{kN}$（压）

14-13　$F_C=\frac{qa}{2}\uparrow$，$F_{Ox}=2qa\leftarrow$，$F_{Oy}=\frac{qa}{2}\uparrow$，$M_O=2qa^2$

14-14　$F_{Ax}=\frac{1}{2}F\leftarrow$，$F_{Ay}=\frac{1}{2}F\downarrow$；$F_{Bx}=\frac{1}{2}F\leftarrow$，$F_{By}=\frac{1}{2}F\uparrow$

14-15　(a) $F_1=\frac{b}{a}F$，$F_2=\frac{\sqrt{a^2+b^2}}{a}F$；(b) $F_1=-\frac{2\sqrt{3}}{3}F$，$F_2=0$

14-16　$F_1=3.67\text{kN}$

14-17　$F_{Bx}=2\text{kN}$，$F_{By}=0$

14-18　$M-\frac{l}{4}(W_1+2W_2)$

14-19　$F_{Q1}=(F_1+F_2)l\cos\varphi_1-M$，$F_{Q2}=F_2l\cos\varphi_2$

14-20　$P_{Q\varphi}=(m_1+m_2)gR\cos\varphi+m_2gR\sin(\theta+\varphi)+M$，$F_{Q\theta}=m_2g\sin(\theta+\varphi)$

14-21　$M=2l(F_1\cos\varphi+F_2\sin\varphi)$

14-22　$\tan\varphi_1=\frac{F_1a}{F_2b}$，$\tan\varphi_2=\frac{F_1}{F_2}$

14-23　$M_1=(2m_1+m_2)gR$，$M_2=m_1gR$

14-24　$\theta=0$，平衡是稳定的；$\theta=\arccos\frac{W_1}{kl}$，平衡是不稳定的

14-25　$\theta=\sin^{-1}m_2/m_1$，平衡是不稳定的

14-26　略

14-27　①$l\cos\theta>h$，平衡是稳定的；$l\cos\theta<h$，平衡是不稳定的

②$l\cos\theta>(2m+2m_1+m_2)h/(4m+2m_1)$

*第15章

15-1　$\ddot{\varphi}=\frac{(M-Wl\sin\varphi)g}{Wl^2}$，$\ddot{\varphi}_{\varphi=90^\circ}=\frac{(M-Wl)g}{Wl^2}$

15-2　$M=\frac{(3P+2W)r}{6g}a$

15-3　$\alpha=\frac{Mg}{(3W+4W_1)l^2}$

15-4　$\alpha=\frac{3\sqrt{3}m_1g}{(8m_1+27m_2)r}$

15-5　$\alpha=\frac{M(4m_1+m_2)-3gRm_1m_2}{J(4m_1+m_2)+m_1m_2R^2}$

15-6　$a_C=5g/6$；$a_D=11g/12$

15-7 $\begin{cases}(m_1+m_2)\ddot{x}+m_2\ddot{s}\cos\theta=0\\ m_2\ddot{x}\cos\theta+\dfrac{3}{2}m_2\ddot{s}+k\ddot{s}=m_2 g\sin\theta\end{cases}$

15-8 $\ddot{x}=\dfrac{8Fg}{8W_1+9W}$

15-9 $\ddot{\theta}+\left(\dfrac{g}{R}-\omega^2\cos\theta\right)\sin\theta=0$；$M=mR^2\omega\dot{\theta}\sin2\theta$

15-10 ①$T=\dfrac{1}{4}m_1r^2\dot{\theta}_1^2+\dfrac{1}{2}m_2[r^2\dot{\theta}_1^2+l^2\dot{\theta}_2^2+2rl\dot{\theta}_1\dot{\theta}_2\cos(\theta_1-\theta_2)]$，

$V=-m_2g(r\cos\theta_1+l\cos\theta_2)$

② $\begin{cases}\left(\dfrac{m_1}{2}+m_2\right)^2\ddot{\theta}_1+m_2rl\cos(\theta_1-\theta_2)\ddot{\theta}_2+m_2rl\sin(\theta_1-\theta_2)\dot{\theta}_2^2+m_2gr\sin\theta_1=0\\ m_2l^2\ddot{\theta}_2+m_2rl\cos(\theta_1-\theta_2)\ddot{\theta}_1-m_2rl\sin(\theta_1-\theta_2)\dot{\theta}_1^2+m_2gl\sin\theta_2=0\end{cases}$

15-11 $\ddot{x}=\dfrac{4g\sin\theta}{1+3\sin^2\theta}$，$\ddot{\varphi}=\dfrac{3g\sin2\theta}{l(1+3\sin^2\theta)}$；$F_N=\dfrac{mg\cos\theta}{1+3\sin^2\theta}$

15-12 $(m_1+m_2)\ddot{x}+m_2(R-r)\ddot{\theta}=0$，$\ddot{x}+\dfrac{3}{2}(R-r)\ddot{\theta}+g\theta=0$；

$m_1\dot{x}+m_2\dot{x}+m_2(R-r)\dot{\theta}\cos\theta=c$

15-13 $T=2\pi\sqrt{\dfrac{6R^2-l^2}{3g\sqrt{4R^2-l^2}}}$

15-14 $(l+r\theta)\ddot{\theta}+r\dot{\theta}^2+g\sin\theta=0$

15-15 $(Pl^2+3Wr^2)\ddot{\theta}+6Wr\dot{r}\dot{\theta}+\left(\dfrac{3}{2}Pl\sin\theta+3Wr\sin\theta\right)g=0$，

$\ddot{r}-r\dot{\theta}^2+\dfrac{kg}{W}(r-l_0)-g\cos\theta=0$，其中 r 为 O 至 M 的距离

15-16 $\alpha_A=\dfrac{3m_1g}{2(3m_1+m_2)R}$，$\alpha_B=\dfrac{3m_2g}{2(3m_1+m_2)R}$；

$a_A=\dfrac{3m_1+2m_2}{2(3m_1+m_2)}g$，$a_A=\dfrac{m_1g}{3m_1+m_2}$

15-17 略

*第16章

16-1 $\boldsymbol{\omega}=\pi\cos\dfrac{\pi}{2}t\boldsymbol{i}+\pi\sin\dfrac{\pi}{2}t\boldsymbol{j}+\dfrac{\pi}{2}\boldsymbol{k}$；$\boldsymbol{\alpha}=-\dfrac{\pi^2}{2}\sin\dfrac{\pi}{2}t\boldsymbol{i}+\dfrac{\pi^2}{2}\cos\dfrac{\pi}{2}t\boldsymbol{j}$

16-2 $v_{x'}=a\dot{\psi}\sin(\theta-\varphi)-a(\dot{\theta}+\dot{\varphi})\sin\varphi$

$v_{y'}=-a\dot{\psi}\cos(\theta-\varphi)-a(\dot{\theta}+\dot{\varphi})\cos\varphi$

$v_{z'}=a\dot{\psi}\sin\theta$

16-3 $v_B=36\sqrt{2}\pi\text{cm/s}$，$\alpha=39.5\text{rad/s}$，$a_A=10\text{m/s}^2$，$a_B=10\sqrt{2}\text{m/s}^2$

16-4 $\boldsymbol{a}_C=-80\boldsymbol{i}-30\boldsymbol{j}-160\boldsymbol{k}$ (m/s^2)

16-5 $\omega=2\text{rad/s}$

16-6 $\omega=\sqrt{\omega_1^2+\left(\frac{n\pi}{30}\right)^2+\frac{n\pi}{15}\omega_1\cos\theta}$，$\alpha=\omega_1\frac{n\pi}{30}\sin\theta$

16-7 $\boldsymbol{\omega}=-0.704\boldsymbol{j}+0.938\boldsymbol{k}$；$\boldsymbol{\alpha}=0.368\boldsymbol{i}$

16-8 $\omega=60.8\text{rad/s}$，$\alpha=603\text{rad/s}^2$

16-9 $\omega=1.25\text{rad/s}$

16-10 2.35 转/小时

16-11 $F_A=-F_B=(J_{x'}-J_{y'})\omega^2\cos\theta\sin\theta/h$

16-12 $\omega=\frac{(W+P)gl}{Wr^2\omega_0}$

*第 17 章

17-1 $s=0.5\text{m}$

17-2 ①$a=g\tan\theta$；②$\frac{\sin\theta-f_s\cos\theta}{\cos\theta+f_s\sin\theta}g\leqslant a\leqslant\frac{\sin\theta+f_s\cos\theta}{\cos\theta-f_s\sin\theta}g$

17-3 $a_r=g\sin\theta-a\cos\theta$，$a_a=\sqrt{a^2+g^2}\sin\theta$；$F_N=\left(\cos\theta+\frac{a}{g}\sin\theta\right)W$

17-4 $x_r=\frac{ma}{k}\left(\cos\sqrt{\frac{k}{m}}t-1\right)$

17-5 $\delta=0.123\text{m}$

17-6 $F=3.78\text{kN}$

17-7 $v_{r0}=\omega l$

17-8 $v_r=\sqrt{2l[a\sin\theta-g(1-\cos\theta)]}$

17-9 ①$y=\frac{\omega^2}{2g}x^2$；②$h=H-\frac{\omega^2R^2}{4g}$

17-10 $F=35.64\text{N}$

17-11 ①$v_r=\sqrt{2gR(1-\cos\theta)+(R\omega\sin\theta)^2}$；$F_{N1}=mg\left(2-3\cos\theta+\frac{2R\omega^2}{g}\sin^2\theta\right)$，指向 O；$F_{N2}=2m\omega\cos\theta\sqrt{2gR(1-\cos\theta)+(R\omega\sin\theta)^2}$，垂直纸面向内；

②0，π，$\pm\arccos\frac{g}{R\omega^2}$，$\omega>\sqrt{\frac{g}{R}}$

17-12 $\ddot{\theta}=-\omega^2\sin\theta$

17-13 $a<gb/h$ 时，$F=ma$，$F_N=mg$；

$a>gb/h$ 时，$F_N=mg+\frac{3mb(ah-gb)}{4(b^2+h^2)}$，$F=ma-\frac{3mh(ah-gb)}{4(b^2+h^2)}$

*第 18 章

18-1 ①$e=0.51$，②$I=59.2\text{N}\cdot\text{s}$，③$F=59.2\text{kN}$

18-2 $e=0.35$

18-3 ①$v_B'=2.91\text{m/s}$，②$F=18.3\text{N}$，③$h=0.433\text{m}$

18-4 $\delta_{max}=\frac{W}{k}+\frac{P}{k}\left(1+\sqrt{1+\frac{2kh}{P+W}}\right)$

18-5　$h_{\max}=0.151\mathrm{m}$

18-6　$v_2'=1.2\mathrm{m/s}$，v_2'与BE成45°角，$BE=0.36\mathrm{m}$

18-7　$s=\dfrac{3lm_1^2(1+e)^2}{2f(m_1+3m_2)^2}$

18-8　$\omega_1=\dfrac{J_1-eJ_2}{J_1+J_2}\omega_0$，$\omega_2=\dfrac{J_1(1+e)}{J_1+J_2}\omega_0$

18-9　$v_{球}'=6.80\mathrm{m/s}$，$v_{块}'=0.67\mathrm{m/s}$

18-10　$\omega=\dfrac{3bv}{2(a^2+b^2)}$，$I_x=\dfrac{3ab}{4(a^2+b^2)}mv$，$I_y=-\dfrac{4a^2+b^2}{4(a^2+b^2)}mv$

18-11　$\omega=\dfrac{3}{2l}\sqrt{2gh}$，$I=\dfrac{m}{4}\sqrt{2gh}$

18-12　$\varphi_{\max}=2\arcsin\dfrac{\sqrt{3}I}{2m\sqrt{10gl}}$

18-13　$v_C'=2.74\mathrm{m/s}$，$\omega=13.79\mathrm{rad/s}$

18-14　①$v_C'=8\mathrm{m/s}$，$\omega=40\mathrm{rad/s}$；②$v_C'=9.2\mathrm{m/s}$，$\omega=40\mathrm{rad/s}$

18-15　$s=\dfrac{(2+5\cos\theta)^2v^2}{70g\sin\theta}$

*第19章

19-1　略

19-2　$T=2\pi\sqrt{W/kg}$，$A=\sqrt{\dfrac{W}{k}\left(\dfrac{W\sin^2\theta}{k}+2h\right)}$

19-3　$f=\dfrac{1}{2\pi}\sqrt{\dfrac{4k_1k_2}{m(k_1+4k_2)}}$

19-4　(a) $\omega_0=\sqrt{\dfrac{2k}{m}}$；(b) $\omega_0=\sqrt{\dfrac{k}{2m}}$；(c) $\omega_0=\sqrt{\dfrac{2k}{5m}}$；(d) $\omega_0=\sqrt{\dfrac{3k}{2m}}$

19-5　$x=2.5\cos14t$，$A=2.5\mathrm{cm}$，$T=\pi/7\mathrm{s}$

19-6　$f=\dfrac{l}{2\pi}\sqrt{\dfrac{2F}{ml}}$

19-7　$T=2\pi\sqrt{\dfrac{\rho^2+(R-a)^2}{ag}}$

19-8　$\ddot{\theta}+\dfrac{2g}{3(R-r)}\theta=0$；$T=2\pi\sqrt{\dfrac{3(R-r)}{2g}}$

19-9　$T=\dfrac{2\pi R}{e}\sqrt{\dfrac{2W_2+W_1}{2kg}}$

19-10　$\omega_0=\sqrt{\dfrac{2k}{3m_1+8m_2}}$

19-11　①$T=0.845\mathrm{s}$；②$\Lambda=2.07$

19-12　$x=\dfrac{h\omega_0}{6}\sqrt{\dfrac{1}{\omega_0^2-\delta^2}}e^{-\delta t}\sin(\sqrt{\omega_0^2-\delta^2}\,t+\alpha)$，其中 $\omega_0^2=\dfrac{k+\pi r^2\rho g}{m}$，$\delta=\dfrac{c}{2m}$，$\alpha=$

$\arctan\dfrac{\sqrt{\omega_0^2-\delta^2}}{\delta}$

19-13 $\ddot{\theta}+\dfrac{4c}{m}\dot{\theta}+\dfrac{9k}{m}\theta=0$；$T=\dfrac{2\pi m}{\sqrt{9mk-4c^2}}$

19-14 $\Lambda=0.0195$，$\beta=161$

19-15 $x=11.8\sin\pi t\,\text{mm}$

19-16 $A=0.0957\text{cm}$

19-17 ①$\beta=0.0286$；②$\beta=0.0279$

19-18 $\omega_{01}=0.342\sqrt{k/m}$，$\omega_{02}=1.46\sqrt{k/m}$

19-19 $\omega_{01}=3.891/\text{s}$，$\omega_{02}=6.361/\text{s}$

19-20 $\omega_{01}=\sqrt{\dfrac{g}{l}(2+\sqrt{2})}$，$\omega_{02}=\sqrt{\dfrac{g}{l}(2-\sqrt{2})}$；$\dfrac{A_1^{(1)}}{A_2^{(1)}}=-1.41$，$\dfrac{A_1^{(2)}}{A_2^{(2)}}=1.41$

19-21 $x_A=0$，$x_B=-\dfrac{2Ha}{F}\sin\omega t$

参 考 文 献

[1] 华东水利学院工程力学教研室理论力学编写组. 理论力学 (第二版) (上、下册). 北京: 高等教育出版社, 1984.
[2] 吴永祯, 张本悟, 陈定圻. 理论力学 (上、下册). 南京: 河海大学出版社, 1990.
[3] 贾书惠, 李万琼. 理论力学. 北京: 高等教育出版社, 2002.
[4] 哈尔滨工业大学理论力学教研室. 理论力学 (Ⅰ、Ⅱ) (第六版). 北京: 高等教育出版社, 2002.
[5] 蔡泰信, 和兴锁. 理论力学 (Ⅰ、Ⅱ). 北京: 机械工业出版社, 2004.
[6] 范钦珊, 薛克宗, 程保荣. 理论力学. 北京: 高等教育出版社, 2000.
[7] 刘延柱, 杨海兴, 朱本华. 理论力学 (第二版). 北京: 高等教育出版社, 2001.
[8] 梅凤翔. 工程力学 (上、下册). 北京: 高等教育出版社, 2003.
[9] 洪嘉振, 杨长俊. 理论力学 (第3版). 北京: 高等教育出版社, 2008.
[10] 谢传锋. 静力学. 北京: 高等教育出版社, 2000.
[11] 谢传锋. 动力学 (Ⅰ、Ⅱ). 北京: 高等教育出版社, 2000.
[12] 郝桐生. 理论力学, (第3版). 北京: 高等教育出版社, 2003.
[13] Ferdinand P. Beer, E. Russell Johnston Jr.. Vector Mechanics for Engineers, Statics (Third SI Metric Edition), 影印版. 北京: 清华大学出版社, 2003.
[14] Ferdinand P. Beer, E. Russell Johnston Jr.. Vector Mechanics for Engineers, Dynamics (Third SI Metric Edition), 影印版. 北京: 清华大学出版社, 2003.
[15] 陈定圻, 许庆春. 理论力学课堂教学系统与素材库. 北京: 高等教育出版社, 2007.
[16] 陈定圻, 许庆春. 力学创新与妙用——开发创造力. 北京: 高等教育出版社, 2007.